中 国 国 家 标 准 汇 编

2012 年修订-12

中国标准出版社　编

中国标准出版社

北　京

图书在版编目(CIP)数据

中国国家标准汇编:2012年修订.12/中国标准出版社编.—北京:中国标准出版社,2013.9

ISBN 978-7-5066-7244-3

Ⅰ.①中… Ⅱ.①中… Ⅲ.①国家标准-汇编-中国-2012 Ⅳ.①T-652.1

中国版本图书馆CIP数据核字(2013)第186449号

中国标准出版社出版发行
北京市朝阳区和平里西街甲2号(100013)
北京市西城区三里河北街16号(100045)

网址 www.spc.net.cn
总编室:(010)64275323 发行中心:(010)51780235
读者服务部:(010)68523946

中国标准出版社秦皇岛印刷厂印刷
各地新华书店经销

*

开本 880×1230 1/16 印张 37.5 字数 1 151 千字
2013年9月第一版 2013年9月第一次印刷

*

定价 220.00 元

出 版 说 明

1.《中国国家标准汇编》是一部大型综合性国家标准全集。自1983年起，按国家标准顺序号以精装本、平装本两种装帧形式陆续分册汇编出版。它在一定程度上反映了我国建国以来标准化事业发展的基本情况和主要成就，是各级标准化管理机构，工矿企事业单位，农林牧副渔系统，科研、设计、教学等部门必不可少的工具书。

2.《中国国家标准汇编》收入我国每年正式发布的全部国家标准，分为“制定”卷和“修订”卷两种编辑版本。

“制定”卷收入上一年度我国发布的、新制定的国家标准，顺延前年度标准编号分成若干分册，封面和书脊上注明“20××年制定”字样及分册号，分册号一直连续。各分册中的标准是按照标准编号顺序连续排列的，如有标准顺序号缺号的，除特殊情况注明外，暂为空号。

“修订”卷收入上一年度我国发布的、被修订的国家标准，视篇幅分设若干分册，但与“制定”卷分册号无关联，仅在封面和书脊上注明“20××年修订-1，-2，-3，……”字样。“修订”卷各分册中的标准，仍按标准编号顺序排列(但不连续)；如有遗漏的，均在当年最后一分册中补齐。需提请读者注意的是，个别非顺延前年度标准编号的新制定的国家标准没有收入在“制定”卷中，而是收入在“修订”卷中。

读者配套购买《中国国家标准汇编》“制定”卷和“修订”卷则可收齐由我社出版的上一年度我国制定和修订的全部国家标准。

3. 由于读者需求的变化，自1996年起，《中国国家标准汇编》仅出版精装本。

4. 2012年我国制修订国家标准共2 101项。本分册为“2012年修订-12”，收入新制修订的国家标准36项。

中国标准出版社

2013年7月

目　　录

ICS 43.020
T 41

中华人民共和国国家标准

GB/T 12544—2012
代替 GB/T 12544—1990

汽车最高车速试验方法

Measurement of maximum speed of motor vehicles

2012-12-31 发布　　2013-07-01 实施

中华人民共和国国家质量监督检验检疫总局
中国国家标准化管理委员会　发布

前　言

本标准按照 GB/T 1.1—2009 给出的规则起草。

本标准代替 GB/T 12544—1990《汽车最高车速试验方法》。

本标准对 GB/T 12544—1990 作出的主要技术变动情况如下：

——增加了第 3 章“术语和定义”；

——修改试验条件，在其中增加了 4.1“车辆条件”、4.2“测量参数及其单位、精确度”、4.3“道路特性”、4.4“大气条件”、4.5“车辆试验质量及载荷分布”；

——修改 5.2.1 直线道路双方向试验方法，将试验次数由“往返各进行一次”改为“每个方向上的试验不少于 1 次”；

——增加了 5.2.2“单方向试验”；

——增加了 5.3“环形道路上的最高车速”并引入环形道路修正因数；

——增加了附录 A“环形道路修正因数确定规程”及附录 B“空气密度计算公式”。

本标准的技术内容参考 ECE R68:1997《关于就最大车速测量方面批准机动车的统一规定》编制。

本标准与 ECE R68:1997 的主要差异如下：

——取消了申请认证程序的部分管理内容；

——取消了车型认证通知书；

——取消了认证标志的布置；

——取消了生产一致性管理的相关内容。

本标准由中华人民共和国工业和信息化部提出。

本标准由全国汽车标准化技术委员会(SAC/TC 114)归口。

本标准起草单位：中国汽车技术研究中心、海南热带汽车试验有限公司、上海汽车集团股份有限公司乘用车公司、天津一汽丰田汽车有限公司、北汽福田汽车股份有限公司、神龙汽车有限公司、郑州宇通客车股份有限公司、中国汽车工程研究院股份有限公司、东风日产乘用车技术中心、汉阳专用汽车研究所。

本标准主要起草人：王学平、麦瑞礼、谢晋中、高岳、王怀国、龚红兵、张善谦、陶臣军、鲍警予、张喆、石建华、刘钢、吴跃玲。

本标准所代替标准的历次版本发布情况为：

——GB/T 1334—1977；

——GB/T 12544—1990。

汽车最高车速试验方法

1 范围

本标准规定了汽车最高车速的试验方法。

本标准适用于除电动汽车外的汽车。汽车列车可参照执行。

2 规范性引用文件

下列文件对于本文件的应用是必不可少的。凡是注日期的引用文件，仅注日期的版本适用于本文件。凡是不注日期的引用文件，其最新版本(包括所有的修改单)适用于本文件。

GB/T 12428 客车装载质量计算方法

GB/T 12534 汽车道路试验方法通则

3 术语和定义

下列术语和定义适用于本文件。

3.1

最高车速 maximum speed

按规定的试验方法，车辆能够保持的最高稳定车速。

4 试验条件

4.1 车辆条件

4.1.1 车辆应清洁，车窗和乘客舱内通风装置应关闭，除非试验车辆有特殊要求。

4.1.2 除试验必需的设备和车辆日常操纵部件外，应关闭车上的照明装置及辅助装置。

4.2 测量参数及其单位、精确度

测量参数及其单位、精确度要求见表1。

表1 测量参数、单位及精确度

参数	单位	精确度
时间	s	±0.1 s
长度	m	±0.1%
大气温度	℃	±1 ℃
大气压力	kPa	±1 kPa
速度	km/h	±1%或±0.1 km/h(选取较大值)
质量	kg	±0.5%

4.3 道路特性

4.3.1 一般要求

试验应在直线道路(见 4.3.2)或环形道路(见 4.3.3)上进行。试验路面应坚硬、平整、干净、干燥并具有良好的附着系数。

4.3.2 直线道路的要求

4.3.2.1 测量区

道路测量区长度应至少为 200 m,并用标杆等做好标记。

4.3.2.2 加速区

道路加速区应与测量区具有相同特性,且足够长,以保证车辆在到达测量区前,能够稳定保持在最高车速。

4.3.2.3 坡度

4.3.2.3.1 纵向

加速区和测量区的纵向坡度应不超过 0.5%,单方向试验中直线道路纵向坡度应不超过 0.1%。

4.3.2.3.2 横向

测量区的横向坡度应不超过 3%。

4.3.2.4 环形道路

如果环形道路的一部分能满足 4.3.2.1~4.3.2.3 的要求,且其离心惯性反作用力小于汽车试验重量的 20 %,并可以通过道路横向坡度得到补偿,则此环形道路的这一部分可以作为测量区。

4.3.3 环形道路的要求

4.3.3.1 长度

环形道路总长度应不小于 2 000 m。为了计算最高车速,行驶里程应为汽车实际行驶的距离。

环形道路与完整的圆形不同,它由直线的部分和近似环形的部分相接而成。环形部分的曲线半径应不小于 200 m,这样离心力通过曲线横向面补偿,不对方向盘进行任何操作,车辆可以正常行驶。

4.3.3.2 环形道路修正因数

附录 A 给出了确定修正因数的试验方法。修正因数不能超过 5%,然而,如果试验车辆上安装的速度调节器起作用,则不应用此修正因数。

4.4 大气条件

试验中的空气密度相对与标准环境中空气密度,其变化不应超过 7.5%。空气密度计算公式见附录 B。

4.5 车辆试验质量及载荷分布

4.5.1 M_1 类车辆和最大设计总质量小于 2 t 的 N_1 类车辆

当车辆的 50%最大允许装载质量小于等于 180 kg 时,试验质量为整车整备质量加上 180 kg;当车辆的 50%最大允许装载质量大于 180 kg 时，车辆的试验质量为车辆整备质量加上 50%的最大允许装载质量(包括测量人员和仪器的质量)。载荷分布尽量均匀。

4.5.2 M_2、M_3 类汽车和最大设计总质量不小于 2 t 的 N 类车辆

除了特殊规定外，适用于 M_2、M_3 类城市客车为装载质量的 65%；其他车辆为满载。

M_2、M_3 类汽车的载荷按照 GB/T 12428 均布；N 类车辆的载荷按照 GB/T 12534 均布。

5 试验方法

5.1 试验车辆准备

即将进行试验前，对试验结果会产生影响的汽车零部件应进行预热以达到制造厂指定的稳定温度条件。

调整挡位使汽车能够达到其最高稳定车速。

5.2 直线道路上的最高车速试验规程

5.2.1 标准试验规程(双方向试验)

为了减少道路坡度和风向(风速)等因素造成的影响，依次从试验道路的两个方向进行试验，并尽量使用道路的相同路径。

测量试验单程所用的时间 t_i。试验中车辆行驶速度变化不应超过 2%。每个方向上的试验不少于 1 次，所用时间"t_i"的变化不超过 3%。

试验速度计算公式：

$$V=\frac{L\times 3.6}{t} \qquad \cdots\cdots(1)$$

式中：

V ——速度，单位为千米每小时(km/h)；

t ——往返方向试验所测时间 t_i 的算术平均值，单位为秒(s)；

L ——测量道路长度，单位为米(m)。

5.2.2 单方向试验

由于试验道路的自身特性，汽车不能从两个方向达到其最高车速，则允许只从一个方向进行试验。

本试验中，道路特性要满足 4.3.1 和 4.3.2 的要求。

另外，

——连续 5 次重复进行行驶试验；

——风速在车辆行驶方向的水平分量不超过±2 m/s。

考虑到风速，最高车速应按下式修正：

$$V_{vi}=|\ vi\ |\times 3.6 \qquad \cdots\cdots(2)$$

$$V_{ri}=\frac{3.6L}{t} \qquad \cdots\cdots(3)$$

$$V_i=V_{ri}\pm V_{vi}\times f \qquad \cdots\cdots(4)$$

式中：

如果风的水平分量与汽车行驶方向相反，则选择"+"号，否则选择"-"号。

V_{ri}——每次行驶的最高车速，单位为千米每小时(km/h)；

t ——汽车行驶“L(m)”长的距离所用的时间，单位为秒(s)；

V_{vi}——风速水平分量，单位为千米每小时(km/h)；

vi ——所测量的风速行驶方向水平分量，单位为米每秒(m/s)；

f ——修正因数，取值为 0.6。

去掉 V_i 的两个极值，由下列公式计算得出最高车速 V：

$$V = \frac{1}{3}\sum_{1}^{3} V_i \qquad (5)$$

5.3 环形道路上的最高车速

记录汽车行驶一圈所用时间“t_i”。汽车以最高车速在道路上至少行驶三次，且不对方向盘施加任何动作以修正行驶方向。每次的测量时间差异不超过 3 %。

时间 $\bar{t}$ 的计算公式：

$$\bar{t} = \frac{1}{3}\sum_{1}^{3} t_i \qquad (6)$$

最高车速计算公式：

$$V_a = \frac{L \times 3.6}{\bar{t}} \qquad (7)$$

式中：

V_a ——最高速度，单位为千米每小时(km/h)；

$\bar{t}$ ——时间，单位为秒(s)；

L ——汽车实际行驶的环形道路的长度，单位为米(m)。

用环形道路测量最高车速，需采用经验因数修正速度 V_a，尤其要考虑环形道路离心力的影响以及随之发生的汽车方向的变化：

$$V = V_a \times k \qquad (8)$$

式中：k($1.00 \leqslant k \leqslant 1.05$)根据附录 A 确定的修正因数。

6 试验结果

汽车最高车速试验数据和结果按附录 C 试验记录表填写。

附 录 A
（规范性附录）
环形道路修正因数确定规程

通过一条环形道路的最高允许车速确定该环形道路的固有修正因数 k。

通过多次车速测量决定修正因数，且测量时两次连续车速之间的差异不大于 30 km/h。

对于每个车速，都应按照本标准中的要求，在保持相同发动机转速及变速器挡位的条件下来进行以下两种方法的试验：

a） 直线道路车速测量：V_D；

b） 环形道路车速测量：V_A。

将每次车速测量值 V_D 和 V_A 记录在图 A.1 中，然后用直线将点连接起来。

$$k=\frac{V_D}{V_A}$$

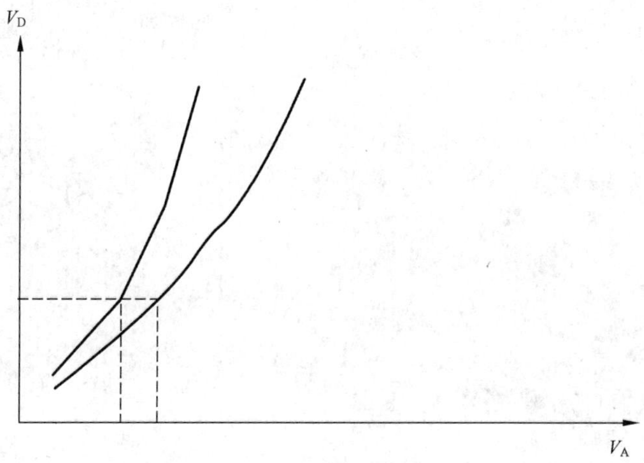

图 A.1

附　录　B
（规范性附录）
空气密度计算公式

$$d_r = d_0 \times \frac{H_T}{H_0} \times \frac{T_0}{T_T} \quad \cdots\cdots(B.1)$$

式中：

d_r ——试验环境的空气密度；

d_0 ——标准环境的空气密度；

H_T——试验大气压力；

T_T ——试验绝对温度，单位为开(K)；

H_0——标准环境大气压力，$H_0 = 100$ kPa；

T_0 ——标准环境温度，$T_0 = 293$ K（20 ℃）。

另外，试验过程中大气压力应不低于 91 kPa，温度应不低于 273 K，不高于 313 K（0 ℃～40 ℃）。

附 录 C
（规范性附录）
汽车最高车速试验记录表

汽车型号________VIN 编码________发动机号________

里程表读数________试验日期________试验场地________试验质量________kg

天气________气压________kPa 气温________

风向________风速________m/s 使用燃料________轮胎规格________

轮胎气压：前________kPa 后________kPa 变速器挡位________

分动器挡位________试验员________驾驶员________

直线道路双向试验数据表

试验次数	行驶方向	测量路段长度/m	通过测量路段的时间/s		最高车速/(km/h)
			实测	平均	

试验过程中的异常现象________

直线道路单方向试验数据表

试验次数	测量路段长度/m	通过测量路段的时间/s	每次行驶的最高车速/(km/h)	风速/(m/s)	最高车速/(km/h)

试验过程中的异常现象________

环形道路最高车速试验数据表

试验次数	测量路段长度/m	环形道路修正系数	通过测量路段的时间/s		测试最高车速/(km/h)	修正后最高车速/(km/h)
			实测	平均		

试验过程中的异常现象____

____

ICS 29.160.30
K 62

中华人民共和国国家标准

GB/T 12667—2012
代替 GB/T 12667—1990

同步电动机半导体励磁装置总技术条件

General specification for excitation assembly with semiconductors for synchronous motors

2012-06-29 发布 2012-11-01 实施

中华人民共和国国家质量监督检验检疫总局
中国国家标准化管理委员会 发布

前　言

本标准按照 GB/T 1.1—2009 给出的规则起草。

本标准代替 GB/T 12667—1990《同步电动机半导体励磁装置总技术条件》。

本标准与 GB/T 12667—1990 相比主要技术变化如下：

——修改了交流电网质量的内容(见 4.2.6,1990 年版 3.2.6)；

——修改了抗干扰的内容(见 4.4.13,1990 年版 3.12)；

——增加了功能要求(见 4.6)；

——删除了运输试验(1990 年版 4.15)；

——删除了保管与产品质量的内容(1990 年版 6.5)。

本标准由中国电器工业协会提出。

本标准由全国电力电子学标准化技术委员会(SAC/TC 60)归口。

本标准主要起草单位:天津电气传动设计研究所、北京合康亿盛变频科技股份有限公司、天津市红日电气自动化有限公司、深圳市英威腾电气股份有限公司、上海雷诺尔科技股份有限公司、上海澳通韦尔电力电子有限公司。

本标准主要起草人:安平、杜心林、傅文杰、董瑞勇、陈国祥、刘芝。

本标准所代替标准的历次版本发布情况为：

——GB/T 12667—1990。

同步电动机半导体励磁装置总技术条件

1 范围

本标准规定了同步电动机半导体励磁装置的术语和定义、技术要求、试验、标志、包装、运输和贮存。

本标准适用于户内安装的轻载或重载起动、降电压或全电压起动的同步电动机半导体励磁装置(以下简称装置)。

2 规范性引用文件

下列文件对于本文件的应用是必不可少的。凡是注日期的引用文件,仅注日期的版本适用于本文件。凡是不注日期的引用文件,其最新版本(包括所有的修改单)适用于本文件。

GB/T 156—2007 标准电压

GB/T 762—2002 标准电流等级

GB/T 3797—2005 电气控制设备

GB/T 3859(所有部分) 半导体变流器

GB/T 4025 人机界面标志标识的基本和安全规则 指示器和操作器件的编码规则

GB 4208—2008 外壳防护等级(IP 代码)

GB/T 4588.1 无金属化孔单双面印制板分规范

GB/T 4588.2 有金属化孔单双面印制板分规范

GB 7947 人机界面标志标识的基本和安全规则 导体颜色或字母数字标识

GB/T 18494.1—2001 变流变压器 第1部分:工业用变流变压器

3 术语和定义

下列术语和定义适用于本文件。

3.1

励磁装置 excitation assembly

为同步电机提供励磁电流的设备,包括励磁机及所有的调节和控制元件及灭磁和保护装置。

3.2

额定励磁电流 rated field current

同步电机在额定电压、额定电流、额定功率因数和额定转速下运行时,励磁绕组中的直流电流。

[GB/T 10585—1989,4.5]

3.3

额定励磁电压 rated field voltage

当冷却介质处于最高温度、电机励磁绕组处在额定负载和额定条件下对应的温度时,为了产生额定励磁电流而需要在电机励磁绕组端施加的直流电压。

[GB/T 10585—1989,4.6]

3.4

励磁系统顶值电压 excitation system ceiling voltage

在规定条件下,励磁系统能提供的最大直流电压。

[GB/T 10585—1989,4.10]

3.5

顶值电压倍数　ceiling voltage times

强励倍数

励磁系统顶值电压与额定励磁电压之比。

[GB/T 10585—1989,4.11]

3.6

触发超前角　trigger advance angle

β

触发脉冲超前于基准点的时间间隔,以电角度表示。

[GB/T 2900.33—2004,551-16-34]

3.7

控制单元　control unit

电气控制设备的通用组合件。以装有电子器件的印制电路板为主体组成,带有面板和插头座(或外壳和端子),具有统一信号电平和规定的电功能。

[GB/T 3797—2005,3.2]

4　技术要求

4.1　基本参数

装置的额定电压应符合 GB/T 156—2007 的规定。装置的额定电流应符合 GB/T 762—2002 的规定。

4.2　正常使用条件

符合本标准的装置适用于下述使用条件。

4.2.1　海拔

装置安装使用地点的海拔不超过 1 000 m。

注:对于在海拔高于 1 000 m 处使用的装置,有必要考虑介电强度的降低和空气冷却效果的减弱。在这些条件下使用的装置,按照制造厂与用户之间的协议进行设计和使用。

4.2.2　环境温度

整流器采用水冷却方式时:5 ℃～40 ℃;

整流器采用其他冷却方式时:-10 ℃～40 ℃。

4.2.3　相对湿度

空气的最大相对湿度不超过 90%(空气温度 20 ℃时)。相对湿度的变化每小时不超过 5%,且不得出现凝露。

4.2.4　环境空气

安装地点应无爆炸危险的介质、无腐蚀金属和破坏绝缘的气体,无水淋、日晒并保证周围清洁。

4.2.5　安装

装置安装地点振动频率在 10 Hz～150 Hz 时,振动加速度不大于 5 m/s^2。

对于垂直安装的装置，安装倾斜度不得超过5°。

4.2.6 供电电源

在下述供电电源电压及频率偏差范围内，装置应能保证电动机在额定工况下长期连续稳定运行：

——交流380 V/220 V系统，电压允许偏差为额定值的－20％～15％，频率允许偏差为±5％；

——直流220 V/110 V系统，电压允许偏差为额定值的－20％～15％。

装置交流电源电压在短时间（不超过强行励磁持续时间）内、波动范围为55％～130％额定值的情况下，装置应能维持正常工作。当电压波动超出上述范围时，应采用备用电源保证上述要求。

注：当使用条件不符合上述情况或用户有特殊要求时，由用户与制造厂协商。

4.3 一般要求

4.3.1 元器件

装置中使用的元器件，应符合各元器件自身的相应标准。制造厂应负责尽可能采用标准元器件。所有元器件的选用应符合设计要求。

4.3.2 印制电路板

应符合GB/T 4588.1和GB/T 4588.2的规定。

4.3.3 指示灯和按钮的颜色

应符合GB/T 4025的规定。

4.3.4 变流器

装置中使用的变流器的技术要求，应符合GB/T 3859的规定。

4.3.5 导线及母线的颜色

应符合GB 7947的规定。

4.3.6 控制单元

装置中使用的控制单元，应符合各类电子电控设备有关控制单元相应技术条件的要求。

4.4 性能要求

4.4.1 输出能力

装置应保证在额定输出电压的40％～100％范围内，输出额定电流并连续运行。

4.4.2 按转差率投全电压

当同步电动机采用降压起动时，装置应具有自动投全电压的控制环节，并在转差率为0.11～0.09时投全电压。

4.4.3 按转差率投励磁

装置应保证在转子转差率为0.05～0.03时，能实现顺极性主励投励，投励时能输出顶值电压。

4.4.4 恒流调节励磁偏差

当电网电压为额定值的80％～110％、励磁绕组热态电阻增加不大于额定电阻值的10％时，应保证恒流励磁调节偏差不大于±5%。

4.4.5 恒无功功率励磁调节偏差

当同步电动机采用恒无功功率调节、负载从空载到两倍额定负载范围内变动时，应保证同步电动机无功功率的变化不大于±10%。

4.4.6 输出电压可调范围

装置输出电压应保证在额定值的10%～125%范围内平滑可调。

4.4.7 控制电压偏差

当控制电压偏差不超过－15%～10%时，装置应可靠工作。

4.4.8 顶值电压倍数

当电网电压为额定值的80%时，装置应保证顶值电压倍数不小于1.4。

4.4.9 允许强励时间

允许强励时间不应超过50 s。

4.4.10 动力制动控制环节

当采用恒无功功率调节方式时，应设有供动力制动用的控制环节。

4.4.11 噪声

装置在正常工作时产生的噪声应不高于80 dB(A声级)。

4.4.12 电气间隙与爬电距离

装置中各带电电路之间以及带电零部件与导电零部件或接地零部件之间的电气间隙和爬电距离应符合表1的规定。

表1 电气间隙与爬电距离

额定绝缘电压 U_i/V		额定电流≤63 A		额定电流>63 A	
交流	直流	电气间隙/mm	爬电距离/mm	电气间隙/mm	爬电距离/mm
$U_i \leqslant 60$	$U_i \leqslant 75$	2	3	3	4
$60 < U_i \leqslant 250$	$75 < U_i \leqslant 300$	3	4	5	8
$250 < U_i \leqslant 380$	$300 < U_i \leqslant 450$	4	6	6	10
$380 < U_i \leqslant 500$	$450 < U_i \leqslant 600$	6	10	8	12
$500 < U_i \leqslant 660$	$600 < U_i \leqslant 700$	6	12	8	14
$660 < U_i \leqslant 750$	$700 < U_i \leqslant 800$	10	14	10	20
$750 < U_i \leqslant 1\ 140$	$800 < U_i \leqslant 1\ 200$	14	20	14	28

注1：表中所列为交流方均根值或直流值。

注2：作为装置组成部件的电器元件及单元，其电气间隙和爬电距离应符合相应标准的规定。

4.4.13 电磁兼容性(EMC)

应符合 GB/T 3797—2005 中 4.13 的要求。

4.5 保护

4.5.1 过电流和欠电流保护

装置应设置:

——快速熔断器作为短路保护;

——过电流保护,其整定值在装置额定输出电流的 80%～170%范围内;

——欠电流保护,其整定值在装置额定输出电流的 20%～50%范围内。

4.5.2 过电压保护

装置应能耐受同步电动机异步运行(起动及失步)过程中产生的转子励磁绕组感应过电压(转子回路接入不大于 10 倍转子电阻的起动电阻)。

装置应设置:

——交流侧操作过电压保护;

——半导体器件过电压保护。

4.5.3 灭磁保护

在装置正常停车时,变流器应以最高逆变电压快速灭磁(触发超前角 β 为 25°～30°)。

4.5.4 牵入同步保护

同步电动机异步起动过程中,当过早投励或起动完毕后不投励时,装置应自动跳闸,同时联锁同步电动机停车。

4.5.5 失步运行保护

当同步电动机产生失步运行时,装置应立即切除直流输出电压、电流,同时联锁同步电动机停车。

注:对于带有失步再整步环节的装置,如再整步失败,也应立即切除直流输出,并使同步电动机联锁停车。

4.5.6 外壳防护

控制柜的柜体防护应符合 GB 4208—2008 中的 IP2X 级的规定。

4.5.7 安全接地保护

应符合 GB/T 3797—2005 的 4.10.6 规定。

4.6 功能要求

4.6.1 调节通道

根据同步电动机机组重要性和用户要求,装置可设置单独的或两套独立的调节通道。

装置采用的两套调节通道应互为热备用、相互自动跟踪,并应能手动切换,运行通道故障时能自动切换至备用通道。自动跟踪部件应具有防止跟踪异常情况或故障情况的措施,以保证当运行调节通道故障时,能正确、自动地切换到备用通道。

调节通道设有自动/手动运行方式时,应具有双向跟踪、切换功能。跟踪部件应能正确、自动地进行跟踪。切换应具有手动和自动切换能力。

4.6.2 控制电路

装置的控制电路应有过电流、欠电流、短路、失步、风机停转、快速熔断器熔断、脉冲故障等故障的检测和报警功能。

4.6.3 输入/输出

励磁调节器应有开关量的直接输入/输出,同时还应具有通信接口,能输出有关数据到上级计算机或监控装置,并接受其增磁、减磁等命令。

4.6.4 冗余装置

装置中的整流器可配置成单套装置或者冗余装置。冗余度可按全部整流器的并联支路中有一个支路退出运行时,剩余支路仍能满足电动机的所有运行工况,整流装置的均流系数应不小于0.85。

4.6.5 报警

整流器应设置必要的保护及报警装置,包括交流侧阳极过电压吸收和保护器、直流侧过电压吸收和保护器、功率器件换相过电压保护器、功率器件的快速熔断器、风机停转或水冷系统故障报警装置、功率器件故障和脉冲故障报警装置、整流器切除和电源消失故障报警装置。

4.6.6 灭磁

励磁绕组回路应设置灭磁环节。在同步电动机起动过程后的正常励磁状态,灭磁环节的半导体器件应可靠关断。如有误导通,应发出声、光报警信号。

4.6.7 励磁变压器

选用励磁变压器应遵循:

——选择变压器的容量应按照GB/T 18494.1—2001,考虑整流器产生的特征及非特征谐波损耗使变压器产生附加发热的影响;
——励磁变压器的原、副边绕组间应设有屏蔽层,并可靠接地;
——选用干式变压器时,变压器柜体防护等级不宜高于IP21。

4.7 装置结构及外形

应符合GB/T 3797—2005中4.12的规定。

5 试验

5.1 试验分类

5.1.1 一般规定

装置的试验包括出厂试验和型式试验。

5.1.2 型式试验

型式试验用以验证被试装置是否符合本标准的规定。型式试验应在一台装置样品上,或在按相同(或类似)设计制造的多台装置或部件上进行。

凡具有下列情况之一的，应进行型式试验：

——新产品或老产品转厂生产的试制定型鉴定；

——已定型的产品，当设计、工艺或关键材料更改可能影响到产品性能时；

——正常生产时，定期或积累一定产品后的周期性试验；

——产品长期停产后，恢复生产时；

——出厂试验结果与上次型式试验有较大差异时；

——国家质量监督机构提出型式试验的要求。

型式试验时，产品只有一项不合格时，允许返工后再对该项目进行复试。若复试仍不合格，则该产品为不合格品。

5.1.3 出厂试验

出厂试验用以检验器件、材料、工艺上的缺陷。每台装置都应进行出厂试验。

在出厂试验过程中，若任意一项不合格，均判为该装置检验不合格。

5.2 试验项目

装置的出厂试验、型式试验项目及有关试验要求如表 2 所示。

表 2 试验项目

试验项目	型式试验	出厂试验	试验方法、要求的章条号
一般检查	√	√	5.3.1、4.3
电气间隙与爬电距离	√	√	4.4.12
外壳防护等级	√	√	4.5.6
绝缘电阻测量	√	√	5.3.2
介电强度试验	√	√	5.3.3
轻载试验	√	√	5.3.4
低压电流试验	√	√	5.3.5
电气性能指标试验	√	√	5.3.6、4.4、4.5.1
投励环节试验	√	√	4.4.3
投全压环节试验	√	√	4.4.2
功能试验	√	√	4.5、4.6
灭磁环节试验	√	√	4.5.3、4.6.6
等效负载试验	√		5.3.7
温升试验	√		5.3.8
噪声测量	√		5.3.9、4.4.11
气候环境试验	√		5.3.10
振动试验	√		5.3.11
EMC 试验	√		5.3.12、4.4.13

5.3 试验方法

5.3.1 一般检查

按 GB/T 3797—2005 的 5.2.1 进行。

5.3.2 绝缘电阻

测量应在电路与柜体的接地部件之间及彼此无电联结的导电部件之间进行。

测量时，应根据装置的额定工作电压确定使用的兆欧表电压等级，但其应至少为 500 V。

试验时，对于不能承受规定的兆欧表电压的元件（如半导体器件、电容器等），应将其短接。采用水冷却的装置应在无水的情况下测量。

在环境温度为 20 ℃和相对湿度为 90%时，主电路带电部分与地（外壳）之间的绝缘电阻应不小于 5 MΩ，有触点控制电路应不小于 3 MΩ，半导体控制电路应不小于 0.5 MΩ。

注：绝缘电阻值仅供介电强度试验前后作为辅助性判别。

5.3.3 介电强度试验

当绝缘电阻测量结果符合要求时，应在下列条件下进行介电强度试验：

a) 试验前，装置主电路中的半导体器件的端子应短接。主电路中的触头应处于闭合状态或短接。对不能承受规定试验电压的元件，应将其短接或采取隔离措施。
b) 对某些有可能因其绝缘损坏将高压侧电位引入低压侧的元件（如隔离变压器、互感器、脉冲变压器等），其试验电压应按相应较高的电压等级选取。
c) 试验应在电路与接地部件之间以及彼此无电联结的导电部件之间进行。如外壳由绝缘材料构成，则应以导电箔覆盖，把导电箔当作外壳。当外壳过大时，可对认为有危险的部位做局部覆盖。
d) 试验应在完整地闭合装置外壳后进行。
e) 试验用的变压器高压输出端短路时，电流不应小于 0.5 A。
f) 试验电压应为频率为 45 Hz～65 Hz 的交流正弦波电压，其值为 10 倍额定输出电压但不得低于 2 000 V（方均根值）。根据具体情况，也可施加与规定的交流试验电压峰值相等的直流试验电压。对半导体控制电路施加的试验电压应为 500 V（方均根值）交流正弦波电压。
g) 试验电压应从零或不超过全值的一半开始，连续或最大以全值的 5%阶跃上升，升至全值的时间应不短于 10 s，然后维持 1 min。试验后，将电压逐渐降至零。

出厂试验时，试验电压达到规定值后，保持的时间可缩短为 1 s。

试验中未发现击穿、闪络现象，即为合格。

5.3.4 轻载试验

试验目的在于检查装置的接线是否正确，以及轻载工作特性是否达到规定要求。

试验时，电源电压应为额定值。

在装置输出端连接一个可调负载和与之相串联的直流电流表。可调负载的电阻值应使装置的输出电流不小于 10 A。

装置内的电流反馈信号应相应调整。

试验项目包括：

a) 投励时，系统输出的强迫励磁电压；
b) 装置输出直流电压的连续可调性；
c) 半导体变流器的触发超前角。

5.3.5 低压电流试验

试验的目的是检验装置在额定电流下工作的可靠性。

试验时,装置的输出端应短接或连接一个低阻值负载。主电路的输入端应通过变压器或调压器施加一个较低的电压,其值应足以使装置输出100%的额定电流。装置的控制、操作及辅助电路均应连接至电压为额定值的独立电源。

试验时,冷却介质的流速(或流量)和温度应符合正常工作条件。

试验时,应使装置输出额定电流连续运行不少于20 min。

5.3.6 电气性能指标试验

试验的目的是在轻载试验合格的基础上,检验装置的电气性能指标是否达到规定的要求。

试验时,电源电压应为额定值,且其变化应在规定的范围(额定电压的80%~110%)内可调节。

在装置的输出端连接一个可调负载和与之相串联的直流电流表。可调负载的电阻值应使装置的输出电流不小于10 A。

装置内的电流反馈信号应相应调整。

试验项目包括:

a) 恒流励磁系统的精度;

b) 强励倍数;

c) 装置的过电流保护动作值;

d) 装置的欠电流保护动作值。

5.3.7 等效负载试验

试验的目的是检验装置在等效负载(额定电压和90%的额定电流)条件下工作的可靠性。

试验时,在装置交流侧施以额定电压,直流侧带电阻负载,装置应输出额定电压和90%的额定电流。

试验可与温升试验结合进行。

5.3.8 温升试验

装置内各部位的温升不应超过表3的规定。

连接到发热件(如管形电阻、板形电阻、瓷盘电阻等)上的导线应从侧方或下方引出,并剥去适当长度的绝缘层,换为耐热瓷管,使导线绝缘端部的温度不超过65 ℃。

表3 装置各部位极限温升

部件与器件	母线材料与被覆层	温升/K
电力半导体器件及元器件	—	不超过相应标准的规定
连接于一般低压电器的母线连接处的母线	紫铜、无被覆层	60
	紫铜、搪锡	65
	紫铜、镀银	70
	铝、超声波搪锡	55
连接于电力半导体器件的母线连接处的母线	紫铜、无被覆层	45
	紫铜、搪锡	55
	紫铜、镀银	70
	铝、超声波搪锡	35
与半导体器件相接的塑料绝缘线或橡胶绝缘线	—	45

5.3.9 噪声测量

噪声可采用声级计测量。应在离测试面中心 1 m 处测量,取 5 个面测试值的最大值作为测量值。环境噪声(A 声级)应比装置运行噪声至少低 4 dB。距装置 3 m 内应无声反射面(地面除外)。

测量结果应符合 4.4.11 的规定。

5.3.10 气候环境试验

按 GB/T 3797—2005 的 5.2.11 的规定进行。

5.3.11 振动试验

按 GB/T 3797—2005 的 5.2.13 的规定进行。

5.3.12 EMC 试验

按 GB/T 3797—2005 的 5.2.12 规定进行。

6 标志、包装、运输、贮存

6.1 标志

6.1.1 铭牌

铭牌内容应包括:

——装置名称;

——装置型号;

——额定励磁电压;

——额定励磁电流;

——负载等级;

——质量;

——出厂序号;

——制造厂名;

——制造年月。

6.1.2 包装标志

包装箱外部应注明下列标志:

——装置型号、名称及出厂序号;

——装置净重及含包装箱的毛重;

——收货单位名称及地址;

——制造厂名称及地址;

——位置标志"↑"和写在箭头上部的"向上"字样;

——包装箱外形尺寸;

——包装日期。

6.2 包装

装置的包装应符合有关包装运输规范要求,保证装置在运输、存放过程中不受机械损伤,并有防雨、防尘能力。

随同装置提供的技术文件应包括：

——装箱技术文件资料清单；

——合格证；

——电路图、装配图、使用维护说明书；

——接线图或接线表(如果有的话)；

——电气元器件清单；

——备用件一览表。

6.3 运输

装置在运输过程中，不应有剧烈振动、撞击和倒放。运输温度应在－25 ℃～55 ℃范围内。

6.4 贮存

装置不得暴晒及淋雨，应存放在空气流通、周围介质温度在－25 ℃～55 ℃范围内，空气最大相对湿度不超过 90%(空气温度 20 ℃时)及无腐蚀性气体的仓库中。贮存期不超过三个月。

ICS 29.020
K 62

中华人民共和国国家标准

GB 12668.3—2012/IEC 61800-3:2004
代替 GB 12668.3—2003

调速电气传动系统 第3部分:电磁兼容性要求及其特定的试验方法

Adjustable speed electrical power drive systems—Part 3:EMC requirements and specific test methods

(IEC 61800-3:2004,IDT)

2012-12-31 发布　　2013-12-01 实施

中华人民共和国国家质量监督检验检疫总局
中国国家标准化管理委员会　发布

前　言

本部分中第5章及6.1～6.4为强制性，其余为推荐性。

GB 12668《调速电气传动系统》分为以下几部分：

——第1部分：一般要求　低压直流调速电气传动系统额定值的规定；

——第2部分：一般要求　低压交流变频电气传动系统额定值的规定；

——第3部分：电磁兼容性要求及其特定的试验方法；

——第4部分：一般要求　交流电压1 000 V以上但不超过35 kV的交流调速电气传动系统额定值的规定；

——第5部分：安全要求；

——第6部分：确定负载工作制类型和相应电流额定值的导则；

——第7部分：电气传动系统的通用接口和使用规范；

——第8部分：电源接口电压的规范。

本部分为GB 12668的第3部分。

本部分按照GB/T 1.1—2009给出的规则起草。

本部分代替GB 12668.3—2003《调速电气传动系统　第3部分：产品的电磁兼容性标准及其特定的试验方法》。

本部分与GB 12668.3—2003相比主要技术变化如下：

——PDS销售方式的分类(不受限和受限销售)已经用PDS的类别(C1～C4)代替，这些PDS类别的定义与产品本身及其用途有关；

——发射限值所包括的范围更宽；

——针对C4类归纳出一个电磁兼容性(EMC)计划。

本部分使用翻译法等同采用IEC 61800-3:2004《调速电气传动系统　第3部分：电磁兼容性要求及其特定的试验方法》。

与本部分中规范性引用的国际文件有一致性对应关系的我国文件如下：

GB/T 2900.74—2008　电工术语　电路理论(IEC 60050-131:2002,MOD)

GB/T 3859.1—1993　半导体变流器　基本要求的规定(eqv IEC 60146-1-1:1991)

GB/T 17624.1—1998　电磁兼容　综述　电磁兼容基本术语和定义的应用与解释(idt IEC 61000-1-1:1992)

GB/T 17626.2—2006　电磁兼容　试验和测量技术　静电放电抗扰度试验(IEC 61000-4-2:2001, IDT)

本部分做下列编辑性修改：

——小数点符号用“.”代替“,”；

——用“本部分”代替“本标准”；

——删除国际标准前言。

本部分由中国电器工业协会提出。

本部分由全国电力电子学标准化技术委员会(SAC/TC 60)归口。

本部分主要起草单位：天津电气传动设计研究所、国家电控配电设备质量监督检验中心、上海雷诺尔科技股份有限公司、艾默生网络能源有限公司、希望森兰科技股份有限公司、深圳市库马克新技术股份有限公司、北京利德华福电气技术有限公司、山东新风光电子科技发展有限公司、深圳市英威腾电气股份有限公司、北京ABB电气传动系统有限公司、大连普传科技股份有限公司、山东泰开自动化有限公司、北京合康亿盛变频科技股份有限公司、深圳市正弦电气有限公司、上海澳通韦尔电力电子有限公司、哈尔滨九洲电气股份有限公司。

本部分主要起草人：赵相宾、董桂敏、刘振东、陈国成、王英、任光法、罗自永、倚鹏、赵树国、董瑞勇、温湘宁、张海杰、李凯、陈秋泉、张晓光、竺伟、孙敬华。

本部分所代替标准的历次版本发布情况为：

——GB 12668.3—2003。

调速电气传动系统
第3部分：电磁兼容性要求
及其特定的试验方法

1 范围

GB 12668 的本部分规定了电气传动系统(PDS)的电磁兼容性(EMC)要求。PDS 的定义如 3.1 中所述。这里的电气传动系统包括调速的交流电动机传动和直流电动机传动。这些 EMC 要求是针对变流器输入和/或输出电压(线电压)有效值在交流 35 kV 以下的 PDS 而规定的。

本部分所涉及的 PDS 是指那些安装在居住、商业和工业场所的 PDS，但牵引应用和电动车辆不包括在内。PDS 可连接到工业或公共配电网上。工业电网由一专用的配电变压器供电，该变压器通常就在工业区内或其附近，并且只给工业用户供电。工业电网也可由其自身的发电设备供电。另外，PDS 可直接连接到低压公共电网，该电网也向民用供电，这时中线通常是接地的。

本部分与 EMC 有关，所涉及的范围包括不同类型的功率从几百瓦到数百兆瓦的 PDS。PDS 往往包含在一个较大的系统之中。有关系统方面的内容本部分没有涉及，但在资料性附录中提供了指导。

选择这些要求，是为了确保居住、商业和工业场所的 PDS 有充分的电磁兼容性(EMC)。然而，这些要求不可能包括极少可能发生的极端情况。对于因故障状况而引起的 PDS 电磁兼容性性能的变化未予考虑。

本部分的目的是根据 PDS 的预期用途确定其限值和试验方法。本部分包括对抗扰度的要求和防电磁发射的要求。

注 1：电磁发射可能引起对其他电子设备(如无线电接收机、测量和计算设备)的干扰。要求抗扰度是为了保护设备免受连续的和瞬时的传导性及辐射性骚扰(包括静电放电)。对于防发射要求和抗扰度要求，应根据 PDS 的实际环境使彼此间保持平衡。

本部分确定了对 PDS 电磁兼容性的最低要求。

抗扰度要求是根据环境分类规定的。防低频发射要求是根据供电电网的性质规定的，而防高频发射要求则是根据预期用途的四种类别规定的，既涉及环境也涉及投入运行。

本部分适用于对 PDS 的评价。同时也可用于对单独销售的 CDM 或 BDM(见 3.1)的评价。

本部分包含：

——对于要投放市场的产品的符合性评价要求；

——对于在设备投放市场之前不能测量出高频发射的场合(这类 PDS 在 3.2.6 中被定义为 C4 类)推荐的工程设计实践。

注 2：本部分的第一版(即 2003 年版)已经确定预期用途可能要求对投入运行进行工程设计。这项工作是通过“受限销售方式”完成的。过去“受限销售方式”常常涵盖的设备，在第二版(即本版)中为 C2 和 C4 类(见 3.2)所涵盖。

本部分将作为完整的 EMC 产品标准，当 C1、C2 和 C3 类产品(见 3.2.3～3.2.5)投放市场时将对产品进行 EMC 符合性评价。

而对于 C4 类设备，只有在设备安装在其预定场所时才对其射频发射进行评价。因此，这类设备被认为是一种固定式装备。在本部分的 6.5 和附录 E 中为此给出了工程设计实践准则，但没有给出所定义的发射限值(发生投诉的情况除外)。

本部分未对设备的任何安全要求作出规定，如防电击、绝缘配合和相关的绝缘试验、不安全操作或者故障的不安全影响。本部分也不涉及对电磁现象安全和功能安全的推断。

在某些特殊情况下，当附近有极灵敏的设备在使用时，就必须采取另外的抑制措施：减少电磁发射使其低于规定值，或提高灵敏设备的抗扰度。

作为 PDS 的 EMC 标准，本部分优先于其他通用标准，并且不要求或者不需要另外的 EMC 试验。若 PDS 作为设备的一部分，该设备又包括在另外的产品 EMC 标准中，则采用整套设备的 EMC 标准。

2 规范性引用文件

下列文件对于本文件的应用是必不可少的。凡是注日期的引用文件，仅注日期的版本适用于本文件。凡是不注日期的引用文件，其最新版本(包括所有的修改单)适用于本文件。

GB/T 2900.83—2008 电工术语 电的和磁的器件(IEC 60050-151:2001,IDT)

GB/T 4365—2003 电工术语 电磁兼容(idt IEC 60050(161):1990)

GB/T 12668.1—2002 调速电气传动系统 第1部分：一般要求 低压直流调速电气传动系统额定值的规定(IEC 61800-1:1997,IDT)

GB/T 12668.2—2002 调速电气传动系统 第2部分：一般要求 低压交流变频电气传动系统额定值的规定(IEC 61800-2:1998,IDT)

GB/T 12668.4—2006 调速电气传动系统 第4部分：一般要求 交流电压1 000 V以上但不超过35 kV的交流调速电气传动系统额定值的规定(IEC 61800-4:2002,IDT)

GB/T 17626.3—2006 电磁兼容 试验和测量技术 射频电磁场辐射抗扰度试验(IEC 61000-4-3:2002,IDT)

GB/T 17626.8—2006 电磁兼容 试验和测量技术 工频磁场抗扰度试验(IEC 61000-4-8:2001,IDT)

GB/Z 17625.5—2000 电磁兼容 限值 中、高压电力系统中波动负荷发射限值的评估(idt IEC 61000-3-7:1996)

GB/Z 17625.6—2003 电磁兼容 限值 对额定电流大于16 A的设备在低压供电系统中产生的谐波电流的限制(IEC TR 61000-3-4:1998,IDT)

GB/Z 18039.5—2003 电磁兼容 环境 公用供电系统低频传导骚扰及信号传输的电磁环境(IEC 61000-2-1:1990,IDT)

IEC 60050-131:2002 国际电工词典(IEV)第131章：电路理论(International Electrotechnical Vocabulary(IEV)—Chapter 131: Circuit theory)

IEC 60146-1-1:1991 半导体变流器 一般要求和电网换相变流器 第1-1部分：基本要求的规范(Semiconductor convertors—General requirements and line commutated convertors—Part 1-1: Specifications of basic requirements)

IEC 60364-1:2001 建筑物电气装置 第1部分：基本原则、一般特性的评价、定义(Electrical installations of buildings—Part1:Fundamental principles,assessment of general characteristics, definitions)

IEC 60664-1:1992 低压系统内设备的绝缘配合 第1部分：原理、要求和试验(Insulation co-ordination for equipment within low-voltage systems—Part 1:Principles, requirements and tests)

IEC 61000-1-1 电磁兼容性(EMC) 第1部分：总则 第1章：基本定义和术语的应用与解释(Electromagnetic compatibility(EMC)—Part 1:General—Section 1:Application and interpretation of fundamental definitions and terms)

IEC 61000-2-2:2002 电磁兼容性(EMC) 第2部分：环境 第2章：公共低压供电系统中的低频传导性骚扰和信号传输的兼容性等级(Electromagnetic compatibility(EMC)—Part 2:Environment-

Section 2:Compatibility levels for low-frequency conducted disturbances and signalling in public low-voltage power supply systems)

IEC 61000-2-4:2002 电磁兼容性(EMC) 第 2 部分:环境 第 4 章:工业设备中对低频传导性骚扰的兼容性等级(Electromagnetic compatibility(EMC)—Part 2:Environment-Section 4:Compatibility levels in industrial plants for low-frequency conducted disturbances)

IEC 61000-2-6:1995 电磁兼容性(EMC) 第 2 部分:环境 第 6 章:工业设备的电源中关于低频传导性骚扰发射强度的评估(Electromagnetic compatibility(EMC)—Part 2: Environment-Section 6: Assessment of the emission levels in the power supply of industrial plants as regards low-frequency conducted disturbances)

IEC 61000-3-2:2000 电磁兼容性(EMC) 第 3 部分:限值 第 2 章:对谐波电流发射的限值(每相输入电流≤16 A 的设备)(Electromagnetic compatibility(EMC)—Part 3:Limits-Section 2: Limits for harmonic current emissions(equipment with input current≤16 A per phase))

IEC 61000-3-3:1994 电磁兼容性(EMC) 第 3-3 部分:限值 对每相额定电流≤16 A 的设备根据有条件连接在公共低压供电系统中产生的电压变化、电压波动和闪变的限值(Electromagnetic compatibility(EMC)—Part 3-3:Limits-Limitation of voltage changes, voltage fluctuations and flicker in public low-voltage supply systems for equipment with rated current≤16 A per phase and subject to conditional connection)

IEC 61000-3-11:2000 电磁兼容性(EMC) 第 3-11 部分:限值 对额定电流≤75 A 的设备根据有条件连接在公共低压供电系统中产生的电压变化、电压波动和闪烁的限值(Electromagnetic compatibility(EMC)—Part 3-11:Limits-Limitation of voltage changes, voltage fluctuations and flicker in public low-voltage supply systems for equipment with rated current≤75 A and subject to conditional connection)

IEC 61000-4-2 电磁兼容性(EMC) 第 4-2 部分:试验和测量技术 静电放电抗扰度试验—基本 EMC 出版物(Electromagnetic compatibility(EMC)—Part 4-2:Testing and measurement techniques-Electrostatic discharge immunity test Basic EMC publication)

IEC 61000-4-4:1995 电磁兼容性(EMC) 第 4 部分:试验和测量技术 第 4 章:电快速瞬变/脉冲群抗扰度试验——基本 EMC 出版物(Electromagnetic compatibility(EMC)—Part 4: Testing and measurement techniques-Section 4: Electrical fast transient/burst immunity test—Basic EMC publication)

修正案 1(2000)

修正案 2(2001)

IEC 61000-4-5:1995 电磁兼容性(EMC) 第 4 部分:试验和测量技术 第 5 章:浪涌(冲击)抗扰度试验(Electromagnetic compatibility(EMC)—Part 4: Testing and measurement techniques-Section 5: Surge immunity test)

IEC 61000-4-6:2003 电磁兼容性(EMC) 第 4-6 部分:试验和测量技术 射频场感应的传导骚扰抗扰度(Electromagnetic compatibility(EMC)—Part 4-6:Testing and measurement techniques-Immunity to conducted disturbances, induced by radio-frequency fields)

CISPR 11 工业、科学和医学(ISM)用的射频设备 电磁骚扰特性 限值和测量方法(Industrial, scientific and medical(ISM) radio-frequency equipment-Electromagnetic disturbance characteristics-Limits and methods of measurement)

CISPR 14 电磁兼容性 对家用电器、电动工具和类似用途设备的要求(Electromagnetic compatibility-Requirements for household appliances, electric tools and similar apparatus)

CISPR 16-1 射频骚扰的技术规范和抗扰度测量设备和方法 第 1 部分:射频骚扰和抗扰度测量

设备(Specification for radio disturbance and immunity measuring apparatus and methods—Part 1:Radio disturbance and immunity measuring apparatus)

CISPR 22:2003 信息技术设备 射频骚扰特性 限值和测量方法(Information technology equipment-Radio disturbance characteristics-Limits and methods of measurement)

3 术语和定义

下列术语和定义适用于本文件。

3.1 概述

关于EMC及相关定义可在GB/T 4365—2003和CISPR中找到,同时以下补充定义也适用。

电气传动系统(PDS)由电动机和成套传动模块(CDM)组成,不包括由电动机驱动的设备。CDM由基本传动模块(BDM)和其可能有的附属部分,如馈电部分或某些辅助设备(如通风设备)组成。BDM包括变流器、控制和自保护功能。图1示出PDS与装备和/或制造过程其他部分之间的边界。GB/T 12668.1—2002、GB/T 12668.2—2002和GB/T 12668.4—2006详细给出了这些定义。

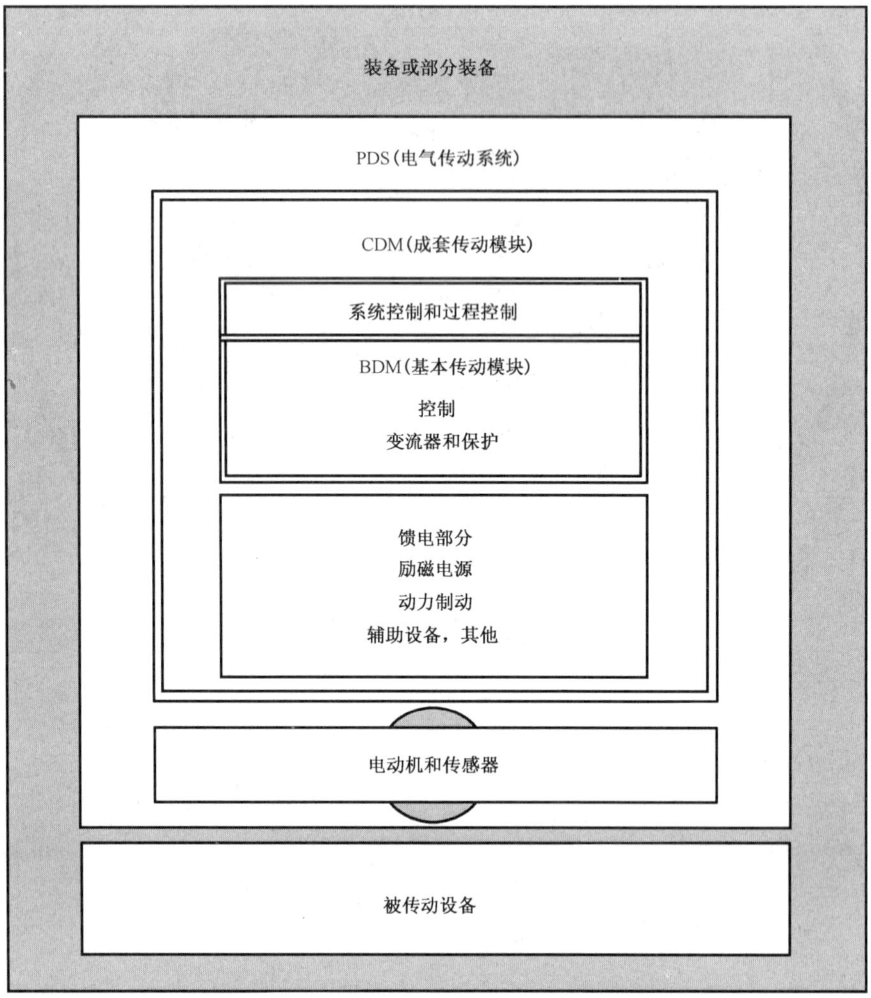

图1 装备的定义及其所包含的内容

若电气传动系统(PDS)有其专用变压器,则该变压器就作为成套传动模块(CDM)的一部分。

3.2 预期用途

3.2.1

第一类环境 first environment

包括民用房屋的环境,也包括不经过中间变压器而直接连接到向民用建筑物供电的低压供电网的应用环境。

注:住宅建筑物内的房屋、公寓、商业设施或办公场所是第一类环境场所的示例。

3.2.2

第二类环境 second environment

包括除直接连接到向民用建筑物供电的低压供电网的应用环境外的所有环境。

注:由专用变压器供电的任何建筑物的工业区域、技术区域是第二类环境场所的示例。

3.2.3

C1 类 PDS PDS of category C1

额定电压低于 1 000 V,预期用途为第一类环境的 PDS。

3.2.4

C2 类 PDS PDS of category C2

额定电压低于 1 000 V,既不是插入式设备也不是移动式设备,并且当用于第一类环境时,规定为只能由专业人员安装和调试的 PDS。

注:专业人员是指具有从事电气传动系统安装和/或调试必需的技能(包括电气传动系统 EMC 方面的技能)的人或组织。

3.2.5

C3 类 PDS PDS of category C3

额定电压低于 1 000 V 的 PDS,其预期用途为第二类环境而非第一类环境。

3.2.6

C4 类 PDS PDS of category C4

额定电压等于或高于 1 000 V 或者额定电流等于或大于 400 A,或者其预期用途为第二类环境中的复杂系统中的 PDS。

3.3 场所、端口和接口

3.3.1

现场(用于试验) in situ(for test)

由最终用户正常使用的设备安装场所。

3.3.2

试验场地(辐射) test site(radiation)

满足在规定条件下正确测量被测试装置发射的电磁场的要求的场所。

[GB/T 4365—2003]

3.3.3

端口 port

在设备或网络中可提供或接收电磁能量或信号之处,或是对设备或网络的变量进行观察或测量之处。

[IEV 131-12-60]

注:图 2 示出了 PDS 的各种各样端口。

3.3.4

机壳端口　enclosure port

PDS 的物理边界，电磁场可通过这个边界辐射或侵入(见图 2)。

3.3.5

过程测量和控制端口　port for process measurement and control

将过程连接到第 3 章所定义的 PDS 上的导体或电缆的输入/输出(I/O)端口(见图 2)。

3.3.6

电源端口　power port

连接 PDS 与供电电源(同时也向其他设备供电)的端口。

3.3.7

主电源端口　main power port

仅为 PDS 馈送经电力变换后由电动机转换为机械能的电能的电源端口。

3.3.8

辅助电源端口　auxiliary power port

仅为 PDS 的辅助设备(包括可能有的励磁电路)馈电的电源端口。

3.3.9

机械连接　mechanical link

第 3 章所定义的 PDS 中电动机的轴与被传动设备之间的机械连接。

3.3.10

信号接口　signal interface

连接基本传动模块或成套传动模块(BDM/CDM)与 PDS 中另一部分的线路的输入/输出(I/O)连接(见图 2)。

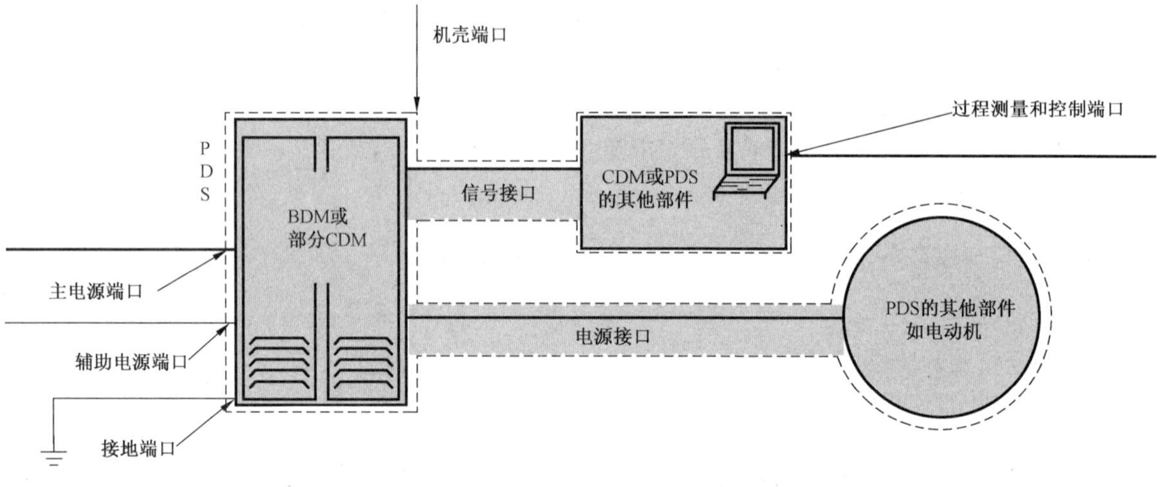

图 2　PDS 内部接口和端口的举例

3.3.11

电源接口　power interface

PDS 内部电源配电所需的连接(见图 3 和附录 E 的 E.1 中的说明)。

注：PDS 的电源接口可能具有不同的形式和范围：

——在 CDM/BDM 内

电源接口是可用来将从 BDM/CDM 的一部分向 BDM/CDM 的另一部分配电的连接。一个电源接口可为 PDS 的不同部件所共用。示例见图 3 和图 4。

图3示出的是一种从一台输入变流器向一台输出逆变器配电的电源接口。这里,输入变流器将来自电源的电能变换成另一种形式的电能(此处变换成直流电);而输出逆变器则将电能从一种中间形式(此处为直流电)变换成另一种形式的电能(此处变换成交流电),并可直接施加于交流电动机。图4示出的是一种从变压器(CDM的一部分)的二次侧向各个BDM配电的电源接口。

——在PDS内

注意,逆变器和电动机之间或者各台电动机之间的连接也是一个电源接口。这是转换为机械能之前的最后一个电源接口。

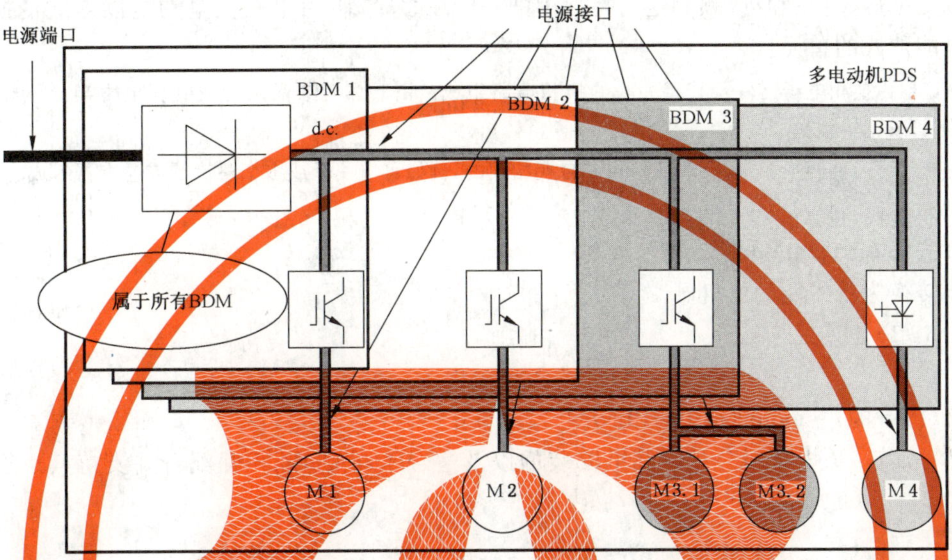

图3 PDS与公共直流母线间的电源接口

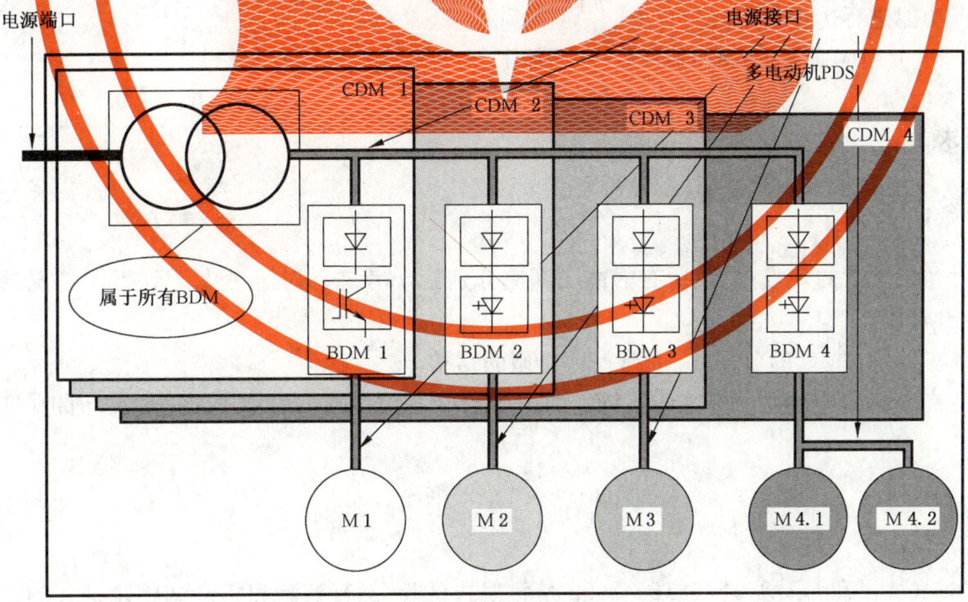

图4 与公共输入变压器间的电源接口

3.3.12

PCC,IPC,PC

其定义见IEC 61000-2-4。

注:定义简述:

——PCC 是公共网络上的公共耦合点；
——IPC 是厂内的耦合点；
——PC 是耦合点(两种状况中的任何一种)。

3.4 PDS 的部件

3.4.1

变流器(BDM 的)　converter(of the BDM)

通过改变电压、电流和/或频率这些特性中的一个或多个，将由电网供电的电能形式变换为向电动机馈电的电能形式的单元。

注 1：变流器由换相电子器件及其相关联的换相电路组成。由晶体管或晶闸管或其他电力半导体开关器件实现控制。

注 2：变流器可是电网换相式、负载换相式或自换相式的，例如可由一个或多个整流器或逆变器组成。

3.4.2

电动机　(electric)motor

将电能转换为机械能的电机。

[IEV 151-13-41]

3.4.3

电动机(PDS 的)　motor(of the PDS)

就本部分而言，该电动机包括在其上安装的以及适合于与 CDM 相互配合并支持其运行方式的所有传感器。

3.4.4

子部件(PDS 的)　sub-component(of the PDS)

就本部分而言，PDS 的每个部分可分成若干子部件，其中的每个子部件都是可单独用制造商定义的一种固有功能进行操作的单元。

注：例如，一个 CDM 的控制单元可能就是一个子部件。

4 公共要求

4.1 一般条件

从发射和抗扰度的观点来看，所有的情况都应分别给予考虑。对于考虑不到不同情况的累积影响时，都要给出限值。

为了真实评价 EMC 的状况，应选择一种典型的结构。

评价抗扰度的试验项目的应用应视特定的 PDS 及其配置、端口、工艺和运行条件而定(见附录)。

4.2 试验

4.2.1 条件

IEC 60146-1-1 和 GB/T 12668.2—2002 是将型式试验、例行试验和特殊试验区别开的。除非另有规定，本部分中规定的所有试验都只是型式试验。在采用本部分规定的试验方法进行测量时，设备应满足 EMC 要求。

注：由于当地的无线电传输方面的法规规定，对于某些抗扰度试验，在选择可进行试验的场所时，可能有限制条件。

必要时，应采取防护措施，以防进行 EMC 试验时因出现设备故障而可能造成的对整个生产过程未考虑到的影响。

试验时，除非制造商另有说明，CDM 应采用制造商规定的电缆和接地规则连接到适当额定值的标准电动机上。在某些情况下(例如对低频发射进行评估时),可能要另加无源负载条件(电阻性负载或者电阻与电感性负载)。

在引用的一些标准中对试验项目、试验方法、试验特性和试验装置都已作了介绍,在此不在赘述。然而,若在试验实际执行和应用期间需要作一些修改,或者另外有别的要求和附加资料,或者需要特定的试验方法,则在本部分中给出。

4.2.2 试验报告

试验结果应以试验报告的形式确认。试验报告应清晰而明确地阐明与试验相关的所有信息(如负载条件、电缆敷设等)。由制造商提供的功能说明以及详细验收准则,应在试验报告中予以记录。

在试验报告中,选定的试验方案应是合理的。应选择足够数目的端子,以便模拟实际的工作条件,并保证包含所有相关的端子类型。试验应在额定电源电压下进行并且是可复现的。

4.3 用户文件

本部分中限值和范围的设定基于以下条件,即安装者和使用者负责遵循制造商推荐的EMC标准。

制造商应向BDM、CDM的安装者或者PDS的使用者提供正确安装到预期环境中的典型系统或过程中所必需的文件。

如果必须采取特殊的EMC措施满足所要求的限值,则应在用户文件中明确地阐明这些措施。适当时,这些措施可能包括:

——供电电网阻抗的最大和最小允许值;

——屏蔽电缆或专用电缆(电力电缆和/或控制电缆)的使用;

——电缆屏蔽层的连接要求;

——电缆的最大允许长度;

——电缆隔离;

——诸如滤波器之类的外部设备的使用;

——功能性接地的正确连接。

如果不同的设备或连接要求适用于不同的环境,则同样也应对此加以阐明。

PDS可能增设的且符合抗扰度要求和/或防发射要求的辅助设备(如选件或增强作用的那些),应列表给出。

这方面的资料也可在试验报告中的某一部分加以叙述,阐明最终推荐的方案。

5 抗扰度要求

5.1 一般条件

5.1.1 验收准则(性能准则)

系统性能涉及BDM或CDM或者整个PDS的功能,这些功能由制造商声明。

子部件性能涉及BDM或CDM或者PDS的子部件的功能,这些功能由制造商声明。

作为一种替代方案,可对子部件性能而不是系统性能进行试验验证抗扰度(见5.1.2)。

尽管本部分允许就子部件(CDM/BDM的部件)进行试验,但其预期用途不是用于对子部件进行单独的符合性评价。

应使用验收准则检验PDS抗外部骚扰的性能。从EMC的观点来看,根据图1,任何装备都应能正常运行。由于PDS是一个比PDS本身更大的过程的功能序列的组成部分,所以因PDS的性能变化而引起的对这一过程的影响就是很难预料的。然而,大系统的这一重要方面应为EMC计划(见附录E)

所包括。

PDS的主要功能是将电能转换为机械能，以及进行这一转换所需的信息处理。

表1针对PDS及其子部件按给定骚扰的影响分A、B、C三种验收（性能）准则。

5.1.2 性能类型的选择

5.1.2.1 一般或特定系统性能

表1中的"一般系统性能"项目应根据PDS的特定用途和典型配置定义。选择这些项目是制造商的责任。

对于特定系统性能——转矩发生性能，只有在产品规范中明确定义的情况下才进行试验。在这种情况下，转矩发生性能可用直接或间接两种方式试验。直接试验方式采用EMC抗扰转矩测量仪测量转矩骚扰。

转矩性能可通过加上骚扰后保持电流或速度恒定在规定的允差内的能力定义（见5.1.3）。因此，可利用一种电流性能试验作为转矩性能的一种间接试验方式。对于EMC评价而言，除非另有约定，电力变流器的输出电流被认为是表示转矩具有足够精确度。作为一种替代方案，在规定总转动惯量的情况下，可利用速度性能进行间接试验。

5.1.2.2 子部件性能

若由于PDS的尺寸限制，或由于电流或额定供电能力的限制，或负载条件的限制，PDS不能在试验场地投入使用时，应采用子部件验收准则试验子部件。在任何情况下，试验装置都应能抗住施加于被试PDS或被试子部件的最高强度的骚扰。

只有在PDS中存在相关的端口或接口时，才应进行信息处理和检测功能（包括可能有的辅助设备选件）的试验。根据表1，在这些功能存在的情况下，进行子部件性能试验就足以确定与本部分是否一致。

表1 检验PDS抗电磁骚扰的验收准则

项目	验收（性能）准则[a]		
	A	B	C
一般系统性能	工作特性无明显的变化 在规定允差内正常工作	工作特性有明显的（可见的或可听到的）变化 能自行恢复	关机，工作特性变化 保护器件触发[b] 不能自行恢复
特定系统性能： 转矩发生性能	转矩偏差在规定允差内	动态转矩偏差超出规定允差 能自行恢复	转矩失控 不能自行恢复
子部件性能： 电力电子电路和驱动电路的运行	电力半导体器件无故障	暂时性故障，不会引起非预期的PDS关机	关机，保护设备触发[b] 所存储的程序没有丢失 用户程序没有丢失 设定值没有丢失 不能自行恢复
子部件性能： 信息处理和检测功能	与外部器件的通讯和数据交换不受骚扰	暂时通信骚扰，不会发出可能引起内部或外部器件关机的错误报告	通讯错误，数据和信息丢失 所存储的程序没有丢失 用户程序没有丢失 设定值没有丢失 不能自行恢复

表 1（续）

<table>
<tr><td rowspan="2">项　目</td><td colspan="3">验收(性能)准则[a]</td></tr>
<tr><td>A</td><td>B</td><td>C</td></tr>
<tr><td>子部件性能：
显示和控制面板的运行</td><td>LED 显示信息无变化，只是光亮度略有衰减，或者字符稍有变动</td><td>信息有可见的暂性变化，LED 的亮度不理想</td><td>关机，信息永久性丢失或者不允许的工作方式，显示信息明显错误
所存储的程序没有丢失
用户程序没有丢失
设定值没有丢失</td></tr>
<tr><td colspan="4">[a] 验收准则 A,B,C：不允许误起动。误起动是指脱离逻辑状态“STOPPED(停止)”的一种未预料到的变化，它可能使电动机运转。
[b] 验收准则 C：在操作人员的干预下(手动复位)可使功能恢复。对于以逆变方式工作的电网换相变流器，允许熔断器熔断。</td></tr>
</table>

5.1.3 试验条件

负载应在制造商的规范范围内，实际负载应记录在试验报告中。

试验转矩性能以及信息处理和检测功能要求使用特殊的试验设备，该设备对试验骚扰的寄生耦合要有适当的抗扰度。只有在试验设备的抗扰度可用标准的测量验证的情况下，才能使用这种试验装置。转矩骚扰的评估可通过转矩传感器进行，或者通过转矩生成电流的测量或计算，或者采用其他间接技术；在试验场地应提供适用的抗扰负载。

为了试验信息处理或检测功能，应设有适当的设备模拟数据通讯或数据计算。该设备应具有足够强的抗扰度，以便在试验期间能正常工作。

由于电动机已由其制造商按照相关的标准进行了试验，除了传感器外，PDS 的电动机部件就不需要再进行任何附加的 EMC 抗扰度试验。因此，尽管电动机在试验期间连接到 BDM/CDM 上，但不需要对电动机本身进行 EMC 抗扰度试验。

对于那些存在的相关端口，包括所选辅助设备(若有的话)那些端口进行试验。要依定义明确且可复现的方式逐个端口进行。然而，如果有几个过程测量和控制端口或信号接口具有相同的物理配置(布局)，则试验该类型的一个端口或接口即可。

在 5.2 和 5.3 中叙述了最低要求、试验和验收准则。验收准则见 5.1.1。

5.2 基本抗扰度要求：低频骚扰

5.2.1 一般原则

在对 PDS 抗低频骚扰的抗扰度进行设计时，应采用本条款中给出的要求。

对于这些抗扰度要求，制造商可采用试验、计算或仿真方式验证其是否符合要求。除非另作说明，只需证明功率电路符合所要求的验收准则以及没有超过输入电路(滤波器等)的额定值即可。

注 1：这些现象中有许多不是通用型标准所要求的，但对于 PDS 中功率电路的设计和参数选择却是至关重要的。要对这些现象中的许多进行抗扰度试验是很困难的，尤其是在输入电流超过 16 A 或者电源电压超过 400 V 时。但是，经验表明，只要功率电路正确运行，控制部分和辅助设备通常是能抗扰的。这是由于 PDS 中存在自然解耦作用的缘故。例如，诸如风机之类辅助过程的电源和时间常数就能提供这类解耦作用。

在用户文件中应阐明是否符合本部分的要求。在通过试验验证这种符合性的场合，可对 IEC 61000-4系列中的相关基础标准加以考虑(见 B.7)。

注 2：主电源和可能有的辅助电源的电气使用条件，已在相关标准 GB/T 12668.1—2002 或 GB/T 12668.2—2002

或 GB/T 12668.4—2006 的 PDS 使用条件中给出了定义。这些使用条件包括频率变化、频率变化速率、电压变化、电压波动、电压不平衡、谐波以及换相缺口。

注 3： 超过所标明等级而可能引起的后果(根据 IEC 60146-2 所述)是：

F 在功能方面性能降低；

T 由于保护装置而引起脱扣或运行中断；

D 永久性损坏(熔断器合格)。

这样的后果不应被认为是 EMC 所关注的，但适当时应认为是安全性分析的一部分。

5.2.2 谐波和换相缺口/电压畸变

5.2.2.1 低压 PDS(电压畸变)

PDS 或 BDM/CDM 应能承受表 2 给出的抗扰度等级。应验证这些抗扰度等级不会导致超过输入电路(滤波器等)的额定值。对换相缺口需采用时域分析法。根据 5.2.1 的规定，制造商可采用计算、仿真或试验方式验证抗扰度。

注： 关于换相缺口对总谐波畸变的影响的频率域分析，显然不会揭示出某些类型的有害作用，见 B.1。

表 2 低压(额定电压≤1 000 V)PDS 电源端口上的谐波和换相缺口/电压畸变的最低抗扰度要求

现 象	第一类环境		第二类环境		性能(验收)准则
	参考文件	等级	参考文件	等级	
谐波(THD 及各谐波次数)	IEC 61000-2-2	兼容性等级的值	IEC 61000-2-4 3 类	兼容性等级的值	A
谐波 短时(<15 s)	IEC 61000-2-2	永久兼容性等级的 1.5 倍值	IEC 61000-2-4 3 类	永久兼容性等级的 1.5 倍值	B
换相缺口	IEC 61000-1-1	没有要求	IEC 60146-1-1 B 类	深度=40% 总面积=250 百分值×度	A

5.2.2.2 额定电压高于 1 000 V 的 PDS(电压畸变)

5.2.2.2.1 主电源端口

PDS 或 BDM/CDM 应能承受表 3 给出的抗扰度等级。应验证这些抗扰度等级不会导致超过输入电路(滤波器等)的额定值。对换相缺口需采用时域分析法。根据 5.2.1 的规定，制造商可采用计算、仿真或试验方式验证抗扰度。

注： 换相缺口对总谐波畸变的影响的频域分析，显然不会揭示出某些类型的有害作用，见 B.1。

表 3 额定电压高于 1 000 V 的 PDS 主电源端口上的谐波和换相缺口/电压畸变的最低抗扰度要求

现象	参考文件	等 级	性能(验收)准则
谐波(THD 及各谐波次数)	IEC 61000-2-4 3 类	兼容性等级的值	A[a]
谐波 短时(<15 s)	IEC 61000-2-4 2 类	永久兼容性等级的 1.5 倍值	A[a]

表 3（续）

现　　象	参考文件	等　　级	性能(验收)准则
稳态间谐波	IEC 61000-2-4 2 类	兼容性等级的值	A[b]
间谐波 短时(<15 s)	IEC 61000-2-4 2 类	永久兼容性等级的 1.5 倍值	B[a]
换相缺口	IEC 60146-1-1	深度=40% U_{LWM}(B 类) 总面积[c]=125 百分值×度(C 类)	A[a]

[a] 超过该等级而可能引起的后果是 T(见 5.2.1 中的注 3)。

[b] 超过该等级而可能引起的后果是 F(见 5.2.1 中的注 3)。

[c] IEC 60146-1-1 的 C 类适于变压器的一次侧。

5.2.2.2.2 辅助电源端口

PDS 的辅助电源端口应能承受表 4 给出的抗扰度等级。应验证这些抗扰度等级不会导致超过输入电路(滤波器等)的额定值。对换相缺口需采用时域分析法。根据 5.2.1 的规定，制造商可采用计算、仿真或试验方式验证抗扰度。

注：关于换相缺口对总谐波畸变的影响的频域分析，显然不会揭示出某些类型的有害作用，见 B.1。

表 4 PDS 辅助低压电源端口上的谐波和换相缺口/电压畸变的最低抗扰度要求

现　　象	参考文件	等　　级	性能(验收)准则
谐波(THD 及各谐波次数)	IEC 61000-2-4 2 类	兼容性等级的值	A[a]
谐波 短时(<15 s)	IEC 61000-2-4 2 类	永久兼容性等级的 1.5 倍值	A[a]
换相缺口	IEC 60146-1-1	深度=40% U_{LWM} 总面积[b]=250 百分值×度	A[a]

[a] 超过该等级而可能引起的后果是 T(见 5.2.1 中的注 3)。

[b] 根据 IEC 60146-1-1 的规定，为 B 类。

5.2.3 低压偏差(变动、变化、波动)、电压跌落和短时中断

5.2.3.1 低压 PDS(电压偏差)

PDS 或 BDM/CDM 应能承受表 5 给出的抗扰度等级。根据 5.2.1 的规定，制造商可采用计算、仿真或试验方式验证抗扰度。

表 5 低压 PDS 电源端口上的电压偏差、电压跌落和短时中断的最低抗扰度要求

现　　象	第一类环境		第二类环境		性能(验收)准则
	参考文件	等级	参考文件	等级	
电压偏差	IEC 61000-2-2	±10%	IEC 61000-2-4 2 类	±10%[a]	A[b]

表 5（续）

现象	第一类环境		第二类环境		性能(验收)准则
	参考文件	等级	参考文件	等级	
电压跌落和短时中断	GB/Z 18039.5—2003[c]	深度 10%～100%	GB/Z 18039.5—2003[c]	深度 10%～100%	C[d]

[a] 如果要求 IEC 61000-2-4 中的 3 类，则制造商与用户之间应就此进行约定。

[b] 当电压低于标称值时，最大输出功率额定值——速度和/或转矩——可能会降低，因为它们是随电压变化的。

[c] 电压跌落的典型深度和持续时间在 GB/Z 18039.5—2003 中 8.1.2 给出。

[d] 对于以逆变方式工作的电网换相变流器，允许熔断器断开。

注 1：PDS 用于能量转换，而电压跌落则表示可用能量的损失。即使是在出现幅值为 30%～50%以及持续时间为 0.3 s 的电压跌落期间，为安全起见，也可能必须跳闸。

注 2：降低输入电压，即使持续几毫秒，也可能会导致以再生回馈方式运行的电网换相晶闸管变流器的熔断器熔断。

注 3：如果对过程本身没有详细了解，则不能确定电压跌落（能量减少）对过程的影响。这种影响表现在系统和额定值方面，并且当对 PDS 的功率要求（包括损耗）高于有用功率时，这一影响通常最大。

在有可能的和不危险的场合，短时中断期间 PDS 的性能可通过在 PDS 的标准工作条件下通、断供电电源验证（见 B.6.1）。

制造商应在用户文件中阐明由电压跌落或短时中断引起的性能降低。

注 4：对抗扰度的改善（使用 UPS、备用发电机、降容等）可能会使 PDS 的尺寸和成本显著增加，并可能降低效率和功率因数。诸如自动再起动这类工作方式可能对安全性有影响，因而不属于本部分的范围。

5.2.3.2 额定电压高于 1 000 V 的 PDS（电压偏差）

5.2.3.2.1 主电源端口

PDS 的主电源端口应能承受表 6 给出的抗扰度等级。根据 5.2.1 的规定，制造商可采用计算、仿真或试验方式验证抗扰度。

表 6 额定电压高于 1 000 V 的 PDS 主电源端口上的电压偏差、电压跌落和短时中断的最低抗扰度要求

现象	参考文件	等级	性能(验收)准则
电压偏差 持续时间超过 1 min	IEC 61000-2-4 3 类	±10%	A[a]
电压偏差 持续时间不超过 1 min	IEC 61000-2-4 3 类	最大阶跃变化幅值：在公差带范围内为标称电压的 12%	A[a]
电压变化	IEC 61000-2-4 3 类	两次阶跃变化之间的最小间隔时间：2 s	A[a]
电压跌落和短时中断	GB/Z 18039.5—2003[b]	深度和持续时间 15%～50%，$t \leqslant 100$ ms 15%～100%	 B，C[c] C

[a] 当电压低于标称值时，最大输出功率额定值（速度和/或转矩）可能会降低，因为他们是随电压变化的。超过该等级而可能引起的后果是 T 或 D（见 5.2.1 中的注 3），在后一种情况下，系统供应商应提供有关 PDS 实际性能的信息。

[b] 电压跌落的典型深度和持续时间在 GB/Z 18039.5—2003 中 8.1.2 给出。

[c] 准则 c 仅适用于电网换相或负载换相晶闸管变流器。

5.2.3.2.2 辅助电源端口

PDS 的辅助电源端口应能承受表 7 给出的抗扰度等级。制造商可采用计算、仿真或试验方式验证抗扰度。

表 7 PDS 辅助低压电源端口上的电压偏差、电压跌落和短时中断的最低抗扰度要求

现象	参考文件	等级	性能(验收)准则
电压偏差 持续时间超过 1 min	IEC 61000-2-4 3 类	±10%	A[a]
电压偏差 持续时间不超过 1 min	IEC 61000-2-4 3 类	+10%～−15%	A[a]
电压跌落和短时中断	GB/Z 18039.5—2003[b]	深度和持续时间 15%～50%，$t \leqslant 100$ ms 15%～100%，$t \leqslant 5$ s	 B B

[a] 超过该等级而可能引起的后果是 T(见 5.2.1 中的注 3)。

[b] 电压跌落的典型深度和持续时间在 GB/Z 18039.5—2003 中 8.1.2 给出。

5.2.4 电压不平衡和频率变化

5.2.4.1 低压 PDS

电压不平衡的定义和评价在 B.5.2 中阐述。

PDS 或 BDM/CDM 应能承受表 8 给出的抗扰度等级。制造商可采用计算、仿真或试验方式验证抗扰度。

表 8 低压 PDS 电源端口上的电压不平衡和频率变化的最低抗扰度要求

现象	第一类环境		第二类环境		性能(验收)准则
	参考文件	等级	参考文件	等级	
电压不平衡[a]	IEC 61000-2-2	2%负序分量	IEC 61000-2-4 3 类	3%负序分量	A
频率变化	IEC 61000-2-2	±2%	IEC 61000-2-4	±2% 在电源与公共供电电网隔离的场合，± 4%	A
频率变化速率		1%/s		± 1%/s 在电源与公共供电电网隔离的场合，2%/s	A

[a] 不适合于单相 PDS。

5.2.4.2 额定电压高于 1 000 V 的 PDS

5.2.4.2.1 主电源端口

电压不平衡的定义和评价在 B.5.2 中阐述。

PDS 或 BDM/CDM 应能承受表 9 给出的抗扰度等级。制造商可采用计算、仿真或试验方式验证抗扰度。

表 9 额定电压高于 1 000 V 的 PDS 主电源端口上的电压不平衡和频率变化的最低抗扰度要求

现 象	参考文件	等 级	性能(验收)准则
电压不平衡	IEC 61000-2-4 2 类	2%负序分量	A[a]
频率变化	IEC 61000-2-4	±2% 在电源与公共供电电网隔离的场合，±4%	A[b] A[c]
频率变化速率	IEC 61000-2-4 3 类	±1%/s 在电源与公共供电电网隔离的场合，2%/s	A[b] A[c]

[a] 超过该等级而可能引起的后果是 F 或 T(见 5.2.1 中的注 3)。在后一种情况下，系统提供商应提供有关 PDS 实际性能的信息。

[b] 超过该等级而可能引起的后果是 F(见 5.2.1 中的注 3)。

[c] 超过该等级而可能引起的后果是 T(见 5.2.1 中的注 3)。

5.2.4.2.2 辅助电源端口

电压不平衡的定义和评价在 B.5.2 中阐述。

PDS 的辅助电源端口应能承受表 10 中给出的抗扰度等级。制造商可采用计算、仿真或试验方式验证抗扰度。

表 10 对 PDS 辅助低压电源端口上的电压不平衡和频率变化的最低抗扰度要求

现 象	参考文件	等 级	性能(验收)准则
电压不平衡	IEC 61000-2-4 3 类	3%负序分量	A[a]
频率变化	IEC 61000-2-4	±2% 在电源与公共供电电网隔离的场合，±4%	A[b] A[c]

[a] 超过该等级而可能引起的后果是 F 或 T(见 5.2.1 中的注 3)。在后一种情况下，系统提供商应提供有关 PDS 实际性能的信息。

[b] 超过该等级而可能引起的后果是 F(见 5.2.1 中的注 3)。

[c] 超过该等级而可能引起的后果是 T(见 5.2.1 中的注 3)。

5.2.5 电源的影响 磁场

不需要进行 GB/T 17626.8—2006 规定的抗扰度试验(说明见 A.3.1)。

5.3 基本的抗扰度要求：高频骚扰

5.3.1 条件

在下面的表 11 和表 12 中，叙述了高频骚扰试验的最低抗扰度要求和验收准则。验收准则见

5.1.1。说明见 A.3。

5.3.2 第一类环境

表 11 中的抗扰度等级应适用于预期用途为第一类环境的 PDS。

如果 CDM/BDM 根据表 11 规定的抗扰度的设计，则应在使用说明书中包含一个书面形式的警告，指明其预期用途不是工业装备。

表 11 对预期用途为第一类环境的 PDS 的最低抗扰度要求

端口	现象	试验方法的基本标准	抗扰度等级	性能(验收)准则
机壳端口	静电放电	IEC 61000-4-2	4 kV CD 或 8 kV AD(CD 不可能时)	B
	射频电磁场，调幅	GB/T 17626.3—2006 见 5.3.4	80 MHz～1 000 MHz 3 V/m 80% AM(1 kHz)	A
电源端口	快速瞬变	IEC 61000-4-4	1 kV/5 kHz[a]	B
	浪涌[b] 1.2/50 μs，8/20 μs	IEC 61000-4-5	1 kV[c] 2 kV[d]	B
	传导性射频共模	IEC 61000-4-6 见 5.3.4	0.15 MHz～80 MHz 3 V 80% AM(1 kHz)	A
电源接口	快速瞬变[e]	IEC 61000-4-4	1 kV/5 kHz 容性钳	B
过程测量和控制线端口及信号接口	快速瞬变[e]	IEC 61000-4-4	1 kV/5 kHz 容性钳	B
	传导性射频共模[e]	IEC 61000-4-6 见 5.3.4	0.15 MHz～80 MHz 3 V 80% AM(1 kHz)	A

CD：接触放电；AD：空气放电；AM：调幅

[a] 电流额定值＜100 A 的电源端口：使用耦合和去耦网络直接耦合。电流额定值≥100 A 的电源端口：直接耦合或者容性钳，而不用去耦网络。如果采用容性钳，试验电平应为 2 kV/5 kHz。

[b] 仅适用于在如 5.1.3 规定的轻载试验条件期间电流消耗＜63 A 的电源端口。不应超过基本绝缘的额定脉冲电压(见 IEC 60664-1)。

[c] 线对线耦合。

[d] 线对地耦合。

[e] 仅适用于电缆总长度按制造商的规范可能超过 3 m 的端口或接口。

5.3.3 第二类环境

表 12 中的抗扰度等级应适用于预期用途为第二类环境的 PDS。同时也适用于额定电压高于 1 000 V的 PDS 的低压端口或低压接口(电源、信号)。

注：额定电压高于 1 000 V 的 PDS 的低压端口和接口的示例如下：

低压机壳端口　　辅助设备、控制和保护的机壳；

低压电源端口　　PDS 的低压电源；

低压电源接口　　　PDS 主要部件内的辅助电源配电；

低压信号接口　　　PDS 主要部件内的低压信号接口；

低压过程端口　　　PDS 的信号端口。

表 12　对预期用途为第二类环境的 PDS 的最低抗扰度要求

端口	现象	试验方法的基本标准	抗扰度等级	性能(验收)准则
机壳端口	静电放电	IEC 61000-4-2	4 kV CD 或 8 kV AD(CD 不可能时)	B
	射频电磁场,调幅	GB/T 17626.3—2006 见 5.3.4	80 MHz~1 000 MHz 3 V/m 80% AM(1 kHz)	A
电源端口	快速瞬变	IEC 61000-4-4	2 kV/5 kHz[a]	B
	浪涌[b] 1.2/50 μs, 8/20 μs	IEC 61000-4-5	1 kV[c] 2 kV[d]	B
	传导性射频共模[e]	IEC 61000-4-6 见 5.3.4	0.15 MHz~80 MHz 10 V 80% AM(1 kHz)	A
电源接口	快速瞬变[e]	IEC 61000-4-4	2 kV/5 kHz　容性钳	B
信号接口	快速瞬变[e]	IEC 61000-4-4	1 kV/5 kHz　容性钳	B
	传导性射频共模[e]	IEC 61000-4-6 见 5.3.4	0.15 MHz~80 MHz 3 V 80% AM(1 kHz)	A
过程测量控制线端口	快速瞬变[e]	IEC 61000-4-4	2 kV/5 kHz　容性钳	B
	浪涌[f] 1.2/50 μs, 8/20 μs	IEC 61000-4-5	1 kV[d,f]	B
	传导性射频共模[e]	IEC 61000-4-6 见 5.3.4	0.15 MHz~80 MHz 10 V 80% AM(1 kHz)	A

CD:接触放电;AD:空气放电;AM:调幅

[a] 电流额定值<100 A 的电源端口:使用耦合和解耦网络直接耦合。电流额定值≥100 A 的电源端口:直接耦合或者容性钳,而不用解耦网络。如果采用容性钳,试验电平应为 4 kV/2.5 kHz。

[b] 仅适用于在如 5.1.3 规定的轻载试验条件期间电流消耗<63 A 的电源端口。不应超过基本绝缘的额定脉冲电压(见 IEC 60664-1)。

[c] 线对线耦合。

[d] 线对地耦合。

[e] 仅适用于电缆总长度按制造商的规范可能超过 3 m 的端口或接口。

[f] 仅适用于电缆总长度按制造商的规范可能超过 30 m 的端口。在使用屏蔽电缆的情况下,须采用与屏蔽层的直接耦合。在浪涌保护装置的使用由于技术原因不是切实可行的场合,这一抗扰度要求不适用于现场总线或其他信号接口。在由于耦合/去耦网络对被试验设备(EUT)的影响而不能达到正常工作的场合,无需进行试验。

对于施加到额定绝缘电压高于 1 000 V 的端口上来说，这些现象是不恰当的。为简便起见，将这类端口称之为额定电压高于 1 000 V 的 PDS 的高压端口。

注：额定电压高于 1 000 V 的 PDS 的高压端口和接口的示例如下：

高压机壳端口	变压器、变流器部分和电动机的机壳；
高压电源端口	变压器的一次侧；
高压电源接口	PDS 主要部件内的高压配电；
高压信号接口	PDS 主要部件内的高压信号接口。

5.3.4 对电磁场的抗扰度

如果 PDS 是下列情形，应进行 GB/T 17626.3—2006 和 IEC 61000-4-6 中的试验项目(见 5.3.2 和 5.3.3)：

——额定电压不高于 500 V；

——额定电流不大于 200 A；

——总质量不大于 250 kg；和

——高度、宽度和深度不大于 1.9 m。

如果 PDS 的额定值大于或高于以上段落中的值，则制造商应在以下两个选项中做出选择：

——在 PDS 上进行 GB/T 17626.3—2006 和 IEC 61000-4-6 中的试验项目；或者

——在敏感子部件上进行 GB/T 17626.3—2006 和 IEC 61000-4-6 中的试验项目。

如果电动机太大以至于不能在试验场地投入使用，只要对 CDM/BDM 的运行没有不利影响，就可用较小尺寸的电动机代替进行试验。

在只是已经对子部件进行试验的情况下，应在成套 PDS 上进行与一般工业用途的无线电通信设备的对比试验，如 A.3.2.2 中所述。这一试验只对特定场所、所安装设备和所试验频率有效。

5.4 抗扰度要求的应用：统计方面

当选择 PDS 的某一特定试验的验收等级时，应了解这一试验结果只是某一性能的可能性。根据 PDS 的验收准则和应用，在规定试验脉冲数或试验持续时间时应考虑这种可能性。

5.3 中的抗扰度要求应通过在一个具有代表性的单元上进行一次型式试验验证。制造商或供应商应在生产过程中采用某些形式的质量控制保持产品的 EMC 性能。

对于安装在使用场地(而不是试验场地)的 PDS 所得到的测量结果应只与该装备相关。

6 发射

6.1 一般发射要求

只要符合正常应用，就应在频带产生最大发射的工作方式下进行测量。

表 13 对与 PDS 的分类(见 3.2)相应的要求进行了概述。

表 13 发射要求概述

类别	低频 (电源端口)	骚扰电压 (电源端口)	辐射性发射 (机壳端口及其他)
C1 类	产品评价，要求：6.2.2，6.2.3.1 或6.2.3.2，6.2.4，6.2.5 负载条件 B.2.3.3 和 B.3.2 第一类环境	产品评价 6.4.1.1 中表 14	产品评价 6.4.1.3 中表 15； 和 6.4.1.2； 以及 6.4.1.4

表 13（续）

类别	低频 （电源端口）	骚扰电压 （电源端口）	辐射性发射 （机壳端口及其他）
C2 类	产品评价，要求：6.2.2，6.2.3.1 或6.2.3.2，6.2.4，6.2.5 负载条件 B.2.3.3 和 B.3.2 第一类环境或公共电网	产品评价 6.4.1.1 中表 14 使用说明书中的警告	产品评价 6.4.1.3 中表 15； 和 6.4.1.2； 以及 6.4.1.4 使用说明书中的警告
C3 类	要求：6.2.2，6.2.3.3，6.2.4，6.2.5 负载条件 B.2.3.3 以及一般规则 B.3.3 和 B.4 第二类环境	产品评价 6.4.2.1 和 6.4.2.2 中表 17 使用说明书中的警告	产品评价 6.4.2.3 和 6.4.2.4 中表 18 使用说明书中的警告
C4 类	工程设计实践 要求：6.2.2，6.2.3.3，6.2.4，6.2.5 负载条件 B.2.3.3 以及一般规则 B.3.3 和 B.4 第二类环境	工程设计实践 6.4.2.1 和 6.4.2.2 中表 17 或者 6.5.1 中 EMC 计划 和 6.5.2 中表 19 及表 20	工程设计实践 6.4.2.1 和 6.4.2.3 中表 18 或者 6.5.1 中 EMC 计划 和 6.5.2 中表 21 及表 22

6.2 基本低频发射限值

6.2.1 符合性验证方法

可采用计算、仿真或试验的方法进行符合性验证。

6.2.2 换相缺口

在电源端口上使用示波器测量换相缺口（见 B.1.1）。这些换相缺口是由可控电网换相变流器产生的（见 IEC 60146-1-1 的 2.5.4.1）。

在知道 PDS 的输入电路不产生缺口或者只产生很小幅值的缺口的场合（例如二极管整流器），无需考虑到缺口的发射。

注 1：应考虑到缺口的发射的主要实际场合为晶闸管变流器（电网换相）的场合。RFI（射频干扰）滤波器是可能受缺口影响的设备的场合。这些滤波器可能出现过载现象或者可能承受重复性过电压。

注 2：二极管整流器是一种不可控电网换相变流器，产生很小幅值的换相缺口。有些自换相变流器（例如具有有源前端的电压源逆变器型间接变流器），取决于 PWM 波形，可能产生换相缺口。

在需要考虑到缺口的场合，制造商应为用户提供下列信息：

——PDS 中包括的任何解耦电抗的值；

——可能为达到抑制目的而从外部加上的可用解耦电抗（见 B.1.2）。

B.1.3 的推荐要求应得到遵循。

6.2.3 谐波和间谐波

6.2.3.1 低压公共供电电网 IEC 61000-3-2 包括的设备

设备可能包含一个或几个 PDS，也可能包含其他负载。

如果PDS是属于IEC 61000-3-2范围内的一种设备,则该标准的要求适用。但是,如果在属于IEC 61000-3-2范围内的设备中包括有一个或多个PDS,则该标准的要求适用于成套设备,而不是用于各个PDS。定义IEC 61000-3-2适用的系统或子系统的边界以及证明设备是否符合要求的方法是设备制造商的责任。

6.2.3.2 低压公共供电电网 IEC 61000-3-2未包括的设备

对于IEC 61000-3-2未包括的设备(例如额定电流大于16 A的设备),所推荐的标准要求可在GB/Z 17625.6—2003和本部分的B.4中找到。在GB/Z 17625.6—2003的第1阶段或第2阶段由于本部分的附录B和附录C中所说明的技术或经济原因而不能适用的场合,本部分的附录3可使第3阶段的方法变得更为方便。

制造商应在PDS的文件资料中或者根据要求,以电源端口上额定基波电流的百分比形式,提供额定负载条件下的电流谐波等级。这些电流谐波等级可采用计算、仿真或试验的方法产生。

为了进行计算或仿真,应假定外加电压具有一个低于1%的THD(总谐波畸变),假定电网的内阻抗为纯电感性的。如果不知道PDS的具体安装场所,则应假定PDS是连接到一个具有PDS制造商所允许的最高R_{SI}值的PC上计算谐波电流。

$$R_{SI}=\frac{I_{SC}}{I_{LN}}$$

式中:

I_{SC}——所考虑的PC处的短路电流;

I_{LN}——PDS的额定输入电流。

如果制造商没有规定一个R_{SI}的最大值,则应假定一个为250的值。如果知道PDS的具体安装场所,则应采用在该场所的电源阻抗。

PDS的制造商应计算出40次以下各次谐波的谐波电流。同时也应计算出电流的THD(40次以下,包括40次)。

谐波计算指南见IEC 61000-2-6的A.1和A.2,在该标准的7.4中也给出了不同源的谐波求和指南。

间谐波的影响在B.4.3中考虑。在IEC 61000-2-6的附录C中给出了计算方法。

6.2.3.3 工业电网

若欲将PDS用于不是由公共低压电网直接供电的装备中,则IEC 61000-3-2和GB/Z 17625.6—2003不适用。因此,应采用一种考虑到整体装备的合理方法(见B.4)。

注:对于高于1 000 V的电网电压,整体装备可能要服从电力企业通常根据IEC 61000-3-6制定的规则。这些规则适用于整个装备,而不是单个设备。这些规则通常考虑到系统内存在的谐波电流和电压畸变。表B.2提供了一种有效的简化方法。

如果是额定电压高于1 000 V的PDS,则应分别考虑来自主电源端口和辅助电源端口的谐波发射。

6.2.4 电压波动

6.2.4.1 条件

设备可能包含一个或几个PDS,而且也可能包含其他能够引起电压波动的负载。

注1:例如,电压波动可能是由PDS负载的频繁变化,或者异步电动机转差能量回收的次谐波引起的。电压波动也可能是由不同于基波频率或者主要谐波的频率时的间谐波引起的。这种发射一般是由交-交变频器或者电流源型逆变器产生的,见B.4.3和B.6.2。IEC 61000-2-4或IEC 61000-1-12中给出的兼容性等级包括了间谐波。

注2：电压波动取决于装备的阻抗和负载的工作周期。在某些应用中，用户可能会通过改变速度斜坡速率或者采用其他技术调整负载工作周期减小电压波动。

注3：大多数的电压波动都视装备而定。因此，这种系统方面的电压波动应属于用户或安装者的责任范畴。考虑到所有设备的累积效应，电压变化不应超过在IEC 61000-2-4中给出的兼容性等级。

6.2.4.2 低压PDS

如果PDS是属于IEC 61000-3-3范围内的一种设备，则该标准的要求适用。但是，如果在属于IEC 61000-3-3范围内的设备中包括有一个或多个PDS，则该标准的要求适用于成套设备，而不适用于单个PDS。

如果PDS是属于IEC 61000-3-11范围内的一种设备，则该标准的要求适用。但是，如果在属于IEC 61000-3-11范围内的设备中包括有一个或多个PDS，则该标准的要求适用于成套设备，而不适用于单个PDS。

6.2.4.3 额定电压高于1 000 V的PDS

GB/Z 17625.5—2000考虑到了PCC负载侧的所有电路，适用于整体装备。通常，应用该报告可形成电力企业的地方性规则。与这些规则的符合性要求对受到所考虑的PDS影响的整体装备的总波动发射进行评价。

注：大多数的电压波动都与装备有关。因此，这种系统方面的电压波动应属于用户或安装者的责任范畴。考虑到所有设备的累积效应，电压变化不应超过在IEC 61000-2-12中给出的兼容性等级。

6.2.5 共模谐波发射(低频共模电压)

PDS变流器的开关频率通常是在音频范围内，尤其是在电话和数据系统常用的频率范围内。为了避免对信号电缆产生串扰的危险，在安装说明书中应建议将电源接口电缆和信号电缆分隔开，或者规定可供选择的抑制方法。

6.3 与高频发射测量有关的条件

6.3.1 一般要求

6.3.1.1 通用条件

可预计，电压或电流的变化率是高频发射的主要原因。对于这种类型的发射，几乎都与PDS的dv/dt值相关，而且，可通过使PDS的输出电流低于额定电流获得。因此，这些试验都是轻载试验。要以定义明确且可复现的方式，对存在的相关端口逐个进行这些试验。试验方法应符合6.2和6.4以及CISRP 11的第7条的要求，要特别注意对地连接。

负载应在制造商的规范范围内，实际负载应记录在试验报告中。

6.3.1.2 传导性发射

用以评价电源终端(电源端口)的高频骚扰电压发射的测量设备，在可适用的场合采用人工电源网络(50 Ω/50 μH，见CISPR 16-1和CISPR 11)，或者在人工电源网络不适用的场合采用符合CISPR 16-1要求的电压探头。

现场测量电源骚扰电压时，在没有人工电源网络的情况下，应采用电压探头(见CISPR 11的6.2.3)。如果PDS的输入电流大于100 A，或者输入电压高于或等于500 V，或者PDS中包含电网换相变流器，同样可采用电压探头(见A.4.1.2)。

6.3.1.3 辐射性发射

对于C1类和C2类设备,应在符合CISPR 16-1要求的试验场地进行测量。

对于C3类设备,应最好是在符合CISPR 16-1要求的试验场地进行试验。但是,如果由于重量、尺寸或功率的实际原因证明这种试验是不可能的话,则可在某一不完全符合试验场地要求的场所进行试验。对于这一场所的应用,应在试验报告中说明其理由。

测量距离的选择应符合CISPR 11中5.2.2和7.2.3的要求。

6.3.2 连接要求

如果是在试验场地对PDS进行测量,则试验装置(包括电源电缆和控制电缆的长度和位置)应代表如制造商所定义的以及用户文件中所述的预期用途的特征(见4.3)。在试验报告中应对试验装置加以说明。

如果是在现场对PDS进行测量,则电缆和接地的配置应与此用途一致。

6.4 基本高频发射限值

6.4.1 C1和C2类设备

6.4.1.1 电源端口骚扰电压

表14中给出了电源终端(电源端口)骚扰电压的限值。

表14 频带150 kHz~30 MHz中电源终端骚扰电压的限值

频带 MHz	C1类		C2类	
	准峰值 dB(μV)	平均值 dB(μV)	准峰值 dB(μV)	平均值 dB(μV)
0.15≤f<0.5	66 随频率的对数下降到56	56 随频率的对数下降到46	79	66
0.5≤f≤5.0	56	46	73	60
5.0<f<30.0	60	50	73	60

在PDS不符合C1类的限值的场合,应在使用说明书中包括以下警告:

> 警告
> 在民用环境中,本产品可能产生无线电干扰。在这种情况下,可能需要采取附加抑制措施。

注:高频共模滤波会产生对地的容性耦合路径。在中线不接地或者通过一高阻抗接地的供电系统(IEC 60364-1的312.2.3中所定义的IT供电电网)的情况下,这些容性耦合路径可能是有害的(见D.2.2)。

6.4.1.2 过程测量与控制端口

如果过程测量与控制端口的预期用途是与现场总线连接,则该端口应符合相关标准对该现场总线的传导性发射要求。

如果过程测量与控制端口的预期用途是与公共电信网络连接,则该端口应被认为是一个电信端口。CISPR 22中的B类传导性发射要求适用于该端口。

6.4.1.3 辐射 机壳端口

表15中给出了电磁辐射骚扰(机壳端口,见3.3.4中的定义和图2)的限值。

表 15 频带 30 MHz～1 000 MHz 中电磁辐射骚扰的限值

频带 f MHz	C1 类	C2 类
	电场强度分量 准峰值 dB(μV/m)	电场强度分量 准峰值 dB(μV/m)
30≤f≤230	30	40
230<f≤1 000	37	47

注：测量距离为 10 m。
对于 C1 类，如果由于高环境噪声级或者其他原因而不能在 10 m 处进行电场强度测量，则可在 3 m 处进行测量。如果采用 3 m 的测量距离，则应将所获得的测量结果规格化成 10 m 处的值，具体方法是从所获得的测量结果中减去 10 dB。在这种情况下，尤其是在 PDS 的尺寸不是相当小以及频率接近 30 MHz 时，应注意避免近场效应。

在 PDS 不符合 C1 类的限值的场合，应在使用说明书中包括以下警告：

警 告
在民用环境中，本产品可能产生无线电干扰。在这种情况下，可能需要采取附加抑制措施。

6.4.1.4 电源接口的发射

对于打算在第一类环境中运行的 PDS，应采用下列可选方案中的一个方案保证发射的限值：

a) 如果相应电缆的长度小于 2 m，或者如果使用屏蔽电缆，则无需对电源接口进行测量。在这种情况下，屏蔽应是高频特性的、在其整个长度上是连续的并且至少是通过 360°端接法连接到 CDM 和电动机上；
b) 应按照 CISPR 14 的要求测量 BDM 中电源接口处的骚扰电压并施加表 16 中给出的限值对发射进行检验；
c) 在所使用的抑制方法（例如共模抑制方法）不适于按照 b)项进行检验的场合，应在按 6.4.1.1 的要求测量电源终端骚扰电压的过程中，通过建立电源输入电缆与电动机电缆之间的耦合，对抑制方法的有效性进行检验。

表 16 电源接口上骚扰电压的限值

频带 MHz	在额定输出电流时的测量	
	准峰值 dB(μV)	准峰值 dB(μV)
0.15≤f<0.5	80	70
0.5≤f<30	74	64

6.4.2 C3 类设备

6.4.2.1 信息要求

如果 PDS 不满足 C1 类和 C2 类的限值，则应在使用说明书中包括一条警告信息，阐明：

——这种类型 PDS 的预期用途不是用于给民用设施供电的低压公共电网；
——如果用于这样的一个电网，则预计会产生射频干扰。

制造商应提供安装与使用指南，其中包括推荐使用的抑制设备。

6.4.2.2 电源接口骚扰电压

表 17 中给出了 PDS 电源终端(电源端口)骚扰电压的限值。同样的限值适用于额定电压高于 1 000 V的 PDS 的低压电源端口。见 D.2。

表 17 频带 150 kHz～30 MHz 中电源终端骚扰电压的限值——第二类环境中的 PDS(C3 类 PDS)

PDS 的规格[a]	频带 MHz	准峰值 dB(μV)	平均值 dB(μV)
$I \leqslant 100$ A	$0.15 \leqslant f < 0.50$ $0.5 \leqslant f < 5.0$ $5.0 \leqslant f < 30.0$	100 86 90 随频率的对数下降到 70	90 76 80 随频率的对数下降到 60
$I > 100$ A	$0.15 \leqslant f < 0.50$ $0.5 \leqslant f < 5.0$ $5.0 \leqslant f < 30.0$	130 125 115	120 115 105
这些限值不适用于在电压 1 000 V 以上运行的电源端口。			
[a] PDS 的规格是指端口的额定电流(I)。			

对于不带专用变压器的 100 A 以上 PDS，为了避免对信号电缆产生串扰的危险，在安装说明书中应建议将电源电缆和信号电缆分隔开，或者规定可供选择的抑制方法。

6.4.2.3 过程测量与控制端口

如果过程测量与控制端口的预期用途是与现场总线连接，则该端口应符合相关标准对该现场总线的传导性发射要求。

如果过程测量与控制端口的预期用途是与公共电信网络连接，则该端口应被认为是一个电信端口。CISPR 22 中的 A 类传导性发射要求适用于该端口。

6.4.2.4 辐射 机壳端口

表 18 中给出了 PDS 的电磁辐射骚扰(机壳端口，见 3.3.4 中的定义和图 2)的限值。

表 18 频带 30 MHz～1 000 MHz 中电磁辐射骚扰的限值——第二类环境中的 PDS(C3 类 PDS)

频带 MHz	准峰值限值 dB(μV/m)
$30 \leqslant f \leqslant 230$	50
$230 < f \leqslant 1\,000$	60
注：测量距离为 10 m。	

注：根据 CISPR/B 正在开展的工作情况，在将来会对本表重新加以考虑。

6.4.2.5 电源接口

对于打算在第二类环境中运行的 PDS，在其安装与使用说明书中应包含 4.3 中所要求的有关电源接口安装所必需的所有信息。

6.5 工程设计实践

6.5.1 C4 类 PDS

对于 C4 类 PDS,应采用以下方法。

一般条件:

由于技术上的原因,有一些应用场合对于 PDS 而言是不可能符合表 17 和表 18 中的限值的。这些应用场合针对以下大的额定值而言或者是用满足特定技术要求的:

——高于 1 000 V 的电压;

——大于 400 A 的电流;

——不接地或者通过一高阻抗接地的电网(IEC 60364-1 中 312.2.3 所定义的 IT 系统);

——所要求的动态性能会由于滤波而受到限制的场合。

在 C4 类设备的这些应用中,用户和制造商应为满足预期用途的 EMC 要求约定出一个 EMC 计划(见附录 E)。在这种情形下,由用户定义环境(包括整体装备及其周围环境在内)的 EMC 特性(见图 5)。制造商应提供要安装的 PDS 的典型发射等级的有关信息。如果有干扰,则应采用 6.5.2 中的要求和方法。

注:由该 EMC 计划得出的通用抑制方法的示例包括:整体滤波、专用特种变压器、电缆隔离等。

IT 电网中的滤波:

将经过滤波的 PDS 应用在不接地或者高阻抗接地的工业配电电网中,如果不是真正为这些应用而设计的,则可能会产生安全性危险。如果是将 IT 电网用于复杂工业系统,则不能设定限值。对于从对系统的了解所得出的各种不同解决方案,不能实现标准化。需要考虑的主要依据与故障条件和滤波器漏电流有关:

a) 在 PDS 的电动机侧对地短路。这可能会引起 IT 监控系统脱扣,从而导致不希望发生的过程关机。

b) 电动机侧的对地短路可能会使共模电压施加到其他相邻设备上。

c) IT 监控系统由于对地电容增大而进行不希望有的故障检测,将导致不希望发生的过程关机。

解决方案是基于对各种情况逐一进行的分析而得出的。

6.5.2 对于 C4 类 PDS 在装备边界以外的限值 骚扰传播的示例

6.5.2.1 概述

对于第二类环境中的 PDS,即使传播是通过中压电网进行的,用户也应确保过大的骚扰不会引入到邻近的低压电网中。

在对相邻低压电网中发生的干扰不满的情况下,或者如果 PDS 与另一电网上的受扰设备(见图 5,例如装备 2 内的 PDS 与装备 1 内的受扰设备)的用户之间发生争议时,则首先应明确受扰设备(装备 1 内的)是被正在发射的 PDS(装备 2 内)工作时受扰的。

6.5.2.2 由传导引起的干扰

在这种情况下,应在受扰设备所处的装备(装备 1)的中压变压器的低压侧进行测量(测量点见图 5)。应符合表 19 或表 20 和表 21 所给出的要求(包括有关环境噪声的限制条件在内)。

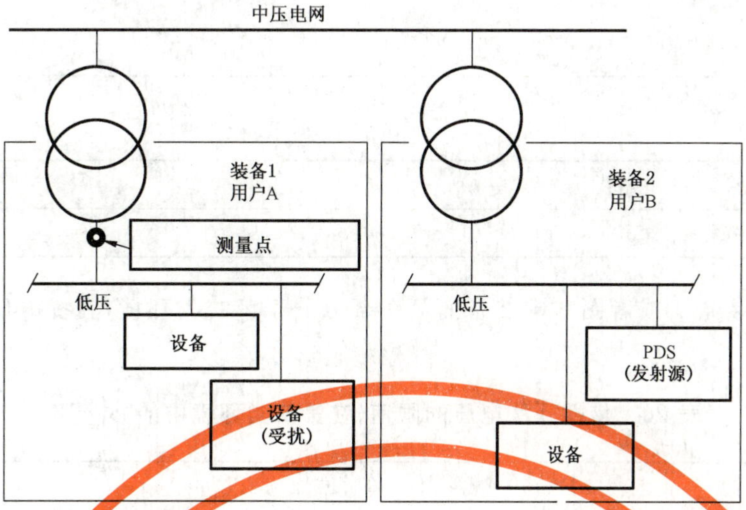

图 5　骚扰的传播

注：如果额定电压高于 1 000 V 的 PDS 具有 EMC 计划中所报告的限值，则这种方法可用于同一装备的不同部分。在这种情况下，应在电路上最靠近被推测为发射源的 PDS 的高压变压器(装备的第 1 部分)的低压侧进行传播骚扰电压的现场测量(测量点见图 6)。

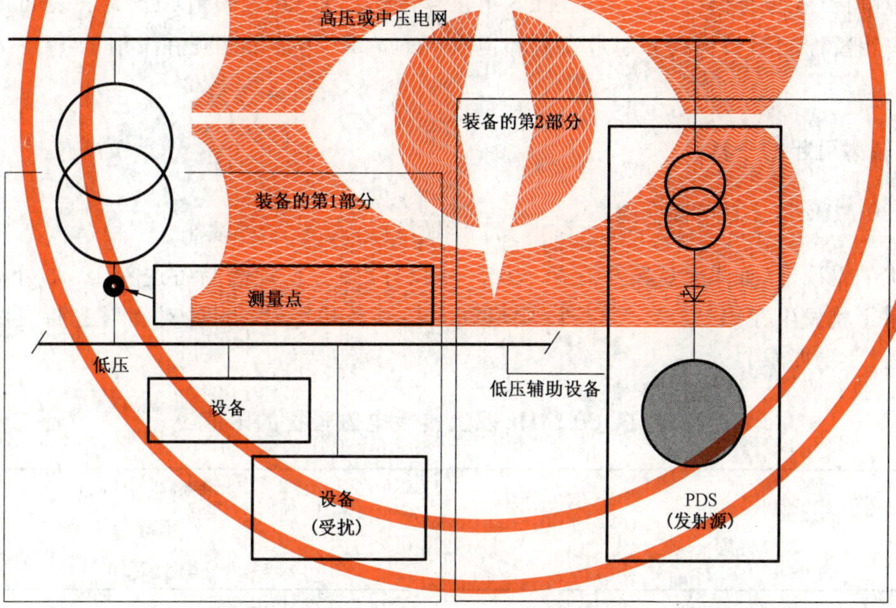

图 6　带额定电压高于 1 000 V 的 PDS 装备中的骚扰传播

如果图 5 中的装备 1 属于第一类环境，则骚扰电压应符合表 19 的限值。

表 19　传播骚扰电压的限值(在第一类环境中的“外部”)

频　带 MHz	准　峰　值 dB(μV)	平　均　值 dB(μV)
$0.15 \leqslant f < 0.50$	66 随频率的对数而减小到 56	56 随频率的对数而减小到 46

表 19（续）

频　带 MHz	准　峰　值 dB(μV)	平　均　值 dB(μV)
0.5≤f≤5.0	56	46
5.0<f<30.0	60	50

如果图 5 中的装备 1 或者图 6 中装备的第 1 部分属于第二类环境，骚扰电压应符合表 20 中的限值。

表 20　传播骚扰电压的限值（在第二类环境中的“外部”）

频　带 MHz	准　峰　值 dB(μV)	平　均　值 dB(μV)
0.15≤f<0.50	79	66
0.5≤f≤5.0	73	60
5.0<f<30.0	73	60

如果环境噪声（在被推测为发射源的 PDS 不工作的情况下）超过限值（表 19 和表 20），则只有在所发射频率的一组特性能够被识别并超过实测环境噪声的情况下，被推测正在发射的 PDS 才被认为是不符合。

6.5.2.3　由辐射引起的干扰

6.5.2.3.1　30 MHz 以上的辐射

在有干扰的情况下，如果干扰发生在第一类环境以外，则应在距离装备边界 10 m 处对辐射进行测量；或者，如果干扰发生在第二类环境以外，则应在距离装备边界 30 m 处对辐射进行测量。所测得的场强应符合表 21 的要求。

表 21　30 MHz 以上传播电磁骚扰的限值

频　带 MHz	电场强度分量 准峰值 dB(μV/m)
30≤f≤230	30
230<f≤1 000	37

如果环境噪声（在被推测为发射源的 PDS 不工作的情况下）超过限值（表 21），则只有在所发射频率的一组特性能够被识别并超过实测环境噪声的情况下，被推测正在发射的 PDS 才被认为是不符合。

应对来自 PDS 的发射进行抑制，直到这些发射低于限值或者低于环境噪声为止，以较高者为准。

见 A.4.3。

6.5.2.3.2　0.150 MHz 与 30 MHz 之间的辐射

在有干扰的情况下，如果干扰发生在第一类环境以外，则应在距离装备边界 10 m 处对辐射进行测量；或者，如果干扰发生在第二类环境以外，则应在距离装备边界 30 m 处对辐射进行测量。

应使用符合 CISPR 16-1 要求的环形天线。在发生干扰的频率时所测得的值应不超过表 22 中给出的那些值。

表 22　30 MHz 以下电磁骚扰的限值

频　带 MHz	以电场单位表示的磁场强度分量 准峰值 dB(μV/m)
$0.15 \leqslant f \leqslant 0.49$	75
$0.49 < f \leqslant 3.95$	65
$3.95 < f \leqslant 20$	50
$20 < f \leqslant 30$	40

6.6　发射要求的应用:统计方面

下列条款仅适用于 C1 类、C2 类和 C3 类 PDS。

为了简便起见,应只在一个设备上进行符合性试验。C1 类、C2 类和 C3 类 PDS 的符合性应通过在具有代表性的模型上进行型式试验验证。制造商或者供应商应通过其质量体系确保产品的 EMC 性能。

在发生争论的情况下,只有在产品不符合 CISPR 11 中第 11 条规定的统计评估要求的情况下,C1 类、C2 类和 C3 类 PDS 才应被认为是不符合本部分的要求。因此,应在定义明确的试验场地上进行评估。

附 录 A
（资料性附录）
电磁兼容性(EMC)技术

A.1 电磁兼容性(EMC)现象概述

A.1.1 现象

IEC 61000-2-5 中介绍了许多 EMC 现象。GB/Z 18039.5—2003 中给出了低频现象的定义。

电气传动系统(PDS)的运行包括基波和高频现象。其中,由于变流器和/或逆变器的非线性,基波会叠加有谐波;而高频现象则是由于变流器和/或逆变器的电力电子器件的快速开关引起的。因此,PDS 既可能发射低频骚扰也可能发射高频骚扰。

相应地,PDS 附近的其他设备或系统也可能产生低频骚扰和高频骚扰,从而可能影响 PDS 的工作。

在实施和使用电力电子电路组成的 PDS 时,可将需要考虑的电磁骚扰进行分类。这些现象中的每一种都可被认为是低频骚扰或高频骚扰。在本部分中,低频与高频之间的边界频率是符合国际电信联盟(ITU)规定的 9 kHz。

对于 PDS 而言,以下两种频率都是至关重要的:

——低于 9 kHz 的基波频率,专为电动机供电;

——作为一种二次现象,高于 9 kHz 的频率可被控制部分所使用,例如,逆变器控制的 PWM、微处理器时钟。

在所有情况下,应区别出传导性骚扰和辐射性骚扰。

对于传导,应考虑到以下两点:

——差模电压:涉及设备的输入端子(或输出端子)之间出现的骚扰;

——共模电压:涉及到一个输入端或一个输出端与地或者一个基准接地连接的平均值之间出现的骚扰。

上文只是一种说明,精确的定义见 IEC 60050-131。

对于辐射,应考虑到以下两点:

——近场:到(寄生的)发射机的距离小于 $\lambda/2\pi$;

——远场:到(寄生的)发射机的距离大于 $\lambda/2\pi$。

λ 是所考虑的信号波长。

在研究系统的电磁兼容性时,应从发射和抗扰度这两个方面出发,对上述每一种情况给予考虑。

表 A.1 对这种分类方法进行了概括。

工业实践表明,引起不兼容的主要原因在于传导性骚扰,或许步话机之类的便携式发射机是个例外。本部分涉及到与 PDS 特别相关的骚扰。

表 A.1 EMC 概述

频率	传播	耦合		发射	抗扰度
低频 0≤f<9 kHz	传导性	共模		3 的倍数次谐波(零序) 残余电流	工频电压
		差模		谐波、间谐波和换相缺口 对电源信号传输的影响	换相缺口 电压波动 电压跌落和短时中断 瞬时过电压 相位波动 不平衡电压 频率波动 直流分量
	辐射性	近场	磁性耦合	磁场	磁场
			容性耦合	电场	电场
		远场			
高频 9 kHz≤f	传导性	共模		感应 RF[a] 电压和电流	感应 RF[a] 电压和电流 单向瞬变
		差模			感应 RF[a] 电压和电流 单向瞬变
	辐射性	近场		电场(高阻抗) 磁场(低阻抗)	脉冲磁场(便携式发射机) 便携式发射机
		远场		电磁场	RF[a] 电磁场
大的频谱		空气放电 接触放电			

[a] RF——射频。

注:根据 IEC 通常作法,在本部分中,低频和高频之间的界限是 9 kHz。这个术语指的不是广播波段。

A.1.2 兼容性等级

如果要确保电磁兼容性,就应对来自设备的发射以及该设备所接收到的骚扰进行测量和表征。图 A.1 对应知道的不同等级进行了概括。

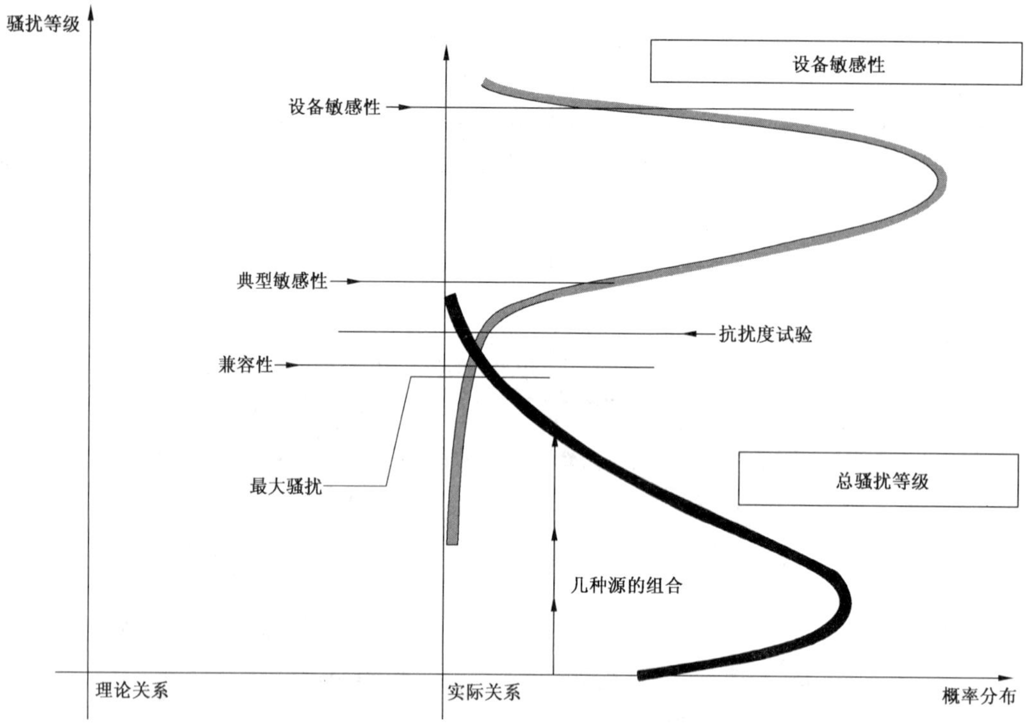

图 A.1 骚扰和抗扰度之间的协调

A.1.3 PDS的应用和电磁兼容性(EMC)

PDS的应用范围非常广泛,要想列出一个详尽的表格是不可能的。但是,本附录所列举的示例说明了环境是极其不同的。由于EMC更大的可能性是与环境相关而不是与产品本身相关,因此,任何实施规程都应考虑到这一事实。例如,用于民用的建筑物内发射的限值应与工厂里轧机所用的限值完全不同。

这里举例说明PDS的应用:

——机床、机器人、生产用的试验设备、试验台;

——造纸机械、纺织机械、橡胶工业用的压延机;

——塑料工业和金属工业生产线、轧机;

——水泥碾碎机、水泥窑、搅拌机、离心机、挤压机;

——钻机;

——传送机、材料处理机械、提升设备(起重机、起重机架等);

——船舶等的推进;

——泵、风机,等。

以上这些都采用本部分所涉及的PDS。但是,电气车辆、特别是牵引传动不在本部分范围内(见第1章)。

A.2 与高频现象相关的负载条件

A.2.1 发射试验期间的负载条件

电动机上的负载对PDS的EMC特性的影响通常很小。因此,无需在所有负载条件下对PDS的

EMC 特性都进行试验，而只需在一个能够代表发射特征的负载下进行试验。制造商应用书面形式证明其为试验而选择的负载条件符合这一准则。

PDS 的辐射性发射和传导性发射主要是由于其用于产生低频或直流输出功率的输出电压的突变引起的。电压波形频谱在高段时可具有足够的能量，使 PDS 从其输入电力线、柜体、电动机引线和电动机外壳辐射出电能。由于辐射的能量是由电压突变引起的，因而试验应在电压突变具有最大高频分量的条件下进行，无需在其他条件下进行试验。

输出电压突变的陡度可能受 PDS 中所用功率器件开关速度的影响。例如，IGBT(晶体管)是一种极快速器件，结合在某些逆变器中所用的二极管的恢复特性，可产生高于 1 000 V/μs 的 dv/dt。重要的是要注意到二极管恢复的陡度是这种高 dv/dt 的一个重要分量。尽管恢复电流的值与负载有关，但二极管恢复的陡度与负载值的关系不是那么密切。注意衰减措施应包括滤波元件的饱和效应(例如干扰抑制电感器的饱和)。

另一方面，重要的是要考虑到主电路中无源电容、电阻或电感元件(如用于控制上述电压上升率的吸收元件)的影响。这些器件存在时，输出波形可能具有与负载相关的 dv/dt 特性。在这种情况下，重要的是要在最恶劣情况下的 dv/dt 工作点对 PDS 进行试验。

A.2.2 抗扰度试验期间的负载条件

电动机上的负载对 PDS 的 EMC 特性的影响通常很小。因此，无需在所有负载条件下对 PDS 的 EMC 特性都进行试验，而只需在一个能够代表敏感性特征的负载下进行试验。制造商应用书面形式证明其为试验而选择的负载条件符合这一准则。

通常，负载条件不影响 PDS 对低频骚扰或高频骚扰的抗扰度。主电路和控制电路的故障通常是与电压值而不是与电流值相关联。轻载下的试验不检测保护电路设定值的轻微变化，亦即过电流、过电压。如果这些值对于 PDS 的正常运行是很关键的，则应用试验验证在这些工作点的抗扰度。

如果采用转矩发生性能准则，则负载应处于这样一个值，即有可能测量出与低频或高频试验相关的转矩骚扰。这就需要一台电动机和一台转矩测量设备。电动机应具有一个可用于电磁试验环境的负载。如果采用间接的转矩测量方法，则 PDS 应工作于一个足以测量任何转矩骚扰的负载值。

A.2.3 负载试验

如果上述条件得到满足，就可使用轻载试验(亦即电动机空载运行试验)验证 PDS 的 EMC 特性。试验时，甚至可采用无源功率电阻器和电感器仿真电动机的负载条件。同时，特别要注意的是，电动机外壳可充当一个天线。若采用无源负载，则也应仿真对该天线的影响。

PDS 的制造商应提供合格证书，证明在任何试验期间 PDS 上的负载都会对其某一特定的产品产生出最坏条件或最敏感条件。这个证书可通过对代表性产品的试验或通过计算或仿真得出。

A.3 抗扰度方面

A.3.1 工频磁场

符合 GB/T 17626.8—2006 要求的试验对于采用对磁场敏感部件的场合而言是惯例。PDS 常常采用霍尔效应电流传感器。但是，这些传感器被设计成能够在高电平磁场的场所(紧靠电力导线)工作。其磁场的幅值要比 GB/T 17626.8—2006 规定的试验的等级高得多。例如，可计算出一个 10 A 的电流(假定为只是在一条无限长的直线上)可在 5 mm 处产生一个 320 A/m 的磁场。因此，与这一敏感部件的工作环境相比，试验所施加的骚扰可忽略不计。

A.3.2 电磁场抗扰度试验

A.3.2.1 低电平电磁场

工业、科研和医用(ISM)射频设备、某些电焊机、烘箱等,可能是低电平电磁场源。这些设备均存在于民用和工业环境中。所产生的场强在PDS的机壳端口处预计低于3 V/m。

使用PDS的经验表明,只要实现一种固有的操作性能,来自其他PDS的辐射性电磁场和来自商用广播站的其他低电平电磁场就不会构成问题。

A.3.2.2 互补试验

场强和发射天线与可能的受扰设备之间的距离成反比减小,而只随天线输入功率的平方根增大。因此,应注意可能在离PDS约1 m的附近工作的发射机。这些通信设备是影响电子设备的主要辐射干扰源。常见局部性连续高频骚扰的骚扰源的示例有移动式电信设备,诸如步话机或无绳电话。

大型PDS不能安装且不能正常工作于进行GB/T 17626.3—2006试验的试验场地(屏蔽房间)中。因此,为了在只对子部件进行了试验的情况下,对PDS的成套设备进行验证,可采用工业上通用的无线电通信设备作为发射机进行另一种互补试验。

在试验过程中,按照5.1.3的规定并在正常工作条件下,使PDS运行并对其进行监控。

由于这一试验不是在屏蔽室内进行,因而只能采用法律上许可在试验场所使用的发射机。推荐采用以下发射机:

——诸如步话机这类通常紧靠着用户处使用的设备;

——数字移动电话,如果没有禁止在用户处的工作场所使用的话,以及如果能够以其额定功率发射的话。

应注意发射机的电池组或电源应处于满容量状态。如果发射机可调整发射功率(作为电池节省功能),则应注意禁用这一功能。制造商应在用户文件资料中列出试验过程中使用的发射机并阐述发射机的特性(型号、功率和频率)。

手持发射机靠近CDM/BDM的一个垂直表面,天线到PDS的最近点的距离为0.5 m~1.0 m之间。将发射机从“接收”位置切换到“发射”位置,再切换回到“接收”位置。应注意发射的停止时间不小于PDS能够发生反应所必需的时间。在使用电话之类的设备,如果用户不能在“接收”与“发射”之间切换,则以发送一个电话号码代之。

对于天线的每个方向而言,至少应有3种发射:与PDS表面平行的水平方向、垂直方向以及与PDS正交(指向PDS)的方向。

应在以下位置执行这一过程:

——在CDM/BDM的每个垂直表面的至少5个位置;

——在这些垂直表面的所有孔口处,通风格栅被认为是一个孔口;

——在包括有传感器的电动机的表面。

之后,应至少对两种不同频率重复执行整个过程。

A.4 高频发射测量技术

A.4.1 阻抗/人工电源网络(AMN)

A.4.1.1 人工电源网络(AMN)的电路

由于传动系统内的高频骚扰源有一个源阻抗,因而骚扰电压的测量受电网阻抗的影响。尤其是在低频时,干线电网的阻抗可能被认为是电感性的。然而,系统的各种电容可能存在共振。更详细的资料见 IEC 61000-2-3:1992 中 6.6。

在可能的场合,应采用 AMN 使型式试验期间的电源阻抗标准化。这有助于提高不同试验场地间的复现性。

在 CISPR 16-1:2002 的 5.1 中定义了各种电网的特性。针对本部分中定义的骚扰电压测量的频率范围,可采用 50 Ω//50 μH 的电网或 50 Ω//50 μH+5 Ω 的电网。在频率 150 kHz 和 30 MHz 之间时,被试验设备(电气传动系统)可视为一个由 50 Ω//50 μH 的对地阻抗,而与进线干线电源的阻抗无关。

AMN 包含有复现每相的电路。中性点(如果使用)通过相同的电路与所用的每相连接。

A.4.1.2 不能采用人工电源网络(AMN)的 PDS

A.4.1.2.1 不可能的原因

在较低频率时,50 Ω//50 μH 的 AMN 内的电感器将 50 μH 加到干线电源的阻抗上。而 50 Ω//50 μH+5 Ω 的 AMN 内的电感器将 300 μH 加到干线电源的阻抗上。这个附加的阻抗可能妨碍某些 PDS 的正常运行(例如,如果电源的电感过高,则在大电流和小触发角的情况下换相缺口变得过宽)。在这些情况下,就不能采用 AMN。

上述 AMN 只额定用于 100 A 以下,所以不能用于定额大于此额定值的 PDS。对于极大型的 PDS(例如额定电流大于 400 A),电源的阻抗将低于 AMN 的阻抗。在这种情况下,采用 AMN 会给出过高的读数。

在电源电压高于 415 V 标称值时,要在市场上买到 AMN 可能会是很困难的。

在这些情况下,PDS 应直接连接到干线电源上,而且骚扰电压可采用高阻抗探头测量。

A.4.1.2.2 高阻抗探头

正如 CISPR 16-1:2002 中 5.2.2 所述,当不采用 AMN 时,骚扰电压可采用高阻抗探头测量。由于工频电流不通过探头,所以它甚至可与最大电流额定值的 PDS 一起使用。

通过调节电容器的电容量和电压额定值,这种探头可与至少可达 1 000 V 的电源一起使用。正如 CISPR 16-1 中所述,如果将电容器的电容量减小,则在校准时应考虑其对测量精度的影响。

探头连接在电源线与基准接地之间。如果 CDM/BDM 具有接地金属框架,则框架可被看作是基准接地。探头应连接到进入 CDM/BDM 的电源引线上。与探头的连线应尽可能短,最好小于 0.5 m。

CISPR 16-1 提供了这样一个警告,即在连接到探头上的引线、被试导体与基准接地之间形成的回路区域减至最小。这是为了降低对磁场的灵敏度。

A.4.1.2.3 适用于大电流 PDS 的另一种方法

在某些情况下,出于对换相期间安全的考虑,采用高阻抗探头可能是困难的,并且读数(由于阻抗不匹配)可能会比用 AMN 测量获得的读数高出几十分贝。

在一些国家已经采用多年的另一种方法是采用小电流 AMN(例如 25 A)作为电压探头,即使与大电流 PDS(数百安以上)一起使用时也是如此。在 CISPR 16-2(2003)中 A.5 阐述了这种方法。PDS 不与其供电电网断开。

AMN 的负载侧应通过 1 m 长的电缆在电源端口端子上与 PDS 的电源线连接。在 PC 和 AMN 连接之间应有些电感(例如连接电缆)。AMN 的干线电源侧应保持断开(例如没有与其他外围设备连接)。接收机应象往常一样连接到 AMN 上。用这种方法获得的测量结果与用几百安的虚拟 AMN 所模拟的结果极其相似。

A.4.2 高频发射试验的实施

A.4.2.1 测量装置

A.4.2.1.1 信息资料的用途

至于权威性的信息资料，应参考本部分、CISPR 11 和 CISPR 16-1 的正文部分。在此为那些不熟悉射频骚扰测量方法的本部分的用户，提供一些附加的说明。

A.4.2.1.2 频谱分析仪

频谱分析仪常常用于评估高频骚扰。但是，许多频谱分析仪不完全符合 CISPR 16-1 的要求，而且可能发生问题。

如果前端灵敏性不够，就可能出现交叉调制，使得读数不正确。某些频谱分析仪不具有正确的带宽，这也会产生误差。

频谱分析仪可采用峰值检测器进行常规扫描。但是，CISPR 标准要求采用一种带专用检测器的接收机，这种检测器称之为准峰值检测器和平均值检测器。有时，准峰值检测器被称为“CISPR 检测器”。某些频谱分析仪以这种现成的检测器作为选件。CISPR 16-1 要求准峰值检测器和平均值检测器具有高过载能力，对许多频谱分析仪来说，这可能是个问题。

如果频谱分析仪完全符合 CISPR 16-1 的要求，则分析仪制造商应对此加以说明。

A.4.2.1.3 试验用接收机的适用性

要确定某种仪器(频谱分析仪或试验用接收机)是否适用，应向仪器的供应商询问这种仪器是否完全符合 CISPR 16-1 的要求。但是，为了有助于了解要求，这里将某些主要特性加以概括。

为了进行电源终端骚扰测量，接收机覆盖的频率范围应为 150 kHz～30 MHz。准峰值检测器和平均值检测器都可采用，带宽应为 9 kHz。

某些接收机的频率范围也可达到 9 kHz～150 kHz。在这一频率范围内，应采用准峰值检测器，带宽应为 200 Hz。

电磁辐射骚扰(辐射性发射)测量所用的接收机覆盖的频带应为 30 MHz～1 000 MHz。这时，应采用准峰值检测器，带宽为 120 kHz。

A.4.2.2 测量技术

A.4.2.2.1 假象

接收机应能够在一段时间内逐渐调谐至某一给定频率，调谐时间要足够长，以使检测器的输出得到稳定。如果试验用接收机(或频谱分析仪)扫描太快，则检测器将不能得到适当的稳定，就会发生所谓的假象，造成读数不准确。对于电力电子电路(包括 PDS)来说，由于低的脉冲重复频率(50/60 Hz～ 数千赫)，这一点尤为重要。如果在整个屏幕上波形中的峰或谷出现抖动，则存在假象，应增加扫描时间。

在通常用于评估高频骚扰的频谱分析仪的类型中，其本机振荡器要扫过该频率范围。不要将这种分析仪与采用时域采样的快速傅利叶变换的分析仪相混淆。

在读数接近于限值的那些频率时，应在不采用接收机扫描的情况下进行测量。这样可避免由于这些频率时的假象而引起的不准确性问题。

A.4.2.2.2 峰值、准峰值和平均值

在存在连续正弦波信号的情况下，如果带宽是一样的，则峰值、准峰值和平均值检测器会给出相同

的读数。在存在诸如PWM这类脉冲信号的情况下，峰值检测器给出最大读数，而平均值检测器则给出最小读数。当脉冲重复频率比接收机带宽低得多时，不同的检测器产生的读数之间的差别最大。

A.4.2.2.3 环境噪声

CISPR 11:2003的6.1中给出了对环境噪声限制的要求。

应注意确保环境噪声不引起错误读数。在对来自进线干线电源的环境噪声级进行监测时，应注意断开的接触器或开关会造成噪声衰减，这种情况在PDS运行期间是不存在的。

A.4.2.2.4 试验期间PDS的配置

试验的目的是模拟实际的工作条件。因此，设备应在正常使用的状态下工作。例如，盖和门在正常工作期间是闭合的，在试验期间也应是闭合的。在本部分的正文部分给出了一些其他的要求。

A.4.2.2.5 辐射性发射的测量

CISPR 16-1:2002的5.5和5.6中详细地阐述了辐射性发射所用的天线和试验场所。

为了使辐射性发射的测量标准化，需要采用一个专用的露天试验场地(OATS)。这一试验场地要有金属地平面，具有足够大的传导率，以便给出一致的反射率。

被试验设备安装在一个转台上，这样各个方向的辐射性发射都能够测量到。

为了确保在最低频率(30 MHz)时在远场进行测量，天线安装在距离被试验设备10 m或30 m处。

在垂直和水平极化中升降天线，可找出任何给定频率下的最大发射。

A.4.2.2.6 现场试验

当设备不能在试验场地上进行试验时，可在现场进行试验。在这种情况下，如上所述，应格外小心，以避免环境噪声引起的问题。

现场试验不可能象在试验场地试验那样反复地进行。因此，当使用在某一场地上进行现场试验的结果估计某一批量生产产品的符合性时，应特别小心。

当没有在试验场地上进行试验时，美国所采用的一种方法是在设备安装的最初3个场所进行现场试验。如果发现设备在所有3个场所均符合限值，则认为该设备在通常情况下会符合限值。

A.4.3 使用大功率PDS确立的经验

几十年来，不同国家的经验已经表明，已经建立的无线电通信设备抗高频骚扰的立法程序和保护程序经实践证明结果良好。下面举例介绍德国多年来采用的程序。

该程序规定：由于预期用途为用于第二类环境的大功率设备是某个装备的一部分，因而不在试验场地对该设备进行试验(见参考文献[4])。同样的规则也适用于由用户自己制造、自己负责的设备(见参考文献[5])。即使安装于预期环境中的测量和控制设备的情况，这样一种大功率装备的各项发射限值也是与装备场地的实际边界相关的。对于装备的边界而言，已经采用了各种发射限值(传导性骚扰电压的测量点是附近中压变压器的低压二次侧，辐射性发射的测量点则是距离边界30 m处)(见参考文献[4]和[5])。

因此，6.5中阐述的方法遵循了这一经验。这样使用的PDS(C4类)要求有EMC能力。这样的EMC能力应用到设备的设计上，否则制造商和用户应定义出某一特定环境中最经济的兼容性等级。

附 录 B
（资料性附录）
低 频 现 象

B.1 换相缺口

B.1.1 换相缺口的发生介绍

换相缺口是由晶闸管变流器端子上出现的线间短路引起的，当电流从电源的一相换相到下一相时会出现换相缺口。电压换相缺口是指交流电源电压偏离基波瞬时值。在电源系统中换相缺口的大小取决于电源阻抗与晶闸管变流器中解耦电抗之比。图 B.1 示出了换相缺口的典型波形。

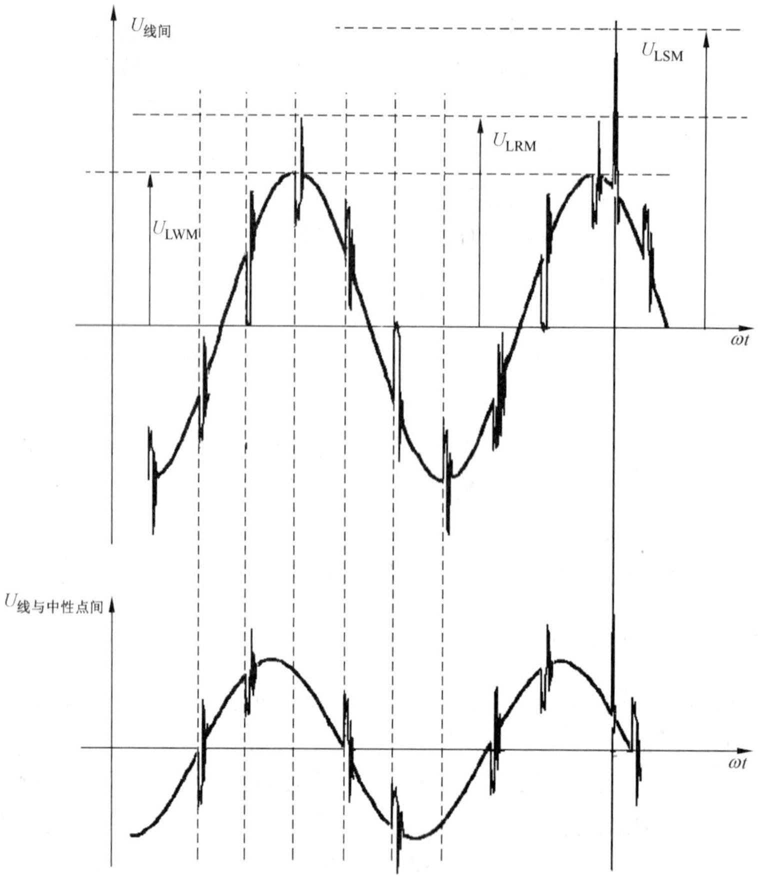

注：所提供的标么值的典型范围仅供参考。

本图假定 PDS 端子与变流器之间没有阻抗。

重复性瞬变（U_{LRM}/U_{LWM}）=1.25～1.50；取决于根据 di/dt 和 I_{RR}（半导体器件的动态反向电流）的吸收电路设计。

非重复性瞬变（U_{LSM}/U_{LWM}）=1.80～2.50；取决于附加保护装置。

图 B.1 换相缺口的典型波形（与非重复性瞬态的区别）

对换相缺口的分析要考虑到一个比常规谐波分析更宽的频率范围。其时域特性存在应用简单谐波分析无法观测的结果。因此，采用示波器对换相缺口进行时域分析。

首先应了解：

——在上述规则适用的简单情况下，假定电网阻抗可用一个纯电抗模拟：$Z=L\times\omega$；(在有电容器或长电缆的情况下，这一假设不成立。在此情况，可能发生谐振)；

——在 IEC 60146-1-1 中 2.5.4.1 对换相缺口的抗扰度进行了分类，用深度(U_{LWM}的%)和面积(深度×宽度，%×度)对换相缺口的测量进行了定义；IEC 60146-1-1 将 U_{LWM} 定义为不考虑瞬态的 U_L 最高瞬时值(因此，这是一个幅值)，其中 U_L 是变流器或可能有的变压器的网侧线电压。

如果变流器不包含任何电感，则在变流器本身端子处(不是 BDM/CDM 端子处)线电压中的主要换相缺口的深度由下式给出：

$$d=100\sin\alpha(\%)$$

式中，α 代表相控变流器的触发角(相对于二极管的自然换相点)；

——主要换相缺口用一个 0 V 值(变流器端子处线电压)表示；

——这种近似法对 $\alpha<90°$ 时的 d 值估计偏低，而对 $\alpha>90°$ 时的 d 值则估计偏高。

换相缺口面积 a 可用一个简单的关系式近似计算(三相桥电路的示例，见下面注中的近似计算的条件)：

$$a=8\,000(Z_t\times I_{1L}/U_L)(\%\times 度)$$

式中：

Z_t——每相的总电网阻抗(这里假定是一个纯电抗)，包括 CDM 中所有的阻抗；

I_{1L}——网侧电流的基波分量；

U_L——线电压。

可看到，PDS 处于电流限值条件时会出现最恶劣的情况。

注：在换相角 μ 从 α 变化到($\alpha+\mu$)期间，换相电压为：

$$\sqrt{2}U_L\times\sin\omega t$$

$$和\sqrt{2}U_L\times\sin\omega t=2L_t\times di/dt$$

换相缺口的面积为：

$$A=\int_{\alpha}^{\alpha+u}U(\theta)\times d\theta=2L_t\int_{\alpha}^{\alpha+u}(di/dt)\times(dt/d\theta)\times d\theta(V\times 弧度)$$

$$A=2L_t\times\omega\cdot I_\alpha$$

$$A=2Z_t\times I_\alpha$$

式中：

I_α——换相电流。

为了考虑到三相桥电路中的波动，假定 $I_\alpha\approx 0.75I_d$，式中的 I_d 是直流电流：

$$A=1.5Z_t\times I_d$$

a 以%×度为单位，则

$$a=100A\times(360/2\pi)\times(1/\sqrt{2}U_L)=6\,077(Z_t\times I_d/U_L)$$

$$a=7\,794(Z_t\times I_{1L}/U_L)$$

$$a\approx 8\,000(Z_t\times I_{1L}/U_L)$$

或者用标幺值表示时 $$a\approx 4\,500(z_t\times i_L)$$

B.1.2 计算

B.1.2.1 总体评估

当上述假定成立时，PC 处的换相缺口深度为：

$$d_{PC}(\%)=100\sin\alpha(Z_c/(Z_c+Z_d))=100\sin\alpha(Z_c/Z_t)$$

式中，Z_t 为总电网阻抗。

$$Z_t = Z_c + Z_d$$

式中：

Z_d——PC 和变流器端子间的解耦电抗(无论 CDM 中是否包含)；

Z_c——PC 处供电电网的阻抗。

变流器控制能力的幅值(以三相可控桥路为例)常常用 $\sin\alpha$ 表示。换相缺口的深度从变流器端子处的 100%到零阻抗电源处的 0%不等。

在 PC 和 BDM 之间增加一个解耦电抗 Z_d，则 PC 处换相缺口深度减小，而换相缺口宽度增加，但换相缺口面积保持不变。

$$a_{PC} = 8\ 000(Z_c \times I_{1L}/U_L)(\% \times 度)$$

在上述假定适用的简单情况下，这些方程式可用于定义所需的解耦电抗。已知换相缺口深度限值(见表 B.1)和变流器的控制幅值能力，则 PC 处换相缺口深度给出 $Z_c/(Z_c+Z_d)$之比。

于是，由用户定义 Z_c，使得安装者能够计算出 Z_d，可从中减去可能的内部解耦电抗(由制造商给出)。余下的值就是正确解耦要加的电抗。

注：上述计算没有将换相缺口开始和结束时的瞬态值考虑进去。

B.1.2.2 实用规则

上述计算定义出了利用电抗 Z_d 使发射解耦的实用规则。对此概括如下。假定电网阻抗为纯电抗，则基本关系式为：

$$Z_c = L_c \times \omega$$

$$Z_t = Z_c + Z_d$$

$$d_{PC}(\%) = 100\ \sin\alpha(Z_c/Z_t)$$

$$a_{PC}(\% \times 度) = 8\ 000(Z_c \times I_{1L}/U_L)$$

在多台变流器连接到同一线路的情况下，应考虑到 IEC 60146-1-2 中 3.5。

但是应记住，符合换相缺口发射准则并非自然而然就保证符合谐波发射准则。同样，符合谐波发射准则也并非自然而然就保证符合换相缺口发射准则。谐波畸变准则并没有完全包括抗扰度特性。的确，由于谐波准则并未包含不同谐波分量之间的任何相位关系，因而它不能阻止某个特殊电压波形施加到 PDS 上。由于换相缺口的特殊波形(dv/dt，可能过零)影响吸收电路的工作，或者也可能影响电子控制电路的工作，因此在 GB/T 12668.1—2002 和 GB/T 12668.2—2002 中对特殊的抗扰度准则进行了阐述，在这些标准的 4.1.1 中甚至将其定义为电气使用条件。

B.1.3 关于换相缺口的推荐要求

B.1.3.1 发射

推荐要求并不适用于具有这样结构的电力变流器，即其换相缺口不存在或者其幅值可忽略不计。

注 1：例如，带一个有源前端的电压源逆变器型变频器，装备有一个解耦滤波器对开关频率的影响起衰减作用，因而不产生换相缺口。简单的二极管整流器产生的换相缺口幅值可忽略不计。应考虑到换相缺口发射的主要实际场合是(电网换相)晶闸管变流器的场合。

符合与换相缺口有关的推荐要求并不免除需要对符合谐波要求进行验证的要求。PC(PCC 或 IPC)处主要换相缺口的深度应按照表 B.1 的要求，采用一个假定为纯电抗并具有一个 1.5%值的电网阻抗加以限制。

注 2：在安装 PDS 时，电网阻抗实际上是由 PC 处的短路功率 S_{SC} 定义：

$$Z_{SC} = U_{LN}^2/S_{SC}$$

表 B.1 PC处换相缺口的最大允许深度

	第一类环境	第二类环境
最大换相缺口深度	20% IEC 60146-1-1 的 C 类 或者符合地方供电管理当局的要求	40% IEC 60146-1-1 的 B 类 或者与用户商议

注 3：本规则不适用于预计由于电容器或长电缆引起谐振的场合。

注 4：在某些配电电网的情况下，可能需要给予特别考虑(例如，医院的内部配电电网)。在这样的情况下，应由用户规定其条件。

可采用计算、仿真或测量的方法确定符合性。

如果 PDS 偏离了这一推荐要求，为了使用户能够符合本推荐要求，制造商就应在用户文件中提供以下信息：

——CDM/BDM 正常运行所用的最大和最小电网阻抗；

——CDM/BDM 中可能包含的解耦电抗 Z_d 的详情；

——可能作为选项交付的有效解耦电抗 Z_d 的详情。

注 5：最大电网阻抗与 PC 处的最大换相缺口面积直接相关(见 B.1.1)。

但是，在有多套 PDS 连接到同一 PC 上的情况下，换相缺口限制就是一个系统条件，因而不能定义出一个简单规则。

注 6：应为其他设备考虑到对换相缺口的抗扰度的主要实际场合是 RFI(射频干扰)滤波器的场合。

B.1.3.2 抗扰度

换相缺口对 PDS 的有害作用可能会比就其对总谐波畸变的作用进行频域分析结果要大得多。因此，对换相缺口进行一次时域分析是十分必要的。注意由于谐波和换相缺口引起的应力会影响电子控制电路以及某些电源设备(例如吸收电路)。由于电子控制电路误动作会立即出现，而且吸收电路的热时间常数短，因而可能针对恒定条件进行试验的持续时间不要超过 1 h。

应考虑到队换相缺口的抗扰度的一些实际场合为：

——在运行瞬时受影响时，例如在电压过零被看作基准时对电子同步电路的影响；

——热过载，例如电力变流器中吸收电路的过载；

——L-C 电路(例如 RFI 滤波器)上的过电压。

B.2 与谐波和间谐波相关的定义

B.2.1 一般性讨论

B.2.1.1 非正弦电压和电流的分解

经典傅里叶级数分析(IEV 101-13-08)能够将任何非正弦周期量分解为一个频率级数时的真正弦分量，外加一个直流分量。该级数中的最低频率被称之为基波频率(IEV 101-14-49)。该级数中的其他频率是基波频率的整数倍并被称之为谐波频率。对应的分量分别称之为基波分量和谐波分量。

傅里叶变换(IEV 101-13-09)可应用于任何函数，不管是周期性函数还是非周期性函数。傅里叶变换的结果是频域中的一个频谱，在非周期性时间函数情况下，它是连续的而且没有基波分量。应用于周期性函数的特殊情况在频域中表现为一个线频谱，其中频谱中的线是对应傅里叶级数的基波和谐波。

注 1：在对供电系统的电压进行分析时，基波频率时的分量是最高幅值的分量。这不一定是在对时间函数实行离散傅里叶变换(DFT)时获得的频谱中的第一条线。

注 2：在对电流进行分析时，基波频率时的分量不一定是最高幅值的分量。

B.2.1.2 时变现象

典型供电系统中的电压和电流受线性和非线性负载频繁切换和变化的影响。但是，为了进行分析，假定这些电压和电流在测量窗口(约 200 ms)内是稳态的，这个测量窗口是电源电压周期的整数倍。谐波分析仪用于提供保证的最佳方案(见 IEC 61000-4-7:2002)。

B.2.2 与现象相关的定义

B.2.2.1

基波频率 fundamental frequency

根据时间函数的傅里叶变换所获得的频谱中的一个频率，频谱中的所有频率均以此为基准。对于本部分，根据所考虑的情况，基波频率与为变流器供电的电源频率相同，或者与变流器所供电的电源频率相同。

[已修改的 IEV 101-14-50]。

注 1：IEV 551-20-01 和 IEV 551-20-02 将分量定义为傅里叶分析的结果，因此，频率是一种结果。在本条款中给出的定义遵循 IEC/SC 77A 所定义频率、分量是一种结果的方法。在这两种不同方法之间没有矛盾。

注 2：在周期性函数的情况下，基波频率通常与该函数本身的频率相等(见 IEV 551-20-03 和 IEV 551-20-01)。上述定义分别对应于 IEV 551-20-04 和 IEV 551-20-02 规定的“基准基波频率”的纯粹定义，因此在不引起概念模糊的情况下可省略术语“基准”。

注 3：如果仍然有任何概念模糊的情况，则电源频率应和系统馈电的同步发电机的极性和旋转速度相关。

注 4：该定义可适用于任何工业电源电网，即使电网馈电的发电机是静态变流机组，也不用考虑由其供电的负载(单个负载或组合负载，旋转电机或其他负载)。

B.2.2.2

基波分量(或基波) fundamental component(or fundamental)

其频率为基波频率的分量。

B.2.2.3

谐波频率 harmonic frequency

一个为基波频率整数倍的频率。称谐波频率与基波频率之比为谐波次数(建议用“h”表示)，见 IEV 551-20-07、IEV 551-20-05 和 IEV 551-20-09。

B.2.2.4

谐波分量 harmonic component

具有谐波频率的任何分量。通常将谐波分量的值表示为方均根值。

注：为简便起见，可将这样一个分量简单地称为谐波。

B.2.2.5

间谐波频率 interharmonic frequency

不是基波频率整数倍的任何频率(见 IEV 551-20-07、IEV 551-20-05 和 IEV 551-20-09)。

注 1：通过扩展谐波次数，间谐波次数为间谐波频率与基波频率之比，这个比值不是整数(建议用“m”表示)。

注 2：在“$m<1$”的情况下，也可使用“分谐波频率”这一术语(见 IEV 551-20-10)。

B.2.2.6

间谐波分量 interharmonic component

一个具有间谐波频率的分量。通常将间谐波分量的值表示为方均根值。

注 1：为简便起见，可将这样一个分量简单地称为间谐波。

注 2：对于本部分，正如 IEC 61000-4-7 中所述，时间窗口所具有的宽度为 10 个基波周期(50 Hz 系统)或 12 个基波周期(60 Hz 系统),也就是说约为 200 ms。因此,两个相邻间谐波分量之间的频率差约为 5 Hz。在其他基波频率情况下,时间窗口应在 6 个基波周期(约为 1 000 ms、6 Hz)与 18 个基波周期(约为 100 ms、180 Hz)之间选择。

B.2.2.7

谐波含量　harmonic content

一个周期量中的谐波分量之和。

[IEV 551-20-12]

注 1:谐波含量是一个时间函数。

注 2:为便于实际分析,可能必须进行一次周期数的近似计算。

注 3:谐波含量取决于基波分量的选择。如果不能从上下文中清楚地知道所使用的基波分量,则应加以说明。

注 4:谐波含量的方均根值为:

$$HC = \sqrt{\sum_{h=2}^{h=H} {Q_h}^2}$$

式中:

Q——电流或电压;

h——谐波次数(按照 B.2.2.3);

H——对于本部分,为 40。

B.2.2.8

总谐波畸变　total harmonic distortion;THD

一个交变量的谐波含量方均根值与其基波分量或基准基波分量方均根值之比。

[IEV 551-20-13]

注 1:谐波含量取决于基波分量的选择。如果不能从上下文中清楚地知道所使用的基波分量,则应加以说明。

注 2:总谐波率可能被限制在某个谐波次数以内(建议用“H”表示),对于本部分,为 40。

$$\text{THD} = \sqrt{\sum_{h=2}^{h=H} \left(\frac{Q_h}{Q_1}\right)^2}$$

式中:

除 B.2.2.7 中的符号表示外,

Q_1——基波分量的方均根值。

B.2.2.9

总畸变含量　total distortion content

从一个交变量中减去其基波分量或其基准基波分量后所得到的量。

[IEV 551-20-11]

注 1:总畸变含量包括谐波分量和间谐波分量(若有)。

注 2:总畸变含量取决于基波分量的选择。如果不能从上下文中清楚地知道减去哪一个基波分量,则应加以说明。

注 3:总畸变含量是一个时间函数。

注 4:交变量(缩写为 Q)是一个具有零直流分量的周期量。

注 5:总畸变含量的方均根值为:$DC = \sqrt{Q^2 - {Q_1}^2}$

式中的符号表示源自 B.2.2.7 和 B.2.2.8。参见 IEV 101-14-54 和 IEV 551-20-06。

B.2.2.10

总畸变率　total distortion ratio;TDR

一个交变量的总畸变含量方均根值与基波分量或基准基波分量方均根值之比。

[IEV 551-20-14]

注：总畸变率取决于基波分量的选择。如果不能从上下文中清楚地知道所使用的基波分量，则应加以说明。

$$\mathrm{TDR}=\frac{DC}{Q_1}=\frac{\sqrt{Q^2-{Q_1}^2}}{Q_1}$$

B.2.2.11

总畸变因数　total distortion factor;TDF

一个交变量的总畸变含量方均根值与该交变量的总方均根值之比。

[IEV 101-14-55 和 IEV 551-20-16]

注1：总畸变率取决于基波分量的选择。如果不能从上下文中清楚地知道所使用的基波分量，则应加以说明。

$$\mathrm{TDF}=\frac{\mathrm{DC}}{Q}=\frac{\sqrt{Q^2-{Q_1}^2}}{Q}$$

注2：TDF与TDR之比等于基波分量方均根值与总方均根值之比。这就是基波因数(IEV 161-02-22)：

$$\mathrm{FF}=\frac{\mathrm{TDF}}{\mathrm{TDR}}=\frac{Q_1}{Q}\leqslant 1$$

B.2.2.12

单次畸变率　individual distortion ratio;IDR

任何一个分量与基波分量之比。

$$\mathrm{IDR}=\frac{Q_h}{Q_1}$$

B.2.3　应用条件

B.2.3.1　基准值

就本部分而言，为了清楚起见，限值以对应的额定值为基准。

对THD和TDR的限值适用于：

$$\mathrm{THD}=\sqrt{\sum_{h=2}^{h=H}\left(\frac{Q_\mathrm{h}}{Q_\mathrm{N1}}\right)^2}\quad 和 \quad \mathrm{TDR}=\frac{\sqrt{Q^2-Q_1^2}}{Q_\mathrm{N1}}\quad 或 \quad \mathrm{IDR}=\frac{Q_\mathrm{h}}{Q_\mathrm{N1}}$$

式中：

Q_N1——基波分量的额定方均根值。

注1：重要的是要注意到THD不包括间谐波而且上限 H 通常为40。TDR包括间谐波和40次以上直至9 kHz的频率。如果间谐波和40次以上频率时的发射可忽略，则THD和TDR相等。总畸变因数TDF，即电压或电流的畸变与总方均根值之比，很少使用，而且应为避免混淆而不予考虑。

应在提供符合IEC 61000-3-12要求的电流谐波含量最大值的运行条件下并根据额定值对发射进行评估。不过，应对间谐波单独加以考虑。

注2：电流谐波含量(HCI)在IEC 61000-3-12中被称为总谐波电流(THC)，在间谐波可不予考虑的场合，它是电流总畸变含量(DCI)的一种充分近似计算：

$$\mathrm{THC}=\mathrm{HCI}=\sqrt{\sum_{h=2}^{h=40}(I_\mathrm{h})^2}\approx\mathrm{DCI}=(\sqrt{I^2-I_1^2})$$

B.2.3.2　系统和装备

PDS通常是一个更大系统中的一个组成部分，这个系统可能就像造纸工业或金属工业中的一条成套生产线那么大。在本部分中，为了避免任何混淆，“装备”这个词仅用来指与公共供电电网上的公共耦合点(PCC)相连接的成套装备。

B.2.3.3 负载条件

就系统来说，假如在24 h内过载条件（加速度或其他条件）不超过5%的总持续时间而且在7 d之内不超过1%的总持续时间，稳态条件就表示最坏情况的条件。如果系统的负载是按周期定义的，则应按照IEC 61000-4-7定义的测量方法对最大负载期间的谐波发射进行评估。

在对额定输入电流小于75 A的低压PDS进行评估时不考虑过载条件，见B.3.2.2。

B.2.3.4 约定功率

约定功率S_{ST}定义等效基准电流I_{TN}（总方均根值）：

$$S_{ST}=U_N\times I_{TN}\times\sqrt{3}$$

式中，U_N为PCC处的线电压额定（或标称）值，I_{TN}为基准电流。

注意，I_{TN}接近于装备中主断路器的脱扣电流值。S_{ST}表示可在任何时间由公共供电电网向装备输送的电功率。可假定，对于每个约定内部功率，都存在一个在PCC处定义的合理短路功率（故障等级）S_{SC}。这由配电管理部门负责。

注：“约定功率”由用户（装备拥有者）与电力管理部门之间约定得出。

在使用约定功率定义基准电流（谐波电流与之相比较以便用标么值表示这些谐波电流）的场合，按照惯例，基准电流I_{TN1}等于I_{TN}。

B.2.3.5 约定内部功率（对约定功率的定义的延伸）

对于一个所定义IPC“α”处的装备而言，约定内部功率S_{ITA}定义由α馈电的装备中A部分的等效基准电流I_{TNA}（总方均根值）：

$$S_{ITA}=U_N\times I_{TNA}\times\sqrt{3}$$

式中，U_N为IPC“α”处的线电压额定值。

注意，I_{TNA}是装备中A部分的馈电部分的额定电流。I_{TNA}接近于对该A部分起保护作用断路器的额定值。可假定，对于每个约定内部功率，都存在一个在IPC“α”处定义的合理短路功率（故障水平）$S_{SC\alpha}$。这由内部配电责任人员负责。

B.2.3.6 装备中的电源短路电流比

R_{SI}是一个所定义PC处的电源短路功率与由该PC处供电的装备或装备某一部分的额定视在功率之比（见图B.2）：

$$R_{SIA}=S_{SC\alpha}/S_{ITA}=I_{SC\alpha}/I_{TNA}$$

下标“A”表示装备中所考虑的部分，而下标“α”则表示处于该部分起始点的PC。

注1：在IEC 60146-1-1:1991的1.5.35和IEC 62103:2003的3.69中，将相对短路功率（R_{SC}）定义为“电源的短路功率与变流器的网侧基波视在功率之比。对于规定的工作条件和规定的电网结构配置而言，它指的是电网的一个已知点。”是相同的概念。但是，R_{SI}是相对于耦合点下游总负载的额定视在功率而不是相对于耦合点下游某一所定义负载（变流器）的基波视在功率而言的。

注2：该定义可适用于装备的全部。在这种情况下，耦合点（PC）是公共耦合点（PCC），而I_{TNA}则对应于约定功率。

注3：该定义也可适用于额定电流为I_{TNA}的装备中的某一部分。装备中的电源短路电流比R_{SIA}可表示为装备中该部分的内部耦合点（IPC“α”）处的短路电流与其额定电流之比。

注4：通过概念延伸，该定义也可适用于额定电流为I_{TNi}的设备中的某一部分。R_{SIi}可表示为所供电设备中该部分的内部考虑点处存在的（由电源输送的）短路电流与其额定电流之比。

注5：图B.2中示出的装备是一个电源短路电流比为R_{SIA}的A部分。该A部分包含B部分，B部分具有一个电源短路电流比R_{SIB}，A部分还包含一个C部分，等。B部分又包含一个B1部分、一个B2部分，等。这种结构分

布可实现对不同的可能耦合点处的不同电源短路电流比进行分析和评估。

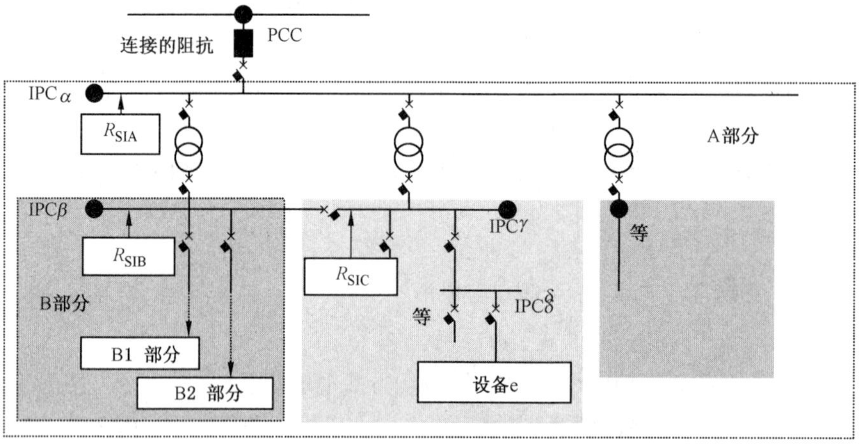

图 B.2　PCC、IPC、装备电流比和 R_{si}

B.2.3.7　短路比

R_{SC}是设备中PCC处的电源短路功率与设备的额定基波视在功率之比(见GB/Z 17625.6—2003或将来的IEC 61000-3-12):

$$R_{SC}=S_{SC}/S_{Ne}=I_{SC}/I_{LNe}$$

注1:以图B.3为例,短路比可表示为相关R_{SI}的函数。设备(e)由一条母线(IPC_{δ})馈电,具有一个短路电流为I_{SC}的公共耦合点(PCC),并引出一个额定电流I_{LNe}。应用上述定义,得出:

$$R_{SIe}=S_{SC\delta}/S_{ITe}=I_{SC\delta}/I_{LNe}=(I_{SC\delta}/I_{SC})\times(I_{SC}/I_{LNe})=(S_{SC\delta}/S_{SC})\times(R_{SCe})$$

或

$$R_{SCe}=(S_{SC}/S_{SC\delta})\times R_{SIe}$$

在应用GB/Z 17625.6—2003或将来的IEC 61000-3-12时,该定义适用于对一台设备与低压公共供电电网的连接条件进行定义。

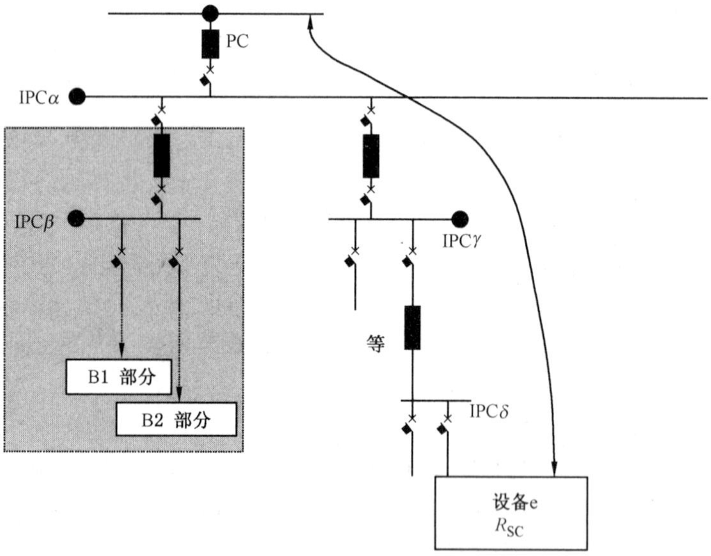

图 B.3　PCC、IPC、装备电流比和 R_{SC}

注2:IEC 61000-2-6的A.2为整流器给出了相对于直流电流的另一个R_{SC}定义。

B.2.3.8 无畸变型 PDS

符合 IEC 61000-3-2 的限值或者符合 GB/Z 17625.6—2003 中第一级的限值的 PDS,可标识为:"无畸变型 PDS"。这类 PDS 的使用可不受任何限制。

B.3 谐波发射标准的应用

B.3.1 概述

在电力变流器及其应用的理论研究中,变流器被模拟成了谐波电流源。一些新的电压源型变流器(采用强迫换相和 PWM 控制)被更好地描述成谐波电压源,因此,它们是通过一个将其变换成谐波电流源的阻抗(电抗器)连接到 PC(也是一个电压源)上的。

但是,当变流器的内部谐波阻抗比电网的内部谐波阻抗低时,这种通用模型就不适用。举一个简单的例子:假定二极管整流器和电容滤波的情况,交流侧和直流侧都不带任何解耦电抗器,具有最低谐波阻抗的电路部件决定着谐波电压。

对于建立一个谐波源模型而言,对系统进行最低限度的了解是必需的。谐波电流源模型往往适用于大多数变流器和 25 次以下谐波。但是,对于 40 次谐波以上的频率来说,这个模型应加以修正,而谐波电压源模型则通常更为方便些。应特别注意定义出 25 次与 40 次谐波之间这一中间频率范围内的恰当模型。

对于不同类型的变流器,已经给出了不同的模型定义不同谐波分量的次数和幅值。在 IEC 61000-2-6的 A.1 中和 GB/T 12668.1—2002 的附录 B 或 GB/T 12668.2—2002 的附录 B 中给出了这些出版物的一览表,在这些附录中包括摘自 IEC 60146-1-2 的信息资料。

这样的分析在此不再赘述。

PDS 往往是一个对谐波电压产生影响的谐波电流源。谐波电压必须与 IEC 61000-2-2 或 IEC 61000-2-4规定的兼容性等级相比较。工作和安装条件的影响也应加以考虑。在 IEC 61000-2-6 中指出了这一点,同时也给出了谐波求和的方法。当然,这会影响到适当的抑制方法(见附录 C)和 PDS 的实用连接规则(见 B.4)。

对于 C4 类 PDS,通过工业实践,已从技术和经济的角度确立了最佳的解决方案。其中包括适宜的抑制方法,例如为适用于不同的 PDS 而定义的移相变压器的应用。

对每个 PDS 分别进行滤波可能会导致产生多个谐振频率的严重危险。另外,由于谐波阻抗和存在的电压畸变通常是未知的和不稳定的,滤波器的额定值尤其难以定义。因此,应采用一种对整个装备进行滤波的综合方法。在 IEEE 519 中对这种方法进行了研究。

B.3.2 公共电网

B.3.2.1 一般条件

对于每相额定电流大于 16 A 但小于或等于 75 A 的低压 PDS,将来的 IEC 61000-3-12 对注入公共供电系统中的谐波电流的限值做出规定。IEC 61000-3-12 中给出的限值主要适用于预期用途为连接到公共低压交流配电系统上的电气和电子设备。

如果 PDS 是一种属于 IEC 61000-3-12 范围内的设备,则该标准的要求适用。但是,如果有一个或多个 PDS 包括在属于 IEC 61000-3-12 范围内的设备中,则该标准的要求适用于成套设备而不适用于单个 PDS。

对属于 GB/Z 17625.6—2003 或 IEC 61000-3-12 范围内的 PDS 进行直接测量或者计算机仿真确认所用的试验装置由一个电压源和 IEC 61000-3-12 中所述测量设备组成。如果采用同步电机作为试验用的独立电源,则应注意其谐波阻抗是由负序阻抗而非短路电流所决定的。

注1：如果PDS包括一台移相变压器，则测量点在一次侧。

测量在稳态条件下进行。功率过载条件(影响全速转矩)时完全例外的应用，即使有，在时间上也是十分有限以致于可不予考虑。

就电力电子变流器的工作方式而言，不管是能量消耗还是能量再生，在其谐波发射过程中没有根本区别。因此，对于四象限PDS，只需在电动方式中进行试验。

对于发射等级，既可采用直接测量方式也可通过在IEC 61000-3-12中定义的条件下进行确认仿真的方式进行评估。关于这两种方式的概述，可在图B.4和图B.5的流程图中找到。

为适用于不同类型的PDS，定义以下两种不同的工作条件：

——电动方式中基本转速时的额定电流(电压源型逆变器)；

——电动方式中66%基本转速时的额定转矩(晶闸管直流传动或电流源型逆变器)。

注2：GB/T 12668.1—2002和GB/T 12668.2—2002将基本转速定义为电动机能够输送最大输出功率时的最低转速。在电压源型逆变器的情况下，这个基本转速常常是与电动机由电网电源直接馈电时相同的转速。

对于不属于IEC 61000-3-2或IEC 61000-3-12范围内的设备(例如：额定电流大于75 A)，在GB/Z 17625.6—2003和本部分的B.4中给出了推荐要求。

注3：对于设备中不同电气部件的谐波，可采用适用于PDS特征和其他部件特征的更精确分析物理规则进行求和(见B.3.3)。

B.3.2.2 采用仿真方式评估

对PDS的各个谐波发射进行的仿真评估，应遵循图B.4中概括的基本规则。对PDS和电压源的特性描述是开始阶段。

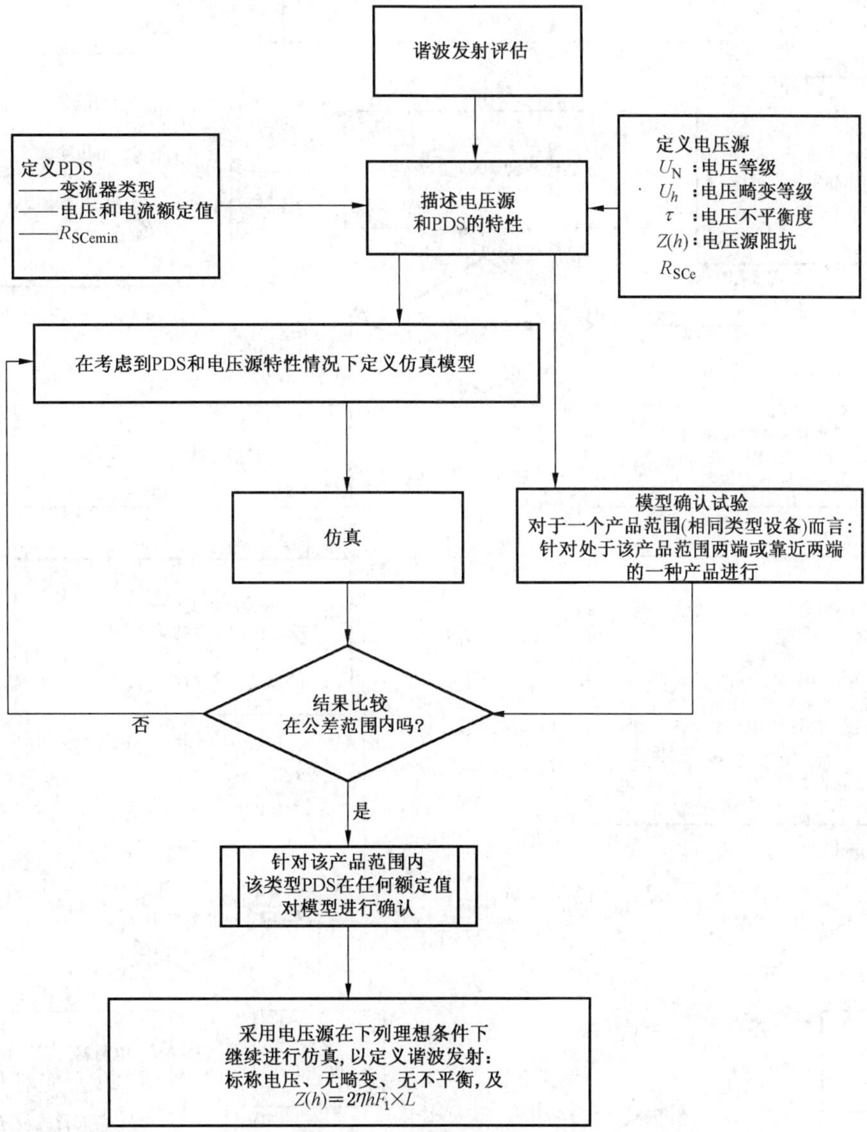

图 B.4 PDS 谐波发射的评估

在大功率或中压设备的情况下,仿真确认的过程可能会比这里所述的过程更为复杂。

B.3.2.3 采用试验方式评估时的负载条件

B.3.2.3.1 概述

在逐一对 PDS 的谐波发射进行测量时,根据 PDS 的变流器类型确定的负载条件在图 B.5 中进行了概括,详情如 B.3.2.3.1~B.3.2.3.4 中所述。

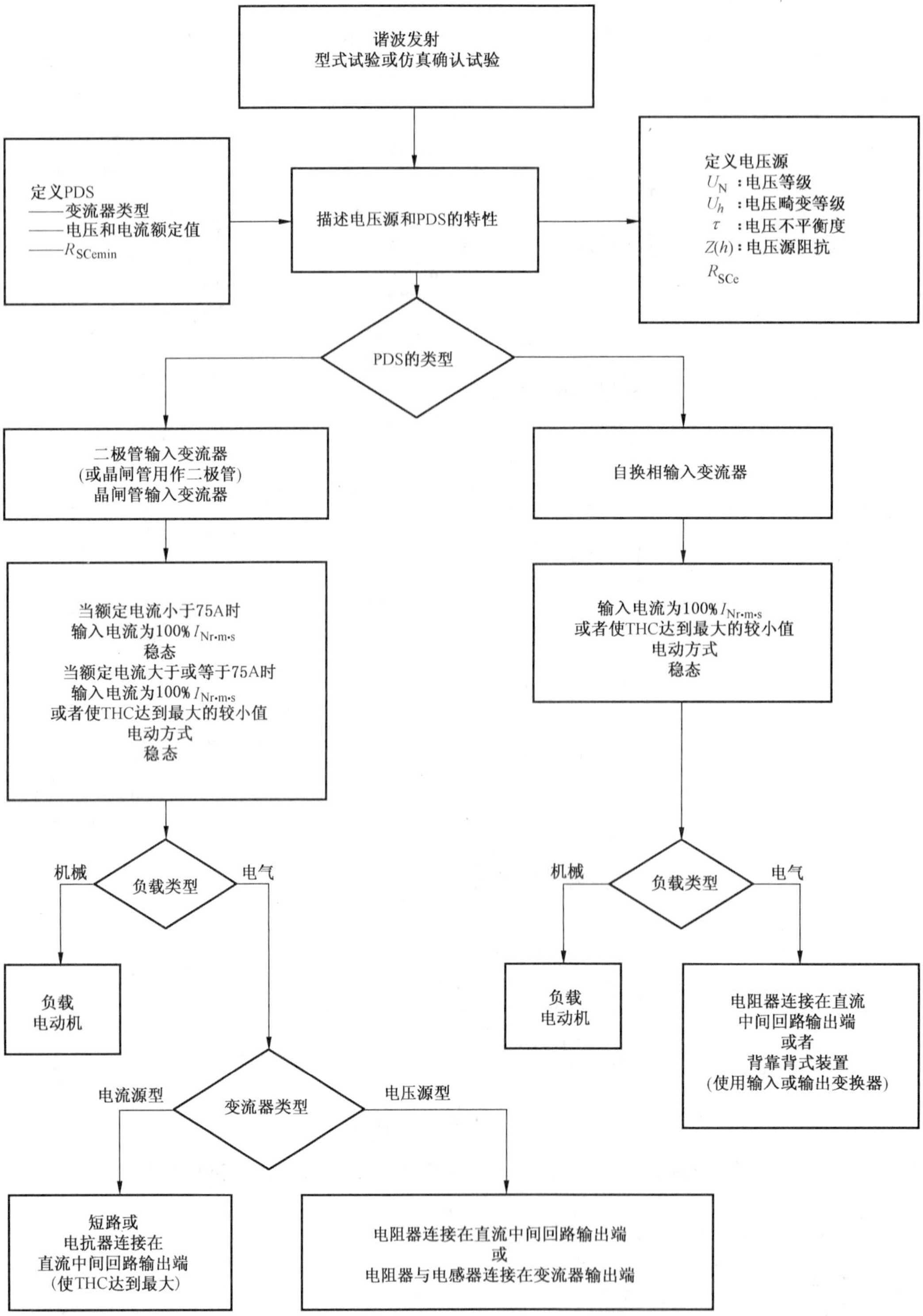

图 B.5　对 PDS 的谐波发射进行测量时的负载条件

图 B.6 示出了带一个机械负载的试验装置。图 B.7 和 B.8 示出了没有机械负载可供使用时用电气负载代替的可能性。

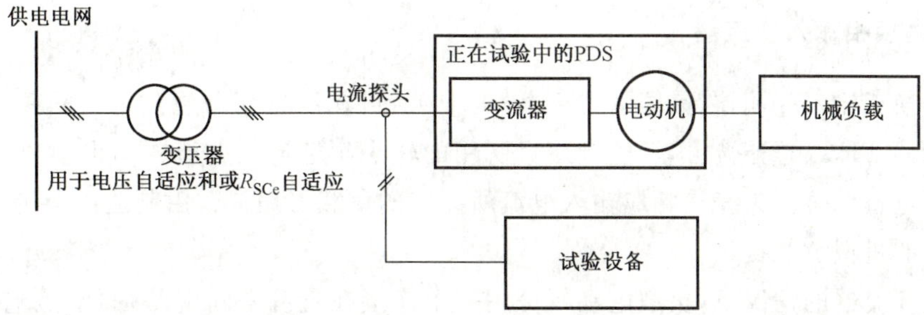

图 B.6　带机械负载的试验装置

B.3.2.3.2　二极管输入整流器

对于带二极管输入整流器(或晶闸管整流器,晶闸管用作具有接触器功能的二极管)的 PDS,可在制造商的规范定义的额定输入电流方均根值的 100%时进行试验。为获得输入电流所必需的负载可用一台由制造商所定义的电动机和一个用于稳态运行的机械负载提供。

负载电动机可用一个连接在变流器输出端或者连接在直流中间回路输出端的电气负载代替:

——连接在变流器输出端时,电气负载应由一个电抗器和一个电阻器组成,见图 B.7;

——连接在直流中间回路输出端时,电气负载应由一个电阻器组成,见图 B.8。

对于大于或等于 75 A 的额定输入电流而言,额定输入电流条件可用使 THC(总谐波含量)达到最大的条件代替。

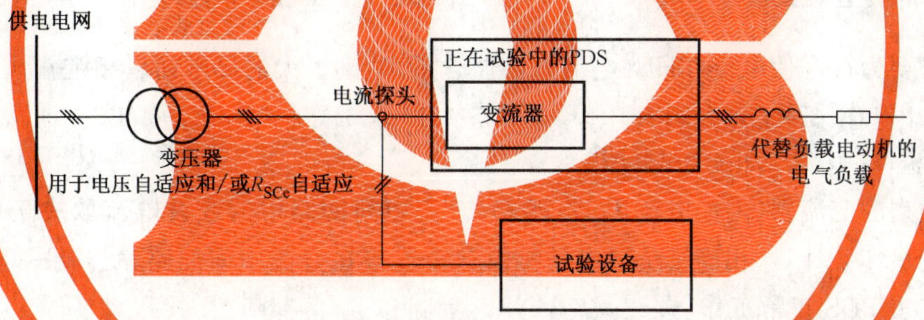

图 B.7　用电气负载代替负载电动机的试验装置

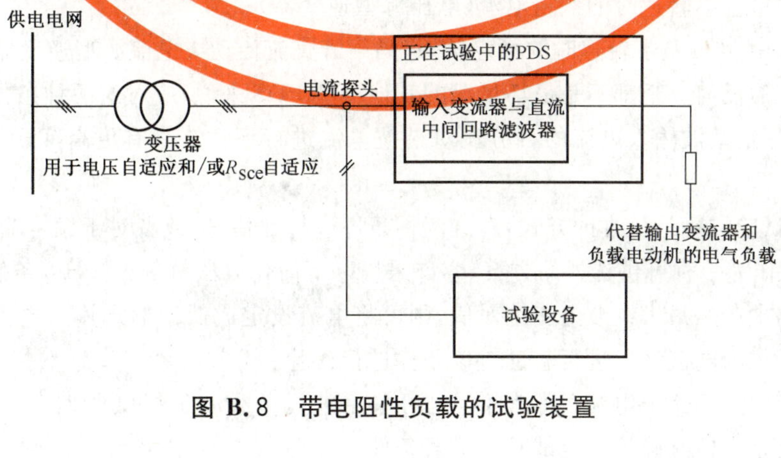

图 B.8　带电阻性负载的试验装置

B.3.2.3.3 电网换相输入变流器

对于带电网换相输入变流器(晶闸管变流器)的PDS,可在制造商的规范定义的额定输入电流方均根值时或者在为使THC(总谐波含量)达到最大所用的较小额定输入电流方均根值时进行试验。无需对再生回馈条件进行试验。为获得相应输入电流所必需的负载可用一台由制造商所定义的电动机和一个用于稳态运行的机械负载提供。

在电流源型变流器的情况下,负载电动机可用一个连接在直流中间回路(而不是电动机)输出端的电感器代替。而在电压源型变流器的情况下,负载电动机可用一个连接在直流中间回路输出端的电阻器代替(见图B.8)。

注:产生最大THC的条件接近于在输入变流器输出端的直流中间回路中产生峰—峰纹波电流最大值的条件。

B.3.2.3.4 自换相输入变流器

对于带自换相输入变流器的PDS,可在制造商的规范定义的额定输入电流方均根值时或者在为使THC(总谐波含量)达到最大所用的较小额定输入电流方均根值时进行试验。无需对再生回馈条件进行试验。为获得相应输入电流所必需的负载可用一台由制造商所定义的电动机和一个用于稳态运行的机械负载提供。

负载电动机可用一个连接在直流中间回路输出端的电阻器代替,也可对负载条件进行背靠背调整;在这样一种情况下,显然只能对输入变流器的电流进行测量。

B.3.2.4 THC的典型最大值

始终没有必要为符合使电流THC(电流总谐波含量)达到最大的要求而以额定输入电流工作。

注:在本部分中,THC是总谐波含量,见B.2.2.7,该条款与IEV 551-20-12一致。在IEC 61000-3-12中,THC是指总谐波电流,可被认为是电流总谐波含量的缩写。

对于某些类型的变流器(例如电流源型)而言,直流中间回路中的纹波电流取决于电动机的转速。在零转速时达到最坏条件,这相当于负载电动机由一个连接在直流中间回路输出端的电感器代替。这种情况通常不代表PDS正常工作。

对于额定输入电流大于或等于75 A的PDS来说,为了对不同类型PDS的谐波发射进行评估,需要以下两种工作条件:

——电动方式中基本转速时的额定电流(电压源型逆变器);

——电动方式中66%基本转速时的额定转矩(晶闸管直流传动或电流源型逆变器)。

对于上述条件的任何一个都不是最坏情况的其他类型PDS来说,应对这两种条件进行评估。在这两种情况下,应以额定基波输入电流的百分比对谐波电流进行评估。具有更高THC值的情况应被认为是最坏情况。

当不能(采用试验或确认仿真的方式)对这两种条件进行评估时,或者对于额定输入电流小于75 A的低压PDS而言,作为一种可供选择的方案,容许采用以下简化方法对最大THC条件进行验证。假如能使直流中间回路中产生最大纹波电流绝对值,则可将电流设定成低于额定输入电流。可通过对直流中间回路上适当部位的电流波形进行验证对该条件进行检验。

通过调整直流中间回路中电流的平均值,也可采用电气负载满足提供典型THC最大值的条件。这些条件可被认为是为仿真确认规定试验的负载条件。

在那些条件下测量的IDR(单次畸变率,见B.2.2.12)会造成对电流的最重要谐波分量的估计过高。在不能达到额定电流时,以及在不采用仿真方式时,这些条件被认为是试验的结果。

B.3.3 装备中谐波的求和方法 实用规则

B.3.3.1 原则

采用最恰当的方式对来自不同部件的谐波发射进行求和。所选择的求和方法可以是一种快速但却保守的近似法。当要求更精确时，可根据 PDS 中变流器的特征和结构选择恰当的求和定律。其结果是以设备或系统的额定基波电流（约定内部功率）为基准。

B.3.3.2 谐波电流的简单算术求和

在这种方法中，是对谐波电流进行算术求和。（这种方法简单，但往往却极其保守）。对于三相部件，采用对属于装备或者装备某一部分的所有发生畸变部件（设备部件）都适用的下列方程，进行（每次谐波的）单次畸变率 IDR 或总谐波畸变 THD 的计算。

HD 是 IDR 或 THD 的通用符号。下标 eq 表示这个值附属于系统中某个特定的设备部件。下标 IT 表示示例与装备的某一部分有关，但同样适用于整个装备（采用下标 ST）。

$$\mathrm{HD}=\sum_{\mathrm{eq}}\mathrm{HD}_{\mathrm{eq}}\times\frac{S_{\mathrm{eq}}}{S_{\mathrm{IT}}}$$

在该方程中，$\mathrm{HD}_{\mathrm{eq}}$以该部件（设备部件）的额定基波电流为基准，而 HD 以该装备部分的额定基波电流（约定内部功率）为基准。

利用一个不平衡补偿系数，将单相部件也考虑进去：

——对于单相（相对相）负载，不平衡补偿系数为$\sqrt{3}$：

$$\sqrt{3}\left(\mathrm{HD}_{\mathrm{eq}}\times\frac{S_{\mathrm{eq}}}{S_{\mathrm{IT}}}\right)$$

——对于单相（相对中性点）负载，不平衡补偿系数为 3；

$$3\left(\mathrm{HD}_{\mathrm{eq}}\times\frac{S_{\mathrm{eq}}}{S_{\mathrm{IT}}}\right)$$

补偿系数适用于与形成不平衡条件的负载过分有关的那些项。

示例：

$$S_{\mathrm{IT}}=150\ \mathrm{kVA}$$

产生畸变设备的部件 N°.1： $S_{\mathrm{eq}}=25$ kVA，HD=65%，与其额定电流相关，
$\mathrm{HD}_{\mathrm{eq1}}=65\times(25/150)\%=10.8\%$，与 I_{TN1}（或 S_{IT}）相关。

产生畸变设备的部件 N°.2： $S_{\mathrm{eq}}=10$ kVA，HD=10%，与其额定电流相关，
$\mathrm{HD}_{\mathrm{eq2}}=10\times(10/150)\%=0.7\%$，与 I_{TN1}（或 S_{IT}）相关。

产生畸变设备的部件 N°.3： $S_{\mathrm{eq}}=1$ kVA，HD=85%，与其额定电流相关，
但为单相（相对相）负载，相当于其作为平衡负载时的额定值的 1.73 倍，谐波为 3 的倍数（需要加以考虑），
$\mathrm{HD}_{\mathrm{eq3}}=85\times(1.0/150)\times1.73\%=1.0\%$，与 I_{TN1}（或 S_{IT}）相关。

对于该系统，HD=(10.8+0.7+1.0)%=12.5%，$\Sigma\ S_{\mathrm{eq}}/S_{\mathrm{IT}}=(25+10+1)/150=0.240$

对于每个谐波次数和 THD，均应进行上述计算。

B.3.3.3 伪平方（可变指数）求和定律

可采用一个更为典型的定律进行谐波电流的求和：

——已知电流同相位（例如二极管整流器），每次谐波的算术求和为：

$$I_h=\sum_i I_{hi}$$

——电流间的相位关系是随机的，每次谐波的指数与求和为

$$I_h = \left[\sum_i I_{hi}{}^{\alpha}\right]^{\frac{1}{\alpha}}$$

$h<5$ 时，$\alpha=1$；$5\leqslant h<10$ 时，$\alpha=1.4$；$h\geqslant 10$ 时，$\alpha=2$。

上述公式可适用于单次谐波次数，同时也适用于 THD。

这种方法对来自系统的谐波电流发射给出了一个评估。其结果是以系统的额定基波电流（约定内部功率）为基准，而且可用于根据机械或系统的额定值说明与 IEC 61000-3-2 或 IEC 61000-3-12（第一级或第二级）的符合性。这种方法甚至可用于对更大的工业系统或装备的评估。

这种方法适用的典型环境是“约定功率”在 36 kVA～100 kVA 之间的轻工业用设备或者是“约定功率”在 100 kVA～300 kVA 之间的轻工业用装备。

B.3.3.4 工业电网用基于计算和/或测量的方法

如果不能用上述近似方法证明与谐波发射限值的符合性，则应采用更精确的谐波发射评估方法。这涉及到装备所需的总电流。

应采用计算或测量的方法确定由装备（包括要安装的负载）所产生的总谐波电流。为了不忽略抵消作用，应对产生谐波的负载之间的实际相位关系加以考虑。

这种方法适用的典型环境是“约定功率”大于 100 kVA 的轻工业环境或者工业环境。

B.4 装备规则/谐波兼容性的评估

B.4.1 小功率工业三相系统

本分条款的目的是为把 PDS 并入产品或设备中，或者更一般地说并入系统中提供 PDS 使用指南。把谐波限值应用于每个 PDS，可能会产生不经济的解决方案和/或技术上无价值的东西。往往最好是应用一种对整个装备进行滤波的全局性方法。这就要求对装备内所产生的谐波电流进行求和。

在图 B.9 中，对谐波发射的评估过程加以概括。

正如 6.2.3.1 中所述，IEC 61000-3-2 和 IEC 61000-3-12 适用于包含有直接连接到公共低压电网中一个 PCC 处的 PDS 的设备。通过对由系统或设备产生的（每次谐波的）单次畸变率 IDR 和总谐波畸变（THD）的等级与适当引用标准中的限值表进行比较，对其符合性进行检查。

对于这些出版物中未包括的 PDS，可将以下过程用作指南。通常的方法是把谐波电流的限值应用于成套装备。按照所要求的近似方法采用适当的求和定律对总谐波发射进行评估（见 B.3.3）。如果约定功率在一个中间范围内（例如在 100 kVA～300 kVA 之间），可根据图 B.9 中的建议或者按照当地规定采用简化的方法和准则。符合 PCC 处适当的限值是用户的职责。

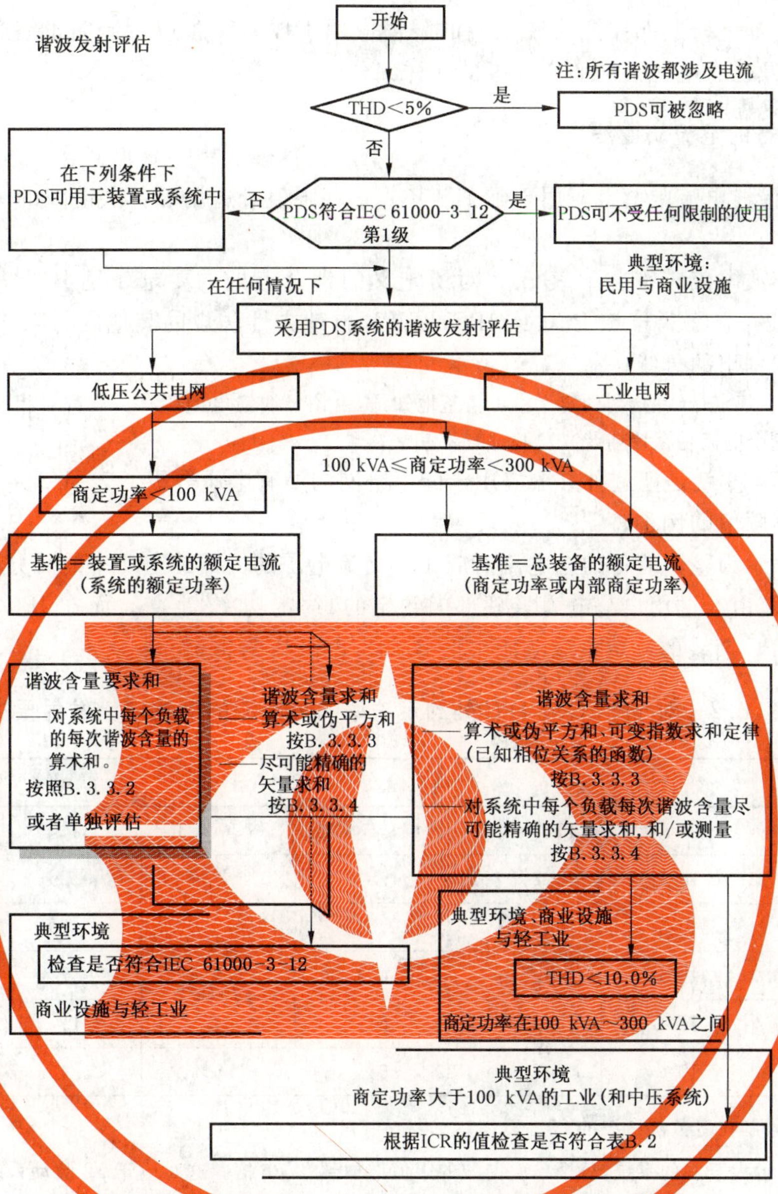

图 B.9 对采用 PDS 的场合(设备、系统或装备)的谐波发射的评估

B.4.2 大型工业系统

B.4.2.1 原则

本分条款的目的是为把 PDS 并入系统中提供 PDS 使用指南。把谐波限值应用于每个 PDS,可能会产生不经济的解决方案和/或技术上无价值的东西。往往最好是应用一种对整个装备进行滤波的全局性方法。这就要求对装备内所产生的谐波电流进行求和。

在图 B.9 中,对谐波发射的评估过程加以概括。

IEC 61000-3-6 应直接应用于由中压供电电网供电的装备,对于大型 PDS、尤其是交流额定电压高于 1 000 V 的 PDS 来说,情况也是这样。

通常是按照自然解耦设备(变压器等)将装备分隔成不同部分。这种分隔应考虑到可能的谐振的情况下对整个电网进行分析而得出的结果(见图 B.2)。

应仔细确定所需滤波器的位置,而对每个 PDS 都进行滤波显然是不切实际的。

通常的方法是如上所述那样把谐波电流的限值应用于成套装备或者装备的各部分。在临界情况下,可采用一种涉及已有电压谐波畸变等级的更详细分析法。

B.4.2.2 成套装备的电流畸变法

在本方法中,谐波电流限值被应用于整个装备。这些限值既适用于各次谐波的单次畸变率(IDR),也适用于 THD。

整体装备的谐波电流应符合下表 B.2 对所定义的耦合点处的要求。见 B.2.3.6 中 R_{SI}的定义。PDS 的供应商和顾客应就耦合点(PCC 或 IPC)以及源自地方性法规的其他发射限值的应用进行约定。耦合点应是一条识别出的母线。

注:从专用于某一规定母线的 R_{SI}的定义中可清楚地知道,由该母线馈电的所有负载都对相应电流(I_{TN})的定义产生影响,而这个电流是在计算谐波发射时需要考虑的。

在美国,IEEE 519 就是把这种方法应用于配电电网的所有电压等级。表 B.2 给出了一个在北美已经取得经验的实际限值的例子。

谐波电流可表示为整个装备的总电流对应于其交流电源的内部约定功率的百分比(IDR)。在 PCC 的情况下,负载电流由经过用户与电力管理部门约定的"约定功率"定义。而在 IPC 的情况下,额定基波负载电流等于 IPC 馈线的额定负载电流。见 B.2.3.5 和 B.2.3.6。

表 B.2 对于 PCC 或 IPC 处约定功率的总电流的谐波电流发射要求

	单次畸变率 IDR					
R_{SI}	$h<11$	$11\leqslant h<17$	$17\leqslant h<23$	$23\leqslant h<35$	$35\leqslant h$	TDR
$R_{SI}<20$	4%	2%	1.5%	0.6%	0.3%	5%
$20\leqslant R_{SI}<50$	7%	3.5%	2.5%	1%	0.5%	8%
$50\leqslant R_{SI}<100$	10%	4.5%	4%	1.5%	0.7%	12%
$100\leqslant R_{SI}<1\,000$	12%	5.5%	5%	2%	1%	15%
$1\,000\leqslant R_{SI}$	15%	7%	6%	2.5%	1.4%	20%
偶数次谐波被限制在奇数次谐波的 25%以内。 对于脉动数($=q$)大于 6 的系统,每个单次谐波的限值增加到 $\sqrt{q/6}$ 倍。这对应于 12 脉动系统的$\sqrt{2}$。THD 限值保持不变。						

B.4.2.3 逐个情况分析法

作为一种可供选择的方案,可对系统进行全面分析,而且在临界情况下也应对系统进行全面分析。然后可应用分析结果正确地定义出总滤波方法或者其他抑制方法。

应采用如下步骤:

——评估出 PCC 处谐波电压畸变的现有等级(由公共电网或自备电网的运营商负责)。

——计算或测量出 PC 处电源的谐波阻抗(如果是 PCC 处,则由公共电网或自备电网的运营商负责;

而如果是 IPC 内部耦合点,则由用户负责)。IEC 61000-2-6 的 A.2 给出了有关电网中所遇到的谐波阻抗的信息资料。

——计算或测量所出需连接的 PDS 将要注入到系统中的谐波电流(由制造商负责)。

——计算出可能由此产生的谐波电压(由用户负责)。

注：IEC 61000-3-6 中列出的所有规则和方法，尽管是针对中压（高于 1 kV 但小于或等于 35 kV）或高压（＞35 kV）公共电网而定义的，但也适用于工业电网（包括其低压部分）。

在 PCC 的情况下，所产生的谐波电压应不超过电力管理部门所定义的规划等级。而在 IPC 的情况下，所产生的谐波电压应不超过兼容性等级。

IEC 61000-2-2 中就低压公共电网系统规定了谐波电压的兼容性等级；IEC 61000-2-12 中就中压公共电网系统规定了谐波电压的兼容性等级；IEC 61000-2-4 中就自备工业电网系统规定了谐波电压的兼容性等级。

在 PC 处可定义出一个可用额定功率（称为约定内部功率）。在 PCC 的情况下，这是“约定功率”（见 B.2.3.4 和 B.2.3.5）。可给要连接的 PDS 规定一个骚扰裕度。合理的解决方案包括定义这个骚扰裕度与 PDS 的额定功率和 PC 处的约定内部功率之比成正比，并与上述引用标准所定义的兼容性等级成正比。

B.4.2.4 电话干扰

在北美和芬兰，配电线路和电话线路呈并行结构，导致了 TIF（电话干扰因子）的引入。IEEE 519（1992）的 6.8 给出了各种谐波加权后的结果。

等效噪声电流定义为：$I_p = I \times \mathrm{TIF}$

而推荐的地方性实际作法要求为：$I_p < I_{pA}$

在装备内，如果电动机电缆与电话线路是并行走向的，则电动机电缆的共模谐波发射可能引起对电话线路的干扰，这是应避免的（见 6.2.5）。

B.4.3 较高频率时的间谐波和电压或电流

在高于 40 次谐波频率但低于 9 kHz 的这一频率范围内，PDS 应被认为是一个电压源发射器。在对兼容性等级进行标准化之前，没有对 PDS 的发射要求。

然而，对较高频率（9 kHz 及以下），某些类型 PDS 的应用可能要求考虑间谐波的或者电流或电压的发射。这主要是指诸如交—交变频器或电流源型逆变器这类大功率 PDS 的情况。这也是指 PWM 开关与电网直接耦合的有源前端变流器的情况。

稍微不同于基波频率或主要谐波的频率时的间谐波也可能引起电压波动（见 B.6.2）。这些是由在诸如照明这类非线性系统上可能承受的拍频引起的（随电压的平方而变）。受骚扰设备的非线性响应会导致不同谐波或间谐波频率之间出现频率和及频率差。这个差频可能处于引起闪变的范围内。其主要原因是交—交变频器或电流源型逆变器。IEC 61000-2-4 中给出的兼容性等级包括了这种情况。

间谐波可能对功率因数校正电容器组和谐波滤波器产生直接影响，尤其是产生谐振的缘故。

这种发射应被限制在指示性电压等级的 80％以下（摘自 IEC 61000-2-4（2002）的附录 C）。

2 类 IPC 时，$u=0.2\%$；

3 类 IPC 时，$u=1\%$；

2 类 IPC 时，$u_b=0.3\%$；

3 类 IPC 时，$u_b=1.5\%$；

其中，“u”是该频率时电压方均根值与电压基波分量的方均根值之比，而“u_b”是相对于以频率 F 为中心的任何 200 Hz 带宽的等级，并可表示如下：

$$u_b = \frac{1}{V_{1N}} \times \sqrt{\frac{1}{200\,\mathrm{Hz}} \times \int_{F-100\,\mathrm{Hz}}^{F+100\,\mathrm{Hz}} V^2(f) \times \mathrm{d}f}$$

式中，

V_{1N}——基波分量的额定方均根值；

$V(f)$——是频率 f 时的方均根值；

F——频带的中心频率(该频带高于 40 次谐波)。

在较高频率时,其成因主要是来自 PWM 开关与电网强耦合的有源前端变流器。

B.5 电压不平衡

B.5.1 成因

三相系统中的电压不平衡通常是由于将单相负载加到三相中的两相上造成负载不相等而引起的。电压不平衡与单相负载的量(占额定值的百分比)和干线电源的阻抗直接相关。例如,假定有一台具有规定电压调整率的三相变压器,而且在两相之间只连接一个单相负载。如果负载占变压器容量额定值的百分比明显大的话,则与负载连接的两相的输出电压(相对中性点电压)将减小,而没有连接任何负载的第 3 个绕组仍保持不变。

变压器上电压的明显不平衡会引起过热。应向制造商咨询,以确定该变压器是否能够为占变压器额定容量的百分比明显大的单相负载供电。

连接到不平衡三相电源上的其他三相负载通常会受到不利影响。例如,电压的不平衡将引起负序电流流过三相感应电动机,使额定电流时的转矩输出减小,或者在电动机额定输出时引起过热。在某些电动机中,3%的电压不平衡都可能使其出力降额 10%。如果给三相电动机供电的电网存在电压不平衡状况,则一定要向制造商咨询,以确定出对安全运行合适的降额量。

B.5.2 定义和评估

B.5.2.1 定义

在 IEC 61000-2-2、IEC 61000-2-4 或 IEC 61000-2-12 中给出了电压不平衡的定义。下面给出一些计算方法。

在多相系统中,电压不平衡是指所出现的一种状态,即各个线电压的基波分量方均根值或者相邻相之间的相位角不完全相等。对于本部分而言,这种不相等的程度可表示为负序分量与正序分量之比。

在某些情况下,在对电压不平衡进行评估时应包括零序分量。

B.5.2.2 全面分析法

准确的定义涉及对三相系统对称分量的分析。这种类型的分析所依据的概念是:与理想三相系统的任何相电压偏差都可通过 3 个矢量相加加以描述。这 3 个矢量称为零序矢量、正序矢量和负序矢量,其定义如下。

$$\underline{U}_A=\underline{U}_{A0}+\underline{U}_{A1}+\underline{U}_{A2}\qquad \text{A 相电压}$$

$$\underline{U}_{A0}=(\underline{U}_A+\underline{U}_B+\underline{U}_C)/3\qquad \text{零序分量}$$

$$\underline{U}_{A1}=(\underline{U}_A+a\,\underline{U}_B+a^2\underline{U}_C)/3\qquad \text{正序分量}$$

$$\underline{U}_{A2}=(\underline{U}_A+a^2\underline{U}_B+a\,\underline{U}_C)/3\qquad \text{负序分量}$$

式中,$\underline{U}_A$、$\underline{U}_B$和$\underline{U}_C$是相电压矢量,"a"是计算因子,$a=-(1/2)+\mathrm{j}(\sqrt{3}/2)$。

负序电压与正序电压之比就是电压不平衡度。计算式如下:

$$\tau\%=100\,U_2/U_1$$

示例 1:

已知各个相电压的幅值和相位角,可计算出各个线电压及其对应的相位角:

$U_{AN}=231.00,0.0°$; $U_{BN}=220.00,-125.1°$; $U_{CN}=215.00,109.8°$

$U_{AB}=400.32,26.7°$; $U_{BC}=386.00,-98.0°$; $U_{CA}=364.98,146.3°$

得出:$U_0=22.36$, $35.2°$; $U_2=20.40$, $90.7°$; $U_1=383.51$, $-5.0°$

示例 2：

已知各个相电压的幅值和相位角，可计算出各个线电压及其对应的相位角：

U_{AN}＝230.00，0.0°；　U_{BN}＝280.00，－135.0°；　U_{CN}＝170.00，130.0°

U_{AB}＝471.50，24.8°；　U_{BC}＝339.94，－105.1°；　U_{CA}＝363.40，159.0°

得出：U_0＝59.34，－138.8°；　U_2＝85.79，　48.1°；　U_1＝386.40，　－3.7°

电压不平衡度：τ＝100(85.79/386.40)＝22.230％，零序分量为 15.356％

B.5.2.3 近似方法

下面给出 3 个近似式。第一个近似式通常提供最好的结果，对于任何种类的不平衡而言，其误差小于 5％；与对应的理想平衡系统（正序或负序）相比，各个相电压的相位角在±15°的公差范围内，而幅值则在±20％的公差范围内。

U_{12}、U_{23}和 U_{31}是 3 个线电压，用 $\delta_{ij}=(U_{ij}-U_{\text{average}})/(3\times U_{\text{average}})$表示这 3 个线电压中每一个的偏差，用 τ 表示电压不平衡度作为负序电压幅值与正序电压幅值之比，

$$\tau \approx \sqrt{6\sum_{1}^{3}\delta_{ij}^{2}}$$

简单得多的近似式为：

$$\tau \approx \left(\frac{2}{3}\right)\times\left[\frac{U_{\max}-U_{\min}}{U_{\text{average}}}\right]$$

提供可接受的 τ 结果在 7％以下（绝对误差小于 1％）。

NEMA 建议采用的下列公式也可得出可接受的 τ 结果在 7％以下（绝对误差小于 1％），或者应用于相位移大的场合：

$$\tau \approx \frac{MAX\left|U_{ij}-U_{\text{average}}\right|}{U_{\text{average}}}$$

示例 1：

U_{AN}＝231.00　U_{BN}＝220.00　U_{CN}＝215.00

U_{AB}＝400.32　U_{BC}＝386.00　U_{CA}＝364.98

U_{average}＝(400.32＋386.00＋364.98)/3＝383.77；不带小数时，U_{average}＝(400＋386＋365)/3＝383.66

δ_{12}＝1.432％　δ_{23}＝0.197％　δ_{31}＝－1.629％

电压不平衡度为：$[6(1.432^2+0.197^2+1.629^2)]^{1/2}$＝5.3％，或者

(2/3)×($U_{\max}$－$U_{\min}$)/U_{average}＝(2/3)×(400－365)/383.7＝6.1％，或者

采用最后一个近似式时：18.7/383.7＝4.9％。

示例 2：

U_{AN}＝230.00　U_{BN}＝280.00　U_{CN}＝170.00

U_{AB}＝472　U_{BC}＝340　U_{CA}＝363

U_{average}＝(472＋340＋363)/3＝391.7

δ_{12}＝6.801％　δ_{23}＝－4.397％　δ_{31}＝－2.404％

电压不平衡度为：$[6(6.801^2+4.397^2+2.404^2)]^{1/2}$＝20.7％，或者

(2/3)×($U_{\max}$－$U_{\min}$)/U_{average}＝(2/3)×(472－340)/391.7＝22.4％，或者

采用最后一个近似式时：80.3/391.7＝20.5％。

B.5.3 对 PDS 的影响

对 PDS 的影响随所采用的电力电路类型和控制方法的变化而变化。对于每种类型的控制和电路都应进行详细分析。通常，给电阻性负载供电的可控或不可控变流器的影响会小一些。采用相移线电压作为其基准的相位控制型变流器所受到的影响会比采用与线电压过零点同步的电压斜升作为其基准的变流器小一些。给间接变流器（电压源型逆变器）的直流回路中所用的电容器组供电的可控或不可控

变流器的电流不平衡度会比电压不平衡度大得多，而且会比给诸如直流电动机这类电感性负载供电的变流器的大一些。

在对给电容器组供电的变流器进行设计时，由于电压不平衡使峰值电流显著增大，因而应特别注意。对于纹波电压小的超大型电容器组，每相的峰值电流仅受电源阻抗、PDS中的任何附加阻抗以及电容器组电压与电网电压之差的限制。在电源阻抗为1%、电压不平衡度为3%时，两相之间的峰值电流之比可能高达20%。由于在电源阻抗为1%的情况下单相负载不太可能引起这样大的不平衡度，因而这只是一种极端的情况。

B.6 电压跌落—电压波动

B.6.1 电压跌落

B.6.1.1 定义

低频骚扰最常见的形式是三相中一相或所有三相上的电压跌落或者电压降低。电压跌落是指电气系统中某一点的电压突然降低，随后经过半周至几秒的短时间之后电压恢复。电压跌落通常是由于电网供电企业排除故障或者是由于在用户所在处或附近有大型电动机起动引起的。不同国家不同电力企业的调查研究表明，在电压超出10%电压容差时电压跌落可能持续的时间范围为一个周波到10个周波或更长些。目前，优先采用剩余电压(电压跌落时电压的最低值)而不采用电压跌落深度表征电压跌落的幅度(深度是指基准电压与剩余电压之差)。剩余电压主要取决于电压源(通常是一个高压/中压变电站)、与短路等效事件以及观测点的相对部位。在IEC 61000-2-8中提供了综合性信息。

B.6.1.2 对PDS的影响

B.6.1.2.1 基本原则

电压跌落可能对PDS的性能产生不利影响。通常，当电源电压降低时，能够从电网传输到电动机的功率也降低。但是，有些PDS变流器通过改变输入整流器的控制角在有限范围内对电压跌落进行补偿。而且，至关重要的是，将机械能从电动机回馈到电网中的再生回馈式变流器也可能遇到电压跌落的问题。

应根据被传动设备的物理特征对电压跌落对PDS的影响加以考虑。此外，必须将PDS的电子控制电路和电力变流器部件区别开(见IEC 61000-2-8)。

控制部分可能对某些类型的电压跌落具有抗扰性，符合性能准则A；但如果控制部分与变流器或被传动设备的性能不一致，则这可能是无效的。变流器没有能量存储能力，而被传动设备通常具有一点能量存储能力，在某些条件下可使用。单纯根据控制部分的抗扰度就标定PDS对电压跌落具有抗扰性，可能会使人误解。为了使用户能够定义出适合于被传动设备的配装，应对控制部分中特殊程序的应用形成文件。

B.6.1.2.2 可控变流器

诸如由晶闸管、GTO(门极可关断晶闸管)或晶体管组成的变流器之类的可控变流器，通常用于将电网的交流电压变换成一个可变直流电压。用于使电力半导体控制同步的逻辑电路，常常设计成能够在电网电压下降到低于某个规定值时禁止整流。在某些情况下，在用户使逻辑电路复位之前，控制被切断；或者在另外一些情况下，只有电压在规定时间内恢复之后，才能重新开始工作。通常，PDS在电压跌落时间间隔内无法对电动机进行控制，并且在逻辑电路复位之前可能发生失控。如果PDS所控制的过程很关键，为了使逻辑电路对电压跌落的反应能够与过程需要兼容，就应与PDS制造商进行讨论。在某些关键场合下，则必须采取附加措施(例如备用电源)使过程能够度过严重的电压跌落。

在电压跌落期间，来自BDM/CDM的以及供给电动机的有用功率都会降低。这可能会影响到与电动机工作点有关的运行情况。假定有一个由6个晶闸管组成的可控整流桥路给一台直流电动机供电的这种情况。如果电动机以高速运行,则电压跌落可能会使线电压峰值下降到低于电枢电压。晶闸管将被电枢回路关断,而且电枢回路中的电流也将减小。另一方面,如果在电动机低速运行时出现电压跌落,则控制电路可能会使控制点前移,以补偿这一降压。在这种情况下,电动机的控制将不受影响。对于关键负载,应与PDS制造商讨论电压跌落的影响,以确定控制电路将如何反应。

采用线电压使桥路中的晶闸管换相的再生回馈式变流器对电压跌落特别灵敏。如果线电压在这种逆向功率流期间下降得太低,由于晶闸管不能被关断,从电动机到电网的功率流就会失控。如果控制电路无反应,或者如果电压跌落得特别急,或者电压跌落发生在晶闸管导通之后,则以前导通的晶闸管不能被关断,就可能从电动机中产生过量的不可控电流。这些电流可能对过程产生潜在的有害影响,甚至可能损坏电动机。对于关键负载,应与PDS制造商讨论电压跌落对再生回馈式变流器的影响,以确定在这个时间间隔内控制电路和电力电路将如何反应。对于关键负载,可增加辅助电路使晶闸管强迫换相,或者可采用备用电源使PDS能够渡过电压跌落。

采用某些方式强迫换相的这种类型的再生回馈式变流器也可能会受到电压跌落的影响。这是因为电压跌落期间的电压降低可能会使能够从负载传输到电动机再到电网的功率量减小。如果存在这种情况,则在这个时间间隔内电动机可能会失控。

B.6.1.2.3 不可控变流器

诸如二极管整流桥这类的不可控变流器受电压跌落的影响不大,但有大的冲击电流时的情况例外(在这种情况下,在电压恢复之后,大的冲击电流可能会流入到电压源型变流器的电容器组中)。但是,在电压跌落期间其输出功率和电压都会降低。这可能会对PDS的其他部件产生不利影响。例如,如果变流器正在给逆变器供电,则逆变器的输出电压将受到限制,交流电动机将失控。

一些制造商的做法也是在馈送给逆变器的电压下降到低于某一规定值时禁止工作。有一些设计也要求在能够继续工作之前使逻辑电路复位。而另外一些设计是在电压恢复后重新开始工作,但电动机在逻辑电路被禁止的时间间隔内失控。这个时间间隔可能根据使逆变器控制逻辑电路与电动机失控后的实际速度同步所需的时间而延长。

要使逆变器的输出频率与电动机的实际速度相匹配,则需要同步。同步过程决定了为使电动机从自有停车平滑地过渡到控制状态而应施加给电动机的恰当频率和电压。

对于具有超大型电容器组的这种类型的PDS,由于电容器组中存储有能量,因而能够度过短时间的电压跌落。通常,为在电压跌落期间仍能工作而将电容器组做得足够大是不经济的。在一些关键负载情况下,可在电压跌落期间采用蓄电池向电容器组供电。对于带有自适应控制的PDS,假如输出功率接近于零,则可能在电压中断期间仍能继续工作。在所有情况下,都应与制造商讨论电压跌落对PDS工作的影响,以确定PDS是否能够与过程需要兼容。

B.6.1.2.4 一般性保护型式

经验表明,对电压跌落的抗扰度完全取决于变流器特征和负载特性。绝对性保护可能是极其昂贵的,而且,应仔细比较过程要求后做出保护的选择。

绝对性保护要求使用一个备用电源。例如,这可是一台接在PDS外部的UPS(不间断电源),也可是一个给电压源型逆变器的直流中间回路供电的直流电源(蓄电池)。

短时断电持续运行程序是一种使用各种可能的命令而不用备用能量避免瞬时过电流的技术。因此,无源负载的速度必然会以一个按负载转矩与惯量之比近似给定的速度降低。出于安全性的考虑,这种类型的保护方式不能与有源负载一起使用(例如提升,在需要机械制动的再生回馈过程中)。

跟踪再起动是短时断电持续运行程序的继续,可用于自由停车时间长或极长的无源负载这种场合。这也可是一种防电压跌落或短时中断的保护措施。

自动再起动始终意味着安全状态,由用户负责。

B.6.2 电压波动

正如B.4.3中所述,间谐波可能会引起照明设备闪变。在IEC 61000-2-2、IEC 61000-2-4和IEC 61000-2-12中,根据电网的类型给出了兼容性等级。PDS的间谐波发射应以这样一种方式加以限制,即在IPC处由于该PDS产生的间谐波电压的计算值不超过电压兼容性等级的80%。

用于大型负载(如冲床、飞锯和机床)传动的PDS,要求周期性地从电网中获取大的电流。这就会引起电网电压波动。为使电压波动不超过10%的容差,应确定这些PDS供电电网的电源阻抗的大小。

在确定这个阻抗的大小时,应考虑到各个负载峰值平均不超过供电系统的额定值,但会使电源电压的偏差超过容差。在公共电网上,由单个设备产生的电压波动不许超过3%。如果电压波动频繁,则必须对公共电网和给照明负载供电的任何电网规定闪变限值(见6.2.4)。

B.7 低频骚扰抗扰度的验证

按照5.2.1的要求,可采用计算、仿真或试验的方式验证PDS对低频现象的抗扰度。制造商可使用表B.3中的各个单元格识别出已经针对各种现象所采用的验证方法。

表B.3 低频骚扰抗扰度的验证计划

现象	计算	仿真	试验	分析	不适用
谐波					
换相缺口					
电压变动					
电压变化					
电压波动					
电压跌落					
电压不平衡					
频率变动					
电源影响——磁场					

附 录 C
（资料性附录）
无功功率补偿 滤波

C.1 装备

C.1.1 正常运行

一个由配电电网供电的电力用户，通常有若干个或多个装置最终连接在同一 PCC 处。术语“装备”用于描述连接在该 PCC 处的装置、设备或系统及其馈电系统的组合。

同样，许多工业装置中含有一个以上的 PDS。

只讨论单个 PDS 的功率因数、无功功率和谐波发射是不够的，可能引起不必要的技术难题。实际上，所需的解决方案是一种针对装备的解决方案。装备中包含有许多不同的负载。

在稳态条件下，在三相交流电网中任何一点上的相电压和线电流都是周期为 T、频率为 $f=1/T$ 的周期量。电压和电流很少没有相位移，而且都含有使其纯正弦波发生畸变的谐波。但是，电能是利用电压源分配的，这样，在电源（变流器的电源或者工业装备的电源）的任何一点上，电流波形发生的畸变都要比电压波形发生的畸变厉害。因此，为了计算出有功功率和无功功率，合理的作法是，假设在电网的任何一点上电压是一个纯正弦波，其方均根值（相电压）等于 V。定义单相有功功率 P 的计算公式为：

$$P=\frac{1}{T}\int_0^T V(t)\times i(t)\times \mathrm{d}t$$

可简化为：

$$P=V\times I_1\cos(\varphi_1)$$

式中：

I_1——线电流基波分量的方均根值；

φ_1——电流的基波分量和相电压之间的相位移。

当电流 I 相对于电压的相位移小于 $\pi/2$ 时，P 通常为正（电压的单位是 V，电流的单位是 A，得出的功率为 W）。在同样的假设下，定义用无功伏安（var）表示的无功功率 Q 为：

$$Q=V\times I_1\sin(\varphi_1)$$

这个量表明在工业装备内存在诸如电抗器和电容器这类无功元件。一般认为，当 Q 量为正时（电抗器），这些部件消耗无功功率；而当 Q 量为负时（电容器），则产生无功功率。

同样地，电网中某一点上的视在功率 S（单位为伏安（VA））被定义为（线与中性点间）电压的方均根值与线电流的乘积：

$$S=V\times I_1$$

在三相电网上，有功功率、无功功率和视在功率都是对应的每相功率的总和；对于平衡系统，有：

$$P=3V\times I_1\times\cos(\varphi_1)=\sqrt{3}U\times I_1\times\cos(\varphi_1)$$

$$Q=3V\times I_1\times\sin(\varphi_1)=\sqrt{3}U\times I_1\times\sin(\varphi_1)$$

$$S=3V\times I=\sqrt{3}U\times I$$

其中 U 为线电压的方均根值。

功率因数 λ 被定义为有功功率与视在功率之比，在单相以及三相中可用下列公式表示：

$$\lambda=\frac{P}{S}=\frac{I_1}{I}\cos(\varphi_1)$$

这个基本方程式表明，功率因数取决于电流的位移系数和谐波含量。

综上所述，上述基本假设为：电压被认为是一个纯正弦波形，而电流发生畸变。提出该假设的目的是为了计算功率以及诸如功率因数等的所有结果。对于其他计算，例如负载的谐波电压畸变作用，应考虑到电网的内部阻抗。可根据在这个点上流动的畸变电流和从这个点上观测到的内部阻抗计算出该负载的电压畸变作用。

C.1.2 实际解决方案

C.1.2.1 通常做法

众所周知，为避免超过装备的额定值以及配电电网中电流的不必要增加，必须采用合适的功率因数工作。但在实际应用中只是从无功功率的角度考虑了该功率因数，而实际上从这里可看出，谐波含量也需要考虑。

通常情况是工业装备消耗无功功率。因此，通常也是安装一个全局补偿装置以便减小位移系数，从而减小装备对无功功率的消耗。为了做到这一点，就在靠近无功功率消耗装置的地方或者在全局上靠近 PCC 处的地方安装电容器。在一些国家，电力管理部门要对这种位移系数征税，尤其是在配电电网的负荷很大时。

C.1.2.2 通常做法的评估

由于功率因数至关重要以及发生畸变负载的使用在不断增加，因而谐波补偿也是必要的。可在全局采用对成套装备进行滤波的方式，或者在局部采用在发生畸变负载附近安装滤波器的方式实现这种谐波补偿。更好的方法也可采用无污染负载。

从上述介绍中可看出，必须采用两种类型的补偿：即对位移系数和电流谐波含量进行补偿。这两种类型补偿中的每一种都可采用两种方法：全局法用于整体装备，局部法用于每个发生畸变负载。可看到四种情况，但是每一种情况都不是独立的；因此必须要更详细地讨论该问题。

C.1.3 无功功率补偿

C.1.3.1 通用补偿准则

功率因数补偿设备由通过机电式接触器或静态接触器连接到电力线路上的电容器组组成。下面涉及到与采用通过机电式接触器连接的电容器组相关的现象。

要安装的电容器组的规格大小随系统所需的有功功率和无功功率补偿而变化，而且也随其在一天内的变化而变化(负载-时间特性曲线)。同时还随电力管理部门的定价策略而变化。

常常是以一个月为周期在一天内各次重负荷期间的能量消耗(有功和无功)的平均值定义校正方案。

注：用无功功率的时间积分定义本附录中所采用的无功能量的概念。

为了确定额定值，就必须知道电力管理部门的衡量标准：

——一天内的重负载次数；

——免费的无功功率比的限值(例如 $\tan\varphi$)；

——诸如负载-时间特性曲线这类用户数据。

可看出，无功功率补偿不可能是恒定的，也不可能是永久的。实际上，永久性校正在某些时候会导致无功功率注入供电电网中。其结果可能是用户装备中的电压升高，这不一定是一个优点。这样的研究对于成套装备是至关重要的，而对于每个 PDS 则是不可能的。

另一点是，电容器既可安装在低压侧，也可安装在中压侧。通用做法表明，只要无功功率校正达到 600 kvar，中压侧的装备就具有一定的经济优势。较低额定值时，低压侧应优先。

如果要将功率因数补偿电容器安装在具有谐波电流源的电网中，则建议应与电容器串联连接电抗器。这是为了使所得到的谐振频率移位到特征谐波的最低频率以下，通常为5次(见附录C.1.3.4)。

C.1.3.2 低压校正的应用

C.1.3.2.1 不同的解决方案

根据局部条件，可定义下列三种类型的校正(见图C.1)：

——单个装置校正；

——部分校正；

——全局校正。

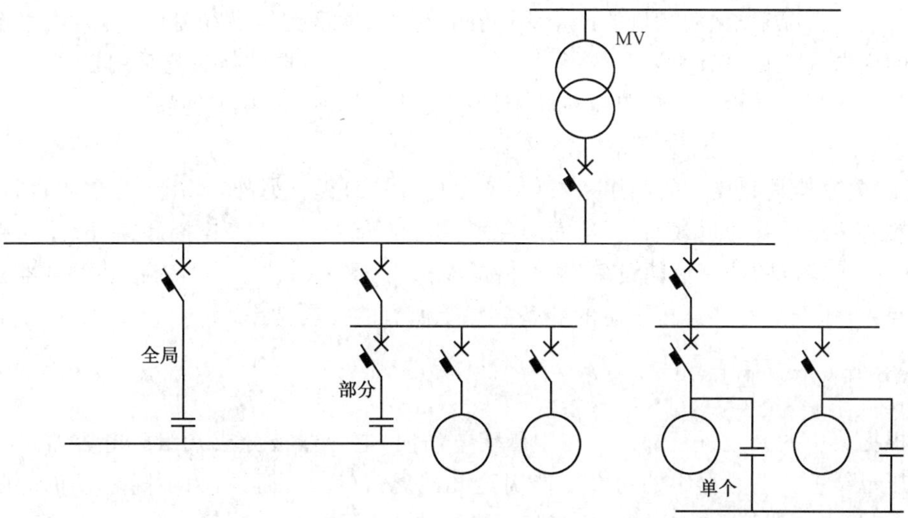

图C.1 无功功率补偿

C.1.3.2.2 单个补偿——用于直接与电网连接的电动机

单个补偿特别适合于额定值高于25 kW而且大部分工作时间都要处于运行中的定速电动机。这尤其适用于诸如风机这类高惯性机械的传动电动机。电动机的操作开关使电容器自动接通或断开。可取的做法是验证是否没有谐振危险。

a) **优点**：无功能量恰恰是在被消耗的地方产生的。结果导致无功电流负载沿供电电缆全长减小。因而，单个补偿对减小视在功率和导线中的电压降及损耗起着最为重要的作用。

b) **缺点**：因为若干个小的电容器要比一个大的电容器组昂贵，所以单个补偿的费用相对高一些。当连接电容器时，这些电容器会在局部使工厂电网的电压升高。这样来看，为了降低电压，就必须在公共电网中处于低负载(并因此而升高电压)的周期时间内能够使电容器断开。的确，高电压必然会带来将过大的应力加到设备上的危险，从而使设备过早老化。因此，如果可能的话，就应利用其自身的开关装置使电容器连接到电网上。另一个重要的缺点是：工业电网中增多电容器会增加产生谐振的危险性。所有这些因素都会使单个补偿可能获得的潜在优势大大削减。

C.1.3.2.3 区域补偿

在区域补偿的情况下，利用其自身的开关装置控制的一个电容器组对位于某个车间或区域内的一组无功能量消耗设备进行补偿。

a) **优点**:和单个补偿相比较,区域补偿需要的投资更少一些。但是,负载曲线事先就应是众所周知的,以便能够正确地确定电容器中电池的容量并避免过度补偿的危险(过度补偿是指供给的无功功率大于所要求的无功功率);过度补偿会产生永久性的过电压,导致设备过早老化。电容器组有其自身的开关装置,这样,在公共电网中处于低负载的周期时间内,即使相应的功率消耗设备仍然与电网连接,就可使之容易地将电容器断开。

b) **缺点**:为了能够承载无功电流和有功电流,必须确定各种功率消耗设备的供电电缆的规格尺寸。另外,应采取措施(例如,采用熔断器、断路器等)保护电容器;并且,在维护工作期间,为了安全起见,要使电容器放电(放电电阻)。同时还应定期对熔断器进行监控。

C.1.3.2.4 全局补偿

在全局补偿的情况下,无功能量的产生集中在一个点(最常见的是在变电站内)或某个足够大且通风条件良好的区域内。在只有小功率消耗设备的装备内,通常可取的做法是采用自动控制的集中补偿,同时也是为了避免过度补偿。在负载曲线几乎没有波动的场所,只需在装备运行期间将整个电容器组连接上就行了。

a) **优点**:电容器具有良好的利用系数,装备也更容易监视。另外,采用电容器组进行自动控制,可有效地跟踪设备的负载曲线,从而避免了人工的介入(即人工连接和断开)。如果负载变化不能归因于特定的功率消耗设备,从经济的观点看,这种解决方案具有潜在的利益。

b) **缺点**:处于全局补偿连接下游的装备要承受所有的无功功率。

C.1.3.3 对中压校正的应用

通常是根据集中的原则进行补偿。在中压变电站内,电容器被分成几组。电容器组通过一个断路器连接到中压母线上。电容器组的功率可能高达几兆乏(Mvar),而且,为了随着日负荷曲线的变化获得最佳补偿,可将电容器组分成依次投入运行的若干个较小的部分。每个部分由为此而装备的开关根据日负荷曲线或在线控制进行控制。

a) **优点**:当电容器组的功率等级高于 600 kvar 时,中压补偿的成本一般要比低压补偿的低;

b) **缺点**:这种补偿方法并未能使位于电容器下游的那部分电网减压。电容器组接入时会引起电压瞬变。工作起来要求比在低压部分采用电容器时投入更大的注意力。

C.1.3.4 谐振危险

谐振危险是由于无功功率补偿用的电容器和组成静止变流器的谐波电流源同时存在于一个电网中造成的。下面示出了一个电网的简化单线图,该电网包括一个无源负载 R-L 和一个对负载进行全局补偿的电容器组。

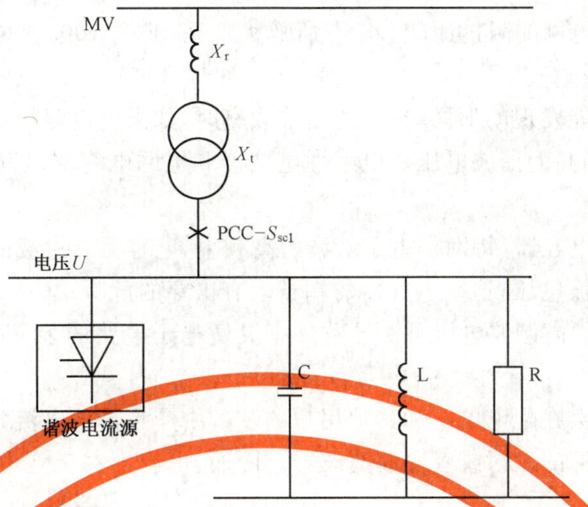

说明：

P ——无源负载的有功功率和损耗；

Q ——无源负载的无功功率；

X_r ——短路功率为 S_{sc0} 的供电电网的阻抗；

X_t ——视在功率为 S_N（电抗为 x_{sc}）的变压器的阻抗；

PCC——短路功率为 S_{sc1} 的二次母线上的公共耦合点；

R，L——对应于负载的有功功率 P 和无功功率 Q 的电阻和电抗；

C ——无功功率能量 Q_{cond} 补偿用电容器。

图 C.2 工业电网简图

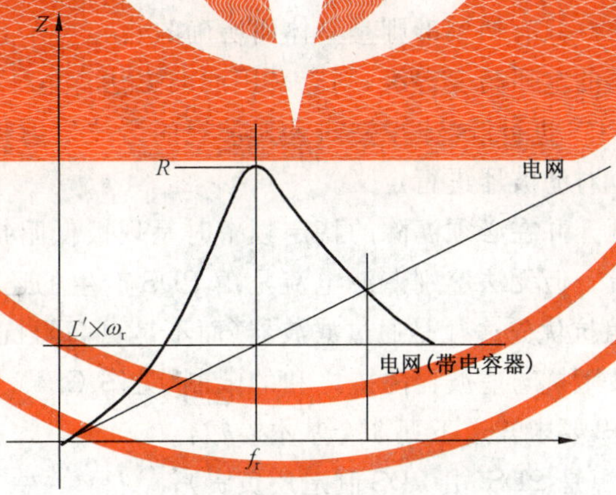

图 C.3 简化电网的阻抗与频率的关系曲线

图 C.2 示出了在 PCC 处电网谐波阻抗的变化以及伴随谐波电流源的存在而产生的谐振危险。上游阻抗 X_r 和 X_t 有助于将 PCC 处得到的短路功率从 S_{sc0} 值减小到 S_{sc1} 值：

$$S_{sc1}=(1/S_{sc0}+X_{sc}/S_N)^{-1}$$

因此，对于 h 次谐波，PCC 处电网的等效谐波阻抗（Z_h）具有如下的值：

$$Z_h=(h\times U)^2[(h^2\times Q_{cond}-S_{sc1}-Q)^2+h^2\times P^2]^{-1/2}$$

谐振频率为：

$$f_r=f_1[(S_{sc1}+Q)/Q_{cond}]^{1/2}$$

式中，f_1 为基波频率。

图 C.3 示出了阻抗 Z_h 随频率而变的变化以及电网阻抗只是由于 X_r 和 X_t 而引起的变化。注意，在谐振频率 f_r 时，只是与电网的阻抗比较，Z_h 有所放大。在 IEC 61000-3-6 中给出了电网阻抗的示例和对阻尼的研究。

正如应用欧姆定律所能发现的那样，在某些谐波频率时，如果电网阻抗高且在相应的频率时出现谐波电流注入，就会产生相当高的谐波电压。电感性电抗器和电网电容器之间存在谐振。这会产生各种各样的后果。

a) 由于过电流流过电容器，特别是由于谐波的高频率，电容器有过载的危险；

b) 由于相当高的谐波电压，这些电容器的端子上有击穿的危险；

c) 工业装备终端处的高谐波电压可能导致具有灵敏电子电路的装置异常工作，并可能导致电动机绕组过热；

d) 谐波电压的存在会在配电电网和其他用户的装备中产生谐波电流。

应注意减少谐波电流源的发射或者安装滤波器。因而，电容器在工业电网中的位置是引起谐振的一个重要因素。

在谐振问题得以解决之前，常常有必要对电网进行详细的分析。从性质上说，这些问题不是属于系统方面的问题，但当这些问题确实存在时，其后果往往意味着设备的损坏，且不说加速老化这些影响。

上面所述的分析仅限于一个无功功率补偿电路。要指出的是，在电网中增加这样的电路会使谐振危险增加。

C.1.4 滤波方法

C.1.4.1 准则

装备的滤波对本部分而言意义不大。在应用于 PDS 时会遇到与装备的滤波时相似的困难。况且，遵循 C.1.3.2、C.1.3.3 和 C.1.3.4 中所述的关于无功功率补偿的分析方法，可采用一种相似的方法，而且所得出的结论也是相似的。只有初始准则是具体而明确的。

如果预料到可能发生极高的电压畸变等级，则应采用滤波方法。电压畸变等级应按照 B.3 和 B.4 的要求进行评估。对特定的 PDS 进行滤波时，要知道其常规的谐波发射特性，即谐波电流等级是已知的。但只有这个特性还不足以对滤波器进行定义。

滤波器通常是连接到电网上并在必须滤除的特定频率时呈现极低阻抗的设备。因此，滤波器可吸收掉这些特定频率的谐波电流。但无法鉴别谐波电流是由 PDS 产生的还是由电网中的已有谐波电压产生的。PDS 谐波电流的低阻抗优先途径是通过滤波器(而不是更高阻抗的电网)，而由电网谐波电压产生的谐波电流只受电网谐波阻抗与滤波器阻抗之和的限制(见图 C.4)。由这一讨论可看出，滤波器的设计是一项相当复杂的工作，要求知道下列 3 个基本参数：

——要滤除的电流，其起源是 PDS(由 PDS 制造厂负责)；

——已有谐波电压(兼容性等级可选择，但通常会导致对滤波器额定值定额过高)；

——PC 处的谐波阻抗(配电电网运营商的责任；如果是 IPC，则是工厂内用户的责任；如果是 PCC，则是公共配电电网运营商的责任)。

进行这种滤波器设计时，要求系统供应商与用户进行信息交换。

至关重要的是应注意，如果谐波阻抗不知道，就是知道谐波电压也是毫无用处的。为了正确确定滤波器额定值，常常需要预先测量电压和阻抗。

最后还要指出，由于 C.1.3.4 中所述的类似原因，会有复谐振的危险。

C.1.4.2 无源滤波器

最传统的滤波器是谐振电路(串联电感器和电容器)，或是增加电阻或增加滤波器阻抗零点和极点的更为复杂的阻尼电路。

滤波器在工频倍数的特定频率时呈现极低的阻抗。由不同谐振电路并联组成的滤波器组对若干次谐波进行滤波，如5、7、11、13次(见图C.4)。这些滤波器也可能包括高通滤波电路。这些滤波器是为某个固定工频而设计的，尤其是当它们只受到轻微阻尼时，滤波器的效能取决于工频的稳定性。

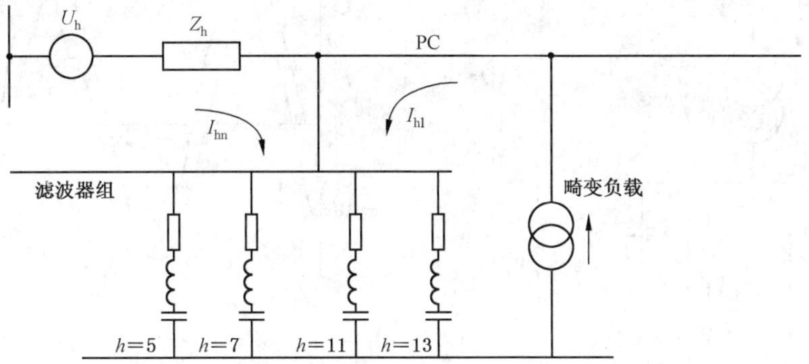

图 C.4 无源滤波器组的示例

注意，对间谐波进行滤波要求采用阻尼式滤波器，并且只在某个窄频带中有效。

关于谐振的危险性，有两个主要的现象要指明：

——在某个稍低于调谐频率的频率时通常发生谐振。有必要验证一下这是否不会影响到可能应用在电网上的纹波控制和电网信号传输。用户的责任是在电力管理部门的协助下将这种可能存在的具有载频特性的电网信号传输告知制造商。

——对每个PDS进行滤波会使谐振的危险性增加，并且其结果可能影响到装备的某个大部分。通常，只有对逐个情况进行分析才可能摆脱这些困难，这就是为什么应优先采用全局补偿的原因。

C.1.4.3 滤波器的定位

在采用单个滤波器的情况下，滤波设备必须尽可能地靠近产生畸变的PDS。

但在优先采用全局补偿的情况下，滤波器的定位和结构应根据装备的下列参数进行选择：

——电网中的固有非耦合区域；

——其他产生畸变的PDS或者产生畸变的负载及其畸变特性，即常规的谐波电流发射；

——配电电网的阻抗，尤其是是否存在长电缆或无功功率补偿电路(见C.2)。

C.2 无功功率和谐波

C.2.1 常用的装备抑制方法

如在C.1.1中所指明的，无功功率补偿和谐波电流滤波技术完全是联动的，因而它们不能单独得到正确使用。

参照C.1.3.4，只要电容器连接到必然是电感性的电网上，就存在谐振的危险性。电缆也会将电容引入电网中。下面的例子说明，采用电容器补偿无功功率时，PCC处的谐波电流会增大。相当大的谐波电流也就会流入电容器。

在图C.5中可看出，只用一个电容器时问题就复杂；随着无功功率补偿用电容器数量的增加，问题就会更为复杂。电网中无源滤波和无功功率补偿所用电容器数量的增加，也会使可能出现的谐波频率的数量增加。因此，将整个系统考虑进去的全局补偿将显示出最好的结果。

况且，分别进行无功功率补偿和滤波会增加产生过多无功功率的危险性。实际上，有效的无源滤波也会产生大量的无功功率。因此，将上述两种现象一起加以考虑，有可能为整套装备设计出最佳的设备，从而定义出一个较好的解决方案。

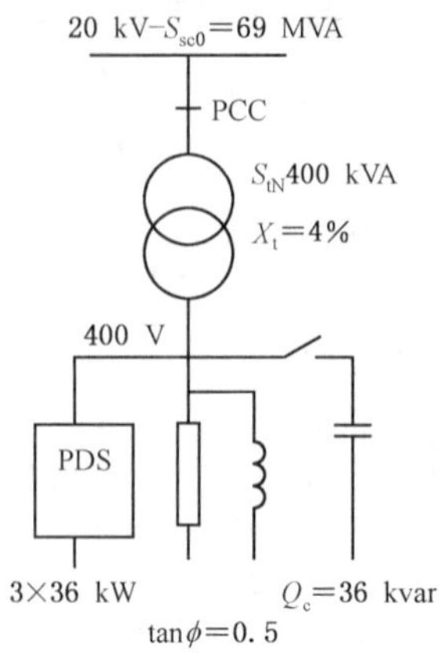

a) 电路图

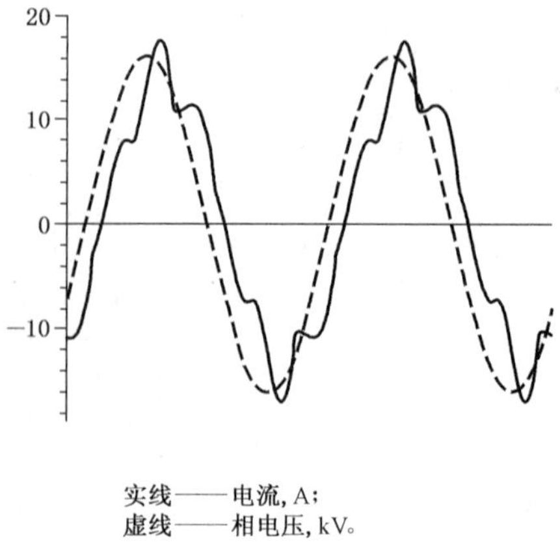

b) 无 QC 时 PCC 处的波形

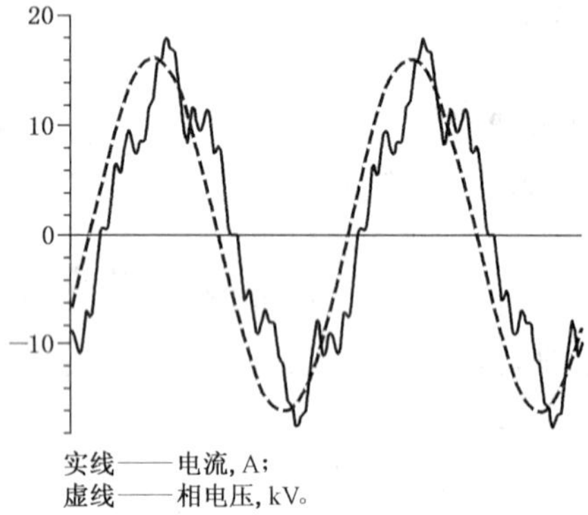

c) 有 QC 时 PCC 处的波形

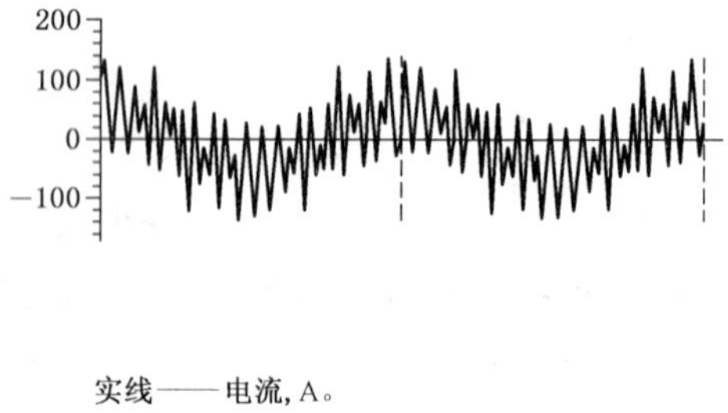

d) QC 的电流

图 C.5 无功功率补偿低劣方法的示例

C.2.2 其他解决方案

C.2.2.1 概述

无源滤波器的主要缺点常常是它们不能适应电网的变化和滤波器元件的变化(老化，温度等)。如果无源滤波器在某一给定频率时的阻抗远远低于电源的阻抗，则这个滤波器是有效的。但是，在某些情况下，如果电源(即电网)阻抗低，或者滤波器的频率特性不能被精确地调到负载所产生的谐波频率，则补偿就变得困难了。但首先是，最严重的问题是在电网中可能发生串联或并联谐振。

因此，对于电力管理部门和/或用户这两方面，可能要求采用其他的补偿方法，以便使从电网获取的能量得到最佳利用。能够提供较好性能的新方案正在考虑中，其中有些已经达到生产阶段。这些解决方案是有源滤波器和无污染 PDS，包括功率因数校正电网控制装置。

C.2.2.2 有源滤波器

有源滤波器的原理就是在负载和电网电源之间连接一个由逆变器式电力变流器组成的变流器，该变流器能够对电流和电压谐波进行补偿。当有源滤波器采用并联连接方式并注入一个谐波电流阻止负载产生的谐波电流时，这种滤波器被称之为并联滤波器或分流滤波器。如果有源滤波器与电网串联，则它是对负载连接点的谐波电压进行补偿。与无源滤波器相比较，有源滤波器的主要优点是它能够适应电网或负载的变化。

采用并联或串联连接方式，可形成各种各样的滤波器结构。但是，似乎将有源滤波器和无源元器件一起使用可改善性能，而且，通过降低额定值并允许连接到中压电平上，可拓宽有源滤波器的潜在应用。此外，有一个能使有源滤波器成本降低的轻微趋势。

C.2.2.3 无畸变型 PDS

新的电网变流器结构是有源滤波器的一个替代方案。这些单相或三相变流器结构可替代二极管或晶闸管电网换相变流器。这些变流器可通过使从电网获取的电流与电网电压同相或者使电流谐波趋于最小值这两种方法对 PDS 的功率因数进行校正。这些变流器中所采用的元器件，由于其导通和关断操作都是可控制的，故价格更贵一些。这些电网变流器的一种经典结构是采用六个晶体管或六个 GTO 组成的电压源型逆变器式电力变流器。包含这种类型功率因数补偿电网桥路的电气传动系统被命名为清洁型 PDS 或无畸变型 PDS。

C.2.2.4 应用

这类系统的成本在其所校正的产生畸变负载(PDS 或其他负载)的成本中已经或者可能占据重要的一部分。就投资、运行和维护来说，这一点应可理解。注意：随着损耗的增加，运行会产生成本；同时，随着无功功率消耗的减少，运行也会产生收益。在成本和技术目标之间要相互权衡，对于“确保 EMC”(即符合兼容性等级)这个技术目标不允许有任何的替代。

另一点是，由于减少了谐振的危险性，无论是采用全局补偿、局部补偿还是组合补偿，这些有源解决方案都要比无源解决方案更容易。

最后但非最不重要的一点是，这些有源解决方案会增加换相用电力电子器件的数量，同时也会导致高频发射的增加。

理想的解决方案并不存在，而且这些因素都应加以考虑。但是，在为某个特殊问题定义解决方案时，应考虑该问题的特殊环境。特殊环境属于一个属类，但需要通过对每种情况下工业条件的真正了解加以细化。

附 录 D
（资料性附录）
关于高频发射的论述

D.1 用户导则

D.1.1 PDS的预期发射

D.1.1.1 PDS及其部件

在工业环境中或者在不给民用建筑物供电的公共电网中，在这些电网上使用PDS的用户应具备一定的一般技术能力，并了解EMC现象。

在销售PDS的部件时，由于制造商不了解最终装备的EMC边界条件，因而不可能加入一些防无线电干扰的抑制方法。况且，为了达到电磁兼容性要求，这些部件的用户应从经济的观点根据情况逐一作出自由决定，是采用全局或局部滤波或屏蔽方法、自然抑制通过距离，还是采用现有装备的分布寄生元件。

D.1.1.2 传导性电压骚扰

在本部分的正文部分，充分阐述了达到EMC的定量评估的方法和限值。在未经滤波PDS的用户对可能的抑制方法进行评估时，一项重要信息是在PDS的电源端口上可预计的处于150 kHz ～30 MHz频率范围内的传导性电压骚扰等级。

下面的结果是根据1990年至1994年间对安装在各个国家的几种类型PDS(电压源型和电流源型)进行的测量而得出的。为了对通常可预计的发射等级的范围进行评估，将频率范围分成了3个常用的频段(CISPR11：0.15 MHz～0.50 MHz、0.50 MHz～5.0 MHz和5.0 MHz～30 MHz)。将在每个频段中从每个PDS得到的最高等级作为代表该部分的典型等级记录下来。在大多数情况下是采用峰值检测器进行测量的。考虑到因不同负载条件(轻载和最大负载)、不同额定输入电压(230 V、400 V、460 V、690 V)和不同额定功率(0.75 kVA～740 kVA)引起的方差约为91%，假定偏离V_{dist}平均值的范围宽度为± 20 dB(见图D.1)。

根据发射的实际背景情况，峰值读数的平均值可人为地用两条斜率分别为20 dB/10倍频和40 dB/10倍频的直线近似表示。这两条直线在过渡频率$f_{trans}\approx$ 2 MHz时相交，根据参考文献[7]，可用解析的方法描述为：

若100 kHz$\leqslant f\leqslant f_{trans}$，则

$$\overline{U}_{dist}/\mathrm{dB}(\mu\mathrm{V})=20\log\frac{80\mathrm{V}\times 10\ \mathrm{kHz}}{\pi\times f\times 1\ \mu\mathrm{V}}$$

若$f_{trans}\leqslant f\leqslant$30 MHz，则

$$\overline{U}_{dist}/\mathrm{dB}(\mu\mathrm{V})=20\log\frac{80\mathrm{V}\times 10\ \mathrm{kHz}\times f_{trans}}{\pi\times f^{2}\times 1\ \mu\mathrm{V}}$$

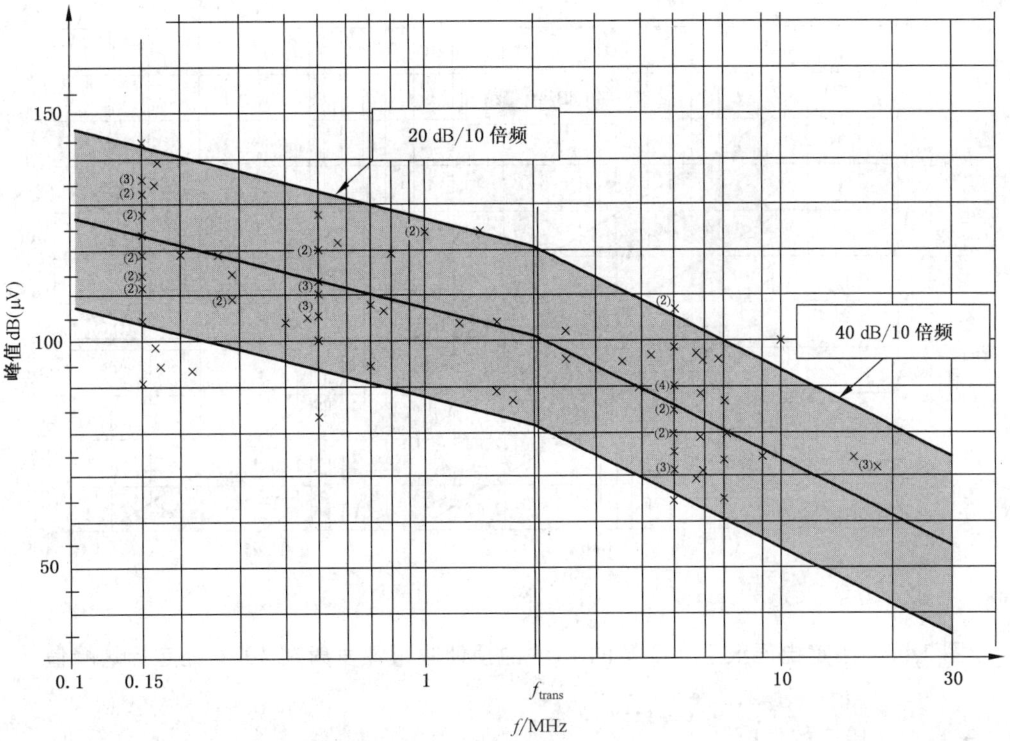

图 D.1 各种未经滤波 PDS 的传导性发射

结果以峰值形式给出。根据参考文献[2],准峰值低于峰值,并且随着功率器件开关频率的降低而逐渐变低。对于开关频率为 200 Hz～10 kHz 的 PDS,准峰值一般比峰值低 5 dB～2 dB。在测量结果只能用准峰值读数给出的情况下,图 D.1 的评估采用了这种修正方法。

在大多数情况下,使用该设备不会受到干扰。但在靠近无线电接收机或敏感设备(如极低电压测量用设备)时,则必须采用某些抑制方法(如高频滤波)。

D.1.1.3 辐射性骚扰

由于在这个范围内没有接到投诉,因而没有对与辐射性发射有关的测量进行深入研究。但是,图 D.2 示出了可预计到来自设备的辐射性发射。所评估的结果体现出在采用或不采用不同抑制方法的情况下在 10 m 测量距离处对 PDS 进行测量的结果换算成峰值的情况。

将预期骚扰电压范围从图 D.1 延伸到 30 MHz 以上范围内,只是采用极少数几个代表值获得粗略的近似,但却提供了足够的数据说明为什么没有投诉原因。正如可从该图中看出的,在不采用抑制方法的情况下,100 MHz 以上时辐射性发射的平均值常常在 CISPR 11 的限值以下。

对于这个范围内不用给出解析方法。其理由是,大多数情况下辐射性发射的主要来源是微处理器或者是设备内的某些有源驱动电源,并不是变流器的电力电子主电路。

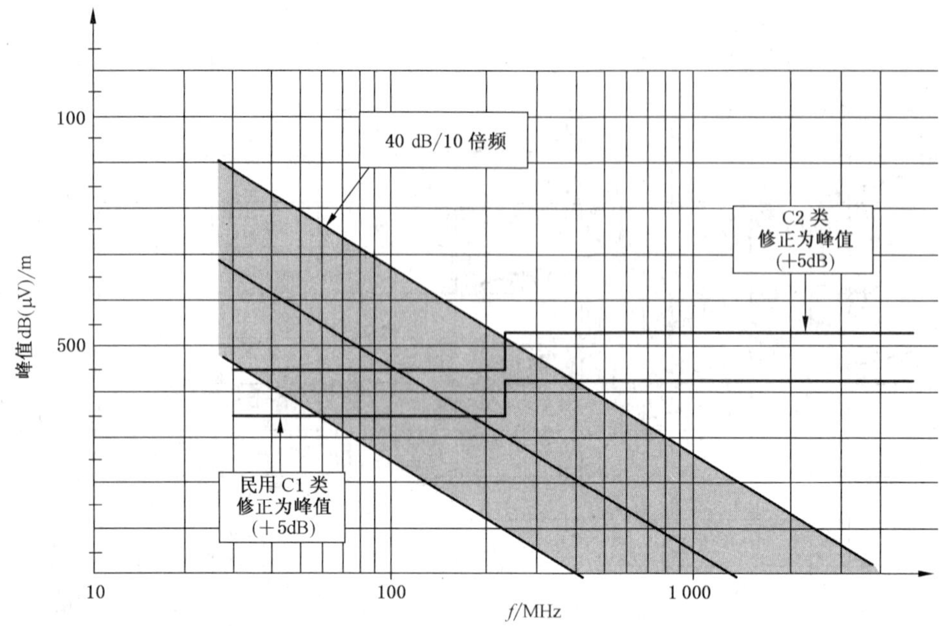

图 D.2 额定电压低于 400 V 的 PDS 的预期辐射性发射在 10 m 处定标的峰值

D.1.1.4 来自电源接口的发射

来自电源接口的发射主要是由于共模电压引起的。电源接口上的共模电压可能具有一个高的 dv/dt，在电缆与电负载的杂散电容中都会感生出电流。(通常，电负载包括电动机的电枢绕组。)这些杂散电流会通过地和相应变流器的供电电网或输入滤波器回到其源头处。因此，来自电源接口的发射是与在电源端口上测量的骚扰电压相关联的。

D.1.2 导则

D.1.2.1 公共低压电网

由 PDS 产生骚扰的潜在影响取决于使用 PDS 的环境。

在某些国家，小型商业建筑或轻工业建筑可能是由同时还给民用建筑供电的公共低压电源供电的。在该系统中，商业建筑或轻工业建筑中 PDS 的三相输入端子与民用建筑中的干线电源插座之间没有电位隔离。

在将未经抑制的 PDS 直接连接到给民用建筑供电的公共低压电源上的场合，会有对无线电和电视机接收产生骚扰的重大危险性。在这种环境下，建议一定要对 PDS 的电源输入端进行滤波。因此，用户应选择符合本部分 6.4 中给出的适当限值要求的 PDS。

D.1.2.2 第二类环境

在工业环境中，而不是在公共低压电源上，常规作法是采用未经滤波的 PDS。通常，这些 PDS 都工作得很正常，而且不会对其他设备产生骚扰。在工业界几乎没有关于无线电干扰的投诉就已经表明了这一点。因此，这些 PDS 是具有兼容性的。

如果有问题发生，则很可能是由于来自 BDM/CDM 的传导性骚扰引起的。这些骚扰沿电源和电动机电缆传播，而且可能通过传导、电感性耦合或电容性耦合，或者辐射耦合输入到其他设备中。

如果在紧靠特别敏感设备的附近使用未经滤波的 PDS，则可能出现问题。但是，PDS 可能不是唯一的骚扰源，而且敏感设备通常是功率额定值比 PDS 低的设备。因此，与对来自 PDS 的发射进行滤波比较，改善敏感设备的抗扰度可能是一种更经济的解决方案。

遵循正常的安装导则，包括信号电缆与电力电缆的隔离，通常可避免问题的发生。如果这些还不够，则应增强受害设备的抗扰度，或者减少来自 PDS 的发射，这要根据哪一种解决方案最经济而定。

将市场上可买到的 EMC 滤波器用于 BDM/CDM 与电动机之间的电源接口上可能会出现问题。这个滤波器中的电容器很可能会由于这个接口的 BDM/CDM 端的快速动作脉冲而受到损坏。

在 BDM/CDM 的输入端未经滤波的情况下，如果采用屏蔽电缆或铠装电缆作为 BDM/CDM 与电动机之间的连线，由于铠装电缆的电容，来自电动机电缆的耦合将减弱，而干线电源中的传导性骚扰将增加。因此，如果在 BDM/CDM 和电动机之间采用屏蔽电缆或铠装电缆解决 EMC 问题，则应将一个滤波器连接到 BDM/CDM 的电源输入端。但是，将电动机电缆的长度缩到最短通常会有助于减少该电缆的辐射性发射。

由于滤波会导致与地绝缘系统中出现安全问题，因而，在这种情况下的唯一解决方案就是确保其他设备对这种环境具有足够的抗扰度。在有一相接地的系统（在一些国家称之为“边角接地”系统）的情况下，Y 类（线对地）电容器应针对全额线电压确定额定值。

D.1.2.3　C1 类和 C3 类

制造商应为用户提供选择正确发射类别和正确安装设备所必需的信息资料。这些信息资料中应包括以散件形式供货的任何滤波器的详细安装说明。如果要求使用特殊电缆，也应就此加以说明。

箱柜生产商常常采用耐绝缘试验检验其布线的质量。但是，EMC 滤波器耐受这种试验的能力通常低于电力变流器。因此，制造商应就该问题向用户提供详细的说明。

如果 PDS 未采取抑制措施或具有高的发射类别，则制造商应在用户文件中清楚地指明这一点。在这种情况下，根据 6.4.1.1 和 6.4.1.3 的要求，制造商应给出这样一个警告：该 PDS 不能用于给民用建筑供电的公共低压电网中。

如果 PDS 在输入端产生换相缺口，则在用户资料中应对此给予说明。

发生问题时，制造商应提供使 PDS 符合较低的发射类别要求所必需的解决方案（费用由用户负责）。

D.1.2.4　C2 类和 C4 类

在这种情况下，用户应具有技术能力将正确的 EMC 方案用于装备上。制造商应提供有关 PDS 发射类别的信息资料。

用户有能力选择发射类别和抑制措施的正确组合，为装备提供最经济的解决方案。

D.2　供电系统中的安全性和射频干扰（RFI）滤波

D.2.1　安全性和漏电性

众所周知，就目前的技术状况而言，射频干扰（RFI）滤波足以满足这些发射限值的要求。重要的是要考虑这样一种情况：在使用插接式设备的情况下，滤波器所用 Y 型电容器的电容值、所含能量以及效能都会受到安全性标准（如 IEC 60065）法定要求的限制。如果通过这个射频干扰（RFI）滤波电容的对地漏泄电流太高，就可能会损害这些供电系统内差动保护（接地故障保护）的效能。

在 IEC 61800-5-1 中给出了与漏泄电流有关的安全性要求，包括对警告的要求。

D.2.2　在与地绝缘的供电系统中的安全性和射频干扰（RFI）滤波

在像轧钢机、棒材轧机或造纸机以及制糖工业、起重设备和化学工业中的离心机和辅助设备等这类复杂工序中，采用分布式隔离供电系统是很有用的，这也是目前的技术水平。譬如，即使电动机安装在建筑物外面并暴露于高湿环境下，尽管发生对地短路，也可能仍然必须使工序继续运行。这种短路可通过“接地故障监控系统”检测，并在下次维修之前允许整个工序安全运行。

工业装备中的这种“工序安全性方法”可能会受到如图 D.3 中所示的大量寄生元件(例如供电电网和地之间的电容 C_{pv})的骚扰。所得到的电容为所有 Y 型电容和寄生电容之和。所有 C_{pv} 之和可能高达几个 μF。由于采用大量的 Y 型电容，因而任何射频干扰(RFI)滤波系统都会使这种对地电容增加到一个极高值(例如，电容 C_y 的 n 倍)。随着电容量的增加，要正确地检测出接地故障变得越来越困难，甚至变得不可能。

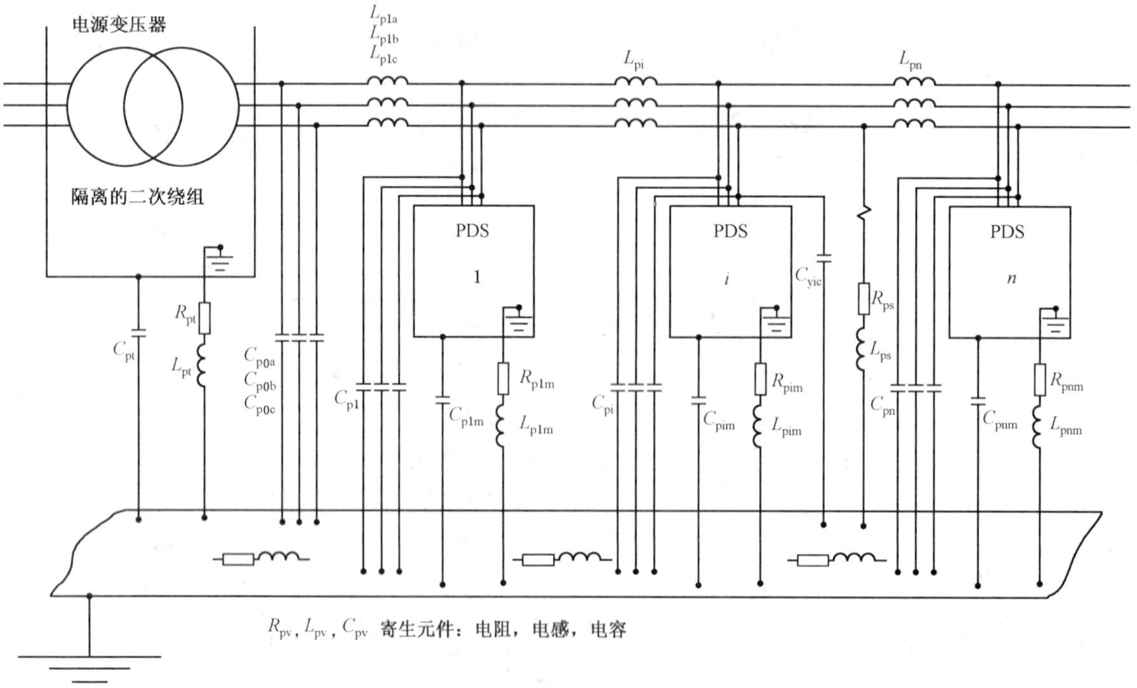

注：在一个采用分布式隔离电源的复杂工序中，几个 PDS 在一起工作。

图 D.3 安全性和滤波

在采用射频干扰(RFI)滤波器件(C_y)的情况下，任何对地短路都会使极大的电流值流过电气传动系统内部的半导体开关。这等效于任何输出故障期间接地电网中的短路条件。这将导致功能断开和备用电子紧急保护器件脱扣，最终导致不希望有的工序停止和难以预料的经济损失。

这些就是射频干扰(RFI)滤波不能与分布式过程的隔离电网相兼容的原因，因此没有在上述示例中加以讨论。另一方面，可预料到，射频干扰(RFI)滤波在这些电网中可能不是非常有效的。这是因为在与地隔离系统中骚扰电流流到干扰源的回程路径只能是电容性的。由于与寄生电网电感 L_{pv} 一起谐振，要定义或计算会是困难的。最终，随着通过这个不太明确的路径流过某些 C_y 的骚扰电流的增加，会对在同一供电系统上工作的其他设备产生干扰问题。

附　录　E
（资料性附录）
电磁兼容性(EMC)分析和电磁兼容性(EMC)计划

E.1　概述　适用于PDS的系统EMC分析

E.1.1　电磁环境

E.1.1.1　概述

按照对预期用途的第一种标准化分类(见3.2中的定义),可进行更加详细和适宜的描述。可采用各种方法描述电磁环境。应定义出可能作为兼容性等级基础的环境的一般特性。如果要达到系统的电磁兼容性,则应与装备的实践经验和设计、空间隔离、滤波和屏蔽一起对设备的抗扰度特性进行综合考虑。

根据PDS的类型,可确定特定的环境类别。

E.1.1.2　通用模型建立

一个系统是由一些子系统组成的。现有的装置(子系统)可具有两种功能:发射和/或敏感性(图E.1)。

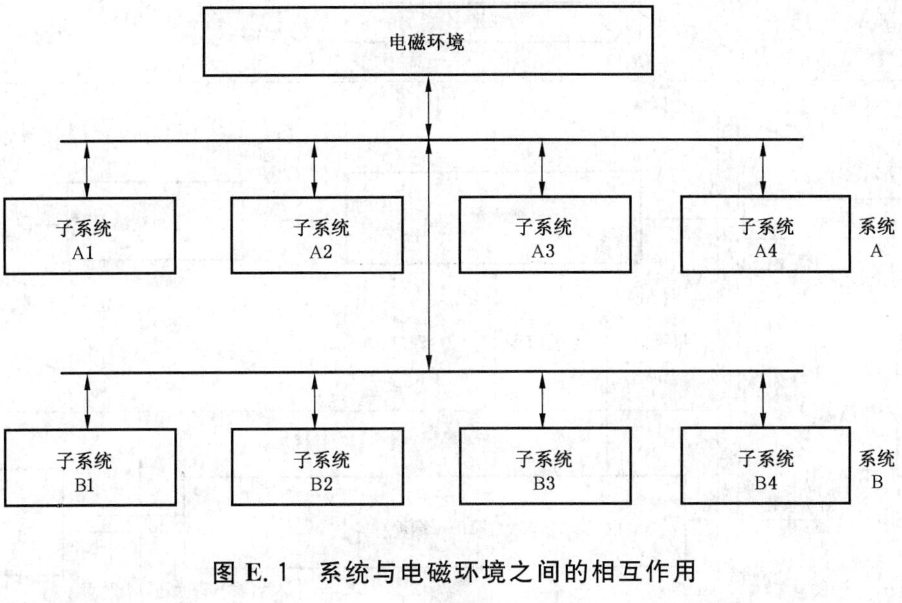

图E.1　系统与电磁环境之间的相互作用

发射装置决定着电磁环境。发射可能通过各种耦合型式影响到敏感装置。要对子系统i与子系统j之间以及子系统i与环境之间的一般相互作用加以定义。要用一个采用各种耦合型式(公共阻抗耦合、感应耦合、辐射耦合(表E.1))的耦合模型相互作用。

这个模型有助于定义各种EMC问题并定义具体的限值。在图E.1和表E.1中给出了一些示例。

E.1.2 系统 EMC 分析技术

E.1.2.1 区域的概念

应在充分了解每个子系统中的信号特性、关键电路的噪声抗扰度等级和工程评价试验项目以及充分考虑工作电磁环境的情况下执行系统 EMC 分析任务。必要时，应推导出骚扰源（发射设备）、接收设备、天线、传播介质和耦合路径的模型。系统 EMC 分析的目的是参与制定设计要求和设计程序以确保传动系统满足 EMC 要求。

传动系统的区域分析方案应根据子系统和设备的工作电磁环境和敏感性进行定义。在进行每项 EMC 试验之前，应针对每个区域制定具体的验收准则。这些验收准则应定义在抗扰度实验过程中针对传动系统性能而使用的程序方法以及用于检测偏离规范要求的误动作或偏差的程序方法。某一特定子系统（或设备）的验收准则应包括在适用的 EMC 试验程序中。这种区域分析方案如图 E.2 中所示。

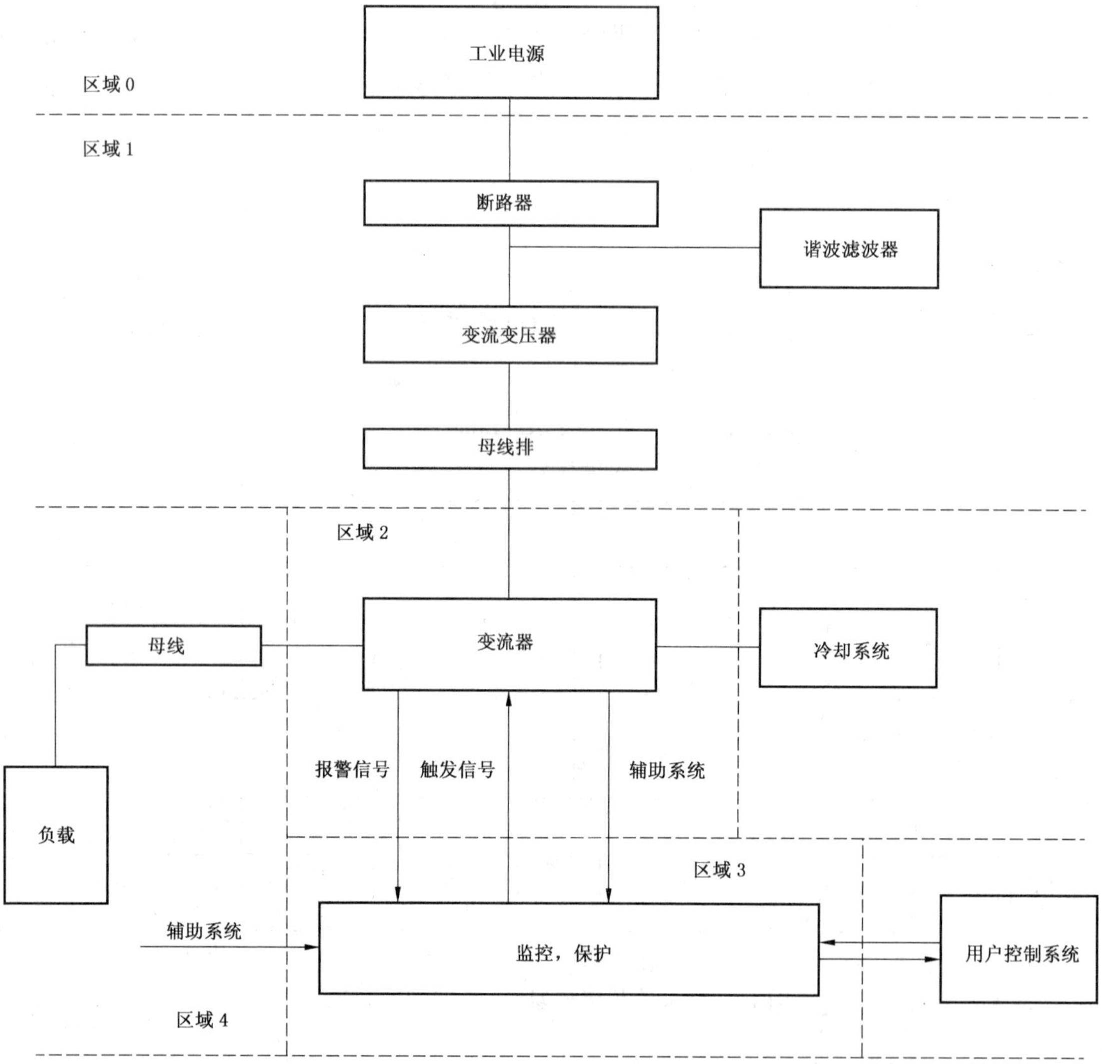

图 E.2 区域分析方案

E.1.2.2 接口

表 E.1 给出了 PDS 各子系统(如图 E.3 中所示)之间的电源接口以及干扰类型(传导性、辐射性)的一个示例。

表 E.1 子系统之间以及子系统与环境之间的电磁互相作用

	子系统作为敏感装置				
子系统 最为电磁骚扰源	环境	变压器	变流器	电缆	电动机
环境	N/A	CI	CI Rad	CI	CI
变压器	CI E,H Rad	N/A	CI	N/A	N/A
变流器	CI Rad	CI	N/A	CI	N/A
电缆	CI Rad	Rad	CI Rad	N/A	CI
电动机	Rad	N/A	CI	CI	N/A

注：耦合模型：
公共阻抗耦合：CI——电阻性和电抗性耦合；N/A——不适用。
感应耦合：E——电场耦合；H——磁场耦合；Rad——辐射耦合。

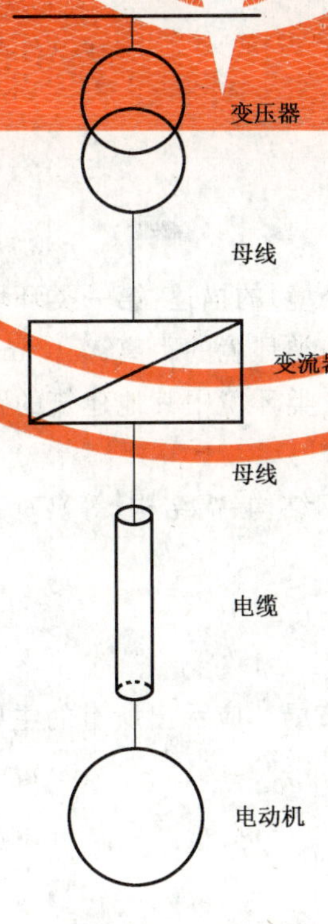

图 E.3 传动系统示例

E.1.2.3 设备

应确定每种设备的电磁特性(发射、抗扰度)及其所属区域。

在根据6.5.1的要求需要制定一份电磁兼容性(EMC)计划的情况下,可使用以下表格式样。

注:这个计划基于IEC 61000-5-1提出。

这个EMC计划涉及到PDS在某个特定装备中的应用。该计划的目的是在装备层级上进行一次EMC分析。将基于这种EMC分析定义出为达到电磁兼容性需要采取的措施。

E.2 一般应用场合时的电磁兼容性(EMC)计划的实施

E.2.1 项目数据和描述

根据6.5.1的要求,EMC计划应反映用户与制造商之间关于技术数据的约定和交换。这个EMC计划应定义出PDS制造商、安装者和用户的职责。EMC计划应由所有三方共同制定。与特定应用场合无关的任何问题都可略去。

EMC计划分为以下两部分:

——E.2定义通常应约定的项目;

——E.3定义在某些应用场合中可能必需的附加项目。

注:如果要求不适用,则用标记"N/A"标出。

下面推荐的示例包含有可构成一份EMC计划的问题和答复。

制造商/供应商的名称:

最终用户的名称:

订单编号:　　　　　日期:

设施的类型(如化工厂、造纸机):

应用场合(如泵类、风机、输送机):

EMC负责人:

E.2.2 电磁环境分析

E.2.2.1 设施数据

装备场所

附近环境(靠近安装PDS的第二类环境)的描述:第一类环境　　　　　　第二类环境

从安装PDS的建筑物/设备间到第一类环境的距离:　　m

从安装PDS的建筑物/设备间到第二类环境中其他建筑的距离:　　　　　m

<u>建筑物和设备间的结构</u>

类型(木结构、砖结构、混凝土结构、钢结构、铝结构,等):

加强物(钢,等):　　　　　有　　　　　　　　　无

系统专用设备间:　　　　　有　　　　　　　　　无

<u>设备间布局</u>

应尽可能精确地按比例画出设备间布局。应示出所有的主要设备:窗、门,等。

E.2.2.2 电源和接地数据

配电

PDS用配电系统:

耦合点的标识(配电屏、开关设备或变压器的标识代码):

配电系统的类型(例如,TN-C、TN-S;TT、IT):

PDS 用电源的类型:

Y　　　　　Δ　　　　　相数:　　　　　线数:

接地母线:采用什么方式连接在哪里?

接线图

应画出从主电源变压器到 PDS 的现场配电系统的单线图。应示出所有变压器、配电屏,等。同时还应标明标称电压、功率额定值、电缆布线及方法、有关的电线数量和电缆/母线的估计长度。

E.2.2.3 EMC 数据

PDS 接地

PDS 的接地基准?　　　　单点式　　　　　网格状

提供等电位连接的原理示意图。

PDS 屏蔽

采用屏蔽 CDM/BDM 柜吗?　　　是　　　　否

说明:

采用屏蔽电缆吗?　　　是　　　　否

说明:

采用其他措施(如集装箱)吗?　是　　　　否

说明(也应考虑电动机和电缆):

设施内的射频干扰(RFI)敏感设备

有一些对 RFI 骚扰敏感的设备在建筑物内或者装备场所附近吗?　是　　　否

说明(例如:过程控制与测量设备、数据总线、计算机,等):

与 PDS 和/或 PDS 电缆设施的估计距离:　　　　　m

最可能的骚扰耦合路径:传导性　　　　　辐射性

设施外的射频干扰(RFI)敏感设备

有一些广播或通信接收天线可看到或者在设施附近吗?　　是　　　否

说明(例如,雷达、无线电/电视广播、业余电台、微波或其他天线):

频率:　　　　　与天线的距离:　　　　m

在设施上使用民用频带(CB)、步话机、无线通信、遥控或时钟同步系统吗:　　是　　否

说明:

E.2.3 电磁兼容性(EMC)分析

E.2.3.1 识别出最敏感的设备或系统:

分析对装备的电磁环境约束条件。

E.2.3.2 识别出 PDS 中最可能发射骚扰的部分：

分析对装备的电磁环境约束条件。

E.2.3.3 表 E.1 中所列项目由于来自 PDS 的骚扰而误动作的危险存在吗？

是　　　　　　　否

说明：

E.2.4 装备规则的制定

E.2.4.1 接地

在确定装备规则时，应注意 PDS 制造商给出的推荐标准。为确保接地的 EMC 效能，应对以下项目进行评估：

——PDS 的接地系统(单点式/网格状)。

——等电位连接

- 裸露导电部件的相互连接；
- PDS 金属结构与接地系统的相互连接。

——连接的高频品质

- 采用紧固件的金属与金属连接；
- 必要时，去除漆层或任何其他绝缘材料。

——说明(EMC 解决方案)。

E.2.4.2 电缆和接线

E.2.4.2.1 电缆选择

在确定装备规则时，应注意 PDS 制造商给出的推荐标准。为确保电缆的 EMC 效能，应对以下项目进行评估：

——信号类型(例如，数字数据、给电动机的 PWM 信号，等)；

——未用导线；

——电缆类型和屏蔽类型(如有的话)；

——说明(EMC 解决方案)。

E.2.4.2.2 布线

在确定装备规则时，应注意 PDS 制造商给出的推荐标准。为确保电缆敷设的 EMC 效能，应对以下项目进行评估：

——高功率和低功率电缆或信号电缆的隔离；

——平行电缆长度的最小化；

——隔离距离；

——电缆的 90°交叉；

——平行接地导线时电缆套管和电缆槽的应用；

——电缆槽中电缆的定位；

——电缆槽的接地；

——说明(EMC 解决方案)。

E.2.4.3 PDS 柜的屏蔽

在确定装备规则时，应注意 PDS 制造商给出的推荐标准。为确保外壳的 EMC 效能，应对以下项目进行评估：

——金属外壳的导电连续性；

——槽和孔的尺寸；

——通过接地基准面的电缆引入入口；

——电缆屏蔽层与接地基准面的连接；

——说明（EMC 解决方案）。

E.2.4.4 专用变压器

在确定装备规则时，应注意 PDS 制造商给出的推荐标准。为确保 EMC 效能，应考虑采用下列专用变压器：

——专用隔离变压器；

——静电屏蔽变压器；

——说明（规格，部位）。

E.2.4.5 滤波

在确定装备规则时，应注意 PDS 制造商给出的推荐标准。为确保 EMC 效能，应考虑采用下列滤波方法：

——集中或分布式 RFI 滤波器结构配置；

——信号线滤波；

——适宜时，电源接口滤波；

——说明（EMC 解决方案）。

E.2.4.6 附加抑制技术

在确定安装规则时，应注意 PDS 制造商给出的推荐标准。必须采用其他抑制技术吗？

是　　　　　　　　否

应考虑采用下列附加抑制技术：

——电路的电隔离；

——光纤；

——数据线电位隔离（如光耦合器、互感器）；

——敏感装置的附加保护；

——说明（EMC 解决方案）。

E.2.5 正式结果与维护

检查装备是否是按照所定义的装备规则制造的。

所有细节都遵循所定义的装备规则吗？　　是　　　　　　否

说明任何缺陷的纠正措施。

定义装备 EMC 特性的维护规程（例如，对可能削弱门与框架之间接触的情况采取的防腐措施、防尘措施，防止连接松动的措施，等）。

EMC 负责人签字：

日期：

签字：

E.3　特定应用场合时的对电磁兼容性(EMC)计划的补充的示例

E.3.1　电磁环境的补充分析

E.3.1.1　从公用电力变电站到工厂主供电变压器的配电

E.3 中的问题与更复杂应用场合中可能和 EMC 性能相关的 PDS 外部因素有关。

公用电力服务提供商：

与最近的公用电力变电站的估计距离(如果知道的话)：　　　　m

来自变电站的公共配电方式：

架空线路　　　　埋设线路　　　　组合线路

说明

工厂主供电变压器特性：

容量：　　　　kVA　　输入(一次侧)：　　V

相数：　　　　连接型式：　　Δ　　　　Y

其他，说明

至内部配电的输出(二次侧)：

电压：　　　　V　　　　线数：　　　　相数：

连接型式：　　　　Δ　　　　Y

变压器接地吗？(说明接地方式和部位)

建筑物接地电极包括：

接地棒　　　　多点接地棒　　　　接地格栅　　　　接地板

埋设导管　　　　水管　　　　建筑用钢筋

如果是其他，则说明

画出接线图

画出从公用电力变电站到主供电变压器的现场配电系统的单线图。应示出所有的变压器、配电屏，等等。

接地电极阻抗(如果知道的话)：　　　　Ω

E.3.1.2　从工厂主供电变压器到 PDS 用局部配电屏/开关设备/变压器的配电

E.3 中的问题与更复杂应用场合中可能和 EMC 性能相关的 PDS 外部因素有关。

接线图

画出从主供电变压器到局部配电屏/开关设备/变压器的工厂配电系统的单线图。

局部配电屏/开关设备/变压器

配电屏/开关设备/变压器标识：

配电屏结构：连接方式和部位：

配电屏/开关设备/变压器用电源的类型：

Y　　　　　　　　Δ　　　　　　　　相数：

线数：　　　　　线号(相线/中性线/PE线)：Cu　　　　　　Al

中性母线：连接方式和部位：

接地母线：连接方式和部位：

与PDS或PDS部分的单独隔离PE线

是　　　　　　　　否

说明

E.3.2 电磁兼容性(EMC)分析

E.3.2.1 频率分析计划

需要进行射频干扰(RFI)调查勘测吗？

是　　　　　　　　否

说明

如果是，则出具一份频率分析计划/表就可对情况加以澄清。在表E.2中给出了一个示例。

表 E.2 频率分析

设备	单元	频率	带宽	频率源的名称	V	A	波形	类型		参考文件
								Em	Im	
逆变器1	IGBT模块	5 kHz		输出开关频率	510		PWM	×		
逆变器2	IGBT模块	5 kHz		输出开关频率	510		PWM	×		
逆变器1	电动机控制	40 MHz		TTL时钟	15		TTL时钟	×		
逆变器2	电动机控制	40 MHz		TTL时钟	15		TTL时钟	×		
逆变器	输出电流传感器	1 kHz		采样频率	0.03				×	
辅助设备	电源	200 kHz		开关频率	230		尖峰	×		
无绳电话									×	
商用无线电台	发射机/接收机							×	×	
业余无线电台	发射机/接收机	144 MHz							×	

Em——发射；Im——抗扰度。

参考文件：该项目的规范的参考编号。

E.3.2.2 电磁兼容性(EMC)试验

列出EMC试验报告的基准。

必须进行进一步的特殊EMC试验吗？

是　　　　　　　　否

如果是，可能必须执行下列程序：

——编制一份EMC试验计划(参照EMC分析)；

——执行EMC试验并编写试验报告。

试验结果满意吗？

是　　　　　　　　否

说明任何缺陷的纠正措施。

参 考 文 献

[1] GB/T 2900.33—2004 电工术语 电力电子技术(IEC 60050-551:1998)

[2] GB/T 3859.4—2004 半导体变流器 包括直接直流变流器的半导体自换相变流器(IEC 60146-2:1999)

[3] GB/Z 17625.3—2000 电磁兼容 限值 对额定电流大于16 A的设备在低压供电系统中产生的电压波动和闪烁的限制(IEC 61000-3-5:1994)

[4] GB/Z 17625.4—2000 电磁兼容 限值 中、高压电力系统中畸变负荷发射限值的评估(IEC 61000-3-6:1996)

[5] GB/T 17626.1—2006 电磁兼容 试验和测量技术 抗扰度试验总论(IEC 61000-4-1:2000)

[6] GB/T 17626.7—2008 电磁兼容 试验和测量技术 供电系统及所连设备谐波、间谐波的测量和测量仪器导则(IEC 61000-4-7:2002)

[7] GB/T 17626.9—1998 电磁兼容 试验和测量技术 脉冲磁场抗扰度试验(IEC 61000-4-9:1993)

[8] GB/T 17626.10—1998 电磁兼容 试验和测量技术 阻尼振荡磁场抗扰度试验(IEC 61000-4-10:1993)

[9] GB/T 17799.1—1999 电磁兼容 通用标准 居住、商业和轻工业环境中的抗扰度试验(IEC 61000-6-1:1997)

[10] GB/T 17799.2—2003 电磁兼容 通用标准 工业环境中的抗扰度试验(IEC 61000-6-2:1999)

[11] GB 17799.4—2001 电磁兼容 通用标准 工业环境中的发射标准(IEC 61000-6-4:1997)

[12] IEC 60038:1983 IEC standard voltages

[13] IEC 60050-101:1998 International Electrotechnical Vocabulary(IEV)—Part 101: Mathematics

[14] IEC 60050-551-20:2001 International Electrotechnical Vocabulary(IEV)—Chapter 551-20: Power electronics-Harmonic analysis

[15] IEC 60146-1-2:1991 Semiconductor convertors-General requirements and line commutated convertors—Part 1-2: Application guide

[16] IEC 60146-1-3:1991 Semiconductor convertors-General requirements and line commutated convertors—Part 1-3: Transformers and reactors

[17] IEC 61000-2-3:1992 Electromagnetic compatibility (EMC)—Part 2: Environment-Section 3: Description of the environment-Radiated and non-network-frequency-related conducted phenomena

[18] IEC 61000-2-5:1995 Electromagnetic compatibility (EMC)—Part 2: Environment-Section 5: Classification of electromagnetic environments-Basic EMC publication

[19] IEC 61000-2-8:2002 Electromagnetic compatibility (EMC)—Part 2-8: Environment-Voltage dips and short interruptions on public electric power supply systems with statistical measurement results

[20] IEC 61000-2-12:1995 Electromagnetic compatibility(EMC)—Part 2-12: Environment-Compatibility levels for low-frequency conducted disturbances and signalling in public medium-voltage power supply systems

[21] IEC 61000-3-12 Electromagnetic compatibility(EMC)—Part 3-12: Limits for harmonic currents produced by equipment connected to public low-voltage systems with input current ≤75 A per phase and subject to restricted connection

[22] IEC 61000-4-3:1995, Electromagnetic compatibility(EMC)—Part 4:Testing and measurement techniques-Section 3: Radiated, radio-frequency, electromagnetic field immunity test-Annex A

[23] IEC 61000-5-1:1996 Electromagnetic compatibility(EMC)—Part 5:Installation and mitigation guidelines—Section 1: General consideration. Basic EMC publication

[24] IEC 61000-5-2:1997 Electromagnetic compatibility(EMC)—Part 5:Installation and mitigation guidelines—Section 2: Earthing and cabling

[25] IEC 61000-6-5:2001 Electromagnetic compatibility(EMC)—Part 6-5: Generic standards—Immunity for power stations and substations environments

[26] IEC 61800-5-1:2003 Adjustable speed electrical power drive systems—Part 5-1: Safety requirements-Electrical, thermal and energy

[27] IEC 62103:2003 Electronic Equipment for use in power installations

[28] ENEL(Italian Electricity Supply Industry) Specification GLI(EMC) 07, Appendix A

[29] T. Williams: "EMC for Product Designers"-Butterworth-Heinemann Ltd, Oxford, 1992

[30] Post Verfügung Amtsbl Vfg 1045—Dec 1984 Anlage 1-§2, Nr 4"…for installations, or for components which are parts of an installation, no mark of built-in radio-interference suppression is required, but that the customer attention shall be drawn to the aspect, that for the final installation mitigation measures could be necessary…"

[31] Post Verfügung Amtsbl Vfg 1046-1984 Anlage 1, §6 & §7

[32] Regulations of documents mentioned in the references [4]and [5]are harmonized with the electrotechnical standard VDE 0875

[33] W. Graupner; S. Rolle: "Funkstörspannungen leistugselektronischer Antriebe"Symposium der Gesellschaft für Mikroelektronik GME des VDI, Frankfurt 1993

[34] China"Provisional Regulation for Harmonics in Electricity Distrbution Systems." SD 126-84

[35] Germany "Grundsätze für die Beurteilung von Netzrückwirkungen." VDEW 1992

[36] Switzerland"Limitation des perturbations électriques dans les réseaux publics de distribution." ASE 3600-1-1987 et ASE 3600-1987/SNV4 3600-1 et-2

[37] United Kingdom"Planning levels for harmonic voltage distortion and the connection of non-linear equipment to transmission systems and distribution networks in the United Kingdom" G5/4 Februrary 2001 from Electricity Association

[38] USA"IEEE recommended practices and requirements for harmonic control in electric power systems." IEEE 519-1992

ICS 29.020
K 62

中华人民共和国国家标准

GB/T 12668.701—2012/IEC 61800-7-1:2007

调速电气传动系统 第701部分:电气传动系统的通用接口和使用规范 接口定义

**Adjustable speed electrical power drive systems—
Part 701:Generic interface and use of profiles for power drive systems—
Interface definition**

(IEC 61800-7-1:2007,IDT)

2012-12-31 发布　　2013-06-01 实施

中华人民共和国国家质量监督检验检疫总局
中国国家标准化管理委员会　发布

前　言

GB/T 12668《调速电气传动系统》分为以下几个部分：

——第 1 部分：一般要求　低压直流调速电气传动系统额定值的规定；

——第 2 部分：一般要求　低压交流变频电气传动系统额定值的规定；

——第 3 部分：电磁兼容性要求及其特定的试验方法；

——第 4 部分：一般要求　交流电压 1 000 V 以上但不超过 35 kV 的交流调速电气传动系统额定值的规定；

——第 5 部分：安全要求；

——第 6 部分：确定负载工作制类型和相应电流额定值的导则；

——第 7 部分：电气传动系统的通用接口和使用规范；

——第 8 部分：电源接口电压的规范。

本部分为 GB/T 12668 的第 701 部分。

本部分按照 GB/T 1.1—2009 给出的规则起草。

本部分使用翻译法等同采用 IEC 61800-7-1:2007《调速电气传动系统　第 701 部分：电气传动系统的通用接口和使用规范　接口的定义》。

与本部分中规范性引用的国际文件有一致性对应关系的我国文件如下：

GB/T 20540.5—2006　测量和控制数字数据通信　工业控制系统用现场总线　类型 3：PROFIBUS 规范　第 5 部分：应用层服务定义(IEC 61158-5-3:2003，MOD)

GB/Z 20541.1—2006　测量和控制数字数据通信　工业控制系统用现场总线　类型 10：PROFINET 规范　第 1 部分：应用层服务定义(IEC 61158-5-10:2003，MOD)

GB/Z 20541.2—2006　测量和控制数字数据通信　工业控制系统用现场总线　类型 10：PROFINET 规范　第 2 部分：应用层协议规范(IEC 61158-6-10:2003，MOD)

本部分做了如下编辑性修改：

——删除了国际标准的前言；

——将国际标准的引言转化为本部分的引言；

——国际标准中无编号 3.2.20 及其相关内容，本部分对相应的章条号进行了调整；

——国际标准规范性引用文件一章中引用了 IEC 61800-7-1 本身，本部分的规范性引用文件去掉了该文件。

本部分由中国电器工业协会提出。

本部分由全国电力电子学标准化技术委员会(SAC/TC 60)归口。

本部分起草单位：天津电气传动设计研究所、山东泰开自动化有限公司、上海雷诺尔科技股份有限公司、希望森兰科技股份有限公司、中冶赛迪电气技术有限公司、深圳市库马克新技术股份有限公司、北京利德华福电气技术有限公司、深圳市英威腾电气股份有限公司、北京合康亿盛变频科技股份有限公司、哈尔滨九州电气股份有限公司、山东新风光电子科技发展有限公司、上海澳通韦尔电力电子有限公司、北京 ABB 电气传动系统有限公司、国家电控配电设备质量监督检验中心。

本部分主要起草人：赵相宾、董桂敏、李凯、陈国祥、任光法、张胜民、罗自永、倚鹏、董瑞勇、陈秋泉、周维来、赵树国、竺伟、温湘宁、吴洪波。

引　言

GB/T 12668《调速电气传动系统》提供一套调速电气传动系统的通用规范。

国家标准《调速电气传动系统》的本部分描述了在控制系统和电气传动系统之间的一种通用接口。此接口可嵌入控制系统中，控制系统本身也位于传动装置上（有时称为“敏感传动”或“智能传动”）。

多种物理接口都是可获得的（模拟的和数字的输入和输出，串行和并行接口，现场总线和网络）。对于一些应用领域（例如：运动控制）和设备类（例如，常规驱动（装置），定位器）中，特定物理接口的规范已经确定。相关传动装置和应用程序控制器接口的安装启用，是受注册商标保护的并且差异很大。

本部分规定了共同的传动控制功能、参数、和状态机或者运行顺序的描述映象到传动规范。

本部分提供了一种使用传动功能和数据的方法，该方法不依赖于已被使用的传动规范和通信接口。其对象是一种带有通用功能的传动模式和适用于不同通信接口的装置。这使得为没有任何传动操作知识的控制者提供运动控制（或速度控制或传动控制应用）的通用操作成为可能。

从几个不同的角度定义通用接口：

对于传动装置的制造商

——更容易支持系统集成商；

——通用的术语，更容易描述传动功能；

——传动的选择不依赖于特殊支持。

对于控制装置制造商

——无总线技术的影响；

——简单装置的集成；

——不依赖于传动供货商。

对于系统集成商

——装置集成更容易；

——只有一种合理的建模方法；

——不依赖于总线技术。

带有几种不同的传动装置和专门控制系统运动控制应用的设计需要很大的努力。执行系统软件并理解各个组件功能的任务可能会耗尽工程资源。在某些情况下，传动装置不会共用一个物理接口。一些控制装置仅仅是支撑一个接口，而此接口不被特定的传动装置支持。另一方面，功能和数据结构经常会被明确不相容。在这种情况下，为了应用软件，系统集成商需要写出特定的接口，而这不应是其职责。

在已存在的结构中，一些应用需要装置的可交换性或新装置的集成。因此，它们的解决方法是相互矛盾的。符合传动规范的解决方法可能和生产商的特定要求是不相符合；对于所选单元，会降低选择最适合此应用装置的自由度。这个单元必须适用于一个特定的物理接口，同时被控制装置支持。

本部分被分成如图 1 所示的一个通用接口部分和几个附录。对于型号为 CiA 402[1]，CIP Motion™[2]，

1）　CiA 402（CAN in Automation 的缩写）是自动化控制器局域网的商标。此信息为国际标准的使用者提供方便，不会由 IEC 为商标持有人或者任何其商品构成背书。遵守此规范不要求使用 CiA402 商标。

2）　CIP Motion™ 是开放式设备网络供货商协会的商标。此信息为国际标准的使用者提供方便，不会由 IEC 为商标持有人或者任何其商品构成背书。遵守此规范不要求使用 CIP Motion™ 商标。使用 CIP Motion™ 商标需要得到开放式设备网络供货商协会的许可。

PROFIdrive[3]，SERCOS interface™[4]的传动规范在通用接口的相关附录中应用。附录已由开放的国际网络或现场总线的组织提出，这些组织对相关附录的内容和相关商标的使用负责。

不同的规范类型 1、2、3 和 4 将在第 7-201、第 7-202、第 7-203 和第 7-204 部分中被明确说明。

第 7-301、第 7-302、第 7-303 和第 7-304 部分将明确说明规范 1、2、3 和 4 在不同的网络技术（例如 CANopen[5]，EtherCAT™[6]，Ethernet Powerlink™[7]，DeviceNet™[8]，ControlNet™[9]，EtherNet/IP™[10]，PROFIBUS[11]，PROFINET[12] 和 SERCOS 接口）中的应用。

3） PROFIdrive 是 PROFIBUS 国际商标。此信息为国际标准的使用者提供方便，不会由 IEC 为商标持有人或者任何其商品构成背书。遵守此规范不要求使用 PROFIdrive 商标。使用 PROFIdrive 商标需要得到开放式设备网络供货商协会的许可。

4） SERCOS™ 和 SERCOS interface™ 是串行实时通信系统的商标。此信息为国际标准的使用者提供方便，不会由 IEC 为商标持有人或者任何其商品构成背书。遵守此规范不要求使用 SERCOS 和 SERCOS 接口商标。使用 SERCOS 和 SERCOS 接口需要商标持有者的许可。

5） CANopen 是 Control Area Network 的首字母缩写与 open 组成的词，从 EN 50325-4 中可查到它的用法。

6） EtherCAT™ 是倍福，Verl 的商标。此信息为国际标准的使用者提供方便，不会由 IEC 为商标持有人或者任何其商品构成背书。遵守此规范不要求使用 EtherCAT™ 商标。使用 EtherCAT™ 商标需要商标持有者的许可。

7） Ethernet Powerlink™ 是贝加莱的商标。由非营利性机构以太网能量连接标准化协会对此商标的使用进行控制。此信息为国际标准的使用者提供方便，不会由 IEC 为商标持有人或者任何其商品构成背书。遵守此规范不要求使用 Ethernet Powerlink™ 商标。使用 Ethernet Powerlink™ 商标需要商标持有者的许可。

8） DeviceNet™ 是开放式设备网络供货商协会的商标。此信息为国际标准的使用者提供方便，不会由 IEC 为商标持有人或者任何其商品构成背书。遵守此规范不要求使用 DeviceNet™ 商标。使用 DeviceNet™ 商标需要商标持有者的许可。

9） ControlNet™ 是控制网国际有限公司的商标。此信息为国际标准的使用者提供方便，不会由 IEC 为商标持有人或者任何其商品构成背书。遵守此规范不要求使用 ControlNet™ 商标。使用 ControlNet™ 商标需要商标持有者的许可。

10） EtherNet/IP™ 是控制网国际有限公司和开放式设备网络供货商协会的商标。此信息为国际标准的使用者提供方便，不会由 IEC 为商标持有人或者任何其商品构成背书。遵守此规范不要求使用 ControlNet™ 商标。使用 ControlNet™ 商标需要商标持有者的许可。

11） PROFIBUS 是 PROFIBUS 国际组织的商标。此信息为国际标准的使用者提供方便，不会由 IEC 为商标持有人或者任何其商品构成背书。遵守此规范不要求使用 PROFIBUS 商标。使用 PROFIBUS 商标需要 PROFIBUS 国际组织的许可。

12） PROFINET 是 PROFIBUS 国际组织的商标。此信息为国际标准的使用者提供方便，不会由 IEC 为商标持有人或者任何其商品构成背书。遵守此规范不要求使用 PROFINET 商标。使用 PROFINET 商标需要商标 PROFIBUS 的许可。

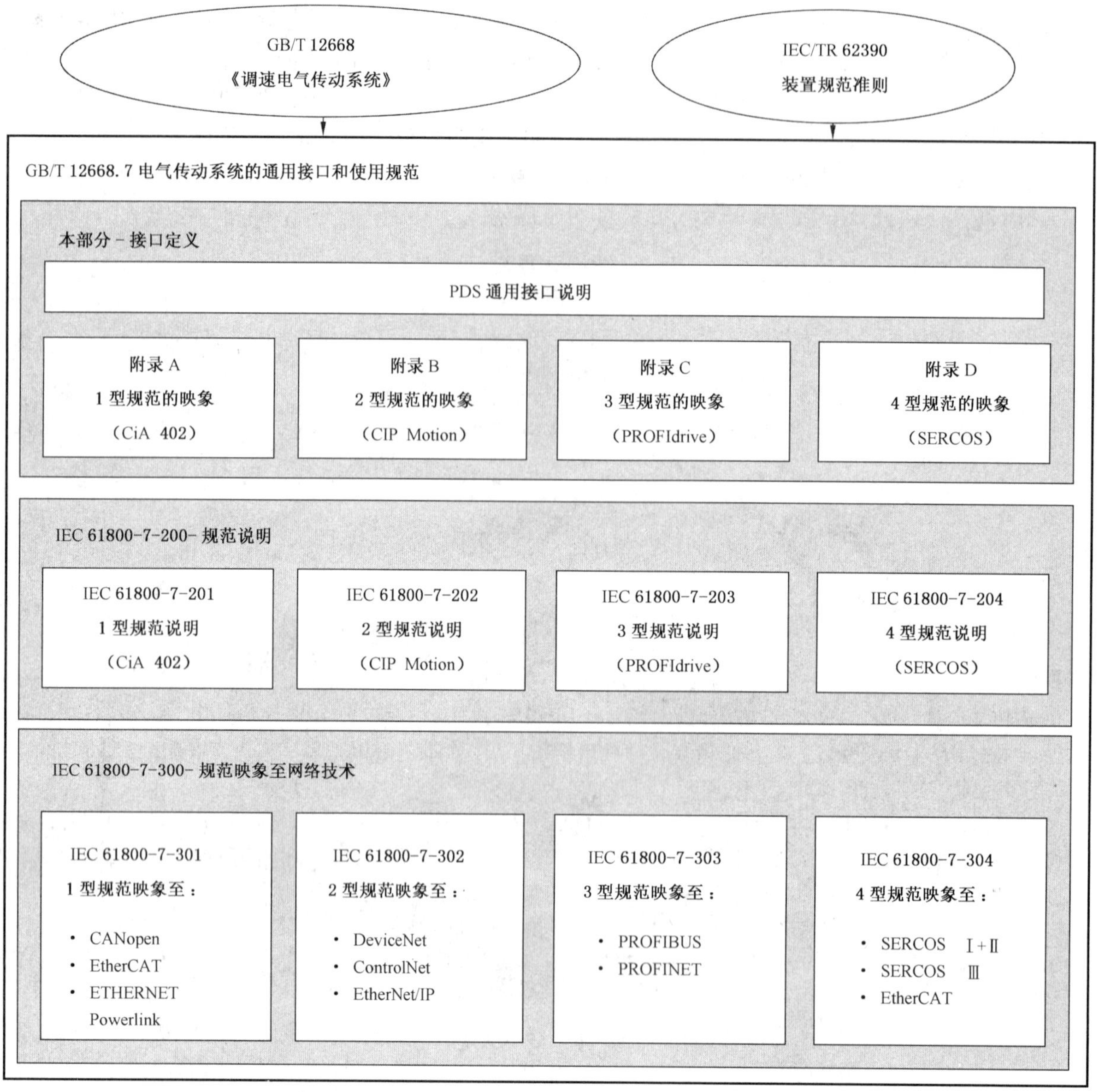

图 1　GB/T 12668《调速电气传动系统》第 7 部分的结构

调速电气传动系统 第701部分:电气传动系统的通用接口和使用规范 接口定义

1 范围

本部分规定了电气传动系统的应用规范,并通过通用接口模型的使用说明其在目前通信系统的映象。

本部分规定的功能并不意在确保功能安全。根据相关标准,协定和法律功能安全需要采取附加措施。

本部分适用于电气传动系统(PDS)与控制装置应用控制程序之间的通用接口。这个PDS通用接口并不特指任何特定的通信网络技术。本部分的附录中详述了不同的传动规范在PDS通用接口中的应用。

2 规范性引用文件

下列文件对于本文件的应用是必不可少的。凡是注日期的引用文件,仅注日期的版本适用于本文件。凡是不注日期的引用文件,其最新版本(包括所有的修改单)适用于本文件。

IEC 61158-5-2 工业通信网络 现场总线规范 第5-2部分:应用层设备定义 2型元件(Industrial communication networks—Fieldbus specifications—Part 5-2:Application layer service definition—Type 2 elements)

IEC 61158-5-3 工业通信网络 现场总线规范 第5-3部分:应用层设备定义 3型元件(Industrial communication networks—Fieldbus specifications—Part 5-3:Application layer service definition—Type 3 elements)

IEC 61158-5-10 工业通信网络 现场总线规范 第5-10部分:应用层设备定义 10型元件(Industrial communication networks—Fieldbus specifications—Part 5-10:Application layer service definition—Type 10 elements)

IEC 61158-6-2 工业通信网络 现场总线规范 第6-2部分:应用层协议规范 2型元件(Industrial communication networks—Fieldbus specifications—Part 6-2:Application layer protocol specification—Type 2 elements)

IEC 61158-6-3 工业通信网络 现场总线规范 第6-3部分:应用层协议规范 3型元件(Industrial communication networks—Fieldbus specifications—Part 6-3:Application layer protocol specification—Type 3 elements)

IEC 61158-6-10 工业通信网络 现场总线规范 第6-10部分:应用层协议规范 10型元件(Industrial communication networks—Fieldbus specifications—Part 6-10:Application layer protocol specification—Type 10 elements)

IEC 61800-7(所有部分) 调速电气传动系统 电气传动系统的通用接口和使用规范(Adjustable speed electrical power drive systems—Generic interface and use of profiles for power drive systems)

IEC 61800-7-201 调速电气传动系统 第7-201部分:电气传动系统的通用接口和使用规范 1型规范说明(Adjustable speed electrical power drive systems—Part 7-201:Generic interface and use of profiles for power drive systems—Profile type 1 specification)

IEC 61800-7-202 调速电气传动系统 第7-202部分：电气传动系统的通用接口和使用规范 2型规范说明(Adjustable speed electrical power drive systems—Part 7-202: Generic interface and use of profiles for power drive systems—Profile type 2 specification)

IEC 61800-7-203 调速电气传动系统 第7-203部分：电气传动系统的通用接口和使用规范 3型规范说明(Adjustable speed electrical power drive systems—Part 7-203: Generic interface and use of profiles for power drive systems—Profile type 3 specification)

IEC 61800-7-204 调速电气传动系统 第7-204部分：电气传动系统的通用接口和使用规范 4型规范说明(Adjustable speed electrical power drive systems—Part 7-204: Generic interface and use of profiles for power drive systems—Profile type 4 specification)

IEC 61800-7-301 调速电气传动系统 第7-301部分：电气传动系统的通用接口和使用规范 1型规范映象至网络的技术(Adjustable speed electrical power drive systems—Part 7-301: Generic interface and use of profiles for power drive systems—Mapping of profile type 1 to network technologies)

IEC 61800-7-302 调速电气传动系统 第7-302部分：电气传动系统的通用接口和使用规范 2型规范映象至网络的技术(Adjustable speed electrical power drive systems—Part 7-302: Generic interface and use of profiles for power drive systems—Mapping of profile type 2 to network technologies)

IEC 61800-7-303 调速电气传动系统 第7-303部分：电气传动系统的通用接口和使用规范 3型规范映象至网络的技术(Adjustable speed electrical power drive systems—Part 7-303: Generic interface and use of profiles for power drive systems—Mapping of profile type 3 to network technologies)

IEC 61800-7-304 调速电气传动系统 第7-304部分：电气传动系统的通用接口和使用规范 4型规范映象至网络的技术(Adjustable speed electrical power drive systems—Part 7-304: Generic interface and use of profiles for power drive systems—Mapping of profile type 4 to network technologies)

IEC/TR 62390:2005 共有的自动控制装置 规范指南(Common automation device—Profile guideline)

EN 50325-4 基于ISO 11898(CAN)的工业通信子系统用于控制装置接口 第4部分:CANopen (Industrial communications subsystem based on ISO 11898 (CAN) for controllerdevice interfaces—Part 4: CANopen)

3 术语和定义、缩略语

3.1 序言

电气传动系统(PDS)由电动机和成套传动模块(CDM)所组成。成套传动模块可包括变流器、控制、自保护功能和一些辅助设备(例如通风)。PDS不包括由电动机驱动的设备。

注：此定义来自IEC 61800-1,IEC 61800-2,IEC 61800-3和IEC 61800-4。

合理的电气传动系统由PDS和接口(例如通信网络,现场总线或软件接口)组成,如图3和图5所描述,由PDS通用接口上的应用控制程序执行。

3.2 通用定义

下列术语和定义适用于本文件。

3.2.1

运算法则 algorithm

通过输入数值计算出输出数值,完成全部确定的限定运算顺序。

注：改写IEV 351-21-37。

3.2.2

应用 application

在工业过程测量和控制中，特定的软件功能单元对一个问题的解决。

一个应用可被分配于资源中，并与其他应用通信。

注：改写 IEC/TR 62390:2005,3.1.2。

3.2.3

属性 attribute

实体的性质或特性。

[IEC/TR 62390:2005,3.1.3]

3.2.4

轴 axis

自动控制系统（例如运动控制系统）中，表示某些运动形式的合理单元。

注：轴应是循环的或线性的、实物的或虚拟的、被控制的或仅仅是观察到的。

3.2.5

种类 class

对一组具有相同属性、运行、方法、关系和语义的描述。

注：改写 ISO/IEC 19501。

3.2.6

控制 control

为达到特定目标，在进程中有明确目的的行为。

[IEV 351-21-29]

3.2.7

控制装置 control device

在模块/子组件或装置中，控制 PDS 应用程序的物理单元。

3.2.8

数据类型 data type

一组有一套允许操作的数值。

注：改写 ISO/IEC 2382-15,15.04.01。

3.2.9

装置 device

现场装置

在特定环境中能够执行规定的功能，且被其接口限制的工业自动化系统的网络独立实体。

注：改写 IEC 61439-1,3.30。

在自动化系统中执行控制、起动和感觉功能，且和其他同样实体相联系的实体。

[ISO 15745-1,3.11]

3.2.10

装置规范 device profile

就参数和行为而言，依装置的模型从网络的角度来看，所描述装置的数据和行为的表示法与任何网络技术无关。

注1：这是 IEC/TS 61915 中的定义，此标准增加了装置功能结构部分。

注2：改写 IEC/TR 62390:2005,3.1.9。

3.2.11

反馈变量　feedback variable

代表控制变量并返回到比较单元的变量。

[IEV 351-27-03]

3.2.12

功能单元　fuctional element

软件的实体或与硬件结合，能完成一个装置的某个指定功能。

注 1：功能单元有一接口，与其他的功能单元和功能相结合。

注 2：功能单元可由功能块、对象或参数表构成。

[IEC/TR 62390:2005,3.1.12]

3.2.13

输入数据　input data

从外部源头转入一个装置、资源或功能单元的数据。

[IEC/TR 62390:2005,3.1.14]

3.2.14

接口　interface

根据功能特性、信号特性或其他特性，有相应定义的两个功能单元之间的共享界面。

注：改写 IEV 351-21-35。

3.2.15

合理的电气传动系统　logical power drive system

包括 PDS 和通过 PDS 通用接口可访问的通信网络。

3.2.16

模型　model

系统或过程的数学或物理表示法，以精确的通用规律、识别或指定的推断为基础。

[IEV 351-21-36]

3.2.17

操作模式　operating mode

操作人员干预控制设备的方法和程度的特性。

[IEV 351-31-01]

3.2.18

输出数据　output data

来源于装置、资源或功能单元并通过它们传输到外部系统中的数据。

[IEC/TR 62390:2005,3.1.21]

3.2.19

参数　parameter

能从装置中读取并能写到装置中的，代表着装置信息的数据功能单元，例如通过网络或本地的 HMI。

注 1：适用于 IEC/TS 61915。

注 2：以参数的名称、数据类型、物理单元和接近方向为特性的参数。

[IEC/TR 62390:2005,3.1.22]

3.2.20

规范　profile

根据通信规范和装置规范，从它的参数、参数组和性能方面对 PDS 接口规范。

注：在国家标准《调速电气传动系统》中使用，是参考附录中规范的同义词。

3.2.21

参考变量　reference variable

在控制系统中，对于比较单元，它是输入变量。控制系统设定了控制变量的预期值并由命令的变量推论而来。

[IEV 351-27-02]

3.2.22

类型　type

硬件或软件单元，规定了所有此类事例的属性。

[IEC/TR 62390:2005,3.1.25]

3.2.23

应用实例　use case

一系列行为，包括其变化的种类规范，一个系统(或其他实体)能够执行或与系统中的参与者互动。

[IEC/TR 62390:2005,3.1.26]

3.2.24

变量　variable

软件实体可呈现不同的值，一次一个值。

[IEC/TR 62390:2005,3.1.27]

注：变量值和参数一样通常受某一数据类型的限制。

3.3　特殊定义

3.3.1　通用定义

下列术语和定义适用于本文件。

3.3.1.1

实际值　actual value

给定瞬间的变量值。

[IEV 351-21-02]

注：此文件中的实际值是应用控制程序对 PDS 监控变量的输入值。

3.3.1.2

应用模式　application mode

能由 PDS 要求的应用类型。

注：不同的应用模式反应了转矩控制、速度控制、位置控制或其他应用的控制环，比如复位。

3.3.1.3

指令　commands

来源于应用控制程序的指令，设定去控制 PDS 的行为或 PDS 的功能单元。

注1：行为受状态或操作模式的影响。

注2：不同的指令每次用一位代表。

3.3.1.4

输入/输出数据　I/O data

在正常的基础上(例如状态周期的改变)，输入和输出数据需要有代表性的更新，例如命令、设定值、状态和实际值。

3.3.1.5

设定值　set-point

用作应用控制程序的输出数据，去控制 PDS 的值或变量。

3.3.1.6

状态　status

从 PDS 到应用控制程序的信息组,反映 PDS 的状态或模式或者 PDS 的功能单元。

注:不同的状态信息每次都会有一个编码。

3.3.2　适用于附录 A 的定义

下列术语和定义适用于本文件中附录 A。

3.3.2.1

CANopen

在 EN 50325-4 中定义的应用层协议。

3.3.2.2

对象字典　object dictionary

如在 EN 50325-4 中所定义,带有独特 16 位索引和 8 位子索引的对象清单。

3.3.2.3

过程数据对象　process data object

有实时能力的通信对象。

3.3.3　适用于附录 B 的定义

IEC 61158 中参考的 IEC 61784-1 CPF2 术语和定义及以下术语和定义,适用于文件中的附录 B。

3.3.3.1

CIP Motion™[1)]

扩展到 CIP 服务和通过 CIP 网络支持运动控制的协议。

3.3.3.2

CIP 协议传动　CIP Motion drive

任何包括一个或多个的运动轴对象实例的 CIP 适应的传动装置,这些运动轴对象实例可通过 CIP 运动的输入/输出连接与 CIP 控制器通信。

3.3.3.3

CIP Motion 的输入/输出连接　CIP Motion I/O connection

周期是双向的,种类 1,在控制器和传动间的 CIP 连接被定义为 CIP 运动规范的一部分,尺寸和内容方面是动态的,包含 3 个用于循环、事件和服务数据的传输优先数据的通道。

3.3.3.4

CIP Sync™[1)]

扩展到 CIP 服务和协议,通过 CIP 网络去压缩 IEC 61588:2004 时间同步功能(参见 IEC 61158-5-2 和 61158-6-2 中的时间同步物体)。

3.3.3.5

CIP 控制器　CIP controller

任何 CIP 适应的控制器包含运动轴的对象,此对象经由 CIP Motion 的输入/输出的连接,能与 CIP Motion 的传动系统相互动。

注:运动轴对象的描述超出了 IEC 61800-7 的范围。

---

1) CIP Motion™ 和 CIP Sync™ 是开放式设备网络供货商协会的商标。此信息为国际标准的使用者提供方便,不会由 IEC 为商标持有人或者任何其商品构成背书。遵守此规范并不要求使用 CIP Motion™ 和 CIP Sync™ 这两个商标。使用 CIP Motion™ 和 CIP Sync™ 这两个商标需要开放式设备网络供货商协会的许可。

3.3.3.6

循环数据　cyclic data

高级优先权实时数据，是指在一个周期的基础上由 CIP Motion 连接进行的传输。

注：此数据如 IEC 61800-7 中定义，应被看做输入/输出数据。

3.3.3.7

事件数据　event data

中间优先权的实时数据，是指在特殊事件发生之后，由 CIP Motion 连接进行的传输。

注：注册和制造商输入转换是典型的传动装置事件。

3.3.3.8

运动　motion

轴动力的任何方面。

注：本部分中，此词并不仅指伺服系统传动，而是包括基于电动机控制所有形式的传动。

3.3.3.9

运动轴对象　motion axis object

依据 CIP Motion 的规范，包括在 IEC 61800-7 中定义的通信、装置控制和基本传动功能单元的组成部分，对象定义了属性、服务和基于轴(或 PDS)运动装置的性能。

3.3.3.10

服务数据　service data

低优先权的实时数据，与来自控制器的服务信息有关，此控制器在周期的基础上由 CIP Motion 连接进行传输。

注：服务数据包括服务要求信息访问运动轴对象的属性或执行各种各样的传动诊断。

3.3.3.11

同步　synchronized

传动的本地时间值的状态被锁到分布式系统时间的主时钟里。

注：同步时，传动和控制装置可利用时间标记与 CIP Motion 连接数据联系。

3.3.3.12

系统时间　system time

在分配时间系统的环境中，绝对时间值如 CIP Sync 规范的定义，在此系统中所有的装置有一个与普通的主时钟同步的本地时间。

注：CIP Motion 的上下文中，系统时间是一个以纳秒为单位的 64 位的整数值。

3.3.3.13

时间标记　time stamp

系统的时间标记值与 CIP Motion 连接数据有关，当与之有关的数据被捕捉到时它就会覆盖绝对时间，当有关的数据被采用时它被用于确定时间。

注：CIP 时间标记总是在所分配时间系统的上下文里，所有 CIP 控制网络上的节点都有与 CIP Sync 使用的主时钟资源同步的时钟。

3.3.4　适用于附录 C 的定义

以下术语和定义适用于本部分的附录 C。

3.3.4.1

应用种类　application class

带有一套功能对象并且被标准报文支持的传动对象的配置。

3.3.4.2

控制器 controller

与一个或几个传动(轴)相连的控制装置作为综合自动化的主机。

3.3.4.3

传动对象 drive object

传动单元的功能单元。

3.3.4.4

传动单元 drive unit

包含与一个中心处理单元有关的所有功能单元的合理装置。

3.3.4.5

主机 host

覆盖了自动装置自动化功能的装置。

3.3.4.6

外围装置 P-Device

现场装置和传动对象的主机。

3.3.4.7

标准报文 standard telegram

为应用模式设定的输入数据和输出数据。

3.3.4.8

监控器 supervisor

提供配置数据(参数组)和从外围装置和/或控制器那里收集诊断数据的装置。

3.3.5 适用于附录 D 的定义

以下术语和定义适用于文件中的附录 D。

3.3.5.1

确认报文 acknowledge telegram

AT 报文,每个从站可插入数据的报文。

3.3.5.2

通信循环 communication cycle

两个主站同步报文之间的所有报文的积累。

3.3.5.3

控制单元 control unit

控制装置。

3.3.5.4

控制字 control word

在主站数据报文中,包含寻址传动指令的两个相邻字节。

3.3.5.5

循环时间 cycle time

两个连续循环重复发生事件间的时间间隔。

3.3.5.6

循环数据 cyclic data

在接口循环操作期间,报文中不改变其含义的部分。

3.3.5.7

数据交换 data exchange

依据要求，无循环传输(服务通道)。

3.3.5.8

前馈 feed forward

在控制环中，用于补偿滞后的指令值。

3.3.5.9

识别号数 identification number;IDN

操作数据的名称，在此操作数下数据块被保留。数据块包含属性、名称、单位、最小和最大输入值和数据资料。

3.3.5.10

主站 master

节点，它分配其他节点权利传送信号。

3.3.5.11

主站数据报文 master data telegram;MDT

报文，主站插入数据的报文。

3.3.5.12

运行周期 operating cycle

在传动或控制单元中控制环的周期。

3.3.5.13

协议 protocol

在通信系统的数据交换过程中，有关数据格式、时间顺序和错误改正的协定。

3.3.5.14

从站 slave

节点，主站分配其发射信号的权利。

3.3.5.15

状态字 status word

包含状态信息的传动系统报文里两个相邻字节。

3.3.5.16

报文 telegram

信息。

3.3.5.17

拓扑 topology

关于通信系统的站之间连接的物理网络结构。

3.4 缩略语

3.4.1 普通缩略语

CDM——成套传动模块

DCS——分布式控制系统

ERP——企业资源计划

FE——功能单元

HMI——人机界面

I/O——输入/输出
ID——标识符
MES——制造执行系统
NC——带有数字控制指令设定的数字控制系统
PDS——电气传动系统
PLC——不带有运动控制指令设定的可编程逻辑控制器
SCADA——监督的控制和数据采集
UML——统一模型的语言
URL——统一资源定位符

3.4.2 适用于附录 A 的缩略语

CiA——在自动化中的 CAN
FSA——有限状态的自动控制
NMT——网络管理
PDO——过程数据的对象

3.4.3 适用于附录 B 的缩略语

Attr——ID 属性识别
CIP™——普通的工业协议书(见 IEC 61158 型式 2,IEC 61784-1 和 IEC 61784-2 CPF2)

3.4.4 适用于附录 C 的缩略语

AC x——应用种类 x,此处 x 是 AC 的数值
DO——传动对象
DU——传动单元
I&M——识别和更新功能
P-Device——外围设备
PROFIdrive——传动装置的应用现场总线
STW——控制字
ZSW——状态字

3.4.5 适用于附录 D 的缩略语

AT——确认报文
C1D——1 类诊断
C2D——2 类诊断
C3D——3 类诊断
CP——通信阶段(CP0…CP6—通信阶段 0～6)
IDN——识别号数
MDT——主站数据报文
SERCOS——串行实时通信系统
SVC——服务通道

3.5 惯例

十六进制的数字由 0xnn,nn_{hex}或 nn_h 表示。

4 通用结构

4.1 PDS 通用接口

本部分详细说明了电气传动系统(PDS)与控制器中的应用控制程序之间的通用接口。PDS 通用接口不限于任何特殊的通信网络技术。PDS 通用接口仅支持单一的轴控制。任何多轴的协调功能超出了本部分范围。这是逻辑控制器的一部分。

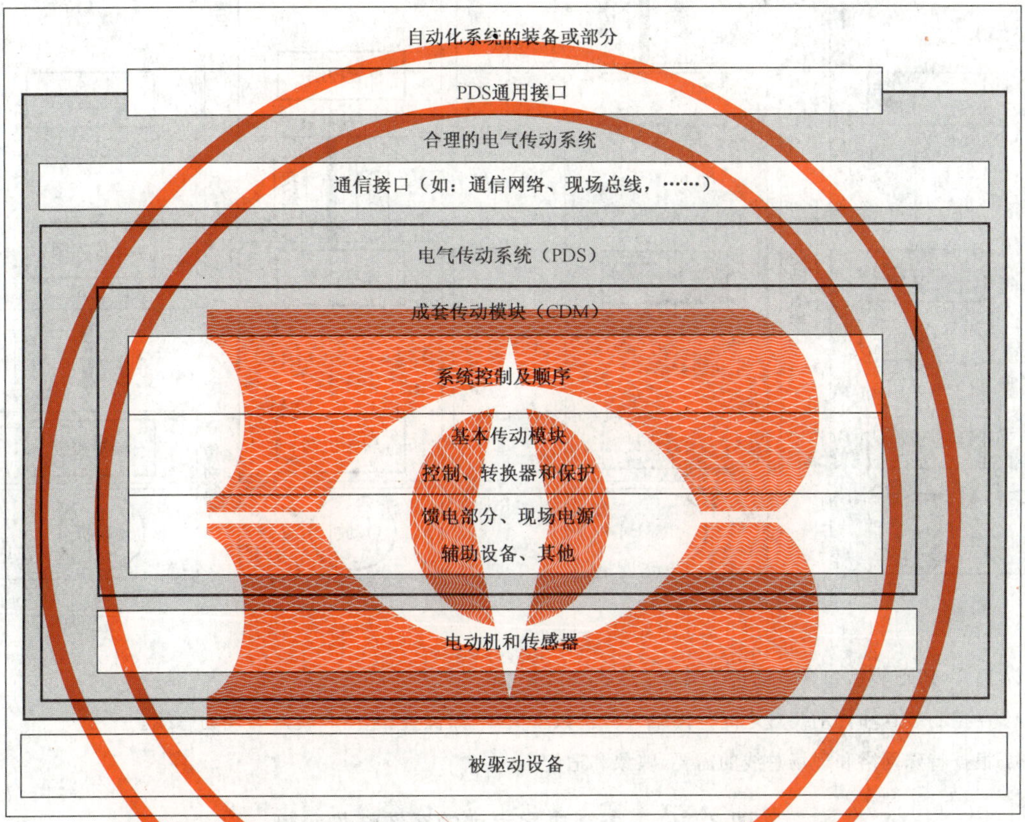

注：本部分，传动装置相当于成套传动模块。

图 2 电气传动系统的定义

如图 2 所示，PDS 包括传动装置(或成套传动模块)及电动机和传感器。

合理的电气传动系统由一个或多个逻辑控制器控制。逻辑控制器的功能由应用控制程序执行。合理的 PDS 功能因位置控制、速度控制和转矩控制的应用区分而不同。图 3 给出位置控制可能结构的附属设备，图 4 给出速度控制可能结构的附属设备，图 5 给出转矩控制应用可能结构的附属设备。

注 1：可能的速度控制类型在 IEC 61800-4 的附录 B 中列出，它不由本部分覆盖。

注 2：本部分所用的“Velocity”意指速度(例如电动机的运转)和线速度(如机械设备的运转)。然而仅在标题上出现的“speed”一词，是泛指速度。

图 3 中的结构 a 给出了位置控制的应用，此处所有 3 种控制环都在传动装置内部执行。在结构 b 中，速度控制—转矩控制环仍放在传动装置中，但位置控制环却放在控制装置中。在结构 c 中，仅仅是转矩控制在传动装置中，其他成套的合理 PDS 的控制环都在控制装置中执行。在以上的所有 3 个例子中，通用的 PDS 接口是相同的。

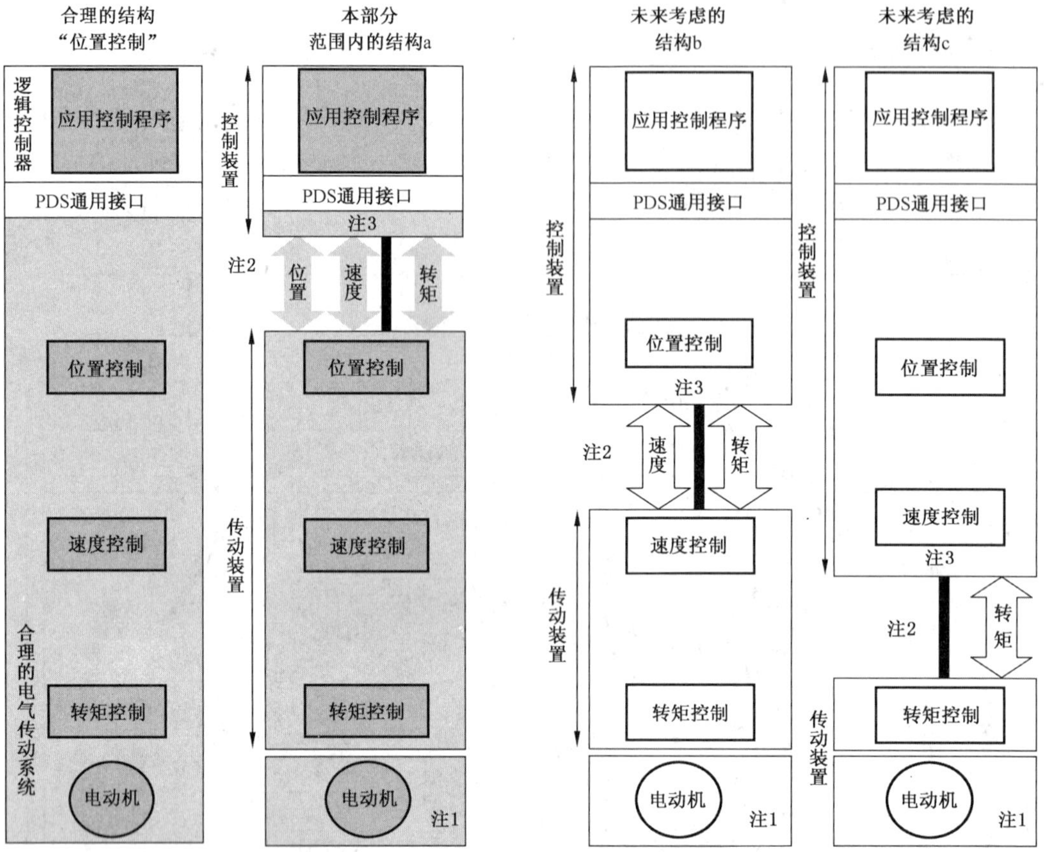

注 1：通常，PDS 模型包含电动机。

注 2：在控制装置和传动装置之间是网络或传输数据值，例如位置、速度和转矩的现场总线。

注 3：根据特殊网络和现场总线的需要，映象和适配。

图 3　位置控制应用程序的系统结构示例

图 4 中的结构 d 表现了速度控制应用的所有控制环节都在传动装置中执行。在结构 e 中，速度控制环在控制装置中和转矩控制环在传动装置中被执行。结构 f 给出所有的功能在一个独立的装置上的执行过程。事实上，在结构 f 中，网络或现场总线可省去，在图 4 的所有 3 个结构中，通用的 PDS 接口是相同的。

PDS 通用接口能用于速度控制，并且应用控制程序包括位置控制功能。

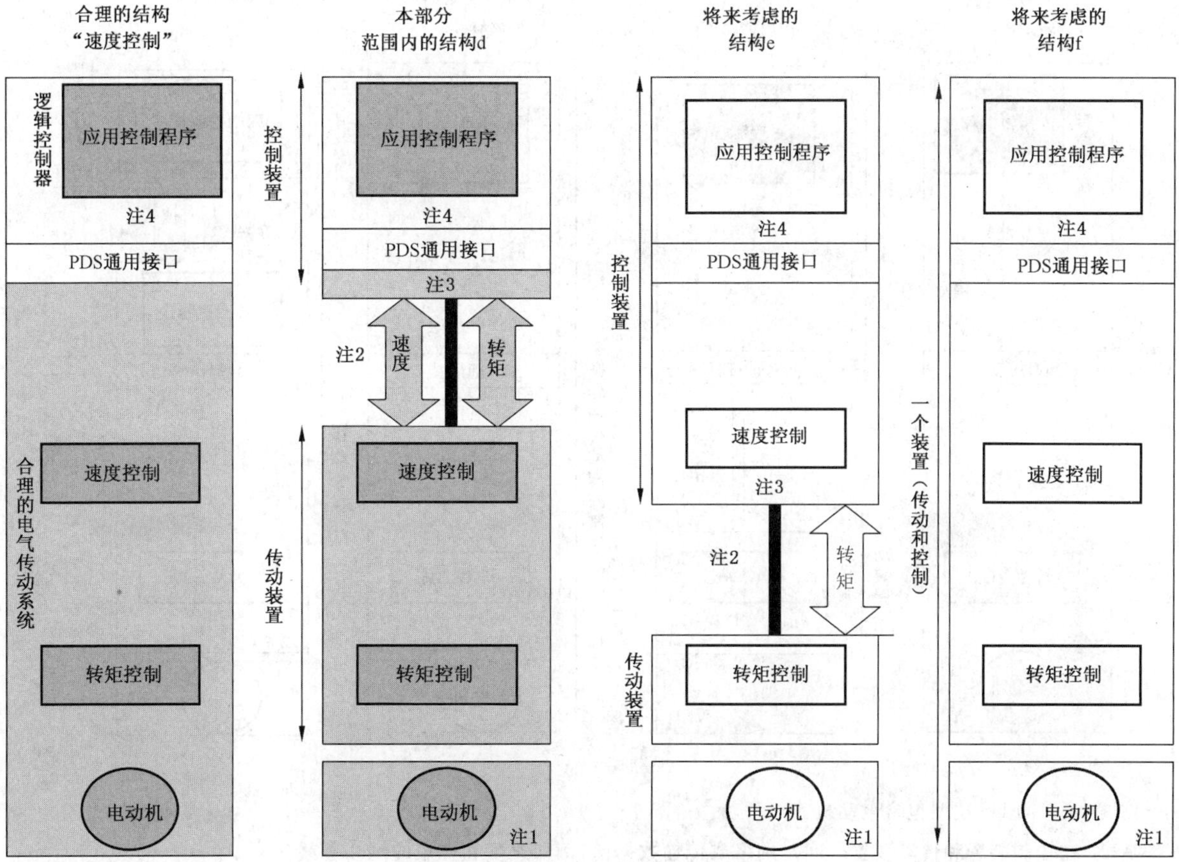

注 1：通常，PDS 模型包含电动机。

注 2：在控制装置和传动装置之间是网络或传输数据值。例如，速度和转矩的现场总线。

注 3：根据特殊网络和现场总线的需要，映象和适配。

注 4：应用控制程序也可包含位置控制。

图 4　速度控制应用的系统结构示例

在图 5 中，转矩控制应用可能执行功能都列于表中。如结构 g 所示，转矩控制可能在控制装置中。在结构 h 中，所有的功能都在一个装置中，网络或现场总线可省去。用于转矩控制和应用程序中的 PDS 通用接口包含了速度控制和位置控制功能。在结构 i 中，这种通用接口在“智能的”传动装置中。

控制装置功能的说明书是在本部分的范围以外。表 1 列出了本部分范围内的结构。

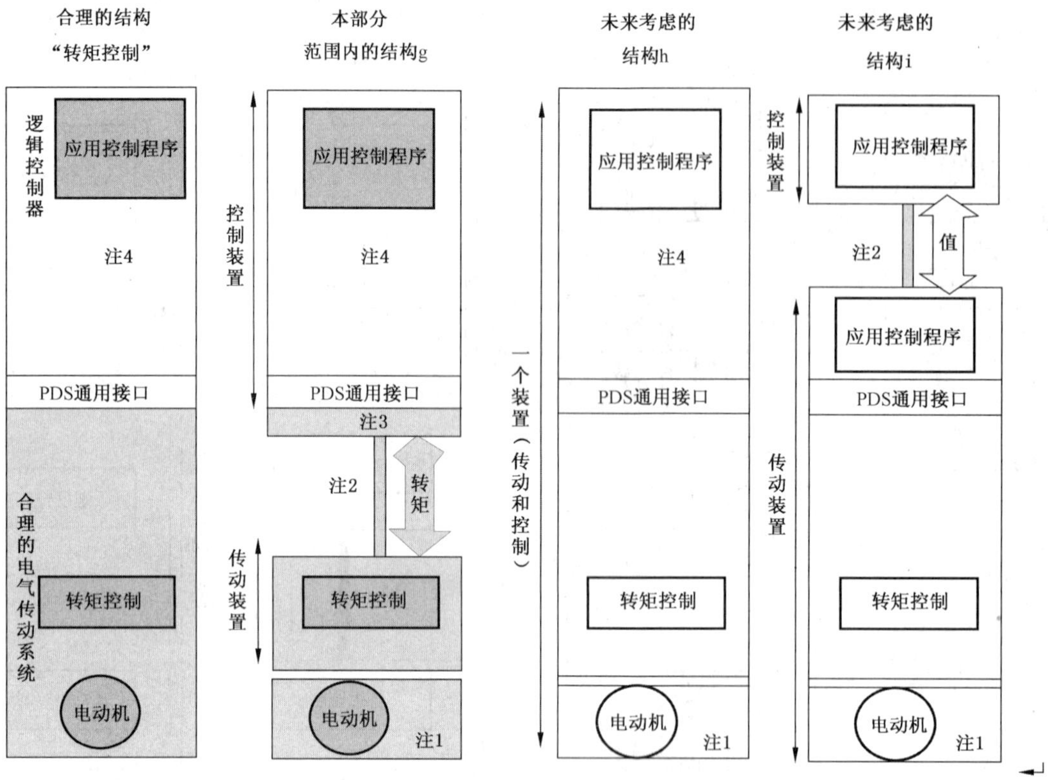

注 1：通常，PDS 模型包含电动机。

注 2：在控制装置和传动装置之间是网络或传输数据值，例如速度和转矩的现场总线。

注 3：根据特殊网络和现场总线的需要，映象和适配。

注 4：应用控制程序也可包含位置控制和速度控制功能。

图 5　转矩控制应用的系统结构示例

表 1　本部分范围内的结构

结　构	应　用	文件的范围
a	位置控制	是
b	位置控制	否，将来考虑
c	位置控制	否，将来考虑
d	速度控制	是
e	速度控制	否，将来考虑
f	速度控制	否，将来考虑
g	转矩控制	是
h	转矩控制	否，将来考虑
i	转矩控制	否，将来考虑

4.2 自动化系统的典型结构

根据 IEC 装置规范的原则，制作了此种装置的模型(见 IEC/TR 62390)。自动化系统包括典型的 PDS 在内的结构，如图 6 所示。

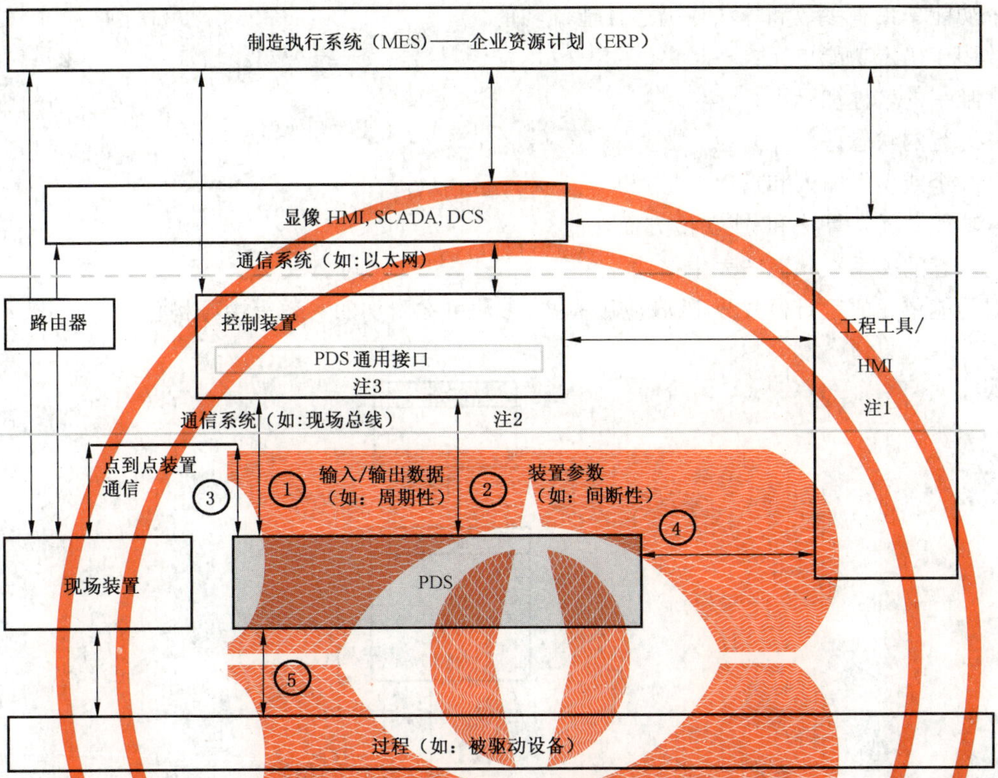

注 1：工程工具可能是连接不同的通信网络之一的一种工具，或者是依据所连接的通信网络类型的 3 种不同的工具。

注 2：通信系统按要求可是冗余的；这与通用的 PDS 接口没有影响。

注 3：根据特殊网络和现场总线的需要，映象和适配。

图 6 自动系统的典型结构(IEC/TR 62390)

图 6 中连接到外部不同的逻辑接口编号为 1)～5)。

1) **输入/输出数据(PDS 通用接口)**

此接口是 PDS 通用接口的一部分。它在控制装置与 PDS 之间提供控制和监控接口。

2) **装置的参数(PDS 通用接口)**

此接口为控制装置和远程工程工具提供参数以达到识别、配置、调整、监控或数据记录的目的。装置的参数经由通信系统，通过通用的 PDS 接口传输。

3) **点到点装置通信**

在其他装置之间的点到点通信服务的用途，是特殊现场总线技术的一种功能，并且它不被 PDS 通用接口所控制。

4) **装置的参数(本地的和其他接口)**

本地存取和工程工具的接口或 PDS 的人机界面，本部分不涉及。

注：人机界面或工程工具可使用 PDS 通用接口或现场总线的通信服务，此通信服务支持 PDS 接口。如果现场总线任何共享的人机界面导致 PDS 数据性能的改变，则应该通知给应用程序。

5） **接口到过程**

本部分不涉及过程——被驱动设备。

4.3 合理的PDS结构

依据图7，合理的PDS由不同功能的单元(FE)组成。

每个功能单元有参数和算法或描述性能的功能。

参数用于确定功能单元：

——唯一的名称和标识；

——运行的状态；

——一个或多个输入和输出变量；和

——功能单元在算法和/或功能方面性能。

不同状态的关系在状态图表中描述。

依据功能单元的运行模式或PDS应用模式，参数可在附加的参数表中结构化。

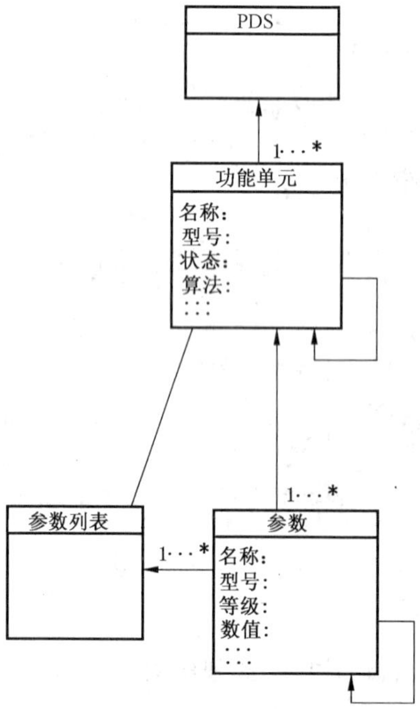

图7 带有功能单元的PDS结构

对于合理的PDS，下面的功能单元应被识别(见图8)：

装置识别功能单元

装置识别功能单元包含需要去识别装置的物理参数，使用的装置是符合第1章的传动装置和控制装置。

装置识别功能单元在5.1中定义。

装置控制功能单元

装置控制功能单元包含用于传动装置控制的状态机。

装置控制功能单元在5.2中定义。

通信功能单元

合理的PDS的通信功能单元在控制装置和传动装置之间，由网络的特殊通信参数构成。它包含连接装置的通信状态机。

注1：大多数这样的参数和通信功能单元的状态是网络或现场总线特定的。

注2：一个规范能使用不同的通信功能单元的规范。

通用的通信功能单元在5.3中定义。

基本传动功能单元

不同的控制环功能，如位置控制，速度控制和转矩控制，都是基本的传动功能。

基本传动功能单元在5.4中定义。

可选择应用功能单元

对于合理的PDS还可能存在包含附加的可选择的应用功能。典型的可选择的应用功能单元是附加的输入或输出管理，例如连接隔离的编码器装置、制动控制、限位开关等。这些功能在本部分中不再进一步说明。

其他接口功能单元

合理的PDS可能拥有本地接口或通过人机界面的网络或工具去支持其他的协议。这些功能在本部分中不再进一步说明。

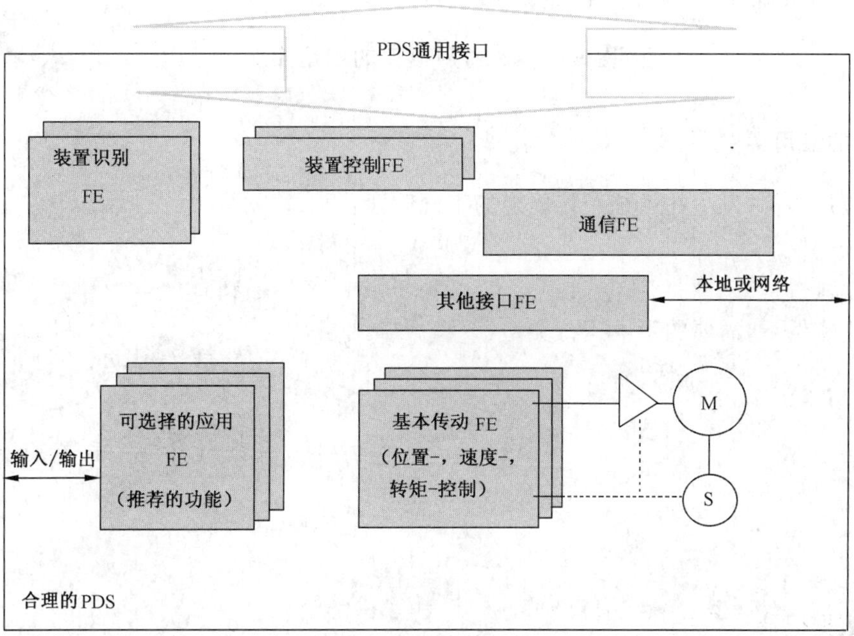

图8 合理的PDS功能单元

PDS中不同功能单元的参数所描述的特性应依据IEC/TR 62390:2005，附录B描述。

数据流和定时

指令和设定点是来自应用程序的输出端和合理PDS的输入端。状态信息和实际值是来自合理PDS的输出端和应用程序的输入端。

参数或参数列表的特性之一是都有存取时间(见IEC/TR 62390:2005，附录B)。这种存取时间，依据应用程序的需要和解决技术的能力。

4.4 PDS的应用实例

4.4.1 总则

PDS通用接口被两个不同的执行者使用：应用控制程序存取，工程工具存取。应用控制程序将PDS用于控制－运行，工程工具将PDS用于工程。本地的或其他的PDS的存取方法超出了本部分的范围。此种关系在图9中给出。

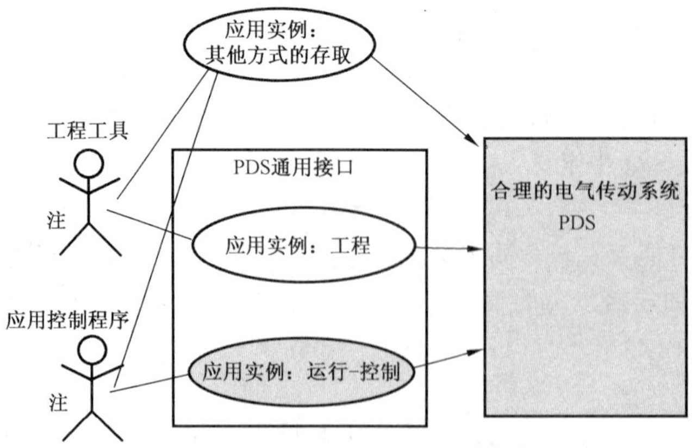

注：这种 UML 符号代表了一位“执行者”。它可能是操作者或装置。

图 9　PDS 通用接口的应用实例

4.4.2　工程上的应用实例

工程上的应用实例，发生在系统运行周期的不同阶段：

——运转；

——维护。

在此种应用实例下，需要的不同运行类型：

——识别；

——配置；

——调节；

——指令；

——给出设定值；

——监控；

——读取数据记录。

4.4.3　运行—控制应用实例

在运行—控制的应用实例中，使用用于输入/输出数据的 PDS 通用接口如下：

——应用控制程序发布给 PDS 指令(见 3.3.1.3)；

——应用控制程序给 PDS 设定设定值(见 3.3.1.5)；

——PDS 将其状态(见 3.3.1.6)用信号传送至应用控制程序；

——PDS 将信号实际值(见 3.3.1.1)送到应用控制程序。

指令、设定值、状态和实际值组成了 PDS 的输入/输出数据。

运行—控制应用实例可使用 PDS 通用接口用于装置参数的监控和修改(见 3.2.19)。

运行—控制应用实例能在不同的模式下应用。依靠在 PDS 中的 PDS 基本传动功能单元和可能的设定值，应用模式可是转矩控制、速度控制和位置控制或其他控制，例如恢复原位。

除了设定值，数据组的 PDS 中已经有一个或几个预先的设定值。在此种条件下，此设定值是一数组元素的一个指示。指示本身可是数组的一个索引或者是指令字中位的形式。

依据应用模式，不同的可能的接口、参数和状态机描述 PDS 的性能。所有应用模式的可能设定值和实际值都在图 10 中以框图的形式给出。

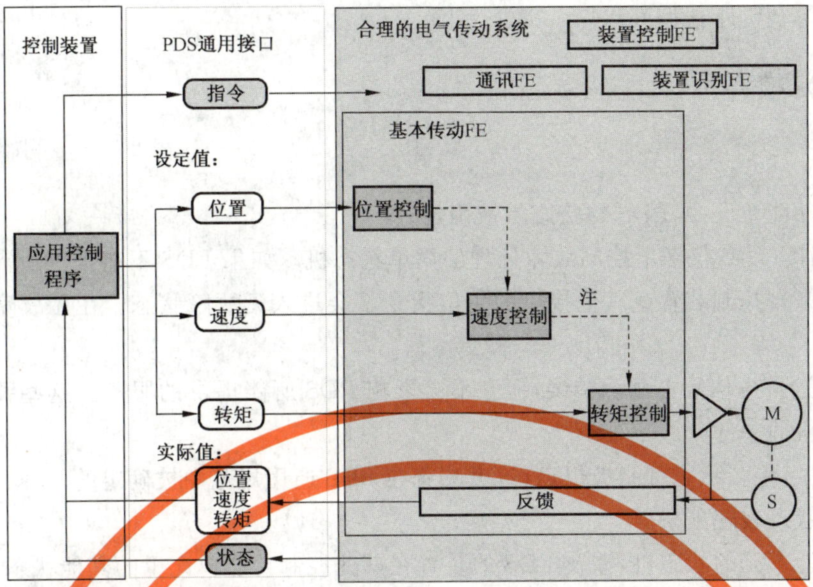

注：不同的功能单元之间的附加关系可存在于合理的电气传动系统里。

图 10 应用实例运行中的通用接口

5 功能单元

5.1 装置识别功能单元

5.1.1 总则

在装置识别功能单元中所确定的参数，是为了识别 PDS、硬件和软件的版本以及它们的制造商。在工厂或设备中，说明可给出关于 PDS 标识以及它的位置。

5.1.2 参数

可能的参数在表 2 中列出。

表 2 装置识别功能单元里的参数

名 称	含 义
规范 ID	规范识别
制造商 ID	制造商识别或装置的卖主识别
产品 ID	装置类形和模型识别
序号	即使装置有同样的硬件、软件或固件版本，序列号是装置制造商独一无二的产品号
硬件修正	参数的内容仅以硬件的版本表示其特性
软件修正	参数的内容以软件的版本或装置固件的版本表示其特性
标签	在工厂中的每个装置均须用独有的标签识别其功能。此标签由使用者设定，并存储在装置中
位置	对于工厂中的每个装置，须用独有的标签识别其位置
被确定的规范	附加特殊参数的规范
注：此表仅供参考，对于此表所有参数的执行不是必须的，除此之外，也可添加表外的参数。	

参数类型和参数大小依据网络。

5.2 装置的控制功能单元

5.2.1 总则

在装置控制功能单元中，PDS的状态机被确定。

在PDS通用接口中，仅确定控制故障处理的简单状态机。如果PDS不能提供所需服务，它就会停留在故障状态。来自控制装置或其他接口的复位指令就会进入无故障状态。在无故障状态，PDS能提供所需服务。

PDS也会通过警告信号去显示错误，但它不会影响PDS所能提供的服务。这些警告不要求应答，因此不作为状态机的一部分。

在一个规范中，很多状态可能被规定，这意味着在PDS通用规范中被确定的一种状态，可能在PDS中以几种不同的状态表现出来。

装置控制功能单元的状态机，涉及PDS的装置在其他控制功能单元里的其他状态机。

注：在合理的PDS系统的通用结构中，控制器装置也有状态机。这些状态机不在本部分的范围内。

5.2.2 输入/输出数据

依据表3中列出的状态值，PDS给出装置控制功能单元实际状态的信号。

表3 装置控制功能单元的状态值

名称	含义
故障	如果PDS在故障状态下，置位
警告	如果警告条件存在，置位

注1：警告条件可不用控制装置复位。

注2：关于故障或警告类型的附加信息可从参数中获得。

在装置控制功能单元中为了控制状态机，下面信息或指令被使用(见表4)。附加指令在规范中确定。

表4 装置控制功能单元的指令值

名称	含义
故障复位	如果故障条件已被排除，PDS要求改变为无故障状态

5.2.3 状态

装置控制功能单元可处在图11和图12中描述的状态。在电源初始化后，装置控制功能单元进入无故障状态。如果在传动装置中存在故障条件，故障状态就会发生变化。在转变到故障状态前，故障反应就会产生。

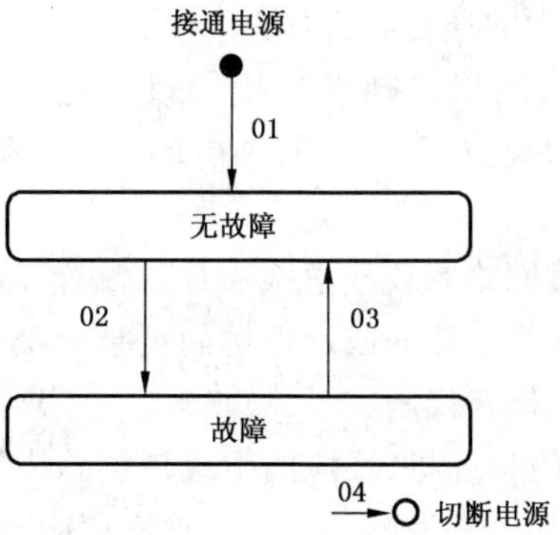

注：转变号与状态表中靠近箭头的号一致。

图 11　装置控制功能单元的状态图表

状态名称	状态描述		
无故障	PDS 能提供要求的服务		
故障	PDS 不能提供要求的服务，并需要复位		
转变号	初始状态	目标状态	事件/动作
01	电源接通	无故障	自动转变/PDS 的初始化
02	无故障	故障	传动装置中的故障条件/信号显示新的状态 此为依赖于 PDS 功能的内部装置产生的典型事件
03	故障	无故障	复位故障指令被发布/显示新的状态信号 此事件可由来自控制装置或取决于通信功能单元状态的本地接口的指令所产生
04	任何状态	切断电源	切断电源/关闭 PDS

图 12　装置控制功能单元的状态转变表

5.2.4　参数

除了输入/输出数据外，表 5 中参数是装置控制功能单元的一部分。

表 5　装置控制功能单元中的参数

名　称	含　义
故障	导致故障状态的故障识别
警告	导致报警状态的条件的识别
被确定的规范	附加规范的特殊参数
注：准确的编码和此信息的表示，有明确的规定。	

5.3　通信功能单元

5.3.1　总则

通信功能单元包含所有的状态机和网络参数或现场总线接口。如果规范支持不同网络或现场总线接口，则通信功能单元的用途会很多。

PDS 可在受限的通信状态或正常的通信状态中。

虽然在典型受限的通信状态中，网络或现场总线接口的链接或功能仅在只读模式下有效，但是 PDS 不会接受指令，也不会执行控制装置的设定值。在受限的通信状态中，PDS 只接受通过本地接口功能单元的指令。

在正常的通信状态中，PDS 通过网络或现场总线由控制装置控制。

有不同程度存取的可能性，意味着本地的或远程访问可被分类为输入/输出数据、参数的读取或参数的读/写。这在规范里用附加的子状态代表。

在通信功能单元里中可有额外的状态机、反应网络或现场总线的连接状态。此附加的状态机，仅在同步通信被控制应用所要求时才需要。在这种条件下，通信功能单元可是状态同步或不同步的一种。规范可为这个状态机确定附加子状态。

同步运行意味着控制装置和 PDS 使用同样的时基。这可用一个本地的计时器同步机制，通过网络或外部全程时间资源的分配实现。在控制装置和 PDS 中，这些机制允许应用周期的同步。

通信功能单元的状态机与 PDS 其他功能单元的状态机有关。

5.3.2 输入/输出数据

依据表 6 中所列的状态值，PDS 送出了通信功能单元实际状态的信号。

表 6 通信功能单元的状态值(见图 13)

名 称	含 义
正常的通信	如果 PDS 通过通信接口接受了指令和设定值，置位

在通信功能单元中为了控制状态机，下面的信息和指令被使用(见表 7)。此规范中附加的指令可被确定。

表 7 通信功能单元的指令值(见图 13)

名 称	含 义
停止通信	控制装置要求 PDS 进入受限的通信状态
运行通信	控制装置要求 PDS 进入正常的通信状态

一种可选择的通信功能有这样的可能性，去执行在同步模式下带有通信网络或现场总线的 PDS 控制环。如果此种可选择的通信功能被使用，则被推荐显示此状态下的信号(见表 8)和使用表 9 的指令。

表 8 可选择的通信功能单元的状态值(见图 15)

名 称	含 义
同步	PDS 本地的时间与网络和控制装置同步运行

表 9 可选择的通信功能单元的指令值(见图 15)

名 称	含 义
同步	同步要求开关打开
不同步	同步要求开关关闭

5.3.3 状态

通信功能单元可处在图 13 和图 14 所描述的状态。

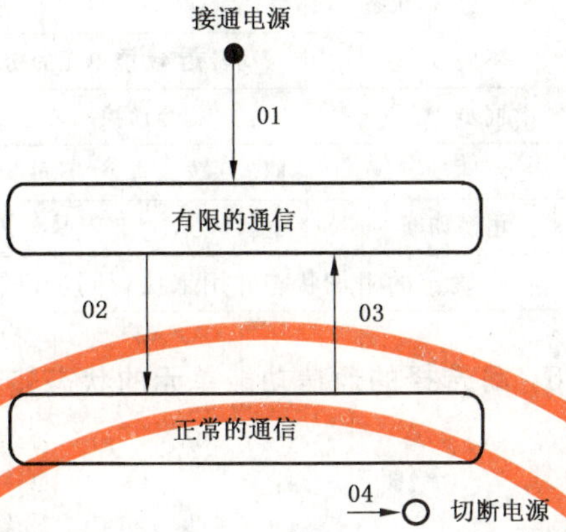

注：转变号与状态表中靠近箭头的号一致。

图 13 通信功能单元的状态图表

状态名称	状态描述		
正常的通信	经过通信接口的 PDS 通信		
受限的通信	经过通信接口的 PDS 不能通信		
转变号	初始状态	目标状态	事件/动作
01	电源接通	限制通信	自动转变/网络接口初始化
02	受限的通信	正常的通信	运行的通信指令由控制装置设定或由去启动通信的本地指令被激活/显示新的状态信号
03	正常的通信	受限的通信	停止通信指令由控制装置设定或由当地的指令被激活/显示新的状态信号
04	任何状态	电源切断	电源断开/关闭 PDS
注：运行通信或停止通信指令的可能冲突必须依据规范解决。			

图 14 通信功能单元的状态转变表

除此之外，通信功能单元可在图 15 和图 16 描述的状态。

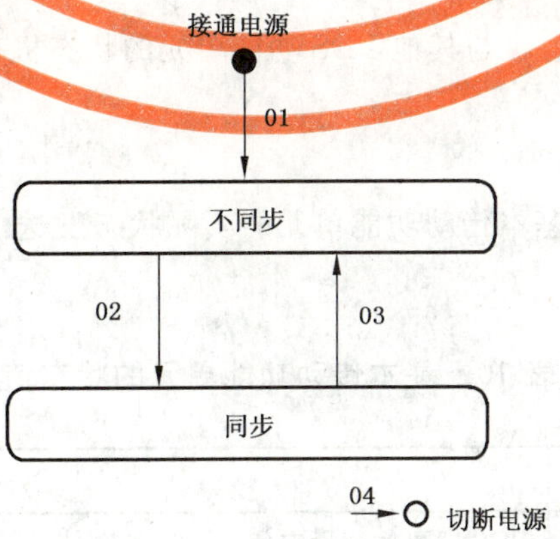

注：转变号与状态表中靠近箭头的号一致。

图 15 可选择通信功能单元的状态图表

<table>
<tr><th>状态名称</th><th colspan="3">状态规范</th></tr>
<tr><td>同步</td><td colspan="3">PDS 的本地时间与通信的网络和控制装置同步</td></tr>
<tr><td>不同步</td><td colspan="3">PDS 的本地时间与通信的网络和控制装置不同步</td></tr>
<tr><th>转变号</th><th>初始状态</th><th>目标状态</th><th>事件/动作</th></tr>
<tr><td>01</td><td>电源打开</td><td>不同步</td><td>自动转变/功能单元的初始化</td></tr>
<tr><td>02</td><td>不同步</td><td>同步</td><td>“同步”指令由控制装置发出，由 PDS 实现/信号状态</td></tr>
<tr><td>03</td><td>同步</td><td>不同步</td><td>同步丢失或指令“不同步”被请求/信号状态</td></tr>
<tr><td>04</td><td>所有</td><td>电源切断</td><td>电源切断/关闭 PDS</td></tr>
<tr><td colspan="4">注：在大多数实施情况中，存在确定的附加状态并用来执行同步机制。</td></tr>
</table>

图 16　可选择的通信功能单元的状态转变表

5.3.4　参数

在通信功能单元中，确定参数识别通信接口和网络类型。这些参数取决于规范。

5.4　基本传动功能单元

5.4.1　总则

在基本传动功能单元中，存在确定的状态机并提供基本传动功能的参数。

在通用接口中，确定了运行状态和非运行状态、本地控制和远程控制的简单状态机。依据应用模式，附加状态和状态机可由规范确定。

在运行状态中，PDS 对远程或本地接口输出的指令和设定值做出反应，并且给出状态值和所要求的实际值。

在不运行状态中，PDS 不对本地或远程接口输出的设定值做出反应。然而指令仍旧有效并由 PDS 处理。

在本地控制状态中，PDS 对本地接口输出的指令和设定值做出反应，并且给出状态值和所要求的实际值。

在远程控制状态中，PDS 对远程接口输出的指令和设定值做出反应，并且给出状态值和所要求的实际值。

这些基本传动功能单元的状态机与其他 PDS 功能单元的状态机有关。

5.4.2　输入/输出数据

依据表 10 的状态值，PDS 给基本传动功能单元的实际状态发送信号。附加指令可由规范确定，也可由应用模式确定。

表 10　基本传动功能单元的状态值

名　称	含　义
运行的	PDS 试图执行设定值

在远程或本地的控制模式下，一个可选择的基本传动功能可能执行 PDS 控制环。如果这种可选择的基本传动功能被使用，则推荐发送此种状态的信号(见表 11 和图 15)。

表 11　可选择的基本传动功能单元状态值

名　称	含　义
远程控制	如果 PDS 通过通信接口接受指令和设定值，置位

为了控制基本传动功能单元的状态机，表 12 中定义的指令应被定义。依据应用模式定义的附加状态，附加指令可由规范确定。

表 12　基本传动功能单元的指令值

名　称	含　义
运行	PDS 应该按照所给的设定值开始运转

依据应用模式，确定设定值和实际值控制 PDS。这些可能的值在第 6 章中被确定。

在基本传动功能单元中，一个信息或指令被使用(见表 13)控制可选择的状态机。附加指令可由规范确定。

表 13　可选择的基本传动功能单元指令值

名　称	含　义
本地	控制设备放弃对 PDS 的控制
远程	控制设备请求对 PDS 的控制

5.4.3　状态

PDS 基本传动功能会处于图 17 和图 18 所描述的状态。

不同的状态可被规范分解成子状态。

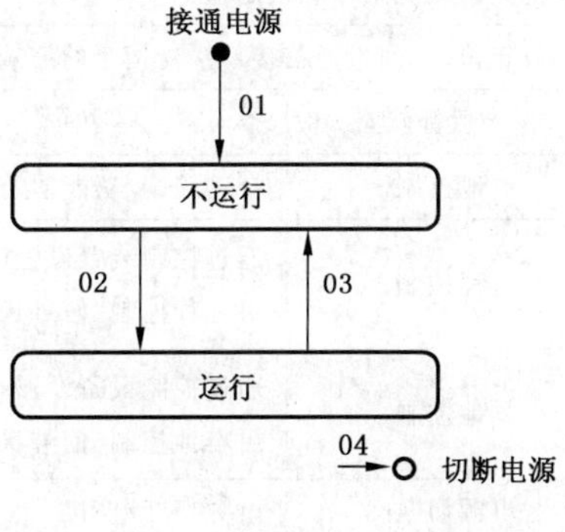

注：转变号与状态表中靠近箭头的号一致。

图 17　基本传动功能单元状态图表

<table>
<tr><th>状态名称</th><th colspan="3">状态描述</th></tr>
<tr><td>运行的</td><td colspan="3">PDS 响应被请求的设定值和指令</td></tr>
<tr><td>不运行的</td><td colspan="3">PDS 不处理设定值，但响应指令</td></tr>
<tr><th>转变号</th><th>初始状态</th><th>目标状态</th><th>事件/动作</th></tr>
<tr><td>01</td><td>电源接通</td><td>不运行</td><td>自动转变/基本传动功能单元初始化</td></tr>
<tr><td>02</td><td>不运行的</td><td>运行的</td><td>来自本地或远程接口的运行指令被引用/信号状态</td></tr>
<tr><td>03</td><td>运行的</td><td>不运行的</td><td>取消运行指令/信号状态</td></tr>
<tr><td>04</td><td>所有状态</td><td>电源切断</td><td>电源切断/停机</td></tr>
</table>

图 18　基本传动功能单元的状态转变表

此外，基本传动功能单元会处于图 19 和图 20 中描述的状态。

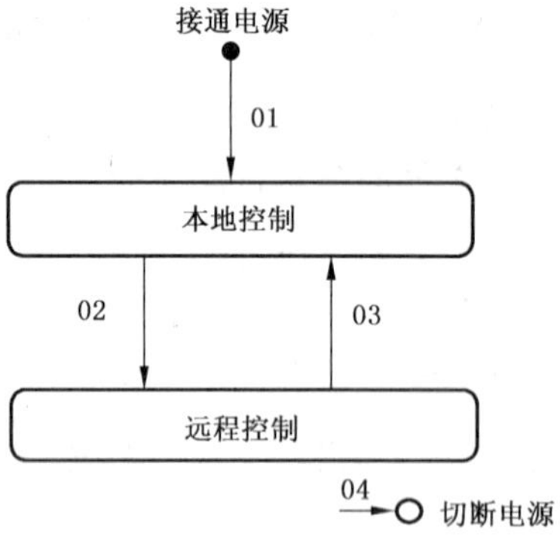

注：转变号与状态表中靠近箭头的号一致。

图 19　可选择的基本传动功能单元状态图表

<table>
<tr><th>状态名称</th><th colspan="3">状态描述</th></tr>
<tr><td>远程控制</td><td colspan="3">PDS 通过通信接口接受指令和设定值</td></tr>
<tr><td>本地控制</td><td colspan="3">PDS 不接受设定值，只通过通信接口接受指令的缩减设定</td></tr>
<tr><th>转变号</th><th>初始状态</th><th>目标状态</th><th>事件/动作</th></tr>
<tr><td>01</td><td>电源接通</td><td>本地控制</td><td>自动转变/功能初始化</td></tr>
<tr><td>02</td><td>本地控制</td><td>远程控制</td><td>通过控制装置设置远程指令或调用一个本地控制指令许可远程控制/信号状态</td></tr>
<tr><td>03</td><td>远程控制</td><td>本地控制</td><td>通过控制设备设置本地指令或调用一个本地控制指令许可本地控制/信号状态</td></tr>
<tr><td>04</td><td>所有状态</td><td>电源切断</td><td>电源切断/停机</td></tr>
<tr><td colspan="4">注：本地和远程指令间有可能发生的冲突应该通过规范解决。</td></tr>
</table>

图 20　可选择的基本传动功能单元的状态转变表

5.4.4　参数

在基本传动功能单元中，确定参数“模式指令”和“模式状态”：

——定义实际应用模式的使用；
——定义一组 I/O 数据；
——说明基于应用模式的功能单元性能。
规范和应用模式决定这些参数。

5.5 可选择的应用功能单元

在 PDS 中，可引入附加功能。比如为限位开关的附加 I/O 连接，或用来测量值，如：速度或位置的附加传感器。

这些可选择的应用功能单元在 PDS 通用接口中不再明确说明。

注：规范可用其他的规范说明这些应用功能单元。

6 应用模式

6.1 总则

依据 PDS 上的硬件和软件功能，合理的 PDS 能存在于不同的应用模式中。表 14 中列出了可能的控制环及扩展。

表 14 可能的通用应用模式

控制环	设定值		
	转矩控制（见 6.2）	速度控制（见 6.3）	位置控制（见 6.4）
预置	通常不使用	见图 23	见图 26
控制	见图 21	见图 24	见图 27
利用下一控制级的强制性反馈控制	见图 22	见图 25	更高控制级，例如多轴，不在本部分的范围中

对于这些通用的应用模式，表 15 中列出了参考变量可能的设定值。

表 15 通用应用模式的设定值

应用模式	设定值	PDS 中的功能	相关图示
转矩预置	转矩指标或仅打开/关闭	开环转矩控制	一般不使用
转矩控制	转矩	开环转矩控制。此外，给出一个经测量或估计得出的反馈值	图 21
带速度反馈的转矩控制	转矩	闭环转矩控制。此外，给出一个经测量或估计得出的反馈值	图 22
速度预置	速度指标或仅打开/关闭	通过转矩和速度的内部控制，以一个或多个固定速度传动	图 23
速度控制	速度	开环速度和转矩控制。此外，给出一个经测量或估计得出的反馈值	图 24
带位置反馈的速度控制	速度	闭环速度和转矩控制。此外，给出一个经测量或估计得出的反馈值	图 25

表 15（续）

应用模式	设定值	PDS 中的功能	相关图示
位置预置	位置指标或仅打开/关闭	通过带有(或不带有)传感器反馈的闭环控制，用(可选择的)确定的轨道传动至确定的位置	图 26
位置控制	位置	在带有(或不带有)传感器反馈的传动中，开环或闭环转矩、速度和位置控制	图 27

注 1：速度、线速度或频率通常被认为是相似功能性。事实上它们不一样，但是这些变量的不同含义之间存在一个不变的因素。

每个应用模式都有一个强制设定值和一个或一组实际值。也可能存在附加设定值和附加实际值。

注 2：在任何情况下，PDS 中功能单元基本传动功能的状态都是通过指令控制，并通过状态监控。

6.2 转矩控制

在转矩控制应用模式中，应用控制程序传递给 PDS 一个转矩设定值。PDS 通过反馈变量给出经计算或测量(估计)出的实际转矩值(见图 21)。

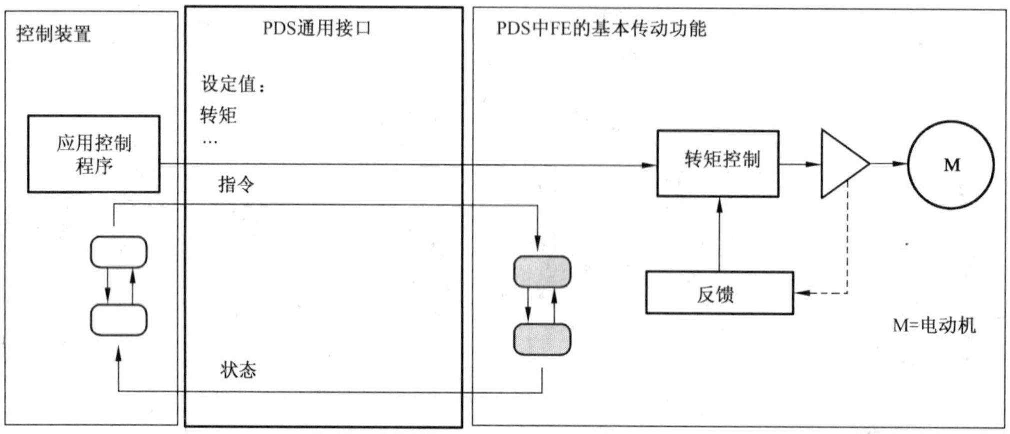

图 21 转矩控制应用模式

在带有速度反馈的转矩控制应用模式中(见图 22)，应用控制程序传递给 PDS 一个转矩设定值，作为输入数据。PDS 根据其硬件能力可估算或测量出实际速度。

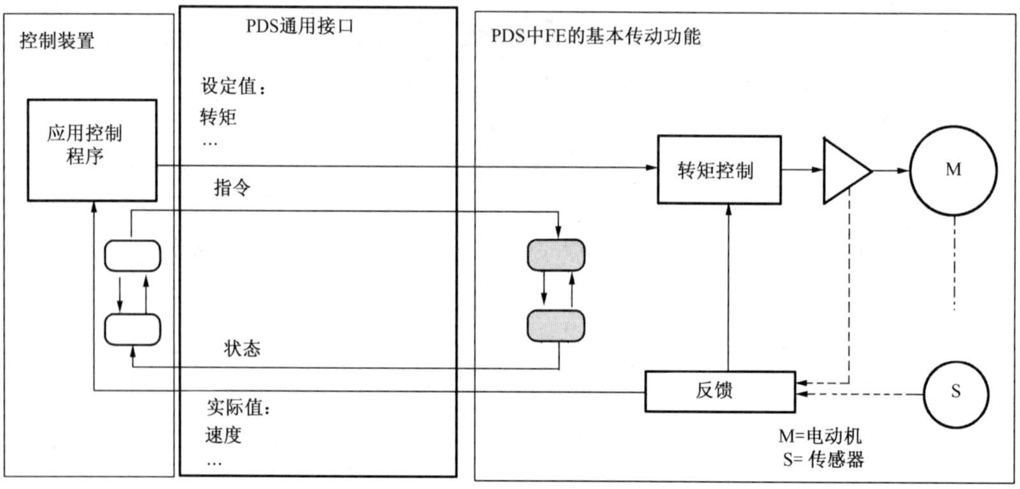

图 22 带速度反馈的转矩控制应用模式

6.3 速度控制

在速度预置应用模式下(见图 23),速度数据含有 PDS 可能的速度值。最简单的例子中,含有两个值:开/关。对于稍复杂的 PDS,有可能会在两个或更多不同的固定的速度中选择。

注 1:设定值数据只是一个用来调用可能的速度值表的索引,这些数值存储在 PDS 内部的速度数据记录中。

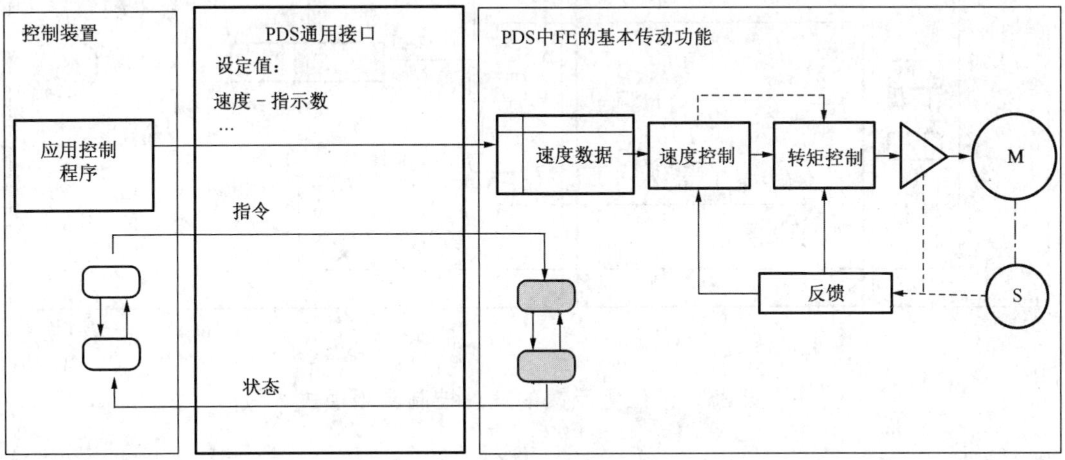

图 23 速度预置应用模式

速度控制应用模式(见图 24)可能是最有用的应用模式。应用控制程序给出速度设定值,如果转矩控制在使用,也可选择给出转矩设定值。PDS 可选择恢复实际速度值和实际转矩值。反馈值可被计算(估算)或测量。

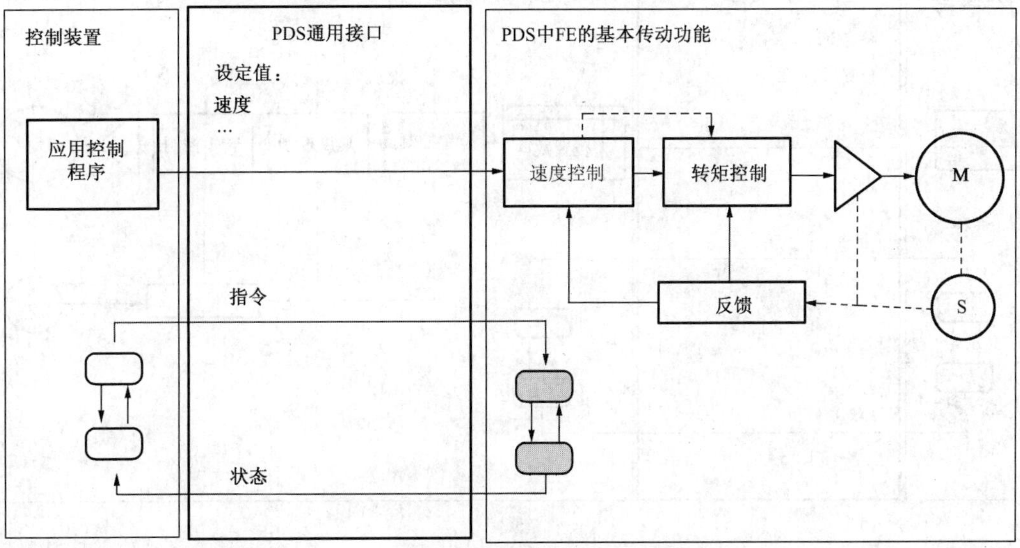

图 24 速度控制应用模式

如果存在测量,PDS 反馈真实的位置是有意义的。这样就允许在控制装置中存在一个简单位置控制的结构(见图 25)。

注 2:现在大多实际应用中,位置反馈是通过一个独立于 PDS 附加装置实现的。

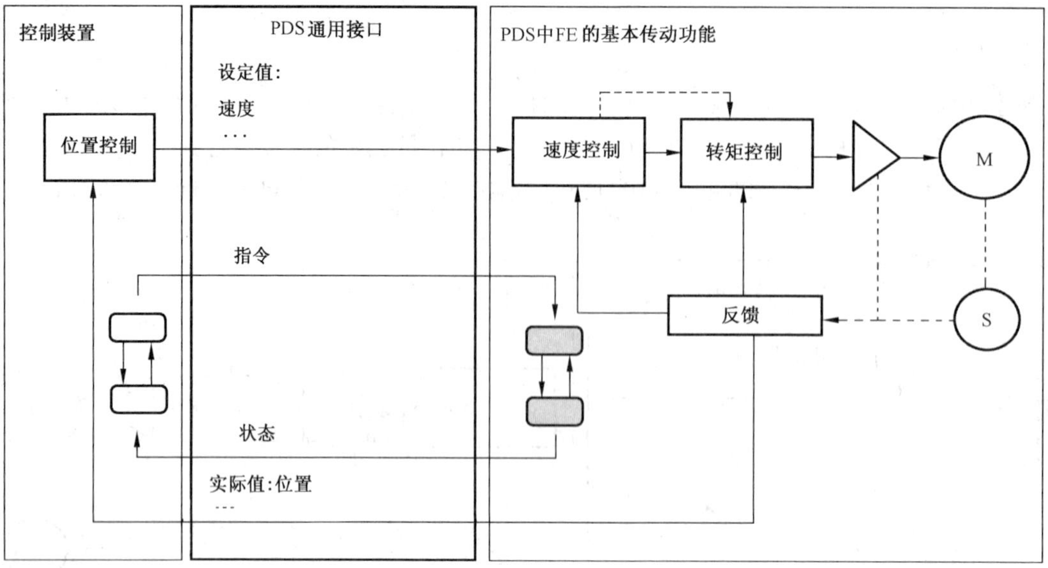

图 25　带位置反馈的速度控制应用模式

6.4　位置控制

在位置数据中，有一组可能的位置存储在 PDS 中(见图 26)。选项可确定，在这些位置之间要遵循的轨道。

注：设定值数据只是一个用来调用可能的位置值列表的索引，这些数值存储在 PDS 内部的位置数据记录中。

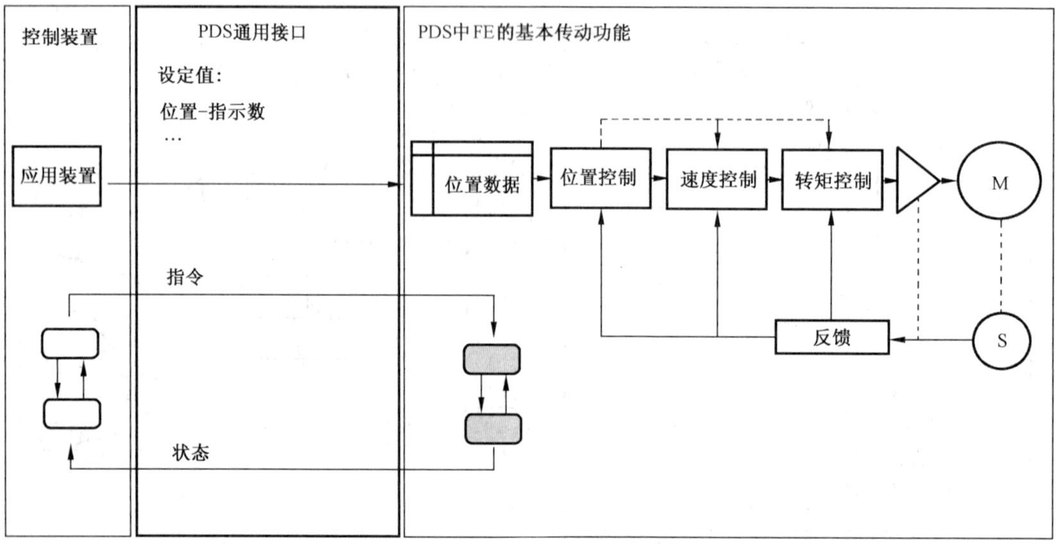

图 26　位置预置应用模式

几乎全部应用模式都是位置控制模式(见图 27)，应用控制程序向 PDS 发送设定位置值。如果需要前馈控制，有可能需要转矩和速度的附加设定值。PDS 可(用信号)指示利用状态信息设定值已经到达。此外，PDS 也可能给出实际位置、速度和/或转矩。

GB/T 12668.701—XXXX

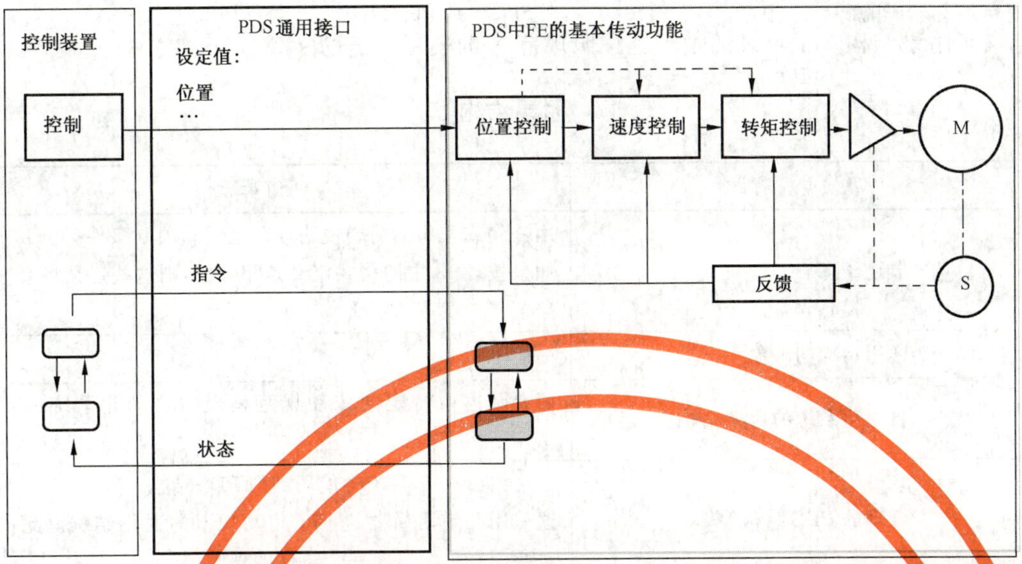

图 27 位置控制应用模式

7 规范特定的扩展

将要被映象的规范,将详细说明扩展通用接口功能的附加功能性。

8 附录结构

8.1 总则

这些附录规范在 PDS 通用接口上的应用映象。

针对第 3 章中的定义和缩略语,每个附录都有它自己的子章节。只有在映象中用到的定义才会被列出。

附录结构在 8.2 中是固定的。对于每一章、标题和所要求的映象都是确定的。

附录中大部分的映象表结构是按照表 16。

表 16 名称映象到规范

名　称	规范名称	细　节	参　考
通用名称[a]	规范名称[b]	识别[c]	见文件 xyz[d]

[a] PDS 通用接口中的术语名称。

[b] 规范中具有相应含义的术语名称。

[c] 规范中术语的详细识别。

[d] 标准的详细参考。

8.2 附录结构

表17定义了附录结构。子目录的模板是按照规范X的模板给出的。

表17 附录结构

章条号	标题	解释
X.1	概述	用一句或几句话简要说明规范范围和限制条件。 如果按表18中的格式定义是相关的,则这些定义将会被映象至传动规范的定义
X.2	通用结构的映象	—
X.2.1	自动化系统的典型结构	简要陈述由特定的传动规范呈现的自动化系统的典型结构
X.2.2	合理的PDS结构	这里给出在规范X中使用到的PDS结构。 这里用几句话简要说明了传动规范的通用结构。此描述对所用概念给出了一个总体的理解
X.2.3	PDS的应用实例	—
X.2.3.1	总则	用几句话阐述应用实例的映象
X.2.3.2	工程应用实例	在规范X中工程如何处理?用几句话简要说明
X.2.3.3	运行控制应用实例	在规范X中运行控制如何处理?用几句话简要说明
X.3	功能单元	—
X.3.1	装置识别功能单元	—
X.3.1.1	总则	解释传动规范中装置识别的映象
X.3.1.2	参数	利用表16的格式,对表2中所列参数映象
X.3.2	装置控制功能单元	—
X.3.2.1	总则	解释规范中装置控制的映象
X.3.2.2	I/O数据	利用表16的格式,对表3和表4中列出的状态值和指令值映象
X.3.2.3	状态	可增加特殊状态机的规范参考
X.3.2.4	参数	利用表16的格式,对表5中列出的参数映象
X.3.3	通信功能单元	—
X.3.3.1	总则	解释规范中通信功能单元的映象
X.3.3.2	I/O数据	利用表16的格式,对表6、表7、表8、表9中列出的状态值和指令值映象
X.3.3.3	状态	可增加特殊状态机的规范参考
X.3.3.4	参数	在规范指示中,何处通信功能单元的参数被确定
X.3.4	基本传动功能单元	—
X.3.4.1	总则	解释规范中的基本传动功能单元的映象
X.3.4.2	I/O数据	利用表16的格式,对表10、表11、表12和表13中列出状态值和指令值映象
X.3.4.3	状态	可增加特殊状态机的规范参考

表 17（续）

章条号	标题	解释
X.3.4.4	参数	在规范指示中，何处参数模式指令和模式状态及其他参数被确定
X.3.5	可选择的应用功能单元	对其他的或附加的功能参考和映象会在此处实现
X.4	应用模式	—
X.4.1	总则	按照表 19 的模板给出规范中可利用的应用模式列表
X.4.2	转矩控制	在 PDS 通用接口中被识别为 I/O 数据至传动规范术语的映象，在此处被描述。每一个被支持的转矩应用模式将会用表 20 的模板分别被记录并给出附加信息
X.4.3	速度控制	在 PDS 通用接口中被识别为 I/O 数据至传动规范术语的映象，在此处被描述。每一个被支持的速度应用模式将会用表 21 的模板分别被记录并给出附加信息
X.4.4	位置控制	在 PDS 通用接口中被识别为 I/O 数据至传动规范术语的映象，在此处被描述。每一个被支持的位置应用模式将会用表 22 的模板分别被记录并给出附加信息
X.5	规范特定的扩展	规范特定的扩展（比如，附加的应用模式）将会在此处列出

表 17 中提到的表的名称和布局将会在表 18～表 22 中被明确说明。

表 18　规范的特定术语

IEC 61800-7 术语	规范 X 术语	参考
I/O 数据	如：循环数据 如：PDO	相同
指令	如：控制字	相同
设定值		
状态	如：状态字	
实际值		

表 19　被支持的应用模式

IEC 61800-7 应用模式	规范 X 术语的同义词
表 15 列出的应用模式	规范 X 中的对应术语

表 20　规范转矩模式的 I/O

IEC 61800-7 I/O 数据	规范 X 术语的同义词
指令	规范 X 中的对应术语
状态	规范 X 中的对应术语
转矩设定值	规范 X 中的对应术语
转矩实际值	规范 X 中的对应术语

表 21 规范速度模式的 I/O 数据

IEC 61800-7 I/O 数据	规范 X 术语的同义词
指令	规范 X 中的对应术语
状态	规范 X 中的对应术语
速度设定值	规范 X 中的对应术语
速度实际值	规范 X 中的对应术语

表 22 规范位置模式的 I/O 数据

IEC 61800-7 I/O 数据	规范 X 术语的同义词
指令	规范 X 中的对应术语
状态	规范 X 中的对应术语
位置设定值	规范 X 中的对应术语
位置实际值	规范 X 中的对应术语

附 录 A
（规范性附录）
映象至规范 CiA 402 传动和运动控制

A.1 概述

本附录详细说明了 CiA 402 传动和运动控制规范，如何映象至通用电气传动系统(PDS)接口。

表 A.1 中详细说明 CiA 传动规范是如何在本部分的术语中体现的。

表 A.1 规范的特定术语

IEC 61800-7 术语	CiA 402 术语	参 考
I/O 数据	过程数据	见 IEC 61800-7-201
指令	控制字	见 IEC 61800-7-201
设定值	目标值	见 IEC 61800-7-201
状态	状态字	见 IEC 61800-7-201
实际值	实际值	见 IEC 61800-7-201
注：这些通信对象依据网络技术。		

A.2 通用结构的映象

A.2.1 自动化系统的典型结构

在第 4 章中给出的自动化系统的典型结构和合理的 PDS 结构适用于本附录。以 PDS 通用接口为特点的控制装置通过通信网络控制传动装置。

网络技术可提供不同的通信服务器，以达到分别控制和监控其配置和诊断的目的。传动装置和控制装置可在发现一些装置内部失效的情况下产生特定的紧急信息。

所有过程数据、通信和应用对象均列表在传动装置的对象字典中。对象字典的入口可通过特定的通信服务存取。入口用 16 位索引和 8 位子索引独特寻址。

A.2.2 合理的 PDS 结构

传动装置应该支持一个或者多个运行模式。图 A.1 所示为 CiA 402 合理的电气传动系统的模型。

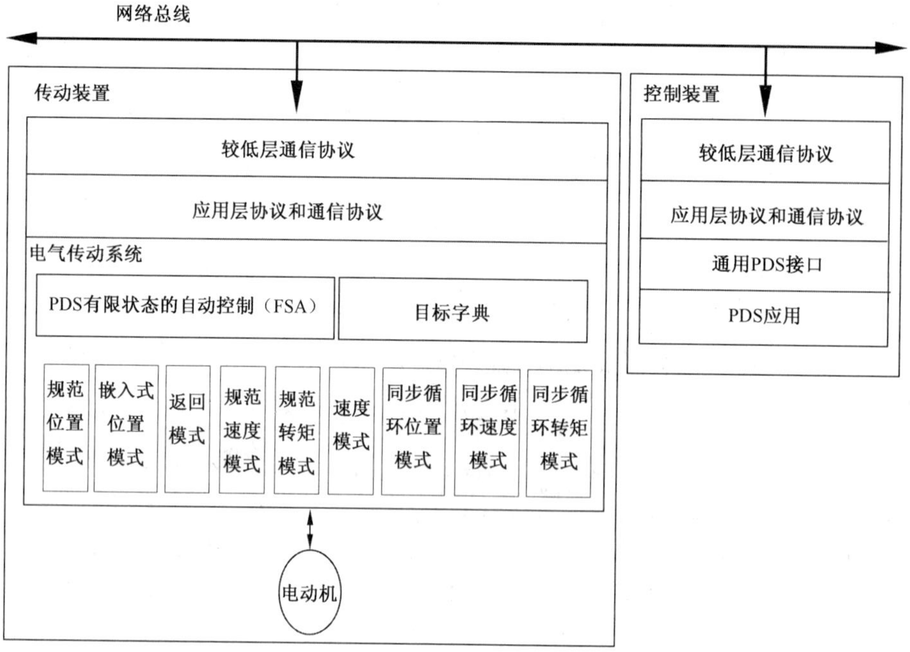

图 A.1 CiA 402 合理的电气传动系统模型

A.2.3 PDS 应用实例

A.2.3.1 总则

CiA 402 传动装置,可由控制装置通过专用的通信服务对其配置和运行。过程数据和配置对象的执行是由其所支持的运行模式决定的。

A.2.3.2 工程应用实例

配置由控制装置或专用的工具装置执行。工具装置可放入控制装置中。控制装置和工具装置使用相同的通信服务去构成传动装置。

A.2.3.3 运行控制应用实例

控制装置通过控制字和目标值,使用 PDS 通用运行传动装置。目标值的类型取决于当时所选择的运行模式。控制装置通过状态字和实际值监控传动装置。实际值的类型取决于当时所选择的运行模式。

A.3 功能单元

A.3.1 装置识别功能单元

A.3.1.1 总则

除了本部分定义的参数外,CiA 402 规范中还为传动装置和电动机定义了一些识别参数。这些识别参数可通过通信服务加以利用。

A.3.1.2 参数

本传动规范应用的识别参数在表 A.2 给出。

表 A.2 传动装置识别参数

名　称	规范名称	详　情	参　考
制造商 ID	售货商 ID	对象 1018 01_h	见 EN 50325-4
序列 ID	产品代码	对象 1018 02_h	见 EN 50325-4
序号	序号	对象 1018 04_h	见 EN 50325-4
硬件修正	制造商硬件版本	对象 1009 00_h(注)	见 EN 50325-4
软件修正	制造商软件版本	对象 100A 00_h(注)	见 EN 50325-4
—	电动机型号	对象 6402 00_h	见 IEC 61800-7-201
—	电动机目录号	对象 6403 00_h	见 IEC 61800-7-201
—	电动机制造商	对象 6404 00_h	见 IEC 61800-7-201
—	http 电动机目录地址	对象 6405 00_h	见 IEC 61800-7-201
—	电动机校准日期	对象 6406 00_h	见 IEC 61800-7-201
—	电动机服务周期	对象 6407 00_h	见 IEC 61800-7-201
—	支持的传动模式	对象 6502 00_h	见 IEC 61800-7-201
—	传动目录号	对象 6503 00_h	见 IEC 61800-7-201
—	http 传动目录地址	对象 6505 00_h	见 IEC 61800-7-201
注：这些对象条目依据网络技术；给出的索引和子索引是 CANopen 所特定的。			

A.3.2 装置控制功能单元

A.3.2.1 总则

传动装置的装置控制功能单元将在故障状态时通过状态字提供信息。故障将由控制字复位。

A.3.2.2 I/O 数据

将状态字位 4 设置为 1 给出装置控制功能单元处于故障状态的信号。将位 7 由 0 置为 1 给出故障复位指令。表 A.3 给出了状态值，表 A.4 给出了指令值。

表 A.3 装置控制功能单元的状态值

名称	规范名称	详　情	参　考
故障	故障和故障反应动作	对象 6041_h	见 IEC 61800-7-201
无故障	没有准备好合闸、禁止合闸、准备好合闸、合闸、启动运行、快速停车有效	对象 6041_h	见 IEC 61800-7-201

表 A.4 装置控制功能单元的指令值

名　称	规范名称	详　情	参　考
故障复位	将故障复位位 0 到 1	对象 6040_h	见 IEC 61800-7-201

A.3.2.3 状态

故障反应有效和故障状态，相当于装置控制功能单元处于故障状态。如果状态字没有显示故障，那么就相当于装置控制功能单元处于无故障状态。

A.3.2.4 参数

发生失效时将如表 A.5 所示,复位指令也见表 A.5。

表 A.5 装置控制功能单元的参数

名 称	规范名称	详 情	参 考
故障	故障位	对象 6041_h	见 IEC 61800-7-301
警告	故障反应码	对象 $605E_h$	见 IEC 61800-7-301

A.3.3 通信功能单元

A.3.3.1 总则

传动装置的通信功能单元,包括由网络管理主站装置所控制的网络管理从站 FSA。网络管理依据网络技术。

A.3.3.2 I/O 数据

网络管理主站通过 NMT 信息控制 PDS 通信 FSA。传动装置通过网络技术特定的机构提供其通信状态(例如:CANopen 定义的节点/有效期保护功能和核心功能)。表 A.6 给出了状态值,表 A.7 给出了指令值。

表 A.6 通信功能单元的状态值

名 称	规范名称	详 情	参 考
通信进行中	运行	5_d(注)	见 EN 50325-4
通信结束	预运行或停车	127_d 或 4_d(注)	见 EN 50325-4
注:这些值依据网络技术;给出例子是 CANopen 所特定的。			

表 A.7 通信功能单元的指令值

名 称	规范名称	详 情	参 考
通信停止	进入预运行或停止远程节点	CS=128_d 或 2_d(注)	见 EN 50325-4
通信运行	启动远程节点	CS=1_d(注)	见 EN 50325-4
注:这些指令说明符依据网络技术,给出例子是 CANopen 所特定的。			

如果传动装置和控制装置要同步交换程序数据,则应用网络技术负责完成同步传输。

A.3.3.3 状态

通信停止的状态相当于 NMT 预运行或 NMT 停止的状态,通信运行状态相当于 NMT 可运行状态。

同步依据网络技术。在 CANopen 中,每一个过程数据对象(PDO)都可被单独地配置为同步被传输或同步被接收。如果失去同步连接,传动装置会发送紧急事件信息。另一种可能性是使用全程时限。

A.3.3.4 参数

这些参数是网络技术所特定的。

A.3.4 基本传动功能单元

A.3.4.1 总则

这个规范定义一个从控制装置接收的控制字控制的PDS FSA。FSA提供的子状态在IEC 61800-7-201中有详细定义。传动装置提供控制装置所用的状态字。

A.3.4.2 I/O数据

表A.8给出了状态值，表A.9给出了指令值。

表A.8 基本传动功能单元的状态值

名 称	规范名称	详 情	参 考
运行中	运行激活	对象6041 00_h中的位0到位6位	见IEC 61800-7-201

表A.9 基本传动功能单元的指令值

名 称	规范名称	详 情	参 考
运行	启动(复位)指令	对象6040 00_h中的位0到位3和位7	见IEC 61800-7-201

A.3.4.3 状态

在IEC 61800-7-201中详细说明的PDS FSA,明确说明了传动装置可能的控制顺序。每一个单独状态代表一个特定的运转状态。此状态也决定接收哪些指令，例如：只有当装置处于运行激活状态时，才可能启动点到点的传送。可通过使用控制字和/或根据内部的事件改变这些状态。

A.3.4.4 参数

传动装置的性能可通过网络用参数配置。CiA 402规范定义的参数用选择各种运行模式。表A.10给出了IEC 61800-7-201中定义的一些参数。

表A.10 基本传动功能单元参数

名 称	规范名称	细 节	参 考
指令模式	操作模式	对象6060 00_h	见IEC 61800-7-201
状态模式	操作显示模式	对象6061 00_h	见IEC 61800-7-201
—	中止连接选项码	对象6007 00_h	见IEC 61800-7-201
—	快速停止选项码	对象605A 00_h	见IEC 61800-7-201
—	关闭选项码	对象605B 00_h	见IEC 61800-7-201
—	不能运行该模式码	对象605C 00_h	见IEC 61800-7-201
—	暂停选项码	对象605D 00_h	见IEC 61800-7-201
—	故障反应选项码	对象605E 00_h	见IEC 61800-7-201

A.3.5 可选择的应用功能单元

A.3.5.1 总则

规范 CiA 402 有选择的定义了位置反馈接口。位置反馈信息可通过网络接口访问。

传动装置通过网络提供可分别可读、可写的数字输入和输出。

A.3.5.2 I/O 数据

传输位置反馈信息所应用的通信服务与数字输入和输出，同样依据网络技术。

A.3.5.3 参数

可选择的应用功能单元参数在表 A.11 中给出。

表 A.11 可选择的应用功能单元参数

规范名称	详　情	参　考
位置实际内部值	对象 6063 00_h	见 IEC 1800-7-201
速度传感器实际值	对象 6069 00_h	见 IEC 1800-7-201
传感器选择代码	对象 606A 00_h	见 IEC 1800-7-201
位置编码器分辨率	对象 608F 00_h	见 IEC 1800-7-201
速度编码器分辨率	对象 6090 00_h	见 IEC 1800-7-201
数字输入	对象 60FD 00_h	见 IEC 1800-7-201
数字输出	对象 60FE 00_h	见 IEC 1800-7-201

A.4 应用模式

A.4.1 总则

在 IEC 61800-7-201 中定义的适用于 CiA 402 规范的传动装置，可起到伺服控制器、变频器或步进电动机的功能。应支持一个，并可支持几个全部定义的运行模式。除了预定义的运行模式外，用户可配置其他的应用性能。

表 A.12 列出了被支持的应用模式。

表 A.12 被支持的应用模式

IEC 61800-7 应用模式	CiA 402 规范术语的同义词
带有可选反馈的转矩控制	规范转矩模式，同步循环转矩模式
速度预置	速度模式
带有可选反馈的速度控制	规范速度模式，同步循环速度模式
位置预置	规范位置模式
带有可选反馈的位置控制	嵌入位置模式，同步循环位置模式

用于过程数据传输的网络通信信息依据网络技术。这些信息可根据伺服控制器、变频器和步进电动机而不同。

A.4.2 转矩控制

表 A.13 中给出了在 CiA 402 规范转矩模式中传动装置应用的过程数据，表 A.14 给出了配置参数。

表 A.13 规范转矩模式的 I/O 数据

IEC 61800-7 中的 I/O 数据	相当于 CiA 402 规范术语
指令	控制字(6040 00_h)
状态	状态字(6041 00_h)
转矩设定值	目标转矩(6071 00_h)
实际转矩	转矩实际值(6077 00_h)

表 A.14 规范转矩模式的参数

索引和子索引	CiA 402 配置对象
6072 00_h	最大转矩
6073 00_h	最大电流
6074 00_h	转矩要求值
6075 00_h	电动机额定电流
6076 00_h	电动机额定转矩
6078 00_h	电流实际值
6079 00_h	直流链电路电压
6087 00_h	转矩斜率
6088 00_h	转矩规范类型
60F8 00_h	转矩控制参数

在 CiA 402 同步循环转矩模式下的传动装置，可应用表 A.15 给出的过程数据和表 A.16 给出的配置参数。

表 A.15 同步循环转矩模式的 I/O 数据

IEC 61800-7 中的 I/O 数据	相当于 CiA 402 过程数据
指令	控制字(6040 00_h)
状态	状态字(6041 00_h)
转矩设定值	目标转矩(6071 00_h)
实际转矩	转矩实际值(6077 00_h)

表 A.16 同步循环转矩模式的参数

索引和子索引	CiA 402 配置对象
6072 00_h	最大转矩
6076 00_h	电动机额定转矩
6080 00_h	电动机最大速度
60B2 00_h	转矩偏移
60C2 XX_h	插值法时间周期

A.4.3 速度控制

在 CiA 402 速度模式下的传动装置，可应用表 A.17 给出的程序数据和表 A.18 给出的配置参数。

表 A.17 速度模式的 I/O 数据

IEC 61800-7 中的 I/O 数据	相当于 CiA 402 规范术语
指令	控制字(6040 00_h)
状态	状态字(6041 00_h)
速度设定值	目标速度(*vl*)(6042 00_h)
实际速度	*vl* 速度实际值(6044 00_h)

表 A.18 速度模式的参数

索引和子索引	CiA 402 配置对象
6043 00_h	*vl* 速度要求
6048 XX_h	*vl* 速度加速
6049 XX_h	*vl* 速度减速
604A XX_h	*vl* 速度快速停止
604B XX_h	*vl* 设定值系数
604C XX_h	*vl* 尺寸系数
6050 00_h	*vl* 减速时间
6051 00_h	*vl* 快速停止时间

在 CiA 402 规范速度模式下的传动装置，可应用表 A.19 给出的过程数据和表 A.20 给出的配置参数。

表 A.19 规范速度模式的 I/O 数据

IEC 61800-7 中的 I/O 数据	相当于 CiA 402 过程数据
指令	控制字(6040 00_h)
状态	状态字(6041 00_h)
速度设定值	目标速度(pv)(60FF 00_h)
实际速度	速度实际值(606C 00_h)

表 A.20 规范速度模式的参数

索引和子索引	CiA 402 配置对象
6069 00_h	速度传感器实际值
606A 00_h	传感器选择模式
606B 00_h	速度指令值
606D 00_h	速度窗口
606E 00_h	速度窗口时间
606F 00_h	速度阈值时间
60F8 00_h	最大滑行距离
6071 00_h	目标转矩
6072 00_h	最大转矩
607E 00_h	极性
607F 00_h	电动机最大线速度
6080 00_h	电动机最大速度
6083 00_h	规范加速度
6084 00_h	规范减速度
6085 00_h	快速停止减速
6086 00_h	运动规范类型

在 CiA 402 同步循环速度模式下的传动装置，可应用表 A.21 给出的过程数据和表 A.22 给出的配置参数。

表 A.21 同步循环速度模式的 I/O 数据

IEC 61800-7 中的 I/O 数据	相当于 CiA 402 过程数据
指令	控制字(6040 00_h)
状态	状态字(6041 00_h)
速度设定值	目标速度(pv)(60FF 00_h)
实际速度	速度实际值(606C 00_h)

表 A.22 同步循环速度模式的参数

索引和子索引	CiA 402 配置对象
605A 00_h	快速停止选项代码
6069 00_h	速度传感器实际值
6062 00_h	位置指令值
6063 00_h	位置内部实际值
6072 00_h	最大转矩
6076 00_h	电动机额定转矩

表 A.22（续）

索引和子索引	CiA 402 配置对象
6077 00_h	转矩实际值
607E 00_h	极性
6080 00_h	电动机最大速度
6085 00_h	快速停止减速
6086 00_h	运动规范类型
60B1 00_h	速度偏移
60B2 00_h	转矩偏移
60C2 XX_h	插值法时间周期

A.4.4 位置控制

在 CiA 402 规范位置模式下的传动装置，可应用表 A.23 给出的过程数据和表 A.24 给出的配置参数。

表 A.23 规范位置模式的 I/O 数据

IEC 61800-7 中的 I/O 数据	相当于 CiA 402 规范术语
指令	控制字(6040 00_h)
状态	状态字(6041 00_h)
位置设定值	目标位置(607A 00_h)
实际位置	实际位置值(6064 00_h)

表 A.24 规范位置模式的参数

索引和子索引	CiA 402 配置对象
607B XX_h	位置范围限制
607D XX_h	软件位置限制
607E 00_h	极性
607F 00_h	规范最大线速度
6080 00_h	电动机最大速度
6081 00_h	规范速度
6082 00_h	最终速度
6083 00_h	规范加速度
6084 00_h	规范减速度
6085 00_h	快速停止减速
6086 00_h	运动规范类型
60C5 00_h	最大加速度
60C6 00_h	最大减速度

在 CiA 402 内插的位置模式下的传动装置，可应用表 A.25 给出的过程数据和表 A.26 给出的配置参数。

表 A.25　内插的位置模式的 I/O 数据

IEC 61800-7 中的 I/O 数据	相当于 CiA 402 过程数据
指令	控制字(6040 00_h)
状态	状态字(6041 00_h)
位置设定值	位置指令值(6062 00_h)
实际位置	位置内部实际值(6063 00_h)

表 A.26　内插位置模式的参数

索引和子索引	CiA 402 配置对象
606A 00_h	传感器选择代码
607F 00_h	最大规范速度
608F XX_h	位置编码器分辨率
6090 XX_h	速度编码器分辨率
6091 XX_h	齿轮速比
6092 XX_h	反馈常数
60C0 00_h	插值法子模式选择
60C1 XX_h	插值法数据记录
60C2 XX_h	插值法时间周期
60C3 XX_h	插值法同步定义
60C4 XX_h	插值法数据配置
60C5 00_h	最大加速度
60C6 00_h	最大减速度

在 CiA 402 同步循环位置模式下的传动装置，可应用表 A.27 给出的过程数据和表 A.28 给出的配置参数。

表 A.27　同步循环位置模式的 I/O 数据

IEC 61800-7 中的 I/O 数据	相当于 CiA 402 过程数据
指令	控制字(6040 00_h)
状态	状态字(6041 00_h)
位置设定值	目标位置(607A 00_h)
实际位置	位置实际值(6064 00_h)

表 A.28 同步循环位置模式的参数

索引和子索引	CiA 402 配置对象
605A 00_h	快速停止选项代码
6063 00_h	位置内部实际值
6065 00_h	跟踪错误窗口
6066 00_h	跟踪错误超时
6069 00_h	速度传感器实际值
606C 00_h	速度实际值
6072 00_h	最大转矩
6076 00_h	电动机额定转矩
6077 00_h	转矩实际值
607B XX_h	位置范围限制
607D XX_h	软件位置限制
607E 00_h	极性
6080 00_h	最大电动机速度
6085 00_h	快速停止减速
6086 00_h	运动规范类型
60B0 00_h	位置偏移
60B1 00_h	速度偏移
60B2 00_h	转矩偏移
60C2 XX_h	插值法时间周期
60F4 00_h	跟踪错误实际值
60FA 00_h	控制效果

附 录 B
（规范性附录）
映象至规范 CIP Motion™

B.1 概述

本附录规范 CIP Motion 传动规范属性映象至通用电气传动系统(PDS)接口。

CIP Motion 传动规范的定义和术语被映象至 IEC 61800-7 术语，如表 B.1 所示。

表 B.1 规范的特定术语

IEC 61800-7 术语	CIP Motion 术语	参 考
I/O 数据	循环数据[a]	见 IEC 618007-202
指令	轴控制	见 IEC 618007-202
设定值	指令数据	见 IEC 618007-202
状态	轴状态(+轴状况)	见 IEC 618007-202
实际值	实际数据	见 IEC 618007-202

[a] 同步或不同步。

B.2 通用结构的映象

B.2.1 自动化系统的典型结构

CIP Motion 装置规范是 CIP 服务器和协议的扩展，它为工业自动化中的多种运动控制装置提供了一个通用应用层的接口。

通过在控制器和传动之间的一个独立的双向循环的 CIP Motion I/O 连接，控制 CIP Motion 遵从传动的性能。连接数据的结构在规模和内容方面是可调的，它仅由数据包报头中的信息决定。CIP Motion I/O 连接数据结构包括高级优先权循环数据通道，中级优先权事件数据通道和低级优先权服务通道(见图 B.1)。传动诊断、调试操作和参数配置都是由服务通道处理，注册和导引事件由事件通道处理；实时监控数据，诸如：指令数据和实际数据，通过循环数据通道在传动和控制器之间交换。

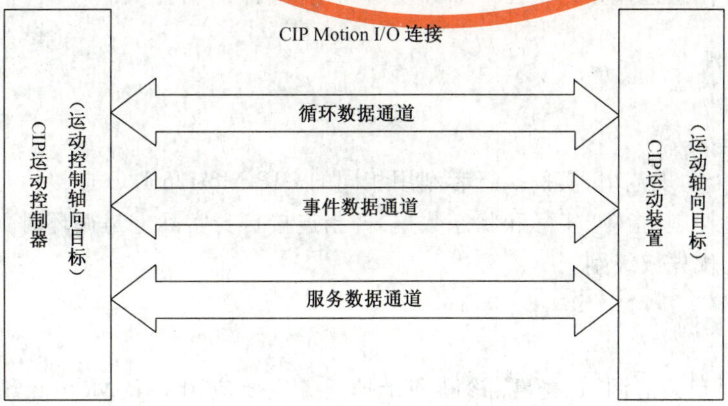

图 B.1 合理的 PDS 对象结构

B.2.2 合理的 PDS 结构

图 B.2 中表示了在 CIP Motion 传动规范中使用合理的 PDS 对象结构。

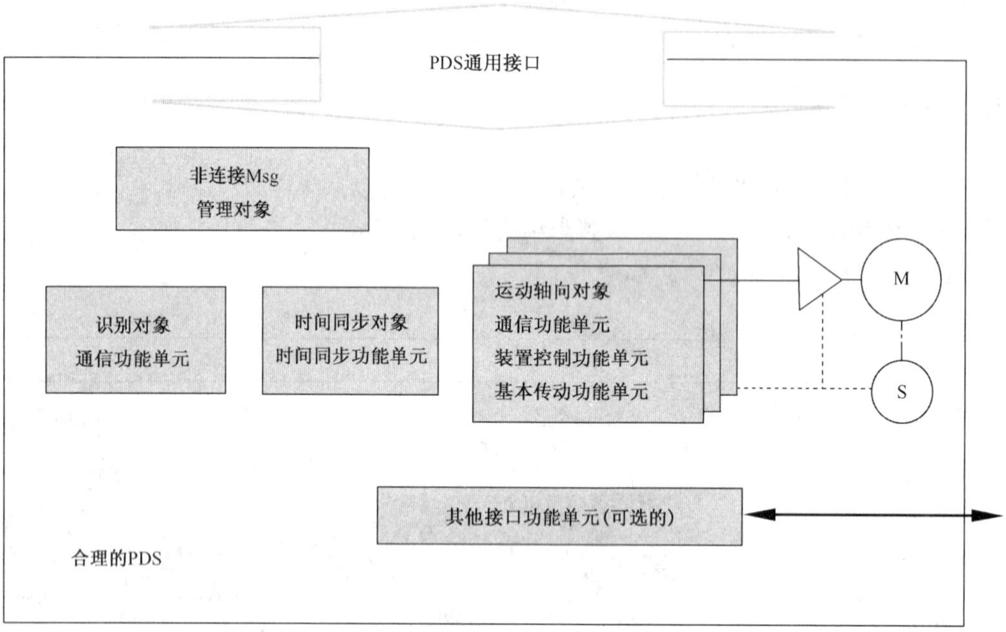

图 B.2 合理的 PDS 对象结构

未连接信息管理器负责搜寻到所有未连 CIP 服务的对 PDS 中目标对象的请求。这些通用的 CIP 服务包括但不限于获得属性、复位和正向开放服务。

标识对象包括所有实际传动相关信息，包括装置 ID、产品 ID 和固件版本。

时间同步对象(见 IEC 61158-5-2 和 IEC 61158-6-2)包括使装置本地时钟与分布系统时钟精确同步装置的时间同步功能。执行机构的通信规范支持不同水平的时间同步精度。其中包括在装置内无时间同步功能的情况。

运动轴对象包括通信功能单元、装置控制功能单元和基本传动功能单元的性能。唯一的运动轴对象实例是为了与给出的传动网络节点有关的每个实际轴而产生的，每个传动节点只产生一个 CIP Motion I/O 连接点。也就是说，在多轴传动中，CIP Motion I/O 连接包括一些关于每个轴的数据。

其他接口功能单元可以是任何附加的无 CIP 接口协议传动，典型的包括支持传动特定的工程工具。这样的接口是可任意选择并且不在本部分规定的范围内。

B.2.3 PDS 应用实例

B.2.3.1 总则

在 CIP Motion 传动规范中，实例执行者利用相同的 CIP Motion I/O 连接执行工程任务(配置和诊断)和操作控制(实时控制、指令、实际和状态数据)。当连接自身实际上是循环时，连接数据结构中的两个数据通道有不同的优先权级别。

B.2.3.2 工程应用实例

与工程应用实例有关的调试、配置、诊断和维护任务主要应用 CIP Motion I/O 连接的服务通道。在这个较低优先权级别的数据通道中，服务请求与回应在控制器和目标传动之间交换。较低优先权级别意味着传动不一定要在一个循环更新周期里处理完服务请求。

运动轴对象支持多种CIP服务，这些服务允许工程应用实例执行者读写对象参数并启动调试运行。CIP Motion传动规范详细定义了这些CIP服务，同时提供了在运动轴对象中所有参数(属性)的定义。

B.2.3.3 运行控制应用实例

CIP Motion I/O连接的高优先权级别循环通道，处理与运行控制应用实例相关的实时监控数据交换。较高的优先权级别意味着传动装置和控制装置，要在一个循环更新周期内处理完循环通道数据。如果没有完成将最终导致一个连接故障。

传动轴的状态通过轴控制数据单元中的二进制位控制，通过轴状态数据单元(循环数据通道的的标准单元)中的二进制位监控。在相关的循环数据通道中，能包括一个或更多的指令值和实际值去控制和监控轴运动。已被传递的指令数据装置和实际数据装置参数，作为循环数据连接报头的一部分，去决定特定的已被传递的指令和实际值。这样就可在运行中改变实时数据的内容，同时改变传动控制模式。

B.3 功能单元

B.3.1 装置识别功能单元

B.3.1.1 总则

装置识别功能单元的参数被定义为CIP识别对象的一部分。

B.3.1.2 参数

在CIP Motion传动规范中，装置识别功能单元的参数被映象至在IEC 61800-7的参数，如表B.2所示。

表B.2 装置识别功能单元参数的映象

名称	规范名称	详　情	参　考
规范ID	—	—	—
制造商ID	售货制造商ID	识别对象，属性ID=1	见IEC 61800-7-202，IEC 61158-5-2，IEC 61158-6-2
产品ID	装置型号	识别对象，属性ID=2	见IEC 61800-7-202，IEC 61158-5-2，IEC 61158-6-2
	产品代码	识别对象，属性ID=3	见IEC 61800-7-202，IEC 61158-5-2，IEC 61158-6-2
序号	序号	识别对象，属性ID=6	见IEC 61800-7-202，IEC 61158-5-2，IEC 61158-6-2
硬件修正	—	—	—
软件修正	—	—	—
标签	—	—	—
位置	—	—	—
修正号	修正 大修正 小修正	识别对象，属性ID=4	见IEC 61800-7-202，IEC 61158-5-2，IEC 61158-6-2
—	产品名称	识别对象，属性ID=7	见IEC 61800-7-202，IEC 61158-5-2，IEC 61158-6-2

B.3.2 装置控制功能单元

B.3.2.1 总则

CIP Motion轴对象状态机遵循在PDS通用装置控制功能单元中的基本操作原则。

B.3.2.2 I/O 数据

传动轴的状态显示在轴状态属性和在轴状态属性中定义的二进制位中(见表 B.3)。循环数据报头的轴控制单元控制传动轴的状态(见表 B.4)。这些数据通过 CIP Motion I/O 连接的循环数据通道传输。

表 B.3 装置控制功能单元状态值的映象

名 称	规范名称	详 情	参 考
故障	主要故障	轴状态 值 8	见 IEC 61800-7-202,7.3.11.1
警告	报警(次要故障)	轴状态 位 1	见 IEC 61800-7-202,7.3.11.2.1

表 B.4 装置控制功能单元指令值的映象

名 称	规范名称	详 情	参 考
故障复位	故障复位请求	轴控制 值 6	见 IEC 61800-7-202,6.4.3.3.3

B.3.2.3 状态

传动轴的基本状态模型如图 B.3 所示。

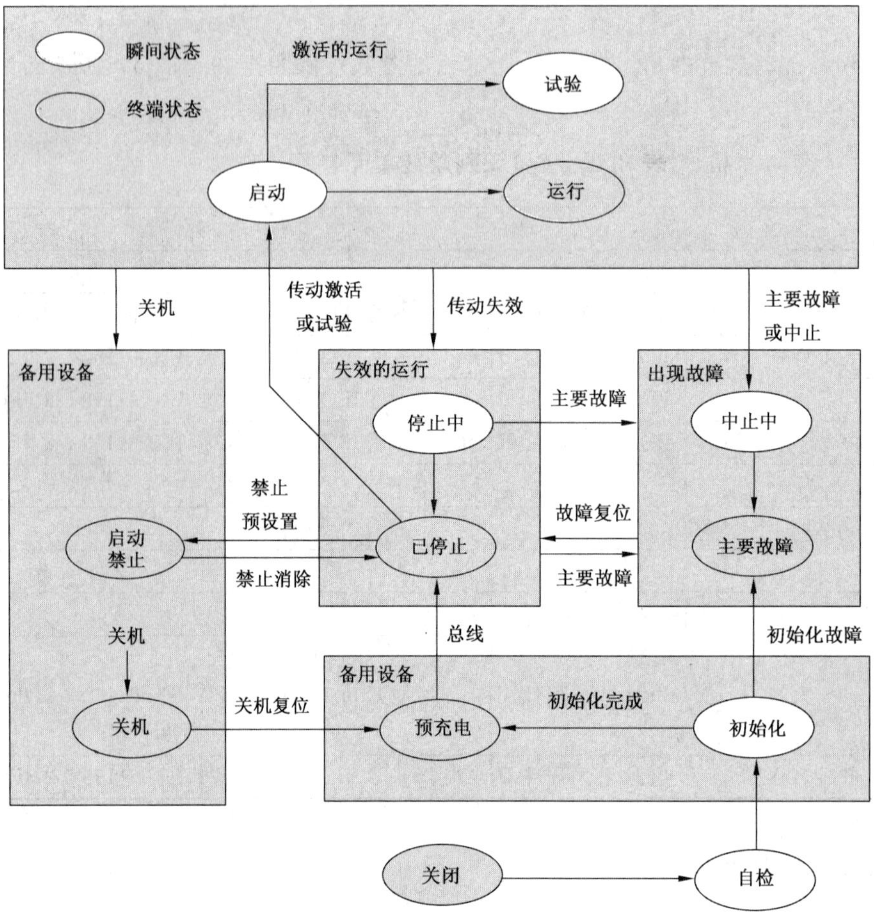

图 B.3 运动轴对象状态机

当传动轴处于主要或次要故障状态时，传动装置（主要故障）或控制器（次要故障）使用一个可配置的故障动作停止轴。这种轴的转换状态叫做异常中止状态。一旦停止过程完成，轴进入故障状态，并保持这个状态直到得到一个明确的故障复位指令。在故障复位执行后，假设没有持续的故障条件存在，轴过渡到一个待机状态。

CIP Motion 传动规范中，警告被叫做报警。与故障不同，报警不直接启动任何动作；当报警情况被清除，报警位自动清零。传动装置内的情况，被称作例外，可被配置产生一个故障、或一个报警、或完全被忽略。

在 IEC 61800-7-202 中对传动轴状态有更详细的描述。

B.3.2.4 参数

在 CIP Motion 传动规范中所定义的附加属性可进一步判断故障或警报条件。其中最通用的在表 B.5中列出。

表 B.5 装置控制功能单元的参数

名称	规范名称	详 情	参 考
故障	轴故障状态	代表所有标准运行时间故障状态的位图	见 IEC 61800-7-202，7.3.12
	轴故障代码	导致当前故障状态异常的列举	见 IEC 61800-7-202，7.3.12
警告	轴报警状态	代表所有标准报警情况当前状态的位图	见 IEC 61800-7-202，7.3.12
	轴报警代码	导致当前标准警报状态异常的列举	见 IEC 61800-7-202，7.3.12

B.3.3 通信功能单元

B.3.3.1 总则

受限通信和正常通信的 PDS 通用状态，直接映象至 CIP Motion 传动规范状态远程控制和本地控制。CIP 远程模式位用于转换远程状态和本地状态间传动通信代码。CIP Motion 传动规范也支持同步状态，如果被请求指令位请求，传动节点同步。

B.3.3.2 I/O 数据

在节点状态属性中（见表 B.6 和表 B.8）定义的二进制位，显示传动轴通信功能单元的状态。这一属性在 CIP 装置到控制器连接的报头中被传输。

在节点控制属性中（见表 B.7 和表 B.9）定义的二进制位，控制传动轴通信功能单元的状态。这一属性也在 CIP 控制器到装置连接的报头中被传输。

注：在通信功能单元层面，CIP Motion 应用远程/本地控制决定哪个接口控制传动。对于带有一个通信功能单元的多轴传动平台，优先于每个轴传动功能单元远程/本地应用。除了名称之外，CIP 远程/本地性能和正常/受限的通信相同，如 5.3 中定义。

表 B.6 通信功能单元状态值的映象

名 称	规范名称	详 情	参 考
正常通信	远程模式[a]	节点状态，0 位置	见 IEC 61800-7-202，7.2.2.4
[a] 见本条款中的注。			

表 B.7 通信功能单元指令值的映象

名　称	规范名称	详　情	参　考
停止通信	控制模式(本地模式请求)[a]	节点控制,0 位清零	见 IEC 61800-7-202,7.2.2.3
运行通信	控制模式(远程模式请求)[a]	节点控制,0 位置	见 IEC 61800-7-202,7.2.2.3
[a] 见本条款中的注。			

表 B.8 可选择通信功能单元状态值的映象

名　称	规范名称	详　情	参　考
同步	同步代码	节点状态,1 位置	见 IEC 61800-7-202,7.2.2.4

表 B.9 可选择通信功能单元指令值的映象

名　称	规范名称	详　情	参　考
同步	同步控制(同步代码请求)	节点控制,1 位置	见 IEC 61800-7-202,7.2.2.3
不同步	同步控制(不同步代码请求)	节点控制,1 位置清零	见 IEC 61800-7-202,7.2.2.3

B.3.3.3 状态

当开始连接初始程序时,CIP Motion I/O 连接状态如节点状态属性所示,是处于远程模式和异步模式。当时间同步对象决定 PDS 时钟已完全同步时,控制器通过节点控制单元提出请求,连接状态从异步模式转换到同步模式。

如果连接状态从远程模式转换到本地模式,同步/异步模式状态机不会再应用。

如果通过节点控制单元请求同步,传动不能成功转换到同步状态,将产生节点故障。

B.3.3.4 参数

建立 CIP Motion I/O 连接,除了如同由控制器更新周期建立连接更新周期外,不需要特定的同步参数。这一属性值包含在连接数据结构中,而这一结构在运行期间,本身允许改变连接更新周期。

通信节点地址是网络所特定的,并且由 CIP 服务和协议中定义的应用网络的特定连接对象处理这些地址。

B.3.4 基本传动功能单元

B.3.4.1 总则

综上所述,基本传动功能单元的性能,由运动轴对象中的运动轴状态模型管理,如图 B.3 所示。

B.3.4.2 I/O 数据

轴的状态由在 CIP Motion 控制器到装置之间连接(见表 B.11)的轴控制字控制,并且由 CIP Motion 装置到控制器之间连接(见表 B.10)的轴状态字显示。传动状态模式不直接支持可选的 PDS 通用"本地控制/远程控制"状态。当在远程控制通信状态下并且建立 CIP Motion I/O 连接时,所有与传动节点有关的轴，通过 CIP Motion I/O 连接单独地控制而非本地接口。对于 CIP 控制器，没有机械装置强制传动功能单元放弃一个特定运动轴对象实例，对本地传动接口的控制。

在表 B.10 和表 B.11 中，仅列出映象至 IEC 61800-7 中定义的状态。

表 B.10 基本传动功能单元的状态值

名称	规范名称	详 情	参 考
运行	运行中	轴状态，值 4	见 IEC 61800-7-202，7.3.11.1
	控制模式	显示当前传动应用模式	见 IEC 61800-7-202，7.3.2.2.1

表 B.11 基本传动功能单元的指令值

名称	规范名称	详 情	参 考
运行	传动激活	轴状态，值 1	见 IEC 61800-7-202，6.4.3.3.3
	控制模式	决定传动应用模式	见 IEC 61800-7-202，7.3.2.2.1

B.3.4.3 状态

通常，在 CIP Motion 控制器到传动连接的轴控制单元中置位，使运动对象轴状态改变。对于构成 CIP 运动轴对象状态模式的各种状态更多的细节，参考运动轴对象规范（见 IEC 61800-7-202）。

B.3.4.4 参数

在运行状态时，由控制模式属性管理传动的性能，此属性是作为 CIP Motion I/O 连接数据的一部分被传输的。列举的控制模式和应用模式一同在本部分中被定义。控制模式属性的值在表 B.12 中列出。

表 B.12 基本传动功能单元的传动控制模式值

属性名称	属性规范	语法值
轴控制模式	列出的代码决定传动控制的电动机的特定动态性能。这些控制模式在 IEC 61800-7-202 中进一步说明	0＝无控制 1＝位置控制 2＝速度控制 3＝加速度控制 4＝转矩控制 5＝电流控制 6～15＝（备用位）

与许多传动规范不同，控制器和传动之间交换的 I/O 数据内容，比如循环数据，不能由传动应用模式或运行模式模糊的决定，但是可由指令数据组、实际数据组和状态数据组属性明确的决定。这些属性由控制器确立，并且作为 CIP Motion I/O 连接报头的一部分被传输。运用这一机制，各种数据组的内容可在传动运行的任何时刻改变。

在控制器到装置连接数据报头中的指令数据组属性识别，包含在连接循环数据块中的设定值。这个二进制位的映象值，有一个为每一个可能的实时指令参考定义的二进制位(见表 B.13)。指令数据在指令数据组中按照位编号以相同顺序出现。

注 1：如果位都进行了置位，在实时数据结构中指令位置在指令转矩之前出现。

当连接数据块中提供多重指令数据值时，内环指令数据值作为前馈运行的输入使用。

表 B.13　基本传动功能单元的指令数据组值

位	产生的指令数据单元
0	指令位置
1	指令速度
2	指令加速度
3	指令转矩
4	调整位置
5	调整速度
6	调整加速度
7	调整转矩

在装置到控制器连接数据报头中实际数据组属性识别，包含在连接的循环数据块中的实际数据值。这个二进制位的映象值，有一个为每一个可能的实时实际数据属性定义的二进制位，包含在装置到控制器连接的循环数据块的实际数据组中用于下次更新(见表 B.14)。实际数据在按照位编号以相同顺序出现。

注 2：如果位同时被置位，在实时数据结构中，实际位置在实际转矩之前出现。

表 B.14　基本传动功能单元的实际数据组值

位	产生的实际数据单元
0	实际位置
1	实际速度
2	实际加速度
3	实际转矩
4	实际电流
5	实际电压
6	实际频率
7	(备用)

这个位映象状态数据组包含的位，决定在下一次更新装置到控制器连接实例数据块中状态数据组的内容(见表 B.15)。状态数据按照位编号以相同顺序出现。

注 3：传动状态会在之前出现，比如说，在循环数据结构中，故障历史数据在真实数据组之后。

每一个这些状态数据单元的定义，都可通过查找相关的运动轴对象属性规格找到(见 IEC 61800-7-202)。

表 B.15 基本传动功能单元的状态数据组值

位	所产生的状态数据单元
0	初始化故障代码 初始化故障代码-Mfg 轴故障代码 轴故障代码-Mfg 轴报警代码 轴报警代码-Mfg 启动禁制代码 启动禁制代码-Mfg 轴故障时间标记
1	轴故障状态 轴故障状态-Mfg
2	轴报警状态 轴报警状态-Mfg
3	启动禁制状态 启动禁制状态-Mfg
4	轴状态 轴状态-Mfg 轴 I/O 状态 轴 I/O 状态-Mfg
5	(备用)
6	(备用)
7	(卖主识别)

控制器的责任是根据所选择的控制模式提供正确的数据组。

注 4:如果选择位置控制模式,控制器发送位置指令并在指令数据组属性中设置相应的指令位置位。

关于 CIP Motion 轴对象状态模型更详细参数,参考运动轴对象规范(见 IEC 61800-7-202)。

B.4 应用模式

B.4.1 总则

CIP Motion 定义了一组控制模式,它定义相当于 PDS 的应用模式并具有相似的性能(见表 B.16)。

PDS 的有关 CIP Motion 控制模式有:位置控制、速度控制和转矩控制。在 CIP 中,通过服务数据通道明确的服务请求,将指定一个预设置或索引至基于传动数据表的 PDS 应用模式,处理为一个基于传动的运动计划信息表。我们标记这一应用模式未应用在表 B.16 中。

表 B.16 被支持的应用模式

IEC 61800-7 应用模式	相当于 CIP Motion 规范术语
转矩预设置	没有应用
转矩控制	转矩控制
带有速度反馈的转矩控制	转矩控制

表 B.16（续）

IEC 61800-7 应用模式	相当于 CIP Motion 规范术语
速度预设置	没有应用
速度控制	速度控制
带有位置反馈的速度控制	速度控制
位置预设置	没有应用
位置控制	位置控制

表 B.17 概括了在 CIP Motion 传动规范中，所可用到的 PDS 通用应用模式和相当于 CIP Motion 控制模式的设置和设定值。

表 B.17 通用应用模式的设定值

PDS 通用应用模式	CIP Motion 控制模式	CIP Motion 设定值	在 PDS 中的功能
转矩控制	转矩	指令转矩	开环转矩控制。另外提供测量或估计的反馈值
带速度反馈的转矩控制	转矩	指令转矩	闭环转矩控制。另外提供测量或估计的反馈值
速度预设置	没有应用	没有应用	
速度控制	速度	指令速度	开环速度和转矩控制。另外提供测量或估计的反馈值
带位置反馈的速度控制	速度	指令速度	闭环速度和转矩控制。另外提供测量或估计的反馈值
位置预设置	没有应用	没有应用	
位置控制	位置	指令位置	在传动中带(或不带)传感器反馈的开环或闭环转矩、速度和位置控制

具有基于应用模式基础上的固定设定值和实际数据的内容，CIP Motion 传动规范不支持标准报文的概念。作为代替，CIP Motion I/O 连接数据结构的内容可由控制器随意建立和配置(见 B.3.4.4)。

B.4.2 转矩控制

转矩控制特定的 I/O 数据在表 B.18 中给出。

表 B.18 规范转矩模式的 I/O 数据

IEC 61800-7 I/O 数据	相当于 CIP Motion 规范术语
指令	轴控制
状态	轴状态(+轴状况)
设定转矩	指令转矩
实际转矩	实际转矩

用于转矩控制的 CIP Motion 传动规范参数的完整列表，可查找运动轴对象规范(见 IEC 61800-7-202)。

B.4.3 速度控制

速度控制特定的I/O数据在表B.19中给出。

表B.19 规范速度模式的I/O数据

IEC 61800-7 I/O数据	相当于CIP Motion规范术语
指令	轴控制
状态	轴状态(+轴状况)
设定速度	指令速度
实际速度	实际速度

用于速度控制的CIP Motion传动规范参数的完整列表,可在运动轴对象规范中找到(见IEC 61800-7-202)。

B.4.4 位置控制

位置控制特定的I/O数据在表B.20中给出。

表B.20 规范位置模式的I/O数据

IEC 61800-7 I/O数据	相当于CIP Motion规范术语
指令	轴控制
状态	轴状态(+轴状况)
设定位置	指令位置
实际位置	实际位置

用于位置控制的CIP Motion传动规范参数的完全列表,可在运动轴对象规范中找到(见IEC 61800-7-202)。

B.5 规范特定的扩展

没有定义规范特定的扩展。

附 录 C
(规范性附录)
映象至规范 PROFIdrive

C.1 概述

本附录描述了 PROFIdrive—规范传动技术映象至通用电气传动系统(PDS)接口。

PROFIdrive 规范中的定义和术语被映象至本部分术语,如表 C.1 所示。

表 C.1 规范特定的术语

IEC 61800-7 术语	PROFIdrive 术语	参 考
I/O 数据	I/O 数据	见 IEC 61800-7-203
指令	控制字(STW)	见 IEC 61800-7-203
设定值	设定值	见 IEC 61800-7-203
状态	状态字(ZSW)	见 IEC 61800-7-203
实际值	实际值	见 IEC 61800-7-203

C.2 通用结构的映象

C.2.1 自动化系统的典型结构

PROFIdrive 基本模式按基本单元定义了以下 3 种类型装置:

控制器:一个可与一个或多个传动(轴)连接的控制装置。在自动系统中,控制器是整个自动化系统的主机。

P 装置:一个现场装置,在传动中用作为主机(闭环控制,变流器)。P 装置典型地连接一个或多个控制器装置。

监控器:设法提供配置数据(参数组)和从外围装置和/或控制器那收集诊断数据的工程装置。

图 C.1 展示在 P 装置和其他装置之间可用的不同通信通道。同步时钟运行和 I/O 数据传递一样,可在 P 装置和控制器之间以及 P 装置本身之间进行。参数可通过所有其他各控制器和监控器存取到 P 装置中。

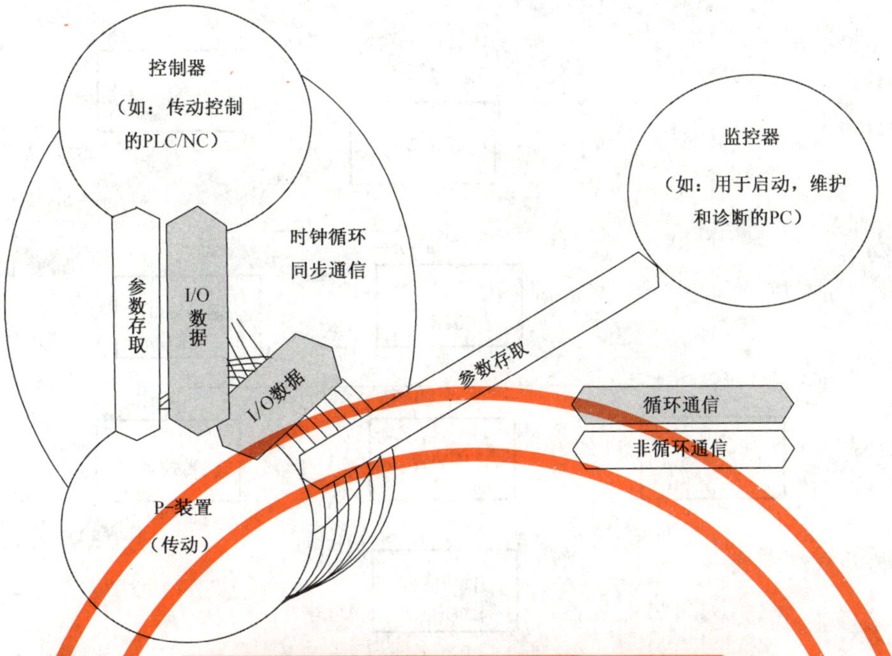

图 C.1　在 PROFIdrive 中通信装置和服务的概述

PROFIdrive 基本模式定义了如下的通信服务。通信服务由装置提供,由功能对象应用。

循环数据交换

循环通信意味着在预留的时间间隙中,简单传递预先确定长度的 I/O 数据。利用循环通信,I/O 数据在控制器与装置之间或装置之间的交换关键是时间。尤其这种数据包含有设定值和实际值、控制和状态信息。循环数据交换服务分配给控制器,P 装置和 P 装置,P 装置通信联系。

非循环数据交换

与循环通信相比,仅在必要时数据才可非循环地交换。通过非循环通信,传递非时间临界数据。例如:固件或参数的下载。非循环数据交换服务分配给控制器,P 装置和监控器,P 装置联系。

报警机构

利用报警机构服务,报警信息和异常状态信号通过实时方式发送到控制装置。服务工作在一种定向要求方式中,保持控制器中功能对象的异常状态映象一直是最新的。依靠这个服务,控制器可最快速度反映在传动中发生的事件,而不是一直输询自己的传动状态信息。报警机构分配给控制器和 P 装置通信联系。

时钟同步运行

时钟同步运行服务保证在不同通信装置或功能对象,以在同一时间、以最小(专用的)的抖动去启动任务(例如输入采样和输出过程)。同时这个服务意味着传输专用的循环数据包直到通信循环的某一时刻。对于传动技术,时钟循环同步通信是传动同步的基础。这样的基本功能在 IEC 61158-5-3 和 IEC 61158-6-3 或 IEC 61158-5-10 和 IEC 61158-6-10 中举例描述。应用的通信系统必须为时钟同步运行提供基本功能。这意味着,不仅在总线系统上的信息交换需要安排,而且需要应用的控制算法,例如:传动中的闭环速度和电流控制器,或者在高一级自动化系统中的控制过程,都要同步。

C.2.2　合理的 PDS 结构

PROFIdrive 装置由一个或多个功能对象构成。功能对象是代表自动系统中功能体的逻辑对象。

如果装置是 P 装置型的,P 装置中的功能对象是传动对象型的。

基于基本模型中定义的对象,在它们之间的从属关系和级别顺序在对象模型中展示出来(见图 C.2)。

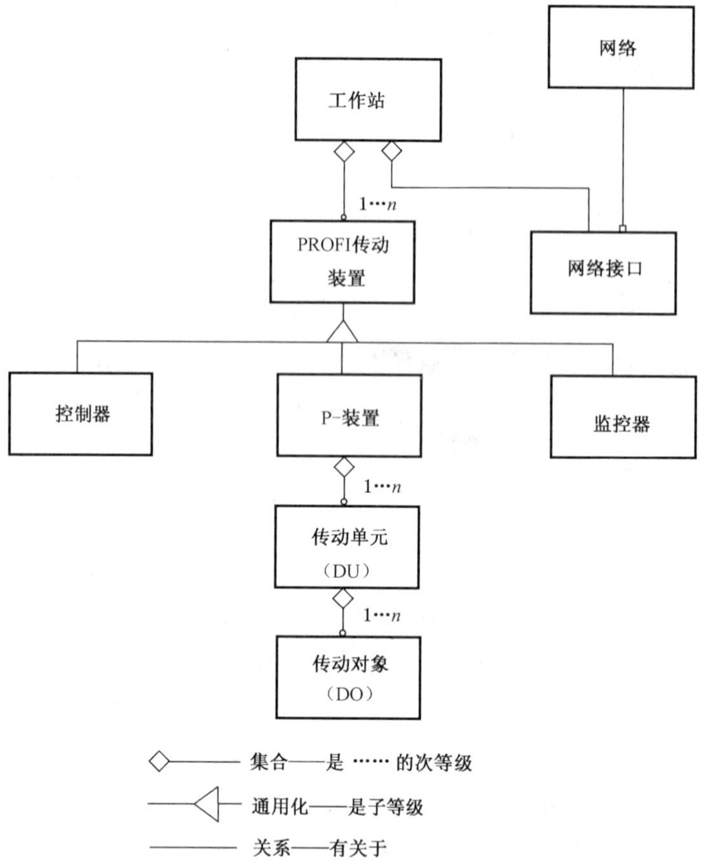

图 C.2　PROFIdrive 装置的结构

每一个 P 装置包括一个或多个传动单元(DU)，传动单元包含一个或多个传动对象(DO)。这些传动对象可是不同型号的。在 PROFIdrive 规范中通用重要性为一般的专用型号是轴型传动对象，它主要与电动机有关，在 IEC 61800-7-203 中有详细说明。轴型传动对象是映象至 PDS 通用接口的。

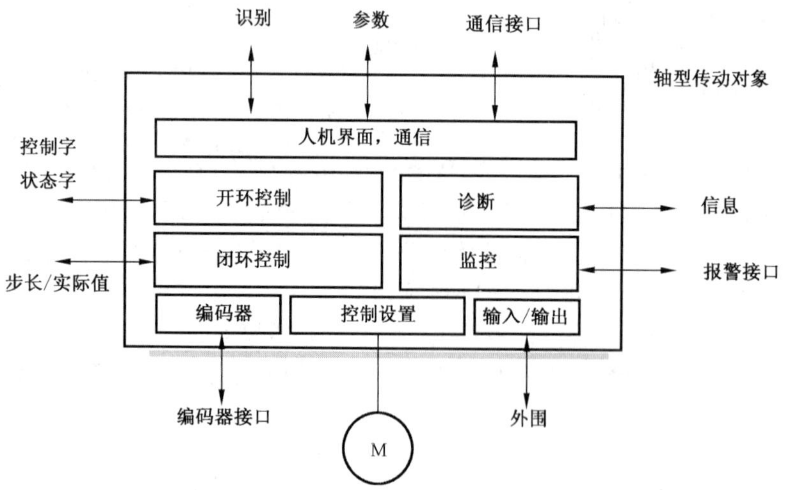

图 C.3　PROFIdrive 轴型传动对象

以下对象包含在 PROFIdrive 轴型传动对象中(见图 C.3)：

——装置识别对象；
——存取信息参数和各个功能模块设置；
——设置通信接口对象；
——传动控制对象(例如：控制字和状态字)；
——设定值处理对象(例如：设定值和实际值)；
——诊断和监控对象(例如：信息、报警、故障)；
——综合传感器接口对象；
——综合外围功能对象(综合 I/O)。

C.2.3 PDS 应用实例

C.2.3.1 总则

PROFIdrive 规范对传动数据定义了统一的装置行为和存取技术。图 C.4 展示了 P 装置的不同通信服务与传动对象的内部结构之间的关系。

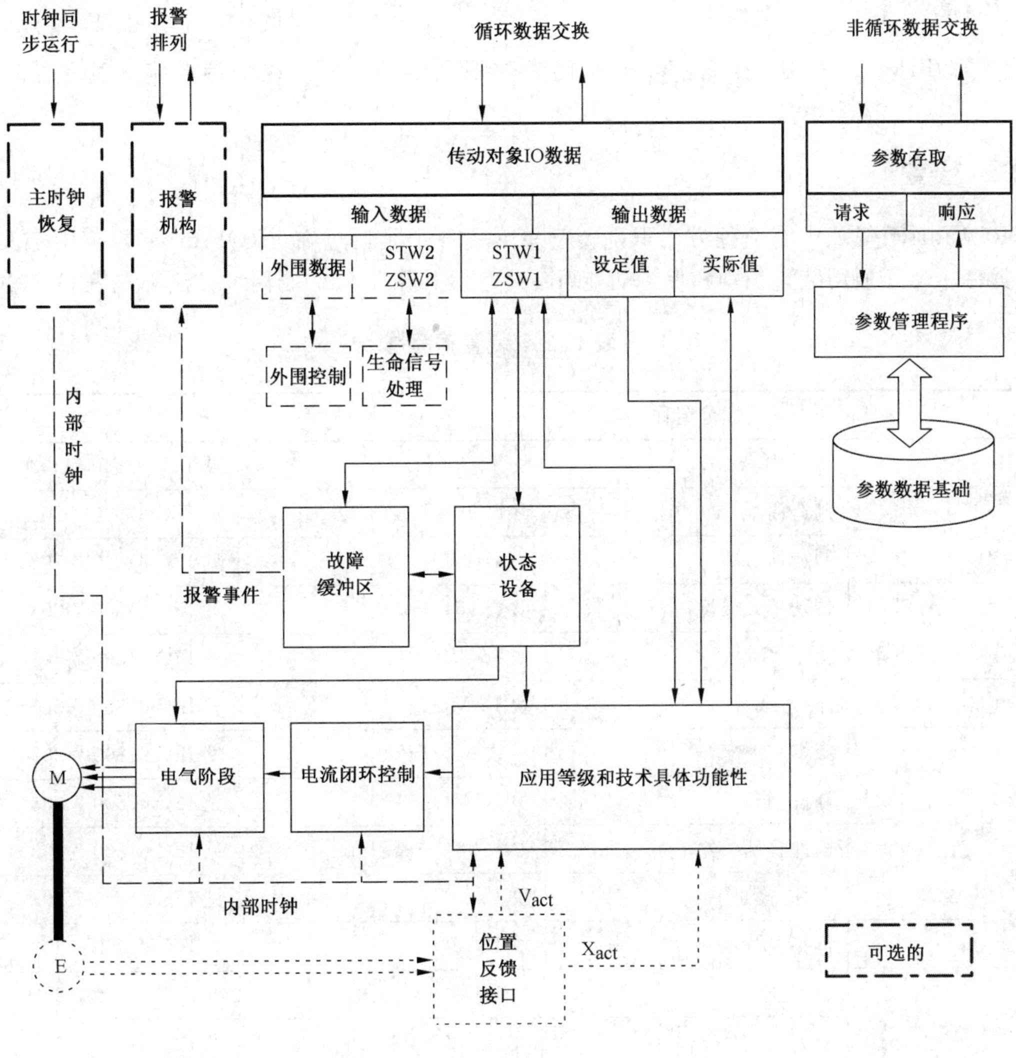

图 C.4 PROFIdrive 轴型传动对象的功能框图

C.2.3.2 工程应用实例

参数通过非循环数据交换服务存取。规范定义了存取机构、可能值的表达和参数描述机制。在规范中只定义了描述装置的参数语义、通信接口和通用服务。所有其他参数依靠传动技术,在规范中没有定义。

C.2.3.3 运行控制应用实例

用循环数据交换服务控制传动行为。传动的状态机由控制字 STW 控制、由状态字 ZSW 监控。I/O数据包括一个或几个信号,这些信号赋值给设定值和实际值去控制和监控传动。信号可能的组合构成了预定义的标准报文。

随意地,报警机构可用于监控报警和诊断信息,时钟同步服务用于使应用过程的任务时钟同步。

C.3 功能单元

C.3.1 装置识别功能单元

C.3.1.1 总则

在 PROFIdrive 中,由一个带有子索引的参数识别传动单元。这个参数应通过非循环通信接口存取。

C.3.1.2 参数

PROFIdrive 规范中有两种方法识别传动单元。一个是通过在 PROFIdrive 规范中定义一个识别参数,另一个基于通用装置识别和保持功能(I&M,见 PNO/3.502)。两种方法都在表 C.2 中给出。

表 C.2 装置识别参数

名 称	规范名称	详 情	参 考
规范 ID	PROFILE_ID	块 I&MO	见 IEC 61800-7-203
制造商 ID	制造商	参数 964 子索引 0	见 IEC 61800-7-203
	制造商_ID	块 I&MO	见 IEC 61800-7-203
产品 ID	传动单元类型	参数 964 子索引 1	见 IEC 61800-7-203
	指令_ID	块 I&MO	见 IEC 61800-7-203
序号	序号_数字	块 I&MO	见 IEC 61800-7-203
硬件修正	版本[a]	参数 964 子索引 2	见 IEC 61800-7-203
	硬件_修正	块 I&MO	见 IEC 61800-7-203
软件修正	固件日期	参数 964 子索引 3&4	见 IEC 61800-7-203
	软件_修正	块 I&MO	见 IEC 61800-7-203
标签	标签_功能[b]	块 I&MO	见 IEC 61800-7-203
本地	标签_本地[b]	块 I&MO	见 IEC 61800-7-203
	安装_日期[b]	块 I&MO	见 IEC 61800-7-203

[a] 在这里是指固件版本。

[b] 可选的。

C.3.2 装置控制功能单元

C.3.2.1 总则

一个可产生一个或多个故障信息的传动故障状态，产生一个装置特定的故障反映。它可能导致电力变流器断电。存在故障和警告机制，在I/O数据中发信号。

故障缓冲器和警告的专用参数可用于存取更多详细信息。这些信息是在循环数据交换和传动运行不受任何扰动时，有关实际故障警告状态及故障历史的信息。

C.3.2.2 I/O数据

装置控制功能单元的实际状态在状态字1中由信号发出，并用I/O数据的控制字1控制(见表C.3和表C.4)。

表C.3 装置控制功能单元的状态值

名称	规范名称	详情	参考
故障	故障存在/没有故障	状态字1，位3	见IEC 61800-7-203
警报	警告存在/没有警告	状态字1，位7	见IEC 61800-7-203

表C.4 装置控制功能单元的指令值

名称	规范名称	详情	参考
故障复位	故障确认	控制字1，位7	见IEC 61800-7-203

C.3.2.3 状态

在PROFIdrive中的故障反应是故障所特定的和装置所特定的。在故障已被确认后，如果故障原因不再存在了，那么故障就消失了。装置特定的故障号在故障参数中。

C.3.2.4 参数

参数953到参数960(警告字)(见表C.5)为警告预留。警告字的每一位分配一个警告(装置特定的)。位值是"0"表示"警告不存在"，位值是"1"表示"警告存在"。警告字仅在本地电力变流器变化。如果存在至少一个警告，另外在状态字1中位7"警告"被置位。

故障跟踪系统被定义以储存故障信息。这一故障跟踪系统包含故障缓冲器和故障代码表。如果故障(装置特定的故障代码)发生，则故障缓冲器包含一个产生故障信息的表。可选择的故障号表包含可选择故障代码(应用特定的故障代码)，赋值给装置特定的故障代码。在IEC 61800-7-203中描述了故障跟踪系统如何被读取的机制。

表C.5 装置控制参数

名称	规范名称	详情	参考
故障	故障号	参数947	见IEC 61800-7-203
	故障信息计数器	参数944	见IEC 61800-7-203
	故障代码	参数945	见IEC 61800-7-203

表 C.5(续)

名 称	规范名称	详 情	参 考
故障	故障代码表	参数 946	见 IEC 61800-7-203
	故障时间	参数 948	见 IEC 61800-7-203
	故障值	参数 949	见 IEC 61800-7-203
	故障缓冲器换算	参数 950	见 IEC 61800-7-203
	故障号列表	参数 951	见 IEC 61800-7-203
	故障状态计数器	参数 952	见 IEC 61800-7-203
警告	警告字	参数 953 到 960	见 IEC 61800-7-203

C.3.3 通信功能单元

C.3.3.1 总则

对于 PROFIdrive 基本模式，与通信功能单元相关的以下状态定义为：

脱机状态：通常没有通信服务工作。

准备状态：在此状态下，非循环数据交换服务和警报机制工作。这意味着配置信息可从控制器传到P装置中，并且参数可存取。警报也将可被发送。没有循环数据交换服务，传输的I/O数据是无效的。对于时钟同步运行，通信系统试图将所有从属时钟与主时钟同步。

同步状态：在此状态下，非循环数据交换、循环数据交换和报警机构工作，传输的循环数据是有效的。应用过程试图使它们的各个任务同步(与本地从属时钟同步，并且通过循环通信通道使数据流同步)。

运行状态：在此状态下，所有应用过程被同步，整个应用准备运行(有效的工作)。

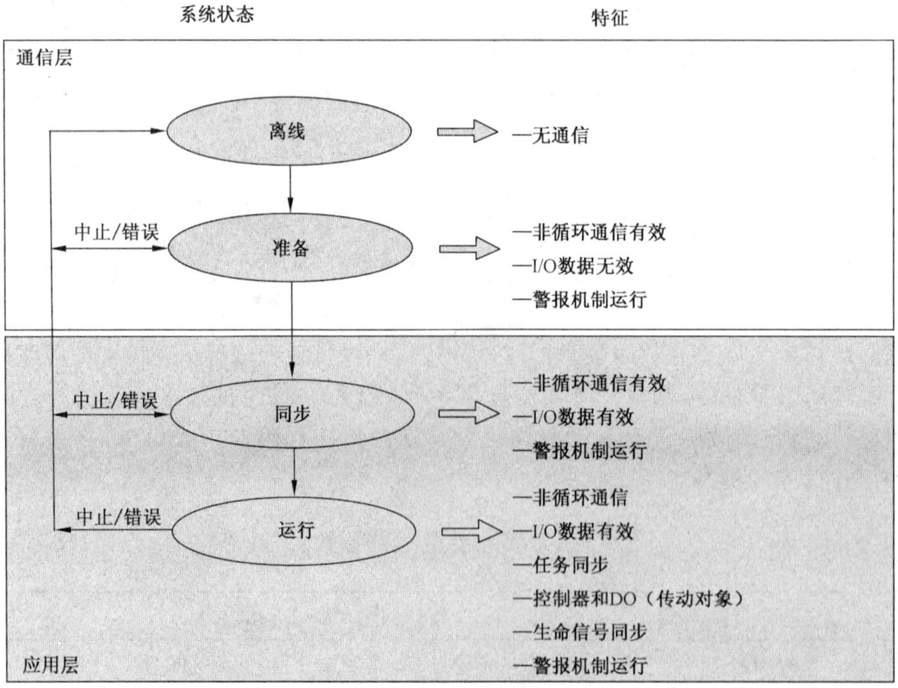

图 C.5 相当于通信功能单元状态的映象

“准备”和“同步”状态相当于通用状态的“限制通信”和“非同步”。“运行” 状态相当于 PDS 通用接口的“正常运行”和“同步”，如图 C.5 所示。

C.3.3.2 I/O 数据

在 I/O 数据中，通信功能单元的状态信号是通信规范特定的。

C.3.3.3 状态

子态和执行的编号是通信规范特定的。

C.3.3.4 参数

通信功能单元参数的意义和编号是通信规范特定的。

C.3.4 基本传动功能单元

C.3.4.1 总则

运用传动技术的 PROFIdrive 规范，定义状态机。该状态机由控制装置得到的控制字控制。这些状态机比本标准中给出的状态机复杂。

C.3.4.2 I/O 数据

传动状态机用控制字控制。状态字反映了传动的实际状态。

在表 C.6 和表 C.7 中，仅列出了在本标准中定义的用于控制状态的二进制位。

表 C.6 基本传动功能单元的状态值

名　称	规范名称	详　情	参　考
运行中	运行激活/运行禁止	状态字 1，位 2	见 IEC 61800-7-203

表 C.7 基本传动功能单元的指令值

名　称	规范名称	详　情	参　考
运行	激活运行/禁止运行	控制字 1，位 3	见 IEC 61800-7-203
注：附加的状态信息同样在状态字中传输。相应位应根据状态机的定义处理。			

当满足以下条件时，控制器才能控制 PDS：

1） 通信功能单元处于“正常通信”状态；
2） PDS 在状态字中给控制器发送 “请求控制”信号。这仅是相关参数允许 PDS 通过通信接口进行远程控制的实例；
3） 控制器发送指令“由 PLC 控制”给 PDS，告知控制器准备好接收控制并且它的 I/O 数据是有效的；
4） 控制器发送指令“On”使 PDS 合闸；
5） PDS 将状态字中信号“准备运行”发送给控制器。

表 C.8 中列出的值指示这些状态，对其进行的控制在表 C.9 中描述。

表 C.8 可选择基本传动功能单元的状态值

名 称	规范名称	详 情	参 考
远程控制	控制请求/没有控制请求	状态字 1,位 9	见 IEC 61800-7-203

表 C.9 可选择基本传动功能单元的指令值

名 称	规范名称	详 情	参 考
远程	由 PLC 控制	控制字 1,位 10	见 IEC 61800-7-203
本地	不由 PLC 控制	控制字 1,位 10	见 IEC 61800-7-203
注：在“本地控制”状态中,控制器仍可通过网络监测 PDS 基本传动功能单元的状态。			

C.3.4.3 状态

普遍的状态机在 IEC 61800-7-203 中定义。状态机描述传动可能的控制顺序。每个状态代表一个特定的动作。状态同样决定接受哪些指令。可通过控制字和/或根据内部事件改变状态。

在 PROFIdrive 通用状态机中,通用“运行中”状态是“运行”状态,通用“非运行状态”包含了子状态(合闸禁止、准备合闸、合闸)。

C.3.4.4 参数

参数“报文选择”和“运行模式”展示了与“应用级别”有关的接口模式的编码。在 PROFIdrive 中,应用模式分为不同应用级别和报文类型。并规定了控制字和状态字的准确意义和使用的状态机(见表 C.10)。

表 C.10 装置控制参数

名 称	规范名称	参 考	参 考
模式指令	报文选择 运行中模式	参数 922 参数 930	见 IEC 61800-7-203
模式状态	报文选择 运行中模式	参数 922 参数 930	见 IEC 61800-7-203

C.3.5 可选应用功能的功能单元

C.3.5.1 总则

PROFIdrive 规范包括了在传动中有一个位置反馈接口的选项。在传动和更高一级控制之间定义一个接口。接口给出控制装置通过通信接口得到位置反馈信息的可能性,此接口来自连接到传动的传感器。位置反馈接口所描述的功能在传动中执行而不在传感器本身中。

C.3.5.2 I/O 数据

为了控制和监控位置反馈传感器,在 IEC 61800-7-203 中定义了一个专门的传感器控制字和传感器状态字。传感器反馈和应用模式在标准报文中列出。

C.3.5.3 参数

序号 979 的参数和几个索引用于识别位置反馈传感器序号及其准确动作和位置接口的准确动作。在 IEC 61800-7-203 中有明确定义。

C.4 应用模式

C.4.1 总则

PROFIdrive 规范指定两个基本模式即所谓的运行中模式，并定义了相关的状态机。

通过使用标准报文和可自由配置报文的可能性，可识别其他应用模式，如表 C.11 中描述。一系列的信号被定义用于配置可选的 I/O 数据(设定值、实际值)。

表 C.11 支持的应用模式

IEC 61800-7 应用模式	相当于 PROFIdrive 规范术语
转矩预置	转矩控制(AC1)(自由可配置报文)
转矩控制	转矩控制(AC1)(自由可配置报文)
带速度反馈的转矩控制	转矩控制(AC1)(自由可配置报文)
速度预置	速度控制模式(AC1)(自由可配置报文)
速度控制	速度控制模式(AC1)(标准报文 1/2)
	过程技术模式(AC1)(标准报文 20)
带位置反馈的速度控制	带一个或两个传感器的速度控制模式(AC4)(标准报文 3/4/5/6)
位置预置	带运动指令的定位模式(AC3)(标准报文 7/9)
位置控制	带位置设定值接口的位置控制(AC5)(标准报文 8)

C.4.2 转矩控制

在 PEOFIdrive 规范中没有明确定义转矩控制模式，通常是应用自由配置报文。

C.4.3 速度控制

在速度控制模式中，PROFIdrive 支持带或不带传感器的 I/O 数据的简单设置(见表 C.12)。

表 C.12 规范速度模式的 I/O 数据

IEC 61800-7 I/O 数据	对应 PROFIdrive 规范术语
指令	控制字 1(STW1) 控制字 2(STW2)可选的
状态	状态字 1(ZSW1) 状态字 2(ZSW2)可选的
设定值速度	速度设定值 A(NSOLL_A，标记 16)或 速度设定值 B(NSOLL_B，标记 32)
实际值速度	速度实际值 A(NIST_A，标记 16)或 速度实际值 B(NIST_B，标记 32)

对带位置反馈模式的速度控制，定义了带一个或多个传感器反馈的专门标准报文(见表C.13)。

表C.13 带位置反馈规范速度控制模式的I/O数据

IEC 61800-7 I/O 数据	对应 PROFIdrive 规范术语
指令	控制字1(STW1) 控制字2(STW2) 传感器1控制字(G1_STW) 传感器2控制字(G2_STW)[a] 传感器3控制字(G3_STW)[a]
状态	状态字1(ZSW1) 状态字2(ZSW2) 传感器1状态字(G1_ZSW) 传感器2状态字(G2_ZSW)[a] 传感器3状态字(G3_ZSW)[a]
设定速度	速度设定值B(NSOLL_B,标记32)
实际速度	速度实际值B(NIST_B,标记32)
实际位置	传感器1位置实际值(G1_XIST) 传感器2位置实际值(G2_XIST)[a] 传感器3位置实际值(G3_XIST)[a]
[a] 第2和第3传感器是可选的。	

对于在过程控制应用中专门的应用，附加转矩反馈同样在标准报文中定义(见表C.14)。

表C.14 规范速度控制模式的I/O数据(过程技术)

IEC 61800-7 I/O 数据	对应 PROFIdrive 规范术语
指令	控制字1(STW1)
状态	状态字1(ZSW1)
设定速度	速度设定值A(NSOLL_A,标记16)
实际速度	速度实际值A(NIST_A,标记16)
实际转矩	转矩实际值(MIST_GLATT)
实际值	输出电流(IAIST_GLATT) 有效功率(PIST_GLATT) 传动状态/故障字(MELD_NAMUR)

定义了为高级速度控制的专用标准报文。

C.4.4 位置控制

对于位置预置模式，位置索引的选择在标准报文中定义。在此情况下，遍历块的存储和格式是装置所特定的(见表C.15)。

表 C.15 规范位置预置的 I/O 数据

IEC 61800-7 I/O 数据	对应 PROFIdrive 规范术语
指令	控制字 1(STW1)
状态	状态字 1(ZSW1)
设定位置索引	遍历块选择(SATZANW)
实际位置索引	实际遍历块(AKTSATZ)

在位置控制模式中,定义了带有一个传感器反馈的专门的标准报文(见表 C.16)。

表 C.16 规范位置模式的 I/O 数据

IEC 61800-7 I/O 数据	对应 PROFIdrive 规范术语
指令	控制字 1(STW1) 控制字 2(STW2)
状态	状态字 1(ZSW1) 状态字 2(ZSW2)
设定值位置	位置设定值 A(XSOLL_A,标记 32)
实际值位置	位置实际值 A(XIST_A,标记 32)

C.5 规范特定的扩展

PROFIdrive 规范支持以下附加功能:

——在一个装置中多轴传动;

——循环数据在 P-装置(点到点通信)之间交换。

附　录　D
（规范性附录）
映象至规范 SERCOS

D.1　概述

本附录描述了传动和运动控制装置的 SERCOS 规范映象至通用电气传动系统(PDS)接口。

表 D.1 中列出了 SERCOS 规范的术语和定义，被映象至本部分。

表 D.1　规范特定的术语

IEC 61800-7 术语	SERCOS 术语	参　　考
I/O 数据	循环数据	见 IEC 61800-7-204[a]
指令	控制字	见 IEC 61800-7-204
设定值	指令值	见 IEC 61800-7-204
状态	状态字	见 IEC 61800-7-204
实际值	反馈值	见 IEC 61800-7-204

[a] 在接口运行时，I/O 数据是在 SERCOS 报文中没有改变其意义的一部分。大部分 SERCOS 循环数据是在本部分中被定义的 I/O 数据，但是在不定期时基上传输装置参数也有可能。

D.2　通用结构的映象

D.2.1　自动化系统的典型结构

图 D.1 展示了 PDS 接口实例。系统可根据配置有一个或多个控制装置接口。每个控制装置接口只处理物理层上和覆盖协议层中的一个网络。

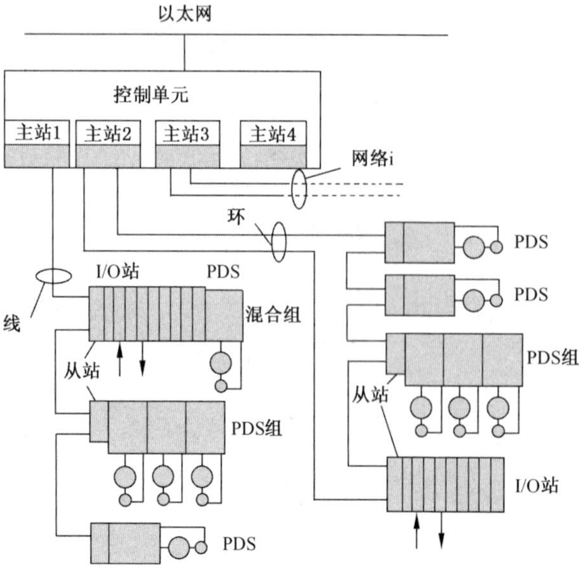

图 D.1　拓扑示例

图中用到了应用特定的术语。虽然与本部分不相关,但是这些术语可解释在 PDS 中 SERCOS 接口的典型应用。它们涉及的特性超出本部分范围(见第 1 章)。这些术语是:

——PDS 组是一个包含几个 PDS 的组,该组通过使用一个从站的网络通信;

——混合组是一个包含一个或几个 PDS 和一个 I/O 站的组,该组通过使用一个从站的网络通信;

——I/O 站是由控制单元管理的传感器和执行器的连接点。

在一些应用中,一个 PDS 可与另一个 PDS 直接通信提供适当的运动协调。这称为交叉通信并可由 SERCOS 提供,虽然它超出本标准范围。

SERCOS 提供了大量可用于机器运行的数据和程序指令。数据块中,概括了所有数据、程序指令和所有补充信息,数据块包括每一个识别号码(IDN)、名称、属性、单元、最小和最大输入值和数据本身。

在循环数据传输过程中,SERCOS 请求同步。主站的运行循环将与通信循环和从站设备的运行循环同步。这样,可防止在单独循环间的跳动,并且潜在的延迟将减小到最小。从站输出信号将被激活,从站输入信号在所有装置中同时被采样。

D.2.2 合理的 PDS 的结构

自动化系统的典型结构和合理的 PDS 结构在本附录的条款 4 中已给出。PDS 装置与 SERCOS 装置规范一致,可由控制装置或其他 PDS 装置用以下方式控制:

——在一个实时通道(RTC)中,I/O 数据应被循环传输。在系统初始化期间,传输信息根据配置和运行模式被选择一次;

——严格指定的装置控制和状态信息应在一个实时通道期间与 I/O 数据一起传输;

——基于不定期的时基传输的装置参数,通过一个所谓的服务通道(SVC)传输,服务通道应为实时通道(RTC)的一部分。在循环 I/O 数据传输不被影响和所有 PDS 处理时连续存在同样的数据吞吐量时,这种传输才发生。

所有通信和应用参数都列在 SERCOS 装置的 IDN 字典中。这个字典同时用于选择循环传输的 I/O数据和服务通道(SVC)中接口装置参数。

D.2.3 PDS 应用实例

D.2.3.1 总则

在正常运行和自动化系统初始化期间,配置 PDS 是可能的。

D.2.3.2 工程应用实例

工程应用实例应使用服务通道(SVC)实现。

D.2.3.3 运行控制应用实例

操作控制应用实例应使用服务通道(SVC)和实时通道(RTC)实现。在初始化期间,控制装置自动使整个系统通过通信阶段的序列(CP)。除非最后阶段(CP4)通过完成,PDS 运行模式才可工作(见 D.3)。

D.3 功能单元

D.3.1 装置识别功能单元

D.3.1.1 总则

除 5.1 中定义的参数外,SERCOS 还为传动装置和电动机定义了更多识别参数。这些识别参数可应用服务通道(SVC)调用相关的 IDN 获得。

D.3.1.2 参数

表 D.2 列出了装置的识别参数。

表 D.2 装置识别参数

名 称	规范名称	参 考	详 情
规范 ID	规范识别	IDN S-0-0449	见 IEC 61800-7-204
制造商 ID	卖主名称 卖主编码	IDN S-0-0438 IDN S-0-0439	见 IEC 61800-7-204
产品 ID	控制器类型 电动机类型	IDN S-0-0140 IDN S-0-0141	见 IEC 61800-7-204
序号	传动控制序号 功率等级序号 电动机序号	IDN S-0-0432 IDN S-0-0433 IDN S-0-0434	见 IEC 61800-7-204
硬件修订	硬件版本	IDN S-0-0031	见 IEC 61800-7-204
软件修订	制造商版本	IDN S-0-0030	见 IEC 61800-7-204

D.3.2 装置控制功能单元

D.3.2.1 总则

在实时通道中,仅在控制装置数据被传送到 PDS 前或 PDS 数据被传回控制装置前,传输几个用于交换控制、状态和错误信息的信息位。这将发生在每个循环中,这种方式的传输不需要任何额外的通信时间。

通过应用服务通道(SVC)和适当的 IDN 可得到更详细的故障信息和故障复位。

根据应用情况,控制装置可对 PDS 故障反应,而不以任何方式影响同步的准确性;可停止整个机器或与故障 PDS 连接的那部分机器。

D.3.2.2 I/O 数据

表 D.3 所示为 SERCOS 使用有效的不同的错误标记,还有从 IDN 得到的相关的详细信息和复位故障状态。

表 D.3 装置控制功能单元的状态值

名 称	规范名称	参 考	详 情
故障	传动关闭错误 C1D	在 PDS 的状态字中占 1 位	对=故障存在 错=没有故障
警告	传动关闭警告 C2D	在 PDS 的状态字中占 1 位	对=新的变化 错=变化已被确认
	传动运行状态标志 C3D	在 PDS 的状态字中占 1 位	对=新的变化 错=变化已被确认
	在服务通道中的错误	在 PDS 的状态字中占 1 位	对=故障存在 错=没有故障

表 D.4 所示是复位一个 PDS 故障的机制。如表 D.5 的描述，当读取相关的 IDN 标记时，复位 PDS 警告和运行状态标记应是自动的。

表 D.4 装置控制功能单元的指令值

名　称	规范名称	参　考	详　情
故障复位	复位 C1D	IDN S-0-0099	可通过设置 PDS 中状态字的一位确认

D.3.2.3 状态

SERCOS 故障状态机相当于 5.2.3 中装置控制 FR 状态机，但是用“错误状态”取代了“故障”。

在 SERCOS 中的故障反应是故障特定的或是应用特定的。在故障被确认后，如果此故障当前不再存在，故障信息消失。

SERCOS 警告和运行状态机与故障状态机相似，然而一旦控制装置通过服务通道（SVC）中适当的 IDN 读取警告详情后，复位自动发生。

D.3.2.4 参数

故障起因的更多详情可通过服务通道（SVC）用适当的 IDN 获得，如表 D.5 中提到的。

表 D.5 装置控制功能单元的参数

名　称	规范名称	参　考	详　情
故障	传动关闭错误 C1D	IDN S-0-0011	读取 IDN 传出详情
警告	传动关闭警告 C2D	IDN S-0-0012	读取 IDN 复位和传出详情
	传动运行状态标记 C3D	IDN S-0-0013	读取 IDN 复位和传出详情
共因故障	诊断编号	IDN S-0-0390	制造商指定的
	诊断	IDN S-0-0095	

D.3.3 通信功能单元

D.3.3.1 总则

SERCOS 通信包括从控制装置到所有 PDS 的同步信息的传输。这个信息不是一个特定的报文，而是数据传输报文的一部分。信息应在每个通信循环开始时传输一次。

此同步信息用于触发所有被连接 PDS 的内部计时器，以便使所有 PDS 能同步运行，如 D.2.1 结尾所述。

SERCOS 通信循环时间应定义为 250 μs 的倍数或因数，然而：

——循环时间＝$n\times250$ μs（n 为 1～260 的整数）；

——循环时间＝250 μs /2^n（n 为 1，2，…，n 为整数）。

即循环时间可根据应用情况，在 62.5 μs～65 ms 之间选择。循环时间可更短但不能再长。

同步信息应通过控制装置发送，应通过带跳动的 PDS 通信功能单元处理。这个跳动不能超过映象到通信规范中特定的最大值(见 IEC 61800-7-301)。

这个程序的主要任务是测量所有通信延迟、设置所有 PDS 内部时钟，以达到同步的目的。

初始化开始并且只要没结束，通信功能单元将基本传动功能单元锁在“不运行”状态。

D.3.3.2 I/O 数据

SERCOS 通信可初始化，或者在通常状态下运行，或者不运行。在通常状态下，通信是自动同步的。当在“通信运行”状态下要停止运行时，则应在“故障”诊断中设定“通信错误”位。通信功能单元的 I/O 数据与基本传动功能单元的 I/O 数据结合。通信功能单元的指令值属于系统初始化，它是通信规范特定的。

D.3.3.3 状态

通信规范特定的。

D.3.3.4 参数

通信规范特定的。

D.3.4 基本传动功能单元

D.3.4.1 总则

SERCOS 规范定义了一个 PDS 状态机，如图 D.2 所示。根据 PDS 中的状态字，控制单元用控制字控制状态机。

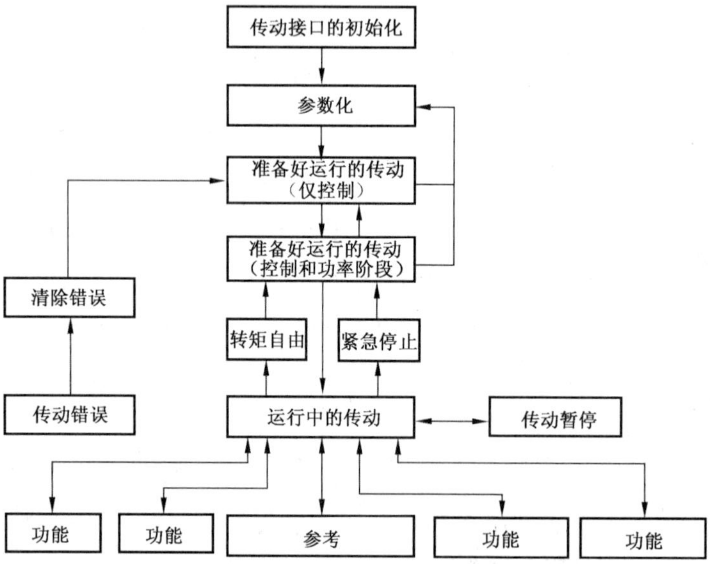

图 D.2 基本传动功能单元的状态机

在初始化过程中，装置控制功能单元防止基本传动功能单元使电动机运行。

D.3.4.2 I/O 数据

表 D.6 给出了状态值，表 D.7 给出了指令值。

表 D.6 基本传动和通信功能单元的状态值

名 称	规范名称	参 考	详 情
运行中	准备运行	在 PDS 状态字中占 2 位	00＝PDS 没有准备好，内部检查没有完成 01＝PDS 合理的准备 10＝PDS 接上电源 11＝PDS 准备运行
	实际运行模式	在 PDS 状态字中占 3 位	000…111＝运行模式＃0…＃7

表 D.7 基本传动和通信功能单元的指令值

名 称	规范名称	参 考	详 情
运行	激活传动	在 PDS 控制字中占 3 位	见 IEC 61800-7-204
	运行模式	在 PDS 控制字中占 3 位	000…111＝运行模式＃0…＃7

D.3.4.3 状态

状态机在 IEC 61800-7-204 的 7.11 中有详细定义，描述 PDS 基本传动功能单元可能的控制顺序。

D.3.4.4 参数

基本传动功能单元的性能，可使用服务通道(SVC)通过参数配置。如果在已选择的运行模式中已使用相关的控制环，则根据应用情况设置这些参数。更多细节和进一步的参数在 IEC 61800-7-204 的第 8 章和第 9 章中有详细解释。

D.3.5 可选应用功能单元

带有 SERCOS 规范 PDS 可提供可选应用功能单元。这些功能单元将在 IEC 61800-7-204 的第8 章中进一步描述。

D.4 应用模式

D.4.1 总则

在 SERCOS 规范中，用规范运行模式代替应用模式。

本标准提供了定义多种运行模式和从一个模式转到另一个模式的程序方法。每一种运行模式都通过适当的 IDN 详细定义。

PDS 运行模式通过在每个通信循环中被传输的控制字设置。控制字允许系统在一个主操作模式和最多到 7 的次操作模式之间选择。激活模式的响应在 PDS 的状态字中出现，状态字也在每个通信循环中被传输。

所有操作模式在单独的 IDN 中有各自的定义，如表 D.8 所示。

表 D.8 运行模式的 IDN

IDN 的操作模式定义	规 范
S-0-0032	主运行模式
S-0-0033	次运行模式 1
S-0-0034	次运行模式 2
S-0-0035	次运行模式 3
S-0-0284	次运行模式 4
S-0-0285	次运行模式 5
S-0-0286	次运行模式 6
S-0-0287	次运行模式 7
S-0-0292	支持的运行模式的列表

运行模式如下表所示：

——无运行模式被定义；

——转矩控制；

——速度控制；

——位置控制；

——插值法；

——定位；

——无控制环的运行模式。

注：位置控制、插值法和定位根据配置使用，并且：

- 反馈值为 1，或；
- 反馈值为 2，或；
- 反馈值为 1 和 2；
- 有跟踪错误，或
- 无跟踪错误(滞后较小)。

SERCOS 定义了 6 个不同标准报文(见表 D.9 和表 D.10)，此报文能用于典型的运行模式，并且一个应用报文(报文编号 7)能由用户配置。

表 D.9 被支持的应用模式

IEC 61800-7 应用模式	相当于 SERCOS 规范术语
转矩控制	控制字 位 15 到 9=00××× ×××，位 8 到 0=0 0000 0001 传动中转矩控制运行模式，标准报文 1(在 MDT 中 S-0-0080)或报文 7
带有速度反馈的转矩控制	可配置的应用报文 (报文 7)
速度预置	可配置的应用报文 (报文 7)

表 D.9（续）

IEC 61800-7 应用模式	相当于 SERCOS 规范术语
速度控制	控制字 位 15 到 9＝00××× ×××，位 8 到 0＝0 0000 0010 传动中速度控制运行模式。位置反馈采集和位置环关闭发生在控制单元中，标准报文 6(在 MDT 中 S-0-0036)或报文 7
带有位置反馈的速度控制	传动中速度控制运行模式。位置反馈采集发生在传动中。位置环关闭发生在控制单元中，标准报文 3(在 MDT 中 S-0-0036，在 AT 中 S-0-0051/53)或报文 7
位置预置	可配置的应用报文(报文 7)
位置控制	传动中位置控制运行模式。位置反馈采集发生在传动和位置环关闭，标准报文 4(在 MDT 中 S-0-0047，在 AT 中 S-0-0051/53)或报文 7

表 D.10　附加应用模式

SERCOS 应用模式	详　情
带速度反馈的速度控制	传动中速度控制运行模式。速度反馈采集和速度环关闭发生在 PDS 中，MDT 中的 S-0-0036，AT 中的 S-0-0040
位置和速度可转换控制	PDS 中的速度和位置运行模式。在速度和位置控制之间转换模式
用户可配置的	通过使用可配置的报文 7，I/O 数据的任何组合都能被配置，其他的可在卖主特定的基础上添加

D.4.2　转矩控制

转矩特定的 I/O 数据和装置参数在表 D.11 和表 D.12 中给出。更多的细节和进一步的参数在 IEC 61800-7-204 中详细解释。

表 D.11　规范转矩模式的 I/O 数据

IEC 61800-7 I/O 数据	相当于 SERCOS 规范术语
指令	控制字
状态	状态字
设定值转矩	转矩指令值(S-0-0080) 附加转矩指令值(S-0-0081)
实际转矩	转矩反馈值(S-0-0084)

注：其他应用模式可由卖主指定添加。

表 D.12　转矩控制的配置数据

SERCOS IDN 编号	SERCOS IDN 名称
S-0-0085	转矩极性参数
S-0-0086	转矩/力数据比例类型

表 D.12（续）

SERCOS IDN 编号	SERCOS IDN 名称
S-0-0093	转矩/力数据比例因数
S-0-0094	转矩/力数据比例指数
S-0-0013	3 级诊断
S-0-0082	正转矩极限值
S-0-0083	负转矩极限值
S-0-0092	双极转矩极限值
S-0-0334	状态“$T \geqslant T_{limit}$”
S-0-0106	电流环比例增益 1
S-0-0107	电流环积分动作时间 1
S-0-0119	电流环比例增益 2
S-0-0120	电流环积分动作时间 2
S-0-0155	摩擦转矩补偿
S-0-0163	重量平衡

D.4.3 速度控制

速度特定的 I/O 数据和装置参数在表 D.13 和表 D.14 中给出。更多的细节和进一步的参数在 IEC 61800-7-204 中详细解释。

表 D.13 规范速度模式的 I/O 数据

IEC 61800-7 I/O 数据	相当于 SERCOS 规范术语
指令	在 PDS 控制字中占 3 位
状态	在 PDS 控制字中占 3 位
设定速度	速度指令值(S-0-0036) 附加速度指令值(S-0-0037)
实际速度	速度反馈值 1(S-0-0040) 速度反馈值 2(S-0-0156)

表 D.14 速度控制的配置数据

SERCOS IDN 编号	SERCOS IDN 名称
S-0-0043	速度极性参数
S-0-0044	速度数据比例类型
S-0-0045	速度数据比例因数
S-0-0046	速度数据比例指数
S-0-0038	正速度极限值

表 D.14（续）

SERCOS IDN 编号	SERCOS IDN 名称
S-0-0039	负速度极限值
S-0-0091	双极速度极限值
S-0-0100	速度环比例增益
S-0-0101	速度环积分动作时间
S-0-0102	速度环微分时间
S-0-0347	速度错误
S-0-0377	速度反馈监控窗口
S-0-0392	速度反馈滤波器
S-0-0013	3 级诊断
S-0-0038	正速度极限值
S-0-0039	负速度极限值
S-0-0091	双极速度极限值
S-0-0335	状态“$n_{command} > n_{limit}$”
S-0-0339	状态“$n_{feedback} \leq$ 最小轴速”
S-0-0340	状态“$n_{feedback} \geq$ 最大轴速”
S-0-0377	速度反馈监控窗口
加速度和加加速度特定值	
S-0-0136	正加速度极限值
S-0-0137	负加速度极限值
S-0-0138	双极加速度极限值
S-0-0349	双极加加速度极限

D.4.4　位置控制

位置特定的 I/O 数据和装置参数在表 D.15 和表 D.16 中给出。更多的细节和进一步的参数在 IEC 61800-7-204 中详细解释。

表 D.15　规范位置模式的 I/O 数据

IEC 61800-7 I/O 数据	相当于 SERCOS 规范术语
指令	在 PDS 控制字中占 3 位
状态	在 PDS 状态字中占 3 位
设定位置	位置指令值(S-0-0047) 附加位置指令值(S-0-0048)
实际位置	位置反馈值 1(电动机反馈,S-0-0051) 位置反馈值 2(外部反馈,S-0-0053) 跟踪距离(S-0-0189)

表 D.16 位置控制的配置数据

SERCOS IDN 编号	SERCOS IDN 名称
S-0-0055	位置极性参数
S-0-0076	位置数据比例类型
S-0-0077	线性位置数据比例因数
S-0-0078	线性位置数据比例指数
S-0-0079	转动位置分辨率
S-0-0011	1 级诊断
S-0-0049	正位置极限值
S-0-0050	负位置极限值
S-0-0055	位置极性参数
S-0-0159	监控窗口
S-0-0278	最大行程
S-0-0058	回转空隙
S-0-0104	位置环 Kv-因数
S-0-0105	位置环积分动作时间
S-0-0296	速度前馈增益
S-0-0348	加速度前馈增益
S-0-0391	位置反馈监控窗口
S-0-0392	速度反馈滤波器
S-0-0052	参考距离 1
S-0-0054	参考距离 2

D.5 规范特定的扩展

SERCOS 定义可由 PDS 装置提供的一些附加功能。这些功能包括：

a) 附加的运行模式，如：
   1) 内插式模式；
   2) 定位模式；
   3) 轴同步模式。

b) 复位程序(传动控制、NC 控制、绝对复位)；

c) 探测；

d) 以……为模。

更多细节和附加参数在 IEC 61800-7-204 中描述。

参考文献

[1] GB/T 9387.1—1998 信息技术 开放系统互连 基本参考模型 第1部分:基本模型(ISO/IEC 7498-1:1994)

[2] GB/T 9387.3—2008 信息技术 开放系统互连 基本参考模型 第3部分:命名与编址(ISO/IEC 7498-3:1997)

[3] IEC 60050-351 International Electrotechnical Vocabulary—Part 351:Control technology14

[4] Programmable controllers—Part 3:Programming languages

[5] IEC 61158(all parts),Industrial communication networks—Fieldbus specifications

[6] IEC 61158-5-12,Industrial communication networks—Fieldbus specifications—Part5-12:Application layer service definition—Type 12 elements

[7] IEC 61158-5-13,Industrial communication networks—Fieldbus specifications—Part5-13:Application layer service definition—Type 13 elements

[8] IEC 61158-5-16,Industrial communication networks—Fieldbus specifications—Part5-16:Application layer service definition—Type 16 elements

[9] IEC 61158-5-19,Industrial communication networks—Fieldbus specifications—Part5-19:Application layer service definition—Type 19 elements

[10] IEC 61158-6-12,Industrial communication networks—Fieldbus specifications—Part6-12:Application layer protocol specification—Type 12 elements

[11] IEC 61158-6-13,Industrial communication networks—Fieldbus specifications—Part6-13:Application layer protocol specification—Type 13 elements

[12] IEC 61158-6-16,Industrial communication networks—Fieldbus specifications—Part6-16:Application layer protocol specification—Type 16 elements

[13] IEC 61158-6-19,Industrial communication networks—Fieldbus specifications—Part6-19:Application layer protocol specification—Type 19 elements

[14] IEC 61491 Electrical equipment of industrial machines—Serial data link for real-time communication between controls and drives

[15] IEC 61491-1 Function blocks—Part 1:Architecture

[16] IEC 61588:2004 Precision clock synchronization protocol for networked measurement and control systems

[17] IEC 61784-1 Industrial communication networks—Profiles—Part 1:Fieldbus profiles

[18] IEC 61784-2 Industrial communication networks—Profiles—Part 2:Additional fieldbus profiles for real-time networks based on ISO/IEC 8802-3

[19] IEC 61800(all parts) Adjustable speed electrical power drive systems

[20] IEC/TS 61915 Low-voltage switchgear and controlgear—Principles for the development of device profiles for networked industrial devices

[21] IEC 62026-3 Low-voltage switchgear and controlgear—Controller-device interfaces (CDIs)—Part3:DeviceNet™

[22] ISO/IEC 2382-15 Information technology—Vocabulary—Part 15:Programming languages

[23] ISO/IEC 7498-2-1989 Information technology—Open Systems Interconnection—Basic Reference Model—Part2:Security Architecture

[24] ISO/IEC 19501 Information technology—Open Distributed Processing—Unified Modeling Language(UML) Version 1.4.2

[25] ISO 15745-1 Industrial automation systems and integration—Open systems application integration framework—Part1:Generic reference description

[26] ODVA: THE CIP NETWORKS LIBRARY—Volume 1: Common Industrial Protocol (CIPTM)—Edition 3.1,November 2006,available at〈http://www.odva.org〉

[27] ODVA: THE CIP NETWORKS LIBRARY—Volume 2: EtherNet/PTM Adaptation of CIP—Edition 1.3,November 2006,available at〈http://www.odva.org〉

[28] ODVA: THE CIP NETWORKS LIBRARY—Volume 3: DeviceNetTM Adaptation of CIP—Edition 1.3,November 2006,available at〈http://www.odva.org〉

[29] ControlNet International: THE CIP NETWORKS LIBRARY—Volume4: ControlNetTM Adaptation of CIP—Edition1.1,December 2005,available at 〈http://www.controlnet.org〉

[30] PNO/3.502:Profile Guidelines:Part1:Identification & Maintenance Functions,available at 〈http://www.profibus.com〉,Order No. 3.502

ICS 29.160.30
K 62

中华人民共和国国家标准

GB/T 12669—2012
代替 GB/T 12669—1990

半导体变流串级调速装置总技术条件

General specification for cascade speed control assembly with semiconductor converter

2012-06-29 发布　　2012-11-01 实施

中华人民共和国国家质量监督检验检疫总局
中国国家标准化管理委员会　发布

前　言

本标准依据 GB/T 1.1—2009 给出的规则起草。

本标准代替 GB/T 12669—1990《半导体变流串级调速装置总技术条件》。

本标准与 GB/T 12669—1990 相比主要技术变化如下：

——在范围一章中增加了“内馈混极式无刷交流电机、混极式无刷双馈交流电机”(见第 1 章)；

——增加了“斩波器”、“逆变颠覆”术语定义(见 3.6 及 3.14)；

——增加“适配电动机额定功率、额定电压”的内容(见 4.1.1～4.1.2)；

——增加“斩波器单元的技术特征”的内容(见 4.3.7)；

——增加了“超温保护、缺相保护、逆变颠覆保护”的内容(见 4.3.9)；

——将“干扰与抗干扰试验”改为“EMC 试验”(见 4.3.13，1990 版 4.3.16)；

——增加了“装置应具备的输入输出信号”和“装置结构与外形尺寸”内容(见 4.3.16～4.3.17)；

——增加了“超温保护试验”、“缺相保护试验”、“逆变颠覆保护试验”内容(见 5.3.10.5～5.3.10.7)；

——增加了“EMC 试验”内容(见 5.3.12)；

——将“高、低温循环试验”、“高温存放试验”、“振动试验”、“跌落冲击试验”纳入“环境试验”项目下(见 5.3.15)。

本标准由中国电器工业协会提出。

本标准由全国电力电子学标准化技术委员会(SAC/TC 60)归口。

本标准主要起草单位：广东华拿东方能源有限公司、天津电气传动设计研究所。

本标准主要起草人：张淼、董桂敏、苏勇华、刘娟。

本标准所代替标准的历次版本发布情况为：

——GB/T 12669—1990。

半导体变流串级调速装置总技术条件

1 范围

本标准规定了半导体变流串级调速装置的术语和定义、技术要求、试验、标志、包装、运输和贮存。

本标准适用于利用半导体电力变流器调节交流绕线转子感应电动机、内馈混极式无刷交流电机和混极式无刷双馈交流电机速度的串级调速装置(以下简称装置)。

2 规范性引用文件

下列文件对于本文件的应用是必不可少的。凡是注日期的引用文件,仅注日期的版本适用于本文件。凡是不注日期的引用文件,其最新版本(包括所有的修改单)适用于本文件。

GB/T 2900.1—2008 电工术语 基本术语

GB/T 2900.33—2004 电工术语 电力电子技术

GB/T 3047.1 高度进制为 20 mm 的面板、架和柜的基本尺寸系列

GB/T 3797—2005 电气控制设备

GB/T 3859.1—1993 半导体变流器 基本要求的规定

GB 4208—2008 外壳防护等级(IP 代码)

GB/T 4588.1 无金属化孔单双面印制板分规范

GB/T 4588.2 有金属化孔单双面印制板分规范

GB/T 17626.2—2006 电磁兼容 试验和测量技术 静电放电抗扰度试验

GB/T 17626.3—2006 电磁兼容 试验和测量技术 射频电磁场辐射抗扰度试验

GB/T 17626.4—2008 电磁兼容 试验和测量技术 电快速瞬变脉冲群抗扰度试验

GB/T 17626.5—2008 电磁兼容 试验和测量技术 浪涌(冲击)抗扰度试验

JB/T 9664—1999 电控设备用无焊绕接连接一般要求及试验方法

3 术语和定义

GB/T 2900.1—2008、GB/T 2900.33—2004 界定的以及下列术语和定义适用于本文件。

3.1

半导体变流串级调速装置 cascade speed control assembly with semiconductor converter

在绕线转子感应电动机的转子电路中,以改变变流器产生的反电势的大小调节转速,并通过变流器将转差功率回馈到交流电网或从交流电网吸收能量的串级调速装置。

3.2

低同步串级调速装置 low-synchronous cascade speed control assembly

受控电动机的转子只能向交流电网输出能量,从而实现低于同步转速运行的串级调速装置。

3.3

超同步串级调速装置 super synchronous cascade speed control assembly

受控电动机的转子可从交流电网吸收能量,也可向交流电网输出能量,当转子从交流电网吸收能量

时，可实现超同步转速运行的串级调整装置。

3.4

转子侧变流器　rotor-side converter

连接在转子侧与中间直流环节间的变流器。

3.5

网侧变流器　line-side converter

连接在电网侧(或变压器侧)与中间直流环节间的变流器。

3.6

斩波器　chopper

借助于电子器件，利用强迫换相实现直流变换(直流到直流)的变流器。其输出端输出的是可调的直流电压。

[GB/T 12668.1—2002,2.2.6]

3.7

装置的功率因数　assemble power factor

装置网侧有功功率与表观功率之比。

3.8

谐波含量　harmonic content

一个周期量中各谐波分量之和。

[GB/T 2900.33—2004,551-20-12]

3.9

总谐波畸变率　total harmonic distortion

谐波含量的方均根值对交流量的基波分量分量或基准基波分量的方均根值之比。

[GB/T 2900.33—2004,551-20-13]

3.10

电压暂降　voltage dip

在电气供电系统某一点上的电压突然减少到低于规定的阈值，随后经历一段短暂的间隔恢复到正常值。

[GB/T 17626.11—2008,3.3]

3.11

额定直流电压　rated d. c. voltage

在电机的调速范围内，转子侧最大转差电压的整流电压(平均值)，即转子侧变流器直流输入端子间的直流电压。

3.12

额定直流电流　rated d. c. current

转子侧与网侧变流器间的直流环节允许长期通过的最大直流电流(平均值)。

3.13

效率　efficiency

装置的输出有功功率与输入有功功率之比。

3.14

逆变颠覆　invertion subversion

电路在逆变状态运行时，回路电阻很小，如果出现晶闸管换流失败，将产生很大的短路电流，以至可能将晶闸管和变压器烧毁的情况。

注：此定义只对晶闸管电路适用。

4 技术要求

4.1 主要技术参数

4.1.1 适配电动机额定功率

适配电动机额定功率范围在 100 kW～5 000 kW 之间。

4.1.2 适配电动机额定电压

适配电动机额定电压可为 380 V～10 kV。

4.1.3 额定直流电压

直流电压额定值可在下列数值中选取：

90,(100),(110),125,160,200,(220),250,315,355,400,450,500,630,800,1 000,1 250,(1 400),1 600 V。

注：括号内的数值为非推荐值。

4.1.4 额定直流电流

直流电流额定值可在下列数值中选取：

(30),(40),50,(63),80,100,(125),(160),200,(250),315,400,500,630,800,(900),1 000,1 250,1 600,(1 800),2 000 A。

注：括号内的数值为非推荐值。

4.2 环境条件

4.2.1 工作环境温度

装置应在下述环境温度条件下工作：

a) 冷却媒质温度

冷却媒质为空气时：0 ℃～40 ℃；

冷却媒质为水时：5 ℃～35 ℃；

冷却媒质为油时：－5 ℃～30 ℃。

b) 环境温度

装置的工作环境温度为 5 ℃～40 ℃，温度变化率应不大于 5 ℃/h。

4.2.2 相对湿度

空气的最大相对湿度不超过 90％(空气温度 20 ℃时)。相对湿度的变化每小时不超过 5％，且不得出现凝露。

4.2.3 环境空气

运行地点应无导电或爆炸尘埃，无腐蚀金属或破坏绝缘的气体或蒸汽。

4.2.4 振动

装置安装地点允许的振动条件：振动频率严酷等级为 10 Hz～150 Hz 时，振动加速度不大于 5 m/s^2。当装置受安装地点振动而产生共振时，应采取避开响应频率的措施。

4.2.5 海拔

安装使用地点的海拔不超过 1 000 m。

注：对于在海拔高于 1 000 m 处使用的装置，有必要考虑介电强度的降低和空气冷却效果的减弱。在这些条件下使用的控制装置，按照制造厂与用户之间的协议进行设计和使用。

4.2.6 安装倾斜度

对于垂直安装的装置，安装倾斜度不得超过 5°。

4.2.7 供电电源

对供电电源的要求如下：

a) 电压波动不超过±10%，短暂波动不超过−15%～10%。

b) 频率波动不超过±2%，频率的变化速度不超过±1%/s。

注：频率的负波动和电压的正波动不能同时发生。

c) 三相电源的负序分量不超过正序分量的 5%。

d) 电压的稳态相对谐波含量的方均根值不超过 10%。其中，任何奇次谐波不超过 5%，任何偶次谐波不超过 2%，短时(持续时间短于 30 s)出现的任意一次谐波含量不超过 10%。

e) 图 1 所示交流电压的缺口深度不应超过工作电压峰值 U_{LWM} 的 40%，缺口宽度不应超过 30°(电角度)，缺口面积不应超过最大允许缺口宽度与最大允许缺口深度乘积的十分之一。

f) 非重复和重复瞬态电压与工作电压峰值之比应符合式(1)和式(2)：

$$\frac{U_{LSM}}{U_{LWM}} \leqslant 2.5 \qquad \cdots\cdots(1)$$

$$\frac{U_{LRM}}{U_{LWM}} \leqslant 1.3 \qquad \cdots\cdots(2)$$

式中：

U_{LWM}——工作电压峰值，单位为伏(V)；

U_{LSM}——非重复瞬态电压峰值，单位为伏(V)；

U_{LRM}——重复瞬态电压峰值，单位为伏(V)。

非重复峰值电压脉冲(见图 2)前沿时间 t_r 为 1 μs，宽度 t_W(幅度的一半处)为 3 μs～300 μs 之间。对装有独立变压器的装置，瞬态电压的能量应符合式(3)：

$$W_S \leqslant 400S_{tN} \qquad \cdots\cdots(3)$$

式中：

W_S——瞬态电压的能量，单位为焦耳(J)；

S_{tN}——变压器的额定容量，单位为兆伏安(MVA)。

对无独立变压器而连接到公共母线上的装置，其过电压抑制装置应与前一级公共变压器匹配。

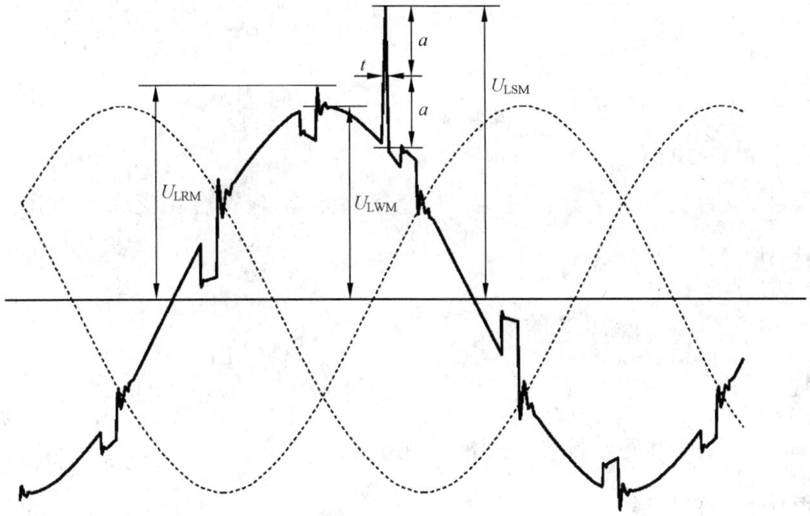

图 1 交流电网电压波形

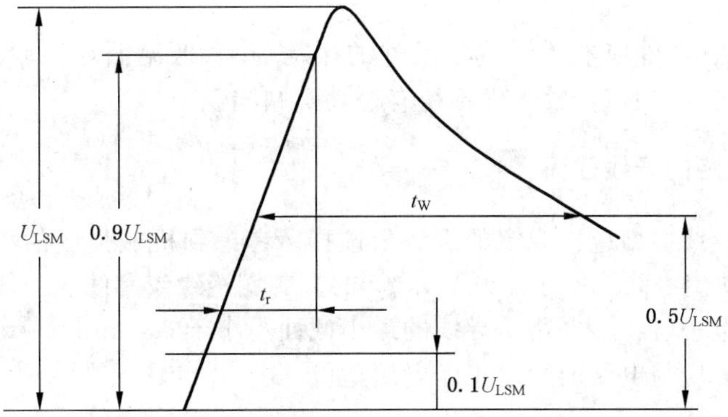

图 2 非重复峰值电压脉冲波形

4.2.8 异常工作条件

对下列环境之一的情况，作为异常工作条件下的技术要求(在用户和制造厂的协议中规定)：

a) 异常的机械应力(如振动和冲击)；

b) 环境空气中含有过量的粉尘；

c) 暴露在盐雾、滴水或腐蚀性的气体中；

d) 暴露在水蒸气或油雾中；

e) 暴露在爆炸性的尘埃或气体中；

f) 暴露在放射性的辐射中；

g) 高温或高湿的使用环境；

h) 温度波动超过 5 ℃/h，相对湿度的变化每小时超过 5%；

i) 海拔高于 1 000 m；

j) 4.2 未包括的其他异常工作条件。

4.3 基本要求

4.3.1 部件和辅件的一般要求

4.3.1.1 元器件

装置上的元器件、电力变流变压器、电抗器、快速熔断器等,应符合相应标准的规定和安装规程。

4.3.1.2 印制电路板

符合 GB/T 4588.1、GB/T 4588.2 的规定。

4.3.1.3 接线辅件

符合 GB/T 3797—2005 和各辅件本身标准的规定。

4.3.1.4 压接、焊接和绕接接线

压接、焊接接线的装配尺寸应符合有关标准的规定。用于控制电路中的绕接接线应符合相应标准的规定。无焊接连接符合 JB/T 9664—1999 的规定。

4.3.1.5 装焊后的印制电路板、插件

装焊后的印制电路板、插件应能承受规定条件的振动与高、低温循环试验。其电气性能应符合要求,元器件不得有虚焊、脱焊或脱落,紧固件不得有松动等缺陷。

4.3.1.6 装置中控制电路的导线截面

装置中控制电路的导线截面应按规定的载流量选择。考虑到机械强度的需要,一般应采用截面不小于 0.75 mm^2 的单芯铜绝缘线或不小于 0.5 mm^2 的多芯铜绝缘绞和线。对于电流较小的电路[如电子逻辑电路或类似的低电平(信号)电路],导线的最小截面不小于 0.2 mm^2。

导线的额定绝缘电压应与电路的额定工作电压适应。

4.3.2 绝缘电阻与介电强度

在环境温度为 20 ℃和相对湿度为 90%时,主电路带电部分与地(外壳)之间的绝缘电阻应不小于 1 MΩ。绝缘电阻值仅供介电强度试验的辅助性判别。

各带电电路对地(外壳)和彼此无电连接的电路之间的介电强度试验电压见表 1。

表 1 介电强度试验电压

额定绝缘电压 U_i/V	试验电压/V
$U_i \leqslant 60$	500[a]
$60 < U_i \leqslant 125$	1 000
$125 < U_i \leqslant 250$	1 500
$250 < U_i \leqslant 500$	2 000
$U_i > 500$	$2U_i + 1\ 000$

4.3.3 温升

装置内部各部位的温升应符合表 2 的规定。

表 2　温升

部件与器件	材料与被覆	温升/K
电力半导体器件及元器件	—	不超过相应标准的规定
连接于一般低压电器的母线连接处的母线	紫铜、无被覆层	60
	紫铜、搪锡	65
	紫铜、镀银	70
	铝、超声波搪锡	55
连接于电力半导体器件的母线连接处的母线	紫铜、无被覆层	45
	紫铜、搪锡	55
	紫铜、镀银	70
	铝、超声波搪锡	35
与半导体器件相接的塑料绝缘导线、橡皮绝缘导线	—	45

变流变压器的温升应符合 GB/T 3859.1—1993 的规定。

4.3.4　主电路的相序排列

主电路的相序排列按表 3 规定。

表 3　主电路的相序排列

类别	垂直排列	水平排列	前后排列
A 相	上方	左方	远方
B 相	中方	中方	中方
C 相	下方	右方	近方
正极	上方	左方	远方
负极	下方	右方	近方
(中性线)	最下方	最右方	最近方
注 1：表中所列以控制柜(箱)的正视方向为基准。			
注 2：对无法区分相序和极性的电路，可不作规定。			

4.3.5　电气间隙与爬电距离

装置中各带电电路之间以及带电零部件与导电零部件或接地零部件之间的电气间隙和爬电距离应符合表 4 的规定。

作为装置组成部件的电气元件和单元，其电气间隙和爬电距离应符合相应标准的规定。

表 4　电气间隙与爬电距离

额定绝缘电压 U_i/V		额定电流≤63 A		额定电流>63 A	
交流	直流	电气间隙/mm	爬电距离/mm	电气间隙/mm	爬电距离/mm
$U_i \leqslant 60$	$U_i \leqslant 75$	2	3	3	4
$60 < U_i \leqslant 250$	$75 < U_i \leqslant 300$	3	4	5	8
$250 < U_i \leqslant 380$	$300 < U_i \leqslant 450$	4	6	6	10

表 4（续）

额定绝缘电压 U_i/V		额定电流≤63 A		额定电流>63 A	
交流	直流	电气间隙/mm	爬电距离/mm	电气间隙/mm	爬电距离/mm
380<U_i≤500	450<U_i≤600	6	10	8	12
500<U_i≤660	600<U_i≤700	6	12	8	14
660<U_i≤750	700<U_i≤800	10	14	10	20
750<U_i≤1 140	800<U_i≤1 200	14	20	14	28
注：表中所列为交流方均根值或直流值。					

4.3.6 触发单元

触发单元的下列指标应符合相应的具体产品标准规定：

——触发脉冲的输出电压或电流的幅值与宽度；

——触发脉冲的前沿陡度；

——各相脉冲的不对称度；

——脉冲移相范围；

——“输入-输出”特性。

4.3.7 斩波器单元

斩波器单元的驱动信号的下列指标应符合相应的具体产品标准规定：

——输出电压幅值；

——输出电压宽度；

——前沿陡度；

——频率。

4.3.8 工作制等级

装置的工作制等级应符合 GB/T 3859.1—1993 的规定。

工作制等级一般选Ⅲ级或Ⅳ级：

Ⅲ级：在额定电流下允许长期连续工作，在 1.5 倍额定电流下允许连续工作 2 min，在 2 倍额定电流下允许连续工作 10 s；

Ⅳ级：在额定电流下允许长期连续工作，在 1.5 倍额定电流下允许连续工作 2 h，在 2 倍额定电流下允许连续工作 10 s。

当有特殊工作制要求时，由用户与制造厂协商。

4.3.9 保护

装置应设置（但不限于）下列保护：

a） 过电流、过电压和欠电压保护；

b） 短路保护；

c） 电压暂降保护；

d） 超温保护；

e） 缺相保护；

f） 逆变颠覆保护。

4.3.10 接地

4.3.10.1 接地电阻和标志

装置应可靠接地。

可能触及的金属部件与接地点间的电阻应不大于0.1 Ω。接地导线应使用黄/绿相间的双色线。接地点应有明显的接地标志。

4.3.10.2 防触电的保护接地

装置应有防触电措施。金属结构体的架、门和盖应可靠接地。接地点的导线截面应符合表5的规定。

表5 接地点的导电截面

给装置馈电的主导线的截面积 S/mm^2	主接地点的导线的截面积/mm^2
$S \leqslant 16$	等于主导线的截面积
$S > 16$	最小为主导线截面积的50%，但不小于16 mm^2

4.3.10.3 功能接地

装置中可设置保证预定功能（如抗干扰）的接地。

4.3.11 噪声

在正常工作条件下，装置运行时发出的噪声应不高于80 dB(A声级)。

对不需要经常操作、监视或维护的装置，经用户和制造厂协商，其噪声可高于上述数值，但不得高于90 dB(A声级)。

4.3.12 冷却

装置可采用自然冷却、强迫风冷却、水冷却或其他介质冷却。

采用自然冷却时，散热器周围应留有足够的空间间隙。采用水冷却时，管路施加(40±5)kPa的水压，保持30 min，应无任何渗漏现象。采用油浸冷却时，管路施加(35±5)kPa的油压，保持12 h，应无任何渗漏和油箱变形现象。

4.3.13 电磁兼容性(EMC)

装置应能在4.2.7规定的电源条件下正常工作，还应能承受一般环境下的电磁干扰。

装置对电网的干扰，以及对安装地点附近的弱电系统（例如通信系统）可能造成的干扰，应由制造厂与用户协商采取措施抑制。

4.3.14 谐波含量

用户对装置的输出波形提出要求时，应与制造厂协商确定谐波含量。

4.3.15 外壳防护等级

装置柜体（外壳）的防护等级应符合GB 4208—2008中IP2X级的规定。

4.3.16 装置应具备的输入输出信号

装置应具备的输入输出信号主要包括如下几种：

——起动信号；

——停止信号；

——调速信号；

——全速信号；

——速度给定信号(4 mA～20 mA/0～10 V/数字量)输入；

——工艺给定信号(4 mA～20 mA/0～10 V/数字量)输入；

——实际速度信号(4 mA～20 mA/0～10 V/数字量)输出；

——实际工艺信号(4 mA～20 mA/0～10 V/数字量)输出。

4.3.17 装置结构与外形尺寸

装置的结构与外形尺寸应符合以下要求：

——装置内安装有照明灯；

——装置顶部装有起吊钩、各单元有门锁；

——装置尺寸应符合 GB/T 3047.1 的规定。

5 试验

5.1 试验分类

5.1.1 一般规定

装置的试验分为出厂试验和型式试验。

5.1.2 型式试验

型式试验用以验证被试装置是否符合本标准的规定。型式试验应在一台装置样品上，或在按相同(或类似)设计制造的多台装置或部件上进行。

凡具有下列情况之一的，应进行型式试验：

——新产品或老产品转厂生产的试制定型鉴定；

——已定型的产品，当设计、工艺或关键材料更改可能影响产品性能时；

——正常生产时，定期或积累一定产品后的周期性试验；

——产品长期停产后，恢复生产时；

——出厂试验结果与上次型式试验有较大差异时；

——国家质量监督机构提出型式试验要求时。

型式试验时，产品只有一项不合格时，允许返工后再对该项目进行复试。若复试仍不合格，则该产品为不合格品。

5.1.3 出厂试验

出厂试验用以检验器件、材料、工艺上的缺陷。每台装置都应进行出厂试验。

在出厂试验过程中，若任意一项不合格，均判为该装置试验不合格。

5.2 试验项目

装置的出厂试验、型式试验项目及有关试验要求如表 6 所示。

表 6 试验项目

试验项目	型式试验	出厂试验	试验方法、要求的章条号
一般检验	√	√	5.3.1、4.3.1
外壳防护等级试验	√	—	4.3.15
电气间隙与爬电距离检查	√	√	4.3.5
绝缘电阻测量	√	√	5.3.2、4.3.2
介电强度试验	√	√	5.3.3、4.3.2
触发单元特性试验	√	√	4.3.6
轻载试验	√	√	5.3.4
均衡度测量	√	√	5.3.16
低压电流试验	√	√	5.3.5
连续运行试验	√	(√)	5.3.17
直流电压(中间直流环节)试验	√	√	5.3.6
调速性能试验	√	—	5.3.7
负载试验	√	—	4.3.8
效率测定	√	—	5.3.8
功率因数测定	√	—	5.3.9
过电流、过电压和欠电压保护试验	√	(√)	5.3.10.1、5.3.10.2
短路保护试验	√	—	5.3.10.3
电压暂降试验	√	—	5.3.10.4
超温保护	√	(√)	5.3.10.5
缺相保护	√	√	5.3.10.6
逆变颠覆保护	√	√	5.3.10.7
温升试验	√	—	5.3.11、4.3.3
EMC 试验	√	—	5.3.12、4.3.13
谐波含量测定	(√)	—	5.3.13、4.3.14
噪声测量	√	—	5.3.14、4.3.11
冷却性能试验	√	—	4.3.12
气候环境试验	√	—	5.3.15.5
高、低温循环试验(控制单元)	√	(√)	5.3.15.1
高、低温存放试验	√	—	5.3.15.2
振动试验	√	—	5.3.15.3
跌落冲击试验	√	—	5.3.15.4

注 1：带括号的试验项目由用户与制造厂协商确定。

注 2：大容量装置的负载试验在运行现场进行，或由用户与制造厂协商确定。

5.3 试验方法

5.3.1 一般检查

按 GB/T 3797—2005 的 5.2.1 的进行。

5.3.2 绝缘电阻测量

用于绝缘电阻测量的兆欧表电压等级，应符合表 7 的规定。

表 7 兆欧表电压等级

额定绝缘电压 U_i/V	兆欧表电压等级/V
$U_i \leqslant 60$	250
$60 < U_i \leqslant 250$	500
$250 < U_i \leqslant 600$	1 000

试验时，对于不能承受规定的兆欧表电压等级的某些元器件（如半导体器件、电容器）应将其短接。采用水冷却的装置应在无水的情况下测量。

测量应在电路与柜体的接地部件之间及彼此无电联结的导电部件之间进行。

5.3.3 介电强度试验

试验应在电路与接地部件之间以及彼此无电联结的导电部件之间进行。

试验前，主电路中的所有半导体器件的端子应短接，印制电路板可拔除。对绝缘材料的外壳，应在其相应部位敷以导电箔。

对某些有可能因其绝缘损坏将高电压引入低电压电路的部件（如脉冲变压器、互感器等），应在试验时承受相应较高的试验电压。

试验电压为工频正弦波电压，其值应符合表 1 的规定。当因电磁滤波元件的存在而无法施加交流试验电压时，可采用直流电压，其值应等于规定的交流试验电压峰值。

试验时，试验电压从零升到规定值的时间不应短于 10 s。达到规定值后，保持 1 min，且未发现击穿、闪络现象，即为合格。

采用水冷却的装置，介电试验应分两步进行：在无冷却水时，施加的试验电压应符合本标准规定；在有冷却水时，施加的试验电压应符合具体产品标准规定。

出厂试验时，试验电压达到规定值后，保持的时间可缩短为 1 s。

5.3.4 轻载试验

对于出厂试验，试验可在额定输出电压下进行。对于型式试验，试验应分别在最高和最低输出电压下进行。试验时，负载电流能满足试验要求即可。

对于 2 kVA 及其以下的装置，可不进行轻载试验。

5.3.5 低压电流试验

试验时，装置的输出端应连接模拟负载。主电路的输入端可通过变压器或调压器施加较低的电压，其值应足以使装置输出 100%的额定电流。装置的控制、操作及辅助电路均应连接至电压为额定值的独立电源。

试验时，冷却介质的流速（或流量）和温度应符合正常工作条件。

试验时，应使装置输出额定电流连续运行不少于 20 min。

5.3.6 直流电压(中间直流环节)试验

在规定的电源电压波动范围和轻载情况下，装置直流环节输出电压可从零调至额定输出(相当于电机由最高转速调至最低转速)。

5.3.7 调速性能试验

5.3.7.1 试验方法

将装置的转子侧连接至容量适当的三相交流绕线转子感应电动机的转子绕组。装置的网侧连接至逆变变压器阀侧后，与供电电网连接。电动机的定子直接与供电电网连接。电动机输出轴带动一个模拟负载。如有试验条件，也可将装置连接至一套模拟装置(传动电动机和负载的各个环节均可通过模拟装置进行模拟)。

对速度控制系统试验时，调节装置的输出，使电动机在规定的调速范围内运行，并在指定的工作转速下测量转速变化率和调速范围。

5.3.7.2 转速变化率与相对于额定转速的转速变化率

a) 转速变化率(s)是指在某一指定转速下，负载由空载(一般不大于额定负载的 10%)到额定负载变化时，空载转速 n_0 和额定负载下的转速 n 之差与额定负载下的转速 n 之比的百分数。可用式(4)计算：

$$s=\frac{n_0-n}{n}\times 100\% \qquad \cdots\cdots(4)$$

式中：

n_0——在某一指定转速下，当实际负载为空载(不大于额定负载的 10%)的转速，单位为转每分钟(r/min)；

n——在某一指定转速下，当实际负载为额定负载时的转速，单位为转每分钟(r/min)。

b) 相对于额定转速的转速变化率(s_e)是指在某一指定转速下，负载由空载(不大于额定负载的 10%)到额定负载变化时，空载转速 n_0 和额定负载下的转速 n 之差与额定转速 n_e 之比的百分数。可用式(5)计算：

$$s_e=\frac{n_0-n}{n_e}\times 100\% \qquad \cdots\cdots(5)$$

式中：

n_e——电动机的额定转速，单位为转每分钟(r/min)。

注 1：本条和 5.3.7.3 中的“负载”是指装置输出给电动机的主电路电流，而不是指其输出功率。

注 2：两种转速变化率的定义应在相应标准中明确选定。

5.3.7.3 调速范围(调速比)

调速范围(D)是指在额定负载下，转速变化率 s 不大于规定值时，从最高工作转速 n_{max} 到最低工作转速 n_{min} 的可调范围。可用式(6)计算：

$$D=n_{max}/n_{min} \qquad \cdots\cdots(6)$$

式中：

n_{max}——符合规定的转速变化率时的最高工作转速，单位为转每分钟(r/min)；

n_{min}——符合规定的转速变化率时的最低工作转速，单位为转每分钟(r/min)。

5.3.8 效率测定

装置的效率测定应在电网频率、负载电流及直流电压为额定条件下进行。测定方法可采用直接测量法或确定损耗测量法。

装置的效率 η_{CZ} 可用式(7)计算：

$$\eta_{CZ}=\frac{P_{CZC}}{P_{CZR}}\times 100\%=\frac{P_{CZC}}{P_{CZC}+P_{CZJ}}\times 100\% \quad \cdots\cdots(7)$$

式中：

η_{CZ} ——装置的效率；

P_{CZR}——装置的输入有功功率，单位为千瓦(kW)；

P_{CZC}——装置的输出有功功率，单位为千瓦(kW)；

P_{CZJ} ——装置损耗的有功功率，单位为千瓦(kW)。

装置的损耗 P_{CZJ} 包括：半导体功率器件及联结器件的损耗，逆变变压器、电抗器的损耗，控制电路、操作电路和信号电路等的损耗。

5.3.9 功率因数测定

在测定功率因数时，如无其他规定，应在额定条件下进行。

在 GB/T 3859.1—1993 规定的允差下，可采用直接测量法或其他方法确定装置的功率因数。

5.3.10 保护性能试验

5.3.10.1 过电压保护

试验时，将输入电压、输出电压和负载电流调整至额定值。

按相关标准规定选择检测点。当检测点的电压超过规定值时，过电压保护应可靠动作，并发出声、光报警信号。

5.3.10.2 过电流保护

当负载电流超过规定值时，过电流保护应可靠动作，同时切断主电路(或切换到全速运行状态)，并发出声、光报警信号。

5.3.10.3 短路保护

在直流侧与电路臂之间人为短路的情况下，检查快速熔断器、快速开关、交流侧保护器的正确动作。

快速熔断器应在发生内部短路(如器件击穿、直通)时及时熔断。除故障发生时通过反向电流的元器件外，其他元器件不应损坏。

对于大容量装置，短路试验为选做试验。

5.3.10.4 电压暂降保护

可选用专门的电压跌落发生器或使用可控制停电时间的电子开关进行试验。

试验时，电压暂降时间及电压跌落数值按具体产品标准确定。

5.3.10.5 超温保护

在负载试验时，人为关掉冷却设备，使器件的温度升高。当检测点温度≥(85 ℃±2 ℃)时，超温保护动作应可靠，同时，装置立即将电动机切换到全速运行状态或与此刻相同转速的调速运行状态。

5.3.10.6 缺相保护

在人为的输出缺相情况下，缺相保护应可靠动作，同时，装置立即将电动机切换到全速运行状态或与此刻相同转速的调速运行状态。

5.3.10.7 逆变颠覆保护

在人为的逆变颠覆情况下，逆变颠覆保护应可靠动作，同时，装置立即将电动机切换到全速运行状态或与此刻相同转速的调速运行状态。

注：此试验只对晶闸管电路适用。

5.3.11 温升试验

温升试验时，装置应在规定的散热条件下，对需要检验的电路或部件通以额定工作电流（包括额定电流和规定的过载电流）。该电流可由装置本身产生，也可由外部电源供给。

试验应维持足够长的时间，以使各种部位的温度达到热平衡。

温度测量可使用热电偶。热电偶的装设应防止空气流动或热辐射影响。

试验时，周围环境温度应为 10 ℃～40 ℃。

装置的温升应符合表 2 规定。

5.3.12 EMC 试验

5.3.12.1 抗干扰试验

5.3.12.1.1 电快速瞬变/脉冲群抗扰度

按 GB/T 17626.4—2008 规定的方法和程序进行。

5.3.12.1.2 浪涌抗扰度

按 GB/T 17626.5—2008 规定的方法和程序进行。

5.3.12.1.3 射频电磁场辐射抗扰度

按 GB/T 17626.3—2006 的规定方法和程序进行。

5.3.12.1.4 静电放电抗扰度

按 GB/T 17626.2—2006 的规定方法和程序进行。

5.3.12.2 发射试验

按 GB/T 3797—2005 的 5.2.12.3 进行。装置的电网终端骚扰电压限值应符合表 8 的规定。装置的电磁辐射干扰限值应符合表 9 的规定。

表 8 电网终端骚扰电压限值

频带/MHz	准峰值/dB(μV)	平均值/dB(μV)
$0.15 \leqslant f < 0.50$	79	66
$0.5 \leqslant f < 5.0$	73	60
$5.0 \leqslant f < 30.0$	73	60

表 9 电磁辐射干扰限值

频带/MHz	电场强度分量/dB(μV/m)	测量距离/m
30≤f<230 230≤f<1 000	30 37	30[a]

[a] 若采用在 10 m 处进行测量，则 30 m 距离的发射限值应增加 10 dB。如果由于高环境噪声电平等原因不能在 10 m 处进行测量，可在近距离(例如 3 m)处测量后加以修正。

5.3.13 谐波测定

谐波测量在额定工作制下，采用直接测定输出电流谐波分量的方均根值或幅值的方法。

使用谐波分析仪测量基波及高次谐波(至 19 次)的方均根值或幅值。随后，将电流降至规定的最小值，再次测量各次谐波。

如果输出电流的谐波分量的方均根值或幅值符合具体产品标准的规定，则认为合格。

5.3.14 噪声测量

噪声可采用声级计测量。应在离测试面中心 1 m 处测量，取 5 个面测试值的最大值作为测量值。

环境噪声(A 声级)应比装置运行噪声至少低 4 dB。距装置 3 m 内应无声反射面(地面除外)。

测量结果应符合 4.3.11 的规定。

5.3.15 装置环境试验

5.3.15.1 高、低温循环试验

按 GB/T 3797—2005 的附录 A.1 的规定进行(只考虑控制单元)。

5.3.15.2 高、低温存放试验

将装置分别置于 60 ℃、−30 ℃的高、低温恒温箱中，存放 72 h 取出后，在室内环境温度下，测量其电气性能，应符合装置具体产品标准的要求。

5.3.15.3 振动试验

按 GB/T 3797—2005 的 5.2.13 的规定进行。

5.3.15.4 跌落冲击试验

按 GB/T 3797—2005 的 5.2.15 的规定进行。

5.3.15.5 气候环境试验

a) 环境温度试验

试验的目的是考核装置在表 10 规定的环境温度条件下运行的可靠性。

表 10 环境温度试验条件

内 容	要 求
温度	(5 ℃～40 ℃)±2 ℃
试验持续时间	4 h,16 h(推荐采用 16 h)
装置状态	额定负载/额定电流时工作正常

试验后，对装置进行直观检查。应注意是否有元器件过热、紧固件松动及绝缘损坏的迹象。

b) 湿热试验

验证装置的耐潮湿能力，应按表11进行。

表11 湿热试验条件

内 容	要 求
湿度	$(93^{+3}_{-2})\%$
温度	(40±2)℃
试验持续时间	2 d，4 d，10 d(推荐采用4 d)
装置状态	不通电

试验后，对装置进行直观检查。应注意是否有元器件过热、紧固件松动及绝缘损坏的迹象。将装置恢复1 h～2 h后，按5.3.2及5.3.3要求进行绝缘电阻和介电强度试验，试验电压为规定值的85%。

5.3.16 均衡度测量

按GB/T 3797—2005的5.2.9.1规定进行。

5.3.17 连续运行试验

连续运行试验是使装置在规定的电源条件下，尽可能按实际工作的程序不间断运行。在整个运行过程中，装置的各种动作、功能及程序应正确无误。

连续运行试验的最短时间，应在有关技术要求中说明，但不得少于24 h。

6 标志、包装、运输、贮存

6.1 标志

装置内的组件和元器件应有明显的标记。使用的标记应与接线图上的标记一致。

每台(套)装置应设有铭牌。铭牌上的字迹应清晰整齐，并安装于明显的部位。铭牌上应包括：

——产品名称；

——产品型号；

——直流额定电压；

——直流额定电流；

——必要的其他技术数据；

——工作制等级；

——质量；

——出厂序号；

——制造厂名；

——制造年月。

6.2 包装与运输

装置的包装与运输应符合具体产品标准规定。

装置出厂时，制造厂应按每台(套)装置的类型，随产品提供下列技术文件、资料：

——装箱技术文件清单；

——产品合格证明；
——使用维修电路图、装配图、接线图和说明书；
——使用维护说明书；
——备用件一览表。

6.3 贮存

装置应贮存于防雨、防潮、防日晒，无腐蚀性气体或导电尘埃的场所。

装置贮存(包括不工作时间)的环境温度应不高于 55 ℃，不低于－25 ℃。

ICS 77.140.75
H 48

中华人民共和国国家标准

GB/T 12770—2012
代替 GB/T 12770—2002

机械结构用不锈钢焊接钢管

Welded stainless steel tubes for mechanical structures

2012-11-05 发布　　2013-05-01 实施

中华人民共和国国家质量监督检验检疫总局
中国国家标准化管理委员会　发布

前 言

本标准按照 GB/T 1.1—2009 给出的规则起草。

本标准参照 ASTM A 554/A 554M—2008《机械结构用不锈钢焊接钢管》修订。

本标准代替 GB/T 12770—2002《机械结构用不锈钢焊接钢管》。本标准与 GB/T 12770—2002 相比，主要技术变化如下：

——修改了规范性引用文件；

——修改了钢的牌号及化学成分，增加了 022Cr23Ni5Mo3N、022Cr25Ni7Mo4N 双相钢牌号；

——尺寸规格直接引用焊接钢管通用标准；

——修改了钢管的尺寸精度、弯曲度；

——增加了钢管不圆度规定；

——增加了外径大于 219 mm 钢管的焊缝横向弯曲试验；

——增加了焊缝余高的规定。

本标准由中国钢铁工业协会提出。

本标准由全国钢标准化技术委员会(SAC/TC 183)归口。

本标准起草单位：山西太钢不锈钢钢管有限公司、浙江久立特材科技股份有限公司、山东泰山钢铁集团有限公司、冶金工业信息标准研究院。

本标准主要起草人：陆凤辉、李长毅、邵羽、康喜唐、亓海燕、吉海、赵长飞、董莉、刘尚华。

本标准所代替标准的历次发布情况为：

——GB/T 12770—1991，GB/T 12770—2002。

机械结构用不锈钢焊接钢管

1 范围

本标准规定了机械结构用不锈钢焊接钢管的分类及代号、订货内容、尺寸、外形、重量及允许偏差、技术要求、试验方法、检验规则、包装、标志和质量证明书。

本标准适用于机械、汽车、自行车、家具及其他机械部件与结构件用不锈钢焊接钢管(以下简称钢管)。

2 规范性引用文件

下列文件对于本文件的应用是必不可少的。凡是注日期的引用文件,仅注日期的版本适用于本文件。凡是不注日期的引用文件,其最新版本(包括所有的修改单)适用于本文件。

GB/T 222 钢的成品化学成分允许偏差

GB/T 223.9 钢铁及合金 铝含量的测定 铬天青S分光光度法

GB/T 223.11 钢铁及合金 铬含量的测定 可视滴定或电位滴定法

GB/T 223.16 钢铁及合金化学分析方法 变色酸光度法测定钛量

GB/T 223.18 钢铁及合金化学分析方法 硫代硫酸钠分离-碘量法测定铜量

GB/T 223.19 钢铁及合金化学分析方法 新亚铜灵-三氯甲烷萃取光度法测定铜量

GB/T 223.25 钢铁及合金化学分析方法 丁二酮肟重量法测定镍量

GB/T 223.26 钢铁及合金 钼含量的测定 硫氰酸盐分光光度法

GB/T 223.28 钢铁及合金化学分析方法 α-安息香肟重量法测定钼量

GB/T 223.36 钢铁及合金化学分析方法 蒸馏分离-中和滴定法测定氮量

GB/T 223.37 钢铁及合金化学分析方法 蒸馏分离-靛酚蓝光度法测定氮量

GB/T 223.40 钢铁及合金 铌含量的测定 氯磺酚S分光光度法

GB/T 223.60 钢铁及合金化学分析方法 高氯酸脱水重量法测定硅含量

GB/T 223.62 钢铁及合金化学分析方法 乙酸丁酯萃取光度法测定磷量

GB/T 223.63 钢铁及合金化学分析方法 高碘酸钠(钾)光度法测定锰量

GB/T 223.68 钢铁及合金化学分析方法 管式炉内燃烧后碘酸钾滴定法测定硫含量

GB/T 223.69 钢铁及合金 碳含量的测定 管式炉内燃烧后气体容量法

GB/T 223.72 钢铁及合金 硫含量的测定 重量法

GB/T 223.84 钢铁及合金 钛含量的测定 二安替比林甲烷分光光度法

GB/T 223.85 钢铁及合金 硫含量的测定 感应炉燃烧后红外吸收法

GB/T 223.86 钢铁及合金 总碳含量的测定 感应炉燃烧后红外吸收法

GB/T 228.1 金属材料 拉伸试验 第1部分:室温试验方法

GB/T 232 金属材料 弯曲试验方法

GB/T 242 金属管 扩口试验方法

GB/T 245 金属管 卷边试验方法

GB/T 246 金属管 压扁试验方法

GB/T 2102 钢管的验收、包装、标志及质量证明书

GB/T 2975 钢及钢产品力学性能试验取样位置及试样制备

GB/T 3323 钢熔化焊对接接头射线照相和质量分级

GB/T 4334—2008　金属和合金的腐蚀　不锈钢晶间腐蚀试验方法
GB/T 7735　钢管涡流探伤检验方法
GB/T 11170　不锈钢　多元素含量的测定　火花放电原子发射光谱法(常规法)
GB/T 20066　钢和铁　化学成分测定用试样的取样和制样方法
GB/T 20123　钢铁　总碳硫含量的测定　高频感应炉燃烧后红外吸收法(常规方法)
GB/T 20124　钢铁　氮含量的测定　惰性气体熔融热导法(常规方法)
GB/T 20878—2007　不锈钢和耐热钢　牌号及化学成分
GB/T 21835　焊接钢管尺寸及单位长度重量

3　分类及代号

3.1　钢管按交货状态分为四类，其类别和代号为：

a)　焊接状态　　H；
b)　热处理状态　　T；
c)　冷拔(轧)状态　　WC；
d)　磨(抛)光状态　　SP。

3.2　钢管按尺寸精度分为三级，其类别和代号为：

a)　高级　　PA；
b)　较高级　　PB；
c)　普通级　　PC。

4　订货内容

按本标准订购钢管的合同或订单应包括下列内容：

a)　标准编号；
b)　产品名称；
c)　钢的牌号；
d)　尺寸规格(外径×壁厚，单位为毫米)及精度等级；
e)　订购的数量(总重量或总长度)；
f)　钢管的制造方法；
g)　交货状态；
h)　特殊要求。

5　尺寸、外形、重量及允许偏差

5.1　外径和壁厚

5.1.1　钢管的公称外径(D)和公称壁厚(S)应符合 GB/T 21835 的规定。根据需方要求，经供需双方协商，可供应其他外径和壁厚的钢管。

5.1.2　钢管外径和壁厚的允许偏差应分别符合表 1、表 2 的规定。根据需方要求，经供需双方协商，并在合同中注明，可供应表 1、表 2 规定以外尺寸允许偏差的钢管。

5.2　长度

5.2.1　钢管的通常长度为 2 000 mm～12 000 mm。

5.2.2　经供需双方协商，并在合同中注明，可供应定尺长度或倍尺长度的钢管。定尺长度和倍尺总长度应在通常长度范围内，全长允许偏差为 $^{+20}_{0}$ mm，每个倍尺长度应留 10 mm～20 mm 的切口余量。

表 1　钢管的外径允许偏差

单位为毫米

类别	公称外径(*D*)	允许偏差		
		普通级(PC)	较高级(PB)	高级(PA)
焊接状态(H) 热处理状态(T)	<25	±0.20	±0.15	±0.10
	≥25～<40	±0.30	±0.25	±0.20
	≥40～<63	±0.50	±0.30	±0.25
	≥63～<90	±0.60	±0.50	±0.40
	≥90～<159	±0.80	±0.65	±0.50
	≥159～<300	±0.8%*D*	±0.7%*D*	±0.5%*D*
	≥300～<610	±1%*D*	±0.8%*D*	±0.6%*D*
	≥610	协议	协议	协议
冷拔(轧)状态 WC 磨(抛)光状态 SP	<25	±0.15	±0.12	±0.10
	≥25～<40	±0.20	±0.15	±0.13
	≥40～<50	±0.20	±0.18	±0.15
	≥50～<60	±0.25	±0.20	±0.18
	≥60～<90	±0.30	±0.28	±0.25
	≥90～<100	±0.40	±0.35	±0.30
	≥100～<200	±0.5%*D*	±0.4%*D*	协议
	≥200	协议	协议	协议

表 2　钢管壁厚的允许偏差

单位为毫米

公称壁厚 *S*	壁厚允许偏差
<0.5	±0.10
≥0.5～1.0	±0.15
>1.0～2.0	±0.20
>2.0～<4.0	±0.30
≥4.0	±10%*S*

5.3　不圆度

钢管的不圆度应不超过外径允许公差，对于薄壁管(薄壁管是指壁厚与外径之比不大于 3%的钢管)任一截面上实测外径的最大值与最小值之差应不超过公称外径的 1.2%。

5.4　弯曲度

钢管的弯曲度应符合表 3 的规定。

表 3　钢管的弯曲度

公称外径/mm	弯曲度/(mm/m)不大于
≤108	1.0
>108～325	1.5
>325	2.5

5.5 端头外形

钢管两端面应与钢管轴线垂直,并应平头。切口毛刺应予清除。

根据需方要求,经供需双方协商,并在合同中注明坡口角度,钢管两端可加工坡口。

5.6 重量

钢管按理论重量交货,亦可按实际重量交货。钢管的每米理论重量按公式(1)计算。

$$W=\frac{\pi}{1\,000}S(D-S)\rho \qquad \cdots\cdots(1)$$

式中:

W ——钢管的每米理论重量,单位为千克每米(kg/m);

π ——圆周率,取 3.141 6;

S ——钢管的公称壁厚,单位为毫米(mm);

D ——钢管的公称外径,单位为毫米(mm);

ρ ——钢的密度,单位为千克每立方分米(kg/dm^3),各牌号钢的密度见表 4。

表 4 钢的密度及钢管理论重量计算公式

序号	牌号	密度/(kg/dm^3)	换算后的公式(1)
1	12Cr18Ni9	7.93	$W=0.024\,91S(D-S)$
2	06Cr19Ni10		
3	022Cr19Ni10	7.90	$W=0.024\,82S(D-S)$
4	06Cr25Ni20	7.98	$W=0.025\,07S(D-S)$
5	06Cr17Ni12Mo2	8.00	$W=0.025\,13S(D-S)$
6	022Cr17Ni12Mo2		
7	06Cr18Ni11Ti	8.03	$W=0.025\,23S(D-S)$
8	06Cr18Ni11Nb		
9	022Cr22Ni5Mo3N	7.80	$W=0.024\,50S(D-S)$
10	022Cr23Ni5Mo3N		
11	022Cr25Ni7Mo4N		
12	022Cr18Ti	7.70	$W=0.024\,19S(D-S)$
13	019Cr19Mo2NbTi	7.75	$W=0.024\,35S(D-S)$
14	06Cr13Al		
15	022Cr11Ti		
16	022Cr12Ni		
17	06Cr13		

6 技术要求

6.1 钢的牌号和化学成分

6.1.1 钢的牌号和化学成分(熔炼分析)应符合表 5 的规定。根据需方的要求,经供需双方协商,并在合同中注明,可供应表 5 规定以外牌号或化学成分的钢管。

6.1.2 如需方要求进行成品分析时,应在合同中注明。成品钢管的化学成分允许偏差应符合 GB/T 222 的规定。

表 5 钢的牌号和化学成分

序号	类型	统一数字代号	牌号	化学成分(质量分数)/%									
				C	Si	Mn	P	S	Ni	Cr	Mo	N	其他元素
1	奥氏体型	S30210	12Cr18Ni9	≤0.15	≤0.75	≤2.00	≤0.040	≤0.030	8.00~10.00	17.00~19.00	—	≤0.10	—
2		S30408	06Cr19Ni10	≤0.08	≤0.75	≤2.00	≤0.040	≤0.030	8.00~11.00	18.00~20.00	—	—	—
3		S30403	022Cr19Ni10	≤0.030	≤0.75	≤2.00	≤0.040	≤0.030	8.00~12.00	18.00~20.00	—	—	—
4		S31008	06Cr25Ni20	≤0.08	≤1.50	≤2.00	≤0.040	≤0.030	19.00~22.00	24.00~26.00	—	—	—
5		S31608	06Cr17Ni12Mo2	≤0.08	≤0.75	≤2.00	≤0.040	≤0.030	10.00~14.00	16.00~18.00	2.00~3.00	—	—
6		S31603	022Cr17Ni12Mo2	≤0.030	≤0.75	≤2.00	≤0.040	≤0.030	10.00~14.00	16.00~18.00	2.00~3.00	—	—
7		S32168	06Cr18Ni11Ti	≤0.08	≤0.75	≤2.00	≤0.040	≤0.030	9.00~12.00	17.00~19.00	—	—	Ti:5C~0.70
8		S34778	06Cr18Ni11Nb	≤0.08	≤0.75	≤2.00	≤0.040	≤0.030	9.00~12.00	17.00~19.00	—	—	Nb:10C~1.10
9	双相型	S22253	022Cr22Ni5Mo3N	≤0.030	≤1.00	≤2.00	≤0.030	≤0.020	4.50~6.50	21.00~23.00	2.50~3.50	0.08~0.20	
10		S22053	022Cr23Ni5Mo3N	≤0.030	≤1.00	≤2.00	≤0.030	≤0.020	4.50~6.50	22.00~23.00	3.00~3.50	0.14~0.20	
11		S25073	022Cr25Ni7Mo4N	≤0.030	≤0.80	≤1.20	≤0.035	≤0.020	6.00~8.00	24.00~26.00	3.00~5.00	0.24~0.32	Cu≤0.50

表 5（续）

序号	类型	统一数字代号	牌号	化学成分(质量分数)/%									
				C	Si	Mn	P	S	Ni	Cr	Mo	N	其他元素
12	铁素体型	S11863	022Cr18Ti	≤0.030	≤0.75	≤1.00	≤0.040	≤0.030	(0.60)	16.00～19.00	—	—	Ti 或 Nb:0.10～1.00
13		S11972	019Cr19Mo2NbTi	≤0.025	≤0.75	≤1.00	≤0.040	≤0.030	1.00	17.50～19.50	1.75～2.50	≤0.035	(Ti+Nb):[0.20+4(C+N)]～0.80
14		S11348	06Cr13Al	≤0.08	≤0.75	≤1.00	≤0.040	≤0.030	(0.60)	11.50～14.50	—	—	Al:0.10～0.30
15		S11163	022Cr11Ti	≤0.030	≤0.75	≤1.00	≤0.040	≤0.020	(0.60)	10.50～11.70	—	≤0.030	Ti≥8(C+N),Ti:0.15～0.50,Nb≤0.10
16		S11213	022Cr12Ni	≤0.030	≤0.75	≤1.50	≤0.040	≤0.015	0.30～1.00	10.50～12.50	—	≤0.030	
17	马氏体型	S41008	06Cr13	≤0.08	≤0.75	≤1.00	≤0.040	≤0.030	(0.60)	11.50～13.50	—	—	—

注：表中括号内值为允许添加的最大值。有些牌号的化学成分与 GB/T 20878 相比有变化。

6.2 制造方法

6.2.1 钢的冶炼方法

钢应采用粗炼钢水加炉外精炼方法冶炼。经供需双方协商，可采用其他冶炼方法。

6.2.2 钢管的制造方法

钢管应采用添加或不添加填充金属的单面自动电弧焊接方法或双面自动电弧焊接方法制造。具体的制造方法应经供需双方协商，并在合同中注明。

当钢管制造过程中添加了填充金属材料时，其填充金属材料的合金成分应不低于母材。

6.3 交货状态

6.3.1 钢管应以热处理并酸洗状态交货，经保护气氛热处理的钢管，可不经酸洗交货。钢管的推荐热处理制度参见表 6。

6.3.2 根据需方要求，经供需双方协商，并在合同中注明，钢管也可以焊接、冷拔(轧)和磨(抛)光中的一种或两种状态交货。

表 6 钢管的推荐热处理制度

序号	类型	牌号	推荐热处理制度
1	奥氏体型	12Cr18Ni9	1 010 ℃～1 150 ℃，水冷或其他方式快冷
2		06Cr19Ni10	1 010 ℃～1 150 ℃，水冷或其他方式快冷
3		022Cr19Ni10	1 010 ℃～1 150 ℃，水冷或其他方式快冷
4		06Cr25Ni20	1 030 ℃～1 180 ℃，水冷或其他方式快冷
5		06Cr17Ni12Mo2	1 010 ℃～1 150 ℃，水冷或其他方式快冷
6		022Cr17Ni12Mo2	1 010 ℃～1 150 ℃，水冷或其他方式快冷
7		06Cr18Ni11Ti	920 ℃～1 150 ℃，水冷或其他方式快冷
8		06Cr18Ni11Nb	980 ℃～1 150 ℃，水冷或其他方式快冷
9	双相钢	022Cr22Ni5Mo3N	1 020 ℃～1 100 ℃，水冷
10		022Cr23Ni5Mo3N	1 020 ℃～1 100 ℃，水冷
11		022Cr25Ni7Mo4N	1 025 ℃～1 125 ℃，水冷
12	铁素体型	022Cr18Ti	780 ℃～950 ℃，快冷或缓冷
13		019Cr19Mo2NbTi	800 ℃～1 050 ℃，快冷
14		06Cr13Al	780 ℃～830 ℃，快冷或缓冷
15		022Cr11Ti	800 ℃～900 ℃，快冷或缓冷
16		022Cr12Ni	700 ℃～820 ℃，快冷或缓冷
17	马氏体型	06Cr13	750 ℃，快冷；或 800 ℃～900 ℃，缓冷

6.4 力学性能

6.4.1 钢管的力学性能(抗拉强度 R_m 和断后伸长率 A)应符合表 7 的规定。

6.4.2 根据需方要求，经供需双方协商，并在合同中注明，可检验钢管的规定塑性延伸强度 $R_{P0.2}$，其检验结果应符合表7的规定。

6.4.3 冷拔(轧)状态交货的钢管，其力学性能由供需双方协商确定。

表7 钢管的力学性能

<table>
<tr><th rowspan="3">序号</th><th rowspan="3">牌号</th><th rowspan="2">规定塑性延伸强度
$R_{p0.2}$/
MPa</th><th rowspan="2">抗拉强度
R_m/
MPa</th><th colspan="2">断后伸长率
A/
%</th></tr>
<tr><th>热处理状态</th><th>非热处理状态</th></tr>
<tr><th colspan="4">不小于</th></tr>
<tr><td>1</td><td>12Cr18Ni9</td><td>210</td><td>520</td><td rowspan="8">35</td><td rowspan="8">25</td></tr>
<tr><td>2</td><td>06Cr19Ni10</td><td>210</td><td>520</td></tr>
<tr><td>3</td><td>022Cr19Ni10</td><td>180</td><td>480</td></tr>
<tr><td>4</td><td>06Cr25Ni20</td><td>210</td><td>520</td></tr>
<tr><td>5</td><td>06Cr17Ni12Mo2</td><td>210</td><td>520</td></tr>
<tr><td>6</td><td>022Cr17Ni12Mo2</td><td>180</td><td>480</td></tr>
<tr><td>7</td><td>06Cr18Ni11Ti</td><td>210</td><td>520</td></tr>
<tr><td>8</td><td>06Cr18Ni11Nb</td><td>210</td><td>520</td></tr>
<tr><td>9</td><td>022Cr22Ni5Mo3N</td><td>450</td><td>620</td><td>25</td><td>—</td></tr>
<tr><td>10</td><td>022Cr23Ni5Mo3N</td><td>485</td><td>655</td><td>25</td><td>—</td></tr>
<tr><td>11</td><td>022Cr25Ni7Mo4N</td><td>550</td><td>800</td><td>15</td><td>—</td></tr>
<tr><td>12</td><td>022Cr18Ti</td><td>180</td><td>360</td><td rowspan="3">20</td><td rowspan="3">—</td></tr>
<tr><td>13</td><td>019Cr19Mo2NbTi</td><td>240</td><td>410</td></tr>
<tr><td>14</td><td>06Cr13Al</td><td>177</td><td>410</td></tr>
<tr><td>15</td><td>022Cr11Ti</td><td>275</td><td>400</td><td>18</td><td>—</td></tr>
<tr><td>16</td><td>022Cr12Ni</td><td>275</td><td>400</td><td>18</td><td></td></tr>
<tr><td>17</td><td>06Cr13</td><td>210</td><td>410</td><td>20</td><td>—</td></tr>
</table>

6.5 工艺性能

6.5.1 压扁试验

外径不大于219 mm的钢管应进行压扁试验。外径不大于50 mm的钢管取环状压扁试样；外径大于50 mm但不大于219 mm的钢管取C形压扁试样。试验时，焊缝应位于受力方向90°的位置。经热处理的钢管，试样应压至钢管外径的1/3；未经热处理的钢管，试样应压至钢管外径的2/3。压扁后，试样不允许出现裂缝或裂口。

冷拔(轧)状态交货的钢管，其压扁试验由供需双方协商确定。

6.5.2 焊缝横向弯曲试验

6.5.2.1 外径大于219 mm的钢管应做焊缝横向弯曲试验。弯曲试样应从钢管或焊接试板上截取，焊接试板应与钢管同一牌号、同一炉号、同一热处理制度以及同一焊接工艺。一组弯曲试验应包括一个正弯试验和一个背弯试验(即钢管外焊缝和内焊缝分别处于最大弯曲表面)。

6.5.2.2 弯曲试验时，弯心直径为三倍试样厚度，弯曲角度为180°。弯曲后试样焊缝区域不允许出现裂缝和裂口。

6.5.2.3 冷拔(轧)状态交货的钢管，其焊缝横向弯曲试验由供需双方协商确定。

6.5.3 表面质量

6.5.3.1 钢管的内外表面不允许有分层、裂纹、折叠、重皮、扭曲、过酸洗和氧化铁皮。上述缺陷应完全清除，清除处剩余壁厚应不小于壁厚允许的最小值。深度不超过壁厚负偏差的轻微划伤、压坑、麻点允许存在。

6.5.3.2 焊缝错边、咬边、凸起、凹陷等缺陷应不大于壁厚允许偏差。

6.5.3.3 焊缝缺陷允许修补，但以热处理状态交货的钢管修补后还应重新进行热处理。

6.5.3.4 采用单面自动焊接方法制造的钢管，其外焊缝的余高应与母材齐平且圆滑过渡，其内焊缝余高应符合如下规定：

a) 外径小于133 mm的钢管，焊缝内侧余高不大于10%*S*；

b) 外径不小于133 mm但不大于325 mm的钢管，焊缝内侧余高不大于15%*S*；

c) 外径大于325 mm的钢管，焊缝内侧余高不大于20%*S*，但最大为3 mm。

6.5.3.5 采用双面自动焊接方法制造的钢管，其内外焊缝任一侧的余高应与母材齐平且圆滑过渡，或有不超过2 mm的均匀余高。

6.6 特殊要求

根据需方要求，经供需双方协商，并在合同中注明，可增加下列检验项目：

a) 扩口试验；

b) 卷边试验；

c) 晶间腐蚀试验；

d) 无损检验。

7 试验方法

7.1 钢管的尺寸和外形应采用符合精度要求的量具逐根测量。

7.2 钢管的内外表面应在充分照明条件下逐根目视检查。

7.3 钢管各项检验的取样方法和试验方法应符合表8的规定。

表8 钢管各项检验的取样方法和试验方法

序号	检验项目	取样数量	取样方法	试验方法
1	化学成分	每炉取1个试样	GB/T 20066	GB/T 223、GB/T 11170、GB/T 20123、GB/T 20124
2	拉伸试验	每批在两根钢管上各取1个试样	GB/T 2975	GB/T 228.1
3	压扁试验	每批取1个试样	GB/T 246	GB/T 246
4	焊缝横向弯曲试验	每批在两根钢管上各取1个试样	GB/T 232	GB/T 232
5	扩口试验	协议	—	GB/T 242
6	卷边试验	协议	GB/T 245	GB/T 245
7	晶间腐蚀	协议	GB/T 4334—2008	GB/T 4334—2008
8	射线探伤	协议	—	GB/T 3323
9	涡流检验	协议	—	GB/T 7735

8 检验规则

8.1 检查和验收

钢管的检查与验收由供方质量技术监督部门进行。

8.2 组批规则

钢管应按批进行检查和验收。每批应由同一牌号、同一炉号、同一规格、同一焊接工艺和同一热处理制度的钢管组成。每批钢管的数量应不超过以下规定：

a) 外径不大于 57 mm，400 根；

b) 外径大于 57 mm 但不大于 219 mm，200 根；

c) 外径大于 219 mm，100 根。

剩余钢管的根数，如不少于上述规定的 50%时则单独列为一批，少于上述规定的 50%时可并入同一牌号、同一炉号和同一规格的相邻一批中。

8.3 取样数量

钢管各项检验的取样数量应符合表 8 的规定。

8.4 复验与判定规则

钢管的复验与判定规则应符合 GB/T 2102 的规定。

9 包装、标志及质量证明书

钢管的标志应包括交货状态和尺寸精度类别，其余应符合 GB/T 2102 的规定。

钢管的包装及质量证明书应符合 GB/T 2102 的规定。

附　录　A
（资料性附录）
各标准中不锈钢牌号对照表

A.1　各标准中不锈钢牌号对照参见表 A.1。

表 A.1　各标准中不锈钢牌号对照表

序号	GB/T 20878—2007				美国 ASTM A 959-09	日本 JIS G 4303-2005 JIS G 4311-1991	国际 ISO/TS 15510:2003 ISO 4955:2005	欧洲 EN 10088:1-2005	前苏联 ГОСТ 5632-1972
	序号	统一数字代号	新牌号	旧牌号					
1	13	S30210	12Cr18Ni9	1Cr18Ni9	S30200,302	SUS302	X10CrNi18-8	X10CrNi18-8,1.4310	12X18H9
2	17	S30408	06Cr19Ni10	0Cr18Ni9	S30400,304	SUS304	X5CrNi18-10	X5CrNi18-10,1.4301	—
3	18	S30403	022Cr19Ni10	00Cr19Ni10	S30403,304L	SUS304L	X2CrNi19-11	X2CrNi19-11,1.4306	03X18H11
4	35	S31008	06Cr25Ni20	0Cr25Ni20	S31008,310S	SUS310S	X12CrNi23-12	X12CrNi23-12,1.4845	10X23H18
5	38	S31608	06Cr17Ni12Mo2	0Cr17Ni12Mo2	S31600,316	SUS316	X5CrNiMo17-12-2	X5CrNiMo17-12-2,1.4401	—
6	39	S31603	022Cr17Ni12Mo2	00Cr17Ni14Mo2	S31603,316L	SUS316L	X2CrNiMo17-12-2	X2CrNiMo17-12-2,1.4404	03X17H14M2
7	55	S32168	06Cr18Ni11Ti	0Cr18Ni10Ti	S32100,321	SUS321	X6CrNiTi18-10	X6CrNiTi18-10,1.4541	08X18H10T
8	62	S34778	06Cr18Ni11Nb	0Cr18Ni11Nb	S34700,347	SUS347	X6CrNiNb18-10	X6CrNiNb18-10,1.4550	08X18H12B
9	70	S22253	022Cr22Ni5Mo3N	00Cr22Ni5Mo3N	S31803	SUS329J3L	X2CrNiMoN22-5-3	X2CrNiMoN22-5-3,1.4462	—
10	71	S22053	022Cr23Ni5Mo3N	00Cr22Ni5Mo3N	S32205,2205	—	—	—	—
11	76	S25073	022Cr25Ni7Mo4N	00Cr25Ni7Mo4N	S32750,2507	—	X2CrNiMoN25-7-4	X2CrNiMoN25-7-4,1.4410	—
12	87	S11863	022Cr18Ti	00Cr17	S43035,439	(SUS430LX)	X3CrTi17	X3CrTi17,1.4510	08X17T
13	92	S11972	019Cr19Mo2NbTi	00Cr18Mo2	S44400,444	(SUS444)	X2CrMoTi18-2	X2CrMoTi18-2,1.4521	—
14	78	S11348	06Cr13Al	0Cr13Al	S40500, 405	SUS405	X6CrAl13	X6CrAl13,1.4002	—
15	80	S11163	022Cr11Ti	00Cr12Ti	S40900	(SUH409L)	X2CrTi12	X2CrTi12,1.4512	—
16	82	S11213	022Cr12Ni	00Cr12Ni	S40977	—	X2CrNi12	X2CrNi12,1.4003	—
17	97	S41008	06Cr13	0Cr13	S41008,410S	(SUS410S)	X6Cr13	X6Cr13,1.4000	08X13

ICS 29.100.10
L 19

中华人民共和国国家标准

GB/T 12796.1—2012
代替 GB/T 12796—1991

永磁铁氧体磁体 第1部分:总规范

Permanent ferrite magnets—Part 1:Generic specification

2012-11-05 发布 2013-02-15 实施

中华人民共和国国家质量监督检验检疫总局
中国国家标准化管理委员会 发布

前　言

GB/T 12796《永磁铁氧体磁体》分为以下部分：

——第1部分：总规范；

——第2部分：微电机用永磁铁氧体磁体分规范。

本部分为GB/T 12796的第1部分。

本部分依据GB/T 1.1—2009给出的规则起草。

本部分代替GB/T 12796—1991《永磁铁氧体磁体总规范》。

本部分与GB/T 12796—1991相比，有如下变化：

a) 对规范的名称和编写格式进行了调整；

b) 修改了部分术语的名称及定义，并增加了英文；

c) 增加了磁体磁性能参数的检验方法；

d) 对“初始制造阶段”内容进行了调整；

e) 对空白详细规范的内容进行了调整；

f) 编辑格式重新进行了调整。

本部分由中华人民共和国工业和信息化部提出。

本部分由全国磁性元件与铁氧体材料标准化技术委员会(SAC/TC 89)归口。

本部分起草单位：宜宾金川电子有限责任公司。

本部分主要起草人：石庆辉、王洪、徐晓利、李良俊。

本部分于1991年首次发布。

永磁铁氧体磁体
第1部分：总规范

1 范围

GB/T 12796的本部分规定了永磁铁氧体磁体（以下简称“磁体”）的质量评定程序，分规范、空白详细规范选用的试验项目和测量方法以及有关的单位、符号和术语。还规定了编写空白详细规范的规则。

本部分适用于电声、电信仪器、仪表、电真空器件、微波器件、微特电机、磁选设备、吸附设备、磁力机械、磁性密封等装置的各向同性和各向异性磁体，包括粘结磁体。

2 规范性引用文件

下列文件对于本文件的应用是必不可少的。凡是注日期的引用文件，仅注日期的版本适用于本文件。凡是不注日期的引用文件，其最新版本（包括所有的修改单）适用于本文件。

GB/T 2421.1—2008 电工电子产品环境试验 概述和指南（IEC 60068-1：1988，IDT）

GB/T 2423.1—2008 电工电子产品环境试验 第2部分：试验方法 试验A：低温（IEC 60068-2-1：2007，IDT）

GB/T 2423.2—2008 电工电子产品环境试验 第2部分：试验方法 试验B：高温（IEC 60068-2-2：2007，IDT）

GB/T 2423.5—1995 电工电子产品环境试验 第2部分：试验方法 试验Ea和导则：冲击（idt IEC 60068-2-27：1987）

GB/T 2423.6—1995 电工电子产品环境试验 第2部分：试验方法 试验Eb和导则：碰撞（idt IEC 60068-2-29：1987）

GB/T 2423.10—2008 电工电子产品环境试验 第2部分：试验方法 试验Fc：振动（正弦）（IEC 60068-2-6：1995，IDT）

GB/T 2828.1—2003 计数抽样检验程序 第1部分：按接收质量限（AQL）检索的逐批检验抽样计划（ISO 2859-1：1999，IDT）

GB 3100 国际单位制及其应用（GB 3100—1993，eqv ISO 1000：1992）

GB 3101 有关量、单位和符号的一般原则（GB 3101—1993，eqv ISO 31-0：1992）

GB/T 3217—1992 永磁（硬磁）材料磁性测量方法（neq IEC 60404-5：1982）

GB/T 9634（所有部分） 铁氧体磁心表面缺陷极限导则（IEC 60424，IDT）

GB/T 9637—2001 电工术语 磁性材料与元件（eqv IEC 60050(221)：1990）

IEC 60027 电工技术用字母符号

IEC 60617 简图用图形符号

IEC QC 001002 电子元器件IEC质量评定体系 程序规则

3 一般技术信息

3.1 优先顺序

无论何种原因引起的各标准间不一致，应遵循下列优先顺序：

——详细规范；
——分规范；
——总规范；
——基础规范和其他参考文件。

3.2 术语和定义

GB 3100、GB 3101、GB/T 9637—2001、IEC 60027 和 IEC 60617 界定的及下列术语和定义适用于本文件。

3.2.1

表面磁通密度 surface magnetic flux density

B_b

使磁体磁化到技术饱和后，在磁体表面指定的点及方向上的磁通密度。

3.2.2

剩磁(或磁通) remanent magnetic flux density (magnetic flux)

$B_r(\Phi_r)$，$B_{ro}(\Phi_{ro})$

在闭合的磁测量装置中或在磁测量装置的气隙中，磁体磁化到技术饱和后，当磁场强度单调递减到零时，在规定的横截面上的磁通密度(或磁通量)。其中 $B_r(\Phi_r)$为磁体的剩磁(或磁通)，$B_{ro}(\Phi_{ro})$为气隙中的磁通密度(或磁通)。

3.2.3

退磁后的磁通密度(或磁通) magnetic flux density (magnetic flux)of demagnetization

$B_{rp}(\Phi_{rp})$，$B_{rpo}(\Phi_{rpo})$

在闭合的磁测量装置中或在磁测量装置的气隙中，磁体磁化到技术饱和，并用指定磁场对磁体部分退磁后，在指定的横截面上的磁通密度(或磁通量)。其中 $B_{rp}(\Phi_{rp})$为磁体的剩磁(或磁通)，$B_{rpo}(\Phi_{rpo})$为气隙中的磁通密度(或磁通)。

3.3 标准值

3.3.1 尺寸

磁体的尺寸应符合相应详细规范的规定。详细规范规定的尺寸涉及到有关标准处应注明该标准编号。

3.4 磁性参数

3.4.1 材料的磁性参数

磁体材料的基本磁性参数值应在详细规范中规定。

3.4.2 磁体的磁性参数

磁体的磁性参数可选用 3.2.1～3.2.3 中定义的一个或几个来描述，其参数值应在详细规范中规定。

4 质量评定程序

4.1 初始制造阶段

对于烧结磁体，初始制造阶段为球磨。

对于粘结磁体，初始制造阶段为混料。

4.2 抽样程序

当采用GB/T 2828.1—2003进行计数检验时，评定水平按有关详细规范规定。

4.3 鉴定批准检验

为了获得鉴定批准，制造厂应进行连续三个批的逐批检验和一个批的周期检验，以提供符合详细规范要求的质量一致性试验数据。鉴定批准检验应采用正常检验，即对于逐批检验来说，应采用可接收数不小于1的抽样方案。

此外，也可从形状、尺寸和材料相同的磁体中抽取一个固定样本大小的样本，该样本应经受详细规范或有关分规范规定的固定样本大小鉴定批准试验一览表中0组所有试验项目的检验。然后按该规范的固定样本大小鉴定批准试验一览表分组，进行除0组以外的试验。

4.4 质量一致性检验

详细规范应规定逐批检验需进行的检验和周期试验需进行的试验，并应符合有关分规范的规定。

对于连续生产的磁体，检验批定义为用同一批次粉料，采用基本相同工艺球磨、成型、烧结和研磨而制成的具有相同形状和尺寸的所有磁体。该检验批的最后制造阶段应在一个规定的时间内进行，一般不得超过一周。

当磁体在研磨前存入中间库时，上述检验批的定义仍然有效。但对于其余各制造阶段的磁体，入中间库前，不是同一批的磁体，在最终制造阶段后，只要形状、尺寸类似，可按下述条件集中成一个检验批：

a） 入中间库前，按照相应详细规范规定放行的各批未经磨加工的磁体；
b） 采用基本相同工艺球磨、成型和烧结的所有磁体；
c） 在一个规定的周期内完成最终制造阶段的磁体，该周期一般不得超过一周；
d） 能确定最初和最终（入中间库）的检验批的磁体；
e） 从以上检验批中抽取的样品应包含一定比例的最初几批的样品。

4.5 延期交货

延期交货程序规则仅适用于粘结磁体。除非详细规范另有规定，粘结磁体从检验批的产品交货到产品在制造厂或销售部门贮存达24个月时，对上述磁体的硬度、机械性能应重新按有关组的试验条件进行试验。但检查水平应为S-4（正常检验），此时，这个检验批可包括具有相同材料、不同形状和尺寸的所有磁体。

当这样的检验批重新检验合格后，该批所有磁体质量可再保证24个月。

4.6 放行批证明记录

当有关规范中规定需要放行批证明记录或用户有要求时，放行批证明记录至少包含逐批检验每项试验的计数数据。

证明记录的内容应符合IEC QC 001002有关条款的规定。

5 试验和测量方法

5.1 外观和尺寸

5.1.1 外观检验

用目检法检验磁体外观应完好。各种外形缺陷的允许程度应按GB/T 9634的规定进行判定，其合格质量水平(AQL)应在详细规范中规定。

5.1.2 标志

应按详细规范的规定打印标志，用目检法检验，标志应清晰。

5.1.3 主要尺寸

对详细规范规定的主要尺寸，使用符合准确度要求的适当量具进行检验，并符合详细规范规定值。用量规检验时，这些量规的使用应符合规定的测量程序。

5.1.4 一般尺寸

对详细规范未作为主要尺寸规定的其他尺寸，使用符合准确度要求的适当量具进行检验，并应符合详细规范的规定值。

5.2 电气试验及测量方法

5.2.1 正常的试验条件

若无特殊规定，磁性参数的试验和测量应在 GB/T 2421.1—2008 规定的正常的试验大气条件下进行。

5.2.2 磁体的磁状态

在测量前，磁体应保持磁正常状态，并在正常的试验大气条件下放置 24 h。

5.2.3 磁性能

5.2.3.1 材料的磁性能参数

磁体材料的剩磁 B_r、矫顽力 H_{cB}、内禀矫顽力 H_{cJ} 及最大磁能积 $(BH)_{max}$ 应按 GB/T 3217—1992 的规定测量，并应符合详细规范的规定。

5.2.3.2 磁体的磁性能参数

磁体磁性参数的测量方法应在详细规范中规定，并符合如下基本要求：

a) 对各向异性磁体，测试磁性参数时，外加磁场方向应与磁体取向方向平行，测试用磁体的尺寸及精度应符合 GB/T 3217—1992 的规定；
b) 应按规定的位置测试 B_b；
c) 气隙中的磁参数测量时，应采用磁导率与空气磁导率接近的材料，加工成厚度与规定气隙尺寸相当的垫块代替气隙，垫块截面大小与磁体截面尺寸相当，垫块与磁体叠加后测试其磁参数。建议将磁参数测试装置的最大磁场量程调整为该材料内禀矫顽力的 1/3～1/5 左右后，测试退磁处理后磁体的 B_{rp} 及 B_{rpo} 磁性参数。

5.2.4 耐环境性试验

5.2.4.1 低温试验

磁体应按 GB/T 2423.1—2008 中试验 Ab 非散热试验样品的温度渐变的低温试验方法进行。试验温度、持续时间及其在正常大气条件下的恢复时间应在详细规范中规定。磁体经低温试验后，磁性参数变化的百分数及其测量方法应在详细规范中规定。

5.2.4.2 高温试验

磁体应按 GB/T 2423.2—2008 中试验 Bb 非散热试验样品的温度渐变的高温试验方法进行。试验温度、持续时间及其在正常大气条件下的恢复时间应在详细规范中规定。磁体经高温试验后，磁性参数变化的百分数及其测量方法应在详细规范中规定。

5.2.4.3 振动试验

磁体应按 GB/T 2423.10—2008 进行。试验的频率范围、振幅值、扫频循环次数应在详细规范中规定。磁体经振动试验后，外观质量应符合 5.1.1 的要求，磁性参数变化的百分数及其测量方法应在详细规范中规定。

5.2.4.4 冲击试验

磁体应按 GB/T 2423.5—1995 进行。冲击脉冲峰值加速度、脉冲持续时间、在试验样品的三个互相垂直轴线的每个方向连续冲击次数应在详细规范中规定。磁体经冲击试验后，外观质量应符合5.1.1 的要求，磁性参数变化的百分数及其测量方法应在详细规范中规定。

5.2.4.5 碰撞试验

磁体应按 GB/T 2423.6—1995 进行。碰撞峰值加速度、脉冲持续时间、碰撞次数应在详细规范中规定。磁体经碰撞试验后，外观质量应符合 5.1.1 的要求，磁性参数变化的百分数及其测量方法应在详细规范中规定。

5.3 机械试验

磁体的机械试验项目包括抗拉强度、抗压强度、硬度、挠曲及扭转等，其试验项目及测量方法应在详细规范中规定。

6 空白详细规范

6.1 概述

本部分的附录 A 和附录 B 给出了详细规范的填写格式。

附录 A 给出了为识别规范与磁体所需要的一般资料，也可包括正常订货和磁体放行所需的补充资料。附录 B 给出了试验项目的检验要求的样式。

有关磁体的分规范应详细规定空白详细规范应包括的内容。

6.2 详细规范的首页

推荐的详细规范首页见附录 A。首页括号内字母标注的位置上应填写下列相应内容：

a) 授权发布空白详细规范的国家标准机构名称；

b) 详细规范编号、发布日期和按国家标准要求的其他资料；

c) 总规范编号、年份；

d) 引用的空白详细规范编号；

e) 磁体类型的简要说明，如“环形磁体 H 32×10×10”；

f) 类别的简要说明，如磁体材料的主要电磁性能；

g) 含有主要尺寸的外形图和(或)参考相应的国家或国际的外形图文件。尺寸图也可列于详细规范的附录；

h） 磁体的应用或应用类别。例如,"用于通信、通用、专用和军事设备中的无源磁场"；

i） 给出磁体最重要性能的参考数据,供相同或类似应用的各类磁体作比较。

6.3 补充资料

详细规范应包括磁体或磁体系列特有的如下补充资料：

a） 标志；

b） 订货单资料；

c） 详细规范直接引用的有关文件；

d） 放行批证明记录(适用时)；

e） 结构类似批的定义。

6.4 试验一览表

详细规范规定的试验一览表应从相应分规范的试验一览表中选取。

附　录　A
（规范性附录）
详细规范首页的格式

<table>
<tr><td>a）</td><td>b）</td></tr>
<tr><td>评定磁体的质量按……
c）</td><td>d）</td></tr>
<tr><td colspan="2">e）
f）</td></tr>
<tr><td>g）</td><td>h）</td></tr>
<tr><td colspan="2">i）</td></tr>
<tr><td colspan="2">**注**：按本详细规范生产的磁体的有效资料见有关合格产品一览表。</td></tr>
</table>

附 录 B
（规范性附录）
试验一览表的格式

<table>
<tr><td>逐批检验</td><td>D或ND</td><td>IL</td><td>AQL</td><td>备 注</td></tr>
<tr><td>GB/T 12796.1—2012
的章条号及试验名称</td><td colspan="3">试验条件</td><td>性能要求</td></tr>
<tr><td>A1分组</td><td></td><td></td><td></td><td></td></tr>
<tr><td>……</td><td></td><td></td><td></td><td></td></tr>
<tr><td>A2分组</td><td></td><td></td><td></td><td></td></tr>
<tr><td>……</td><td></td><td></td><td></td><td></td></tr>
<tr><td colspan="5">注：D表示破坏性试验；ND表示非破坏性试验；IL表示检验水平；AQL表示合格质量水平。</td></tr>
</table>

<table>
<tr><td>周期检验</td><td>D或ND</td><td>P</td><td>n</td><td>c</td><td>备 注</td></tr>
<tr><td>GB/T 12796.1—2012
的章条号及试验名称</td><td colspan="4">试验条件</td><td>性能要求</td></tr>
<tr><td>C1分组</td><td></td><td></td><td></td><td></td><td></td></tr>
<tr><td>……</td><td></td><td></td><td></td><td></td><td></td></tr>
<tr><td colspan="6">注：D表示破坏性试验；ND表示非破坏性试验；P表示周期试验的间隔时间（月）；n表示经受每个试验组试验的试样数；c表示每个样本的允许不合格品数。</td></tr>
</table>

ICS 29.100.10
L 19

中华人民共和国国家标准

GB/T 12796.2—2012
代替 GB/T 12797—1991

永磁铁氧体磁体 第2部分:微电机用永磁铁氧体磁体分规范

Permanent ferrite magnets—Part 2:Sectional specification for permanent ferrite magnets for use in micromotors

2012-12-31 发布　　　　2013-06-01 实施

中华人民共和国国家质量监督检验检疫总局
中国国家标准化管理委员会　发布

前　言

GB/T 12796《永磁铁氧体磁体》分为以下几个部分：

——第1部分：总规范；

——第2部分：微电机用永磁铁氧体磁体分规范。

本部分为GB/T 12796的第2部分。

本部分按照GB/T 1.1—2009给出的规则起草。

本部分代替GB/T 12797—1991《微电机用永磁铁氧体磁体分规范》。

本部分与GB/T 12797—1991相比，有如下变化：

——增加了对磁体表面粗糙度、形位公差和外观的要求和检验方法，并在鉴定检验和质量一致性检验中增加了相应的检验项目(见第4章)；

——增加了剩余磁通密度温度系数α_{Br}、内禀矫顽力温度系数α_{HCJ}的测量方法(见4.2.3)；

——对标准名称和标准编号进行了调整；

——编辑格式重新进行了调整。

本部分由中华人民共和国工业和信息化部提出。

本部分由全国磁性元件与铁氧体材料标准化技术委员会(SAC/TC 89)归口。

本部分起草单位：宜宾金川电子有限责任公司。

本部分主要起草人：李良俊、王洪、徐晓利、黄家林、彭述堂。

本部分所代替标准的历次版本发布情况为：

——GB/T 12797—1991。

永磁铁氧体磁体 第2部分:微电机用永磁铁氧体磁体 分规范

1 范围

GB/T 12796 的本部分规定了微电机用永磁铁氧体烧结磁体(以下简称“磁体”)的性能和检验要求。并从 GB/T 12796.1—2012 中选取了适合于详细规范的试验办法。

本部分适用于各种微电机用环形、瓦形和其他形磁体。

2 规范性引用文件

下列文件对于本文件的应用是比不可少的。凡是注日期的引用文件,仅注日期的版本适用于本文件。凡是不注日期的引用文件,其最新版本(包括所有的修改单)适用于本文件。

GB/T 1958—2004 产品几何量技术规范(GPS) 形状和位置公差 检测规定

GB/T 10610 产品几何技术规范 表面结构 轮廓法 评定表面结构的规则和方法

GB/T 12796.1—2012 永磁铁氧体磁体 第1部分:总规范

SJ/T 10742 电子陶瓷零件公差

SJ/T 11247 永磁铁氧体瓦形磁体公差及外形缺陷

3 分类及要求

3.1 分类

磁体按下列规定进行分类:

a) 形状,例如环形磁体、瓦形磁体;

b) 尺寸,例如:H 85×45×10、CW 52×44×29;

c) 材料类别或级别。

通常,详细规范应为一种形状、一种类别或级别的磁体。

注:由于目前无完整的材料类别或级别的规定,所以每个详细规范应规定所用材料类别或级别。

3.2 要求

详细规范应根据本部分编制,并应符合相应空白详细规范的规定。

磁体的结构、外形尺寸、表面粗糙度、材料和磁体的磁性能以及磁体的机械性能和耐环境性应在详细规范中进行规定,并符合下列要求:

a) 磁体的未注尺寸公差及形位公差应符合 SJ/T 10742 的规定;

b) 允许磁体有漏磨面,但磁体尺寸应在其公差范围内;

c) 除非另有规定,磁体的外观应符合详细规范的规定,并满足下列要求:

1) 磁体的外观缺陷(松动碎片、表面残渣或附着物、掉片、裂纹及其他瑕疵)不会影响到满足微电机电气性能所需的最低磁性能要求;

2）磁体的外观缺陷不会产生影响最终应用装置功能的松动颗粒。

d）瓦形磁体公差及外形缺陷至少应符合 SJ/T 11247 的规定。

4 质量评定程序

4.1 检验批

检验批的构成应符合 GB/T 12796.1—2012 中 4.4 的规定。

4.2 试验方法

4.2.1 外观和尺寸

磁体的外观和尺寸检查应按 GB/T 12796.1—2012 中 5.1 规定的方法进行。

4.2.2 形位公差和表面粗糙度

磁体的形位公差应按 GB/T 1958—2004 的规定进行。

表面粗糙度应按 GB/T 10610 规定的方法进行测量，测头半径为 5 μm。

4.2.3 磁性能

材料及磁体的磁性能试验方法应按 GB/T 12796.1—2012 中 5.2.3 规定的方法进行。补充的试验方法应在详细规范中规定。

剩余磁通密度温度系数 α_{Br}、内禀矫顽力温度系数 α_{HCJ} 分别按式(1)和式(2)进行计算。居里温度 T_C 按详细规范规定的方法进行。α_{Br}、α_{HCJ} 及 T_C 可用磁体或用相同材料及工艺制成的材料试样进行测量。

$$\alpha_{Br}=\frac{B_{r1}-B_{r2}}{B_{r2}(T_2-T_1)}\times 100\% \qquad \cdots\cdots(1)$$

式中：

α_{Br} ——剩余磁通密度温度系数；

B_{r1}，B_{r2}——分别在规定温度 T_1 和 T_2 下测量的剩余磁通密度；

T_1，T_2 ——规定温度范围的最低和最高极限温度。

$$\alpha_{HCJ}=\frac{H_{CJ1}-H_{CJ2}}{H_{CJ2}(T_2-T_1)}\times 100\% \qquad \cdots\cdots(2)$$

式中：

α_{HCJ} ——内禀矫顽力温度系数；

H_{CJ1}，H_{CJ2}——分别在规定温度 T_1 和 T_2 下测量的内禀矫顽力；

T_1，T_2 ——规定温度范围的最低和最高极限温度。

4.2.4 耐环境性试验

磁体的耐环境性试验按 GB/T 12796.1—2012 中 5.2.4 规定的方法进行。试验条件应符合详细规范规定。

4.2.5 机械试验

磁体的机械试验可用磁体或用相同工艺制成的材料试样进行测量。所选择的试验项目及其方法应符合详细规范规定。

4.3 鉴定检验

当采用固定样本大小程序获得鉴定批准时，应采用4.4固定样本大小鉴定一览表。若空白详细规范规定的某些试验未包括在4.4的检验一览表中，则应将这些试验加在相应组里或增加一个或若干个组。这时，试样总数(0组)应作相应调整，且应为其他各组样本大小的总和再加两个。这两个试样一个用以替换0组可能出现的不合格品，另一个用以替换处置不当的试样。

4.4 固定样本大小鉴定检验一览表

试验条件及其细则见4.5和相应空白详细规范的质量一致性检验一览表。

0组：41个试样(允许的不合格品数为1)，检查项目包括：

a) 外观检查；

b) 标志；

c) 主要尺寸、形位公差、表面粗糙度；

d) B_b、$B_r(\Phi_r)$、$B_{ro}(\Phi_{ro})$、$B_{rp}(\Phi_{rp})$、$B_{rpo}(\Phi_{rpo})$中的一个或若干个。

1组：13个试样(允许的不合格品数为1)，检查项目包括：

a) 一般尺寸；

b) 抗压强度或抗拉强度(适用时)。

2组：13个试样(允许的不合格品数为1)，检查项目包括：B_r、H_{CB}、H_{CJ}、$(BH)_{max}$。

3组：13个试样(允许的不合格品数为1)，检查项目包括：

a) 低温；

b) 高温；

c) 振动；

d) 冲击；

e) α_{Br}、α_{HCJ}；

f) T_C。

注：测量材料特性的试样一般取自磁体。

4.5 质量一致性检验

4.5.1 概述

所有空白详细规范，不论何种评定水平，至少应包括4.5.2～4.5.5规定的内容。

4.5.2 外观特性

外观特性应包括以下内容：

a) 外观检查；

b) 标志；

c) 尺寸(主要尺寸和一般尺寸)、形位公差、表面粗糙度。

4.5.3 磁性能

磁性能参数应包括以下内容：

a) B_b、$B_r(\Phi_r)$、$B_{ro}(\Phi_{ro})$、$B_{rp}(\Phi_{rp})$、$B_{rpo}(\Phi_{rpo})$中的一个或若干个；

b) B_r、H_{CB}、H_{CJ}、$(BH)_{max}$；

c) α_{Br}或α_{HCJ}；

d) T_C。

4.5.4 机械性能

机械性能应包括以下内容：

a) 抗压强度或抗拉强度(适用时)；

b) 硬度(适用时)。

4.5.5 耐环境性

耐环境性应包括以下内容：

a) 低温；

b) 高温；

c) 振动；

d) 冲击。

5 补充资料

生产厂可根据需要提供曲线、图表、典型数据及其他补充资料，但这些补充资料仅作为资料提供而不作为检验依据。

6 空白详细规范

6.1 规范和磁心的识别

每个详细规范应包括以下详细规范和磁体的识别内容：

a) 受权发布详细规范的国家标准机构名称。

b) 详细规范编号、发布日期及其他资料。

c) 引用的空白详细规范编号。

d) 通用规范编号、年代。

e) 磁体的形状尺寸。例如:环形磁体 H 60×40×10。

f) 材料类别或级别的简述。

g) 外形图及尺寸。当这些尺寸符合已出版的某个标准时，应加以说明。

h) 应用或应用类别以及质量评定水平的说明。例如:“微电机用永磁铁氧体瓦形磁体”。

i) 为了对预定用于相同或类似应用的各类磁体进行比较，要给出磁体最重要性能参数的参考资料。这些资料包括(但不限于)：

   1) 材料类别或级别及磁体的磁性参数；

   2) 工作条件及贮存条件。

6.2 极限条件(不用于检验)

6.2.1 工作条件

应规定那些可能导致磁体损坏或可能引起某些性能超过规定极限值的机械、环境或电气条件，例如:温度范围。在该温度范围内规定的内禀矫顽力温度系数 α_{HCJ}(见 4.2.3)有效，例如 −40 ℃～+80 ℃。

6.2.2 贮存条件

详细规范中应规定贮存条件,在该条件下磁体性能不变。

6.3 标志

6.3.1 磁体

磁体上一般应标志下列内容,若暂不能标志时,由包装盒上的标签标明:

a) 磁体规格或代号;

b) 材料类别或级别;

c) 生产厂的商标。

详细规范应确定磁体上应包括哪些标志。

6.3.2 磁体包装件

磁体包装件上至少应顺序标志下列内容:

a) 引用的详细规范编号;

b) 生产厂的名称或商标;

c) 生产厂的磁体名称;

d) 材料类别或级别;

e) 批识别标志;

f) 数量;

g) 包装日期。

采用任何附加的标志,应不致产生混淆。

6.4 订货单资料

详细规范应规定,订购磁体时,要求下列资料:

a) 引用的详细规范编号;

b) 生产厂的磁体名称或磁体规格;

c) 材料类别或级别;

d) 数量;

e) 生产厂所要求的其他资料。

6.5 有关文件

包括 GB/T 12796.1—2012 以及为执行详细规范所必需的其他文件。

6.6 放行批证明记录

详细规范应规定是否需要放行批证明记录,其内容应符合 GB/T 12796.1—2012 中 4.6 的规定。

6.7 补充规范或试验细则

在检验表内不便于提供试验细则时,其必要的资料应列入详细规范的附录。此附录应适合于引用。

ICS 29.100.10
L 19

中华人民共和国国家标准

GB/T 12798—2012
代替 GB/T 12798—1991

磁性氧化物或铁粉制成的轴向引线磁心

Axial lead cores made of magnetic oxides or iron powder

2012-11-05 发布 2013-02-15 实施

中华人民共和国国家质量监督检验检疫总局
中国国家标准化管理委员会 发布

前　言

本标准依据 GB/T 1.1—2009 给出的规则起草。

本标准代替 GB/T 12798—1991《磁性氧化物或铁粉制成的轴向引线磁心》。

本标准与 GB/T 12798—1991 相比，主要变化如下：

——对磁心有关尺寸，如：直径、磁心长度、磁心长度和直径的组合进行了完善；

——引线直径的规格进行了调整；

——对不同磁心的抗弯强度要求等进行了补充。

本标准由中华人民共和国工业和信息化部提出。

本标准由全国磁性元件与铁氧体材料标准化技术委员会（SAC/TC 89）归口。

本标准起草单位：浙江春晖复合材料有限公司。

本标准主要起草人：陆明岳、韩国华、陈俊青、徐仲达。

本标准所代替标准的历次版本发布情况为

——GB/T 12798—1991。

磁性氧化物或铁粉制成的轴向引线磁心

1 范围

本标准规定了磁性氧化物或铁粉制成的轴向引线磁心的尺寸、机械特性及其测量方法和有关试验。

本标准规定的轴向引线磁心主要用于通信和其他电子设备中的小型线绕电感器。

2 规范性引用文件

下列文件对于本文件的应用是必不可少的。凡是注日期的引用文件,仅注日期的版本适用于本文件。凡是不注日期的引用文件,其最新版本(包括所有的修改单)适用于本文件。

GB/T 2423.28—2005 电子电工产品环境试验 第2部分:试验方法 试验T:锡焊(IEC 60068-2-20:1979,IDT)

GB/T 5076—1985 具有两个轴向引出端的圆柱体元件的尺寸测量(eqv IEC 60294:1969)

GB/T 9634.1—2002 铁氧体磁心表面缺陷极限导则 第1部分:总则(IEC 60424-1:1999,IDT)

IEC 60068-2-21:1992 电工电子产品环境试验 第2部分:试验方法 试验U:引出端及整体安装强度

3 术语和定义

下列术语和定义适用于本文件。

3.1

轴向引线磁心 axial lead core

有两端引线沿对称轴伸出呈一直线的圆柱体磁心。

注:轴向引线磁心的结构列于附录A。

4 外形尺寸

4.1 磁心外形

轴向引线磁心的外形尺寸如图1所示。

4.2 磁心直径(D)

磁心的优选直径为:1.2、1.6、2.0、3.0、3.5、3.8、4.0、5.0、6.0、6.3、7.0、7.5、8.0、10.0。单位为毫米(mm)。

磁心直径(D)的公差应为下列二者之一:

——粗公差:直径(D)的±3%(最大不超过±0.15 mm)。

——标准公差:±0.05 mm。

制造厂应规定采用以上哪一种公差。

4.3 磁心长度(l_1)

磁心的优选长度为:4.0、5.0、7.0、8.0、10.0、12.5、13.0、15.0、16.0、18.0、20.0、23.0、25.0、30.0、

31.5、40.0。单位为毫米(mm)。

长度(l_1)的公差应为长度的±5%(最大不超过±0.35 mm)。

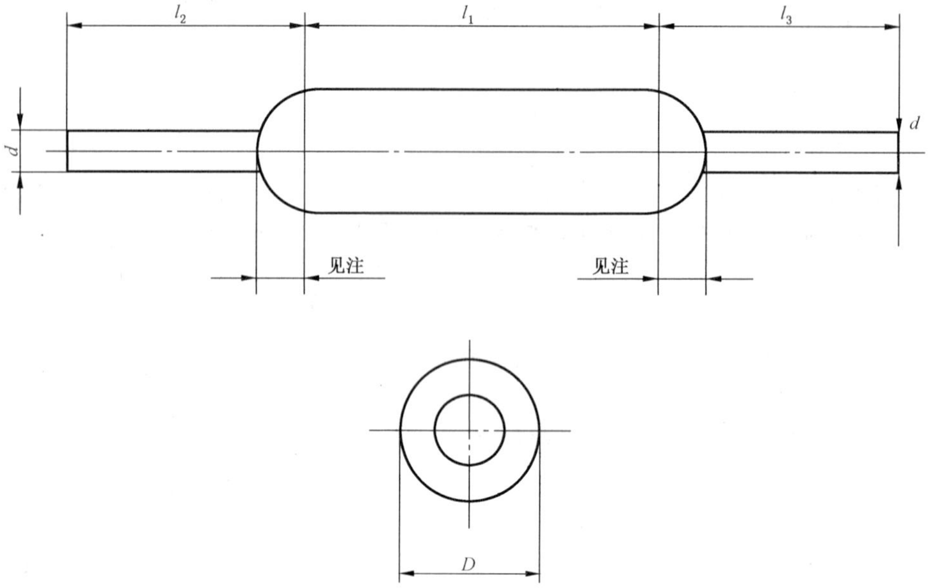

注：磁心两端面可用粘合剂涂覆，其厚度不得超过 0.5 mm。

图 1　轴向引线磁心外形尺寸

4.4　磁心长度和直径的组合

磁心长度(l_1)和直径(D)的优选组合见表 1。

表 1　l_1 和 D 的优选组合

单位为毫米

D	l_1															
	4.0	5.0	7.0	8.0	10.0	12.5	13.0	15.0	16.0	18.0	20.0	23.0	25.0	30.0	31.5	40.0
1.2	×	×	×													
1.6		×	×													
2.0		×	×	×												
3.0		×	×	×	×	×	×	×								
3.5		×	×	×	×	×	×	×	×							
3.8			×	×	×	×	×	×	×	×	×					
4.0			×	×	×	×	×	×	×	×	×	×	×			
5.0								×	×	×	×	×	×	×		
6.0								×	×	×	×	×	×	×	×	×
6.3										×	×	×	×	×	×	×
7.0											×	×	×	×	×	×
7.5												×	×	×	×	×
8.0													×	×	×	×
10.0													×	×	×	×

4.5 引线

引线的标称直径(d)的优选值应从表 2 中选取。

表 2 引线直径(d)的优选值

单位为毫米

最小值	标称值	最大值
0.45	0.50	0.55
0.55	0.60	0.66
0.65	0.70	0.77
0.75	0.80	0.88
0.85	0.90	0.99
0.95	1.00	1.10

当制造厂规定了 l_2 和 l_3 的数值时,则其公差应为长度值的±10%。

5 尺寸检验和外观检验

5.1 尺寸检验

按 GB/T 5076—1985 的规定对第 4 章规定的尺寸进行测量。

5.2 外观检验

轴向引线磁心的状态、加工质量、标志及涂覆经目检应是良好的。

注:磁心外形缺陷极限见 GB/T 9634.1—2002。

6 机械试验

6.1 抗弯强度

6.1.1 要求

当磁心的 $l_1/D \geqslant 3$ 时,应对轴向引线磁心抗弯强度进行检测。在达到表 3 规定的弯矩后,轴向引线磁心不应断裂,且无可见损伤。

表 3 抗弯强度试验的弯矩值

磁心标称直径 D mm	弯矩 M N·m	磁心标称直径 D mm	弯矩 M N·m
1.2	0.015	5.0	0.250
1.6	0.025	6.0	0.350
2.0	0.030	6.3	0.400
3.0	0.055	7.0	0.500
3.5	0.065	7.5	0.550
3.8	0.100	8.0	0.700
4.0	0.150	10.0	1.050

6.1.2　方法

轴向引线磁心的抗弯强度应采用施加弯曲力进行试验，使试样中部产生最大的弯矩。弯曲力应平稳增加，直到试样截面上的最大弯矩按其直径达到表3规定的值。

施加弯曲力的优选方法如图2所示，即在试样中部施加力 F，使作用点与两支点的距离相等。支点及加力器成楔形，其顶端倒圆1 mm。两支点间距离 l 应取试样长度的75%。缓慢加力，直到达到表3规定的弯矩值 M，力按关系式($F=4M/l$)进行计算。

注：对于附录A中图A.4所示的有连续槽的磁心，力 F 的作用线应与 A—A 剖面垂直。

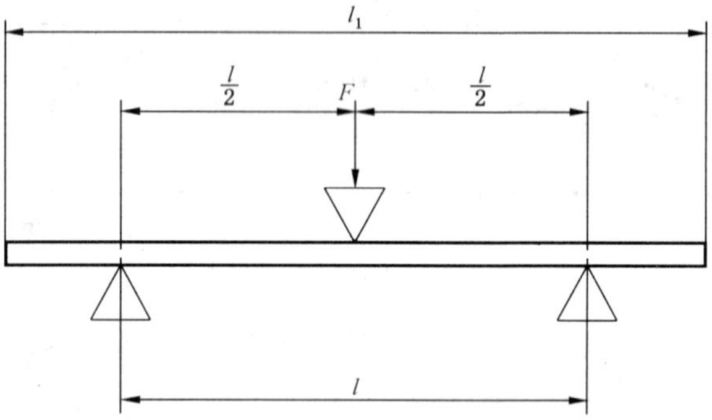

图2　测定抗弯强度的优选试验方法

6.2　引出端强度

6.2.1　要求

按IEC 60068-2-21:1992中 Ua_1、Ub及Uc的规定进行下述每项试验后，目检轴向引线磁心，应无可见损伤。

6.2.2　试验 Ua_1——拉力

——铁氧体磁心，负荷应为：

引线(标称直径)ϕ0.5 mm时：5 N；

引线(标称直径)ϕ0.6 mm、ϕ0.7 mm、ϕ0.8 mm时：10 N。

——铁粉芯磁心，负荷应为：

磁心直径1.2 mm、1.6 mm、2.0 mm、3.0 mm、3.5 mm时：15 N；

磁心直径3.8 mm、4.0 mm、5.0 mm、6.0 mm、6.3 mm、7.0 mm、7.5 mm、8.0 mm、10.0 mm时：20 N。

注：通常，这一试验在耐焊接热试验后进行。

6.2.3　试验Ub——弯曲

按方法1，二次弯曲，应施加6.2.2所规定一半的负荷。

6.2.4　试验Uc——扭力

严酷度等级2，180°旋转二次。

7 焊接

7.1 可焊性

7.1.1 要求

应符合所采用的GB/T 2423.28—2005的焊槽法或烙铁法相应程序的要求。

7.1.2 试验

轴向引线磁心引出端的可焊性应按GB/T 2423.28—2005试验Ta进行。制造厂应规定:

a) 采用试验Ta中的某种方法;

b) 按GB/T 2423.28—2005中4.11规定的所有补充内容应符合所选的试验方法。

7.2 耐焊接热

7.2.1 要求

耐焊接热试验结束后,目检轴向引线磁心,应无可见损伤。

7.2.2 试验

轴向引线磁心的耐焊接热应按GB/T 2423.28—2005试验Tb的试验方法1B进行测定。引线烫锡部位最多离磁心端面6 mm。

附 录 A
（资料性附录）
轴向引线磁心的结构

A.1 轴向引线磁心类别

轴向引线磁心可分为下列两类：

a） 由磁性氧化物烧结后粘接上引线构成的磁心；

b） 由铁粉成型时压入引线构成的磁心。

A.2 端面形状

轴向引线磁心的端面可制成垂直切割形，但其他端面形状也能使用，一些可能的端面形状示于图 A.1～A.4。

表 A.1～表 A.4 中给出了尺寸的优选值，表中各参数的公差为±0.1 mm（不包括图 A.3 中 *m*，*m* 规定的是最大值）。

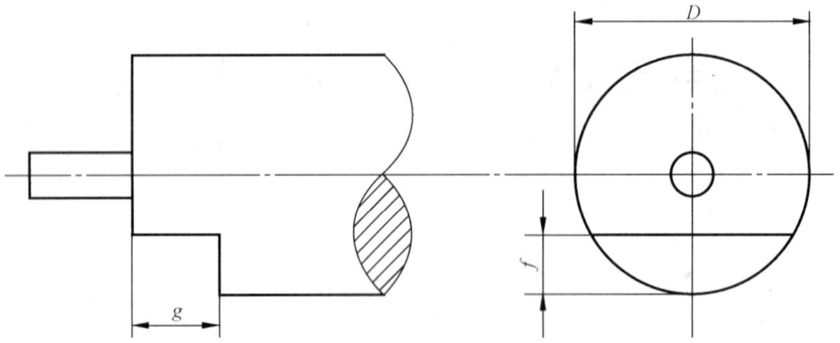

图 A.1 台阶形端面

表 A.1 台阶形端面的尺寸优选值

单位为毫米

D	f	g
1.2、1.6、2.0、3.0、3.5	D/3	0.5
3.8、4.0、5.0、6.0、6.3、7.0、7.5、8.0、10.0	D/3	1.0

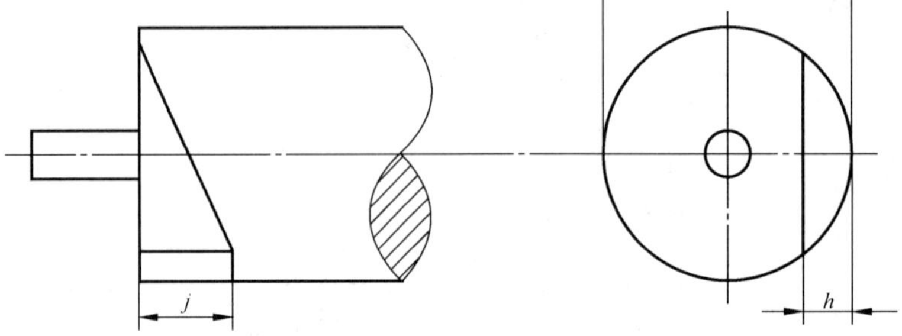

图 A.2 倾斜形端面

表 A.2 倾斜形端面的尺寸优选值 单位为毫米

D	h	j
1.2、1.6、2.0、3.0、3.5	$D/3$	0.5
3.8、4.0、5.0、6.0、6.3、7.0、7.5、8.0、10.0	$D/3$	1.0

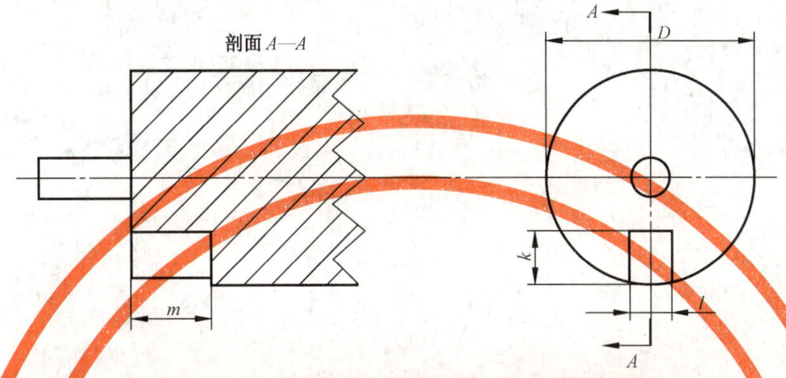

图 A.3 凹槽形端面

表 A.3 凹槽形端面的尺寸优选值 单位为毫米

D	k	l	m_{max}
1.2、1.6、2.0、3.0、3.5	$D/3$	$D/3$	1.0
3.8、4.0、5.0、6.0、6.3、7.0、7.5、8.0、10.0	$D/3$	$D/3$	2.0

注：图 A.1～A.3 的端面可相互偏置 180°。

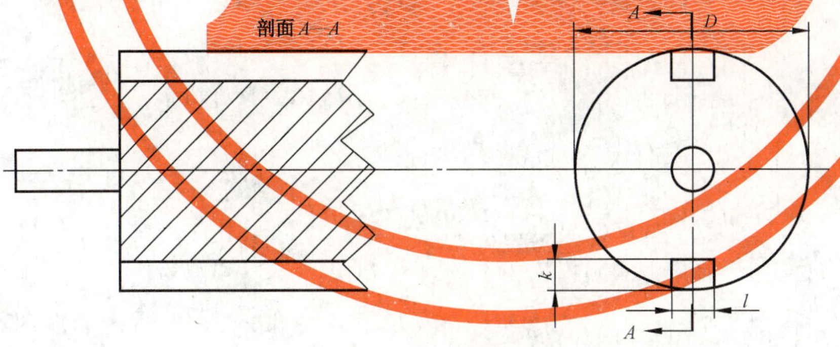

图 A.4 带连续槽的双凹槽形端面

表 A.4 带连续槽的双凹槽形端面的尺寸优选值 单位为毫米

D	k	l
1.2、1.6、2.0、3.0、3.5	$D/6$	$D/3$
3.8、4.0、5.0、6.0、6.3、7.0、7.5、8.0、10.0	$D/6$	$D/3$

ICS 83.160.01
G 41

中华人民共和国国家标准

GB/T 12839—2012
代替 GB/T 12839—2005

轮胎气门嘴术语及其定义

Terms and definitions of tyre valves

(ISO 3877-2:1997,Tyres,valves and tubes—List of equivalent terms—Part 2:Tyre valves,NEQ)

2012-12-31 发布 2013-09-01 实施

中华人民共和国国家质量监督检验检疫总局
中国国家标准化管理委员会 发布

前　言

本标准按照 GB/T 1.1—2009 给出的规则起草。

本标准代替 GB/T 12839—2005《轮胎气门嘴术语及其定义》。与 GB/T 12839—2005 相比，主要技术变化如下：

——修改了“转臂式气门嘴”(2005 版的 2.8，本版的 2.8)、“直式气门嘴”(2005 版的 2.14，本版的 2.14)、“单弯式气门嘴”(2005 版的 2.15，本版的 2.15)、“双弯式气门嘴”(2005 版的 2.16，本版的2.16)、“三弯式气门嘴”(2005 版的 2.17，本版的 2.17)、“多弯式气门嘴”(2005 版的 2.18，本版的2.18)、“力车内胎气门嘴”(2005 版的 2.19，本版的 2.19)、“嘴体”(2005 版的3.1，本版的 3.1)、“防护帽”的定义(2005 版的 3.4，本版的 3.12)、“扳手帽”的定义(2005 版的 3.7，本版的 3.15)、“芯座”(2005 版的 3.24，本版的 3.33)、“圆锥面”(2005 版的 4.5，本版的 4.5)、“芯簧托座支撑面”(2005 版的 4.11，本版的 4.11)、“平面”(2005 版的 4.16，本版的 4.15)、“水平长度”(2005 版的 4.27，本版的 4.26)等 15 个术语的定义。

——删除了“气门针”(2005 版的 3.30)和“底座”(2005 版的 4.15)等 2 个术语。

——增加了“延伸管”、“金属体”、“芯套体”、“嘴座体”、“连接嘴”、“固定套”、“连接管”、“连接螺母”和“管体”等 9 个专用术语。(见本版的 2.22，3.2，3.4，3.6，3.7，3.8，3.9，3.10，3.11)。

——增加了 CY01 系列延伸管、CY02 系列延伸管和 L01 型接套等 3 个图形(见图 12、图 13 和图 14)。

本标准使用重新起草法参考 ISO 3877-2：1997《轮胎气门嘴和内胎—术语对照表—第 2 部分：轮胎气门嘴》(英文版)编制，与 ISO 3877-2：1997 的一致性程度为非等效。

本标准由中国石油和化学工业联合会提出。

本标准由全国轮胎轮辋标准化技术委员(SAC/TC 19)会归口。

本标准主要起草单位：山东高天金属制造有限公司、江阴博尔汽配工业有限公司。

本标准参加起草单位：宁波市鄞州诚裕五金厂、江阴市澄华轮胎气门咀厂、高密市金诺汽配工贸有限公司。

本标准主要起草人：李峰、唐玉、张浩波、殷正元、李红。

本标准所代替标准的历次版本发布情况为：

——GB/T 12839—1991、GB/T 12839—1997、GB/T 12839—2005。

轮胎气门嘴术语及其定义

1 范围

本标准规定了轮胎气门嘴术语及其定义、轮胎气门嘴零部件术语及其定义、轮胎气门嘴部位、尺寸术语及其定义和其他术语及其定义。

本标准适用于轿车、载重汽车、工业车辆、工程机械、拖拉机、农业和林业机械、摩托车、电动自行车和力车用轮胎气门嘴。

2 轮胎气门嘴术语及其定义

2.1

轮胎气门嘴 tyre valve

用于轮胎充放气体或液体并能保持其内压的阀门。

2.2

内胎气门嘴 tube valve

用于有内胎充气轮胎的气门嘴(见图 2、图 4、图 8、图 9、图 10、图 11、图 19 和图 20)。

2.3

胶座气门嘴 rubber base valve

具有橡胶底座的内胎气门嘴(见图 2、图 4、图 8、图 9、图 11、图 20)。

2.4

压紧式内胎气门嘴 tube clamp-in valve

在紧固件的作用下,使气门嘴底座与内胎压紧配合以获得密封的内胎气门嘴(见图 10 和图 19)。

2.5

无内胎气门嘴 tubeless valve

轮辋气门嘴 rim valve

用于无内胎充气轮胎的气门嘴(见图 3、图 5、图 6、图 7)。

2.6

卡扣式气门嘴 snap-in valve

用气门嘴弹性体部分与轮辋配合,以获得密封、安装无需紧固件的无内胎气门嘴(见图 3)。

2.7

压紧式无内胎气门嘴 tubeless clamp－in valve

在紧固件的作用下,使气门嘴上的弹性密封件与轮辋压紧配合,以获得密封的无内胎气门嘴(见图 5～图 7)。

2.8

转臂式气门嘴 swivel valve

嘴体可绕嘴座中心轴线回转的气门嘴(见图 5)。

2.9

普通芯腔气门嘴 ordinary core chamber valve

芯腔中最小孔径小于 4.6mm 的气门嘴(见图 2、图 3、图 4、图 6、图 8、图 10 和图 11)。

2.10

大芯腔气门嘴　large core chamber valve

工程机械气门嘴　engineering machine valve

芯腔中最小孔径大于或等于 4.6 mm 的气门嘴(见图 5 和图 9)。

2.11

气液型气门嘴　air-water valve

用于充气并可充液的气门嘴(见图 8)。

2.12

拧装式气门嘴　screw-on universal valve

气门嘴嘴体和嘴座分为两部分,使用中通过螺纹紧固在一起的气门嘴(见图 9 和图 11)。

2.13

包胶式气门嘴　rubber-covered valve

嘴体杆部与轮辋孔配合的部分被与橡胶底座相连的橡胶层全部或部分包覆的胶座气门嘴(见图 4)。

2.14

直式气门嘴　straight valve

中心轴线为一直线的气门嘴。

2.15

单弯式气门嘴　single-bend valve

中心轴线有一处弯曲的气门嘴(见图 2、图 5、图 9 和图 11)。

2.16

双弯式气门嘴　double-bend valve

中心轴线有两处弯曲的气门嘴(见图 2)。

2.17

三弯式气门嘴　triple-bend valve

中心轴线有三处弯曲的气门嘴。

2.18

多弯式气门嘴　quadruple-bend valve

中心轴线有三处以上弯曲的气门嘴。

2.19

力车内胎气门嘴　tube valve for cycles

用于力车充气轮胎的内胎气门嘴(见图 19 和图 20)。

2.20

压紧式力车内胎气门嘴　clamp-in tube valve for cycles

在紧固件的作用下,使气门嘴底座与内胎压紧配合,以获得密封的力车内胎气门嘴(见图 19)。

2.21

胶座力车内胎气门嘴　rubber base tube valve for cycles

具有橡胶底座的力车内胎气门嘴(见图 20)。

2.22

延伸管　extension tube

延长气门嘴以便于轮胎充气的接管(见图 12 和图 13)。

3 轮胎气门嘴零部件术语及其定义

3.1

嘴体 valve stem

气门嘴中具有芯腔的零件,它直接或通过嘴座与内胎或轮辋连接(见图2～图7、图9～图11、图19和图20)。

3.2

金属体 metal stem

胶座气门嘴或卡扣式气门嘴嘴体中的金属部分(见2、图3、图4、图8、图9和图20)。

3.3

芯套 core housing

具有气门嘴芯腔结构、安装在嘴座上并与嘴座保证密封的气门嘴部件(见图8)。

3.4

芯套体 core housing stem

未装O形密封圈的芯套。

3.5

嘴座 valve spud

连接嘴体或芯套并安装在内胎或轮辋上的气门嘴零部件(见图5、图7、图8和图10)。

3.6

嘴座体 valve spud stem

不安装任何零件的不带胶座的嘴座主体(见图5和图7)。

3.7

连接嘴 connection stem

安装于延伸管软管上,其一端外形具有管接头状,另一端具有气门嘴芯腔结构的零件(见图12)。

3.8

固定套 fixed housing

延伸管中固定软管两端零件的金属套(见图12)。

3.9

连接管 connection pipe

安装于延伸管软管上,其一端具有管接头状,另一端具有与气门嘴连接后同时顶开气门芯结构的零件(见图12)。

3.10

连接螺母 couplingnut

延伸管中安装于连接管顶头端,具有与气门嘴外螺纹连接结构的零件(见图12)。

3.11

管体 tube

延伸管中一端装于气门嘴外螺纹上,另一端具有气门嘴芯腔结构的金属零件(见图13)。

3.12

防护帽 valve cap

对气门嘴芯腔和气门芯起防护作用的顶帽。分为密封帽和非密封帽。

3.13

密封帽 cap sealing

有密封作用的防护帽(见图 15)。

3.14

非密封帽 cap,non-sealing

无密封作用的防护帽(见图 16)。

3.15

扳手帽 cap screwdriver

具有装卸气门芯作用的防护帽(见图 15)。

3.16

帽密封垫 swivel gasket

用于密封帽的弹性垫(见图 15)。

3.17

螺套 swivel nut

套装在转臂式气门嘴嘴体上连接嘴体和嘴座的紧固件(见图 5)。

3.18

接套 adaptor

连接嘴座与嘴体的零件(见图 14)。

3.19

轮辋螺母 rim nut

将气门嘴固定在轮辋上的螺母(见图 8、图 10、图 19 和图 20)。

3.20

垫片 spacer

在气门嘴与内胎、轮辋装配中起衬垫作用的零件。

3.21

圆垫片 ring washer

外形为圆形的垫片(见图 2、图 6、图 10、图 11、图 19 和图 20)。

3.22

桥形垫片 bridge washer

形状为桥形的垫片(见图 9)。

3.23

轮辋密封垫 grommet

在外力作用下与轮辋压紧以获得密封的弹性垫(见图 5、图 6 和图 14)。

3.24

O 形密封圈 O ring

断面为圆形的圆环状弹性圈(见图 5、图 7 和图 8)。

3.25

气门芯 core

安装在气门嘴芯腔内的阀芯(见图 17 和图 18)。

3.26

短气门芯 short core

内弹簧气门芯 inner spring core

在弹簧预压力作用下,芯座密封垫与芯体处于封闭状态的气门芯(见图 17)。

3.27

长气门芯　long core

外弹簧气门芯　outer spring core

在未装入气门嘴芯腔时，芯座密封垫与芯体处于不封闭状态的气门芯(见图 18)。

3.28

大芯腔气门芯　core for large core chamber

用于大芯腔气门嘴的气门芯。

3.29

力车内胎气门芯　tube valve core for cycles

用于力车内胎气门嘴的气门芯(见图 19 和图 20)。

3.30

芯体　plug

具有安装芯体密封圈或橡胶管的部位或具有与芯腔圆锥面配合的密封部位的气门芯中的零件(见图 17～图 20)。

3.31

芯体密封圈　plug washer

在芯体上与气门嘴芯腔内的圆锥面配合以获得密封的弹性圈(见图 17 和图 18)。

3.32

芯杆　core pin

气门芯中心部位的杆状金属零件(见图 17 和图 18)。

3.33

芯座　cup

与芯杆连接用以托住芯座密封垫的气门芯零件(见图 17 和图 18)。

3.34

芯簧　spring

气门芯中使芯体、芯座密封垫和芯座之间产生预压力的螺旋弹簧(见图 17 和图 18)。

3.35

芯簧托座　spring cup

长气门芯上用于托住芯簧的零件(见图 17)。

3.36

芯帽　swivel

将气门芯安装在气门嘴芯腔内的带有螺纹的气门芯零件(见图 17 和图 18)。

3.37

芯座密封垫　cup gasket

在芯体与芯座之间起密封作用的弹性垫(见图 17 和图 18)。

3.38

压芯螺母　nut for holden core

将力车内胎气门芯压装在嘴体内的圆柱形螺母(见图 19 和图 20)。

3.39

橡胶管　rubber tubing

装在芯体上，使气门芯与嘴体之间保持密封并使气门芯具有单向通气作用的弹性管(见图 19 和图 20)。

4 轮胎气门嘴部位、尺寸术语及其定义

4.1

芯腔 core chamber

气门嘴中与气门芯配合以保证气门嘴通气和密气性能的型腔(见图 1)。

4.2

嘴口 valve mouth

气门嘴芯腔外端面(见图 1)。

4.3

扩口 counterbore

位于气门嘴芯腔上部直径大于芯腔螺纹大径的孔(见图 1)。

4.4

芯腔螺纹 core thread

气门嘴芯腔中用于安装气门芯的螺纹(见图 1)。

4.5

圆锥面 taper seat

气门嘴芯腔中与气门芯配合以获得密封的部位(见图 1)。

4.6

凹槽 recess

为增大气门嘴芯腔与气门芯芯座之间环形空间而在气门嘴芯腔中加工出的圆柱孔(见图 1)。

4.7

喉部 throat

气门嘴芯腔中介于圆锥面和凹槽之间的圆柱孔(见图 1)。

4.8

胶座 rubber base

气门嘴胶垫 valve rubber mat

胶座气门嘴的橡胶底座(见图 2、图 4、图 8、图 9 和图 11)。

4.9

通气孔 passage

气门嘴内腔中位于芯腔下部的通气孔道(见图 1)。

4.10

硫化定位孔 ottom oriffice

嘴体或嘴座硫化胶座时定位用的通气孔(见图 2、图 4 和图 20)。

4.11

芯簧托座支撑面 spring cup seat

气门嘴芯腔中用于支撑长气门芯芯簧托座、使芯簧产生预压力的端面(见图 1)。

4.12

帽螺纹 cap thread

气门嘴上用于安装防护帽的外螺纹(见图 1)。

4.13

嘴体螺纹 body thread

嘴体上与螺母配合起压紧或固定作用的外螺纹(见图 2 和图 6)。

4.14

空刀槽 undercut

加工螺纹的退刀槽。

4.15

平面 flats

气门嘴上可施扭矩的两对称平行面(见图 2)。

4.16

打磨面 buffed surface

为使胶座与内胎粘结牢固而经过打磨的胶座底平面(见图 2、图 4、图 8、图 9、图 11 和图 20)。

4.17

挡胶台 cut-off shoulder

在嘴体或嘴座上为防止胶座硫化过程溢出橡胶的凸台(见图 3 和图 4)。

4.18

卡扣式基座 base button

卡扣式气门嘴的圆柱形密封面以下部分的弹性体(见图 3)。

4.19

标志环 indicator ring

卡扣式气门嘴在安装时起标志定位作用的凸形圆环(见图 3)。

4.20

密封面 sealing surface

与密封件(或轮辋)相配合以获得密封的光滑表面(见图 3、图 5 和图 8)。

4.21

芯杆头 pin head

芯杆顶端镦粗部位(见图 17 和图 18)。

4.22

芯梁 bridge

芯帽上具有两平行平面并可对气门芯施加安装扭矩的部位(见图 17 和图 18)。

4.23

弯曲角 bend angle

嘴体中心线的任一直线部位相对于相邻的另一直线部位在弯曲过程中转过的角(见图 2)。

4.24

弯曲补角 supplement of bend angle

弯曲角度的补角(见图 2)。

4.25

水平部位 horizontal position

气门嘴嘴体任一部位中心线的直线部分与底座底面的夹角小于或等于 10°称此部位为水平部位。

4.26

水平长度 horizontal length

对于单弯气门嘴为水平部位中心轴线的延长线与底座中心轴线的交点到嘴口中心点的距离(见图 2);

对于双弯气门嘴为按气门嘴处于单弯状态时确定的水平长度(见图 2);

对于多弯气门嘴为底座中心轴线与第一弯中心轴线的交点到嘴口中心点的距离。

4.27

垂直高度 vertical height

从底座起第一个弯曲角的顶点到底座底面的垂直距离(见图2)。

4.28

弯曲前长度 length before bending

气门嘴弯曲前，嘴口到底座底面的距离(见图2)。

5 其他术语及其定义

5.1

气门芯安装扭矩 installing torque of core

气门芯安装在气门嘴芯腔内,旋紧其螺纹所施加的扭矩。

5.2

开启压力 open pressure

气门芯装在气门嘴芯腔后,在无反向压力的条件下充气、使芯座密封垫与芯体开启的最小充气压力。

5.3

气门嘴孔 valve hole

轮辋孔 rim hole

轮辋上供安装气门嘴的孔。

5.4

气门嘴槽 valve slot

轮辋槽 rim slot

轮辋上供安装气门嘴的槽。

5.5

最大使用压力 maximum pressure of use

气门嘴允许使用的最大压力。

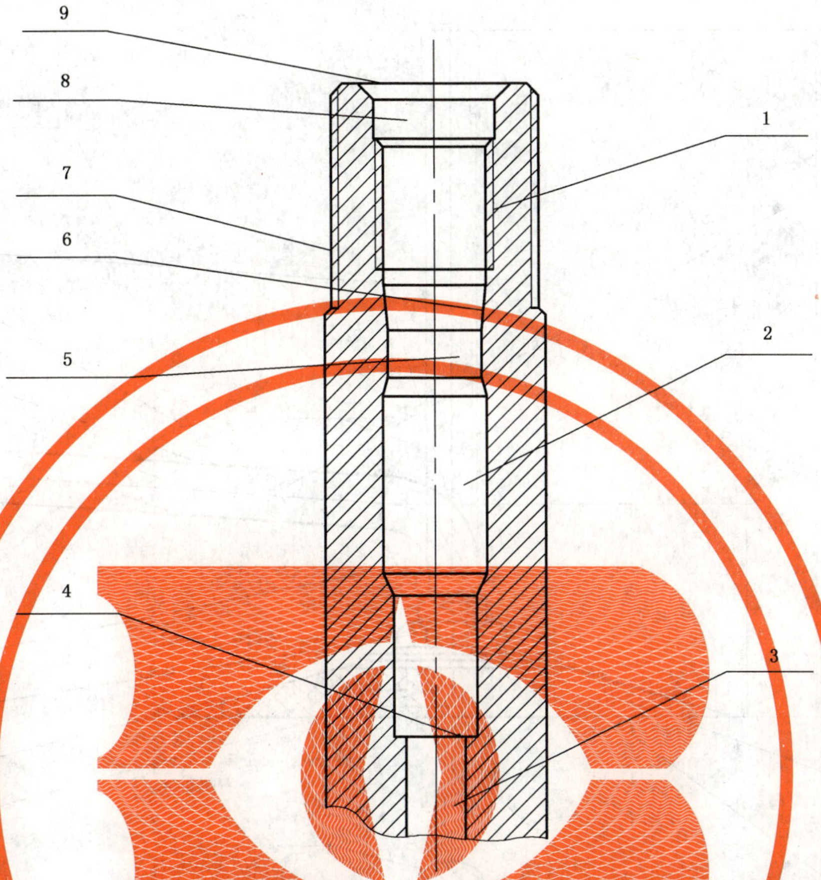

1——芯腔螺纹；
2——凹槽；
3——通气孔；
4——芯簧托座支撑面；
5——喉部；
6——圆锥面；
7——帽螺纹；
8——扩口；
9——嘴口。

图1　气门嘴芯腔

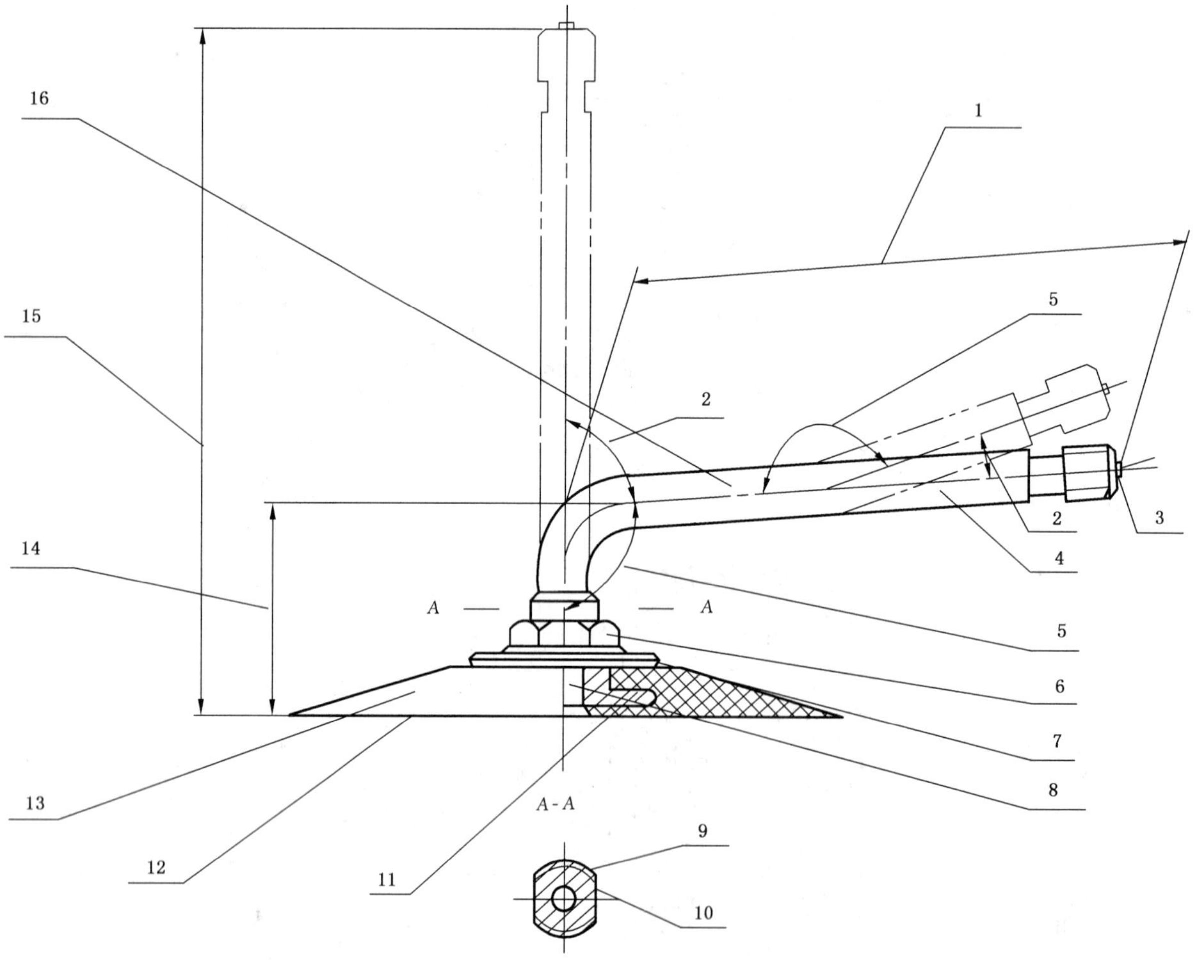

1——水平长度；
2——弯曲角；
3——气门芯；
4——嘴体；
5——弯曲补角；
6——六角螺母；
7——圆垫片；
8——硫化定位孔；
9——嘴体螺纹；
10——平面；
11——底座；
12——打磨面；
13——胶座；
14——垂直高度；
15——弯曲前长度；
16——金属体。

图 2　胶座气门嘴

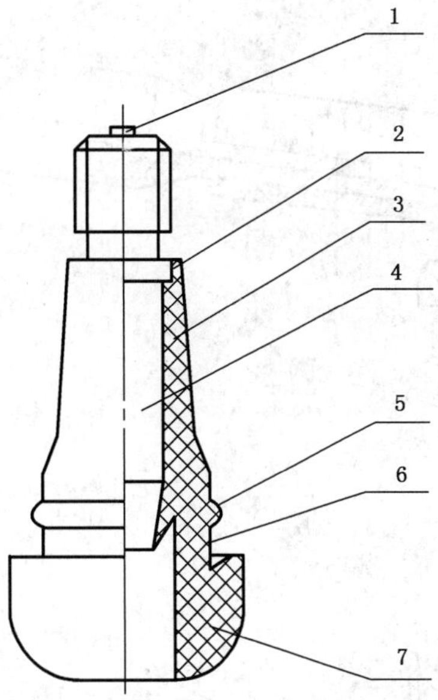

1——气门芯；
2——挡胶台；
3——嘴体；
4——金属体；
5——标志环；
6——密封面；
7——卡扣式基座。

图3　卡扣式气门嘴

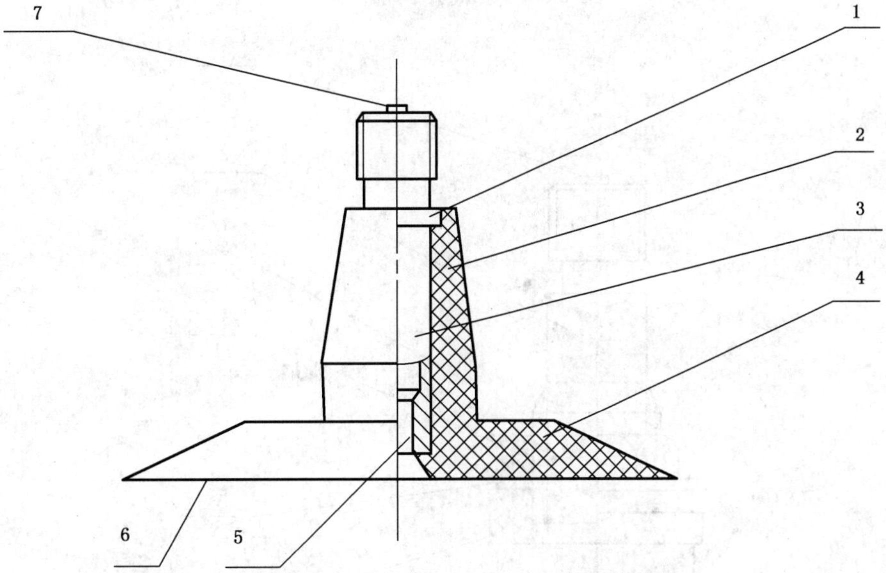

1——挡胶台；
2——嘴体；
3——金属体；
4——胶座；
5——硫化定位孔；
6——打磨面；
7——气门芯。

图4　包胶式气门嘴

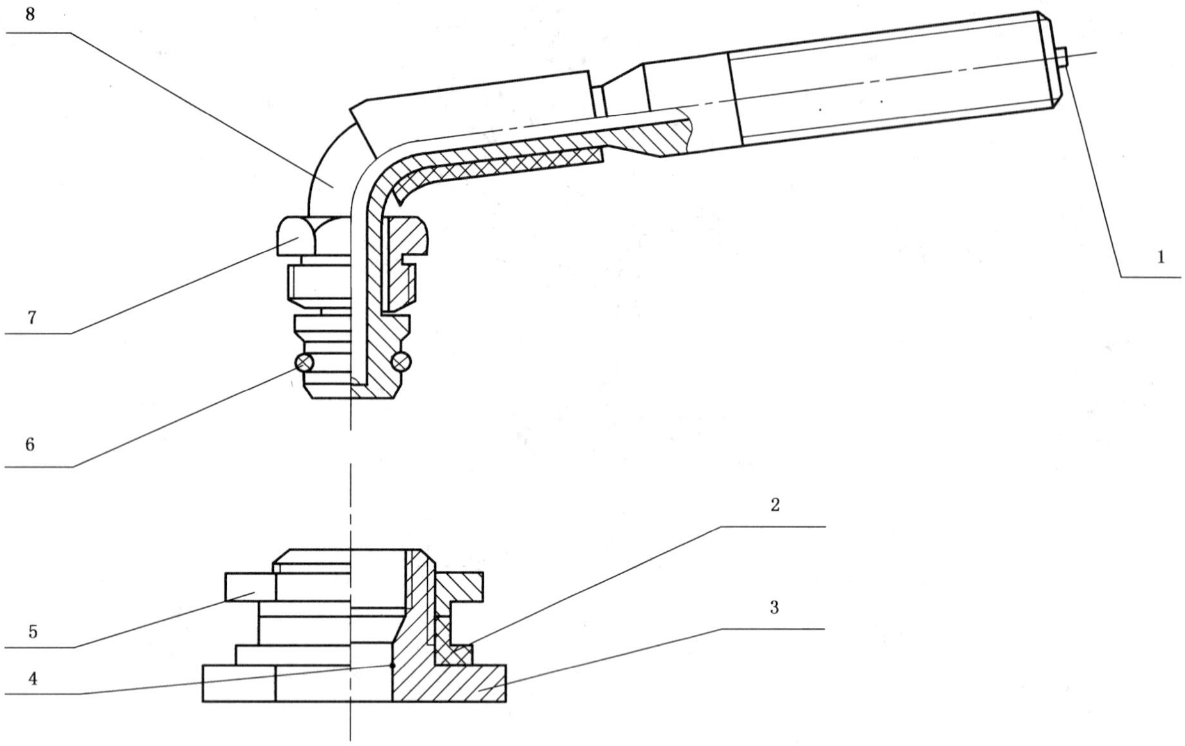

1——气门芯；
2——轮辋密封垫；
3——嘴座体；
4——密封面；
5——六角螺母；
6——O 形密封圈；
7——螺套；
8——嘴体。

图 5　压紧式无内胎气门嘴

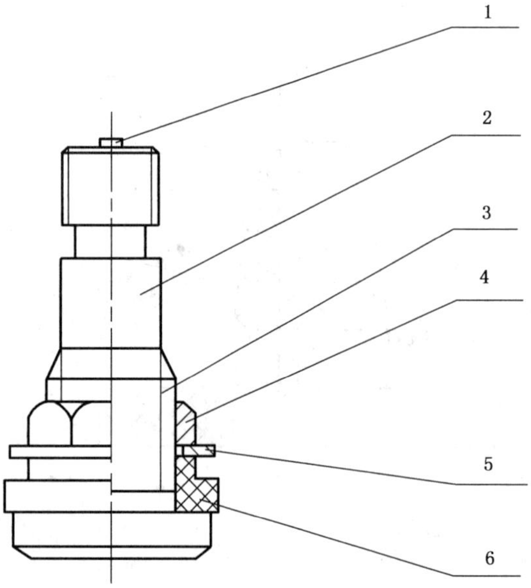

1——气门芯；
2——嘴体；
3——嘴体螺纹；
4——六角螺母；
5——圆垫片；
6——轮辋密封垫。

图 6　压紧式无内胎气门嘴

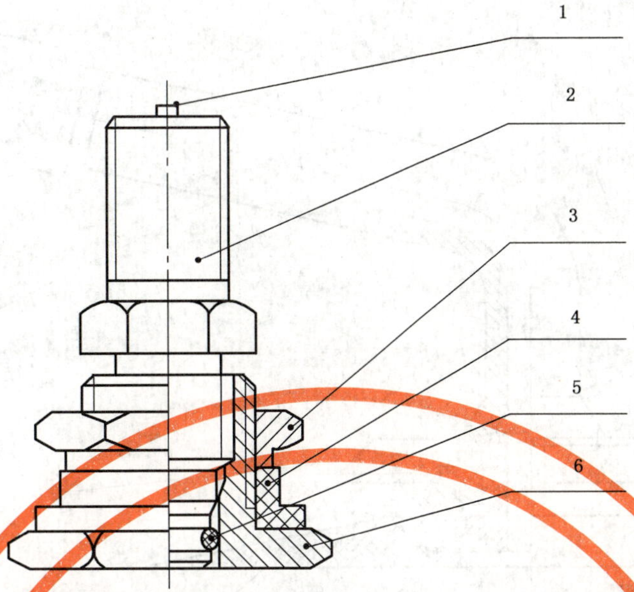

1——气门芯；　　3——六角螺母；　　5——O 形密封圈；
2——嘴体；　　4——轮辋密封垫；　　6——嘴座体。

图 7　压紧式无内胎气门嘴

1——芯套；　　4——嘴座；　　6——胶座；　　8——密封面；
2——O 型密封圈；　　5——嘴座体；　　7——打磨面；　　9——气门芯。
3——轮辋螺母；

图 8　气液型气门嘴

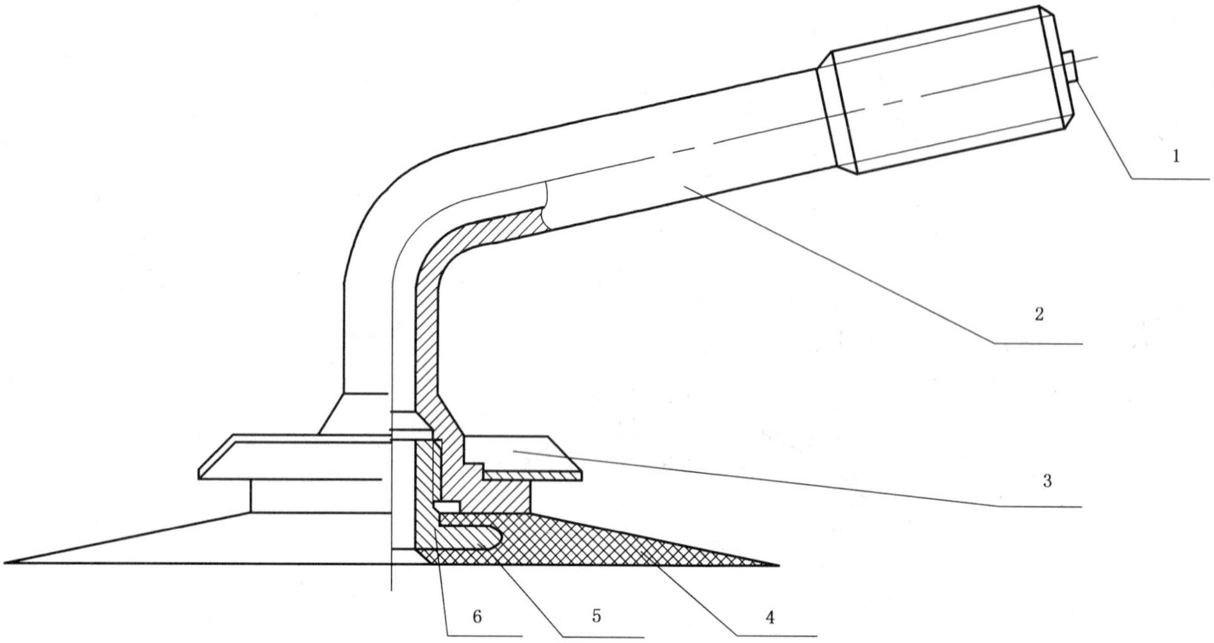

1——气门芯；
2——嘴体；
3——桥型垫片；
4——胶座；
5——嘴座；
6——嘴座体。

图 9 大芯腔气门嘴

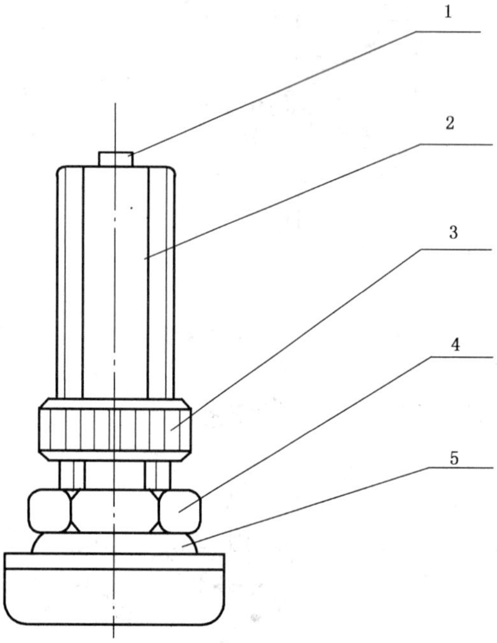

1——气门芯；
2——嘴体；
3——轮辋螺母；
4——六角螺母；
5——圆垫片。

图 10 压紧式内胎气门嘴

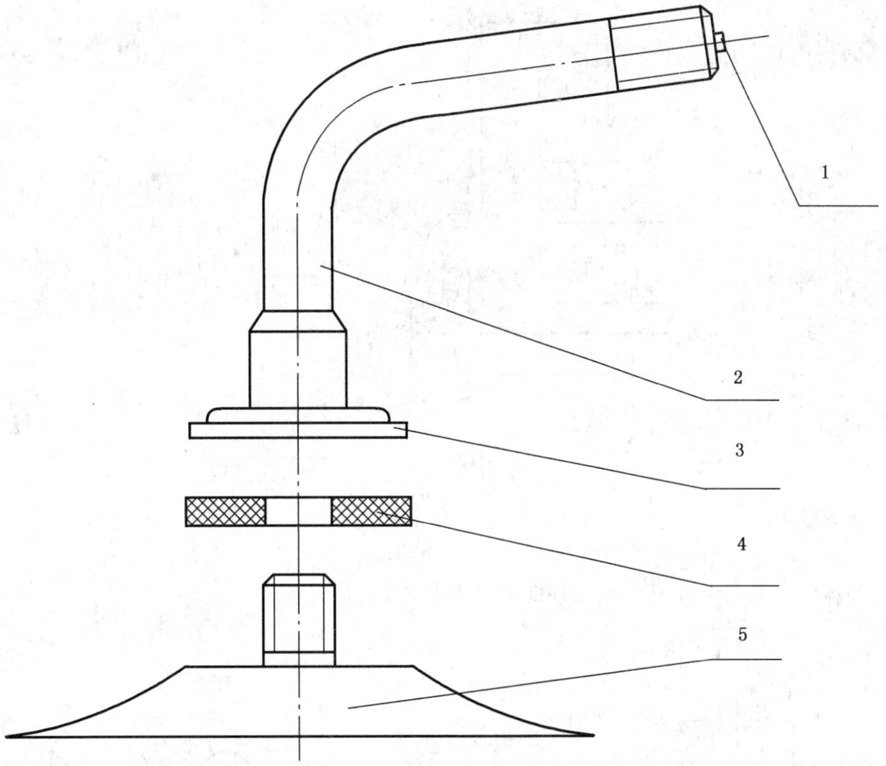

1——气门芯；
2——嘴体；
3——圆垫片；
4——密封垫；
5——嘴座。

图 11　拧装式气门嘴

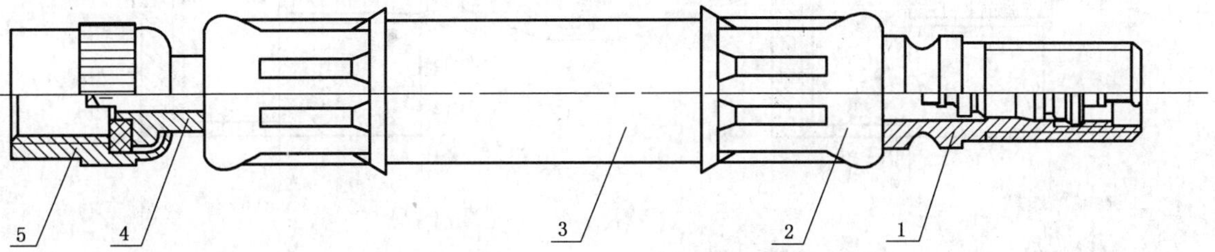

1——连接嘴；
2——固定套；
3——软管；
4——连接管；
5——连接螺母。

图 12　CY01 系列延伸管

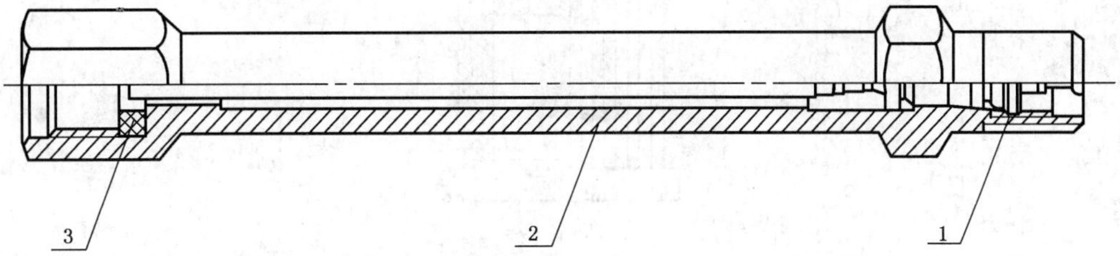

1——气门芯；
2——管体；
3——密封垫。

图 13　CY02 系列延伸管

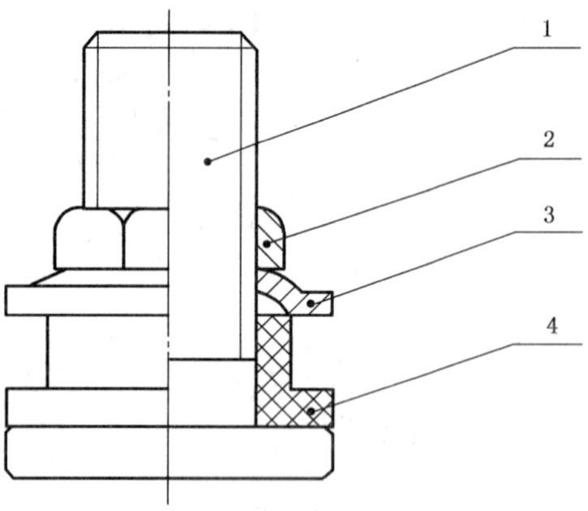

1——接套体；
2——六角螺母；
3——垫片；
4——轮辋密封垫。

图 14 L01 型接套

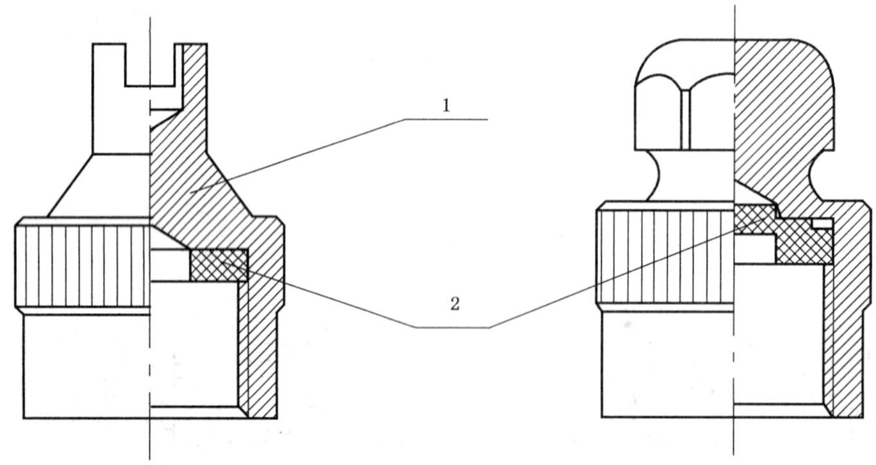

1——扳手帽；
2——帽密封垫。

图 15 密封帽

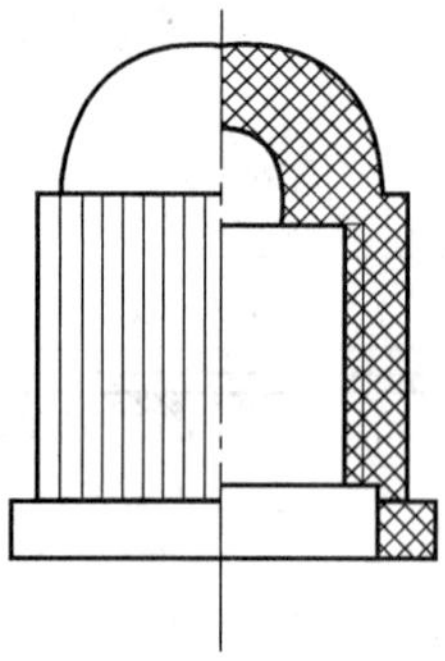

图 16 非密封帽

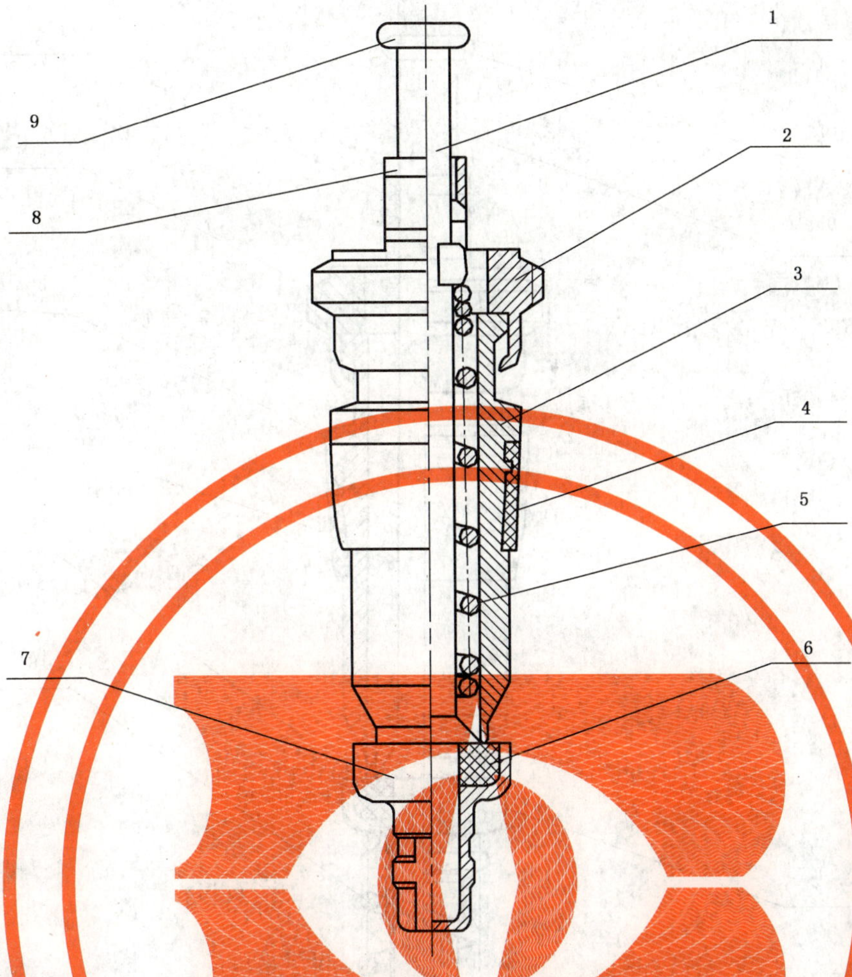

1——芯杆；
2——芯帽；
3——芯体；
4——芯体密封圈；
5——芯簧；
6——芯座密封垫；
7——芯座；
8——芯梁；
9——芯杆头。

图 17　短气门芯

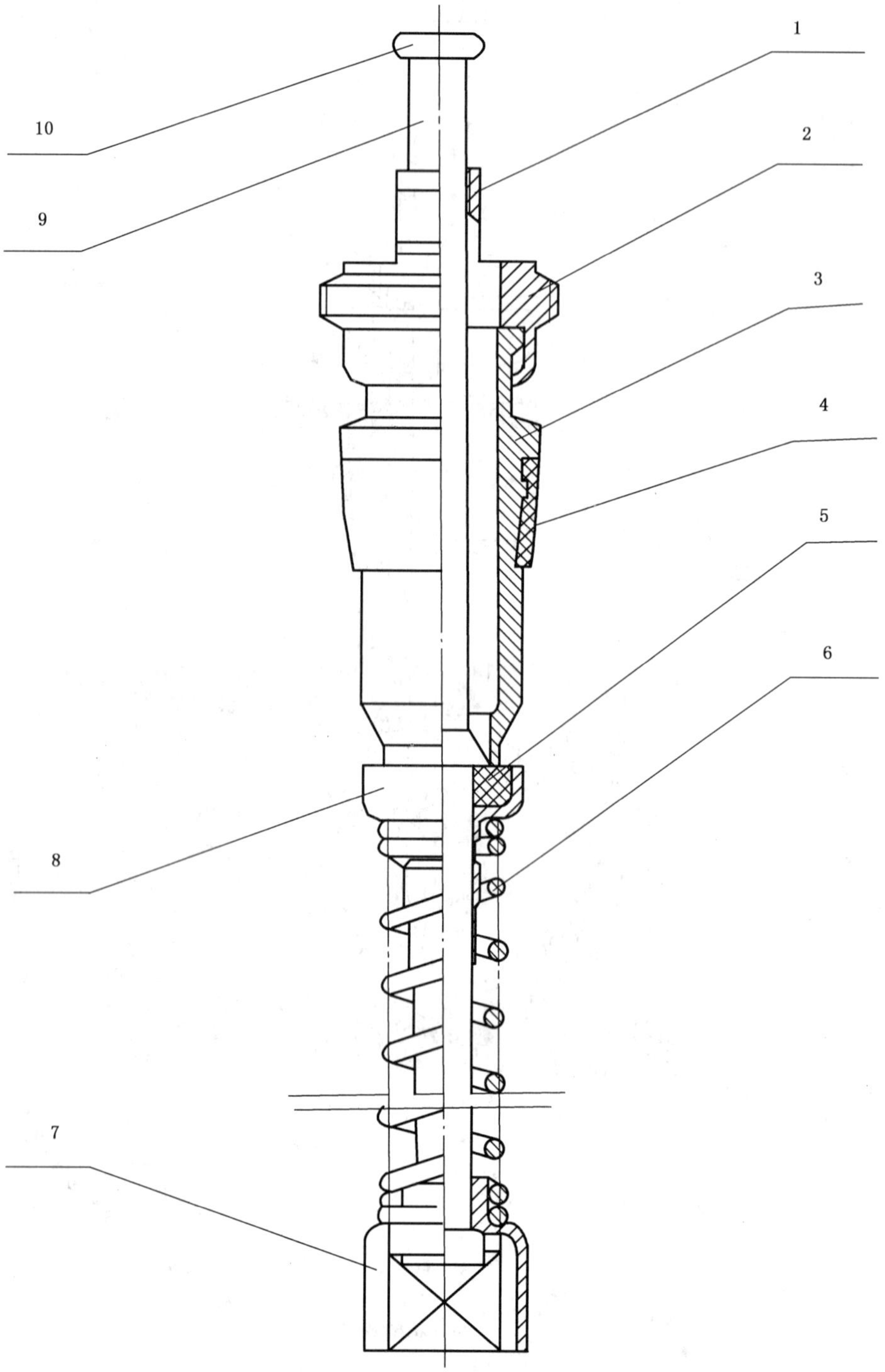

1——芯梁；
2——芯帽；
3——芯体；
4——芯体密封圈；
5——芯座密封垫；
6——芯簧；
7——芯簧托座；
8——芯座；
9——芯杆；
10——芯杆头。

图 18　长气门芯

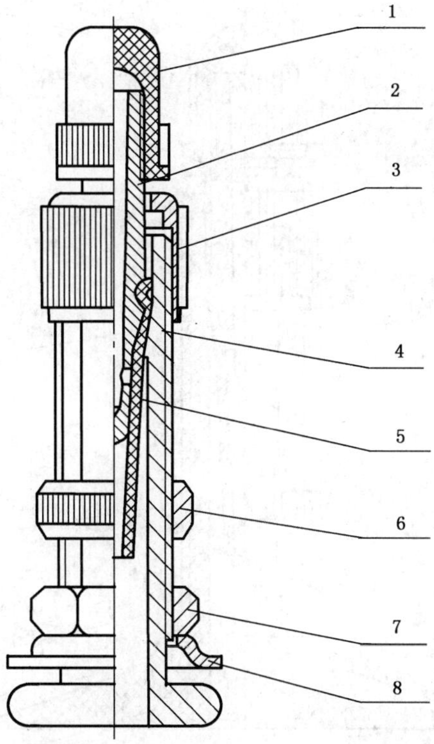

1——非密封帽；
2——芯体；
3——压芯螺母；
4——嘴体；
5——橡胶管；
6——轮辋螺母；
7——六角螺母；
8——圆垫片。

图 19 压紧式力车内胎气门嘴

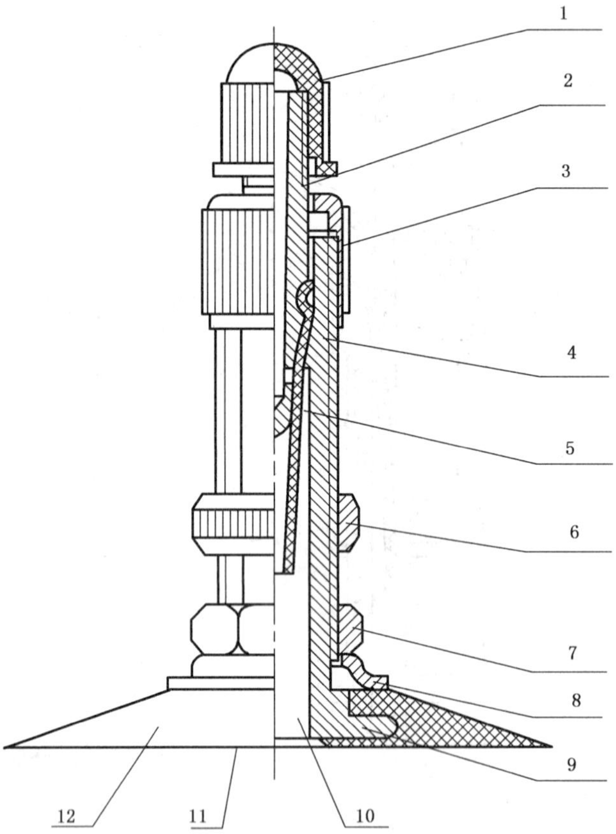

1——非密封帽；
2——芯体；
3——压芯螺母；
4——嘴体；
5——橡胶管；
6——轮辋螺母；
7——六角螺母；
8——圆垫片；
9——底座；
10——硫化定位孔；
11——打磨面；
12——胶座。

图 20　胶座力车内胎气门嘴

汉语拼音索引

英文索引

A

B

C

D

E

F

G

H

I

L

M

N

O

P

Q

R

S

T

U

V

ICS 31.140
L 21

中华人民共和国国家标准

GB/T 12859.1—2012
代替 GB/T 12859—1991

电子元器件质量评定体系规范 压电陶瓷谐振器 第1部分：总规范——鉴定批准

Piezoelectric ceramic resonators—A specification in the IEC quality assessment system for electronic components (IECQ)—Part 1: Generic specification—Qualification approval

(IEC 61253-1:1993,MOD)

2012-11-05 发布 2013-02-15 实施

中华人民共和国国家质量监督检验检疫总局
中国国家标准化管理委员会 发布

前　言

GB/T 12859《电子元器件质量评定体系规范　压电陶瓷谐振器》分为如下几个部分：

——第1部分：总规范——鉴定批准；

——第2部分：分规范——鉴定批准；

——第2-1部分：空白详细规范——评定水平E。

本部分为GB/T 12859的第1部分。

本部分按照GB/T 1.1—2009给出的规则起草。

本部分代替GB/T 12859—1991《电子设备用压电陶瓷谐振器总规范（可供认证用）》，与GB/T 12859—1991相比，主要变化如下：

——根据电子元器件质量认证的通用规定，全面规定了质量评定程序的细则；

——机械和环境试验方法引用对应的国家标准。

本部分使用重新起草法修改采用IEC 61253-1：1993《IEC电子元器件质量评定体系　压电陶瓷谐振器　第1部分：总规范——鉴定批准》。

本部分与IEC 61253-1：1993相比存在技术性差异，这些差异涉及的条款已通过其外侧页边空白位置的垂直单线(|)进行了标示。附录A中给出了相应技术性差异及其原因的一览表。

本部分还作了下列编辑性修改：

——采用的IEC标准编号是现行的目录编号，原标准的编号“1253”按IEC的规定在前面加“6”；

——用GB/T 2828.1—2003代替IEC 410：1973《计数检查抽样方案和程序》，前者与后者在使用中无技术性差异；

——用环境试验国家标准GB/T 2423代替对应的IEC 60068，它们在本部分的引用中无技术性差异；

——4.11.2.1浸渍深度：“$20_{-0.5}^{0}$ mm”改为“$2.0_{-0.5}^{0}$ mm”。

本部分由中华人民共和国工业和信息化部提出。

本部分由全国频率控制和选择用压电器件标准化技术委员会(SAC/TC 182)归口。

本部分起草单位：中国电子元件行业协会压电晶体分会，浙江嘉康电子股份有限公司。

本部分主要起草人：章怡、姜连生、张火荣、戴黎明、徐圣洲。

本部分所代替标准的历次版本发布情况为：

——GB/T 12859—1991。

电子元器件质量评定体系规范 压电陶瓷谐振器 第1部分:总规范——鉴定批准

1 总则

1.1 范围

GB/T 12859 的本部分规定了电子设备中振荡电路用压电陶瓷谐振器的术语和试验方法。

本部分给出了电子元器件质量评定体系及其鉴定批准的分规范和空白详细规范中使用的标准术语、检查程序和试验方法。

1.2 规范性引用文件

下列文件对于本文件的应用是必不可少的。凡是注日期的引用文件,仅注日期的版本适用于本文件。凡是不注日期的引用文件,其最新版本(包括所有的修改单)适用于本文件。

GB/T 2421.1—2008 电工电子产品环境试验 概述和指南(IEC 60068-1:1988,IDT)

GB/T 2423.1—2008 电工电子产品环境试验 第2部分:试验方法 试验A:低温(IEC 60068-2-1:2007,IDT)

GB/T 2423.2—2008 电工电子产品环境试验 第2部分:试验方法 试验B:高温(IEC 60068-2-2:2007,IDT)

GB/T 2423.3—2006 电工电子产品环境试验 第2部分:试验方法 试验Cab:恒定湿热试验(IEC 60068-2-78:2001,IDT)

GB/T 2423.4—2008 电工电子产品环境试验 第2部分:试验方法 试验Db:交变湿热(12 h+12 h循环)(IEC 60068-2-30:2005,IDT)

GB/T 2423.5—1995 电工电子产品环境试验 第2部分:试验方法 试验Ea和导则:冲击(idt IEC 60068-2-27:1987)

GB/T 2423.6—1995 电工电子产品环境试验 第2部分:试验方法 试验Eb和导则:碰撞(idt IEC 60068-2-29:1987)

GB/T 2423.10—2008 电工电子产品环境试验 第2部分:试验方法 试验Fc:振动(正弦)(IEC 60068-2-6:1995,IDT)

GB/T 2423.21—2008 电工电子产品环境试验 第2部分:试验方法 试验M:低气压(IEC 60068-2-13:1983,IDT)

GB/T 2423.22—2002 电工电子产品环境试验 第2部分:试验方法 试验N:温度变化(IEC 60068-2-14:1984,IDT)

GB/T 2423.23—1995 电工电子产品环境试验 试验Q:密封

GB/T 2423.28—2005 电工电子产品环境试验 第2部分:试验方法 试验T:锡焊(IEC 60068-2-20:1979,IDT)

GB/T 2423.60—2008 电工电子产品环境试验 第2部分:试验方法 试验U:引出端及整体安装件强度(IEC 60068-2-21:2006,IDT)

GB/T 2828.1—2003 计数抽样检验程序 第1部分:按接收质量限(AQL)检索的逐批检验抽样计划(ISO 2859-1:1999,IDT)

GB 3100—1993 国际单位制及其应用(eqv ISO 1000:1992)

GB/T 4728.13—2008 电气简图用图形符号 第13部分:模拟元件 (IEC 60617DB:1993,IDT)

IEC 60027-1:1992 电气术语用文字符号 第1部分:总则(Letter symbols to be used in electrical technology—Part 1:General (Corrected and reprinted)

IEC 60050-561:1991 国际电工技术词汇(IEV) 第561部分:频率控制和选择用压电器件(International electrotechnical vocabulary—Chapter 561: Piezoelectric devices for frequency control and selection)

IEC QC 001002-2:1998 IEC电子元器件质量评定体系(IECQ)程序规则 第2部分:文件(IEC quality assessment system for electronic components (IECQ)—Rules of procedure—Part 2:Documentation)

IEC QC 001002-3:1998 IEC电子元器件质量评定体系(IECQ)程序规则 第3部分:批准程序(IEC quality assessment system for electronic components (IECQ)—Rules of procedure—Part 3: Approval procedures)

2 技术特性

2.1 单位、符号和术语

2.1.1 概述

单位、图形符号、文字符号和术语应尽可能从下列标准中选取:

——IEC 60027-1:1992;

——IEC 60050-561:1991;

——GB 3100—1993;

——GB/T 4728.13—2008。

当有更多的要求时,应根据上述标准的原则导出。

下列术语和定义适用于本部分。

2.1.2

型号 type

具有相似的设计特征及相似的制造技术而组成的、可用于同一鉴定批准也可用于同一质量一致性检验的一组元件。

一个型号通常由单一详细规范所覆盖。

2.1.3

规格 style

一个型号中具有特定的性能及尺寸的一组元件。

一个规格可能通常包括一个机械等级的几个变量。

2.1.4

等级 grade

附加的有关特定用途的一般特性,例如长寿命应用。

2.1.5

族(电子元件的) family (of electronic components)

显著表明某一特定物理属性和/或满足某一特定功能的一组电子元件。

2.1.6

亚族(电子元件的) subfamily (of electronic components)

用相似的技术方法制造的一个族内的某一组电子元件。

2.1.7

类别温度范围 category temperature range

谐振器设计在连续工作的环境温度范围,由适用温度类别的上限和下限规定。

2.1.8

上限温度类别 upper category temperature

谐振器设计在连续工作的最高环境温度。

2.1.9

下限温度类别 lower category temperature

谐振器设计在连续工作的最低环境温度。

2.1.10

最低贮存温度 minimum storage temperature

谐振器在非工作条件下且无损伤所能经受的最低环境温度。

注:最高贮存温度等于上限温度类别。

2.1.11

温度范围内的工作频率变化 variation of working frequency with temperature

温度范围内的工作频率变化可用二种方式表达:

a) 工作频率的温度特性;

b) 工作频率的温度系数。

2.1.11.1

工作频率的温度特性 temperature characteristic of working frequency

温度特性主要是在谐振器的工作频率随温度呈线性或非线性变化,而不能精确地表达时采用的术语。

工作频率的温度特性是某类别温度范围的给定温度范围内产生的工作频率的最大可逆变化。通常用工作频率相对于基准25℃温度时的变化率表征。

2.1.11.2

工作频率的温度系数和温度范围偏移 temperature coefficient of working frequency and temperature cyclic drift of working frequency

这二个特性应用于谐振器的工作频率随温度的变化是线性的或近似线性,且能够用特定的精度来表征。

这种谐振器工作频率在某一类别温度范围内对任一温度的变化都可分为二个分量:

工作频率的温度系数(TCF):在规定的温度范围内测量的工作频率随温度的变化率,通常用每摄氏度百万分之几表征(10^{-6}/℃)。

工作频率的温度范围偏移:规定的多次温度循环期间或循环结束后,在室温观察到的工作频率的最大不可逆变化,通常用相对于基准温度时的工作频率的变化率表征。基准温度通常为25 ℃。

应规定温度循环期间及循环之后的测量条件、温度循环的详细规定及循环次数。

2.1.12

额定电压 rated voltage

U_R

在低端类别温度与高端类别温度之间任一温度下,可连续加在谐振器上的最大直流电压或最大交流电压有效值,后者也可用峰值电压表示。

2.1.13

可见损伤　visible damage

会降低谐振器预定用途的可用性的损伤。

2.1.14

使用陶瓷谐振器的振荡电路　oscillating circuit using a ceramic resonator

包含一个陶瓷谐振器的具有正反馈回路的放大电路，在谐振频率或反谐振频率下振荡，回路增益大于 0 dB 且相位为 0°。

2.1.15

工作频率　working frequency

使用陶瓷谐振器的振荡电路所输出的信号频率。

2.1.16

谐振频率　resonance frequency

在规定条件下，谐振器电气阻抗呈电阻性的两个频率中较低的一个频率。

2.1.17

谐振电阻　resonace resistance

基频或泛音振动模式下的最小谐振阻抗，它等于等效电路串联谐振分路的电阻值，并与机械 Q 值有关。

2.1.18

自由电容　free capacitance

在远离最低谐振频率以下的某一频率上，谐振器引出端之间的电容。

2.2　优先额定值和特性

每个分规范应首选规定该亚族的优先额定值。

2.3　标志

分规范应指明谐振器和/或初级包装上出现的识别标识及其他信息。

应规定小型化谐振器标志的优先次序。

3　质量评定程序

3.1　鉴定批准/质量评定体系

3.1.1　当文件用于具有鉴定批准和质量一致性检验的全面质量评定体系（如 IEC 电子元器件质量评定体系——IECQ）时，其程序应符合 3.4 和 3.5 的规定。

3.1.2　当文件用于质量评定体系以外，如设计评审或型式试验时，可以使用 3.4.1 和 3.4.2b）的程序和要求，但全部试验或部分试验应采用试验一览表中给出的顺序。

3.2　初始制造阶段

压电陶瓷谐振器的初始制造阶段应在分规范中定义。

3.3　结构相似元件

供鉴定批准和质量一致性检验用的结构相似元件的划分应在分规范中规定。

3.4 鉴定批准程序

3.4.1 制造厂应遵守：

——控制鉴定批准的程序规则的总要求；

——本部分 3.2 定义的初始制造阶段的要求。

3.4.2 对于 3.4.1，还应采用下列附加要求：

a) 制造厂应出具尽可能短时间内提交的三个逐批检验批和一个周期检验批符合规范要求的试验证据。在提交这些检验批的期间内，制造工艺应无重大改变。

应按照 GB/T 2828.1—2003 的规定抽取样品。应按照分规范规定的抽样方案的方式界定授予鉴定批准的工作频率和外形尺寸。

应采用正常检验，但当样本大小是零不合格品接收方案时，则应抽取附加样品以满足一不合格品接收方案时的样本大小。

b) 制造厂应出具试验证据，以表明符合分规范给定的固定样本数试验一览表的规范要求。

构成样本的样品应从当前产品中随机抽取，或得到监督检查机构的同意。

3.4.3 获得的鉴定批准作为质量评定体系的一部分，它应由证实符合质量一致性检验的要求来定期维持(见 3.5)。否则，该鉴定批准必须由 IEC 电子元器件质量评定体系的程序规则(IEC QC 001002：1998，11.5.2 和 11.5.3)的鉴定批准维持规则来证实。

3.5 质量一致性检验

与分规范共同使用的空白详细规范应规定质量一致性检验的试验一览表。

该一览表也应规定逐批检验和周期检验的分组、抽样方案和周期。

检验水平和接收质量限(AQL)应从 GB/T 2828.1—2003 中选取。

如有要求，可规定一个以上的试验一览表。

3.5.1 证明合格的试验记录

当相关规范有规定时或订货方有要求时，证明合格的试验记录应至少给出以下信息：

——由周期试验覆盖的分组中的试验信息(如被试验元件数量和不合格品元件数量)，不提供有关拒收样品的参数值；

——分规范中有要求时，耐久性试验后工作频率、谐振电阻及电容的变化。

3.5.2 延期交货

保存期限超过一年(除非分规范另有规定)的压电陶瓷谐振器，以后的放行批在交货前应按分规范的规定重新检验。

由制造厂的总检查人采取的重新检验程序应由监督检查机构批准。

一旦某一批已满意地通过重新检验，其质量在规定的期限内重新得到保证。

3.5.3 完成 B 组试验之前的交货放行

当 B 组全部试验已能够转移到 GB/T 2828.1—2003 的放宽检验时，允许制造厂在 B 组试验完成前放行元件。

3.6 替代的试验方法

相关规范中给出的试验和测量方法并不必然是唯一可使用的。然而，制造厂应使监督检查机构满意，可以使用的任一替代方法的检验结果等效于规定方法获得的结果。在有争议的情况下，如仲裁或提供基准的目的，只应采用规定的方法。

4 试验和测量程序

4.1 概述

分规范和/或空白详细规范应包括试验项目、每个试验或试验分组在试验之前和之后所做的测量以及应当进行的顺序。每个试验阶段应按写明的顺序执行。

初始测量和最终测量的测量条件应相同。

如果任一质量评定体系的规范中包含上述文件未规定的其他试验方法，则应充分描述这些方法。

参见 GB/T 2423 的各种试验。

4.2 标准大气条件

4.2.1 试验的标准大气条件

除非另有规定，所有试验和测量都应在 GB/T 2421.1—2008 中 5.3 规定的测量和试验用标准大气条件下进行。

温度：15 ℃～35 ℃；

相对湿度：25%～75%；

气压：86 kPa～106 kPa (860 mbar～1 060 mbar)。

测量前，谐振器应在测量温度下放置足够时间，以使得整个陶瓷谐振器达到该温度。为此目的，通常规定测量前放置时间与试验结束后样品的恢复时间相同是足够的。

如有必要，当在非规定温度下进行测量时，其结果应修正到规定温度时的值。测量期间的环境温度应在试验报告中注明。万一产生争议，应在某个基准温度下(见 4.2.3)及本部分规定的其他试验条件下进行重复测量。

当按照顺序进行试验时，一个试验的最终测量可以作为随后试验的最初测量。

注：测量期间，谐振器不应暴露在气流中、阳光直射下或其他能造成误差的条件下。

4.2.2 恢复条件

除非另有规定，恢复应在试验的标准大气条件下(见 4.2.1)进行。若恢复必须在接近受控的条件下进行，应采用 GB/T 2421.1—2008 中 5.4.1 的受控的恢复条件。

除非相关规范另有规定，应采用 1 h～2 h 的恢复时间。

4.2.3 仲裁条件

应在下列给出的 GB/T 2421.1—2008 中 5.2 规定的仲裁试验的标准大气条件中选择一个，用于仲裁试验。

温 度	相对湿度	气 压
20 ℃±1 ℃	63%～67%	86 kPa～106 kPa (860 mbar～1 060 mbar)
23 ℃±1 ℃	48%～52%	86 kPa～106 kPa (860 mbar～1 060 mbar)
25 ℃±1 ℃	48%～52%	86 kPa～106 kPa (860 mbar～1 060 mbar)
27 ℃±1 ℃	63%～67%	86 kPa～106 kPa (860 mbar～1 060 mbar)

4.2.4 基准条件

下列标准大气条件用于基准应用。

温度:25 ℃;

气压:101.3 kPa (1 013 mbar)。

4.3 外观检验和尺寸检查

4.3.1 目检

目检时,产品的状态、加工质量及表面质量应良好(见 2.1.13)。

目检时,标志应清晰,并应符合详细规范的要求。

4.3.2 尺寸检验(规检)

应检查在详细规范标明的适宜规检的尺寸,并应符合详细规范的规定值。

4.3.3 尺寸检验(细检)

应检查详细规范规定的全部尺寸并应符合规定值。

4.4 绝缘电阻

4.4.1 进行本测量之前,谐振器应完全放电。

4.4.2 除非相关规范另有规定,应在表 1 规定的测量电压且在表 2 规定的两点间测量绝缘电阻。

表 1 测量电压

谐振器的额定电压	测量电压
$U_R<10$ V 10 V$\leqslant U_R<100$ V	$(1\pm10\%)U_R$ 10 V±1 V[a]
注:U_R是谐振器的额定电压,限定了在试验的标准大气条件下使用的测量电压。	
[a] 当能够证实电压不影响测量结果时,或存在已知关系时,可以在高于额定电压下进行测量(有争议时,应采用 10 V 电压)。	

表 2 测量点

试验	单一谐振器
A 引出端之间	a) 各引出端之间
B 内部绝缘	b) 连接在一起的引出端与外壳之间,外壳作为一个引出端的除外(仅适于金属外壳的型号)
C 外部绝缘	c) 连接在一起的引出端和金属板或箔之间(适用于非金属外壳的绝缘类型) d) 外壳与金属板或箔之间(仅适用于金属外壳型)

4.4.3 对于测量点 B 和 C(见表 2),若谐振器为非金属外壳或为有绝缘套的金属外壳时,测量电压应以下列方式之一施加。

4.4.3.1 金属箔应紧密缠绕于谐振器本体,其距引出端的距离不小于 0.5 mm。

4.4.3.2　谐振器应以正常状态固定在金属板上，金属板所有方向上突出谐振器的部分至少为12.7 mm。

4.4.3.3　谐振器应与90°角的金属V形槽夹牢，并使得谐振器本体不会突出于金属块之外。夹持力应保证谐振器与金属块之间有足够紧的接触，并且不会造成谐振器的损伤和破坏。

4.4.4　除非详细规范另有规定，绝缘电阻应在施加电压60 s±5 s之后测量。

4.4.5　当详细规范规定时，应记录测量时的温度。若该温度不是25 ℃，应将测量值乘以规定的适当的修正因数进行修正。

4.4.6　相关规范应规定：

a)　测量电压和测量点；

b)　施加试验电压的方法(4.4.3.1,4.4.3.2或4.4.3.3)；

c)　测量期间的特殊注意事项；

d)　各个不同的测量点绝缘电阻的最小值(见表2)。

4.5　耐电压

4.5.1　概述

下列规定的试验为耐直流电压试验。当有关规范规定耐交流电压试验时，除用交流电压代替直流电压外，试验程序相同。

4.5.2　适用的试验电路示例如图1所示。

4.5.3　电压计的电阻应不小于10 000 Ω/V。

4.5.4　应选择电阻 R_1 和 R_2，使得电容 C_1 与被试谐振器的电容合起来的充放电电流不超过最高试验电压时的最大电流，电容 C_1 应至少是被试谐振器电容的10倍。

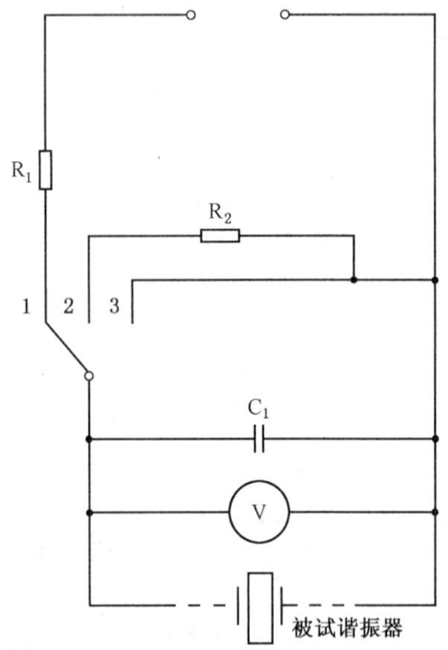

图1　耐电压试验电路

4.5.5　开关应连接至 R_2。图顶部的两个端子应与有足够功率的可变直流电源连接，该电源应调节到要求的试验电压。

将开关与 R_2 连接以使电容器充分放电。

电压计读数一旦降至0，应将电容器短路，并取下被试谐振器。

4.5.6 对于测量点 B 和 C(见表 2),若谐振器为非金属外壳或为有绝缘套的金属外壳时,测量电压应以下列方式之一施加。

4.5.6.1 金属箔应紧密缠绕于谐振器本体,其距引出端的距离为 1 mm/kV,最小为 0.5 mm。试验电压应施加于连接在一起的引出端与金属板之间。

4.5.6.2 谐振器应以正常状态固定在金属板上,安装平面在所有方向突出谐振器的部分至少为 12.7 mm。试验电压应施加于连接在一起的引出端与金属箔之间。

4.5.6.3 谐振器应与 90°角的金属 V 形槽夹牢,并使得谐振器本体不会突出于金属块之外。夹持力应保证谐振器与金属块之间有足够紧的接触。

4.5.7 重复进行耐电压试验可能造成谐振器性能变坏,因此应尽可能避免。

4.5.8 相关规范应规定:

a) 试验电压和测量点(见表 2);

b) 试验电压的施加方式(4.5.6.1,4.5.6.2 或 4.5.6.3);

c) 试验持续时间。

4.5.9 试验期间应无击穿或飞弧。

4.6 工作频率

4.6.1 陶瓷谐振器的工作频率取决于振荡电路的类型,如 C-MOS,TTL 或晶体管放大电路,及电路元件值,如负载电容。

4.6.2 当频率计数器直接与振荡电路连接时,因附加电容引起工作频率的偏移。建议在振荡放大级和频率计数器之间加一缓冲放大器。

4.6.3 为了维持工作频率的良好稳定性,应调整加在振荡电路上的电源电压。

4.7 谐振电阻

4.7.1 通过矢量阻抗计的阻抗读数能直接测量谐振器的谐振电阻。谐振电阻是串联谐振频率附近电抗分量相位为零的频率处的阻抗值。

4.7.2 传输电路法

在图 2 给出的传输电路中,将开关置于位置 1,并调整信号发生器的频率,直到电压计的读数达到谐振频率附近的最大值。将开关置于位置 2,并调整可变电阻器,直到电压计的读数对应到最大电压值。此时的电阻值即为谐振电阻。

4.8 自由电容

应按相关规范的规定测量频率和电压。

4.9 引出端强度

适用时,谐振器应经受 GB/T 2423.00—2008 的 Ua,Ub,Uc 或 Ud 的试验。

4.9.1 试验 Ua——拉力

相关详细规范应规定施加的力。

4.9.2 试验 Ub——弯曲

方法 1:每方向两次。详细规范中的引出端为刚性引出端时,不应采用本试验。

4.9.3 目检

每项试验后应目检谐振器。不应有可见损伤。

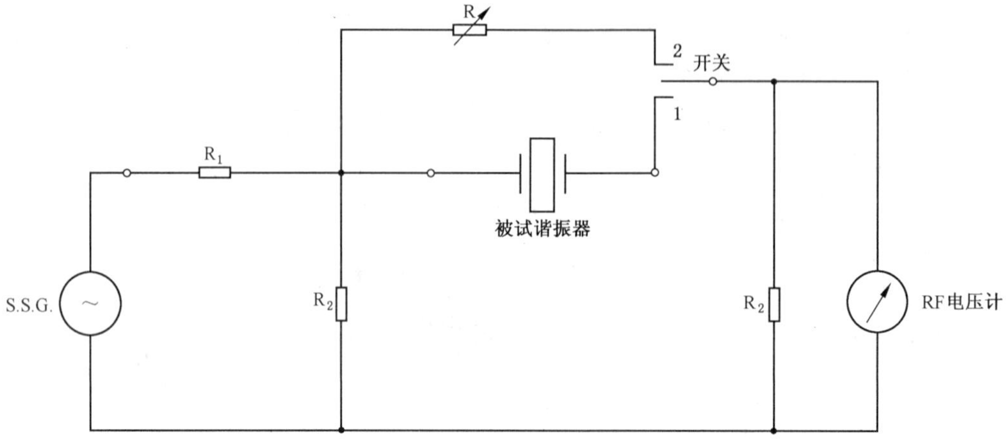

$R_1=100\ \Omega$

R_2 近似等于谐振电阻;优先值为 10 Ω～100 Ω。

图 2 传输电路法

4.10 耐焊接热

4.10.1 除非相关规范另有规定,谐振器应按下列要求经受 GB/T 2423.28—2005 的试验:

方法 1A:浸渍时间为 5 s 或 10 s,按详细规范的规定。距焊接平面的浸渍深度为 $2.0_{-0.5}^{\ 0}$ mm,使用厚度为 1.5 mm±0.5 mm 的隔热挡板。

方法 1B:距谐振器本体的浸渍深度为 3.5 mm。

除非详细规范另有规定,恢复时间应不少于 2 h。

4.10.2 试验后,应目检谐振器。不应有可见损伤,且标志应清晰。然后应按相关规范的规定对谐振器进行测量。

4.11 可焊性

4.11.1 谐振器应经受 GB/T 2423.28—2005 的试验 Ta,按详细规范的规定,使用焊槽法(方法 1)或烙铁法(方法 2)或焊球法(方法 3)。

4.11.2 焊槽法

规定使用焊槽法(方法 1)时,应采用下列细则:

4.11.2.1 试验条件(除另有规定)

焊槽温度:235 ℃±5 ℃;

浸渍时间:2.0 s±0.5 s;

浸渍深度:(距焊接平面或谐振器本体)$2.0_{-0.5}^{\ 0}$ mm*,使用厚度为 1.5 mm±0.5 mm 的隔热挡板。

4.11.2.2 应检查引出端有明亮光滑的焊料层,只允许有少量分散的如针孔不润湿或弱润湿的区域,且

* IEC 标准原文有错误。

这些缺陷不应集中在一块。

4.11.2.3 不使用焊槽法时,相关规范应规定方法、试验条件和要求。

注:使用焊球法时,应包括焊接时间。

4.12 温度快速变化

4.12.1 应按相关规范的规定进行测量。

4.12.2 谐振器应经受 GB/T 2423.22—2002 的试验 Na,严酷度等级按相关规范的规定。

4.12.3 恢复后,应目检谐振器。不应有可见损伤,然后应按相关规范的规定对谐振器进行测量。

4.13 振动

4.13.1 应按相关规范的规定进行测量。

4.13.2 谐振器应经受 GB/T 2423.10—2008 的试验 Fc,样品安装位置和严酷度等级按相关规范的规定。

4.13.3 详细规范有规定时,在每个运动方向上振动试验的最后 30 min 期间,应进行电性能测量。测量的持续时间应为从扫频频率范围的一端到另一端一次扫描所需的时间。

4.13.4 谐振器按 4.13.3 的规定试验时,应无大于或等于 0.5 ms 的断续接触,无开路,无短路。试验后,应目检谐振器。不应有可见损伤。然后应按相关规范的规定对谐振器进行测量。

4.14 碰撞

4.14.1 应按相关规范的规定进行测量。

4.14.2 谐振器应经受 GB/T 2423.6—1995 的试验 Eb,样品安装位置和严酷度等级按相关规范的规定。

4.14.3 试验后应目检谐振器。不应有可见损伤,然后应按相关规范的规定对谐振器进行测量。

4.15 冲击

4.15.1 应按相关规范的规定进行测量。

4.15.2 谐振器应经受 GB/T 2423.5—1995 的试验 Ea,样品安装位置和严酷度等级按相关规范的规定。

4.15.3 试验后应目检谐振器。不应有可见损伤,然后应按相关规范的规定对谐振器进行测量。

4.16 密封

谐振器应按相关规范的规定,经受 GB/T 2423.23—1995 试验 Q 的适用方法程序。

4.17 气候序列

在气候序列试验中,每两个试验之间的间隔不得超过 3 d,除低温试验应在交变湿热(试验 Db)第一循环规定的恢复时间后立即进行。

4.17.1 初始测量

应按相关规范的规定进行测量。

4.17.2 高温试验

谐振器应经受 GB/T 2423.2—2008 的试验 Ba,试验持续时间为 16 h,严酷度等级为详细规范规定的上限温度类别。谐振器应一直处于规定的高温温度,并且在高温试验时间结束时,按相关规范的规定进行测量。规定的试验时间结束后，应将谐振器从温箱中取出，放在试验的标准大气条件下不少于4 h。

4.17.3 交变湿热 试验 Db（第一个循环）

谐振器应经受 GB/T 2423.4—2008 的试验 Db 的第一个循环 24 h，温度为 40 ℃（严酷度等级 a）。恢复后谐振器应立即经受低温试验。

4.17.4 低温试验

谐振器应经受 GB/T 2423.1—2008 的试验 Aa，试验持续时间为 2 h，严酷度等级按详细规范规定的下限温度类别。谐振器应一直处于规定的低温温度，并且在低温试验时间结束时，应按相关规范的规定进行测量。规定的试验时间结束后，应将谐振器从温箱中取出，放在试验的标准大气条件下不少于4 h。

4.17.5 低气压

谐振器应经受 GB/T 2423.21—2008 的试验 M，按相关规范规定的适用严酷度等级。试验持续时间为 10 min，除非相关规范另有规定。

相关规范应规定：

a) 试验持续时间，若不是 10 min；

b) 温度；

c) 严酷度等级。

在规定的低气压时，应施加额定电压至少 1 min，除非相关规范另有规定。试验期间和试验后外壳应无击穿、飞弧、有害的形变，无溶剂渗流。

4.17.6 交变湿热 试验 Db（其余循环）

谐振器应经受 GB/T 2423.4—2008 的试验 Db，温度为 40 ℃（严酷度等级 a），按表 3 指明的循环次数进行试验，每个循环 24 h。

表 3 交变湿热循环次数

类 别	循环次数
—/—/56	5
—/—/21	5
—/—/10	1
—/—/04	1

4.17.7 最终测量

规定的恢复时间后，应按相关规范的规定进行测量。

4.18 稳态湿热

4.18.1 应按相关规范的规定进行测量。

4.18.2 谐振器应经受 GB/T 2423.3—2006 的试验 Ca，相应气候类别的严酷度等级按详细规范的规定。样品从温箱中取出 15 min 内，应施加额定电压按 4.5 规定进行耐电压试验（测量点仅作试验 A），除非详细规范另有规定。

4.18.3 恢复后，应目检谐振器。不应有可见损伤，然后应按相关规范的规定对谐振器进行测量。

4.19 耐久性试验

4.19.1 应按相关规范的规定进行测量。

4.19.2 谐振器应经受耐久性试验。试验的持续时间、施加的电压值和应达到的温箱温度应按相关规范的规定。谐振器应放入温箱内。其 5 mm 以内无其他谐振器。谐振器不应受到直接热辐射，温箱内的空气流动应充分，避免温箱内任一可能放置谐振器处的温度偏离规定温度超过 3 ℃。规定的试验时间结束后，应允许谐振器在试验的标准大气条件下恢复。

4.19.3 应目检谐振器。不应有可见损伤。然后应按相关规范的规定对谐振器进行测量。

4.20 随温度变化的工作频率

4.20.1 静态法

4.20.1.1 应在相关规范规定的条件下进行工作频率的测量。

4.20.1.2 谐振器应依次在下列每个温度下保持。

a) 25 ℃±2 ℃；

b) 下限温度类别±3 ℃；

c) 中间温度(若详细规范有要求)；

d) 25 ℃±2 ℃；

e) 中间温度(若详细规范有要求)；

f) 上限温度类别±3 ℃；

g) 25 ℃±2 ℃。

若特殊类型的谐振器有要求，相关规范应规定是否要避免热冲击，或是否规定温度变化的最大速率。

4.20.1.3 应在上述规定的每个温度下，谐振器达到热平衡后，进行工作频率的测量。达到热平衡条件的判据是：在小于 5 min 的间隔时间内两次工作频率的测量读数之差不高于测量仪器的测量误差。实际温度的测量应符合详细规范要求的精度。注意：测量期间避免谐振器表面凝露或结霜。

4.20.2 动态法

当不使用 4.20.1.2 和 4.20.1.3 的静态法时，可以采用动态曲线法。谐振器应经受缓慢的温度变化。温度传感器件应嵌入与被试谐振器同一类型的哑谐振器中，以保证测量的温度与被试谐振器中的温度相同。工作频率对应于曲线图的 Y 轴。温度对应于曲线图的 X 轴。温度的变化应足够缓慢，以产生一条单调的、在低温和高温时无回路的曲线。温度的变化应依次由 25 ℃至低温，再至高温，再到 25 ℃。应进行二个循环。仅当能够证实动态曲线法方法的结果与使用静态的结果相同时，才可以采用本方法。有争议的情况下，应使用静态法。

4.20.3 计算方法

4.20.3.1 概述

f_0 为 4.20.1.2 d)时测量的工作频率；

θ_0 为 4.20.1.2 d)时测量的温度；

f_1 为不同于 4.20.1.2 a)，d)，g)的试验温度时测量的工作频率；

θ_1 为试验时测量的温度。

4.20.3.2 工作频率的温度特性

对于所有变量 f_i，工作频率随温度变化计算如下：

$$\frac{\Delta f}{f_0}=\frac{f_i-f_0}{f_0} \quad \cdots\cdots(1)$$

工作频率的变化通常用百分数表征。

4.20.3.3 工作频率的温度系数和工作频率的温度范围偏移

a) 工作频率的温度系数（TCF）

对于所有变量 f_i，工作频率的温度系数（TCF）计算如下：

$$TCF_i=\frac{f_i-f_0}{f_0(\theta_i-\theta_0)} \quad \cdots\cdots(2)$$

温度系数通常用每摄氏度百万分之几（10^{-6}/℃）表征。

b) 工作频率的温度范围偏移

对应于 4.20.1.2 a)，d)，g)的测量，工作频率的温度范围偏移计算如下：

$$\Delta da=\frac{f_0-f_a}{f_0} \quad \cdots\cdots(3)$$

$$\Delta gd=\frac{f_g-f_0}{f_0} \quad \cdots\cdots(4)$$

$$\Delta ga=\frac{f_g-f_a}{f_0} \quad \cdots\cdots(5)$$

按相关规范的要求计算上述值。以上的最大值即工作频率的温度范围偏移。工作温度偏移通常用百分数表征。

4.21 贮存

4.21.1 高温贮存

4.21.1.1 应在相关规范规定的条件下进行测量。

4.21.1.2 谐振器应经受 GB/T 2423.2—2008 试验 Ba，严酷度等级如下：

——温度：温度类别上限；

——持续时间：详细规范中规定。

4.21.1.3 恢复至少 16 h 后，进行相关规范规定的测量。

4.21.2 低温贮存

4.21.2.1 应在相关规范规定的条件下进行测量。

4.21.2.2 谐振器应经受 GB/T 2423.1—2008 试验 Aa，严酷度等级如下：

——温度：温度类别下限；

——持续时间：详细规范中规定。

4.21.2.3 恢复至少 16 h 后，进行相关规范规定的测量。

附　录　A
（资料性附录）
本部分与 IEC 61253-1：1993 技术性差异及其原因

表 A.1 给出了本部分与 IEC 61253-1：1993 的技术性差异及其原因的一览表。

表 A.1　本部分与 IEC 61253：1993 的技术性差异及其原因

本部分的章条号	技术性差异	原　因
2.1.16	谐振频率的定义不引用 IEC 302 的表Ⅱ	经查阅资料，IEC 302 已作废，且表Ⅱ中并没有对谐振频率作明确的定义，因此，本条直接使用 IEC 1178-1：1993 谐振频率的定义，不再引用 IEC 302
4.4.5	“若该温度不是 25 ℃，应将测量值乘以分规范规定的适当的修正因数进行修正”改为“若该温度不是 25 ℃，应将测量值乘以规定的适当的修正因数进行修正”	经查阅，分规范未规定修正系数，故本条款删去“分规范规定的”，以便与相关规范协调一致
4.11.2.1	“焊槽温度：235 ℃±5 ℃”，增加“（除另有规定）”	IEC 原标准未考虑当前无铅产品（260 ℃）的问题，本部分对焊槽温度除原规定外，再加“除非另有规定”，以适应无铅焊接的要求

ICS 31.140
L 21

中华人民共和国国家标准

GB/T 12859.2—2012
代替 GB/T 12860—1991,GB/T 12862—1991

电子元器件质量评定体系规范 压电陶瓷谐振器 第2部分:分规范——鉴定批准

Piezoelectric ceramic resonators—A specification in the IEC quality assessment system for electronic components (IECQ)—Part 2: Sectional specification—Qualification approval

(IEC 61253-2:1993,MOD)

2012-11-05 发布 2013-02-15 实施

中华人民共和国国家质量监督检验检疫总局
中国国家标准化管理委员会 发布

前　言

GB/T 12859《电子元器件质量评定体系规范　压电陶瓷谐振器》分为如下几个部分：

——第1部分：总规范——鉴定批准；

——第2部分：分规范——鉴定批准；

——第2-1部分：空白详细规范——评定水平E。

本部分为GB/T 12859的第2部分。

本部分按照GB/T 1.1—2009给出的规则起草。

本部分代替GB/T 12860—1991《电子设备用压电陶瓷谐振器分规范　低频压电陶瓷谐振器》和GB/T 12862—1991《电子设备用压电陶瓷谐振器分规范　高频压电陶瓷谐振器》，与GB/T 12860—1991和GB/T 12862—1991相比，主要变化如下：

——将低频压电陶瓷谐振器和高频压电陶瓷谐振器的要求合并为同一个分规范；

——根据总规范修改相应的引用内容。

本部分使用重新起草法修改采用IEC 61253-2:1993《IEC电子元器件质量评定体系　压电陶瓷谐振器　第2部分：分规范——鉴定批准》。

本部分与IEC 61253-2:1993相比存在技术性差异，这些差异涉及的条款已通过其外侧页边空白位置的垂直单线(|)进行了标示。附录A中给出了相应技术性差异及其原因的一览表。

本部分还作了下列编辑性修改：

——采用的IEC标准编号是现行的目录编号，原标准的编号1253按IEC的规定在前面加“6”；

——用GB/T 2828.1—2003代替IEC 410:1973《计数检查抽样方案和程序》，前者与后者在使用中无技术性差异；

——用环境试验国家标准GB/T 2423代替对应的IEC 60068，它们在本部分的引用中无技术性差异；

——4.2.5.1绝缘电阻的测量点；“1a和1c”改为“a和c”。

本部分由中华人民共和国工业和信息化部提出。

本部分由全国频率控制和选择用压电器件标准化技术委员会(SAC/TC 182)归口。

本部分起草单位：中国电子元件行业协会压电晶体分会，浙江嘉康电子股份有限公司。

本部分主要起草人：姜连生、章怡、戴黎明、俞根明、李琳。

本部分所代替标准的历次版本发布情况为：

——GB/T 12860—1991，GB/T 12862—1991。

电子元器件质量评定体系规范
压电陶瓷谐振器
第2部分:分规范——鉴定批准

1 总则

1.1 范围

GB/T 12859 的本部分规定了自总规范 GB/T 12859.1—2012 中选取的优先额定值和特性,以及适用的质量评定程序、适用的试验方法和测量方法。

本部分适用于 GB/T 12859 电子设备的压电陶瓷谐振器,但不适用于无引线谐振器和多振子谐振器或带有其他电子元件的谐振器。

1.2 目的

本部分给出了电子设备用压电陶瓷谐振器的一般性能要求。详细规范中规定的试验严酷度等级和要求应与本部分相等或高于本部分。

1.3 规范性引用文件

下列文件对于本文件的应用是必不可少的。凡是注日期的引用文件,仅注日期的版本适用于本文件。凡是不注日期的引用文件,其最新版本(包括所有的修改单)适用于本文件。

GB/T 321—2005 优先数和优先数系(ISO 3:1973,IDT)

GB/T 2421.1—2008 电工电子产品环境试验 概述和指南(idt IEC 60068-1:1988)

GB/T 2423(所有部分) 电工电子产品环境试验 第2部分:试验方法[1)]

GB/T 2828.1—2003 计数抽样检验程序 第1部分:按接收质量限(AQL)检索的逐批检验抽样计划(ISO 2859-1:1999,IDT)

GB/T 12859.201—2012 电子元器件质量评定体系规范 压电陶瓷谐振器 第2-1部分:空白详细规范——评定水平E(IEC 1253-2-1:1993,IDT)

IEC 60642:1979 频率控制和选择用压电陶瓷谐振器和谐振子 第Ⅰ章:标准值和试验条件 第Ⅱ章:测量和试验条件(Piezoelectric ceramic resonators and resonator units for frequency control and selection—Chapter Ⅰ:Standard values and conditions—Chapter Ⅱ:Measuring and test conditions)

IEC QC 001002-2:1998 IEC 电子元器件质量评定体系(IECQ)程序规则 第2部分:文件(IEC Quality assessment system for electronic components(IECQ)—Rules of procedure—Part 2:Documentation)

IEC QC 001002-3:1998 IEC 电子元器件质量评定体系(IECQ)程序规则 第3部分:批准程序(IEC Quality assessment system for electronic components(IECQ)—Rules of procedure—Part 3:Approval procedures)

1) 上述引用文件及其版本采用总规范的相应试验条款。

2 优先额定值、特性和详细规范制定导则

2.1 优先特性值

详细规范给出的值应优先从下列选取：

2.1.1 优先气候类别

本部分包括的谐振器根据 GB/T 2421.1—2008 总则的气候类别分类。

下限温度类别和上限温度类别及稳态湿热试验的持续时间从下列选取：

下限温度类别：−55 ℃，−40 ℃，−25 ℃和−10 ℃；

上限温度类别：70 ℃，85 ℃，100 ℃和 125 ℃；

稳态湿热试验的持续时间：4 d，10 d，21 d 和 56 d。

低温试验和高温试验的严酷度等级分别是下限温度类别和上限温度类别。

优先气候类别是：

−55/85/56

−55/85/21

−40/85/56

−40/85/21

−25/85/56

−25/85/21

2.2 优先额定值

详细规范给出的值应优先从下列选取：

2.2.1 额定电压(U_R)

额定电压的优先值是 GB/T 321—2005 的 R5 系列值。若需其他值，应从 R10 系列中选取。

2.2.2 额定工作频率

无优先值。因为工作频率的额定值随每种振荡电路的预定用途而变化。

2.2.3 额定工作频率偏差的优先值

±1.0%；

±0.5%；

±0.3%。

2.2.4 工作频率的温度特性

工作频率在气候类别温度范围内相对于其在 25 ℃时的最大变化应在详细规范给定值以内(用百分数表征)。

2.3 详细规范应给出的内容

2.3.1 概述

详细规范应根据相关空白详细规范编写。

详细规范中不应规定总规范、分规范或空白详细规范已有的要求。若详细规范包括更多的要求，应

在详细规范的1.9列出,并在试验一览表中标明,例如用星号。

注:为方便起见,2.3.1中给出的信息可以用表格形式列出。

每个详细规范都应给出下列信息,且规定值应优先从本部分的相应条款中选取。

2.3.2 外形图和尺寸

谐振器应有图示,以便于识别,并便于与其他类型比较。影响其互换性和安装的尺寸及其公差应在详细规范中给出。所有尺寸应以mm为单位标出,然而,若原始尺寸以in为单位给出,应附加转换后的以mm为单位的公制尺寸。

通常谐振器本体的长度、宽度和高度及引出端间距,或圆柱形元件本体的直径及长度和引出端的直径等应给出数值。必要时,如一个详细规范覆盖了一系列的指标(工作频率、谐振电阻)时,与之对应的尺寸及其公差应放在外形图下方的表中。

当详细规范中的外形特征并非以上所述,则应规定能充分描述谐振器的尺寸信息。若谐振器的设计不是用于印制板安装的,则应在详细规范中清楚地指明。

2.3.3 安装

详细规范应规定谐振器正常使用时的安装方式和振动、碰撞、冲击试验时的安装方式。谐振器应采用正常方式安装。谐振器的设计可以有特殊的安装装置并有使用要求。这种情况下详细规范应规定安装夹具,以及夹具在振动、碰撞、冲击试验时的使用。

2.3.4 额定值和特性

额定值和特性应符合本部分的下列要求及有关条款。

2.3.4.1 额定工作频率范围

见2.2.2。

注:一个详细规范中的谐振器可以有不同的频率范围,但应加下列规定:"每一规格的可用频率范围在合格产品一览表(QPL)中给出。"

2.3.4.2 特殊参数

可以列出为设计和应用目的而必须对谐振器做适当规定的附加特性。

2.3.4.3 焊接

详细规范应规定可焊性和耐焊接热试验的试验方法、严酷度和要求。

2.3.5 标志

详细规范应规定谐振器和包装的标志内容。与本部分2.5不同之处应特别指明。

2.4 术语

GB/T 12859.1—2012界定的以及下列的术语和定义适用于本文件。

2.4.1

压电陶瓷谐振器 piezoelectric ceramic resonator

由一个镀覆了电极的陶瓷元件构成的谐振器。该谐振器适用于需要高稳定和无频率调整的振荡电路,其频段为kHz至MHz。

2.5 标志

应符合总规范GB/T 12859.1—2012和下列要求。

2.5.1 标志中给出的信息通常从下列选取。每个项目的重要程度与其所在位置的先后有关：

a) 额定工作频率；

b) 工作频率偏差(见注)；

c) 特殊参数(见注)；

d) 制造日期(见注)；

e) 制造厂名称或商标；

f) 制造厂识别代码；

g) 相应的详细规范号。

注：2.5.1b),c),d)所要求的信息可以代码形式放在制造厂或国别代码、型号或规格号的下面。

2.5.2 谐振器上应清楚地标出2.5.1a)内容，并尽可能多地标出其余的项目。应避免任何标志内容的重复。

2.5.3 装有谐振器的包装应清楚地标志2.5.1所列的全部内容。

2.5.4 采用的任何附加的标志都不应引起混淆。

3 质量评定程序

3.1 初始制造阶段

初始制造阶段是压电陶瓷上的电极形成。

3.2 结构相似元件

谐振器的结构相似是由相似的工艺和材料制造的谐振器，尽管它们的外壳可能是不同的尺寸大小。

3.3 证明合格的试验记录

当详细规范有规定，且用户要求时，应提供总规范3.5.1要求的信息。耐久性试验之后，要求提供关于工作频率、谐振电阻、绝缘电阻等参数变化的信息。

3.4 鉴定批准

鉴定批准试验程序在总规范3.4中给出。基于逐批检验和周期检验的鉴定批准试验用一览表在本部分3.4.2中给出。采用固定样本大小的程序在3.4.1和3.4.2中给出。

3.4.1 基于固定样本大小的鉴定批准程序

固定样本大小的程序在总规范3.4.2 b)中规定。样本应在申请批准的范围内具有代表性，可以是详细规范覆盖的整个范围，也可以不是整个范围。

样本应由最高工作频率和最低工作频率的样品构成。若外壳尺寸多于四种，也应检验中间尺寸的外壳产品。因此，对于一个批准范围，要求的样品为6种值或4种值。若批准范围内少于4种值，被试样品应按4种值要求的数量。

备用样品的作用如下：

a) 每种值的一个备用样品可以用于代替0组中的不合格品。

b) 每种值的另一个备用样品可以用于代替由于非制造厂的差错而造成的不合格品。

0组的样品数量预计所有组别都进行试验。若非如此，则可以相应减小样品的数量。

表1给出了鉴定批准试验的各组、各分组的样品数量及其允许不合格品数。

3.4.2 试验

表1和表2规定的完整试验系列要求用于由一个详细规范覆盖的谐振器的批准。每组试验应按给

定的顺序进行。

全部样本应经受 0 组试验，然后被分到其他各组。

0 组试验的不合格样品不得用于其他组的试验。

当一个样品未能通过一个组的全部或部分试验时，计为“一个不合格品”。

当不合格品数不超过每组或每个分组规定的允许不合格品数，并且不超过规定的总的允许不合格品数时，将获得鉴定批准。

注：表 1 和表 2 共同构成固定样本大小的试验一览表，表 1 包括不同试验或组别的抽样方案和允许不合格品数，而表 2 包括第 4 章中的试验细节，第 4 章中给出了试验条件和性能要求的全部摘要并指明出处。例如，详细规范中必须选择的试验方法或试验条件。

详细规范的质量一致性检验中应规定固定样本大小的试验一览表用的试验条件和试验方法。

表 1　鉴定批准试验抽样方案和允许不合格品数

组号	试　验	本部分章条号	样本大小(n)和允许不合格数(pd)						
			每种值[c]	4 种值或最少被试样本大小[c]			6 种值[c]		
			n	4n	pd	Pd 总数	6n	pd	Pd 总数
0	目检	4.1	19	76	1		114	2[b]	
	尺寸	4.1							
	工作频率	4.2.1							
	谐振电阻	4.2.2							
	自由电容	4.2.3							
	绝缘电阻	4.2.4							
	耐电压	4.2.5							
	备用样品		2	8				12	
1A	引出端强度	4.3	2	8	1		12	1	
	耐焊接热	4.4							
1B	可焊性	4.5	4	16	1		24	2[b]	
	温度快速变化[a]	4.6							
	振动	4.7							
	碰撞或冲击[a])	4.8 或 4.9				4			6
1	气候序列	4.10	6	24	2		36	3	
2	稳态湿热	4.11	5	20	1		30	2[b]	
3	耐久性试验	4.12	5	20	1		30	2[b]	
4	工作频率的温度特性	4.13	3	12	1		18	1	

[a] 按详细规范规定。

[b] 每种值不允许超过一个不合格品。

[c] 对于不同工作频率、不同外形尺寸的组合提交，见 3.4.1。

表 2　鉴定批准试验一览表

本部分的章条号和试验	D 或 ND	试验条件	样品大小(n)与允许不合格数(pd)	性能要求
0 组	ND		见表 1	
4.1 目检				按 4.1 规定，标志清晰，且符合详细规范规定
4.1 尺寸				见详细规范
4.2.1 工作频率		测量电路见详细规范		在规定频差之内
4.2.2 谐振电阻		见详细规范		4.2.2.2
4.2.3 自由电容		见详细规范		4.2.3.2
4.2.4 绝缘电阻		方法见详细规范		4.2.4.2
4.2.5 耐电压		方法见详细规范		无击穿或飞弧
1A 组	D		见表 1	
4.3 引出端强度		目检		无可见损伤
4.4 耐焊接热		方法见详细规范(方法 1A) 恢复时间：24 h±2 h		
4.4.2 最终测量		目检		无可见损伤 标志清晰
		工作频率		$\Delta f/f$ 符合 4.2.1
1B 组	D		见表 1	
4.5 可焊性		方法见详细规范		引出端有明亮光滑的焊料层，按应用情况，判据为润湿的引出端焊锡能自由流动，或焊料能在____ s 内流合。
4.6 温度快速变化		θ_A 为下限温度类别 θ_B 为上限温度类别 5 个循环 持续时间 t=30 min 恢复时间：24 h±2 h		
4.6.3 最终检验		目检		
4.7 振动		安装方法见详细规范 程序 B4 频率范围：… Hz～… Hz 振幅：1.5 mm 或加速度 196 m/s^2(取较小严酷度) 试验总持续时间：6 h		无可见损伤
4.7.2 最终检验		目检		
4.8 碰撞(或冲击，见 4.9)		安装方法见详细规范 碰撞次数： 加速度：… m/s^2 脉冲持续时间：… ms		无可见损伤
4.9 冲击(或碰撞，见 4.8)		安装方法见详细规范 加速度：… m/s^2 脉冲持续时间：… ms		
4.7.2 最终检验 或		目检		无可见损伤，标志清晰
4.9.2 最终检验		工作频率		$\Delta f/f$ 符合 4.9.2

表 2(续)

本部分的章条号和试验	D或ND	试验条件	样品大小(*n*)与允许不合格数(*pd*)	性能要求
1组	D		见表1	
4.10 气候序列				
4.10.1 高温		温度:上限温度类别 持续时间:16 h		
4.10.2 交变湿热(第一个循环)				
4.10.3 低温		温度:下限温度类别 持续时间:2 h		
4.10.3.1 最终检验		目检		无可见损伤
4.10.4 低气压(详细规范要求时)		气压:8.5 kPa(85 mbar)		
4.10.4.3 中间测量		目检		无击穿或飞弧
4.10.5 交变湿热(其余循环)		恢复时间:24 h±2 h		
4.10.5.2 最终检验		目检 工作频率 谐振电阻 自由电容 绝缘电阻		无可见损伤,标志清晰 $\Delta f/f$ 符合 4.10.5.2 $\Delta R_0/R_0$ 符合 4.10.5.2 $\Delta C_1/C_1$ 符合 4.10.5.2 R_i 符合 4.10.5.2
2组	D		见表1	
4.11 稳态湿热		恢复时间:24 h±2 h		
4.11.3 最终检验		目检 工作频率 谐振电阻 自由电容 绝缘电阻		无可见损伤,标志清晰 $\Delta f/f$ 符合 4.11.3 $\Delta R_0/R_0$ 符合 4.11.3 $\Delta C_1/C_1$ 符合 4.11.3 R_i 符合 4.11.3
3组	D		见表1	
4.12 耐久性试验		温度:上限温度类别 持续时间:1 000 h 恢复时间:24 h±2 h		
4.12.3 最终检验		目检 工作频率 谐振电阻 自由电容 绝缘电阻		无可见损伤,标志清晰 $\Delta f/f$ 符合 4.12.3 $\Delta R_0/R_0$ 符合 4.12.3 $\Delta C_1/C_1$ 符合 4.12.3 R_i 符合 4.12.3
4组	D		见表1	
4.13 工作频率的温度特性				
4.13.2 最终检验		工作频率		$\Delta f/f$ 符合 4.13.2

注:D——破坏性的;
ND——非破坏性的。

3.5 质量一致性检验

3.5.1 检验批的构成

a) A组和B组检验

这些试验在逐批的基础上进行。制造厂可按下列条件将现行生产的产品集合成检验批：

1) 检验批应由结构相似谐振器组成(见3.2)；
2) A组检验的样品应由检查批中包括的各种值和各种尺寸组成：
   ——样品与数量有关；
   ——任一种值至少五只样品。
3) 若样品中任一种值的数量少于五只，则抽取的样品数应由制造厂与国家监督检查机构商定。

b) C组检验

这些试验应在周期的基础上进行。

样品应能代表规定周期内现行生产的产品，并按高、中、低工作频率分组。应对随后的同期内生产的不同外形尺寸和工作频率值的样品进行试验，以覆盖整个范围。

3.5.2 试验一览表

质量一致性检验的逐批和周期试验在GB/T 12859.201—2012空白详细规范的第2章表4中给出。

3.5.3 延期交货

当按GB/T 12859.1—2012的3.5.2的程序复验时，可焊性和工作频率应按A组和B组的规定检验。

3.5.4 评定水平

空白详细规范中的评定水平应优先从表3A和表3B中选取。

表3A A组和B组评定水平

检验分组	D		E		F		G	
	IL	AQL	IL	AQL	IL	AQL	IL	AQL
A1			S—4	2.5				
A2			Ⅱ	1.0				
B			S—3	2.5				

注1：IL：检验水平；
AQL：接收质量限。

注2：评定水平D、F、G在考虑中。

注3：检验分组的内容在相关空白详细规范的第2章规定。

表 3B　C 组评定水平

检验分组	D			E			F			G		
	p	*n*	*c*	*p*	*n*	*c*	*p*	*n*	*c*	*p*	*n*	*c*
C1A				6	9	1						
C1B				6	18	1						
C1				6	27	2						
C2				6	15	1						
C3				3	15	1						
C4				12	9	1						

注 1：*p*：周期，月；
n：样本量；
c：允许不合格数。
注 2：评定水平 D、F、G 在考虑中。
注 3：检验分组的内容在相关空白详细规范的第 2 章规定。

4　试验和测量程序

以下条款是对 GB/T 12859.1—2012 第 4 章内容的补充。

4.1　外观和尺寸检查

按 GB/T 12859.1—2012 的 4.3 的规定。

4.2　电气试验

4.2.1　工作频率2)

按 GB/T 12859.1—2012 的 4.6 和下列规定。

4.2.1.1　测量电路和条件

详细规范应规定测量电路和条件。

4.2.1.2　要求

工作频率应符合额定工作频率偏差的范围。

4.2.2　谐振电阻

按 GB/T 12859.1—2012 的 4.7 和下列规定。

4.2.2.1　测量条件

优选的测量方法是用如“矢量阻抗计”等测量仪器直接读取阻抗值。当无法使用矢量阻抗计时采用传输电路法。

测量电压为 0 dBm±1 dBm。

2)　在试验前和试验后测量时，应在同一测量条件下进行。

4.2.2.2 要求

谐振电阻应不超过详细规范给出的额定值。

4.2.3 自由电容

按 GB/T 12859.1—2012 的 4.8 和下列规定。

4.2.3.1 测量条件

测量电压：1 V±0.2 V；

基准电压：1 V±0.02 V；

频率：(1±20%)kHz；

基准频率：(1±2%)kHz。

4.2.3.2 要求

无要求。然而，鉴定批准试验的 1，2，3 组给出本参数的初始值时应进行测量。

4.2.4 绝缘电阻($\boldsymbol{R_i}$)

按 GB/T 12859.1—2012 的 4.4 和下列规定。

4.2.4.1 测量条件

测量电压可以为不大于额定电压的任意值。基准电压为 10 V。

在鉴定批准试验和周期检验(C 组)中，施加电压规定值的持续时间为 1 min±5 s。在逐批检验(A 组)中，若要求达到规定的绝缘电阻值，持续时间可以更短。

绝缘电阻应在施加电压 1 min 后立即测量。

4.2.4.2 要求

绝缘电阻(R_i)应大于或等于详细规范给出的值。

测量点为 a 和 c。

4.2.5 耐电压

按 GB/T 12859.1—2012 的 4.5 和下列规定。

鉴定试验时，持续时间 1 min，质量一致性检验时，持续时间 2 s。

4.2.5.1 试验条件

施加的电压为 2.5U_R 或 50 V，取较大的值。试验点为 a 和 c。

4.2.5.2 要求

试验期间无击穿或飞弧。

4.3 引出端强度

按 GB/T 12859.1—2012 的 4.9 的规定。

应采用 GB/T 2423.29 试验 Ua。

4.4 耐焊接热

按 GB/T 12859.1—2012 的 4.10 和下列规定。

4.4.1 恢复条件

24 h±2 h。

4.4.2 最终测量和要求

目检谐振器。应无可见损伤，标志应清晰。按 4.2.1 规定测量工作频率，且其变化不超过±0.3%。

4.5 可焊性

按 GB/T 12859.1—2012 的 4.11 和下列规定。

4.5.1 条件

焊球法的要求应在详细规范中规定。当焊槽法和焊球法均不适用时，应采用烙铁法，使用 A 号烙铁。

4.5.2 要求

要求见表 2。

4.6 温度快速变化

按 GB/T 12859.1—2012 的 4.12 和下列规定。

4.6.1 循环次数

5 次；

在工作温度范围的类别温度下放置时间：30 min。

4.6.2 恢复时间

24 h±2 h。

4.6.3 最终检验

目检谐振器。应无可见损伤。

4.7 振动

按 GB/T 12859.1—2012 的 4.13 和下列规定。

4.7.1 采用试验 Fc 的下列严酷度等级和程序 B4：振幅 1.5 mm 或加速度 196 m/s^2(20 g)，取较小的值。按下列频率范围之一进行试验：10 Hz～55 Hz、10Hz～500 Hz、10 Hz～2 000 Hz。总持续时间为 6 h。

详细规范应规定频率范围及所采用的安装方法。

4.7.2 最终检验

目检谐振器。应无可见损伤。

4.8 碰撞

按 GB/T 12859.1—2012 的 4.14 和下列规定。
详细规范应规定采用碰撞试验或采用冲击试验。

4.8.1 详细规范应规定采用下列哪种严酷度等级

总碰撞次数:1 000 次或 4 000 次

加速度:	390 m/s²(40 g)	或	98 m/s²(10 g)
脉冲持续时间:	6 ms		16 ms

详细规范还应规定所采用的安装方法。

4.8.2 最终检验

目检谐振器并测量,且应符合表 2 的要求。

4.9 冲击

按 GB/T 12859.1—2012 的 4.15 和下列规定。
详细规范应规定采用碰撞试验或采用冲击试验。

4.9.1 详细规范应规定采用下列哪种严酷度等级

脉冲波形:半正弦波

峰值加速度 m/s²(g)	脉冲持续时间 ms
294(30)	18
490(50)	11
981(100)	6

详细规范还应规定所采用的安装方法。

4.9.2 最终检验、测量及要求

目检谐振器。应无可见损伤,标志应清晰。
按 4.2.1 的规定测量,工作频率的变化不应超过±0.3%。

4.10 气候序列

按 GB/T 12859.1—2012 的 4.17 和下列规定。

4.10.1 高温

按 GB/T 12859.1—2012 的 4.17.2 的规定进行。

4.10.2 交变湿热(第一个循环)

按 GB/T 12859.1—2012 的 4.17.3 的规定进行。

4.10.3 低温

按 GB/T 12859.1—2012 的 4.17.4 和下列规定。

4.10.3.1 **最终检验**

目检谐振器,应无可见损伤。

4.10.4 **低气压**

按 GB/T 12859.1—2012 的 4.17.5 和下列规定。

4.10.4.1 若详细规范要求本试验,应在温度为 15 ℃～35 ℃、压力为 8.5 kPa(85 mbar)条件下进行试验。

试验持续时间为 1 h。

4.10.4.2 达到低气压值时立即施加 U_R 1 min～2 min。

4.10.4.3 **最终检验和要求**

目检谐振器,无可见损伤,无击穿或飞弧。

4.10.5 **交变湿热(其余循环)**

不施加电压。

类　　别	循环次数(24 小时每次)
—/—/56	5
—/—/21	5
—/—/10	1
—/—/04	1

4.10.5.1 **恢复时间**

24 h±2 h。

4.10.5.2 **最终检验、测量及要求**

目检谐振器,无可见损伤,标志应清晰。

谐振器应进行测量,电性能应满足表 4 的要求。

表 4　交变湿热试验后的测量条件和要求

测量	测量条件	要求
工作频率	4.2.1	$\Delta f/f \leqslant \pm 0.3\%$
谐振电阻	4.2.2	$\Delta R_0 \leqslant 5\Omega$ 或 $\Delta R_0/R_0 \leqslant \pm 10\%$[a]
自由电容	4.2.3	$\Delta C_f/C_f \leqslant \pm 5\%$
绝缘电阻	4.2.4	$R_1 \geqslant 10^7\Omega$

[a] 取适用的值。

4.11 **稳态湿热**

按 GB/T 12859.1—2012 的 4.18 和下列规定。

4.11.1 试验条件

不施加电压，除非详细规范另有规定。

4.11.2 恢复时间

24 h±2 h。

4.11.3 最终检验、测量及要求

目检谐振器，无可见损伤，标志应清晰。

谐振器应进行测量，电性能应满足表 5 的要求。

表 5 稳态湿热试验后的测量条件和要求

测量	测量条件	要求
工作频率	4.2.1	$\Delta f/f \leqslant \pm 0.3\%$
谐振电阻	4.2.2	$\Delta R_0 \leqslant 5\ \Omega$ 或 $\Delta R_0/R_0 \leqslant \pm 10\%$[a]
自由电容	4.2.3	$\Delta C_f/C_f \leqslant \pm 5\%$
绝缘电阻	4.2.4	$R_1 \geqslant 10^7\ \Omega$
[a] 取适用的值。		

4.12 耐久性试验

按 GB/T 12859.1—2012 的 4.19 和下列规定。

4.12.1 试验条件

温度：上限类别温度；

电压：额定电压(U_R)；

持续时间：1 000 h。

4.12.2 恢复时间

24 h±2 h。

4.12.3 最终检验、测量及要求

目检谐振器，无可见损伤，标志应清晰。

谐振器应进行测量，电性能应满足表 6 的要求。

表 6 耐久性试验后的测量条件和要求

测量	测量条件	要求
工作频率	4.2.1	$\Delta f/f \leqslant \pm 0.3\%$
谐振电阻	4.2.2	$\Delta R_0 \leqslant 5\ \Omega$ 或 $\Delta R_0/R_0 \leqslant \pm 10\%$[a]
自由电容	4.2.3	$\Delta C_f/C_f \leqslant \pm 5\%$
绝缘电阻	4.2.4	$R_1 \geqslant 10^7\ \Omega$
[a] 取适用的值。		

4.13 工作频率的温度特性

4.13.1 测量条件

按 GB/T 12859.1—2012 的 4.20.1.2 和 4.20.1.3 及下列规定。

温度(℃)	温度标记
25±2	a
θ_1±3	b
25±2	d
θ_2±3	f
25±2	g
θ_1：下限类别温度； θ_2：上限类别温度。	

注 1：测量应在中间温度测量，以保证符合 2.2.4 的要求。

注 2：基准工作频率在标记为 d 的温度下测量。

4.13.2 要求

工作频率的温度特性不应超过详细规范给定的值。

附 录 A
（资料性附录）
本部分与 IEC 61253-2:1993 技术性差异及其原因

表 A.1 给出了本部分与 IEC 61253-2:1993 的技术性差异及其原因的一览表。

表 A.1 本部分与 IEC 61253-2:1993 的技术性差异及其原因

本部分的章条号	技术性差异	原 因
2.4.1	压电陶瓷谐振器的频段为“几百 kHz 至几 MHz”改为“kHz 至 MHz”	根据当前技术的发展，陶瓷谐振器的频段向高频扩展，早已超过几 MHz。

ICS 31.140
L 21

中华人民共和国国家标准

GB/T 12859.201—2012/IEC 61253-2-1:1993
代替 GB/T 12861—1991,GB/T 12863—1991

电子元器件质量评定体系规范 压电陶瓷谐振器 第2-1部分:空白详细规范——评定水平E

**Piezoelectric ceramic resonators—
A specification in the IEC quality assessment system for electronic components (IECQ)—Part 2-1: Blank detail specification—Assessment level E**

(IEC 61253-2-1:1993,IDT)

2012-11-05 发布　　　　2013-02-15 实施

中华人民共和国国家质量监督检验检疫总局
中国国家标准化管理委员会　发布

前　言

GB/T 12859《电子元器件质量评定体系规范　压电陶瓷谐振器》分为如下几个部分：

——第1部分：总规范——鉴定批准；

——第2部分：分规范——鉴定批准；

——第2-1部分：空白详细规范——评定水平E。

本部分为GB/T 12859的第2-1部分。

本部分按照GB/T 1.1—2009给出的规则起草。

本部分代替GB/T 12861—1991《电子设备用压电陶瓷谐振器空白详细规范　低频压电陶瓷谐振器　评定水平E(可供认证用)》和GB/T 12863—1991《电子设备用压电陶瓷谐振器空白详细规范　高频压电陶瓷谐振器　评定水平E(可供认证用)》，与GB/T 12861—1991和GB/T 12863—1991相比，主要变化如下：

——将低频压电陶瓷谐振器和高频压电陶瓷谐振器的要求合并为同一个空白详细规范；

——根据分规范修改相应的引用内容。

本部分使用翻译法等同采用IEC 61253-2-1:1993《压电陶瓷谐振器　IEC电子元器件质量评定体系　第2部分：分规范——鉴定批准　第一篇：空白详细规范——评定水平E》。

本部分还作了下列编辑性修改：

——用GB/T 2828.1—2003代替IEC 410:1973《计数检查抽样方案和程序》，前者与后者在使用中无技术性差异。

本部分由中华人民共和国工业和信息化部提出。

本部分由全国频率控制与选择用压电器件标准化技术委员会(SAC/TC 182)归口。

本部分起草单位：中国电子元件行业协会压电晶体分会、浙江嘉康电子股份有限公司。

本部分主要起草人：章怡、姜连生、戴黎明、沈金叶。

本部分所代替标准的历次版本发布情况为：

——GB/T 12861—1991,GB/T 12863—1991。

引　言

本空白详细规范是分规范的补充文件,规定了详细规范的格式、编排和最少内容的要求。不采用这些要求的详细规范可以认为是不符合相关规范规定的。

制定详细规范时,应考虑分规范中2.3的内容。

下列内容填入表中方括号内对应数字标注的位置处。

详细规范的识别

[1] 授权发布详细规范的机构:国际电工委员会或国家标准机构。

[2] IEC或国家标准的详细规范编号、发布日期及国家标准体系要求的更多的信息。

[3] IEC或国家标准的总规范编号和版本号。

[4] 空白详细规范编号。

谐振器的识别

[5] 谐振器型号的简述。

[6] 典型的结构信息(适用时)。

[7] 带有主要尺寸的外形图,这些尺寸是频率控制和选择用器件外形制图导则和/或国家标准或国际标准中对外形的要求,对于互换性很重要。还可以将这些尺寸在详细规范的附录中给出。

[8] 使用的评定水平或/和使用某个评定水平的应用组别。

注:详细规范使用的评定水平应从GB/T 12859.2—2012分规范的3.5.4中选取。即只要各试验的分组不变,一个空白详细规范可组合使用几个评定水平。

[9] 最重要特性的参考数据,以能够比较不同型号的谐振器。

<table>
<tr><td>详细规范的发布机构 [1]</td><td>规范的版本号 [2]
发布日期
第　页,共　页</td></tr>
<tr><td>按 GB/T 12859.1—2012 [3]
鉴定批准评定质量的元器件</td><td>[4]</td></tr>
<tr><td rowspan="3">外形图(见表1) [7]
(第三视角)

在本栏的尺寸范围内,允许其他形状。</td><td>电子设备用压电陶瓷谐振器 [5]</td></tr>
<tr><td>[6]</td></tr>
<tr><td>评定水平:E [8]
性能等级:</td></tr>
<tr><td colspan="2">[9]</td></tr>
</table>

注:按本详细规范鉴定合格的元器件的有效信息在IEC QC 001005中给出。

电子元器件质量评定体系规范
压电陶瓷谐振器
第2-1部分:空白详细规范——评定水平E

1 一般数据

1.1 推荐的安装方法

见GB/T 12859.2—2012的2.3.3。

1.2 尺寸

表1 外形尺寸

单位为毫米

外壳和/或相关型号	尺寸					
	W	*H*	*T*	*L*	…	

注:尺寸应按最大值或标称值及其公差给出。

1.3 额定值和特性

a) 工作频率范围,---Hz ~ ---Hz(见表2);
b) 工作频率偏差(初始频率准确度),--- %;
c) 工作频率的测量电路(见图1);
d) 额定电压;
e) 气候类别:-/-/-;
f) 谐振电阻(见表2);
g) 绝缘电阻;
h) 温度特性。

测量电路	工作频率范围	电路条件				
		C	V	R	…	

图 1　工作频率的测量电路

表 2　工作频率及其对应的额定值和外壳尺寸

工作频率范围	谐振电阻	其他额定值	…	对应的外壳尺寸

1.4　规范性引用文件

GB/T 2828.1—2003　计数抽样检验程序　第1部分：按接收质量限(AQL)检索的逐批检验抽样计划(idt ISO 2859-1:1999)

GB/T 12859.1—2012　电子元器件质量评定体系规范　压电陶瓷谐振器　第1部分：总规范——鉴定批准(IEC 61253-1:1993,MOD)

GB/T 12859.2—2012　电子元器件质量评定体系规范　压电陶瓷谐振器　第2部分：分规范——鉴定批准(IEC 61253-2:1993,MOD)

IEC QC 001005:2003　IEC 电子元器件质量评定体系(IECQ)　经 IECQ-CECC 体系(包括 ISO 9000)认可的企业、产品和服务的登记表(IEC Quality Assessment System for Electronic Components (IECQ)-Register of firms, products and services approved under the IECQ-CECC system, including ISO 9000)

1.5　标志

谐振器及其初级包装的标志应符合 GB/T 12859.2—2012 中 2.5 的要求。

注：元件标志及包装的细节应全部在详细规范中给出。

1.6　订货资料

本部分包括的谐振器订单应以明文或代码形式给出，最少包含下列信息：

a) 额定工作频率；

b) 工作频率偏差；

c) 详细规范号及其版本信息。

1.7 放行批证明记录

要求或不要求。

1.8 附加信息（不用于检验目的）

1.9 对总规范和/或分规范而言，附加的或增加的严酷度等级或要求

注：仅当必要时，才附加或增加要求。

表 3 其他特性

本表用于增加的或比分规范严酷度等级更高的特性

2 检验要求

2.1 程序

2.1.1 鉴定批准程序应按 GB/T 12859.2—2012 中 3.4 的规定。

2.1.2 质量一致性检验的试验一览表见表 4，它包括抽样、周期、严酷度等级和要求。检验批的构成按 GB/T 12859.2—2012 中 3.5.1 的规定。

表 4 质量一致性检验的试验一览表

试验章条号	D 或 ND	试验条件[1]	IL[2]	AQL[2]	性能要求[1]
A 组检验(逐批) A1 分组 4.1 目检 4.1 尺寸(规检)	ND		S-4	2.5	 按 4.1，标志应清晰，并符合本部分 1.5 的规定 按本部分表 1 的规定
A2 分组 4.2.1 工作频率 4.2.2 谐振电阻 4.2.3 自由电容 4.2.4 绝缘电阻 4.2.5 耐电压	ND	 见图 1 矢量阻抗计法 方法：…… 方法：……	Ⅱ	1.0	 在规定的允许偏差内 按 4.2.2.2 按 4.2.3.2 按 4.2.4.2 无击穿或飞弧
B 组检验（逐批） 4.5 可焊性	D	 方法：……	S-3	2.5	用浸润的引出端焊料自由流动或焊料在…s 内流动，表明镀锡良好

表 4（续）

试验章条号	D 或 ND	试验条件[1]	样本大小和合格判定数[3] p	n	c	性能要求[1]
C 组检验(周期) C1A 分组 C1 分组的部分样品 4.1 尺寸 4.3 引出端强度 4.4 耐焊接热 4.4.2 最终测量	ND	 目检 方法见详细规范（方法 1A） 恢复时间:24 h±2 h 目检 工作频率	6	9	1	 见详细规范 无可见损伤 无可见损伤,标志清晰 $\Delta f/f$ 符合 4.2.2
C1B 分组 C1 分组的其他样品 4.6 温度快速变化 4.6.3 最终检验 4.7 振动 4.7.2 最终检验 4.8 碰撞(或冲击,见 4.9) 4.9 冲击(或碰撞,见 4.8) 4.8.2 最终检验 或 4.9.2 最终检验	D	 θ_A 为下限温度类别 θ_B 为上限温度类别 5 个循环 持续时间 t=30 min 恢复时间:24 h±2 h 目检 安装方法见详细规范 程序 B4 频率范围:…Hz～…Hz 振幅:1.5 mm 或加速度 196 m/s^2(取较小严酷度) 试验总持续时间:6 h 目检 安装方法见详细规范 碰撞次数: 加速度:… m/s^2 脉冲持续时间:… ms 安装方法见详细规范 加速度:… m/s^2 脉冲持续时间:… ms 目检 工作频率	6	18	1	 无可见损伤 无可见损伤 无可见损伤,标志清晰 $\Delta f/f$ 符合 4.9.2

表 4（续）

试验章条号	D或ND	试验条件[1]	样本大小和合格判定数[3] p	n	c	性能要求[1]
C1 分组 C1A 分组和 C1B 分组的全部样品	D		6	27	2	
4.10 气候序列						
4.10.1 高温		温度:上限温度类别 持续时间:16 h				
4.10.2 交变湿热(第一个循环)						
4.10.3 低温		温度:下限温度类别 持续时间:2 h				
4.10.3.1 最终检验		目检				无可见损伤
4.10.4 低气压(详细规范要求时)		气压:8.5 kPa(85 mbar)				
4.10.4.3 中间测量		目检				无击穿或飞弧
4.10.5 交变湿热(其余循环)		恢复时间:24 h±2 h				
4.10.5.2 最终检验		目检 工作频率 谐振电阻 自由电容 绝缘电阻				无可见损伤,标志清晰 $\Delta f/f$ 符合 4.10.5.2 $\Delta R_0/R_0$ 符合 4.10.5.2 $\Delta C_f/C_f$ 符合 4.10.5.2 R_i 符合 4.10.5.2
C2 分组	D		6	15	1	
4.11 稳态湿热		恢复时间:24 h±2 h				
4.11.3 最终检验		目检 工作频率 谐振电阻 自由电容 绝缘电阻				无可见损伤,标志清晰 $\Delta f/f$ 符合 4.11.3 $\Delta R_0/R_0$ 符合 4.11.3 $\Delta C_f/C_f$ 符合 4.11.3 R_i 符合 4.11.3
C3 分组	D		3	15	1	
4.12 耐久性试验		温度:上限温度类别 持续时间:1 000 h 恢复时间:24 h±2 h				
4.12.3 最终检验		目检 工作频率 谐振电阻 自由电容 绝缘电阻				无可见损伤,标志清晰 $\Delta f/f$ 符合 4.12.3 $\Delta R_0/R_0$ 符合 4.12.3 $\Delta C_f/C_f$ 符合 4.12.3 R_i 符合 4.12.3

表 4（续）

试验章条号	D或ND	试验条件[1]	样本大小和合格判定数[3]			性能要求[1]
			p	*n*	*c*	
C4 分组 4.13 工作频率的温度特性 4.13.2 最终检验	D	 基准温度:b,d,f 工作频率	12	9	1	 $\Delta f/f$ 符合 4.13.2

1） 试验和性能要求的章条号参见 GB/T 12859.2—2012 和本部分第 1 章。
2） 检验水平和 AQL 从 GB/T 2828.1—2003 中选取。
3） 本表中：
D ——破坏性的；
ND ——非破坏性的；
IL ——检验水平；
AQL——接收质量限；
p ——周期（月）；
n ——样本量；
c ——合格判定数(允许不合格数)。

ICS 29.160.30
K 21

GB

中华人民共和国国家标准

GB/T 12974—2012
代替 GB/T 12974—1991

交流电梯电动机通用技术条件

General specification for a. c. lift motor

2012-12-31 发布 2013-06-01 实施

中华人民共和国国家质量监督检验检疫总局
中国国家标准化管理委员会 发布

前　言

本标准按照 GB/T 1.1—2009 给出的规则起草。

本标准代替 GB 12974—1991《交流电梯电动机通用技术条件》。

本标准与 GB 12974—1991 相比，除编辑性修改外，主要技术变化如下：

——增加了永磁同步电动机产品内容；

——增加了 IP 20、IP 41 外壳防护等级(见 3.1，1991 版 3.1)；

——增加了 IC 00 冷却方式(见 3.2，1991 版 3.2)；

——增加了电动机 IM B35 安装形式(见 3.3)；

——删除了每小时起动次数 240 次/h 的要求，同时将电动机每小时起动次数 h^{-1} 改为次/h，增加了电动机负载持续率的规定(见 3.4)；

——扩大了电动机额定功率的范围(见 3.5.2，1991 版 3.6)；

——修改了电动机极数范围，增加了电动机 6 极，删除了 4/6/24 极(见 3.5.4，1991 版 3.8)；

——扩大了电动机安装尺寸、轴伸尺寸、凸缘止口及键槽尺寸范围(见 3.5.5～3.5.11，1991 版3.9)；

——删除了电动机使用环境中关于最湿月月平均相对湿度及该月月平均最低温度的规定(见 1991 版 4.3.4)；

——增加了电动机最大转矩倍数的规定(见 4.3.4)；

——修改了电动机绝缘等级以及温升考核的有关内容(见 4.5)；

——删除了滑动轴承允许温度的内容(见 1991 版 4.9)；

——增加了电动机短时过转矩试验(见 4.3.6)；

——增加了偶然过电流试验(见 4.3.7)；

——修改了单速电动机定子绕组耐电压试验、匝间耐电压试验及绝缘电阻的有关内容(见 4.3.8～4.3.11，1991 版 4.11～4.14)；

——修改了电动机的机械振动方法和强度限值(见 4.3.12，1991 版 4.15)；

——修改了电动机空载时的噪声指标(见 4.3.13，1991 版 4.16)；

——删除了电动机轴向窜动量的规定(见 1991 版 4.17)；

——删除了电动机气隙不均匀度的规定(见 1991 版 4.18)；

——增加了电动机安全性能的要求(见 4.8)。

本标准由中国电器工业协会提出。

本标准由全国旋转电机标准化技术委员会(SAC/TC 26)归口。

本标准负责起草单位：上海电器科学研究所(集团)有限公司、上海电机系统节能工程技术研究中心有限公司、浙江西子富沃德电机有限公司、苏州通润驱动设备股份有限公司、苏州江南创意机电技术研究院有限公司、浙江金龙电机股份有限公司和山东华力电机集团股份有限公司。

本标准参加起草单位：文登奥文电机有限公司、江门市江晟电机厂有限公司和中国电子科技集团公司第二十一研究所。

本标准主要起草人：姚丙雷、张宝强、周红芳、周卫、任寿萱、吴艳红、叶叶、王庆东、鲁力。

本标准所代替标准的历次版本发布情况为：

——GB/T 12974—1991。

交流电梯电动机通用技术条件

1 范围

本标准规定了交流电梯电动机(以下简称电动机)的型式、基本参数与尺寸、技术要求、检验方法与规则、标志、包装及保用期的要求。

本标准适用于各类型乘客电梯、客货电梯、病床电梯、家用电梯及载货电梯用三相异步电动机和变频驱动永磁同步电动机,凡属本系列电动机所派生的各种系列电动机也可参照执行。

2 规范性引用文件

下列文件对于本文件的应用是必不可少的。凡是注日期的引用文件,仅注日期的版本适用于本文件。凡是不注日期的引用文件,其最新版本(包括所有的修改单)适用于本文件。

GB/T 191—2008 包装储运图示标志

GB 755—2008 旋转电机 定额和性能

GB/T 997—2008 旋转电机结构型式、安装型式及接线盒位置的分类(IM 代码)

GB/T 1032—2005 三相异步电动机试验方法

GB 1971 旋转电机 线端标志与旋转方向

GB/T 1993—1993 旋转电机 冷却方法

GB/T 4772.1—1999 旋转电机尺寸和输出功率等级 第1部分:机座号56～400和凸缘号55～1 080

GB/T 4942.1—2006 旋转电机整体结构的防护等级(IP 代码) 分级

GB 10068—2008 轴中心高为56 mm及以上电机的机械振动 振动的测量、评定及限值

GB/T 10069.1—2006 旋转电机噪声测定方法及限值 第1部分:旋转电机噪声测定方法

GB/T 12665—2008 电机在一般环境条件下使用的湿热试验要求

GB 14711 中小型旋转电机安全要求

GB/T 22669—2008 三相永磁同步电动机试验方法

GB/T 22719.1—2008 交流低压电机散嵌绕组匝间绝缘 第1部分:试验方法

GB/T 22719.2—2008 交流低压电机散嵌绕组匝间绝缘 第2部分:试验限值

3 型式、基本参数与尺寸

3.1 电动机的外壳防护等级为IP 00、IP 20、IP 21或IP 41(按GB/T 4942.1—2006的规定)。

3.2 电动机的冷却方式为IC 00、IC 01和IC 06(按GB/T 1993—1993的规定)。

3.3 电动机的结构及安装型式为IM B3、IM B5和IM B35(按GB/T 997—2008的规定)。

3.4 电动机为断续周期工作制(S5),每小时起动次数可根据电梯的不同要求,分为120次/h、180次/h,电动机的负载持续率为15%、40%、50%和60%。

3.5 三相异步电动机的额定电压、中心高、极数、尺寸及公差等基本参数应符合以下要求。

3.5.1 三相异步电动机的额定电压为380 V,额定频率为50 Hz。

3.5.2 三相异步电动机应按下列额定功率制造。对于双速异步电动机,下列额定功率是高速时的功率,低速时的功率按恒转矩设计:

2.2 kW、3 kW、4 kW、5.5 kW、7.5 kW、9 kW、11 kW、15 kW、18.5 kW、22 kW、30 kW、37 kW、45 kW、55kW、75 kW 和 90 kW。

3.5.3 三相异步电动机的中心高应按 100 mm、112 mm、132 mm、160 mm、180 mm、200 mm、225 mm、250 mm 和 280 mm 制造。

3.5.4 三相异步电动机的极数分为单速 4 极、6 极，双速 4/16(或 4/18)、4/24 和 6/24 极。

3.5.5 三相异步电动机的安装尺寸及公差应符合 GB/T 4772.1—1999 的规定。

3.5.6 三相异步电动机轴伸键的尺寸及公差应符合表 1 的规定。

表 1 轴伸键的尺寸及公差

单位为毫米

<table>
<tr><th>轴伸直径</th><th>键宽</th><th>键高</th></tr>
<tr><td>28</td><td>$8_{-0.022}^{0}$</td><td>$7_{-0.090}^{0}$</td></tr>
<tr><td>32</td><td rowspan="2">$10_{-0.022}^{0}$</td><td rowspan="3">$8_{-0.090}^{0}$</td></tr>
<tr><td>38</td></tr>
<tr><td>42</td><td>$12_{-0.027}^{0}$</td></tr>
<tr><td>48</td><td>$14_{-0.027}^{0}$</td><td>$9_{-0.090}^{0}$</td></tr>
<tr><td>55</td><td>$16_{-0.027}^{0}$</td><td>$10_{-0.090}^{0}$</td></tr>
<tr><td>60</td><td rowspan="2">$18_{-0.037}^{0}$</td><td rowspan="2">$11_{-0.110}^{0}$</td></tr>
<tr><td>65</td></tr>
<tr><td>75</td><td>$20_{-0.043}^{0}$</td><td>$12_{-0.110}^{0}$</td></tr>
</table>

3.5.7 轴伸长度一半处的径向圆跳动公差应符合表 2 的规定。

表 2 径向圆跳动公差

单位为毫米

轴伸直径	圆跳动公差
19～30	0.04
>30～50	0.05
>50～80	0.06

3.5.8 凸缘止口对电动机轴线的径向圆跳动和凸缘配合面对电动机轴线的端面圆跳动公差应符合表 3 的规定。

表 3 径向圆跳动及端面圆跳动公差

单位为毫米

凸缘止口直径	圆跳动公差
130～230	0.100
>230～450	0.125
>450～550	0.160

3.5.9 三相异步电动机轴线对底脚支承面的平行度公差为 0.2 mm。

3.5.10 三相异步电动机底脚支承面的平面度公差为 0.15 mm。

3.5.11 三相异步电动机轴伸上键槽的对称度应符合表 4 的规定。

表 4　对称度公差

单位为毫米

<table>
<tr><th>键槽宽度(F)</th><th>对称度公差</th></tr>
<tr><td>8</td><td rowspan="2">0.022</td></tr>
<tr><td>10</td></tr>
<tr><td>12</td><td rowspan="4">0.030</td></tr>
<tr><td>14</td></tr>
<tr><td>16</td></tr>
<tr><td>18</td></tr>
<tr><td>20</td><td rowspan="2">0.037</td></tr>
<tr><td>22</td></tr>
</table>

3.6　永磁同步电动机的极数、额定功率等基本参数应符合以下要求。

3.6.1　永磁同步电动机变频装置额定电压为 380 V，额定频率为 50 Hz。

3.6.2　永磁同步电动机的极数分为 6 极、8 极、10 极、12 极、16 极、20 极、24 极、32 极和 48 极。

3.6.3　永磁同步电动机应按下列额定功率制造：

0.55 kW、0.75 kW、1.1 kW、1.5 kW、2.2 kW、3 kW、4 kW、5.5 kW、7.5 kW、9 kW、11 kW、15 kW、18.5 kW、22 kW、25 kW、30 kW、37 kW、45 kW、55 kW、75 kW、90 kW 和 110 kW。

3.6.4　永磁同步电动机在额定转速运行时，额定转矩、额定功率应按下式转换。

$$T_N = \frac{9\,550 \times P_2}{n_N}$$

式中：

T_N ——电动机额定转矩，单位为牛米(N·m)；

P_2 ——电动机额定功率，单位为千瓦(kW)；

n_N ——电动机额定转速，单位为转每分(r/min)。

4　技术要求

4.1　电动机应符合本标准的要求，并按照经规定程序批准的图样及技术文件制造。

4.2　在下列的海拔和环境空气温度条件下，电动机应能额定运行，对于现场运行条件偏差的修正，按 GB 755—2008 的规定：

a)　海拔不超过 1 000 m；

b)　最高环境空气温度随季节而变化，但不超过 40 ℃；

c)　最低环境空气温度为+5 ℃；

d)　环境空气不应含有腐蚀性和易燃性气体；

e)　安装地点的周围环境应不影响电动机的正常通风。

4.3　三相异步电动机的性能应符合以下要求。

4.3.1　当电源电压(额定频率)与额定值偏差超过±5%，但不超过±7%，三相异步电动机的输出转矩应能维持额定值，此时电动机的温升允许超过 4.5 的规定，超过的数值应不大于 10 K。

4.3.2　在额定电压下，多速异步电动机堵转转矩对额定转矩之比的保证值在高速时应不低于 2.2 倍，低速时应不低于1.4倍，单速异步电动机堵转转矩对额定转矩之比的保证值应不低于2.0倍，保证值的容差为－15%，＋25%(经协议可超过＋25%)。

4.3.3 在额定电压下，三相异步电动机堵转电流与额定电流之比的保证值为7.0倍，保证值的容差为＋20%。

4.3.4 在额定电压下，三相异步电动机最大转矩与额定转矩之比的保证值为1.8倍，保证值的容差为－10%。

4.3.5 在额定电压下，多速异步电动机的转差率在高速时应不大于12%；在低速时应不大于20%。

4.3.6 三相异步电动机在热状态和逐渐增加转矩的情况下，应能承受4.3.4规定的最大转矩(计及容差)，历时15 s的短时过转矩试验而无转速突变、停转及发生有害变形。此时，电压和频率应维持在额定值。

4.3.7 三相异步电动机应能承受1.5倍额定电流历时不小于2 min的偶然过电流试验而不损坏。

4.3.8 三相异步电动机定子绕组的绝缘电阻在热状态时或热试验后，单速电动机应不低于0.69 MΩ，多速电动机应不低于0.38 MΩ。

4.3.9 三相异步电动机的定子绕组应能承受历时1 min的耐电压试验而不发生击穿，试验电压的频率为50 Hz，并尽可能为正弦波形，单速电动机电压的有效值为2 380 V，多速电动机电压的有效值为1 760 V。

4.3.10 三相异步电动机定子绕组应能承受匝间冲击耐电压试验而不击穿，多速电动机试验冲击电压峰值按GB/T 22719.2—2008的规定，单速电动机试验冲击电压峰值：100机座为3 300 V，100机座以上为3 670 V，容差为±3%，波前时间为0.5 μs。

4.3.11 三相异步电动机的定子绕组在按GB/T 12665—2008所规定的40 ℃交变湿热试验方法进行6周期试验后，单速电动机绝缘电阻应不低于0.69 MΩ，多速电动机绝缘电阻应不低于0.38 MΩ，并应能承受4.3.9所规定的耐电压试验而不发生击穿，单速电动机试验电压的有效值为2 000 V，多速电动机试验电压的有效值为1 500 V，试验时间为1 min。

4.3.12 三相异步电动机的机械振动按如下规定：

a) 三相异步电动机在空载时测得的振动强度应不超过表5的规定。在测得振动速度、加速度有效值的数值时，修约间隔为0.1，在测得振动位移有效值的数值时，修约间隔为1。

b) 三相异步电动机在检查试验时，只需测量振动的速度。型式试验时，所有三种振动量值都应测量。检查试验是在自由悬置安装条件下做的，型式试验则应包括在刚性安装情况下的试验。

表5 不同轴中心高 *H*(mm)用位移、速度和加速度表示的振动强度限值

轴中心高 H mm	100≤H≤132			132<H≤280		
安装方式	位移 μm	速度 mm/s	加速度 m/s^2	位移 μm	速度 mm/s	加速度 m/s^2
自由悬置	25	1.6	2.5	35	2.2	3.5
刚性安装	21	1.3	2.0	29	1.8	2.8

4.3.13 三相异步电动机在空载时测得的A计权声功率级的噪声数值应符合表6所规定的数值。噪声数值的容差为＋3 dB(A)。

表 6　空载最大 A 计权声功率级值 L_{WA}(dB)

高速功率 kW	同步转速 r/min				电动机加风机
	1 500	1 000	375	125	
2.2～7.5	75	72	68	66	80
>7.5～22	75	72	70	66	80
>22～37	80	74	72	70	82
>37～55	82	76	75	73	85
>55～90	84	78	77	75	87

4.3.14　三相异步电动机在检查试验时，空载与堵转的电流和损耗，应在某一数据范围内，该数据范围应能保证电动机性能符合 4.3.2～4.3.4 的规定。

4.3.15　从主视端视之，三相异步电动机的接线盒应置于右面或顶部。三相异步电动机的接线盒内应有接地端子，此标志应保证在电动机整个使用时期内不易磨灭。

4.4　永磁同步电动机的性能应符合以下要求。

4.4.1　永磁同步电动机在功率、电压及频率为额定时，其效率的保证值应符合表 7 的规定，容差允许 $-0.15(1-\eta)$：

a)　电动机的效率由输入-输出法确定(按 GB/T 22669—2008 中 10.2.1 的规定)；

b)　在计算中，效率值取四位有效位数。

表 7　效率的保证值

额定功率 kW	转速/(r/min)						
	≤100	>100～140	>140～180	>180～250	>250～400	>400～750	>750
	效率/%						
0.55	68.0	68.9	69.4	70.0	70.5	72.0	73.0
0.75	70.6	71.8	72.3	72.9	73.5	75.0	76.0
1.1	72.7	73.9	74.4	75.0	75.5	77.0	78.0
1.5	74.0	75.9	76.4	77.0	77.5	79.0	80.0
2.2	76.8	78.0	78.4	79.0	79.7	81.2	82.2
3	77.0	78.5	79.0	79.7	80.3	81.8	82.8
4	78.6	79.8	80.3	80.9	81.5	83.0	84.0
5.5	79.0	80.0	80.8	81.4	82.0	83.5	84.5
7.5	80.0	81.3	81.8	82.4	83.0	84.5	85.5
9	80.9	82.1	82.6	83.2	83.8	85.3	86.3
11	81.8	83.0	83.4	84.0	84.7	86.2	87.2
15	83.6	84.8	85.3	85.9	86.5	88.0	89.0
18.5	84.0	85.2	85.7	86.3	86.9	88.4	89.4
22	84.3	85.5	86.0	86.7	87.3	88.8	89.8

表 7（续）

额定功率 kW	转速/(r/min)						
	≤100	>100～140	>140～180	>180～250	>250～400	>400～750	>750
	效率/%						
30	85.0	86.3	86.8	87.4	88.0	89.5	90.5
37	85.6	86.8	87.3	87.9	88.5	90.0	91.0
45	86.0	87.3	87.8	88.4	89.0	90.5	91.5
55	86.6	87.8	88.3	88.9	89.5	91.0	92.0
75	86.7	87.9	88.4	89.0	89.7	91.2	92.2
90	87.0	88.3	88.8	89.4	90.0	91.5	92.5
110	87.0	89.0	89.4	90.0	90.5	92.0	93.0

4.4.2　在额定电压下，永磁同步电动机失步转矩与额定转矩之比的保证值为 1.65，容差允许－10%。

4.4.3　永磁同步电动机在热状态和逐渐增加转矩的情况下，应能承受 4.4.2 所规定的转矩值（计及容差），历时 15 s 短时过转矩试验而不失步。此时，电压和频率应维持在额定值。

4.4.4　永磁同步电动机在空载情况下，应能承受 1.2 倍的最高额定转速，历时 2 min 的超速试验而不发生有害变形。

4.4.5　永磁同步电动机定子绕组绝缘电阻在热状态时或热试验后，应不低于 0.5 MΩ。

4.4.6　永磁同步电动机的定子绕组应能承受历时 1 min 的耐电压试验而不发生击穿，试验电压的频率为 50 Hz，并尽可能为正弦波形，电压的有效值为 2 380 V。

4.4.7　永磁同步电动机的定子绕组应能承受匝间冲击耐电压试验而不击穿，其试验冲击电压峰值为 3 670 V，容差为±3%，波前时间为 0.5 μs，试验应在转子安装之前进行。

4.4.8　永磁同步电动机的定子绕组在按 GB/T 12665—2008 所规定的 40 ℃交变湿热试验方法进行 6 周期试验后，绝缘电阻应不低于 0.5 MΩ，并应能承受 4.4.6 所规定的耐电压试验而不发生击穿，但电压的有效值为 2 000 V，试验时间为 1 min。

4.4.9　永磁同步电动机在空载时测得的振动速度有效值不超过 0.5 mm/s。

4.4.10　永磁同步电动机在空载时测得的 A 计权声功率级的噪声数值应符合表 8 所规定的数值。噪声数值的容差为＋3 dB(A)。

表 8　空载最大 A 计权声功率级值 L_{WA}(dB)

额定功率	同步转速/(r/min)		
	≤200	>200～300	>300
<25 kW	62	65	68
25 kW～55 kW	65	68	68
>55 kW	68	70	70

4.4.11　永磁同步电动机在检查试验时，空载电流和损耗应在某一数据范围之内，该数据范围应能保证电动机性能符合 4.4.1～4.4.2 中规定。

4.4.12　永磁同步电动机的位置传感器或速度传感器（如果有）应具有防干扰屏蔽和机械防护。

4.5　电动机定子绕组温升：

a) 电动机采用155(F)级绝缘,当海拔和环境空气温度符合4.2规定时,电动机定子绕组的温升(电阻法)按80 K考核。温升数值修约间隔为1。如试验地点的海拔或环境空气温度与4.2的规定不同时,温升限值应按GB 755—2008的规定修正。多速电动机低速的定子绕组温升按在冷态下空载运行3 min考核;
b) 用电阻法测量绕组温度时,应在热试验结束就尽快使电动机停转。电动机断电后能在表9给出的时间内测得第一点读数,则以此读数计算得到的温升不需要外推至断电瞬间。如不能在表9间隔时间内测得第一点读数,则应按GB 755—2008的规定;
c) 电动机轴承的允许温度(温度计法)应不超过95 ℃。

表9 断电后间隔时间

额定功率 kW	断电后间隔时间 s
0.55～50	30
＞50～110	90

4.6 当三相电源平衡时,电动机三相空载电流中任何一相与三相平均值的偏差应不大于平均值的10%。

4.7 在出线端的字母顺序与三相电源的电压相序方向相同时,从主轴端视之,电动机应为顺时针方向旋转(按GB 1971的规定)。

4.8 电动机的安全性能应符合GB 14711的要求。

5 检验规则

5.1 每台电动机须检验合格后才能出厂,并应附有产品合格证。

5.2 凡遇下列情况之一者,应进行型式试验:

a) 经鉴定定型后造厂第一次试制或小批生产时;
b) 电动机设计或工艺上的变更足以引起某些特性和参数发生变化时;
c) 当检查试验结果和以前进行的型式试验结果发生不可容许的偏差时;
d) 成批生产的电动机定期抽试,每年抽试一次。当需要抽试的数量过多时,抽试时间间隔可适当延长,但至少每两年抽试一次。

5.3 三相异步电动机的试验项目及检验规则应符合以下要求。

5.3.1 每台三相异步电动机应经过检查试验,检查试验项目包括:

a) 机械检查(按本标准5.3.3、5.5的规定);
b) 定子绕组对机壳及绕组相互间绝缘电阻的测定(检查试验时可测量冷态绝缘电阻,但应保证热状态时绝缘电阻不低于本标准4.3.8的规定);
c) 定子绕组在实际冷状态下直流电阻的测定;
d) 耐电压试验;
e) 匝间绝缘试验;
f) 空载电流和损耗的测定(在型式试验时需测取空载特性曲线);
g) 堵转电流和损耗的测定(在型式试验时需量取堵转特性曲线);
h) 噪声的测定(按本标准5.3.3的规定);
i) 振动的测定(按本标准5.3.3的规定);
j) 旋转方向的检查。

5.3.2 三相异步电动机的型式试验项目包括：

a) 检查试验的全部项目；

b) 热试验；

c) 短时过转矩试验；

d) 最大转矩的测定。

5.3.3 5.5 的 a)和 b)应每台检查，5.3.1 的 h)和 i)及 5.5 的 c)和 d)可以进行抽查，抽查办法由制造厂制定。

5.3.4 5.3.1[其中的 e)、h)、i)和 j)除外]和 5.3.2 所规定的各项试验，其试验方法按照 GB 1032 中规定进行。5.3.1 的 e)按照 GB/T 22719.1—2008 中规定进行。5.3.1 中 h)按 GB/T 10069.1—2008 中规定进行。5.3.1 的 i)按 GB 10068—2008 中规定进行。5.3.1 的 j)按 GB 1971 中规定进行。5.5 所规定的安装尺寸及公差的检查按照 GB/T 4772.1—1999 中规定进行。

5.4 永磁同步电动机的试验项目及检验规则应符合以下要求。

5.4.1 每台永磁同步电动机应经过检查试验，检查试验项目包括：

a) 机械检查(按本标准 5.4.3、5.5 的规定)；

b) 定子绕组对机壳及绕组相互间绝缘电阻的测定(检查试验时可测量冷态绝缘电阻，但应保证热状态时绝缘电阻不低于本标准 4.4.5 的规定)；

c) 定子绕组在实际冷状态下直流电阻的测定；

d) 耐电压试验；

e) 匝间绝缘试验；

f) 空载电流的测定；

g) 噪声的测定(按本标准 5.4.3 的规定)；

h) 振动的测定(按本标准 5.4.3 的规定)；

i) 空载反电动势的测定；

j) 旋转方向的检查。

5.4.2 永磁同步电动机的型式试验项目包括：

a) 检查试验的全部项目；

b) 热试验；

c) 效率的测定；

d) 短时过转矩试验；

e) 失步转矩的测定；

f) 超速试验(当有协议做出规定时进行)。

5.4.3 5.5 的 a)和 b)应每台检查，5.4.1 的 g) 和 h) 可以抽查，抽查办法由制造厂制定。

5.4.4 5.4.1(其中的 e)，g)，h)和 j)除外)和 5.4.2(其中的 b)除外)所规定的各项试验，其试验方法按 GB/T 22669—2008 的规定进行，5.4.1 的 e)按 GB/T 22719.1—2008 的规定进行，5.4.1 的 g)按 GB/T 10069.1—2006的规定进行，5.4.1 的 h)按 GB 10068—2008 的规定进行，5.4.1 的 j)按 GB 1971 的规定进行。5.4.2 的 b)按 5.4.5 的规定进行。

5.4.5 永磁同步电动机定子绕组热试验：电动机在额定负载下，按运行工作制、负载持续率做正反方向运转，每个工作周期通电时间为 1.0 min，试验时间为 2 h，然后按 GB 755—2008 中 8.6.2 规定的方法测量。

5.5 电动机的机械检查项目包括：

a) 转动检查：电动机转动时，应平稳轻快，无停滞现象；

b) 外观检查：检查电动机的装配是否完整正确，电动机表面油漆干燥完整，均匀、无污损、碰坏、裂痕等现象；

c) 三相异步电动机安装尺寸、外形尺寸及键的尺寸检查：安装尺寸及公差应符合本标准 3.5.5 的规定，键的尺寸应符合本标准 3.5.6 的规定；

d) 三相异步电动机圆跳动，底脚支承面的平行度和平面度及键槽对称度的检查：圆跳动应符合本标准 3.5.7 和 3.5.8 的规定，底脚支承面的平行度和平面度应分别符合本标准 3.5.9 和 3.5.10的规定，键槽对称度应符合本标准 3.5.11 的规定，底脚支承面的平面度和键槽对称度允许在零部件上进行检查。

5.6 电动机外壳防护等级的试验、偶然过电流试验及 40 ℃交变湿热试验，可在产品结构定型或当结构和工艺有较大改变时进行。外壳防护等级的试验方法按照 GB/T 4942.1—2006 的规定进行，40 ℃交变湿热试验按照 GB/T 12665—2008 的规定进行。

6 标志、包装及保用期

6.1 铭牌材料及铭牌上数据的刻划方法，应保证其字迹在电动机整个使用期间不易磨灭。

6.2 三相异步电动机的铭牌应固定在电动机机座的上半部，应标明的项目如下：

a) 制造厂名或标记；
b) 电动机名称(电梯用三相异步电动机)；
c) 电动机型号；
d) 外壳防护等级(允许另作铭牌)；
e) 额定功率，单位为 kW；
f) 额定频率，单位为 Hz；
g) 额定电流，单位为 A；
h) 堵转电流，单位为 A；
i) 额定转矩，单位为 N·m；
j) 堵转转矩，单位为 N·m；
k) 额定电压，单位为 V；
l) 额定转速，单位为 r/min；
m) 热分级；
n) 接线方法；
o) 电动机惯量，单位为 kg·m^2；
p) 工作制；
q) 起动次数；
r) 重量，单位为 kg；
s) 标准编号；
t) 制造厂出品年月和出厂编号。

6.3 永磁同步电动机的铭牌应固定在电动机机座的上半部，应标明的项目如下：

a) 制造厂名称或标记；
b) 电动机名称(电梯用永磁同步电动机)；
c) 电动机型号；
d) 外壳防护等级(允许另作铭牌)；
e) 额定转矩，单位为 N·m；
f) 额定功率，单位为 kW；
g) 额定频率，单位为 Hz；
h) 额定电流，单位为 A；

i) 额定电压,单位为 V;

j) 额定转速,单位为 r/min;

k) 热分级;

l) 接线方法;

m) 效率;

n) 制造厂出品年月和出品编号;

o) 重量,单位为 kg;

p) 标准编号。

6.4 电动机定子绕组的出线端及在接线板的接线位置上均应有相应的标志,并应保证其字迹在电动机整个使用期间内不易磨灭,其标志按 GB 1971 的规定。

6.5 电动机的轴伸及平键表面应加防锈及保护措施。凸缘式电动机应在凸缘的加工面上加防锈及保护措施。

6.6 电动机的轴伸平键(如果有)、使用维护说明书(同一用户同一型式的一批电动机至少供应一份,使用说明书需标明制造厂地址)及产品合格证应随同每台电动机供给用户。

6.7 电动机的包装应能保证在正常的储运条件下,自发货之日起的一年时间内不致因包装不善而导致受潮与损坏。

6.8 包装箱外壁的文字和标志应清楚整齐,内容如下:

a) 发货站及制造厂名称;

b) 收货站及收货单位名称;

c) 电动机型号和出品编号;

d) 电动机的净重及连同箱子的毛重;

e) 箱子外形尺寸;

f) 在箱子的适当位置应标有"小心轻放""怕雨"等字样,其图形应符合 GB/T 191—2008 的规定。

6.9 在用户按照使用说明书的规定,正确地使用与存放电动机的情况下,制造厂应保证电动机在开始使用一年内,或自制造厂的出品日期不超过两年的时间内能良好地运行。如在此规定时间内电动机因制造质量不良而发生损坏或不能正常工作时,制造厂应无偿地为用户修理或更换零件或电动机。

ICS 75.120
E 39

中华人民共和国国家标准

GB 12981—2012
代替 GB 12981—2003

机动车辆制动液

Motor vehicle brake fluids

(ISO 4925:2005,Road vehicles—Specification of non-petroleum-base brake fluids for hydraulic systems,MOD)

2012-05-11 发布 2012-10-01 实施

中华人民共和国国家质量监督检验检疫总局
中国国家标准化管理委员会 发布

前　言

本标准的第 4 章表 1 为强制性(试验方法除外)的,其余为推荐性的。

本标准按照 GB/T 1.1—2009 给出的规则起草。

本标准代替 GB 12981—2003《机动车辆制动液》,与 GB 12981—2003 相比主要技术变化如下:

——本标准增加了涉及使用安全的警告内容;

——本标准第 1 章适用范围有所变化;

——本标准删除了"术语和定义"一章,第 3 章标题改为"产品分类和标记",内容也进行相应更改;

——本标准第 3 章中删除了硅酮型制动液品种,即 HZY5 只包含对应于国际通用的 DOT5.1 产品;增加了对应于 ISO 4925:2005 中 class6 的 HZY6 一个品种;增加了 3.2 有关产品标记的内容;

——第 4 章要求和试验方法分列为表 1、表 2;表 1 中 pH 值的测定改用附录 D 方法,不再引用 GB/T 7304 测定,相对应同时增加附录 D《制动液 pH 值测定法》;

——第 4 章表 1 中,删除了低温流动性和外观、容水性和液体相容性项目中所使用的遮盖力图表;橡胶适应性项目中,删除了 70 ℃温度的试验;SBR 橡胶皮碗增测体积增加值;

——第 4 章表 2 中增加防锈性能项目;行程模拟试验项目改为推荐性项目;

——附录 F 中,皮碗的硬度变化值计算公式由 $\Delta H = H_2 - H_1$ 改为 $\Delta H = H_1 - H_2$;

——附录 H 中增加了试验方法 B;

——附录 I 名称改为:制动液容水性及相容性检验法;相容性试验中采用相容性液体国家标准样品。

本标准使用重新起草法修改采用 ISO 4925:2005《道路车辆—液压制动系统用非石油基制动液规范》(英文版)编制。

本标准与 ISO 4925:2005 相比在结构上有较多调整,附录 A 中列出了本标准与 ISO 4925:2005 的章条编号对照一览表。

本标准与 ISO 4925:2005 相比存在技术性差异,附录 B 中给出了相应技术性差异及其原因一览表。

本标准由全国石油产品和润滑剂标准化技术委员会(SAC/TC 280)提出。

本标准由全国石油产品和润滑剂标准化技术委员会合成油脂分技术委员会(SAC/TC 280/SC 5)归口。

本标准负责起草单位:中国石油化工股份有限公司润滑油重庆分公司、交通部公路科学研究院、中国标准化协会汽车养护用品技术推进委、中国一汽集团技术中心、东风汽车公司工艺研究所、福建莱克石化有限公司、辽宁润迪精细化工有限公司、中国人民解放军总后勤部油料研究所、浙江大学方圆化工有限公司、无锡中石油润滑脂有限责任公司。

本标准参加起草单位:中国一汽集团天津汽车公司、上海大众汽车公司、中国人民解放军总后勤部军事交通运输研究所、张家港迪克汽车化学品有限公司、浙大精细化工有限公司、江阴市怡达化工有限公司。

本标准主要起草人:颜自力、张旸、郭亦明、张淑华、戴辅民、李春辉、刘金龙、冷观俊、单静波、杨晓钧。

本标准所代替标准 GB 12981 历次版本发布情况为:

——GB 12981—1991;

——GB 12981—2003。

机动车辆制动液

警告:本产品不属于易燃危险品,但对眼睛及皮肤有刺激作用,一旦接触应立即用清水冲洗;本产品对油漆有侵蚀作用。

1 范围

本标准规定了用于机动车辆液压制动和液压离合系统的非石油基制动液的要求和试验方法、检验规则及标志、包装、运输和贮存。

本标准适用于与丁苯橡胶(SBR)或三元乙丙橡胶(EPDM)制作的密封件相接触,以非石油基原料为基础液,并加入多种添加剂制成的机动车辆制动液。

本标准不适用于极地环境条件下使用的机动车辆制动液。

2 规范性引用文件

下列文件对于本文件的应用是必不可少的。凡是注日期的引用文件,仅注日期的版本适用于本文件。凡是不注日期的引用文件,其最新版本(包括所有的修改单)适用于本文件。

GB/T 265 石油产品运动粘度测定法和动力粘度计算法

GB/T 514 石油产品试验用液体温度计技术条件

GB/T 710 优质碳素结构钢热轧薄钢板和钢带

GB/T 2520 冷轧电镀锡钢板及钢带

GB/T 3190 变形铝及铝合金化学成分(ISO 209:2007(E),MOD)

GB/T 4756 石油液体手工取样法(ISO 3170:1988,EQV)

GB/T 5231 加工铜及铜合金化学成分和产品形状

GB/T 5345 道路车辆 石油基或非石油基制动液容器的标识

GB/T 8170 数值修约规则与极限数值的表示和判定

GB/T 8926 用过的润滑油不溶物测定法

GB/T 9439 灰铸铁件(ISO 185:2005,MOD)

GB/T 10586 湿热试验箱技术条件

GB/T 11158 高温试验箱技术条件

GB/T 13818 压铸锌合金

HG 2865 汽车液压制动橡胶皮碗

QC/T 77 汽车液压制动轮缸技术条件

QC/T 311 汽车液压制动主缸 性能要求及台架试验方法

SH/T 0086 发动机冷却液的浓缩液中水含量测定法(卡尔·费休法)

SH 0164 石油产品包装、贮运及交货验收规则

SH/T 0430 刹车液平衡回流沸点测定法

3 产品品种和标记

3.1 产品品种

本标准涉及机动车液压制动和液压离合系统用非石油基型制动液一个产品系列,产品系列名为

HZY，其中，H、Z、Y三个大写字母分别为“合成”、“制动”、“液体”三个汉语词组第一个汉字的汉语拼音首字母。按产品使用工况温度和黏度要求的不同分为HZY3、HZY4、HZY5、HZY6四种级别，分别对应国际标准ISO 4925:2005中Class3、Class4、Class5.1、Class6，其中HZY3、HZY4、HZY5对应于美国交通运输部制动液类型的DOT3、DOT4、DOT5.1。

3.2 产品标记

制动液产品的标记至少应标注：[产品级别] [“机动车辆制动液”]

例如：HZY3 机动车辆制动液

4 要求和试验方法

机动车辆制动液的技术要求和试验方法见表1、表2。

表1 机动车辆制动液的技术要求和试验方法

序号	项目		质量指标				试验方法
			HZY3	HZY4	HZY5	HZY6	
1	外观		清亮透明，无悬浮物、杂质及沉淀				目测
2	运动黏度/(mm^2/s) −40 ℃ 100 ℃	 不大于 不小于	 1 500 1.5	 1 500 1.5	 900 1.5	 750 1.5	GB/T 265
3	平衡回流沸点(ERBP)/℃	不低于	205	230	260	250	SH/T 0430
4	湿平衡回流沸点(WERBP)/℃	不低于	140	155	180	165	附录C[a]
5	pH值		7.0～11.5				附录D
6	液体稳定性(ERBP变化)/℃ 高温稳定性(185 ℃±2 ℃，120 min±5 min) 化学稳定性		 ±5 ±5				附录E
7	腐蚀性(100 ℃±2 ℃，120 h±2 h) 试验后金属片质量变化/(mg/cm^2) 镀锡铁皮 钢 铸铁 铝 黄铜 紫铜 锌 试验后金属片外观 试验后试液性能 外观 pH值 沉淀物(体积分数)/% 试验后橡胶皮碗状态 外观 硬度降低值 根径增值/mm 体积增加值/%	 不大于 不大于 不大于 不大于	 −0.2～+0.2 −0.2～+0.2 −0.2～+0.2 −0.1～+0.1 −0.4～+0.4 −0.4～+0.4 −0.4～+0.4 无肉眼可见坑蚀和表面粗糙不平，允许脱色或色斑 无凝胶，在金属表面无粘附物 7.0～11.5 0.10 表面不发粘，无炭黑析出 15 1.4 16				附录F

表 1（续）

序号	项目		质量指标 HZY3	HZY4	HZY5	HZY6	试验方法
8	低温流动性和外观						附录 G
	−40 ℃±2 ℃，144 h±2 h						
	外观		清亮透明均匀				
	气泡上浮至液面的时间/s	不大于	10				
	沉淀物		无				
	−50 ℃±2 ℃，6 h±0.2 h						
	外观		清亮透明均匀				
	气泡上浮至液面的时间/s	不大于	35				
	沉淀		无				
9	蒸发性能（100 ℃±2 ℃，168 h±2 h）						附录 H[a]
	蒸发损失/%	不大于	80				
	残余物性质		用指尖摩擦时，沉淀中不含有颗粒性砂粒和磨蚀物				
	残余物倾点/℃	不高于	−5				
10	容水性（22 h±2 h）						附录 I
	−40 ℃						
	外观		清亮透明均匀				
	气泡上浮至液面时间/s	不大于	10				
	沉淀		无				
	60 ℃						
	外观		清亮透明均匀				
	沉淀量（体积分数）/%	不大于	0.05				
11	液体相容性（22 h±2 h）						附录 I
	−40 ℃±2 ℃						
	外观		清亮透明均匀				
	沉淀		无				
	60 ℃±2 ℃						
	外观		清亮透明均匀				
	沉淀量（体积分数）/%	不大于	0.05				
12	抗氧化性（70 ℃±2 ℃，168 h±2 h）						附录 J
	金属片外观		无可见坑蚀和点蚀，允许痕量胶质沉积，允许试片脱色				
	金属片质量变化/（mg/cm^2）						
	铝		−0.05～+0.05				
	铸铁		−0.3～+0.3				
13	橡胶适应性（120 ℃±2 ℃，70 h±2 h）						附录 K
	丁苯橡胶（SBR）皮碗						
	根径增值/mm		0.15～1.40				
	硬度降低值/IRHD	不大于	15				
	体积增加值/%		1～16				
	外观		不发粘，无鼓泡，不析出炭黑				
	三元乙丙橡胶（EPDM）试件						
	硬度降低值/IRHD	不大于	15				
	体积增加值/%		0～10				
	外观		不发粘，无鼓泡，不析出炭黑				

[a] 测试结果出现争议时，本标准推荐以 A 法的测试结果为准。

表 2 机动车辆制动液的技术要求和试验方法

序号	项目	质量指标				试验方法
		HZY3	HZY4	HZY5	HZY6	
1	行程模拟性能(85 000 次行程,120 ℃±5 ℃,7.0 MPa±0.3 MPa)	通过				附录 L[a]
2	防锈性能	合格				附录 M[a]
[a] 由供需双方协商确定。						

5 检验规则

5.1 检验分类与检验项目

本产品检验分为出厂检验和型式检验。

5.1.1 出厂检验

出厂批次检验项目包括:外观、平衡回流沸点、湿平衡回流沸点、运动黏度、pH 值。

在原材料和工艺条件没有发生可能影响产品质量的变化时,出厂周期检验项目包括:蒸发性能、腐蚀性、橡胶适应性每月检测一次。

5.1.2 型式检验

型式检验项目为第 4 章中表 1 规定的全部检验项目(供需双方商定的情况下,也可包含表 2 规定的检验项目)。型式检验应每 2 年进行一次。

在下列情况下进行型式检验:

a) 产品鉴定定型时;
b) 产品转产或转厂生产时;
c) 正式生产中,遇原料、生产工艺或操作规程作重大技术变动,可能影响产品性能时;
d) 产品长期停产后的复产;
e) 出厂检验的结果与上次型式检验结果有较大差异,无法确定造成差异的因素及对产品性能产生影响时;
f) 国家质量监督机构提出进行型式检验要求时;
g) 用户有特殊要求时。

5.2 组批

在原材料、工艺不变的条件下,产品每生产一罐或釜为一批。

5.3 取样

按 GB/T 4756 进行。每批产品取样 4 L(如包括行程模拟性能试验应酌情增加取样量),作为检验和留样用。

5.4 判定规则

出厂检验和型式检验结果的数值修约按 GB/T 8170 进行,如检验结果符合第 4 章表 1 的技术要求(若供需双方商定检验项目包含有表 2 的要求时,检验结果还应包含表 2 的技术要求),则判定该产品合格。

5.5 复验规则

如检验结果中有不符合第4章表1技术要求(若供需双方商定检验项目包含有表2的技术要求时,检验结果还应包含表2的技术要求)的规定时,按GB/T 4756的规定重新抽取双倍样品进行复验,复检结果如仍有不符合项时,则判定该批产品为不合格。

6 标志、包装、运输、贮存

本产品的标志、包装、运输及贮存按SH 0164和GB/T 5345进行。

附　录　A
（资料性附录）
本标准与 ISO 4925:2005 章条编号对应一览表

表 A.1 给出了本标准与 ISO 4925:2005 的章条编号对照情况。

表 A.1　本标准与 ISO 4925:2005 章条编号对照情况

本标准章条编号	对应 ISO 标准章条编号
1	1
2	2
3	—
4	4
表 1 第 1 项 表 1 第 2 项 表 1 第 3 项 表 1 第 4 项 表 1 第 5 项 表 1 第 6 项 表 1 第 7 项 表 1 第 8 项 表 1 第 9 项 表 1 第 10 项 表 1 第 11 项 表 1 第 12 项 表 1 第 13 项 表 2 第 1 项 表 2 第 2 项	3 表 1 中第 1 项 表 1 第 2 项 表 1 第 2 项 表 1 第 3 项 表 1 第 4 项 表 1 第 5 项 表 1 第 6 项 — 表 1 第 7 项 表 1 第 8 项 表 1 第 9 项 表 1 第 10 项 — —
5	—
6	—
附录 A	—
附录 B	—
附录 C	5.2.6
附录 D	—
附录 E	5.4
附录 F	5.5
附录 G	5.6
附录 H	—
附录 I	5.7、5.8
附录 J	5.9
附录 K(规范性附录)	5.10

表 A.1（续）

本标准章条编号	对应 ISO 标准章条编号
附录 L(规范性附录)	—
附录 M(规范性附录)	—
—	5.1
—	5.2.1、5.2.2、5.2.3、5.2.4、5.2.5
—	5.3
—	附录 A
附录 F 中表 F.1	附录 B
附录 F 中图 F.2	附录 C
—	附录 D
—	附录 E
—	参考文献

附　录　B
（资料性附录）
本标准与 ISO 4925:2005 技术性差异及其原因一览表

表 B.1 给出了本标准与 ISO 4925:2005 的技术性差异及其原因的一览表。

表 B.1　本标准与 ISO 4925:2005 的技术性差异及其原因

本标准的章条编号	技术性差异	原　　因
名称	名称改为:机动车辆制动液	适应我国国情
	增加安全提示	适应我国标准编写要求,适合我国国情
2	关于规范性引用文件,本标准做了具有技术性差异的调整,调整的情况集中反映在第 2 章"规范性引用文件"中,具体调整如下: ——用 GB/T 265 代替 ISO 3104(见第 4 章表 1); ——用修改采用 ASTM D893 的 GB/T 8926 代替 ASTM D91(见 F.3.9、F.5.6.3、I.3.1、I.4.1.2.3、I.4.2.2.3、L.6.13); ——用参照采用 ASTM D1123 的 SH/T 0086 代替 ASTM D1123(见 C.4.1); ——用 SH/T 0430 代替 ASTM D1120(见第 4 章表 1、C.2、C.4.1、C.4.2、E.2.1、E.2.2、E.3.1、E.5.1.4); ——增加引用了 GB/T 514(见 G.3.3、H.3.7、I.3.4); ——增加引用了 GB/T 710、GB/T 2520、GB/T 3190、GB/T 5231、GB/T 9439、GB/T 13818(见 F.3.18 表 F.1); ——增加引用了 GB/T 4756(见 5.3、5.5); ——增加引用了 GB/T 5345、SH 0164(见第 6 章); ——增加引用了 GB/T 8170(见 5.4); ——增加引用了 GB/T 10586(见 M.3.1); ——增加引用了 GB/T 11158(见 C.3.3、F.3.2、I.3.3、J.3.1.3、K.3.2); ——增加引用了 HG 2865(见 F.4.3.3、L.3.3); ——增加引用了 QC/T 77(见 L.4.2); ——增加引用了 QC/T 311(见 L.4.1)	适应我国技术条件,增加可操作性,便于标准的执行
5	增加第 5 章"检验规则"	增加可操作性,便于标准的执行
6	增加第 6 章"标志、包装、运输、贮存"	增加可操作性,便于标准的执行
	未采用 ISO 标准的附录 A、附录 D、附录 E、参考文献(以及与其相关的规范性引用文件)	适应我国的技术条件,试件采用我国国家标准样品,适应我国标准编写规定

附 录 C
（规范性附录）
制动液湿平衡回流沸点测定法

C.1 范围

本方法适用于测定制动液的湿平衡回流沸点，以评定制动液吸水后平衡回流沸点的下降趋势，间接判断制动液的高温抗气阻性能。

C.2 方法概述

本方法分为A法和B法两种。A法是将350 mL制动液与350 mL湿度控制液分别盛入两个相同的腐蚀试验杯（见图F.1），放入同一增湿器（见图C.1）中增湿，当控制液的水含量由0.50%增湿至3.70%时，按SH/T 0430方法的规定测定增湿后制动液试样的平衡回流沸点；B法是直接在60 mL待测制动液样品中注入2.1 mL蒸馏水，混合均匀后，测定其平衡回流沸点。

单位为毫米

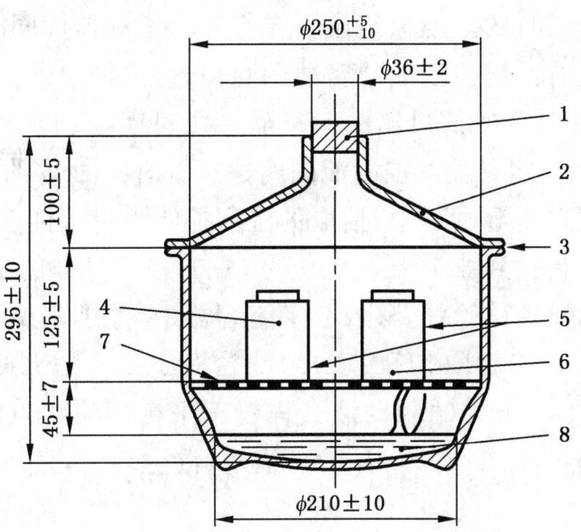

1——橡胶塞；
2——带孔盖玻璃干燥器；
3——润滑接触面；
4——三乙二醇单甲醚；
5——腐蚀试验杯；
6——液体样品；
7——带孔干燥器隔板；
8——蒸馏水。

图C.1 增湿器

C.3 仪器与试剂

C.3.1 增湿器:两个内径 250 mm,总高约 295 mm 的玻璃干燥器,干燥器盖顶部开孔配 8 号橡胶塞,干燥器内配有直径为 230 mm 陶瓷孔板。

C.3.2 量筒:100 mL。

C.3.3 高温试验箱:符合 GB/T 11158 中的要求。

C.3.4 注射器:长针头,100 μL。

C.3.5 吸量管:5 mL。

C.3.6 微量滴定管:5 mL。

C.3.7 蒸馏水。

C.3.8 湿度控制液:含量(质量分数)大于 94%的三乙二醇单甲醚(调配前将其水含量调整到 0.50%±0.05%),加质量分数为 0.25%的双酚 A 作稳定剂。

C.4 试验步骤

C.4.1 A 法(吸湿法):

——润滑两个增湿器的磨口,在每一增湿器中加入 450 mL±10 mL 蒸馏水,放上陶瓷孔板,盖上盖。

——准备四只干燥洁净的腐蚀试验杯,其中两只中分别加入 350 mL±5 mL 制动液试样,另两只中分别加入 350 mL±5 mL 的湿度控制液。在每一个增湿器中同时放入一只盛有制动液样品的腐蚀试验杯和一只盛有湿度控制液的腐蚀试验杯,盖上增湿器盖(腐蚀试验杯应敞开口放置),放入温度控制在 50 ℃±1 ℃的烘箱中。每隔一段时间,拔开干燥器顶部的橡胶塞,用长针头注射器(C.3.5),从每一盛有湿度控制液的腐蚀试验杯中抽取约 2 mL 的样品,按 SH/T 0086 方法测定其水含量。在增湿过程中,抽取的湿度控制液量不能多于 10 mL。

——当湿度控制液的含水量达到 3.70%±0.05%(重量)(重复样的平均值)时,从增湿器中取出两只盛有制动液试样的腐蚀试验杯,移入一密闭容器中,并迅速盖紧容器,使其在 23 ℃±5 ℃下冷却 60 min~90 min。然后按 SH/T 0430 方法测定试样的平衡回流沸点。

C.4.2 B 法(直接加水法):取 60 mL 的制动液试样置于平衡回流沸点测定仪中的短颈烧瓶中,使用 5 mL 吸量管或 5 mL 微量滴定管加入 2.1 mL 的蒸馏水,混合均匀,按 SH/T 0430 方法测定其平衡回流沸点。

C.5 报告

C.5.1 A 法:如果两个平衡回流沸点测定值相差在 4 ℃以内,取其平均值作为测定的湿平衡回流沸点;否则,重复全部试验过程并且取所测定的四个平衡回流沸点的平均值作为制动液的湿平衡回流沸点。

C.5.2 B 法:取两个平衡回流沸点测定结果的算术平均值,作为测定样品的湿平衡回流沸点。

附　录　D
（规范性附录）
制动液 pH 值测定法

D.1　范围

本方法适用于测定制动液的 pH 值。

D.2　方法概述

将制动液样品与乙醇-蒸馏水混合物等体积混合后，室温下，采用校正后满量程(0～14)的复合电极或者采用玻璃电极和参考电极，测量混合后液体的 pH 值，作为制动液样品的 pH 值。

D.3　仪器与设备

D.3.1　酸度计：量程 0～14，最小刻度 0.1 pH 单位。
D.3.2　玻璃电极，参考电极：甘汞/氯化钾饱和溶液型。
D.3.3　复合电极：用以代替玻璃电极和参考电极。
D.3.4　烧杯：容量 50 mL，150 mL。
D.3.5　量筒：容量 10 mL，100 mL，250 mL。
D.3.6　容量瓶：容量 1 L。

D.4　材料和试剂

D.4.1　95%乙醇：分析纯；
D.4.2　邻苯二甲酸氢钾：分析纯；
D.4.3　硼砂：分析纯。

D.5　试验准备

D.5.1　试样的准备

D.5.1.1　称取 4 g 氢氧化钠于烧杯中，称准至 0.001 g，加少量蒸馏水溶解后倒入容量瓶并稀释至 1 L，配成物质的量浓度为 0.1 mol/L 的氢氧化钠水溶液；
D.5.1.2　按体积比(1∶1)配制乙醇/蒸馏水混合溶剂，在 23 ℃±5 ℃下用物质的量浓度 0.1 mol/L 的氢氧化钠水溶液调节 pH 值为 7.0±0.1。若 0.1 mol/L 的氢氧化钠水溶液耗量超过 4 mL，则混合溶剂应重新配制；
D.5.1.3　用待测制动液样品与 D.5.1.2 的混合溶剂等体积配成试样。

D.5.2　缓冲溶液配制

D.5.2.1　pH6.86 缓冲溶液：称取邻苯二甲酸氢钾 10.21 g±0.01 g，溶于新鲜蒸馏水中，稀释至 1 L。

D.5.2.2 pH9.18 缓冲溶液:称取硼砂 3.80 g,溶于蒸馏水,并稀释至 1 L。

D.5.3 仪器校准

用 pH6.86 缓冲溶液(D.5.2.1)和 pH9.18 缓冲溶液(D.5.2.2)对电极(D.3.2 或 D.3.3)进行校准。

D.6 试验步骤

D.6.1 在 100 mL 烧杯中加入 50 mL 试样(D.5.1.3),插入校准后的复合电极或者玻璃电极和参比电极,启动电位滴定仪,记录读数。

D.6.2 重复测定两次,取其平均值作为最终测定值。

附　录　E
（规范性附录）
制动液液体稳定性检验法

E.1　范围

本方法适用于评定制动液的高温稳定性和化学稳定性。

E.2　方法概要

E.2.1　将 60 mL 制动液试样加热到 185 ℃±2 ℃，恒温 2 h，然后按 SH/T 0430 方法测定其平衡回流沸点。用原试样的平衡回流沸点与恒温后的平衡回流沸点之差来评定制动液的高温稳定性。
E.2.2　将 30 mL 制动液试样与 30 mL HZY3、HZY4 相容性试验液国家标准样品混合，按 SH/T 0430 方法测定其混合物的平衡回流沸点，用开始沸腾回流后第 1 分钟内混合试液的最高沸点与随后的平均沸点之差，来评定制动液的化学稳定性。

E.3　仪器与设备

E.3.1　平衡回流沸点测定仪：符合 SH/T 0430 中规定的双口烧瓶、冷凝管、温度计、沸石、电加热炉、变压器等。
E.3.2　大气压力计。
E.3.3　量筒：量程 100 mL，分格值 1 mL。

E.4　材料和试剂

E.4.1　95%乙醇：化学纯。
E.4.2　HZY3、HZY4 相容性试验液国家标准样品。

E.5　试验步骤

E.5.1　高温稳定性试验

E.5.1.1　用乙醇清洗圆底烧瓶、冷凝管、沸石，烘干、冷却后备用。
E.5.1.2　用清洁、干燥量筒量取 60 mL 试样，倾入准备好的短颈烧瓶中，加入(2～3)颗沸石，插入温度计，使水银球底端距瓶底中心 6 mm，接上冷凝管，接通水源，冷却水流量调至适宜，然后接通电源，开始加热。
E.5.1.3　试样加热至 185 ℃±2 ℃，在此温度下，保持 120 min±5 min，然后在 10 min 内升温至沸腾，回流速度控制到(1～2)滴/s，保持 2 min 后，每隔 30 s 读 1 次温度，连续读 4 次，取其平均值。
E.5.1.4　记录试验时的大气压力，按 SH/T 0430 的规定计算大气压和温度校正值，读数平均值加上校正值后即为恒温后的平衡回流沸点。
E.5.1.5　按式(E.1)计算样品的高温稳定性 ΔT_r(℃)：

$$\Delta T_r = T_1 - T_2 \quad \cdots\cdots(E.1)$$

式中：

T_1——原试样的平衡回流沸点，℃；

T_2——试样经 185 ℃，2 h 后的平衡回流沸点，℃。

E.5.2 化学稳定性试验

E.5.2.1 圆底烧瓶等按 E.5.1.1 的规定准备。

E.5.2.2 量取 30 mL 试样和 30 mLHZY3、HZY4 相溶性试验液国家标准样品倾入准备好的短颈烧瓶中，加入(2～3)颗沸石，插入温度计，使温度计水银球位于底部距瓶底 6 mm 的中心处，插入冷凝管，接通水源，调好冷却水流量，然后接上电源，开始加热。

E.5.2.3 在 10 min±2 min 内加热到沸腾，使回流速度为(1～5)滴/s，记录在(1～5)滴/s 下开始回流后的第 1 分钟内所观察到的最高温度 T_{max}。

E.5.2.4 再经过 15 min±2 min 的时间调节回流速度至(1～2)滴/s，每隔 30 s 读 1 次温度，连续读取 4 次，取其平均值 T_a。

E.5.2.5 按式(E.2)计算样品的化学稳定性 ΔT_c(℃)：

$$\Delta T_c = T_{max} - T_a \quad \cdots\cdots(E.2)$$

式中：

T_{max}——试液在(1～5)滴/s 下开始回流的第 1 分钟内所观察到的最高温度，℃；

T_a ——试液在(1～2)滴/s 下每隔 30 s 读取的 4 次读数的平均值，℃。

E.6 报告

E.6.1 报告制动液试样的高温稳定性。

E.6.2 报告制动液试样的化学稳定性。

附 录 F
（规范性附录）
制动液金属叠片腐蚀检验法

F.1 范围

本方法适用于评定制动液对金属的腐蚀性。

F.2 方法概要

将规定的金属片磨光、清洗、称量后，以一定形式组合，放入腐蚀试验杯（如图 F.1）内的皮碗上，加入含水制动液，淹没试片，加盖后放入 100 ℃烘箱中，保持 120 h，取出冷却后，按产品标准要求分别对金属片、皮碗及制动液进行有关检验。

单位为毫米

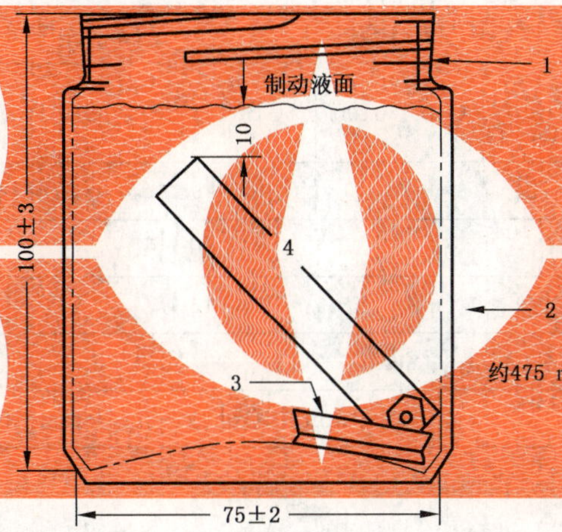

1——镀锡钢盖；
2——腐蚀试验杯；
3——橡胶皮碗；
4——试片组件。

图 F.1 腐蚀试验仪器

F.3 仪器与材料

F.3.1 腐蚀试验杯：直圆柱形带边玻璃烧杯，内径约 75 mm～80 mm，高约 100 mm，容积约 475 mL～500 mL，杯盖为镀锡钢盖。

F.3.2 高温试验箱：符合 GB/T 11158 中的要求。

F.3.3 温度计：量程 0 ℃～150 ℃，分格值 1 ℃的烘箱温度计。尾长可使水银球底端位于烘箱中部。

F.3.4 分析天平：最大载荷不小于 200 g，感量 0.1 mg。

F.3.5 游标卡尺：0 mm～200 mm，分格值 0.02 mm。

F.3.6 光学读数显微镜：量程不少于 30 mm，分格值 0.01 mm。

F.3.7 橡胶邵尔 A 型硬度计：量程 0 度～100 度，分格值 2 度。

F.3.8 电位滴定计。

F.3.9 离心机：符合 GB/T 8926 中的要求；离心管：符合 GB/T 8926 中的要求。

F.3.10 带柄瓷坩埚或烧杯：容积约 100 mL。

F.3.11 砂纸：320 A、400 A 防水碳化硅砂纸。

F.3.12 玻璃干燥器：内放干燥剂。

F.3.13 工业滤纸。

F.3.14 白绸布。

F.3.15 95%乙醇：化学纯。

F.3.16 橡胶皮碗：丁苯橡胶(SBR)皮碗，采用国家标准样品。

F.3.17 螺栓、螺母：普通碳钢，无锈、无油、无镀层，直径 4 mm～5 mm，栓长 50 mm。

F.3.18 金属试片：两套符合表 F.1 要求的试片。

表 F.1 金属试片的技术要求

材料名称		镀锡铁皮	钢片	铝片	铸铁片	黄铜片	紫铜片	锌片
材料规格及要求		镀锡铁皮(马口铁)	10 号冷轧低碳钢	LY12 精炼铝合金	HT200 灰铸铁	H62 精炼辊轧薄板	T2 冷轧铜板或片	ZZnAl4Cu1Y 锌合金
国内对应材料规格		GB/T 2520	GB/T 710	GB/T 3190	GB/T 9439	GB/T 5231	GB/T 5231	GB/T 13818
硬度 HB		—	40～72	75	86～98	57～74	35～56	85～105
材料尺寸/mm	长	80						
	宽	13						
	厚	0.35	2.5～3.0					
其他要求		距一端 6 mm 中心处钻一孔 ϕ4 mm～5 mm						

F.4 准备工作

F.4.1 将烘箱升温并控制到 100 ℃±2 ℃，同时准备两个腐蚀试验杯洗净，烘干备用。

F.4.2 按 F.4.2.1～F.4.2.6 步骤准备两套金属试片组。

——除铸铁外的其余试片按图 F.2 所示弯成适当的角度。

——磨片：除镀锡铁皮外的各种试片均用防水碳化硅砂纸沿与长边平行的方向仔细打磨，除去任何擦伤、划痕、坑点，同一张砂纸应磨同种试片，不应用手直接拿取试片，应借助于滤纸或塑料薄膜。

——洗片：将镀锡铁皮和磨好的试片，浸入盛有乙醇的带柄瓷坩埚内(使用挂钩钩住试片)，用脱脂棉蘸乙醇擦洗试片，取出用绸布擦净，放在洁净滤纸上，用干燥空气吹干，放入干燥器内，在室温下至少保持 60 min。

——称片：从干燥器内取出试片，在分析天平上称量，称准至 0.1 mg，称量过程中，不准用手直接接触试片，可使用洁净绸布手套拿取试片。

——组装试片：依次把称量过的镀锡铁皮、钢、铝、铸铁、黄铜、紫铜、锌，套在清洁、干燥的螺栓上，用螺母拧紧至试片不松动，使相邻两试片自由端之间相距 10 mm(见图 F.2)。

——将试片组浸入乙醇中清洗，除去试片组装过程中的任何污染，然后取出，放在干净滤纸上，用干燥热空气吹干，绸布擦净放入干燥器中至少 30 min。

单位为毫米

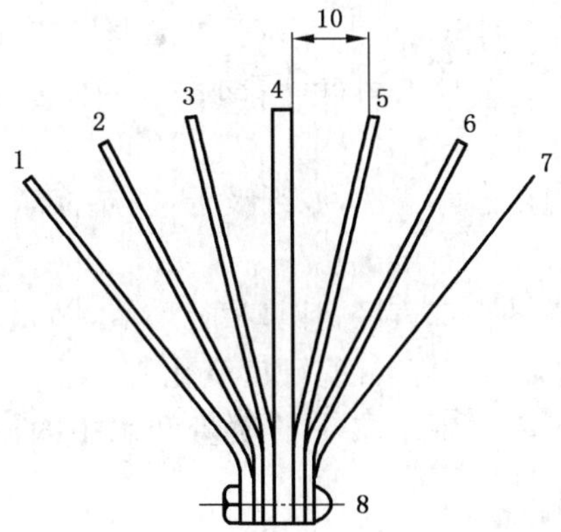

1——锌片；

2——紫铜片；

3——黄铜片；

4——铸铁片；

5——铝片；

6——钢片；

7——镀锡铁皮；

8——螺栓和螺帽。

图 F.2 腐蚀片组合件

F.4.3 按 F.4.3.1～F.4.3.3 步骤准备两只皮碗。

——取两只无划伤、裂纹、变形、鼓泡的，未使用过的丁苯橡胶皮碗，用乙醇清洗，滤纸吸干，绸布擦净。

——用光学读数显微镜在相互垂直的两条直径上测皮碗根部直径，测准到 0.01 mm，取两个测定值的平均值作为皮碗试验前的根径值(如果两个测定值之差超过 0.08 mm，则该皮碗舍弃另选)。

——按 HG 2865 测定皮碗的硬度，取三个测定点的平均值作为皮碗试验前的硬度值。

——按 K.4.3 的要求测定皮碗试验前空气中质量和水中的质量。

F.4.4 准备试样：加 40 mL 蒸馏水于 760 mL 制动液中，混合均匀，即得含水制动液，按本标准附录 D 测定含水制动液(以下称试样)的 pH 值。

F.5 试验步骤

F.5.1 把准备好的两只丁苯橡胶皮碗分别放入清洁、干燥的两个腐蚀试验杯内，皮碗凹面向上，再将组装好的两组金属试片分别放入两个杯内，锁住端嵌在皮碗凹面内，自由端向上(放置简图见图 C.1)。

F.5.2 向装入皮碗和试片组的腐蚀试验杯内注入试液，使液面高于试片组自由端顶部约 10 mm，盖上镀锡钢盖。

F.5.3 将腐蚀试验杯放入烘箱，在 100 ℃±2 ℃下，保持 120 h±2 h。然后取出腐蚀试验杯，在 23 ℃±5 ℃下冷却 60 min～90 min。

F.5.4 对金属试片的处理：

——拧开杯盖，用镊子夹持试片组在杯中晃动，除去试片组上松散粘附的沉淀物，取出试片组拆开，用水冲洗后浸入乙醇中用脱脂棉蘸乙醇擦洗，再用滤纸吸干，绸布擦净，放入干燥器内，在

23 ℃±5 ℃下至少保持 60 min。

——记录试片外观，包括光泽和颜色的变化。有无坑蚀或粗糙不平等腐蚀现象。

——按 F.4.2.4 程序，称量每块试片，并用游标卡尺量取尺寸，测准至 0.01 mm。按 F.6.1 的规定，计算单位面积的质量变化，以 mg/cm^2 表示。

F.5.5 对皮碗的处理：

——取出腐蚀试验杯内的皮碗用乙醇清洗，滤纸吸干，绸布擦净，记录皮碗的外观，包括鼓泡、蜕皮等变质现象。

——按 F.6.2 的规定测量皮碗的根部直径，计算根径增值，以 mm 表示。

——按 F.6.3 的规定，测定皮碗的硬度，计算硬度变化值。

——按 K.4.8 的规定，测定试后皮碗空气中的质量和水中的质量，并按式(K.1)计算皮碗体积变化。

F.5.6 对试验后试液的处理：

——记录试验后试液的外观，包括颜色和透明度的变化，是否有悬浮物、胶状物、沉积物、分层等现象。

——按附录 D 测定试验后试液的 pH 值。

——将试验后的试液搅拌均匀后分别注入两个 100 mL 锥形离心管，各注入 100 mL，按 GB/T 8926 的规定进行离心，测定离心沉淀物体积分数%，取其平均值作测定结果。

F.6 计算

F.6.1 按式(F.1)计算金属试片单位面积的质量变化 ΔM(mg/cm^2)：

$$\Delta M = \frac{m_1 - m_2}{S} \qquad \cdots\cdots (F.1)$$

式中：

m_1——试验前金属片的质量，mg；

m_2——试验后金属片的质量，mg；

S ——金属片的总表面积(小孔忽略不计)，cm^2。

F.6.2 按式(F.2)计算皮碗根径增值 Δd(mm)：

$$\Delta d = d_2 - d_1 \qquad \cdots\cdots (F.2)$$

式中：

d_1——试验前皮碗根部直径，mm；

d_2——试验后皮碗根部直径，mm。

F.6.3 按式(F.3)计算皮碗的硬度变化值 ΔH(IRHD)：

$$\Delta H = H_1 - H_2 \qquad \cdots\cdots (F.3)$$

式中：

H_1——试验前皮碗的硬度值，IRHD；

H_2——试验后皮碗的硬度值，IRHD。

F.7 报告

F.7.1 各金属试片的外观和质量变化。

F.7.2 皮碗变化：

——外观；

——根径增值；

——硬度变化值；

——体积变化值。

F.7.3 试液的变化：

——外观；

——pH 值；

——沉淀物体积分数(%)。

F.7.4 若试验结果临近指标限定值或重复样中 1 个不合格，则重复 1 次试验。重复试验结果都必须应满足表 1 中相应的规定。

附　录　G
（规范性附录）
制动液低温流动性和外观检验法

G.1　范围

本方法适用于测定制动液在低温下的流动性和外观变化，用以评定制动液的低温稳定性。

G.2　方法概要

制动液在规定的试验温度（－40 ℃及－50 ℃）下，放置规定时间后，取出观察其外观变化如透明度、沉淀、分层等现象，同时测定其流动特性（倒置试管测气泡上升到液面的时间）。

G.3　仪器、材料与试剂

G.3.1　试样管：外径 37 mm±0.5 mm，总高约 165 mm±3 mm，容积约 125 mL 的玻璃试管，配软木塞或橡胶塞。
G.3.2　低温浴：能分别控制到－40 ℃±2 ℃和－50 ℃±2 ℃的低温浴。
G.3.3　温度计：GB/T 514 中 GB-31 凝点 1 号（内标式）温度计，或量程－80 ℃～60 ℃，最小分格值 1 ℃的温度计。
G.3.4　秒表：分格值 0.1 s。
G.3.5　量筒：量程 100 mL，分格值 1 mL。
G.3.6　脱脂棉或清洁、干燥的绸布。
G.3.7　95%乙醇：化学纯。

G.4　试验步骤

G.4.1　－40 ℃下试验
G.4.1.1　用量筒量取 100 mL 制动液试样倒入清洁、干燥的试样管中，塞上软木塞或橡胶塞。
G.4.1.2　将试样管竖直放入已恒温到－40 ℃±2 ℃的低温浴，保持 144 h±4 h。
G.4.1.3　从浴内取出试样管，迅速用浸有乙醇的脱脂棉擦净管外壁的水珠，立即观察试液的透明度，分层、沉淀和结晶等现象。倒置试样管，测定气泡上浮至液面所需的时间。使试液恢复到 23 ℃±5 ℃，然后将它与放在同种容器中的原试样进行透明度和外观的对比。
G.4.2　－50 ℃下试验
G.4.2.1　用量筒量取 100 mL 试液倒入清洁、干燥的试样管中，塞上软木塞或橡胶塞。
G.4.2.2　将试样管竖直放入已恒温到－50 ℃±2 ℃的低温浴，保持 6 h±0.2 h。
G.4.2.3　从浴内取出试样管，迅速用浸有乙醇的脱脂棉擦净管外壁的水珠，立即观察试液的透明度，分层、沉淀和结晶等现象。倒置试样管，测定气泡上浮至液面所需的时间。使试液恢复到室温 23 ℃±5 ℃，然后与放在同种容器中的原试样进行透明度和外观对比。

G.5 报告

G.5.1 报告制动液试样－40 ℃的透明度、外观和气泡上浮至液面的时间。

G.5.2 报告制动液试样－50 ℃的透明度、外观和气泡上浮至液面的时间。

附　录　H
（规范性附录）
制动液蒸发损失检验法

H.1　范围

本方法适用于在100 ℃条件下，评定制动液的高温性能。

H.2　方法概要

本标准蒸发损失测定分为A法和B法。A法是将规定量制动液在100 ℃下恒温168 h，根据恒温前后的质量变化，计算蒸发损失质量分数%，然后检查残液中有无砂粒或磨蚀物，并测定在－5 ℃下的流动性；B法是将规定量的制动液在100 ℃下先恒温46 h，取出后冷却并称重，然后再在100 ℃下恒温24 h，若在上述二个时间段后制动液试样的平均质量损失低于60%（质量分数），停止试验并报告结果，否则继续试验并以每22 h作为时间间隔测定制动液试样的质量损失，直至某一22 h间隔内质量损失少于0.25 g或是达到168 h最长试验时间为止。

H.3　仪器与试剂

H.3.1　培养皿：外径约100 mm，高约15 mm的带盖玻璃培养皿。
H.3.2　量筒：25 mL，分格值1 mL，或25 mL移液管。
H.3.3　分析天平：最大载荷不小于200 g，分格值0.01 g。
H.3.4　高温试验箱：符合GB/T 11158中的要求，不带鼓风，顶部有通风孔，也可以采用相对应的带有电子显示温度的高温试验箱。
H.3.5　试样管：同附录G中的G.3.1。
H.3.6　温度计：量程0 ℃～150 ℃，分格值1 ℃。
H.3.7　温度计：GB/T 514中GB-32凝点2号（内标式），或量程－60 ℃～60 ℃，分格值1 ℃的温度计。
H.3.8　低温浴：可控温到－5 ℃±1 ℃，能垂直放入试样管。
H.3.9　干燥器：放少量干燥剂。
H.3.10　秒表：分格值0.1 s。
H.3.11　水准仪：能测烘箱内隔板水平状态的任何水准仪。
H.3.12　脱脂棉。
H.3.13　白绸布。
H.3.14　95%乙醇：化学纯。

H.4　试验步骤

H.4.1　蒸发损失A法（连续蒸发试验）

H.4.1.1　预先用水准仪将高温试验箱内之隔板调至水平，使高温试验箱温度计的水银球位于箱中心，并与隔板处于同一高度，然后加热至100 ℃±2 ℃。
H.4.1.2　用浸有乙醇的脱脂棉擦洗4套带盖培养皿的所有表面，再用绸布擦净，放入110 ℃高温试验箱内，皿盖掀开，烘干 1 h 后，取出放入干燥器内，冷却至室温，称量带盖培养皿，称准至 0.01 g。

H.4.1.3 用量筒或移液管取 25 mL±1 mL 试液于已称量的培养皿内，盖上配套的盖子后，再称装料带盖的培养皿，也称准至 0.01 g(同一试样应同时装 4 个皿)。

H.4.1.4 将 4 个培养皿移入已恒温至 100 ℃±2 ℃高温试验箱内，对称放在隔板上，揭开皿盖翻转放在皿旁(注意皿和盖应配套，不能交换)保持 168 h±2 h(一次只能加热 1 个制动液样品)。

H.4.1.5 从高温试验箱中取出加盖培养皿放入干燥器内，冷却至室温，然后称皿，称准至 0.01 g，计算蒸发损失质量分数%。

H.4.1.6 称量后，用指尖研磨每个皿内残液检测有无砂粒或磨蚀物等硬物。

H.4.1.7 将 4 个皿内残液收集于清洁、干燥样品瓶中，塞上塞子，竖直放于－5 ℃±1 ℃的冷浴内，保持 60 min±10 min，然后从浴内取出，立即将试样管水平放置，观察 5 s 内残液沿管壁流动的距离，以 mm 为单位。按残液的流动距离是否大于 5 mm 来判断其倾点，流动距离大于 5 mm，倾点小于－5 ℃；流动距离小于 5 mm，倾点大于－5 ℃。

H.4.2 蒸发损失 B 法(分段蒸发试验)

H.4.2.1 方法与 H.4.1.1 相同。

H.4.2.2 方法与 H.4.1.2 相同。

H.4.2.3 方法与 H.4.1.3 相同。

H.4.2.4 将 4 个培养皿移入已恒温至 100 ℃±2 ℃高温试验箱内，对称放在隔板上，揭开皿盖翻转放在皿旁(注意皿和盖应配套，不能交换)，保持 46 h±2 h(一次只能加热 1 个制动液样品)。

H.4.2.5 从高温试验箱中移出培养皿，盖上皿盖放入干燥器中冷却至 23 ℃±5 ℃后，称量每一个培养皿的质量。然后再将所有皿放入箱中，在 100 ℃±2 ℃下恒温 24 h±2 h。如果在 70 h±4 h 周期结束时，质量损失平均值小于 60%，则停止试验，并报告该平均值。否则继续 H.4.2.6 试验。

H.4.2.6 将皿再放入箱中，在 100 ℃±2 ℃下恒温 22 h±2 h。从箱中移出培养皿，盖上皿盖放入干燥器中冷却至 23 ℃±5 ℃后，称量每一个培养皿的质量。如果所有皿的质量损失在此 22 h±2 h 间隔内少于 0.25 g，则认为达到了平衡。计算出蒸发损失的平均值。否则重复上述步骤，直至达到 168 h±2 h 为止。

H.4.2.7 方法与 H.4.1.6 相同。

H.4.2.8 方法与 H.4.1.7 相同。

H.5 计算

按式(H.1)计算蒸发损失质量分数 ΔM(%)：

$$\Delta M = \frac{m_2 - m_3}{m_2 - m_1} \times 100 \qquad \text{(H.1)}$$

式中：

m_1——皿和盖的质量，g；

m_2——试验前皿、盖和试液的质量，g；

m_3——试验后皿、盖和试液的质量，g。

H.6 报告

H.6.1 制动液样品的蒸发损失质量分数(%)(取 4 个皿蒸发损失质量分数(%)的平均值)。

H.6.2 制动液样品的蒸发残液有无砂粒或磨蚀物等硬物。

H.6.3 制动液样品的蒸发残液的倾点。

附　录　I
（规范性附录）
制动液容水性及相容性检验法

I.1　范围

本方法适用于评定水分对制动液性能的影响，以及制动液与 HZY3、HZY4 相容性试验液国家标准样品的相容性。

I.2　方法概要

I.2.1　制动液容水性

将增湿的制动液加到锥形离心管中，在－40 ℃下保持 22 h 后，迅速观察试样的外观（如分层、沉淀及透明度等情况），并测定离心管倒置时，气泡上浮至液面时间。接着在 60 ℃下保持 22 h 后，立即观察试样的外观，并测定离心沉淀体积分数（%）。

I.2.2　制动液相容性

取 50 mL 制动液试样与 50 mL HZY3、HZY4 相容性试验液国家标准样品编号配成混合溶液，加到锥形离心管中，在－40 ℃下保持 22 h 后，迅速观察试样的外观（如分层、沉淀及透明度等情况）。接着在 60 ℃下保持 22 h 后，立即观察试样的外观，并测定离心沉淀体积分数（%）。

I.3　仪器与试剂

I.3.1　离心机：符合 GB/T 8926 中的要求；离心管：符合 GB/T 8926 中的要求。
I.3.2　低温浴：与附录 G 中 G.3.2 的要求相同。
I.3.3　高温试验箱：符合 GB/T 11158 中的要求。
I.3.4　温度计：GB/T 514 中 GB-31 凝点 1 号（内标式），或量程－80 ℃～60 ℃，分格值 1 ℃的温度计。
I.3.5　温度计：量程 0 ℃～150 ℃，分格值 1 ℃。
I.3.6　量筒：100 mL，分格值 1 mL 的具塞玻璃量筒。
I.3.7　脱脂棉。
I.3.8　软木塞或橡胶塞：与锥形离心管相匹配。
I.3.9　秒表：分格值 0.1 s。
I.3.10　95%乙醇：化学纯。

I.4　试验步骤

I.4.1　容水性试验

I.4.1.1　－40 ℃试验

I.4.1.1.1　将 3.5 mL 蒸馏水与 100 mL 制动液样品混合后，倒入一只清洁干燥的锥形离心管内，塞紧软木塞或橡胶塞，并放入已恒温到－40 ℃±2 ℃的低温浴内，保持 22 h±2 h。

I.4.1.1.2 从浴中取出锥形试样管，迅速用浸有乙醇或丙酮的脱脂棉擦净管外壁的水珠，立即观察管内试液是否分层或沉淀。如有分层或沉淀，停止试验，如无分层或沉淀，继续下一步试验。

I.4.1.1.3 迅速倒置锥形离心管，测定气泡上浮至液面的时间，以秒(s)计。当空气泡的顶部到达锥形离心管 2 mL 刻度时，就可认为气泡到达液面。

I.4.1.2 60 ℃试验

I.4.1.2.1 将进行完 I.4.1.1 试验的锥形离心管，放入恒温到 60 ℃±2 ℃的高温试验箱内，保持 22 h±2 h。

I.4.1.2.2 从箱中取出锥形离心管后，立即观察管内试液的外观有无分层迹象。

I.4.1.2.3 按 GB/T 8926 规定测定试液的沉淀体积分数(%)。

I.4.2 相容性试验

I.4.2.1 −40 ℃试验

I.4.2.1.1 将 50 mL±0.5 mL 制动液样品与 50 mL±0.5 mL HZY3、HZY4 相容性试验液标准样品(国家标准样品编号:GSB 06-1799)混合后，倒入一只清洁干燥的锥形离心管内，塞紧软木塞或橡胶塞，并放入已恒温到−40 ℃±2 ℃的低温浴内，保持 22 h±2 h。

I.4.2.1.2 从浴中取出锥形试样管，迅速用浸有乙醇或丙酮的脱脂棉擦净管外壁的水珠，立即观察管内试液是否分层或沉淀。如有分层或沉淀，停止试验，如无分层或沉淀，继续下一步试验。

I.4.2.2 60 ℃试验

I.4.2.2.1 将进行完 I.4.2.1 试验的锥形离心管，放入恒温到 60 ℃±2 ℃的高温试验箱内，保持 22 h±2 h。

I.4.2.2.2 从箱中取出锥形离心管后，立即观察管内试液的外观有无分层迹象。

I.4.2.2.3 按 GB/T 8926 规定测定试液的沉淀体积分数(%)。

I.5 报告

I.5.1 容水性和相容性试验的−40 ℃下的外观及透明度。

I.5.2 容水性试验试液的气泡上浮至液面的时间(s)。

I.5.3 容水性和相容性试验试液 60 ℃下的外观及沉淀物体积分数(%)。

附 录 J
（规范性附录）
制动液抗氧性检验法

J.1 范围

本方法适用于评定制动液的抗氧化特性。

J.2 方法概要

用过氧化苯甲酰、蒸馏水和制动液配成试验用试样，并放入铝片、铸铁片和1/8个橡胶皮碗。在70 ℃烘箱内保持168 h后取出检查试片有无坑蚀、粗糙不平等腐蚀现象，并计算试片的质量变化。

J.3 仪器、材料与试剂

J.3.1 仪器

J.3.1.1 试管：直径约22 mm，高175 mm的玻璃试管，配软木塞或橡胶塞。
J.3.1.2 玻璃瓶：带盖，容量约120 mL。
J.3.1.3 高温试验箱：符合GB/T 11158的要求，顶部有通风孔。
J.3.1.4 温度计：量程0 ℃～150 ℃，分格值1 ℃，尾长可使水银球底端位于箱的中部的烘箱温度计。
J.3.1.5 分析天平：最大载荷不小于200 g，分格值0.1 mg。
J.3.1.6 干燥器。
J.3.1.7 量筒：50 mL，分格值1 mL。
J.3.1.8 微量滴定管：2 mL，最小分格值0.01 mL。
J.3.1.9 游标卡尺：量程0 mm～200 mm，最小分格值0.02 mm。

J.3.2 试剂

J.3.2.1 过氧化苯甲酰：分析纯，含量（质量分数）不少于90%（不得使用褐色的，或是粉末状的）。
J.3.2.2 95%乙醇：化学纯。

J.3.3 材料

J.3.3.1 铸铁片：两片符合表F.1规定的铸铁片。
J.3.3.2 铝片：两片符合表F.1规定的铝片。
J.3.3.3 锡箔：4张锡含量（质量分数）不少于99.9%，铅含量（质量分数）不多于0.025%，厚度为0.02 mm～0.06 mm，面积大约12 mm^2 的锡箔。
J.3.3.4 橡胶皮碗：采用国家标准样品。
J.3.3.5 螺栓、螺母：普通碳钢、无锈、无油、无镀层，直径4 mm～5 mm，栓长15 mm。
J.3.3.6 砂纸：320 A、400 A防水碳化硅砂纸。
J.3.3.7 脱脂棉。
J.3.3.8 绸布。

J.4 试验步骤

J.4.1 试片准备

J.4.1.1 用防水碳化硅砂纸沿与长边平行的方向分别打磨铝片和铸铁片的所有表面至光亮无划痕。磨片时应避免手指直接接触试片。把试片浸在乙醇中，用脱脂棉擦洗，绸布擦干。同时将螺栓、螺母放在乙醇中清洗、擦干，均放入干燥器，在 23 ℃±5 ℃下至少保持 60 min。

J.4.1.2 从干燥器中取出铝片和铸铁片分别称量，称准至 0.1 mg。

J.4.1.3 在两片试片的两端之间各隔上一片锡箔，穿上螺栓，上紧螺母放入干燥器内备用。

J.4.2 试验用试样的配制

J.4.2.1 用量筒量取 30 mL±1 mL 制动液样品倒入一只玻璃瓶中，向玻璃瓶中加入 60 mg±2 mg 过氧化苯甲酰，用滴定管向玻璃瓶中加入 1.50 mL±0.05 mL 蒸馏水，盖上盖子并摇匀(注意：不要使溶液接触盖子)即成试样。

J.4.2.2 将试管放到 70 ℃±2 ℃的高温试验箱内，保持 120 min±10 min，其间每 15 min 摇晃一次，促使过氧化物溶解。然后从箱中取出试管，不要松动软木塞或橡胶塞，在空气中于室温(23 ℃±5 ℃)下冷却 2 h(从烘箱中取出的试样在 24 h 内应进行下一步试验)。

J.4.3 氧化试验

J.4.3.1 准备两只清洁、干燥的试管，在每只试管底部放上 1/8 只丁苯橡胶(SBR)皮碗，各加入按 I.4.2.1 制备好的试样 10 mL，将金属试片组的无螺钉一端，插入试管中压在皮碗上，液面大致浸没至试片的一半长度，试片组螺钉固定的一端保持在液体外，用干净软木塞或橡胶塞塞住试管，然后在 23 ℃±5 ℃下，竖直放置 70 h±2 h。

J.4.3.2 松动试管的软木塞或橡胶塞后，将试管放入已控制到 70 ℃±2 ℃的高温试验箱内，保持 168 h±2 h。

J.4.3.3 从箱内取出试管，拆开试片，检查试片上胶质沉淀的情况，然后把试片浸在乙醇中用浸湿的脱脂棉擦洗。观察试片表面是否有坑蚀、粗糙不平、着色和脱色等现象。

J.4.3.4 将试片放入干燥器内在 23 ℃±5 ℃下至少放置 1 h，然后取片称量，称准至 0.1 mg。

J.4.3.5 用游标卡尺测量每块试片的尺寸(包括长、宽、厚)测准至 0.02 mm，按附录 F.6.1 计算金属试片的质量变化。

J.5 报告

J.5.1 铝片、铸铁片的外观。

J.5.2 铝片、铸铁片质量变化(取两组中同一试片结果的平均值)，以 mg/cm^2 表示。

J.5.3 若试验结果临近指标或重复样中一个不合格，则重复 1 次试验。重复试验结果都必须应满足表 1 中的规定。

附 录 K
（规范性附录）
制动液橡胶适应性检验法

K.1 范围

本方法适用于评定制动液及其原料对机动车辆液压制动系统所用橡胶皮碗的适应性。

K.2 方法概要

将橡胶皮碗或橡胶件浸入制动液中，在 120 ℃温度下，保持 70 h 后，按产品标准要求分别对其外观、根径变化、硬度变化、体积变化等进行检验。

K.3 仪器、材料与试剂

K.3.1 试验杯：玻璃烧杯、杯边无嘴、内径约 50 mm，高约 125 mm，容积约 250 mL，配有镀锡铁皮盖子。
K.3.2 高温试验箱：符合 GB/T 11158 中的要求。
K.3.3 温度计：量程 0 ℃～150 ℃，分格值 1 ℃。尾长可使水银球底端位于烘箱中部。
K.3.4 光学读数显微镜：量程不少于 30 mm，最小分格值 0.01 mm。
K.3.5 橡胶邵尔 A 型硬度计：量程 0 度～100 度，分格值不大于 2 度。
K.3.6 分析天平：最大载荷不少于 200 g，分格值 0.1 mg。
K.3.7 带柄瓷坩埚或烧杯：容积约 50 mL。
K.3.8 脱脂棉。
K.3.9 工业滤纸。
K.3.10 95％乙醇：化学纯。
K.3.11 丁苯橡胶皮碗(SBR)：采用皮碗为国家标准样品。
K.3.12 三元乙丙橡胶试件(EPDM)：试件尺寸：25.4 mm×25.4 mm×1.9 mm，采用试件为国家标准样品。

K.4 试验步骤

K.4.1 将高温试验箱升温并控制到 120 ℃±2 ℃，同时将试验杯洗净，烘干备用。
K.4.2 选取两只无划伤、裂纹、变形、鼓泡的试验橡胶皮碗，用乙醇清洗，滤纸吸干，绸布擦净并吹干后，用光学读数显微镜或相应的测量仪器在其互相垂直的两条直径上测其根径，测准至 0.01 mm，取两个测定值的平均值作为皮碗试验前的根径值(如果两个测定值之差超过 0.08 mm，则该皮碗舍弃另选)。
K.4.3 选取两片橡胶试件，用乙醇清洗，滤纸吸干，绸布擦净并吹干后，称量其质量 M_1，再在室温下的蒸馏水中称量其质量 M_2，称准至 0.1 mg。
K.4.4 按 HG 2865 测定皮碗的硬度，取 3 个测定点的平均值作为皮碗试验前的硬度。
K.4.5 将准备好的两只一组皮碗或两片一组的橡胶试件放入同一个清洁、干燥的试验杯内，加入

75 mL 制动液样品，盖上镀锡铁皮盖，置入恒温到 120 ℃±2 ℃的高温试验箱中。经过规定的试验时间 70 h±2 h 后，从箱中取出盛有试液和试验皮碗或试件的试验杯，在 23 ℃±5 ℃下冷却 60 min 至 90 min，然后从试验杯中取出皮碗，用乙醇清洗，滤纸吸干，绸布擦净并吹干。

K.4.6 记录皮碗或橡胶试件的外观，包括光泽，是否变形、软塌、发黏、鼓泡、析出炭黑等现象；记录试样的外观包括是否浑浊分层，是否产生絮状物和沉淀等。

K.4.7 在从试验杯中取出皮碗的 15 min 内，按 K.4.2 方法测量皮碗试验后的根径，并计算根径增值；按 K.4.4 测量皮碗试验后的硬度，并计算硬度变化值。

K.4.8 在从试验杯中取出试件的 60 min 内，先称量试件的质量 M_3，再在水中称量试件的质量 M_4，称准至 0.1 mg。并按式(K.1)计算试件体积变化分数 $\Delta V\%$。

$$\Delta V\% = \frac{[(M_3 - M_4) - (M_1 - M_2)]}{(M_1 - M_2)} \times 100 \qquad \cdots\cdots\cdots\cdots\cdots\cdots\cdots\cdots (K.1)$$

式中：

M_1——试验前橡胶试件质量，mg；

M_2——试验前橡胶试件在水中的质量，mg；

M_3——试验后橡胶试件质量，mg；

M_4——试验后橡胶试件在水中的质量，mg。

K.5 报告

K.5.1 试验条件(如温度、时间、皮碗规格型号)

K.5.2 皮碗的外观和试液的外观。

K.5.3 皮碗根径增值和橡胶试件体积变化分数。

K.5.4 皮碗的硬度变化值。

K.6 精密度

K.6.1 重复性(单一操作者)

同一操作者在不同时间测定所得结果(每一组重复样的平均值)的标准偏差，在自由度为 46 情况下不应大于 0.05 mm。95%置信度水平下，二个测定值相差不允许大于 0.13 mm。

K.6.2 再现性(多个实验室)

不同实验实操作者测定所得结果(每一组重复样的平均值)的标准偏差，在自由度为 7 情况下不应大于 0.08 mm。95%置信度水平下，两个测定值相差不允许大于 0.20 mm。

附　录　L
（资料性附录）
制动液行程模拟试验法

L.1　范围

本方法适用于评定制动液的润滑性能和材料适应性能。

L.2　方法概要

将制动液装入模拟制动系统，在规定的试验条件下进行总计 85 000 次行程试验，然后分解模拟制动系统，测量制动泵活塞和泵体直径的变化，橡胶皮碗根径、唇径和硬度的变化，制动液出现的沉淀物和耗量，金属零部件、橡胶皮碗和制动液外观变化和工况等，用以评定制动液的润滑性能和材料适应性能。

L.3　试剂与材料

L.3.1　95%乙醇：化学纯。
L.3.2　砂纸：320 A、400 A 防水碳化硅砂纸。
L.3.3　橡胶皮碗：符合 HB 2865 中 B 类碗形 28GB 要求。
L.3.4　压缩空气：清洁、干燥。
L.3.5　光学读数显微镜：量程不少于 30 mm，分格值 0.01 mm。
L.3.6　千分尺：最小分格值 0.01 mm；
L.3.7　内径量表：最小分格值 0.01 mm。

L.4　设备

制动液行程模拟试验采用的设备包括：主缸总成、制动装置和制动压力传动机构和恒温箱。

L.4.1　主缸总成

——制动主缸：铸铁或铸铝壳体，缸径 28.58 mm，或符合 QC/T 311 的主缸。

——主管线：无镀层钢管，外径 6 mm。

——活塞：铝合金或铸铁，直径 28.52 mm～28.55 mm，或符合 QC/T 311 要求的活塞。

L.4.2　制动装置

——轮缸：铸铁或铸铝壳体，三只，缸径 28.58 mm，或符合 QC/T 77 的轮缸。

——活塞：铝合金或铸铁，直径 28.52 mm～28.55 mm。

——固定装置：包括支承轮缸总成的调节安装板。

——轮缸总成：三台轮缸用三套固定装置直排。

L.4.3　制动压力传动机构：一个合适的驱动机构。推力可调，推杆不产生侧面推力，至少能产生 7 MPa±0.3 MPa 压力，能提供行程速率 1 000 次/h。液压线上装有压力表、压力记录仪、开关和放气阀。

L.4.4　恒温箱：采用隔热气柜或烘箱，有足够容纳四台轮缸，一台主缸以及必要连接件的容积，温度可保持 120 ℃±5 ℃。加热器应屏蔽，防止直接辐射轮缸和主缸，外接温度监控和记录仪。

L.5 试验设备的准备

L.5.1 轮缸总成准备

——拆开轮缸，取出皮碗，用乙醇清洗所有金属部件和皮碗，用压缩空气吹干；

——检查所有金属部件工作表面的刮痕、擦伤、坑蚀和泵壁的粗糙度，淘汰所有有缺陷的部件；

——所有金属部件先用砂纸除锈并抛光，然后用乙醇清洗泵壁，如有污斑和锈斑，此轮缸应废弃；

——在距缸体两端约 19 mm 的位置测量互相垂直的两个直径。4 个读数如有 1 个超出 28.58 mm 范围，此缸应废弃；

——在相隔约 90°的两处测量每个活塞的外径。如任一读数超出 28.58 mm 范围，则此活塞应废弃；

——选用的部件应保证活塞和相匹配的轮缸之间的间隙在 0.08 mm～0.13 mm 范围内；

——橡胶皮碗应用新的，无毛刺、无灰尘。如发现刀伤、加工伤痕、模压裂纹或鼓泡等缺陷应废弃。在互相垂直的中心线上(打上记号)测量各皮碗的唇径和根径，量准至 0.02 mm。用两次测量的平均值分别作为唇径和根径。如果两次测量的唇径和根径相差值大于 0.08 mm，此皮碗应废弃；

——按 HB 2865 测定皮碗的硬度；

——用不起毛的布蘸乙醇清洗皮碗并用压缩空气吹干；

——除机座外，轮缸、橡胶件和金属件用试液浸湿，然后装配好轮缸总成。用盘车轮缸以保证操作灵便；

——将轮缸总成安装在模拟制动系统中。

L.5.2 主缸总成准备

——主缸、活塞和皮碗(包括主、副皮碗)均用新件。按 L.5.1.1 和 L.5.1.2 清洗和检查；

——在相隔约 90°的两点处测量主缸活塞每一环区的直径。如任一读数超出 28.58H9e8，该活塞应废弃；

——将副皮碗用试液浸湿并装在活塞上，在 23 ℃±5 ℃下将组件垂直放置至少 2 h；

——随之测量主、副皮碗的唇径和根径；

——检查主缸的回油孔和供油孔。如果这些孔有毛刺或卷边，此主缸应废弃；

——在回油孔和供油孔之间的大约中间位置测量互相垂直的两个缸径，再在离回流孔末端到出口端 19 mm 的位置测量互相垂直的两个缸径。如果任一测量值超出 28.58H9e8 范围，则此主缸应废弃；

——除缸体之外，将主缸的橡胶件和金属件用试液浸湿，然后装配好主缸总成，去掉橡胶防护罩和推杆组件，用手驱动主缸以保证操作灵便；

——将主缸总成安装在模拟制动系统中。

L.5.3 从主缸到每个轮缸的管子采用双层钢管，最小长度为 915 mm，管径应一致，一般为 6.3 mm，以便采用通用管接头。每次试验连接管应更新。

L.5.4 设备的安装和调整

——安装主缸和轮缸，用试液充满系统，放空压力装置，排除系统中截留的空气；

——用稍高于操作压力的推力试漏；

——在系统不漏的情况下调节驱动机构，使压力达到 7.0 MPa±0.3 MPa。在第一段行程期间，压力相对较低，当活塞行程约 25 mm(终点)时，压力升到 7.0 MPa±0.3 MPa；

——当压力达到 7.0 MPa±0.3 MPa 时，轮缸活塞移动约 4.8 mm±0.25 mm。此时将行程速率调节到 1 000 次/h±100 次/h；

——在 23 ℃±5 ℃下，记录主缸完全返回到原位置时主缸立管中的液面高度。

L.6 试验步骤

L.6.1 装置在 23 ℃±5 ℃下工作 16 000 次±1 000 次行程后检查泄漏情况，并向主缸立管内补加试液使液面恢复到室温下活塞完全返回原位置时记录的液面高度。

L.6.2 在 6 h±2 h 内将主缸中的试液温度升至 120 ℃±5 ℃。

L.6.3 试验期间观察主缸活塞完成全行程的工作情况和轮缸的运行情况。

L.6.4 随时观察液面高度和室温的关系，记录任一 24 000 次行程中补充的试液量。

L.6.5 试验行程总数为 85 000 次(包括 23 ℃±5 ℃时的行程数、达到操作温度 120 ℃时所需要的行程数以及在 120 ℃下的行程数)时，停止试验。

L.6.6 停止试验后，随着主缸活塞在返回原位置的过程中释放系统中的剩余压力，然后让设备冷至室温。

L.6.7 记录因损失而补加到 23 ℃±5 ℃时的初始液面所需的体积。

L.6.8 在 23 ℃±5 ℃和压力 7.0 MPa±0.3 MPa 的条件下再增加 100 次行程，检查轮缸的泄漏情况，补加并记录恢复到 23 ℃±5 ℃时初始液面所需的体积。

L.6.9 在试验结束后的 16 h 内将主缸和轮缸从系统中拆出并立即用盖或塞子堵住各出口，将试液保留在缸内。

L.6.10 分解缸体，将主缸和轮缸中的试液收集在玻璃烧杯中。记录试液中出现的油泥、凝胶和腐蚀物等情况。把橡胶件和金属件放在收集的试液中清洗，并用软刷子刷洗以确保收集附着的全部疏松沉淀物。

L.6.11 用乙醇清洗皮碗，并用压缩空气吹干。然后检查皮碗的胶粘性、裂缝、划痕、擦伤、鼓泡、破裂、碎片(根部磨损)和外形变化等。

L.6.12 在缸体分解后 1 h 内，按 L.5.1.7 和 L.5.1.8 的规定测量皮碗的根径、唇径和硬度。

L.6.13 在各缸试液放出 1 h 内，搅拌玻璃烧杯中收集的试液，使其中的沉淀物完全悬浮和分散，然后取 100 mL 试液放入锥形离心管中，按 GB/T 8926 的规定进行离心，测定离心沉淀体积分数%。

L.6.14 用乙醇清洗缸壁及缸体部件并用压缩空气吹干。然后检查泵壁和活塞有无清除不掉的磨蚀性沉淀物，有无坑蚀及划痕并按 L.5.1.5 和 L.5.2.2 测量活塞的直径，按 L.5.1.4 和 L.5.2.6 测量缸体的直径。

L.6.15 计算

按式(L.1)计算皮碗唇径过盈量 X(%)：

$$X=\frac{D_1-D_2}{D_1-D_3}\times 100 \qquad \text{(L.1)}$$

式中：

D_1——试验前唇径，mm；

D_2——试验后唇径，mm；

D_3——试验前泵体直径，mm。

L.7 结果报告

L.7.1 试验结果报告的内容包括：

——金属部件状态(推荐的判断值：金属部件应无可见坑蚀或点蚀，允许脱色或出现色斑)；

——缸体和活塞直径变化(推荐的限定值为不大于 0.13 mm)；

——皮碗根径增值(推荐的限定值为不大于0.90 mm)；
——皮碗硬度降低值(推荐的限定值(7只皮碗平均值)为不大于15 IRHD)；
——皮碗硬度降低值超过17 IRHD的皮碗数(推荐的限定值为不多于1只)；
——皮碗外观(推荐的判断值:不出现过度的划痕、变形、鼓泡、裂纹、蜕皮或外形变化)；
——皮碗唇径过盈量(推荐的限定值为不大于65%)；
——任意24 000次行程期间液体损失量(推荐的限定值为不大于36 mL)；
——缸体活塞工作状态(推荐的判断值:无卡滞和不良工作状况)；
——最后100次行程期间液体损失量(推荐的限定值为不大于36 mL)；
——试后液体状态(推荐的判断值:不含去除不掉的沉淀和胶状附着物)；
——试后液体沉淀体积分数(推荐的限定值为不大于1.5%)。

L.7.2 如果出现机械故障影响试验结果的评定,应重新做试验。

附　录　M
（资料性附录）
制动液防锈性试验法

M.1　范围

本方法适用于评定制动液的防锈能力。

M.2　方法概要

接触过制动液的试片在 35 ℃±1 ℃的饱和蒸汽下，放置 24 h 后，根据试片表面状况来评定制动液的防锈能力。

M.3　仪器与试剂

M.3.1　湿热试验箱：符合 GB/T 10586 规定或恒温试验箱：35 ℃±1 ℃。
M.3.2　无水乙醇：化学纯。
M.3.3　脱脂棉。
M.3.4　砂纸：320 A、400 A 防水碳化硅砂纸。
M.3.5　铸铁片：符合表 F.1 所列的要求。
M.3.6　玻璃干燥器：直径约 210 mm，高约 320 mm（带盖全高）。
M.3.7　支架：能放进玻璃干燥器，并可以悬挂金属试片。
M.3.8　玻璃挂钩：弯曲呈 S 型。

M.4　试验步骤

M.4.1　在洁净干燥的玻璃干燥器中，加入蒸馏水，加入量为干燥器孔板之下高度的 2/3，然后放上孔板。
M.4.2　将铸铁片按规定的方法打磨、清洗，置于试样中浸泡 3 min，取出后用玻璃挂钩悬挂在支架上，放置于玻璃干燥器中。
M.4.3　将装有试片、支架及金属片的玻璃干燥器放入恒温至 35 ℃±1 ℃的湿热试验箱或恒温试验箱中，经过规定的试验时间 24 h 后，取出试片观察表面状况。

M.5　报告

报告金属试片的外观，无锈点为合格，否则为不合格。

ICS 11.180
Y 14

中华人民共和国国家标准

GB/T 12996—2012
代替 GB/T 12996—1991

电动轮椅车

Electrically powered wheelchair

2012-12-31 发布 2013-05-01 实施

中华人民共和国国家质量监督检验检疫总局
中国国家标准化管理委员会 发布

前　言

本标准按照 GB/T 1.1—2009 给出的规则起草。

本标准代替 GB/T 12996—1991《电动轮椅车》。本标准与 GB/T 12996—1991 相比，主要变化如下：

——修改了部分术语和定义，增加了电动代步车；

——静态稳定性的测试方法引用了 GB/T 18029.1—2008(ISO 7176-1:1999,IDT)；

——动态稳定性的测试方法引用了 GB/T 18029.2—2009(ISO 7176-2:2001,IDT)；

——强度的测试方法引用了 GB/T 18029.8—2008(ISO 7176-8:1998,IDT)；

——气候试验引用了 GB/T 18029.9—2008(ISO 7176-9:2001,IDT)；

——增加了座靠垫阻燃性的测试方法并引用 GB/T 18029—2000(ISO 7176-16:1997,IDT)；

——增加了驻车制动器疲劳强度；

——增加了动力和控制系统的规定。

本标准由中华人民共和国民政部提出。

本标准由全国残疾人康复和专用设备标准化技术委员会(SAC/TC 148)归口。

本标准起草单位：国家康复辅具研究中心、佛山东方医疗设备厂有限公司、国家康复辅具质量监督检验中心、上海互邦医疗器械有限公司。

本标准主要起草人：闫和平、谷慧茹、赵次舜、单新颖、赵键荣。

本标准所代替标准的历次版本发布情况为：

——GB/T 12996—1991。

电 动 轮 椅 车

1 范围

本标准规定了电动轮椅车的术语和型号命名原则、表面要求、装配要求、外形尺寸要求、性能要求、强度要求、阻燃性、气候、动力和控制系统要求及相应的测试方法和检验规则、轮椅车的文件资料信息发布、标识和包装的要求。

本标准适用于仅乘载1人且使用者质量不超过100 kg的残疾者或老年人使用的、由电能驱动的各种电动轮椅车(含电动代步车),即按GB/T 16432分类的下列电动轮椅车:

手动转向的电动轮椅车(如电动代步车);

动力转向的电动轮椅车。

本标准不适用于由电力助动的手动轮椅车。

2 规范性引用文件

下列文件对于本文件的应用是必不可少的。凡是注日期的引用文件,仅注日期的版本适用于本文件。凡是不注日期的引用文件,其最新版本(包括所有的修改单)适用于本文件。

GB/T 191 包装储运图示标志

GB/T 14729 轮椅车 术语

GB/T 16432 残疾人辅助器具 分类和术语

GB/T 18029.1—2008 轮椅车 第1部分:静态稳定性的测定(ISO 7176-1:1999,IDT)

GB/T 18029.2—2009 轮椅车 第2部分:电动轮椅车动态稳定性的测定(ISO 7176-2:2001,IDT)

GB/T 18029.3—2008 轮椅车 第3部分:制动器的测定(ISO 7176-3:2003,IDT)

GB/T 18029.4—2009 轮椅车 第4部分:电动轮椅车和电动代步车理论能耗的测定(ISO 7176-4:1997,IDT)

GB/T 18029.5—2008 轮椅车 第5部分:外形尺寸、质量和转向空间的测定(ISO 7176-5:1986,IDT)

GB/T 18029.7—2009 轮椅车 第7部分:座位和车轮尺寸的测量(ISO 7176-7:1998,IDT)

GB/T 18029.8—2008 轮椅车 第8部分:静态强度、冲击强度及疲劳强度的要求和测试方法(ISO 7176-8:1998,IDT)

GB/T 18029.9—2008 轮椅车 第9部分:电动轮椅车气候试验方法(ISO 7176-9:2001,IDT)

GB/T 18029.10—2009 轮椅车 第10部分:电动轮椅车越障能力的测定(ISO 7176-10:1988,IDT)

GB/T 18029.11—2008 轮椅车 第11部分:测试用假人(ISO 7176-11:1992,IDT)

GB/T 18029.14— 2012 轮椅车 第14部分:电动轮椅车和电动代步车动力和控制系统 要求和测试方法(ISO 7176-14:2008,IDT)

GB/T 18029.15—2008 轮椅车 第15部分:信息发布,文件出具和标识的要求(ISO 7176-15:1996,IDT)

GB/T 18029—2000 轮椅车 座(靠)垫阻燃性的要求和测试方法(ISO 7176-16:1997,IDT)

3 术语和定义

GB/T 14729,GB/T 18029.7—2009,GB/T 18029.8—2008,GB/T 18029.11—2008 和 GB/T 18029.15—2008 界定的以及下列术语和定义适用于本文件。

3.1

电动轮椅车 electrically powered wheelchair

可由乘坐者或护理者操作的、有一个或多个电机驱动的、能电动控制速度的、可使用手动或动力转向的供残障者使用的带有座椅支撑的轮式个人移动装置。

注 1: 残障者是指残疾人或下肢有运动功能障碍的人。

注 2: 定义包括电动代步车。

3.2

电动室内型轮椅车 electrically powered wheelchair for indoor use

适合在室内和建筑物附近的平坦步行小径上使用的电动轮椅车。

3.3

电动室外型轮椅车 electrically powered wheelchair for outdoor use

适合在室外中距离行驶的电动轮椅车。

3.4

电动道路型轮椅车 electrically powered wheelchair for road use

适合在普通道路上较远距离行驶的仅乘坐 1 人的电动三轮、四轮车辆。

3.5

电动代步车 scooter

由电机驱动,转向机构使用不带辅助动力的机械连杆的电动三轮、四轮车辆。

3.6

使用者最大质量 maximum user mass

由生产商规定的使用者的最大质量。

3.7

产品说明书 product specification

生产商明示的有关轮椅车性能的资料(如样本、样页)。

3.8

配重 supplementary weights

当用测试人员代替测试用假人时,用来增加重量,使轮椅车的总载荷和载荷分布与相应的假人一致(见 GB/T 18029.3—2008 的 5.5)。

4 分类和型号命名

4.1 电动轮椅车按使用要求分为三类:

电动室内型轮椅车,用大写汉语拼音字母 N 表示。

电动室外型轮椅车,用大写汉语拼音字母 W 表示。

电动道路型轮椅车,用大写汉语拼音字母 L 表示。

注:电动代步车也包含以上三类。

4.2 型号命名可按制造商的企业技术规范执行,但必须在其产品说明书(见 3.7)中阐明型号命名原则。

4.3 型号中应明确标明该产品的类型(室内型、室外型或道路型)。

5 要求

5.1 表面要求

5.1.1 轮椅车零部件外表面以及所有手能触及的部位均应平整光滑,不得有锋棱、毛刺、尖角等。

5.1.2 轮椅车所有软包部位应质地柔软,富有弹性,缝边应牢固整齐,外表面不应有皱褶、褪色、跳线和破损等缺陷。

5.2 装配要求

5.2.1 轮椅车装配后其各项功能应能按制造商的说明正常使用,所有转动、移动部件均应运动均匀、灵活,间隙适当,无卡滞或松弛现象。

5.2.2 轮椅车的操纵机构和方向控制机构应操作方便,复位可靠,并有调节余地。

5.2.3 装配后的轮辋(车圈)的径向跳动和端面跳动均应小于 3 mm。

5.2.4 传动机构应有良好的配合。

5.2.5 所有罩、盖应安装牢固可靠,拆卸方便。

5.3 外形尺寸

电动轮椅车的外形尺寸应符合表 1 的规定。

表 1 电动轮椅车外形尺寸

单位为毫米

项目	室内型、室外型	道路型
总长 L	≤1 200	≤1 600
总宽 B	≤700	≤750
总高 H	≤1 090	不作规定

5.4 质量

测量电动轮椅车及其附件的总体质量,取整到 kg。

5.5 性能要求

电动轮椅车的性能要求应符合表 2 的规定。

表 2 电动轮椅车性能要求

项目内容		标准要求			测试方法
		室内型	室外型	道路型	
最大速度		≤4.5 km/h	≤6 km/h	≤15 km/h	7.4.1
行驶制动性能	水平路面制动	≤1.0 m	≤1.5 m	≤3.5 m	7.4.2
	最大安全坡度制动	≤1.6 m(3°)	≤3.6 m(6°)	≤6 m(8°)	7.4.2

表 2（续）

项目内容	标准要求			测试方法
	室内型	室外型	道路型	
驻坡性能	6°	9°	15°	7.4.3
静态稳定性	≥6°	≥9°	≥15°	7.4.4
动态稳定性	≥3°	≥6°	≥10°	7.4.5
越障高度	≥25 mm	≥40 mm	≥80 mm	7.4.6
越沟宽度	100 mm	100 mm	150 mm	7.4.7
爬坡能力	≥3°	≥6°	≥8°	7.4.8
最小回转半径	900 mm	1 200 mm	2 000 mm	7.4.9
理论行驶距离	≥10 km	≥20 km	≥35 km	7.4.10

5.6 动力和控制系统

5.6.1 控制开关

应至少有一种方法开启和关闭轮椅车。每一种方法均应在操作件上或其邻近处用符号直观地标明。当切断轮椅车电源后，控制器的动作应不会造成驱动轮转动。

5.6.2 与电池相连接的电线的颜色和标志

与电池的（＋）端子相连接的动力用电线为红色，并永久性地用“＋”符号标示；与电池的（－）端子相连接的动力用电线为红色以外的颜色，并永久性地用“－”符号标示。

5.6.3 充电器

充电器应有充电指示，应能在交流 180 V～240 V 的情况下正常工作。

5.6.4 充电时抑制行驶

如果轮椅车在充电时移动，可能会造成机械损坏、人身伤害或电器裸露的危险。因此轮椅车在充电时应抑制轮椅车行驶。

5.6.5 电源接通时的控制信号

如果轮椅车接通电源时控制装置不在初始位置，轮椅车应不能移动，自动制动装置不应松开，直到将控制装置归回到初始位置前，应不能驱动轮椅车。

5.6.6 控制器的过压保护

在充电时，电池电压可能会超过其额定电压，在此较高电压情况下，轮椅车不应发生故障。

5.6.7 电机堵转保护

一旦轮椅车在行驶中抵在障碍物上（如人行道较高的缘石），其驱动电机会发生堵转现象。因此轮椅车应有保护措施防止发生电机过热或永久性的损坏等现象。

5.6.8 绝缘

轮椅车车架、电机外壳、电池外壳及控制器外壳均不应与电池组或电器系统的其他任何带电部件连接，它们之间的直流电流应不大于5 mA。

5.6.9 对非绝缘电气零部件的保护

使用者和护理者在使用轮椅车时应不可能因接触到非绝缘部件受电击或被灼伤，轮椅车也应不会因此而发生故障。

5.6.10 电路保护

轮椅车的所有导线和连接应被妥善保护不受轮椅车电源或外界连接上电源的过电流的影响。

5.6.11 耗电量测试

轮椅车耗电量不允许超过生产商规定指标的15％。

5.6.12 信号装置

道路型电动轮椅车应具备规定的鸣号、转向、照明、制动等各种信号装置。

5.7 驻车制动器疲劳强度

按7.6的规定测试后，不应产生制动器位移或制动性能变化。

5.8 座(靠)垫阻燃性

按7.7的规定测试后，轮椅车的座(靠)垫在测试中应不产生进行性闷烧和火焰燃烧。

5.9 强度要求

按7.8的规定测试后，轮椅车应满足GB/T 18029.8—2008的4.1的要求。

5.10 气候要求

按7.9的规定，在模拟雨淋、高温、低温的测试后，轮椅车应能按制造商说明的功能正常操作并满足GB/T 18029.9—2008第8章的要求。

6 测试用假人

在第7章的测试中，很多项目需要使用测试用假人。测试用假人的规格见表3，其结构和质量分布应符合GB/T 18029.11—2008的规定。

表3 测试用假人的规格

单位为千克

使用者最大质量	测试用假人质量
≤25	25
＞25～50	50
＞50～75	75
＞75～100	100

根据生产商规定的轮椅车使用者最大质量，选择一个质量与之相等的测试用假人，如果没有，则选一个比轮椅车载荷稍大的测试用假人(见表3)。

若无特殊要求，测试用假人在轮椅车上的定位，应符合GB/T 18029.11—2008中第4章的规定(某些项目的测试对假人的使用和定位有特殊要求)。

7 测试方法

7.1 测试条件

7.1.1 环境温湿度

除特别规定外，测试及记录数值应在温度为20 ℃±15 ℃、相对湿度为60%±35%的条件下进行。

7.1.2 测试顺序

轮椅车的测试和检验应按下列顺序进行：

a) 表面和装配检验(见7.2)；

b) 外形尺寸检验(见7.3)；

c) 性能要求测试(见7.4)；

d) 动力和控制系统(见7.5)；

e) 驻车制动器疲劳强度(见7.6)；

f) 座(靠)垫阻燃性(见7.7)；

g) 强度要求测试(见7.8)；

h) 气候要求试验(见7.9)。

7.2 表面和装配检验

对表面和装配要求的项目采用目测、手感、试用、观察等方法确定。

7.3 外形尺寸检验

7.3.1 电动轮椅车的调节状态

将电动轮椅车椅座全部伸展开，小脚轮至向前移动状态，靠背处于垂直位置。如果脚托架和脚托可调，则调节腿托架和脚托，使脚托的最低点距离地面50 mm，腿托架与座位平面的夹角尽可能地接近90°。

7.3.2 外形尺寸的测量

将轮椅车调整到7.3.1规定的状态，测量以下尺寸：

测量轮椅车最前端和最后端之间的水平距离，即总长L，单位为毫米(mm)。

测量轮椅车两个最外侧部位间的水平距离，即总宽B，单位为毫米(mm)。

测量轮椅车从地面到最高点的垂直距离，即总高H，单位为毫米(mm)。

7.4 性能要求测试

7.4.1 最大速度的测定

最大速度按照如下步骤进行测试：

a) 测试应在水平路面上进行；

b) 按照图 1 所示要求，将轮椅车从起始位置开始启动，经过助行区后轮椅车达到全速，在测量区内一直以全速向前行驶，记录 50 m 测量区内所用时间 t_1，单位为秒(s)。然后再以同样方式返回，记录返回时 50 m 测量区内所用时间 t_2，单位为秒(s)；

c) 重复 b)，记录所用时间 t_3、t_4，单位为秒(s)；

d) 计算这四次所取得时间的算术平均值 t；

e) 用式(1)计算轮椅车的速度 v，单位为千米每小时(km/h)

$$v=\frac{180}{t} \quad \cdots\cdots(1)$$

式中：

t——平均时间，即 t_1、t_2、t_3、t_4 的平均值。

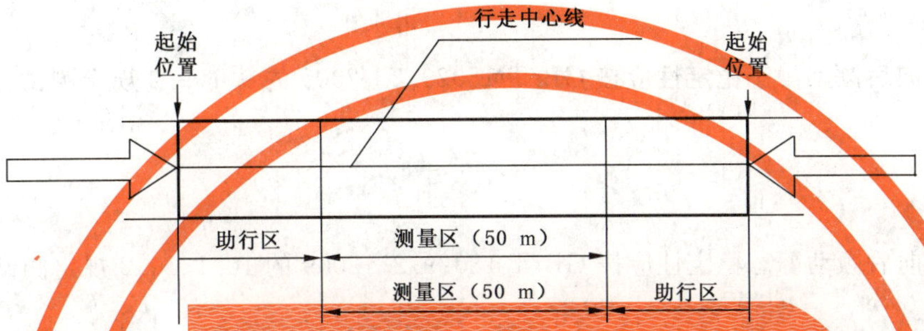

图 1　最大速度试验

7.4.2　行驶制动性能

7.4.2.1　水平路面测试

将电动轮椅车放在水平路面上以最大速度向前行驶，最大速度行驶距离为 5 m，然后使制动器产生最大制动效应，并保持这种状态直到电动轮椅车被迫停止下来，测量并记录轮椅车制动器产生最大制动效应到最终停车之间的距离，取整到 100 mm。重复试验三次，计算平均值。

7.4.2.2　最大安全坡度测试

将电动轮椅车放在电动轮椅车对应的最大安全坡度上以最大速度由坡上向坡下行驶，最大速度行驶距离为 2 m，然后使制动器产生最大制动效应，并保持这种状态直到电动轮椅车被迫停止下来，测量并记录轮椅车制动器产生最大制动效应到最终停车之间的距离，取整到 100 mm。重复试验三次，计算平均值。

7.4.3　驻坡性能

轮椅车的驻坡性能应按 GB/T 18029.3—2008 中 7.2 的规定测定。

7.4.4　静态稳定性的测定

7.4.4.1　纵向前倾

轮椅车的纵向前倾静态稳定性应按 GB/T 18029.1—2008 第 9 章的规定测试。

7.4.4.2　纵向后倾

轮椅车的纵向后倾静态稳定性应按 GB/T 18029.1—2008 第 10 章和第 11 章的规定测试。

7.4.4.3 侧倾

轮椅车的侧倾静态稳定性应按 GB/T 18029.1—2008 第 12 章的规定测试。

7.4.5 动态稳定性的测定

7.4.5.1 后向

轮椅车的后向动态稳定性应按 GB/T 18029.2—2009 的 8.1～8.4 规定测试。在最大安全坡度上应无倾斜。

7.4.5.2 前向

轮椅车的纵向后倾动静态稳定性应按 GB/T 18029.2—2009 的 9.1、9.2 规定测试。在最大安全坡度上应无倾斜。

7.4.5.3 侧向

轮椅车的侧向后倾动静态稳定性应按 GB/T 18029.2—2009 的 10.1、10.2 规定测试。在最大安全坡度上应无倾斜。

7.4.6 越障高度

轮椅车的越障高度应按 GB/T 18029.10—2009 第 7 章的规定测试，应能越过表 2 规定高度的台阶。

7.4.7 越沟宽度

测试沟的截面如图 2 所示：

单位为毫米

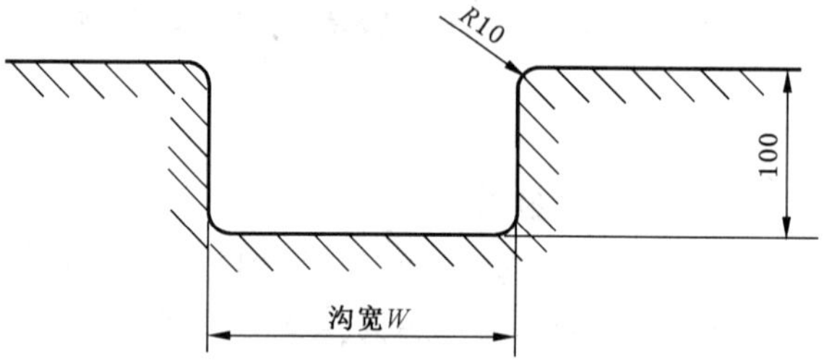

说明：

室内型 $W=100$ mm；室外型 $W=100$ mm；道路型 $W=150$ mm。

图 2 测试沟截面

将轮椅车正对测试沟，助行距离为 2 m。以最大速度驾驶轮椅车向前行驶，观察轮椅车的越沟情况和其他情况。

7.4.8 爬坡能力

将轮椅车置于最大安全坡度的测试台上，方向正对上坡，若车辆下滑，可在下坡位轮子后垫一木块。从静止状态起动轮椅车向前行驶，连续行驶距离应不小于 5 m。如果在行驶过程中因电器或其他原因导致轮椅车停止，则认为不能爬上该角度的坡度。

7.4.9 最小回转半径的测定

轮椅车的最小回转半径应按 GB/T 18029.5—2008 中 7.1 的规定测定。

7.4.10 理论行驶距离

轮椅车的理论行驶距离应按照 GB/T 18029.4—2009 第 7 章的规定测试。

7.5 动力和控制系统的测试

7.5.1 控制开关的测试方法

将轮椅车放在倾斜测试道上，面向下坡位置，关闭轮椅车电源，然后试着驱动轮椅车，观察轮椅车的是否有移动。

7.5.2 与电池相连接的电线的颜色和标志

采用目测、观察方法确定是否符合 5.6.2 要求。

7.5.3 充电器

采用目测、观察方法确定是否符合 5.6.3 要求。

7.5.4 充电时抑制行驶的测试

按照 GB/T 18029.14—2012 中 8.9.3 的规定进行测试。

7.5.5 电源接通时的控制信号

按照 GB/T 18029.14—2012 中 8.3.2 的规定进行测试。

7.5.6 控制器的过压保护

按照 GB/T 18029.14—2012 中 8.6 的规定进行测试。

7.5.7 电机堵转保护

在水平地面上，使轮椅车正对墙壁，确保轮椅车驱动轮不发生任何旋转，向前开足马力，保持 3 min ，元器件不损坏、电机不损坏。

7.5.8 绝缘

按照 GB/T 18029.14—2012 中 9.1.3 的规定进行测试。

7.5.9 对非绝缘电气零部件的保护

按照 GB/T 18029.14—2012 中 9.2.3 的规定进行测试。

7.5.10 电路保护的测试

按照 GB/T 18029.14—2012 中 9.3 的要求进行测试。

7.5.11 耗电量测试

开动电动轮椅车在平坦路面上连续行驶，待电动机温度保持稳定时，用 1.5 级以上的功率表测量平坦路面上电动轮椅车的电力消耗量(kW·h/100 km)。

7.5.12 信号装置

采用目测、试驾、观察方法确定是否符合5.6.12要求。

7.6 驻车制动器疲劳强度

如果轮椅车上安装有驻车制动器,则应按GB/T 18029.3—2008第8章的规定测试疲劳强度。

7.7 座(靠)垫阻燃性测试

轮椅车座(靠)垫的阻燃性应按GB/T 18029—2000第10章的规定测试。

7.8 强度要求测试

7.8.1 静态强度测试

按照GB/T 18029.8—2008中第8章的规定进行测试。

7.8.2 冲击强度测试

按照GB/T 18029.8—2008中第9章的规定进行测试。

7.8.3 疲劳强度测试

轮椅车的双辊滚动测试应按GB/T 18029.8—2008中10.4的规定进行。

跌落测试应按GB/T 18029.8—2008中10.5的规定进行,室内型电动轮椅不测跌落测试。

7.9 气候要求试验

轮椅车的气候试验应按GB/T 18029.9—2008的要求进行测试。

8 检验报告

检验报告应包括下列内容:

a) 产品的类型、型号及名称、产品出厂编号;

b) 生产商的名称和地址;

c) 被测轮椅车的图片;

d) 检验机构的名称和地址;

e) 第5章测试项目的参考值;

f) 所用的测试用假人的质量;

g) 测试日期和检测人员的签名;

h) 关于被测轮椅车是否满足本标准要求的结论。

9 检验规则

9.1 出厂检验

9.1.1 每台轮椅车应经生产商质量检验部门检验合格并附有合格证方能出厂。

9.1.2 出厂检验按下列内容进行:

a) 表面要求(按 5.1 的要求检验)。

b) 装配要求(按 5.2 的要求检验)。

c) 性能要求(按 5.5 的要求检验)。

性能检验包括最大速度、制动性能、驻坡性能、越障高度、越沟宽度、爬坡能力和最小回转半径。

d) 动力和控制系统:

轮椅车用电池由电池制造商提供检验报告或合格证;轮椅车电池充电器由电池充电器制造商提供检验报告或合格证;

动力和控制系统按 5.6 的要求检验(可由控制器制造商提供检验报告或合格证)。

9.2 型式检验

9.2.1 送交型式检验的轮椅车必须是经出厂检验合格的产品。

9.2.2 有下列情况之一,必须进行型式检验。

a) 新产品或老产品转厂生产的试制定型鉴定时;

b) 正式生产后,结构、材料、工艺有较大改变,可能影响产品性能时;

c) 正常生产,每年应进行一次型式检验;

d) 产品停产一年后,恢复生产时;

e) 出厂检验结果与上次型式检验结果有较大差异时;

f) 国家质量检测机构提出进行型式检验要求时。

9.2.3 型式检验按第 5 章的全部内容进行。

9.2.4 抽样和判定原则:

a) 样本应从制造商出厂检验合格的产品中任意抽取。

b) 型式检验在出厂检验合格产品的任一批次中,抽样比率按每 1 000 辆抽取三辆,不足 1 000 辆也要抽三辆进行。

c) 抽样基数:抽样在成品库房进行时,基数应不少于 20 辆。

d) 进行型式检验的三辆样车中,有一辆不合格时,允许抽取双倍数量的样车重复进行不合格项目的检验,若重复检验中仍有一辆不合格时,则本批视为不合格。

e) 进行型式检验的三辆样车中,有两辆及其以上不合格时,则本批视为不合格。

10 说明书、标识和包装

10.1 产品说明书

生产商在其产品说明书(见 3.7)中应说明该产品所执行的标准,其产品说明书的内容还应符合 GB/T 18029.15—2008 第 5 章的规定。

10.2 轮椅车的文件

在市场上销售的轮椅车应随车具备产品质量检验合格证和 GB/T 18029.15—2008 第 7 章所规定的文件。

10.3 标识和包装

10.3.1 轮椅车上的标识

在市场上销售的轮椅车应具备 GB/T 18029.15—2008 第 8 章规定的所有永久性标识。

10.3.2 包装

轮椅车包装箱上应标明生产商的名称、地址、商标、标志应符合 GB/T 191 的规定。

附　录　A
（资料性附录）
电动轮椅车的主要技术参数

A.1　主要尺寸及结构参数

A.1.1　外形尺寸(见 GB/T 18029.5—2008)

总长,mm;总宽,mm;总高,mm;折叠宽度,mm。

A.1.2　座位宽度,mm(见 GB/T 18029.7—2009)。

A.1.3　座位深度,mm(见 GB/T 18029.7—2009)。

A.1.4　座位离地高(前端),mm(见 GB/T 18029.7—2009)。

A.1.5　扶手高度,mm(见 GB/T 18029.7—2009)。

A.1.6　靠背高度,mm(见 GB/T 18029.7—2009)。

A.1.7　质量,kg(见 GB/T 18029.5—2008)。

A.1.8　最大使用者质量,kg(见 GB/T 18029.5—2008)。

A.1.9　前后轮规格,mm(见 GB/T 18029.7—2009)。

A.2　电气参数

A.2.1　电动机:

额定电压,V;

额定功率,W。

A.2.2　电池(组):

额定容量,Ah;

额定电压,V;

配备数量,个。

A.2.3　充电器:

电源,V、Hz;

最大输出电流,A。

A.2.4　控制器:最大输出电流,A 。

A.3　性能参数

A.3.1　最大速度,(km/h);

A.3.2　静态稳定性,(°);

A.3.3　动态稳定性,(°);

A.3.4　制动性能,mm;

A.3.5　最小回转半径,mm;

A.3.6　理论行驶距离,km 。

ICS 71.060.50
X 35

中华人民共和国国家标准

GB/T 13025.1—2012
代替 GB/T 13025.1—1991

制盐工业通用试验方法　粒度的测定

General test method in salt industry—Determination of grain size

2012-06-29 发布　　2012-12-01 实施

中华人民共和国国家质量监督检验检疫总局
中国国家标准化管理委员会　发布

前　言

本部分为制盐工业通用试验方法系列标准之一，该系列标准目前分为以下13部分，必要时，其他试验方法标准将在后续工作中补充制定。

——GB/T 13025.1　制盐工业通用试验方法　粒度的测定；
——GB/T 13025.2　制盐工业通用试验方法　白度的测定；
——GB/T 13025.3　制盐工业通用试验方法　水分的测定；
——GB/T 13025.4　制盐工业通用试验方法　水不溶物的测定；
——GB/T 13025.5　制盐工业通用试验方法　氯离子的测定；
——GB/T 13025.6　制盐工业通用试验方法　钙和镁离子的测定；
——GB/T 13025.7　制盐工业通用试验方法　碘离子的测定；
——GB/T 13025.8　制盐工业通用试验方法　硫酸根离子的测定；
——GB/T 13025.9　制盐工业通用试验方法　铅离子的测定；
——GB/T 13025.10　制盐工业通用试验方法　亚铁氰根的测定；
——GB/T 13025.11　制盐工业通用试验方法　氟离子的测定；
——GB/T 13025.12　制盐工业通用试验方法　钡离子的测定；
——GB/T 13025.13　制盐工业通用试验方法　砷离子的测定。

本部分为GB/T 13025的第1部分。

本部分依据GB/T 1.1—2009的规则编制。

本部分代替了GB/T 13025.1—1991《制盐工业通用试验方法　粒度的测定》。

本部分与GB/T 13025.1—1991相比除编辑性修改外，主要技术变化如下：

——手工过筛从原来的3 min改为2 min；
——增加平行测定2次，允差不大于2.0%。

本部分由中国轻工业联合会提出。

本部分由全国盐业标准化技术委员会归口。

本部分起草单位：全国井矿盐标准化中心。

本部分主要起草人：廖宣成、沈敏、陈智勇。

制盐工业通用试验方法　粒度的测定

1　范围

GB/T 13025 的本部分规定了食用盐和盐产品粒度的测定方法。

本部分适用于食用盐和盐产品粒度的测定。

2　规范性引用文件

下列文件对于本文件的应用是必不可少的。凡是注日期的引用文件，仅注日期的版本适用于本文件。凡是不注日期的引用文件，其最新版本(包括所有的修改单)适用于本文件。

GB/T 6003.1　金属丝编织网试验筛

GB/T 6003.2　金属穿孔板试验筛

GB/T 6003.3　电成型薄板试验筛

3　术语和定义

下列术语和定义适用于本文件。

3.1

粒度　granularity

粒状物质的粗细度。

4　仪器

4.1　试验筛：GB/T 6003.1、GB/T 6003.2、GB/T 6003.3 中 R40/3 系列试验筛。

4.2　振筛机：圆周摆动次数(280±10)次/min；上下振击次数(156±5)次/min；噪声≤70 dB。

4.3　天平：感量≤0.2 g。

5　试验步骤

称取 100 g 试样，称准至 0.2 g，用规定筛孔尺寸的试验筛进行筛分。手工过筛 2 min 或振筛机过筛 1 min 后称量筛上物的质量，精确至 0.2 g。

6　结果计算

试样的粒度以规定筛网筛上物的质量分数 w 计，数值以百分数(%)表示，按式(1)计算：

$$w=\frac{m_1}{m}\times 100 \qquad \cdots\cdots(1)$$

式中：

m_1——筛上物质量，单位为克(g)；

m ——称取试样质量，单位为克(g)。

7 精密度

在同一实验室，由同一操作者使用相同设备，按相同的测试方法，并在短时间内对同一被测对象相互独立进行测试获得的2次独立测试结果的绝对差值不大于2%。

ICS 71.060.50
X 35

中华人民共和国国家标准

GB/T 13025.3—2012
代替 GB/T 13025.3—1991

制盐工业通用试验方法　水分的测定

General test method in salt industry—Determination of moisture

2012-06-29 发布　　2012-12-01 实施

中华人民共和国国家质量监督检验检疫总局
中国国家标准化管理委员会　发布

前言

本部分为制盐工业通用试验方法系列标准之一，该系列标准目前分为以下13部分，必要时，其他试验方法标准将在后续工作中补充制定。

——GB/T 13025.1 制盐工业通用试验方法 粒度的测定；

——GB/T 13025.2 制盐工业通用试验方法 白度的测定；

——GB/T 13025.3 制盐工业通用试验方法 水分的测定；

——GB/T 13025.4 制盐工业通用试验方法 水不溶物的测定；

——GB/T 13025.5 制盐工业通用试验方法 氯离子的测定；

——GB/T 13025.6 制盐工业通用试验方法 钙和镁的测定；

——GB/T 13025.7 制盐工业通用试验方法 碘的测定；

——GB/T 13025.8 制盐工业通用试验方法 硫酸根的测定；

——GB/T 13025.9 制盐工业通用试验方法 铅的测定；

——GB/T 13025.10 制盐工业通用试验方法 亚铁氰根的测定；

——GB/T 13025.11 制盐工业通用试验方法 氟的测定；

——GB/T 13025.12 制盐工业通用试验方法 钡的测定；

——GB/T 13025.13 制盐工业通用试验方法 砷的测定。

本部分为GB/T 13025的第3部分。

本部分依据GB/T 1.1—2009的规则编制。

本部分代替GB/T 13025.3—1991《制盐工业通用试验方法 水分的测定》，本部分进行了编辑性修改。

本部分由中国轻工业联合会提出，由全国盐业标准化技术委员会归口。

本部分起草单位：全国海湖盐标准化中心。

本部分主要起草人：佟云琨、霍俊霏。

本部分历次版本发布情况为：

——GB/T 13025.3—1991。

制盐工业通用试验方法　水分的测定

1　范围

GB/T 13025 的本部分规定了盐产品和盐化工产品中水分的测定方法。

本部分适用于盐产品和盐化工产品中水分的测定，其中干燥失重法仅适用于水分含量不高于 4% 的样品的测定。

2　干燥失重法

2.1　原理

试样于规定温度(80 ℃～200 ℃之间的某一温度)干燥至恒重后，称量干燥前后的减量。

2.2　仪器

2.2.1　恒温干燥箱：温度波动≤±2 ℃。

2.2.2　低型称量瓶：60 mm×30 mm。

2.3　分析步骤

称取 10 g 粉碎至 2 mm 以下的均匀试样，称准至 0.001 g，放入已在规定温度下干燥并称量过的低型称量瓶中，斜开称量瓶盖放入恒温干燥箱内，逐渐升温至规定温度，继续干燥 2 h，盖上称量瓶盖，取出，移入干燥器内，冷却至室温称量，以后每次干燥 1 h 称量，直至连续两次称量之差不超过 0.000 5 g 视为恒重。

2.4　结果计算

试样的水分含量以质量分数 w 计，数值以百分数(%)表示，按式(1)计算：

$$w=\frac{m_1-m_2}{m}\times 100\% \quad \cdots\cdots(1)$$

式中：

m_1——干燥前试样加称量瓶质量，单位为克(g)；

m_2——干燥后试样加称量瓶质量，单位为克(g)；

m ——称取试样质量，单位为克(g)。

2.5　精密度

在同一实验室，由同一操作者使用相同设备，按相同的测试方法，并在短时间内对同一被测对象相互独立进行测试获得的两次独立测试结果的绝对差值不大于表 1 的规定。

表 1

水分含量/%	结果的绝对差值/%
<1.00	0.10
1.00～4.00	0.20

3 灼烧法

3.1 原理

试样在 600 ℃的温度下灼烧后，称量灼烧前后的减量。

3.2 仪器

3.2.1 高温炉：温度波动≤±20 ℃。

3.2.2 瓷坩埚：60 mm×60 mm（内部附加一内盖）。

3.3 分析步骤

称取 3 g 粉碎至 2 mm 以下的均匀试样，称准至 0.001 g，置于已在 600 ℃灼烧并称量过的瓷坩锅中，盖上内盖和外盖后放入高温炉中，逐渐升温至 600 ℃，继续灼烧 1 h 后取出，放置在干净的瓷板上冷却 5 min～6 min，移入干燥器内，冷却至室温称量。

3.4 结果计算

试样中的水分含量以质量分数 w 计，数值以百分数（%）表示，按式（2）计算：

$$w = \frac{m_1 - m_2}{m} \times 100\% - R \times 0.4 \qquad (2)$$

式中：

m_1 ——灼烧前试样加瓷坩埚质量，单位为克（g）；

m_2 ——灼烧后试样加瓷坩埚质量，单位为克（g）；

m ——称取试样质量，单位为克（g）；

R ——样品中氯化镁的含量，以质量分数计，以百分数标示（%）；

0.4——灼烧中氯化镁（$MgCl_2 \cdot 6H_2O$）分解为氧化镁（MgO）的经验系数。

3.5 精密度

在同一实验室，由同一操作者使用相同设备，按相同的测试方法，并在短时间内对同一被测对象相互独立进行测试获得的两次独立测试结果的绝对差值不大于表 2 的规定。

表 2

水分含量/%	结果的绝对差值/%
<1.00	0.10
1.00～5.00	0.20
>5.00	0.30

ICS 71.060.50
X 35

中华人民共和国国家标准

GB/T 13025.4—2012
代替 GB/T 13025.4—1991

制盐工业通用试验方法　水不溶物的测定

General test method in salt industry—Determination of insoluble matter

2012-06-29 发布　　2012-12-01 实施

中华人民共和国国家质量监督检验检疫总局
中国国家标准化管理委员会　发布

前　　言

本部分为制盐工业通用试验方法系列标准之一，该系列标准目前分为以下13部分，必要时，其他试验方法标准将在后续工作中补充制定。

——GB/T 13025.1　制盐工业通用试验方法　粒度的测定；
——GB/T 13025.2　制盐工业通用试验方法　白度的测定；
——GB/T 13025.3　制盐工业通用试验方法　水分的测定；
——GB/T 13025.4　制盐工业通用试验方法　水不溶物的测定；
——GB/T 13025.5　制盐工业通用试验方法　氯离子的测定；
——GB/T 13025.6　制盐工业通用试验方法　钙和镁的测定；
——GB/T 13025.7　制盐工业通用试验方法　碘的测定；
——GB/T 13025.8　制盐工业通用试验方法　硫酸根的测定；
——GB/T 13025.9　制盐工业通用试验方法　铅的测定；
——GB/T 13025.10　制盐工业通用试验方法　亚铁氰根的测定；
——GB/T 13025.11　制盐工业通用试验方法　氟的测定；
——GB/T 13025.12　制盐工业通用试验方法　钡的测定；
——GB/T 13025.13　制盐工业通用试验方法　砷的测定。

本部分为GB/T 13025的第4部分。

本部分依据GB/T 1.1—2009的规则编制。

本部分代替GB/T 13025.4—1991《制盐工业通用试验方法　水不溶物的测定》，本部分进行了编辑性修改。

本部分由中国轻工业联合会提出，全国盐业标准化技术委员会归口。

本部分起草单位：全国海湖盐标准化中心。

本部分主要起草人：佟云琨、霍俊霏。

本部分历次版本发布情况为：

——GB/T 13025.4—1991。

制盐工业通用试验方法　水不溶物的测定

1　范围

本标准规定了盐产品和盐化工产品中水不溶物的测定方法。

本标准适用于盐产品和盐化工产品中水不溶物的测定。

2　规范性引用文件

下列文件对于本文件的应用是必不可少的。凡是注日期的引用文件，仅注日期的版本适用于本文件。凡是不注日期的引用文件，其最新版本(包括所有的修改单)适用于本文件。

GB/T 6682—2008　分析实验室用水规格和试验方法

3　原理

试样溶于水，用玻璃坩埚抽滤后，残渣经干燥称量，测定不溶物含量。

4　试剂

除非另有说明，在分析中仅使用确认为分析纯的试剂和 GB/T 6682—2008 中规定的三级水。

5　仪器

5.1　恒温干燥箱：能调节温度 110 ℃±2 ℃。

5.2　3 号玻璃坩埚。

6　分析步骤

称取 10 g 粉碎至 2 mm 以下的均匀试样，称准至 0.001 g，置于 400 mL 烧杯中，加 150 mL 水，在不断搅拌下加热近沸至试样全部溶解，静置 10 min 后，用已于 110 ℃干燥并称量过的垫有定量滤纸的玻璃坩埚抽滤，倾泻溶液，洗涤不溶物 2～3 次，然后将不溶物全部转入坩埚中，并洗涤至滤液中无氯离子(用硝酸银溶液检验)。冲洗坩埚外壁，将坩埚置于恒温干燥箱中，升温至 110 ℃，继续干燥 1 h，取出，移入干燥器中，冷却至室温后称量。以后每次干燥 30 min 称量，直至两次称量之差不超过 0.000 2 g 视为恒重。

7　结果计算

试样中水不溶物含量以质量分数 ω 计，数值以百分数(%)表示，按式(1)计算：

$$\omega = \frac{m_1 - m_2}{m} \times 100\% \qquad \cdots\cdots(1)$$

式中：

m_1——干燥后水不溶物加玻璃坩埚质量，单位为克(g)；

m_2——玻璃坩埚质量，单位为克(g)；

m ——称取试样质量，单位为克(g)。

8 精密度

在同一实验室，由同一操作者使用相同设备，按相同的测试方法，并在短时间内对同一被测对象相互独立进行测试获得的两次独立测试结果的绝对差值不大于表1的规定。

表 1

水不溶物含量/%	结果的绝对差值/%
<0.15	0.01
0.15～0.30	0.02
>0.30	0.03

ICS 71.060.50
X 35

中华人民共和国国家标准

GB/T 13025.5—2012
代替 GB/T 13025.5—1991

制盐工业通用试验方法 氯离子的测定

General test method in salt industry—
Determination of chloride ion

2012-06-29 发布　　　　2012-12-01 实施

中华人民共和国国家质量监督检验检疫总局
中国国家标准化管理委员会　发布

前　言

本部分为制盐工业通用试验方法系列标准之一，该系列标准目前分为以下13部分，必要时，其他试验方法标准将在后续工作中补充制定。

——GB/T 13025.1　制盐工业通用试验方法　粒度的测定；

——GB/T 13025.2　制盐工业通用试验方法　白度的测定；

——GB/T 13025.3　制盐工业通用试验方法　水分的测定；

——GB/T 13025.4　制盐工业通用试验方法　水不溶物的测定；

——GB/T 13025.5　制盐工业通用试验方法　氯离子的测定；

——GB/T 13025.6　制盐工业通用试验方法　钙和镁的测定；

——GB/T 13025.7　制盐工业通用试验方法　碘的测定；

——GB/T 13025.8　制盐工业通用试验方法　硫酸根的测定；

——GB/T 13025.9　制盐工业通用试验方法　铅的测定；

——GB/T 13025.10　制盐工业通用试验方法　亚铁氰根的测定；

——GB/T 13025.11　制盐工业通用试验方法　氟的测定；

——GB/T 13025.12　制盐工业通用试验方法　钡的测定；

——GB/T 13025.13　制盐工业通用试验方法　砷的测定。

本部分为GB/T 13025的第5部分。

本部分依据GB/T 1.1—2009的规则编制。

本部分代替GB/T 13025.5—1991，本标准与GB/T 13025.5—1991《制盐工业通用试验方法　氯离子的测定》相比除编辑性修改外，主要技术变化如下：

——取消了汞量法；

——电位滴定法修改为自动电位滴定法。

本部分由中国轻工业联合会提出，全国盐业标准化技术委员会归口。

本部分起草单位：全国海湖盐标准化中心。

本部分主要起草人：佟云琨、霍俊霏。

本部分历次版本发布情况为：

——GB/T 13025.5—1991。

制盐工业通用试验方法
氯离子的测定

1 范围

GB/T 13025 的本部分规定了盐产品和盐化工产品中氯离子的测定方法。

本部分适用于盐产品和盐化工产品及其原料中氯离子的测定。

2 规范性引用文件

下列文件对于本文件的应用是必不可少的。凡是注日期的引用文件，仅注日期的版本适用于本文件。凡是不注日期的引用文件，其最新版本(包括所有的修改单)适用于本文件。

GB/T 6682—2008 分析实验室用水规格和试验方法

3 银量法

3.1 原理

样品溶液调至中性，用铬酸钾作指示剂，用硝酸银标准滴定溶液滴定，测定氯离子的含量。

3.2 试剂

3.2.1 试剂规格

除非另有说明，在分析中仅使用确认为分析纯的试剂和 GB/T 6682—2008 中规定的三级水。

3.2.2 氯化钠标准溶液

称取 5.844 g 已于 600 ℃灼烧至恒重的氯化钠基准试剂，称准至 0.000 1 g，溶解于水中，转移至 1 000 mL容量瓶中，加水至刻度，摇匀。

氯化钠标准溶液的浓度按式(1)计算：

$$c(\mathrm{NaCl})=\frac{m}{58.44\times V} \qquad \cdots\cdots(1)$$

式中：

$c(\mathrm{NaCl})$——氯化钠标准溶液的浓度，单位为摩尔每升(mol/L)；

m——称取氯化钠的质量，单位为克(g)；

58.44——氯化钠的摩尔质量，单位为克每摩尔(g/mol)；

V——配制溶液的体积，单位为升(L)。

3.2.3 硝酸银标准滴定溶液

配制：称取 85 g 硝酸银，溶于 5 L 水中，混合均匀后贮于棕色瓶中备用(如有混浊应过滤)。

标定：吸取 20.00 mL 氯化钠标准溶液(3.2.2)，置于 150 mL 烧杯中，按 3.4.2 的测定步骤进行滴定，同时做空白试验。

硝酸银标准滴定溶液的浓度按式(2)计算:

$$c(AgNO_3)=\frac{c(NaCl)\times V_1}{(V_2-V_0)} \quad \cdots\cdots\cdots\cdots (2)$$

式中:

$c(AgNO_3)$——硝酸银标准滴定溶液的浓度,单位为摩尔每升(mol/L);

$c(NaCl)$ ——氯化钠标准溶液的浓度,单位为摩尔每升(mol/L);

V_1 ——吸取氯化钠标准溶液的体积,单位为毫升(mL);

V_2 ——硝酸银标准滴定溶液的用量,单位为毫升(mL);

V_0 ——空白试验硝酸银标准滴定溶液的用量,单位为毫升(mL)。

3.2.4 铬酸钾指示剂

称取 10 g 铬酸钾溶于 100 mL 水中,搅拌下滴加硝酸银溶液至出现红棕色沉淀,过滤。

3.3 仪器

一般实验室仪器。

3.4 分析步骤

3.4.1 配样

称取 25 g 粉碎至 2 mm 以下的试样(氯化镁样品不必粉碎),称准至 0.001 g,置于 400 mL 烧杯中,加 200 mL 的水。加热近沸至试样全部溶解,冷却后移入 500 mL 容量瓶,加水稀释至刻度,摇匀,必要时过滤。当试样中待测离子含量过高时可适当稀释后再测定。

3.4.2 测定

吸取一定体积(含氯离子 85 mg 以下)的试样溶液(3.4.1)于 150 mL 烧杯中,加入 4 滴铬酸钾指示剂,搅拌下用硝酸银标准滴定溶液滴定,直至悬浊液中出现稳定的桔红色为终点,同时做空白试验。在测定氯离子含量较高的样品时,应对玻璃量器和环境温度变化对结果的影响进行校正。

3.5 结果计算

试样中氯离子含量以质量分数 ω 计,数值以百分数(%)表示,按式(3)计算:

$$\omega=\frac{(V_1-V_0)\times c(AgNO_3)\times 35.453}{m\times 1\,000}\times 100\% \quad \cdots\cdots\cdots\cdots (3)$$

式中:

V_1 ——硝酸银标准滴定溶液的用量,单位为毫升(mL);

V_0 ——空白试验硝酸银标准溶液的用量,单位为毫升(mL);

$c(AgNO_3)$——硝酸银标准滴定溶液的浓度,单位为摩尔每升(mol/L);

35.453 ——氯离子的摩尔质量,单位为克每摩尔(g/mol);

m ——所取试样质量,单位为克(g);

1 000 ——单位换算系数。

3.6 精密度

在同一实验室,由同一操作者使用相同设备,按相同的测试方法,并在短时间内对同一被测对象相互独立进行测试获得的两次独立测试结果的绝对差值不大于表 1 的规定。

表 1

氯离子含量/%	结果的绝对差值/%
34.00～47.00	0.10
>47.00	0.13

4 自动电位滴定法

4.1 原理

样品溶液调至中性，用硝酸银标准滴定溶液滴定，通过离子选择性电极的电位突变指示终点。

4.2 仪器

4.2.1 自动电位滴定仪：配备银离子选择性电极和 20 mL 以上滴定管，能控制 0.01 mL 标准滴定溶液。

4.2.2 一般实验室仪器。

4.3 分析步骤

吸取一定体积（含氯离子 85 mg 以下）的试样溶液（3.4.1）于 150 mL 烧杯中，启动自动电位滴定仪用硝酸银标准滴定溶液（3.2.3）滴定，滴定停止后，记录消耗硝酸银标准滴定溶液的体积。在测定氯离子含量较高的样品时，应对玻璃量器和环境温度变化对结果的影响进行校正。

4.4 结果计算

试样中氯离子含量以质量分数 ω 计，数值以百分数（%）表示，按式（4）计算：

$$\omega=\frac{V\times c(\mathrm{AgNO_3})\times 35.453}{m\times 1\ 000}\times 100\% \qquad \cdots\cdots(4)$$

式中：

V ——硝酸银标准滴定溶液的用量，单位为毫升（mL）；

$c(\mathrm{AgNO_3})$——硝酸银标准滴定溶液的浓度，单位为摩尔每升（mol/L）；

35.453 ——氯离子的摩尔质量，单位为克每摩尔（g/mol）；

m ——所取试样质量，单位为克（g）；

1 000 ——单位换算系数。

4.5 精密度

在同一实验室，由同一操作者使用相同设备，按相同的测试方法，并在短时间内对同一被测对象相互独立进行测试获得的两次独立测试结果的绝对差值不大于表 2 的规定。

表 2

氯离子含量/%	结果的绝对差值/%
34.00～47.00	0.10
>47.00	0.13

ICS 71.060.50
X 35

中华人民共和国国家标准

GB/T 13025.6—2012
代替 GB/T 13025.6—1991

制盐工业通用试验方法 钙和镁的测定

General test method in salt industry—Determination of calcium and magnesium

2012-06-29 发布　　2012-12-01 实施

中华人民共和国国家质量监督检验检疫总局
中国国家标准化管理委员会　发布

前　言

本部分为制盐工业通用试验方法系列标准之一，该系列标准目前分为以下13部分，必要时，其他试验方法标准将在后续工作中补充制定。

——GB/T 13025.1　制盐工业通用试验方法　粒度的测定；

——GB/T 13025.2　制盐工业通用试验方法　白度的测定；

——GB/T 13025.3　制盐工业通用试验方法　水分的测定；

——GB/T 13025.4　制盐工业通用试验方法　水不溶物的测定；

——GB/T 13025.5　制盐工业通用试验方法　氯离子的测定；

——GB/T 13025.6　制盐工业通用试验方法　钙和镁的测定；

——GB/T 13025.7　制盐工业通用试验方法　碘的测定；

——GB/T 13025.8　制盐工业通用试验方法　硫酸根的测定；

——GB/T 13025.9　制盐工业通用试验方法　铅的测定；

——GB/T 13025.10　制盐工业通用试验方法　亚铁氰根的测定；

——GB/T 13025.11　制盐工业通用试验方法　氟的测定；

——GB/T 13025.12　制盐工业通用试验方法　钡的测定；

——GB/T 13025.13　制盐工业通用试验方法　砷的测定。

本部分为GB/T 13025的第6部分。

本部分依据GB/T 1.1—2009的规则编制。

本部分代替GB/T 13025.6—1991《制盐工业通用试验方法　钙和镁离子的测定》，本部分与GB/T 13025.6—1991相比除编辑性修改外，主要技术变化如下：

——取消了分光光度测定方法；

——增加了原子吸收分析方法。

本部分由中国轻工业联合会提出，全国盐业标准化技术委员会归口。

本部分起草单位：全国海湖盐标准化中心、河南省盐产品质量监督检验站。

本部分主要起草人：佟云琨、徐素玲、于秀玲、苑惠杰。

本部分历次版本发布情况为：

——GB/T 13025.6—1991。

制盐工业通用试验方法
钙和镁的测定

1 范围

GB/T 13025 的本部分规定了盐产品和盐化工产品中钙和镁的测定方法。

本部分第 3 章和第 4 章容量法适用于盐产品和盐化工产品及其原料中钙和镁的测定；第 5 章原子吸收分光光度法适用于盐产品中微量钙、镁的测定，原子吸收分光光度法的检出限为：钙 0.05 mg/kg，镁 0.05 mg/kg 。

2 规范性引用文件

下列文件对于本文件的应用是必不可少的。凡是注日期的引用文件，仅注日期的版本适用于本文件。凡是不注日期的引用文件，其最新版本(包括所有的修改单)适用于本文件。

GB/T 6682—2008 分析实验室用水规格和试验方法

3 钙的测定(容量法)

3.1 原理

试样溶液调至碱性(pH≈12)，用乙二胺四乙酸二钠(EDTA)标准滴定溶液滴定，测定钙的含量。

3.2 试剂

3.2.1 试剂规格

除非另有说明，在分析中仅使用确认为分析纯的试剂和 GB/T 6682—2008 中规定的三级水。

3.2.2 盐酸溶液(4 mol/L)

量取 20 mL 盐酸，加入 40 mL 水中，混匀。

3.2.3 氢氧化钠溶液(2 mol/L)

将事先配制的氢氧化钠饱和溶液(100 g 氢氧化钠加 100 mL 水)放置澄清后，取 52 mL 上层清液，用水稀释至 500 mL。

3.2.4 氨-氯化铵缓冲溶液(pH≈10)

称取 20 g 氯化铵，用水溶解，加入 100 mL 氨水(25%)，用水稀释至 1 L。

3.2.5 氧化锌标准溶液

称取 1.63 g 于 800 ℃灼烧至恒重的氧化锌基准试剂，称准至 0.000 1 g，置于 150 mL 烧杯中，用少量水润湿，滴加盐酸溶液(3.2.2)至全部溶解，移入 1 000 mL 容量瓶中，加水稀释至刻度，摇匀。

氧化锌标准溶液的浓度按式(1)计算：

$$c(ZnO)=\frac{m}{81.38\times V} \qquad \cdots\cdots(1)$$

式中：

$c(ZnO)$——氧化锌标准溶液的浓度；单位为摩尔每升(mol/L)；

m ——称取氧化锌的质量，单位为克(g)；

81.38 ——氧化锌的摩尔质量，单位为克每摩尔(g/mol)；

V ——配制溶液的体积，单位为升(L)。

3.2.6 乙二胺四乙酸二钠(EDTA)标准滴定溶液

配制：称取 37.3 g 二水合乙二胺四乙酸二钠，溶于 5 L 水中，摇匀，贮于试剂瓶中备用。

标定：吸取 20.00 mL 氧化锌标准溶液(3.2.5)，置于 150 mL 烧杯中，加入 5 mL 氨-氯化铵缓冲溶液(3.2.4)、4 滴铬黑 T 指示剂(3.2.8)，用乙二胺四乙酸二钠(EDTA)标准滴定溶液 (3.2.6)滴定至溶液由酒红色变为亮蓝色为止。

EDTA 标准滴定溶液的浓度按式(2)计算：

$$c(EDTA)=\frac{c(ZnO)\times V_1}{V_2} \qquad \cdots\cdots(2)$$

式中：

$c(EDTA)$——EDTA 标准滴定溶液的浓度，单位为摩尔每升(mol/L)；

$c(ZnO)$ ——氧化锌标准溶液的浓度，单位为摩尔每升(mol/L)；

V_1 ——吸取氧化锌标准溶液的体积，单位为毫升(mL)；

V_2 ——EDTA 标准滴定溶液的用量，单位为毫升(mL)。

3.2.7 钙指示剂[2-羟基-1-(2-羟基-4-磺酸-1-萘偶氮基)-3-萘甲酸]

称取 0.2 g 钙指示剂及 10 g 已于 110 ℃干燥过的氯化钠，研磨混匀，贮于棕色试剂瓶中，贮存于干燥器内。

3.2.8 0.2%铬黑 T 指示剂

称取 0.2 g 铬黑 T 和 2 g 盐酸羟胺，溶于无水乙醇中，用无水乙醇稀释至 100 mL，保存于棕色瓶内。

3.3 仪器

一般实验室仪器。

3.4 分析步骤

3.4.1 配样

称取 25 g 粉碎至 2 mm 以下的试样(氯化镁不必粉碎)，称准至 0.001 g，置于 400 mL 烧杯中，加 200 mL 水。加热近沸至试样全部溶解，冷却后移入 500 mL 容量瓶，加水稀释至刻度，摇匀，必要时过滤。当试样中待测物质含量过高时稀释后测定。

3.4.2 测定

吸取一定体积(含钙 12 mg 以下)的试样溶液(3.4.1)于 150 mL 烧杯中，加水至 25 mL，加入 2 mL 氢氧化钠溶液(3.2.3)和约 10 mg 钙指示剂(3.2.7)，用 EDTA 标准滴定溶液(3.2.6)滴定至溶液由酒红色变为纯蓝色为止。

3.5 结果计算

试样中钙含量以质量分数 ω 计，数值以百分数(%)表示，按式(3)计算：

$$\omega=\frac{V_1\times c(\mathrm{EDTA})\times 40.078}{m\times 1\,000}\times 100\% \quad\cdots\cdots(3)$$

式中：

V_1 ——滴定钙时 EDTA 标准滴定溶液的用量，单位为毫升(mL)；

c(EDTA) ——EDTA 标准滴定溶液的浓度，单位为摩尔每升(mol/L)；

40.078 ——钙的摩尔质量，单位为克每摩尔(g/mol)；

m ——所取试样的质量，单位为克(g)；

1 000 ——单位换算系数。

3.6 精密度

在同一实验室，由同一操作者使用相同设备，按相同的测试方法，并在短时间内对同一被测对象相互独立进行测试获得的两次独立测试结果的绝对差值不大于表 1 的规定。

表 1

钙含量/%	结果的绝对差值/%
<0.10	0.01
0.10～1.00	0.02

4 镁的测定(容量法)

4.1 原理

试样溶液调至碱性(pH≈10)，用乙二胺四乙酸二钠(EDTA)标准滴定溶液滴定，测定钙和镁的总量，然后从总量中减去钙含量即为镁含量。

4.2 分析步骤

吸取一定体积(含镁 12 mg 以下)的试样溶液(3.4.1)于 150 mL 烧杯中，加水至 25 mL，加入 5 mL 氨-氯化铵缓冲溶液(3.2.4)、4 滴铬黑 T 指示剂(3.2.8)，用 EDTA 标准溶液(3.2.6)滴定至溶液由酒红色变为亮蓝色为止。此 EDTA 标准滴定溶液的用量为测定钙和镁的总用量。

4.3 结果计算

试样中镁含量以质量分数 ω 计，数值以百分数(%)表示，按式(4)计算：

$$\omega=\frac{(V_2-V_1)\times c(\mathrm{EDTA})\times 24.305}{m\times 1\,000}\times 100\% \quad\cdots\cdots(4)$$

式中：

V_2 ——滴定钙和镁时 EDTA 标准滴定溶液的总用量，单位为毫升(mL)；

V_1 ——滴定钙时 EDTA 标准滴定溶液的用量，单位为毫升(mL)；

c(EDTA) ——EDTA 标准溶液的摩尔浓度，单位为摩尔每升(mol/L)；

24.305 ——镁的摩尔质量，单位为克每摩尔(g/mol)；

m ——所取试样的质量，单位为克(g)；

1 000 ——单位换算系数。

4.4 精密度

在同一实验室，由同一操作者使用相同设备，按相同的测试方法，并在短时间内对同一被测对象相互独立进行测试获得的两次独立测试结果的绝对差值不大于表 2 的规定。

表 2

镁含量/%	结果的绝对差值/%
<0.10	0.01
0.10～1.00	0.02
1.01～6.00	0.05
6.01～12.00	0.10

5 钙镁的测定(原子吸收分光光度法)

5.1 原理

试样经过湿消化后,导入原子吸收分光光度计中,经火焰原子原子化后,钙、镁分别吸收 422.7 nm、202.6 nm 的共振线,其吸光度与它们的含量成正比,与标准系列比较定量。

5.2 试剂

5.2.1 试剂规格

除非另有说明,在分析中仅使用确认为优级纯的试剂和 GB/T 6682—2008 中规定的二级水。

5.2.2 氯化镧($LaCl_3 \cdot 7H_2O$)溶液

称取 80.2 g 氯化镧,溶于水后,用水稀释至 1 000 mL。

5.2.3 镁标准储备液

准确称取 1.658 g 于 800 ℃灼烧恒重的氧化镁,溶于 25 mL 盐酸及少量水中,移入 1 000 mL 容量瓶中,用水稀释至刻度,贮存于聚乙烯瓶内,每毫升该溶液含 1 mg 镁。

5.2.4 镁标准工作液

吸取 1.00 mL 镁标准储备液于 100 mL 容量瓶中,用水稀释至刻度,每毫升该溶液含 10 μg 镁。

5.2.5 钙标准储备液

准确称取 2.497 3 g 105 ℃～110 ℃干燥至恒重的碳酸钙,溶于 50 mL 盐酸溶液(1+4)中,移入 1 000 mL 容量瓶中,用水稀释至刻度,贮存于聚乙烯瓶内,每毫升该溶液含 1 mg 钙。

5.2.6 钙标准工作液

吸取 1.00 mL 钙标准储备液于 100 mL 容量瓶中,用水稀释至刻度,每毫升该溶液含 10 μg 钙。

5.3 仪器

5.3.1 原子吸收分光光度计。

5.3.2 一般实验室仪器

所用玻璃仪器均用 4 mol/L 硝酸浸泡 12 h 以上,用水冲洗干净。

5.4 分析步骤

5.4.1 试样处理

称取 10.00 g 试样，加少量水溶解，加 2 mL 浓硝酸煮沸，冷却后移入 100 mL 容量瓶中，用水稀释至刻度。同时做试剂空白。

5.4.2 测定

5.4.2.1 仪器参数

钙、镁的共振线分别为 422.7 nm、202.6 nm，将仪器调至最佳状态。

5.4.2.2 钙的测定

准确吸取适量等体积(0.50 mL～2.00 mL)的试样溶液(5.4.1)分别放入 3 支 25 mL 比色管中，分别加入 0 mL，2.00 mL，4.00 mL 钙标准工作液(含钙 0 μg，20 μg，40 μg)，加入 2.0 mL 氯化镧溶液，加水至刻度，摇匀；另取一只比色管，加入同体积的试剂空白溶液和氯化镧溶液，加水至刻度，摇匀，以此溶液调零，测定吸光度。

5.4.2.3 镁的测定

准确吸取适量等体积(0.50 mL～2.00 mL)的试样溶液(5.4.1)分别放入 3 支 25 mL 比色管中，分别加入 0 mL、5.00 mL、10.00 mL 镁标准工作液(含镁 0 μg、50 μg、100 μg)，加入 2.0 mL 氯化镧溶液(5.2.2)，加水至刻度，摇匀；另取一只比色管，加入同体积的试剂空白溶液和氯化镧溶液，加水至刻度，摇匀，以此溶液调零，测定吸光度。

5.4.3 结果计算

以标准加入的钙、镁质量为函数，与其对应的吸光度为自变量，建立线性回归方程。试样中钙或镁的含量以质量分数 ω 计，数值以毫克每千克(mg/kg)表示，按式(5)计算：

$$\omega=\frac{b\times 100}{10.00\times V} \qquad \cdots\cdots(5)$$

式中：

b ——线性回归方程截距的绝对值，单位为微克(μg)；

100 ——配制试样溶液的体积，单位为毫升(mL)；

10.00——称取试样质量，单位为克(g)；

V ——所取试样溶液的体积，单位为毫升(mL)。

5.4.4 精密度

在同一实验室，由同一操作者使用相同设备，按相同的测试方法，并在短时间内对同一被测对象相互独立进行测试获得的两次独立测试结果的绝对差值不大于其算术平均值的 10%。

ICS 71.060.50
X 35

中华人民共和国国家标准

GB/T 13025.7—2012
代替 GB/T 13025.7—1999

制盐工业通用试验方法　碘的测定

General test method in salt industry—Determination of iodine

2012-06-29 发布　　2012-12-01 实施

中华人民共和国国家质量监督检验检疫总局
中国国家标准化管理委员会　发布

前　言

本部分为制盐工业通用试验方法系列标准之一，该系列标准目前分为以下 13 部分，必要时，其他试验方法标准将在后续工作中补充制定。

——GB/T 13025.1　制盐工业通用试验方法　粒度的测定；
——GB/T 13025.2　制盐工业通用试验方法　白度的测定；
——GB/T 13025.3　制盐工业通用试验方法　水分的测定；
——GB/T 13025.4　制盐工业通用试验方法　水不溶物的测定；
——GB/T 13025.5　制盐工业通用试验方法　氯离子的测定；
——GB/T 13025.6　制盐工业通用试验方法　钙和镁的测定；
——GB/T 13025.7　制盐工业通用试验方法　碘的测定；
——GB/T 13025.8　制盐工业通用试验方法　硫酸根的测定；
——GB/T 13025.9　制盐工业通用试验方法　铅的测定；
——GB/T 13025.10　制盐工业通用试验方法　亚铁氰根的测定；
——GB/T 13025.11　制盐工业通用试验方法　氟的测定；
——GB/T 13025.12　制盐工业通用试验方法　钡的测定；
——GB/T 13025.13　制盐工业通用试验方法　砷的测定。

本部分为 GB/T 13025 的第 7 部分。

本部分依据 GB/T 1.1—2009 的规则编制。

本部分代替 GB/T 13025.7—1999《制盐工业通用试验方法　碘离子的测定》，本部分与 GB/T 13025.7—1999 相比除编辑性修改外，主要技术变化如下：

——取消了氧化滴定法中高锰酸钾-硫酸联氨体系的测定方法；
——修改了氧化还原滴定法中次氯酸钠的加入量。

本部分由中国轻工业联合会提出，全国盐业标准化技术委员会归口。

本部分起草单位：全国海湖盐标准化中心。

本部分主要起草人：佟云琨、霍俊霏。

本部分历次版本发布情况为：

——GB/T 13025.7—1991；
——GB/T 13025.7—1999。

制盐工业通用试验方法　碘的测定

1　范围

GB/T 13025 的本部分规定了加碘食用盐中碘的测定方法。

本部分中直接滴定法适用于添加碘酸盐的加碘食用盐中碘的测定；氧化还原滴定法适用于添加碘化物或含有还原物质的加碘食用盐中碘的测定；光度法适用于碘的快速测定。

2　规范性引用文件

下列文件对于本文件的应用是必不可少的。凡是注日期的引用文件，仅注日期的版本适用于本文件。凡是不注日期的引用文件，其最新版本(包括所有的修改单)适用于本文件。

GB/T 6682—2008　分析实验室用水规格和试验方法

3　容量法

3.1　直接滴定法

3.1.1　原理

在酸性介质中，试样中的碘酸根离子氧化碘化钾析出单质碘，用硫代硫酸钠标准滴定溶液滴定，测定碘的含量。

$$IO_3^- + 5I^- + 6H^+ \longrightarrow 3I_2 + 3H_2O$$

$$2S_2O_3^{2-} + I_2 \longrightarrow 2I^- + S_4O_6^{2-}$$

3.1.2　试剂

3.1.2.1　试剂规格

除非另有说明，在分析中仅使用确认为分析纯的试剂和 GB/T 66822—2008 中规定的三级水。

3.1.2.2　磷酸溶液(1 mol/L)

量取 17 mL 85%磷酸，加水稀释至 250 mL。

3.1.2.3　碘化钾溶液(50 g/L)

称取 25.0 g 碘化钾，用水溶解并稀释至 500 mL，贮于棕色瓶中，现用现配。

3.1.2.4　碘酸钾标准溶液

准确称取 1.427 g 于 110 ℃±2 ℃干燥至恒重的碘酸钾基准试剂，置于 150 mL 烧杯中，加水溶解，移入 1 000 mL 容量瓶中，加水稀释至刻度，摇匀，此溶液浓度为 $c(\frac{1}{6}KIO_3)=4.000\times10^{-2}$ mol/L。

将上述溶液准确稀释 20 倍，得到浓度为 $c(\frac{1}{6}KIO_3)=2.000\times10^{-3}$ mol/L 碘酸钾标准溶液。

3.1.2.5 硫代硫酸钠标准滴定溶液

配制：称取 25 g 硫代硫酸钠($Na_2S_2O_3 \cdot 5H_2O$)和 1.0 g 氢氧化钠，用 1 L 水溶解，贮于棕色试剂瓶中。取上层清液稀释 50 倍贮于棕色试剂瓶中，备用。

标定：吸取 10.00 mL 浓度为 2.000×10^{-3} mol/L 的碘酸钾标准溶液(3.1.2.4)于 250 mL 碘量瓶中，加 50 mL 水、2 mL 磷酸溶液(3.1.2.2)、5 mL 碘化钾溶液(3.1.2.3)，立即用硫代硫酸钠标准滴定溶液(3.1.2.5)滴定。滴定至溶液呈浅黄色时，加入约 5 mL 淀粉溶液(3.1.2.6)，继续滴定至蓝色恰好消失为止。

硫代硫酸钠标准滴定溶液的浓度按式(1)计算：

$$c(Na_2S_2O_3)=\frac{c(\frac{1}{6}KIO_3)\times 10.00}{V} \quad \cdots\cdots(1)$$

式中：

$c(Na_2S_2O_3)$——硫代硫酸钠标准滴定溶液的浓度，单位为摩尔每升(mol/L)；

$c(\frac{1}{6}KIO_3)$——碘酸钾标准溶液浓度，单位为摩尔每升(mol/L)；

10.00——吸取碘酸钾标准溶液的体积，单位为毫升(mL)；

V——硫代硫酸钠标准滴定溶液的用量，单位为毫升(mL)。

3.1.2.6 淀粉溶液(5 g/L)

称取 0.5 g 淀粉，放入 200 mL 烧杯中，加入少许水调成糊状，倾入 100 mL 沸水，搅拌后再煮沸 0.5 min，冷却，现用现配。

3.1.3 仪器

一般实验室仪器。

3.1.4 分析步骤

称取 10.00 g 试样，置于 250 mL 碘量瓶中，加 50 mL 水溶解后，加 2 mL 磷酸溶液、5 mL 碘化钾溶液，用硫代硫酸钠标准滴定溶液滴定。滴定至溶液呈浅黄色时，加入约 5 mL 淀粉溶液，继续滴定至蓝色恰好消失为止。

3.1.5 结果计算

试样中碘含量以质量分数 ω 计，数值以毫克每千克(mg/kg)表示，按式(2)计算：

$$\omega=\frac{V_1\times c(Na_2S_2O_3)\times 126.90\times 1\,000}{6\times 10.00} \quad \cdots\cdots(2)$$

式中：

V_1——滴定碘时硫代硫酸钠标准滴定溶液的用量，单位为毫升(mL)；

$c(Na_2S_2O_3)$——硫代硫酸钠标准滴定溶液的浓度，单位为摩尔每升(mol/L)；

126.90——碘的摩尔质量，单位为克每摩尔(g/moL)；

1 000——单位换算系数；

10.00——所称取样品质量，单位为克(g)。

3.1.6 精密度

在同一实验室，由同一操作者使用相同设备，按相同的测试方法，并在短时间内对同一被测对象相互独立进行测试获得的两次独立测试结果的绝对差值不大于表1的规定。

表1

碘含量/(mg/kg)	结果的绝对差值/(mg/kg)
0～200	2.0

3.2 氧化还原滴定法

3.2.1 原理

在酸性介质中,次氯酸钠将碘离子氧化成碘酸根,草酸除去过剩的次氯酸钠,碘酸根氧化碘化钾析出单质碘,用硫代硫酸钠标准滴定溶液滴定,测定碘含量。

$$3ClO^- + I^- \longrightarrow IO_3^- + 3Cl^-$$

$$H_2C_2O_4 + ClO^- \longrightarrow Cl^- + 2CO_2 + H_2O$$

$$IO_3^- + 5I^- + 6H^+ \longrightarrow 3I_2 + 3H_2O$$

$$2S_2O_3^{2-} + I_2 \longrightarrow 2I^- + S_4O_6^{2-}$$

3.3 试剂

3.3.1 试剂规格

除非另有说明,在分析中仅使用确认为分析纯的试剂和GB/T 6682—2008中规定的三级水。

3.3.2 次氯酸钠溶液(有效氯约3%)

量取10 mL次氯酸钠试剂溶液(有效氯10%),加30 mL水,摇匀,贮于棕色瓶中。

3.3.3 草酸-磷酸混合液

称取15 g草酸,加水溶解,加入34 mL磷酸(ρ=85%),用水稀释至500 mL。

3.4 仪器

一般实验室仪器。

3.5 分析步骤

称取10.00 g试样,置于250 mL碘量瓶中,加50 mL水溶解,加2 mL草酸-磷酸混合液(3.3.3)、1.0 mL次氯酸钠溶液(3.3.2),用水洗净瓶壁,放在电炉上加热,加热至溶液刚刚沸腾时立即取下,水浴冷却至30 ℃以下。加入5 mL碘化钾溶液(3.1.2.3),用硫代硫酸钠标准滴定溶液(3.1.2.5)滴定。滴定至溶液呈浅黄色时,加入约5 mL淀粉溶液(3.1.2.6),继续滴定至蓝色恰好消失为止。

3.6 结果计算

试样中的碘含量以质量分数ω计,数值以毫克每千克(mg/kg)表示,按式(3)计算:

$$\omega = \frac{V_1 \times c(Na_2S_2O_3) \times 126.90 \times 1\,000}{6 \times 10.00} \qquad \cdots\cdots (3)$$

式中:

V_1 ——滴定碘时硫代硫酸钠标准滴定溶液的用量,单位为毫升(mL);

$c(Na_2S_2O_3)$ ——硫代硫酸钠标准滴定溶液的浓度,单位为摩尔每升(mol/L);

126.90 ——碘的摩尔质量,单位为克每摩尔(g/moL);
1 000 ——单位换算系数;
10.00 ——所称取样品质量,单位为克(g)。

3.7 精密度

在同一实验室,由同一操作者使用相同设备,按相同的测试方法,并在短时间内对同一被测对象相互独立进行测试获得的两次独立测试结果的绝对差值不大于表2的规定。

表 2

碘含量/(mg/kg)	结果的绝对差值/(mg/kg)
0～200	2.0

4 光度法(专用碘量仪测定法)

4.1 原理

在酸性介质中,试样中的碘酸根被碘化钾还原为碘单质,与淀粉生成蓝色化合物,用光度法测定。

4.2 试剂

4.2.1 试剂规格

除非另有说明,在分析中仅使用确认为分析纯的试剂和GB/T 6682—2008中规定的三级水。

4.2.2 溴水(3%)

4.2.3 甲酸钠溶液(100 g/L)

称取10.00 g甲酸钠溶于100 mL水中。

4.2.4 碘化钾-淀粉混合液(A液)

称取2.0 g可溶性淀粉,加水调成糊状,倾入200 mL沸水,煮沸2 min,冷却后加入1.0 g碘化钾、40 g磷酸氢二钾和2 g硼砂,溶解、混匀后,贮于试剂瓶中。

4.2.5 硫酸溶液(B液)

量取11.0 mL硫酸,缓慢放入190 mL水中,混匀。

4.2.6 碘酸钾标准储备液[$\rho(I)=1.000$ mg/mL]

准确称取0.843 2 g在110 ℃±2 ℃干燥至恒重的碘酸钾基准试剂,称准至0.000 2 g,用水溶解后转移至500 mL容量瓶中,加水至刻度,摇匀。

4.2.7 碘酸钾标准工作液[$\rho(I)=10$ μg/mL]

吸取5.00 mL碘酸钾标准储备液(4.2.6)于500 mL容量瓶中,加入100 g氯化钠及0.5 g碳酸钠,加水溶解并稀释至刻度,摇匀。

4.3 仪器

4.3.1 碘量仪:WYD 型。

4.3.2 天平:感量 0.01 g。

4.3.3 一般实验室仪器。

4.4 分析步骤

4.4.1 仪器校正

吸取 5.00 mL 碘酸钾标准工作液(4.2.7)于 50 mL 比色管中,加入 2 mL A 液(4.2.4)、2 mL B 液(4.2.5),加水至刻度,充分摇匀。用 1.0 cm 比色池,以水调零,校正仪器读数为 50.0。

4.4.2 样品测定

称取 1.00 g 试样于 50 mL 比色管中,加入 10 mL 水溶解,加入 2 mL A 液、2 mL B 液,加水至刻度,充分摇匀。用 1.0 cm 比色池,以水调零,测定样品溶液,读数即为碘含量。碘含量以质量分数计,数值以毫克每千克(mg/kg)表示。

对于含有低价态碘或含有还原物质的样品,必须进行氧化处理。具体步骤为:称取 1.00 g 试样于 50 mL 比色管中,加 10 mL 水溶解,滴加溴水(4.2.2)至溶液呈淡黄色,加入 0.5 mL 甲酸钠溶液(4.2.3),盖上塞子,充分振荡,放置 1 min~2 min,加入 2 mL A 液、2 mL B 液,加水至刻度,充分摇匀。用 1.0 cm 比色池,用水调零,测定样品溶液,读数即为碘含量。碘含量以质量分数计,数值以毫克每千克(mg/kg)表示。

4.5 精密度

在同一实验室,由同一操作者使用相同设备,按相同的测试方法,并在短时间内对同一被测对象相互独立进行测试获得的两次独立测试结果的绝对差值不大于表 3 的规定。

表 3

碘含量/(mg/kg)	结果的绝对差值/(mg/kg)
10~60	2.0
60~90	3.0

ICS 71.060.50
X 35

中华人民共和国国家标准

GB/T 13025.8—2012
代替 GB/T 13025.8—1991

制盐工业通用试验方法 硫酸根的测定

General test method in salt industry—Determination of sulfate

2012-06-29 发布 2012-12-01 实施

中华人民共和国国家质量监督检验检疫总局
中国国家标准化管理委员会 发布

前　言

本部分为制盐工业通用试验方法系列标准之一，该系列标准目前分为以下13部分，必要时，其他试验方法标准将在后续工作中补充制定。

——GB/T 13025.1　制盐工业通用试验方法　粒度的测定；

——GB/T 13025.2　制盐工业通用试验方法　白度的测定；

——GB/T 13025.3　制盐工业通用试验方法　干燥失重和灼烧失重的测定；

——GB/T 13025.4　制盐工业通用试验方法　水不溶物的测定；

——GB/T 13025.5　制盐工业通用试验方法　氯离子的测定；

——GB/T 13025.6　制盐工业通用试验方法　钙和镁的测定；

——GB/T 13025.7　制盐工业通用试验方法　碘的测定；

——GB/T 13025.8　制盐工业通用试验方法　硫酸根的测定；

——GB/T 13025.9　制盐工业通用试验方法　铅的测定；

——GB/T 13025.10　制盐工业通用试验方法　亚铁氰根的测定；

——GB/T 13025.11　制盐工业通用试验方法　氟的测定；

——GB/T 13025.12　制盐工业通用试验方法　钡的测定；

——GB/T 13025.13　制盐工业通用试验方法　砷的测定。

本部分为GB/T 13025的第8部分。

本部分依据GB/T 1.1—2009的规则编制。

本部分代替GB/T 13025.8—1991《制盐工业通用试验方法　硫酸根离子的测定》，本部分与GB/T 13025.8—1991相比除编辑性修改外，主要技术变化如下：

——取消了光度分析方法。

本部分由中国轻工业联合会提出，全国盐业标准化技术委员会归口。

本部分起草单位：全国海湖盐标准化中心、河南省盐产品质量监督检验站。

本部分主要起草人：佟云琨、徐素玲、于秀玲、苑惠杰。

本部分历次版本发布情况为：

——GB/T 13025.8—1991。

制盐工业通用试验方法 硫酸根的测定

1 范围

GB/T 13025 的本部分规定了盐产品和盐化工产品中硫酸根的测定方法。

本部分适用于盐产品和盐化工产品及其原料中硫酸根的测定。

2 规范性引用文件

下列文件对于本文件的应用是必不可少的。凡是注日期的引用文件，仅注日期的版本适用于本文件。凡是不注日期的引用文件，其最新版本(包括所有的修改单)适用于本文件。

GB/T 6682—2008 分析实验室用水规格和试验方法

3 重量法

3.1 原理

试样溶液调至酸性，加入氯化钡溶液生成硫酸钡沉淀，沉淀经过滤、洗涤、干燥、称量，计算硫酸根含量。

3.2 试剂

3.2.1 试剂规格

除非另有说明，在分析中仅使用确认为分析纯的试剂和 GB/T 6682—2008 中规定的三级水。

3.2.2 盐酸溶液(2 mol/L)

量取 24 mL 浓盐酸，用水稀释至 100 mL。

3.2.3 氯化钡溶液(0.02 mol/L)

称取 2.40 g 氯化钡，溶于 500 mL 水中，室温放置 24 h，过滤后使用。

3.2.4 甲基红指示剂

称取 0.20 g 甲基红，溶解于 100 mL 无水乙醇中。

3.3 仪器

3.3.1 恒温干燥箱：能调节温度 120 ℃±2 ℃。

3.3.2 4 号玻璃坩埚。

3.4 分析步骤

3.4.1 配样

称取 25 g 粉碎至 2 mm 以下的试样(氯化镁样品不必粉碎)，称准至 0.001 g，置于 400 mL 烧杯中，加 200 mL 水，加热近沸至试样全部溶解，冷却后移入 500 mL 容量瓶，加水稀释至刻度，摇匀，过滤。当试样中待测物质含量过高时可适当稀释后再测定。

3.4.2 测定

吸取一定体积（含硫酸根 100 mg 以下）的试样溶液（3.4.1），置于 400 mL 烧杯中，加水至 150 mL，加 2 滴甲基红指示剂（3.2.4），滴加盐酸溶液（3.2.2）至溶液恰呈红色，加热至近沸，迅速加入 40 mL 氯化钡（3.2.3）热溶液（所吸取硫酸根的量大于 60 mg 时加入 60 mL 氯化钡热溶液），剧烈搅拌 2 min，冷却至室温，再加少许氯化钡溶液检查沉淀是否完全，用预先在 120 ℃ 干燥并称量过的 4 号玻璃坩埚抽滤，先将上层清液倾入坩埚内，用水将烧杯内沉淀洗涤数次，然后将烧杯内沉淀全部转移至坩埚内，继续用水洗涤沉淀数次，直至滤液中不含氯离子（用硝酸银溶液检验）。用少量水冲洗坩埚外壁后，置于恒温干燥箱内于 120 ℃±2 ℃ 干燥 1 h 后取出，称量。以后每次干燥 30 min 称量一次，直至两次称量之差不超过 0.000 2 g。

3.5 结果计算

试样中硫酸根含量以质量分数 ω 计，数值以百分数（%）表示，按式（1）计算：

$$\omega = \frac{(m_1 - m_2) \times 0.411\,6}{m} \times 100\% \qquad \cdots\cdots(1)$$

式中：

m_1 ——玻璃坩埚加硫酸钡的质量，单位为克（g）；

m_2 ——玻璃坩埚的质量，单位为克（g）；

0.411 6——硫酸钡换算为硫酸根的系数；

m ——所取试样的质量，单位为克（g）。

3.6 精密度

在同一实验室，由同一操作者使用相同设备，按相同的测试方法，并在短时间内对同一被测对象相互独立进行测试获得的两次独立测试结果的绝对差值不大于表 1 的规定。

表 1

硫酸根含量/%	结果的绝对差值/%
<0.50	0.03
0.50～<1.50	0.04
1.50～3.50	0.05

4 容量法（EDTA 络合滴定法）

4.1 原理

氯化钡与试样中硫酸根生成难溶的硫酸钡沉淀，过剩的钡离子用乙二胺四乙酸二钠（EDTA）标准溶液滴定，间接测定硫酸根。

4.2 试剂

4.2.1 试剂规格

除非另有说明，在分析中仅使用确认为分析纯的试剂和 GB/T 6682—2008 中规定的三级水。

4.2.2 盐酸溶液(1 mol/L)

量取 12 mL 浓盐酸,用水稀释至 100 mL。

4.2.3 氨-氯化铵缓冲溶液(pH≈10)

称取 20 g 氯化铵,用水溶解,加入 100 mL 25%氨水,用水稀释至 1 L。

4.2.4 乙二胺四乙酸二钠镁(Mg-EDTA)溶液

称取 17.2 g 乙二胺四乙酸二钠镁($C_{10}H_{12}MgN_2Na_2O_8 \cdot 4H_2O$),溶于 1 L 水中。

4.2.5 氧化锌标准溶液

称取 1.63 g 于 800 ℃灼烧至恒重的氧化锌基准试剂,称准至 0.000 1 g,置于 150 mL 烧杯中,用少量水润湿,滴加 4 mol/L 盐酸至全部溶解,移入 1 000 mL 容量瓶中,加水稀释至刻度,摇匀。

氧化锌标准溶液的浓度按式(2)计算:

$$c(\mathrm{ZnO})=\frac{m}{81.38\times V} \qquad \cdots\cdots(2)$$

式中:

$c(\mathrm{ZnO})$——氧化锌标准溶液的浓度,单位为摩尔每升(mol/L);

m ——称取氧化锌的质量,单位为克(g);

81.38 ——氧化锌的摩尔质量,单位为克每摩尔(g/mol);

V ——配制溶液的体积,单位为升(L)。

4.2.6 乙二胺四乙酸二钠(EDTA)标准滴定溶液

配制:称取 37.3 g 二水合乙二胺四乙酸二钠,溶于 5 L 水中,摇匀,贮于试剂瓶中备用。

标定:吸取 20.00 mL 氧化锌标准溶液(4.2.5),置于 150 mL 烧杯中,加入 5 mL 氨-氯化铵缓冲溶液(4.2.3)、4 滴铬黑 T 指示剂(4.2.8),用乙二胺四乙酸二钠(EDTA)标准滴定溶液(4.2.6)滴定至溶液由酒红色变为亮蓝色为止。

EDTA 标准滴定溶液的浓度按式(3)计算:

$$c(\mathrm{EDTA})=\frac{c(\mathrm{ZnO})\times V_1}{V_2} \qquad \cdots\cdots(3)$$

式中:

$c(\mathrm{EDTA})$——EDTA 标准滴定溶液的浓度,单位为摩尔每升(mol/L);

$c(\mathrm{ZnO})$ ——氧化锌标准溶液的浓度,单位为摩尔每升(mol/L);

V_1 ——吸取氧化锌标准溶液的体积,单位为毫升(mL);

V_2 ——EDTA 标准滴定溶液的用量,单位为毫升(mL)。

4.2.7 氯化钡标准溶液

配制:同 3.2.3。

标定:吸取 5.00 mL 氯化钡标准溶液(4.2.7),置于 150 mL 烧杯中,加入 5 mL 乙二胺四乙酸二钠镁(Mg-EDTA)溶液(4.2.4)、10 mL 无水乙醇、5 mL 氨-氯化铵缓冲溶液、4 滴铬黑 T 指示剂,用 EDTA 标准滴定溶液(4.2.6)滴定至溶液由酒红色变为亮蓝色为止,记录消耗的 EDTA 标准滴定溶液体积 V_1。

4.2.8 铬黑 T 指示剂

称取 0.2 g 铬黑 T 和 2 g 盐酸羟胺，溶于无水乙醇中，用无水乙醇稀释至 100 mL，保存于棕色瓶内。

4.3 仪器

一般实验室仪器。

4.4 分析步骤

4.4.1 配样

称取 25 g 粉碎至 2 mm 以下的试样（氯化镁样品不必粉碎），称准至 0.001 g，置于 400 mL 烧杯中，加 200 mL 的水。加热近沸至试样全部溶解，冷却后移入 500 mL 容量瓶，加水稀释至刻度，摇匀，必要时过滤。当试样中待测物质含量过高时可适当稀释后再测定。

4.4.2 测定

吸取一定体积（含硫酸根 18 mg 以下）的试样溶液（4.4.1），置于 150 mL 烧杯中，加 1 滴盐酸溶液（4.2.2），加入 5.00 mL 氯化钡标准溶液（硫酸根的量大于 8 mg 时加入 10.00 mL 氯化钡标准溶液），于搅拌器上搅拌片刻，放置 5 min，加入 5 mL 或 10 mL Mg-EDTA 溶液（与加入的氯化钡标准溶液体积相同），10 mL 或 15 mL 无水乙醇（约占总体积 30%），5 mL 氨-氯化铵缓冲溶液、4 滴铬黑 T 指示剂，用 EDTA 标准滴定溶液滴定至溶液由酒红色变为亮蓝色为止，记录消耗的 EDTA 标准滴定溶液的体积 V_3。

吸取与测定硫酸根体积相同的试样溶液，置于 150 mL 烧杯中，加水至 25 mL，加入 5 mL 氨-氯化铵缓冲溶液、4 滴铬黑 T 指示剂，用 EDTA 标准滴定溶液滴定至溶液由酒红色变为亮蓝色为止，以上为滴定溶液中钙镁总量，记录消耗的 EDTA 标准滴定溶液的体积 V_2。

4.5 结果计算

试样中硫酸根含量以质量分数 ω 计，数值以百分数（%）表示，按式（4）计算：

$$\omega=\frac{(V_1+V_2-V_3)\times c(\mathrm{EDTA})\times 96.06}{m\times 1\ 000}\times 100\% \qquad \cdots\cdots(4)$$

式中：

V_1 ——标定氯化钡标准溶液时 EDTA 标准滴定溶液的用量，单位为毫升（mL）；

V_2 ——滴定钙镁总量时 EDTA 标准滴定溶液的用量，单位为毫升（mL）；

V_3 ——滴定硫酸根时 EDTA 标准滴定溶液的用量，单位为毫升（mL）；

$c(\mathrm{EDTA})$ ——EDTA 标准滴定溶液的浓度，单位为摩尔每升（mol/L）；

96.06 ——硫酸根的摩尔质量，单位为克每摩尔（g/moL）；

m ——所取试样的质量，单位为克（g）；

1 000 ——单位换算系数。

4.6 精密度

在同一实验室，由同一操作者使用相同设备，按相同的测试方法，并在短时间内对同一被测对象相互独立进行测试获得的两次独立测试结果的绝对差值不大于表 2 的规定。

表 2

硫酸根含量/%	结果的绝对差值/%
<0.50	0.03
0.50~<1.50	0.05
1.50~3.50	0.06

ICS 71.060.50
X 35

中华人民共和国国家标准

GB/T 13025.9—2012
代替 GB/T 13025.9—1991, GB/T 18962—2003

制盐工业通用试验方法　铅的测定

General test method in salt industry—Determination of lead

2012-06-29 发布　　2012-12-01 实施

中华人民共和国国家质量监督检验检疫总局
中国国家标准化管理委员会　发布

前　言

本部分为制盐工业通用试验方法系列标准之一，该系列标准目前分为以下13部分，必要时，其他试验方法标准将在后续工作中补充制定。

——GB/T 13025.1　制盐工业通用试验方法　粒度的测定；
——GB/T 13025.2　制盐工业通用试验方法　白度的测定；
——GB/T 13025.3　制盐工业通用试验方法　水分的测定；
——GB/T 13025.4　制盐工业通用试验方法　水不溶物的测定；
——GB/T 13025.5　制盐工业通用试验方法　氯离子的测定；
——GB/T 13025.6　制盐工业通用试验方法　钙和镁的测定；
——GB/T 13025.7　制盐工业通用试验方法　碘的测定；
——GB/T 13025.8　制盐工业通用试验方法　硫酸根的测定；
——GB/T 13025.9　制盐工业通用试验方法　铅的测定；
——GB/T 13025.10　制盐工业通用试验方法　亚铁氰根的测定；
——GB/T 13025.11　制盐工业通用试验方法　氟的测定；
——GB/T 13025.12　制盐工业通用试验方法　钡的测定；
——GB/T 13025.13　制盐工业通用试验方法　砷的测定。

本部分为GB/T 13025的第9部分。

本部分依据GB/T 1.1—2009的规则编制。

本部分代替GB/T 13025.9—1991《制盐工业通用试验方法　铅离子的测定(光度法)》和GB/T 18962—2003《制盐工业通用试验方法　铅离子的测定(原子吸收分光光度法)》。本部分与GB/T 13025.9—1991相比除编辑性修改外主要变化如下：

——整合了火焰原子吸收分光光度法；
——增加了氢化物原子荧光光度法；
——增加了氢化物原子吸收分光光度法。

本部分由中国轻工业联合会提出，全国盐业标准化技术委员会归口。

本部分起草单位：全国海湖盐标准化中心、青海省盐业股份有限公司。

本部分主要起草人：赵毅、于秀玲、温怀柯。

本部分历次版本发布情况为：

——GB/T 13025.9—1991；
——GB/T 18962—2003。

制盐工业通用试验方法　铅的测定

1　范围

GB/T 13025 的本部分规定了盐产品中铅的测定方法。

本部分适用于盐产品中铅的测定。

2　规范性引用文件

下列文件对于本文件的应用是必不可少的，凡是注日期的引用文件，仅注日期的版本适用于本文件。凡是不注日期的引用文件，其最新版本(包括所有的修改单)适用于本文件。

GB/T 6682—2008　分析实验室用水规格和试验方法

3　氢化物原子荧光光度法

3.1　原理

酸性条件下，试样中的铅与硼氢化钠反应生成铅的挥发性氢化物(PbH_4)，由载气带入石英原子化器受热分解为原子态铅，在特制铅空心阴极灯的照射下，基态铅原子被激发至高能态，在去活化回到基态时，发射出特征波长的荧光，其荧光强度在固定条件下与铅含量成正比，与标准系列比较定量。

3.2　试剂

3.2.1　试剂规格

除非另有说明，在分析中仅使用确认为分析纯的试剂和 GB/T 6682—2008 中规定的二级水。

3.2.2　硼氢化钠溶液(15 g/L)

称取 3.00 g 硼氢化钠和 1.00 g 氢氧化钠，溶于 200 mL 水中，用时新配。

3.2.3　盐酸溶液(1+1)

量取 250 mL 浓盐酸，溶于 250 mL 水中。

3.2.4　铁氰化钾溶液(100 g/L)

称取 10.0 g 铁氰化钾，加水溶解并稀释至 100 mL。

3.2.5　草酸溶液(20 g/L)

称取 2.0 g 草酸，加水溶解并稀释至 100 mL。

3.2.6　盐酸溶液(2+98)

量取 10.0 mL 浓盐酸溶于 490 mL 水中。此溶液为载液。

3.2.7 铅标准储备液

准确称取 0.159 8 g 硝酸铅,加 10 mL 硝酸(1+9),全部溶解后,移入 1 000 mL 容量瓶中,加水稀释至刻度。每毫升该溶液相当于 0.100 mg 铅。

3.2.8 铅标准使用液

吸取 1.00 mL 铅标准储备液(3.2.7),置于 100 mL 容量瓶中,加水稀释至刻度。每毫升该溶液相当于 1.00 μg 铅。

3.3 仪器

3.3.1 原子荧光光度计。

3.3.2 特制铅空心阴极灯。

3.4 分析步骤

3.4.1 系列标准溶液配制

分别吸取 0 mL、0.10 mL、0.20 mL、0.30 mL、0.40 mL 铅标准使用液(3.2.8)于 5 支 25 mL 比色管中,加 1.0 mL 盐酸溶液(3.2.3),2.5 mL 铁氰化钾溶液(3.2.4),2.5 mL 草酸溶液(3.2.5),加水至刻度,混匀待测。此系列标准溶液铅的质量浓度分别为:0 μg/mL、0.004 μg/mL、0.008 μg/mL、0.012 μg/mL、0.016 μg/mL。

3.4.2 试样测定液配制

准确称取 5.00 g 试样,加水溶解后并转移至 100 mL 容量瓶中,加水至刻度,摇匀。取 10.0 mL 溶液于 25 mL 比色管中,加 1.0 mL 盐酸溶液(3.2.3),2.5 mL 铁氰化钾溶液(3.2.4),2.5 mL 草酸溶液(3.2.5),加水至刻度,混匀待测。

3.4.3 仪器参考条件

负高压:280 V;灯电流:总电流 50 mV,主辅阴极各 25 mV(高性能双阴极元素灯);原子化器高度:8 mm;载气流量:400 mL/min;屏蔽气流量:1 000 mL/min;载流溶液:盐酸溶液(3.2.6)。

3.4.4 试样测定

开机,设定仪器最佳条件,点燃原子化器炉丝,稳定 30 min 后,以盐酸溶液(3.2.6)为载液,将硼氢化钠溶液(3.2.2)、标准系列溶液及试样测定液吸入原子荧光光度计中,开始测定标准系列溶液及试样测定液的荧光强度。将测得的系列标准溶液荧光强度与对应铅的质量浓度作图或计算出线性回归方程式,根据试样测定液的荧光强度求出其铅的质量浓度。

3.5 结果计算

试样中铅含量以质量分数 ω 计,数值以毫克每千克(mg/kg)表示,按式(1)计算:

$$\omega=\frac{\rho\times V}{m} \qquad \cdots\cdots(1)$$

式中:

ρ ——试样测定液中铅的质量浓度,单位为微克每毫升(μg/mL);

V ——试样测定液的体积,单位为毫升(mL);

m——试样测定液中试样质量,单位为克(g)。

3.6 精密度

在同一实验室,由同一操作者使用相同设备,按相同的测试方法,并在短时间内对同一被测对象相互独立进行测试获得的两次独立测试结果的绝对差值不大于算术平均值的10%。

4 氢化物原子吸收分光光度法

4.1 原理

在酸性介质中,铅与硼氢化钠反应生成铅的挥发性氢化物(PbH_4),由氩气载入电热石英吸收管原子化后,吸收283.3 nm共振线,其吸收值在固定条件下与铅含量成正比,与标准系列比较定量。

4.2 试剂

4.2.1 试剂规格

除非另有说明,在分析中仅使用确认为分析纯的试剂和GB/T 6682—2008中规定的二级水。

4.2.2 铁氰化钾溶液(100 g/L)

按3.2.4的规定。

4.2.3 草酸溶液(10 g/L)

称取1.0 g草酸,加水溶解并稀释至100 mL。

4.2.4 盐酸溶液(2.4 mol/L)

量取20 mL盐酸,溶于70 mL水中,加水稀释至100 mL。

4.2.5 硼氢化钠溶液(15 g/L)

称取1.5 g硼氢化钠和0.3 g氢氧化钠溶于100 mL水中。

4.2.6 盐酸溶液(3+500)

量取3.0 mL浓盐酸溶于500 mL水中。此溶液为载液。

4.2.7 铅标准储备液

按3.2.7的规定。

4.2.8 铅标准使用液

按3.2.8的规定。

4.3 仪器

4.3.1 原子吸收光谱仪。

4.3.2 流动注射氢化物发生器。

4.3.3 铅空心阴极灯。

4.4 分析步骤

4.4.1 系列标准溶液配制

分别吸取 0 mL、0.10 mL、0.30 mL、0.60 mL、1.20 mL 铅标准使用液(4.2.8)于 5 支 25 mL 比色管中,加 0.5 mL 盐酸溶液(4.2.4),0.5 mL 草酸溶液(4.2.3),1.0 mL 铁氰化钾(4.2.2),加水至刻度,摇匀。此系列标准溶液铅的质量浓度分别为:0 μg/mL、0.004 μg/mL、0.012 μg/mL、0.024 μg/mL、0.048 μg/mL。

4.4.2 试样测定液配制

准确称取 1.00 g 盐样于 25 mL 比色管中,加水约 10 mL 溶解,加 0.5 mL 盐酸溶液(4.2.4),0.5 mL 草酸溶液(4.2.3),1.0 mL 铁氰化钾溶液(4.2.2),加水至刻度,摇匀,放置 10 min 后测定。

4.4.3 试样测定

开机,设定仪器最佳条件,稳定 30 min 后,以盐酸溶液(4.2.6)为载液,将硼氢化钠溶液(4.2.5)、系列标准溶液及试样测定液吸入流动注射氢化物发生器,开始测定系列标准溶液及试样测定液的吸光度。将测得的系列标准吸光度与对应铅的质量浓度作图或计算出线性回归方程式,根据试样测定液的吸光度求出其铅的质量浓度。

4.5 结果计算

试样中铅含量以质量分数 ω 计,数值以毫克每千克(mg/kg)表示,按式(2)计算:

$$\omega = \frac{\rho \times V}{m} \qquad \cdots\cdots (2)$$

式中:

ρ ——试样测定液中铅的质量浓度,单位为微克每毫升(μg/mL);

V ——试样测定液的体积,单位为毫升(mL);

m ——试样测定液中试样质量,单位为克(g)。

4.6 精密度

在同一实验室,由同一操作者使用相同设备,按相同的测试方法,并在短时间内对同一被测对象相互独立进行测试获得的两次独立测试结果的绝对差值不大于算术平均值的 10%。

5 火焰原子吸收分光光度法

5.1 原理

试样经消化后,调节 pH≈4,以吡咯烷二硫代氨基甲酸铵络合铅离子,用甲基异丁基甲酮萃取,火焰原子吸收分光光度法测定。

5.2 试剂

5.2.1 试剂规格:除非另有说明,在分析中仅使用确认为分析纯的试剂和 GB/T 6682—2008 中规定的二级水。

5.2.2 氨水。

5.2.3 硝酸(高纯)。

5.2.4　甲基异丁基甲酮($C_6H_{12}O$,简称 MIBK)。

5.2.5　吡咯烷二硫代氨基甲酸铵($C_5H_{12}N_2S_2$,简称 APDC)溶液(10 g/L)。

称取 0.50 g APDC 于 100 mL 烧杯中,加水 50 mL,搅拌溶解,过滤后使用。用时新配。

5.2.6　盐酸溶液(0.5 mol/L):量取 20 mL 盐酸,溶于 480 mL 水中。

5.2.7　抗坏血酸溶液(200 g/L):称取 4.0 g 抗坏血酸,溶于 20 mL 水中。

5.2.8　乙酸-乙酸钠缓冲溶液(pH≈4):称取 54.4 g 乙酸钠($CH_3COONa \cdot 3H_2O$),溶于水,加 92 mL 冰乙酸,稀释至 1 000 mL。

5.2.9　铅标准储备液:按 3.2.7 的规定。

5.2.10　铅标准使用液:吸取 10.00 mL 铅标准储备液(5.2.9),置于 100 mL 容量瓶中,加水稀释至刻度。每毫升该溶液相当于 10 μg 铅。

5.2.11　甲基橙指示剂(1.0 g/L):称取 0.10 g 甲基橙,溶于 70 ℃的水中,冷却,稀释至 100 mL。

5.3　仪器

5.3.1　原子吸收光谱仪。

5.3.2　铅空心阴极灯。

5.4　分析步骤

5.4.1　限量法

5.4.1.1　试样测定

准确称取 10.00 g 试样于 100 mL 烧杯中,加入 40 mL 水溶解,加入 1.0 mL 硝酸(5.2.3),加热煮沸至有盐析出,冷却后用少量水冲洗烧杯壁,然后加几滴甲基橙指示剂(5.2.11),滴加氨水(5.2.2)至溶液呈黄色,再用盐酸溶液(5.2.6)调节至溶液颜色恰呈红色(pH≈4),将溶液转移至 50 mL 比色管中(A 管),另取一支 50 mL 比色管(B 管),加入相当于产品标准中规定指标的铅标准使用液(5.2.10),然后分别向 A 管、B 管中加入 1.0 mL 乙酸-乙酸钠缓冲溶液(5.2.8),摇匀,再加 4.0 mL 吡咯烷二硫代氨基甲酸铵($C_5H_{12}N_2S_2$,简称 APDC)溶液(5.2.5),充分混匀后,加 5.0 mL 甲基异丁基甲酮($C_6H_{12}O$,简称 MIBK)(5.2.4),剧烈振荡萃取 2 min,加水使有机相升高至比色管口,于原子吸收分光光度计上,以水作空白,将有机相喷入火焰,分别测定 A 管、B 管的吸光度。

注 1:测定锌强化营养盐试样时,不加乙酸-乙酸钠缓冲溶液,改为加入盐酸溶液(5.2.6)2.0 mL,摇匀后加入 APDC 溶液(5.2.5)4.0 mL,以下同 5.4.1.1。

注 2:测定铁强化营养盐试样时,采用标准加入法,不加乙酸-乙酸钠缓冲溶液,改为加入 2.0 mL 盐酸溶液(5.2.6),2.0 mL 抗坏血酸溶液(5.2.7),摇匀后加入 4.0 mL APDC 溶液(5.2.5),以下同 5.4.1.1。

5.4.1.2　结果的表示

测定试样溶液(A 管)的吸光度低于或等于铅标准溶液(B 管)者为合格,超过者为不合格。

5.4.2　定量法

5.4.2.1　标准曲线

取 4 支 50 mL 标准磨口比色管,分别加入 0 mL、0.50 mL、1.00 mL、1.50 mL 铅标准使用液(5.2.10)(相当于铅的质量为 0 μg、5.0 μg、10.0 μg、15.0 μg),各加 1.0 mL 乙酸-乙酸钠缓冲溶液(5.2.8),摇匀,再加 4.0 mL APDC 溶液(5.2.5),充分混匀后,加 5.0 mL MIBK(5.2.4),剧烈振荡萃取 2 min,加水使有机相升高至比色管口,于原子吸收分光光度计上,将有机相喷入火焰,测量吸光度。将测得的吸光度与对应铅的质量作图或计算出线性回归方程式。

5.4.2.2 试样测定

同5.4.1.1中A管的操作步骤。由试液的吸光度值,在标准曲线图上查得试液中铅的质量,或将试液的吸光度值代入标准曲线线性回归方程中,计算得到度液中铅的质量。

5.4.2.3 结果计算

试样中铅含量以质量分数ω计,数值以毫克每千克(mg/kg)表示,按式(3)计算:

$$\omega=\frac{\rho}{m} \quad \cdots\cdots(3)$$

式中:

ρ ——试样测定液中铅的质量,单位为微克(μg);

m ——称取试样质量,单位为克(g)。

5.4.3 精密度

在同一实验室,由同一操作者使用相同设备,按相同的测试方法,并在短时间内对同一被测对象相互独立进行测试获得的两次独立测试结果的绝对差值不大于算术平均值的10%。

6 双硫腙比色法

6.1 原理

试样经消化后,在pH=8.5~9.0时,铅离子与双硫腙生成红色络合物,溶于四氯化碳。加入柠檬酸铵、氰化钾和盐酸羟胺,防止铁、铜、锌等离子干扰,与标准系列比较定量。

6.2 试剂

6.2.1 试剂规格

除非另有说明,在分析中仅使用确认为分析纯的试剂和GB/T 6682—2008中规定的二级水。

6.2.2 氨水(1+1)

量取100 mL氨水,加入100 mL水中。

6.2.3 盐酸(1+1)

量取100 mL盐酸,加入100 mL水中。

6.2.4 酚红指示剂(1 g/L)

称取0.10 g酚红,少量多次加入乙醇溶解后移入100 mL容量瓶中并用水定容至刻度。

6.2.5 双硫腙四氯化碳溶液(1.0 g/L)

称取0.50 g研细的双硫腙,溶于50 mL四氯化碳中,移入250 mL分液漏斗中,用氨水(1+99)萃取三次,每次100 mL,将萃取液过滤至500 mL分液漏斗中,用盐酸(6.2.3)调至酸性,将沉淀出的双硫腙分别用200 mL、200 mL、100 mL四氯化碳萃取三次,合并四氯化碳萃取液,摇匀,保存于冰箱中。

6.2.6 双硫腙使用液

吸取1.0 mL双硫腙四氯化碳溶液(6.2.5),加10 mL四氯化碳至,混匀,用1 cm比色池,以四氯化碳调节零点，于 510 nm 波长处测定吸光度(A)，按式(4)算出配制 100 mL 双硫腙使用液(70%透光率)所需双硫腙四氯化碳溶液的毫升数(V)。

$$V=\frac{10\times(2-\lg 70)}{A}=\frac{1.55}{A} \qquad \cdots\cdots(4)$$

6.2.7 **盐酸羟胺溶液(200 g/L)**

称取 20 g 盐酸羟胺，加 30 mL 水溶解，加 2 滴酚红指示剂(6.2.4)，滴加氨水(6.2.2)至溶液由黄变红，再多加 2 滴，此时溶液 pH 为 8.5～9.0，用双硫腙四氯化碳溶液(6.2.5)萃取数次，每次 10 mL，至四氯化碳层绿色不变为止，弃去四氯化碳层，再用四氯化碳洗 2 次～3 次，每次 5 mL，弃去四氯化碳层，水层加盐酸(1+1)调至酸性，加水至 100 mL。

6.2.8 **柠檬酸铵溶液(200 g/L)**

称取 50.0 g 柠檬酸铵，溶于 100 mL 水中，其余按 6.2.7 步骤操作后，水层加水稀释至 250 mL。

6.2.9 **氰化钾溶液(100 g/L)**

称取 10.0 g 氰化钾用水溶解后稀释至 100 mL。

警告——此溶液剧毒!

6.2.10 **氯化钠溶液(200 g/L)**

称取 20.0 g 氯化钠，加 80 mL 水溶解，其余按 6.2.7 步骤操作后，水层过滤，加 5 mL 浓硝酸，加水至 100 mL。

6.2.11 **铅标准储备液**

按 3.2.7 的规定。

6.2.12 **铅标准使用液**

吸取 10.0 mL 铅标准储备液，置于 500 mL 容量瓶中，加水稀释至刻度。每毫升该溶液相当于 2 μg 铅。

6.3 **仪器**

6.3.1 分光光度计。

6.3.2 常用玻璃量器。

所用玻璃仪器均用 10% 的硝酸浸泡 2 h 以上，用自来水反复冲洗，最后用蒸馏水冲洗干净。

6.4 **分析步骤**

6.4.1 **试样溶液制备**

称取 20.0 g 试样，溶于 80 mL 水中，加 20 mL 硝酸溶液(1+1)，煮沸 15 min，注意勿溅失，冷却后移入 100 mL 容量瓶，稀释至刻度，混匀，干滤纸过滤。

6.4.2 **试样测定**

6.4.2.1 **限量法**

试样测定液：吸取 25.00 mL 试样溶液，置于 125 mL 分液漏斗中。加 2 mL 柠檬酸铵溶液(6.2.8)，

1 mL 盐酸羟胺溶液(6.2.7)和 2 滴酚红指示剂(6.2.4),用氨水(6.2.2)调至微红色(pH 为 8.5～9.0),再加 2 mL 氰化钾溶液(6.2.9),混匀。加 10 mL 双硫腙使用液(6.2.6),剧烈振摇 1 min,静置分层后,四氯化碳层经脱脂棉滤入 1 cm 比色池中,以四氯化碳调节零点,于 510 nm 波长处测吸光度,氰化钾废液的处理参见附录 A。

标准测定液:取相当于产品标准规定铅含量极限值的铅标准使用液于 125 mL 分液漏斗中,加入 25 mL 氯化钠溶液(6.2.10),其余处理同试样测定液,测定其吸光度。

将试样测定液吸光度与标准测定液吸光度进行比较。

6.4.2.2 标准曲线法

试样测定液的制备同 6.4.2.1。

系列标准的制备:吸取 0.0 mL、2.5 mL、5.0 mL、7.5 mL 铅标准使用液(6.2.11)(相当于铅的质量为:0、5 μg、10 μg、15 μg),分别置于 125 mL 分液漏斗中,加入 25 mL 氯化钠溶液(6.2.10),其余处理同 6.4.2.1 试样测定液。

标准曲线各点吸收值减去零点吸收值后,绘制标准曲线或计算一元回归方程,试样与曲线比较定量。

6.5 计算

试样中铅含量以质量分数 ω 计,数值以毫克每千克(mg/kg)表示,按式(5)计算:

$$\omega = \frac{\rho}{m} \quad \cdots\cdots (5)$$

式中:

ρ ——试样测定液中铅的质量,单位为微克(μg);

m ——试样测定液中试样质量,单位为克(g)。

6.6 精密度

在同一实验室,由同一操作者使用相同设备,按相同的测试方法,并在短时间内对同一被测对象相互独立进行测试获得的两次独立测试结果的绝对差值不大于其算术平均值的 10%。

附 录 A
（资料性附录）
氰化钾废液处理

A.1 原理

氰化钾与亚铁离子生成氰化亚铁沉淀，沉淀溶于过量试剂生成亚铁氰化钾。在酸性条件下亚铁氰化钾与硫酸亚铁反应经氧化生成亚铁氰化铁（普鲁士蓝）沉淀。

A.2 操作步骤

将废液收集于容器中，每升废液加入 120 mL 5％硫酸亚铁溶液，并调至酸性，搅拌，放置片刻即可弃之。

ICS 71.060.50
X 35

中华人民共和国国家标准

GB/T 13025.10—2012
代替 GB/T 13025.10—2003

制盐工业通用试验方法 亚铁氰根的测定

General test method in salt industry—Determination of ferrocyanide

2012-06-29 发布　　2012-12-01 实施

中华人民共和国国家质量监督检验检疫总局
中国国家标准化管理委员会　发布

前　言

本部分为制盐工业通用试验方法系列标准之一，该系列标准目前分为以下13部分，其他试验方法标准将在后续工作中补充制定。

——GB/T 13025.1　制盐工业通用试验方法　粒度的测定；

——GB/T 13025.2　制盐工业通用试验方法　白度的测定；

——GB/T 13025.3　制盐工业通用试验方法　水分的测定；

——GB/T 13025.4　制盐工业通用试验方法　水不溶物的测定；

——GB/T 13025.5　制盐工业通用试验方法　氯离子的测定；

——GB/T 13025.6　制盐工业通用试验方法　钙和镁的测定；

——GB/T 13025.7　制盐工业通用试验方法　碘的测定；

——GB/T 13025.8　制盐工业通用试验方法　硫酸根的测定；

——GB/T 13025.9　制盐工业通用试验方法　铅的测定；

——GB/T 13025.10　制盐工业通用试验方法　亚铁氰根的测定；

——GB/T 13025.11　制盐工业通用试验方法　氟的测定；

——GB/T 13025.12　制盐工业通用试验方法　钡的测定；

——GB/T 13025.13　制盐工业通用试验方法　砷的测定。

本部分为GB/T 13025的第10部分。

本部分依据GB/T 1.1—2009的规则编制。

本部分代替GB/T 13025.10—2003《制盐工业通用试验方法　亚铁氰化钾的测定》，本部分对GB/T 13025.10—2003进行了编辑性修改。

本部分由中国轻工业联合会提出，全国盐业标准化技术委员会归口。

本部分起草单位：全国海湖盐标准化中心。

本部分主要起草人：佟云琨、霍俊霏。

本部分历次版本发布情况为：

——GB/T 13025.10—1991；

——GB/T 13025.10—2003。

制盐工业通用试验方法
亚铁氰根的测定

1 范围

GB/T 13025 的本部分规定了食用盐中亚铁氰根的检验方法。

本部分硫酸亚铁法适用于亚铁氰根含量 1 mg/kg 以上试样的测定，吡啶-吡唑啉酮法适用于亚铁氰根含量 1 mg/kg 以下试样的测定。

2 规范性引用文件

下列文件对于本文件的应用是必不可少的。凡是注日期的引用文件，仅注日期的版本适用于本文件。凡是不注日期的引用文件，其最新版本(包括所有的修改单)适用于本文件。

GB/T 6682—2008 分析实验室用水规格和试验方法

3 硫酸亚铁法

3.1 原理

在酸性条件下，亚铁氰根与硫酸亚铁反应，生成白色亚铁氰化亚铁沉淀，经空气氧化生成普鲁士兰，用光度法测定。

3.2 试剂

3.2.1 试剂规格

除非另有说明，在分析中仅使用确认为分析纯的试剂和 GB/T 6682—2008 中规定的三级水。

3.2.2 氯化钠

称取 50 g 氯化钠，放入高温炉中，于 800 ℃灼烧 30 min，冷却后备用。

3.2.3 硫酸溶液(1+20)

量取 5 mL 浓硫酸，缓慢放入 100 mL 水中，搅拌均匀。

3.2.4 40 g/L 硫酸亚铁溶液

称取 4 g 硫酸亚铁($FeSO_4 \cdot 7H_2O$)，溶于 100 mL 硫酸溶液(3.2.3)中，过滤，贮于棕色试剂瓶中低温保存。

3.2.5 亚铁氰化钾标准储备液(1 mL 溶液含 1.0 mg$[Fe(CN)_6]^{4-}$)

准确称取 0.199 3 g 亚铁氰化钾($K_4[Fe(CN)_6] \cdot 3H_2O$)，加少量水溶解，稀释至 100 mL。

3.2.6 亚铁氰化钾标准工作液(1 mL 溶液含 50 μg$[Fe(CN)_6]^{4-}$)

吸取 5.00 mL 亚铁氰化钾标准储备液(3.2.5)，稀释至 100 mL。

3.3 仪器

3.3.1 分光光度计。

3.3.2 一般实验室仪器。

3.4 分析步骤

3.4.1 限量法测定

吸取与限定量相对应的亚铁氰化钾标准工作液(3.2.6)于50 mL比色管中,加入5 g氯化钠(3.2.2),加水溶解,加入4 mL硫酸亚铁溶液(3.2.4),加水稀释至刻度,摇匀,放置10 min后,在670 nm波长,用试剂空白作参比,测定吸光度。另取一只50 mL比色管,称取5.0 g试样置于比色管中,加40 mL水溶解(若溶液混浊应用0.45 μm的滤膜过滤),加入4 mL硫酸亚铁溶液(3.2.4),加水稀释至刻度,摇匀,放置10 min后,在670 nm波长,用试剂空白作参比,测定吸光度。试样溶液吸光度低于标准溶液吸光度为合格,反之不合格。

3.4.2 工作曲线法测定

3.4.2.1 标准曲线

吸取含亚铁氰根0 μg、10 μg、20 μg、30 μg、40 μg、50 μg的标准工作液(3.2.6)分别于50 mL比色管中,分别加入5 g氯化钠(3.2.2),加水溶解,加4 mL硫酸亚铁溶液(3.2.4),加水稀释至刻度,摇匀,放置10 min后,在670 nm波长,用试剂空白作参比,测定吸光度。以亚铁氰根质量为横坐标,以对应的吸光度为纵坐标绘制标准工作曲线。

3.4.2.2 试样的测定

称取5.0 g试样置于50 mL比色管中,加40 mL水溶解(若溶液混浊应用0.45 μm的滤膜过滤),加4 mL硫酸亚铁溶液,加水稀释至刻度,摇匀,放置10 min后,在670 nm波长,用试剂空白作参比,测定吸光度。根据试样的吸光度,由工作曲线查出亚铁氰根的质量。

3.4.2.3 结果计算

试样中亚铁氰根含量以质量分数ω计,数值以毫克每千克(mg/kg)表示,按式(1)计算:

$$\omega=\frac{m_1}{m} \qquad \cdots\cdots(1)$$

式中:

m_1——从工作曲线上查出的亚铁氰根质量,单位为微克(μg);

m——称取试样的质量,单位为克(g)。

3.4.2.4 精密度

在同一实验室,由同一操作者使用相同设备,按相同的测试方法,并在短时间内对同一被测对象相互独立进行测试获得的两次独立测试结果的绝对差值不大于表1的规定。

表1

亚铁氰根含量/(mg/kg)	结果的绝对差值/(mg/kg)
≤10.0	1.0

4 吡啶-吡唑啉酮法

4.1 原理

亚铁氰根在酸性条件下经蒸馏分解出氰化物，与氯胺 T 反应生成氯化氰（CNCl），然后与吡啶—吡唑啉酮生成蓝色染料，光度法测定。

4.2 试剂

4.2.1 吡啶（GB/T 689）

4.2.2 氯胺 T 溶液（10 g/L）

称取 1.0 g 氯胺 T，溶于 100 mL 水中。

4.2.3 磷酸盐缓冲溶液

称取 17.8 g 无水磷酸氢二钠和 17.0 g 无水磷酸二氢钾，加水溶解，稀释至 500 mL。

4.2.4 氢氧化钠溶液（0.1 mol/L）

称取 1.0 g 氢氧化钠，溶于 250 mL 水中。

4.2.5 乙酸溶液（1 mol/L）

吸取 11.5 mL 乙酸，加水至 200 mL，混匀。

4.2.6 酒石酸溶液（10.0 g/L）

称取 20.0 g 酒石酸溶于 200 mL 水中，过滤。

4.2.7 标准溶液

4.2.7.1 标准储备液

称取 10.0 g 氯化钠（3.2.2），加 100 mL 水溶解，加入 4.0 mL 亚铁氰化钾标准工作液（3.2.6），混匀，转入 500 mL 蒸馏烧瓶中，加入 10 mL 酒石酸溶液（4.2.6），迅速连接冷凝器开始蒸馏。用盛有 10 mL 氢氧化钠溶液（4.2.4）的 100 mL 容量瓶收集馏出液，维持蒸馏瓶中溶液沸腾 10 min。冷却后取下容量瓶，加水至刻度，摇匀。此溶液 1 mL 含 2.0 μg$[Fe(CN)_6]^{4-}$。

4.2.7.2 标准工作液

取储备液（4.2.7.1）20.00 mL～100 mL 容量瓶中，加水稀释至刻度，摇匀。此溶液 1 mL 含 0.4 μg $[Fe(CN)_6]^{4-}$。

4.2.8 1-苯基-3-甲基-5 吡唑啉酮溶液

称取 1.0 g 1-苯基-3-甲基-5 吡唑啉酮，溶于 200 mL 无水乙醇中，加 1.2 mL 吡啶，混匀。

4.2.9 酚酞指示剂

称取 1.0 g 酚酞，溶解于 60 mL 无水乙醇中，加 40 mL 水，混匀。

4.3 仪器

4.3.1 分光光度计。

4.3.2 蒸馏冷凝装置。

4.3.3 一般实验室仪器。

4.4 分析步骤

4.4.1 标准曲线

取含亚铁氰根 0 μg、0.8 μg、1.6 μg、2.4 μg、3.2 μg 的标准工作液(4.2.7.2),分别置于 25 mL 比色管中,加水至 10 mL,加 1 滴酚酞指示剂(4.2.9),用乙酸溶液(4.2.5)调至无色,加 4.0 mL 磷酸盐缓冲溶液(4.2.3)、0.3 mL 氯胺 T 溶液(4.2.2),摇匀,放置 3 min。加 5.0 mL 吡啶-吡唑啉酮溶液(4.2.8),摇匀,静置 20 min,加水至刻度,摇匀。在 620 nm 波长,以水作参比,测定吸光度。以亚铁氰根质量为横坐标,对应的吸光度为纵坐标,绘制标准曲线。

4.4.2 试样测定

称取 10.0 g 试样,加 100 mL 水溶解,转入 500 mL 蒸馏烧瓶中,加入 10 mL 酒石酸溶液,迅速连接冷凝器开始蒸馏。用盛有 10 mL 氢氧化钠溶液的 100 mL 容量瓶收集馏出液,维持蒸馏瓶中溶液沸腾 10 min。取下容量瓶,加水至刻度,摇匀。吸取 10.00 mL 于 25 mL 比色管中,加 1 滴酚酞指示剂,用乙酸溶液调至无色,加 4.0 mL 磷酸缓冲溶液、0.3 mL 氯胺 T 溶液,放置 3 min。加 5.0 mL 吡啶-吡唑啉酮溶液,摇匀,静置 20 min,加水至刻度,摇匀。在 620 nm 波长,以水作参比,测定吸光度,从标准曲线上查出亚铁氰根质量(单位为 μg),此数值即为试样中亚铁氰根的含量(以质量分数计),单位为毫克每千克(mg/kg)。

4.5 精密度

在同一实验室,由同一操作者使用相同设备,按相同的测试方法,并在短时间内对同一被测对象相互独立进行测试获得的两次独立测试结果的绝对差值不大于表 2 的规定。

表 2

亚铁氰根含量/(mg/kg)	结果绝对差值/(mg/kg)
≤5.0	0.2

ICS 71.060.50
X 35

中华人民共和国国家标准

GB/T 13025.11—2012
代替 GB/T 13025.11—1994

制盐工业通用试验方法　氟的测定

General test method in salt industry—Determination of fluoride

2012-06-29 发布　　2012-12-01 实施

中华人民共和国国家质量监督检验检疫总局
中国国家标准化管理委员会　发布

前　言

本部分为制盐工业通用试验方法系列标准之一，该系列标准目前分为以下13部分，必要时，其他试验方法标准将在后续工作中补充制定。

——GB/T 13025.1　制盐工业通用试验方法　粒度的测定；

——GB/T 13025.2　制盐工业通用试验方法　白度的测定；

——GB/T 13025.3　制盐工业通用试验方法　水分的测定；

——GB/T 13025.4　制盐工业通用试验方法　水不溶物的测定；

——GB/T 13025.5　制盐工业通用试验方法　氯离子的测定；

——GB/T 13025.6　制盐工业通用试验方法　钙和镁的测定；

——GB/T 13025.7　制盐工业通用试验方法　碘的测定；

——GB/T 13025.8　制盐工业通用试验方法　硫酸根的测定；

——GB/T 13025.9　制盐工业通用试验方法　铅的测定；

——GB/T 13025.10　制盐工业通用试验方法　亚铁氰根的测定；

——GB/T 13025.11　制盐工业通用试验方法　氟的测定；

——GB/T 13025.12　制盐工业通用试验方法　钡的测定；

——GB/T 13025.13　制盐工业通用试验方法　砷的测定。

本部分为GB/T 13025的第11部分。

本部分依据GB/T 1.1—2009的规则编制。

本部分代替GB/T 13025.11—1994《制盐工业通用试验方法　氟离子的测定》，本部分与GB/T 13025.11—1994相比主要进行了编辑性修改。

本部分由中国轻工业联合会提出，全国盐业标准化技术委员会归口。

本部分起草单位：全国海湖盐标准化中心。

本部分主要起草人：佟云琨、任青考。

本部分历次版本发布情况为：

——GB/T 13025.11—1994。

制盐工业通用试验方法　氟的测定

1　范围

GB/T 13025的本部分规定了离子选择性电极法测定盐产品中氟含量的方法。

本部分适用于盐产品中氟含量的测定。

2　规范性引用文件

下列文件对于本文件的应用是必不可少的。凡是注日期的引用文件，仅注日期的版本适用于本文件。凡是不注日期的引用文件，其最新版本（包括所有的修改单）适用于本文件。

GB/T 6682—2008　分析实验室用水规格和试验方法

3　原理

氟离子选择性电极与饱和甘汞电极插入试样溶液，两电极间的电位差随溶液中氟离子的浓度而改变，电位差变化规律符合能斯特方程，用标准添加法测定试样中氟的含量。

4　试剂

4.1　试剂规格

除非另有说明，在分析中仅使用确认为分析纯的试剂和GB/T 6682—2008中规定的三级水。

4.2　乙酸-乙酸钠缓冲溶液

称取8.60 g无水乙酸钠和0.30 g柠檬酸钠（$Na_3C_6H_5O_7 \cdot 2H_2O$），加水溶解，加1.50 mL冰乙酸，稀释至1 L。

4.3　氟化钠标准溶液

4.3.1　储备液

称取1.105 g于110 ℃±2 ℃干燥至恒重的氟化钠溶于水中，移入500 mL容量瓶，加水稀至刻度，摇匀，立即转移至聚乙烯塑料瓶中保存。此溶液浓度为$\rho(F)=1.000$ mg/mL。

4.3.2　工作液

准确吸取10 mL上述储备液（4.3.1）于100 mL容量瓶中，加水稀释至刻度，摇匀，立即转移至聚乙烯塑料瓶中保存。此溶液浓度为$\rho(F)=100$ μg /mL。

5　仪器

5.1　离子计（或pH计）：读数误差≤2 mV。

5.2 氟离子选择性电极：线性范围 1×10^{-5} mol/L～1×10^{-1} mol/L。

5.3 饱和甘汞电极。

5.4 微量注射器：100 μL。

5.5 温度计：刻度值为 1 ℃。

5.6 电磁搅拌器。

6 分析步骤

称取 2 g 试样，称准至 0.01 g，置于 100 mL 烧杯中，加 10 mL 水、10 mL 乙酸-乙酸钠缓冲溶液(4.2)，放在电磁搅拌器上搅拌至样品溶解，将电极浸入溶液，显示稳定后(2 min 变化小于 2 mV)记录读数 E_1，立即准确加入 100 μL 氟标准工作液(4.3.2)，显示稳定后记录读数 E_2，同时测量并记录溶液温度。

7 结果计算

试样中氟含量以质量分数 ω 计，数值以毫克每千克(mg/kg)表示，按式(1)计算：

$$\omega=\frac{10}{(10^{\Delta E/S}-1)m} \qquad \cdots\cdots(1)$$

式中：

ΔE ——E_2-E_1，单位为毫伏(mV)；

S ——电极斜率 $S=-0.1984(273+t)$，单位为毫伏(mV)；

t ——试液的温度，单位为摄氏度(℃)；

m ——称取试样的质量，单位为克(g)。

8 精密度

在同一实验室，由同一操作者使用相同设备，按相同的测试方法，并在短时间内对同一被测对象相互独立进行测试获得的两次独立测试结果的绝对差值不大于表 1 规定。

表 1

氟含量/(mg/kg)	结果的绝对差值/(mg/kg)
≤10	1

ICS 71.060.50
X 35

中华人民共和国国家标准

GB/T 13025.12—2012
代替 GB/T 13025.12—1994

制盐工业通用试验方法 钡的测定

General test method in salt industry—Determination of barium

2012-06-29 发布 2012-12-01 实施

中华人民共和国国家质量监督检验检疫总局
中国国家标准化管理委员会 发布

前　言

本部分为制盐工业通用试验方法系列标准之一，该系列标准目前分为以下13部分，必要时，其他试验方法标准将在后续工作中补充制定。

——GB/T 13025.1　制盐工业通用试验方法　粒度的测定；

——GB/T 13025.2　制盐工业通用试验方法　白度的测定；

——GB/T 13025.3　制盐工业通用试验方法　水分的测定；

——GB/T 13025.4　制盐工业通用试验方法　水不溶物的测定；

——GB/T 13025.5　制盐工业通用试验方法　氯离子的测定；

——GB/T 13025.6　制盐工业通用试验方法　钙和镁的测定；

——GB/T 13025.7　制盐工业通用试验方法　碘的测定；

——GB/T 13025.8　制盐工业通用试验方法　硫酸根的测定；

——GB/T 13025.9　制盐工业通用试验方法　铅的测定；

——GB/T 13025.10　制盐工业通用试验方法　亚铁氰根的测定；

——GB/T 13025.11　制盐工业通用试验方法　氟的测定；

——GB/T 13025.12　制盐工业通用试验方法　钡的测定；

——GB/T 13025.13　制盐工业通用试验方法　砷的测定。

本部分为GB/T 13025的第12部分。

本部分依据GB/T 1.1—2009的规则编制。

本部分代替GB/T 13025.12—1994《制盐工业通用试验方法　钡离子的测定》，本部分与GB/T 13025.12—1994相比除编辑性修改外主要变化如下：

——优化了石墨炉条件参数；

——确定了检测结果的精密度；

——删除了原标准中的比浊法。

本部分由中国轻工业联合会提出，全国盐业标准化技术委员会归口。

本部分起草单位：全国海湖盐标准化中心、天津市北辰区卫生防病站。

本部分主要起草人：赵毅、顾文奎。

本部分历次版本发布情况为：

——GB/T 13025.12—1994。

制盐工业通用试验方法　钡的测定

1　范围

GB/T 13025 的本部分规定了盐产品中钡的测定方法。

本部分适用于盐产品中钡的测定。

2　规范性引用文件

下列文件对于本文件的应用是必不可少的。凡是注日期的引用文件，仅注日期的版本适用于本文件。凡是不注日期的引用文件，其最新版本(包括所有的修改单)适用于本文件。

GB/T 6682—2008　分析实验室用水规格和试验方法

3　原理

试样经适当处理后，注入石墨炉原子化器，所含的钡在石墨管内经高温蒸发解离为原子蒸气，基态原子吸收来自钡空心阴极灯发出的共振线，其吸收强度在一定范围内与钡浓度成正比。

4　试剂

4.1　试剂规格

除非另有说明，在分析中仅使用确认为分析纯的试剂和 GB/T 6682—2008 中规定的二级水。

4.2　硝酸铵溶液(300 g/L)

称取 30 g 硝酸铵，溶于 100 mL 水中。

4.3　钒溶液(1.0 mg/mL)

称取 0.178 5 g 五氧化二钒，溶于 100 mL 盐酸溶液(5+95)中。

4.4　硅溶液(1.0 mg/mL)

称取 0.883 8 g 硅酸钠($Na_2SiO_3 \cdot 9H_2O$)，溶于 100 mL 水中。

4.5　硝酸溶液(2+98)

吸取 2 mL 高纯硝酸，溶于 98 mL 水中。

4.6　钡标准储备液(1.00 mg/mL)

称取 1.779 g 氯化钡($BaCl_2 \cdot 2H_2O$)，称准至 0.001 g，加无二氧化碳水溶解，移入 1 000 mL 容量瓶中，加水至刻度，摇匀，备用。

4.7　钡标准使用液(10.0 μg/mL)

吸取 5.00 mL 钡标准储备液(4.6)稀释至 500 mL。

5 仪器

5.1 石墨炉原子吸收分光光度计。

5.2 钡元素空心阴极灯。

6 分析步骤

6.1 仪器参数

波长:553.6 nm,光谱带宽:0.2 nm。

石墨炉升温程序见表1。

表 1

步骤	干燥	灰化	原子化
温度/℃	120	1 100	2 600
保持时间/s	30	30	5

6.2 标准曲线

取四支10 mL标准磨口比色管,分别加入0 μL、20 μL、40 μL、60 μL钡标准使用液(4.7),相当于钡的质量浓度为0 μg/mL、0.020 μg/mL、0.40 μg/mL、0.60 μg/mL,加入2.0 mL硝酸铵溶液(4.2),1.0 mL钒溶液(4.3),0.5 mL硅溶液(4.4)和0.2 mL硝酸溶液(4.5),加水至刻度,摇匀后,取20 μL进样测定,将测得的吸光度与对应的钡的质量浓度作标准曲线。

6.3 试样测定

称取10.00 g食用盐试样,加水溶解,移入100 mL容量瓶中,加水至刻度,摇匀,然后吸取500 μL于10 mL比色管中,加入2.0 mL硝酸铵溶液,1.0 mL钒溶液,0.5 mL硅溶液和0.2 mL硝酸溶液,加水至刻度,摇匀,制得试样测定液,取20 μL进样测定,由测得吸光度从标准曲线查出试样测定液中钡的质量浓度,并计算试样中的钡含量。

7 计算

试样中钡含量以质量分数 ω 计,数值以毫克每千克(mg/kg)表示,按式(1)计算:

$$\omega = \frac{\rho \times V}{m} \qquad \cdots\cdots(1)$$

式中:

ρ ——试样测定液中钡的质量浓度,单位为微克每毫升(μg/mL);

V ——试样测定液的体积,单位为毫升(mL);

m ——试样测定液中试样质量,单位为克(g)。

8 精密度

在同一实验室,由同一操作者使用相同设备,按相同的测试方法,并在短时间内对同一被测对象相互独立进行测试获得的两次独立测试结果的绝对差值不大于算术平均值的20%。

ICS 71.060.50
X 35

中华人民共和国国家标准

GB/T 13025.13—2012
代替 GB/T 13025.13—1994

制盐工业通用试验方法　砷的测定

General test method in salt industry—Determination of arsenic

2012-06-29 发布　　2012-12-01 实施

中华人民共和国国家质量监督检验检疫总局
中国国家标准化管理委员会　发布

前　言

本部分为制盐工业通用试验方法系列标准之一，该系列标准目前分为以下13部分，必要时，其他试验方法标准将在后续工作中补充制定。

——GB/T 13025.1　制盐工业通用试验方法　粒度的测定；

——GB/T 13025.2　制盐工业通用试验方法　白度的测定；

——GB/T 13025.3　制盐工业通用试验方法　水分的测定；

——GB/T 13025.4　制盐工业通用试验方法　水不溶物的测定；

——GB/T 13025.5　制盐工业通用试验方法　氯离子的测定；

——GB/T 13025.6　制盐工业通用试验方法　钙和镁的测定；

——GB/T 13025.7　制盐工业通用试验方法　碘的测定；

——GB/T 13025.8　制盐工业通用试验方法　硫酸根的测定；

——GB/T 13025.9　制盐工业通用试验方法　铅的测定；

——GB/T 13025.10　制盐工业通用试验方法　亚铁氰根的测定；

——GB/T 13025.11　制盐工业通用试验方法　氟的测定；

——GB/T 13025.12　制盐工业通用试验方法　钡的测定；

——GB/T 13025.13　制盐工业通用试验方法　砷的测定。

本部分为GB/T 13025的第13部分。

本部分依据GB/T 1.1—2009的规则编制。

本部分代替GB/T 13025.13—1994《制盐工业通用试验方法　砷离子的测定》，本部分与GB/T 13025.13—1994相比除编辑性修改外主要变化如下：

——增加了氢化物原子荧光光度法。

本部分由中国轻工业联合会提出，全国盐业标准化技术委员会归口。

本部分起草单位：全国海湖盐标准化中心、全国井矿盐标准化中心。

本部分主要起草人：赵毅、于秀玲、任青考、孙劲松、廖宣成、沈敏、魏瑜。

本部分历次版本发布情况为：

——GB/T 13025.13—1994。

制盐工业通用试验方法　砷的测定

1　范围

GB/T 13025的本部分规定了盐产品中砷的测定方法。

本部分适用于盐产品中砷的测定。

2　规范性引用文件

下列文件对于本文件的应用是必不可少的，凡是注日期的引用文件，仅注日期的版本适用于本文件，凡是不注日期的引用文件，其最新版本(包括所有的修改单)适用于本文件。

GB/T 6682—2008　分析实验室用水规格和试验方法

3　一般规定

除非另有说明，在分析中仅使用确认为分析纯的试剂和GB/T 6682—2008中规定的二级水。

4　氢化物原子吸收分光光度法

4.1　原理

在酸性溶液中砷与硼氢化钠反应生成三氢化砷，由氩气载入电热石英吸收管原子化后，吸收193.7 nm共振线，其吸收值固定条件下与砷含量成正比，与标准系列比较定量。

4.2　试剂

4.2.1　盐酸溶液(1+1)

量取250 mL浓盐酸，溶于250 mL水中。

4.2.2　碘化钾-硫脲溶液

称取2.0 g碘化钾和0.20 g硫脲于50 mL烧杯中，加水10 mL，微热，使之溶解，用时新配。

4.2.3　硼氢化钠溶液(15 g/L)

称取1.50 g硼氢化钠和0.30 g氢氧化钠，溶于100 mL水中，用时新配。

4.2.4　盐酸溶液(1+99)

量取5.0 mL浓盐酸溶于495 mL水中。此溶液为载液。

4.2.5　砷标准储备液(0.1 mg/mL)

准确称取0.132 0 g经105 ℃干燥2 h以上并置干燥器中冷却至室温的三氧化二砷(As_2O_3)于100 mL烧杯中，加入10 mL氢氧化钠溶液(100 g/L)，待溶解后，以酚酞作指示剂，用10%硫酸中和，然后移入 1 000 mL 容量瓶中，加水至刻度，备用。

4.2.6 砷标准使用液(1.0 μg/mL)

吸取 1.0 mL 砷标准储备液(4.2.5)于 100 mL 容量瓶中，加水至刻度。

4.3 仪器

4.3.1 原子吸收分光光度计。

4.3.2 氢化物发生器。

4.4 分析步骤

4.4.1 标准曲线

分别吸取 0 mL、0.05 mL、0.10 mL、0.15 mL、0.20 mL 砷标准使用液(4.2.6)于 5 支 25 mL 比色管中，加入 2.0 mL 盐酸溶液(4.2.1)，0.5 mL 碘化钾-硫脲溶液(4.2.2)，加约 10 mL 水，摇匀。于(80～90)℃水浴上加热 30 min，取出冷却后加水至刻度，摇匀，此溶液含砷量分别为 0 μg/mL、0.002 μg/mL、0.004 μg/mL、0.006 μg/mL、0.008 μg/mL。以盐酸溶液(4.2.4)为载液，将硼氢化钠溶液(4.2.3)及标准系列溶液用流动注射氢化物发生器分别进样，测定吸光度。将测得的吸光度与对应砷浓度作图或计算出线性回归方程式。

4.4.2 试样测定

称取 20.00 g 试样，加水溶解后转移至 100 mL 容量瓶中，加水至刻度，摇匀。取 10.0 mL 溶液于 25 mL 比色管中，加入 2.0 mL 盐酸溶液(4.2.1)，0.5 mL 碘化钾-硫脲溶液(4.2.2)，摇匀。于(80～90)℃水浴上加热 30 min，取出冷却后加水至刻度，摇匀。以盐酸溶液(4.2.4)为载液，将硼氢化钠溶液(4.2.3)及试样测定液用流动注射氢化物发生器进样测定其吸光度。与标准曲线比较或代入方程求出含量。

4.5 结果计算

试样中砷含量以质量分数 ω 计，数值以毫克每千克(mg/kg)表示，按式(1)计算：

$$\omega = \frac{\rho \times V}{m} \qquad \cdots\cdots(1)$$

式中：

ρ ——试样测定液中砷含量，单位为微克每毫升(μg/mL)；

V ——试样测定液的体积，单位为毫升(mL)；

m ——试样测定液中试样质量，单位为克(g)。

4.6 精密度

在同一实验室，由同一操作者使用相同设备，按相同的测试方法，并在短时间内对同一被测对象相互独立进行测试获得的两次独立测试结果的绝对差值不大于算术平均值的 20%。

5 氢化物原子荧光光度法

5.1 原理

酸性条件下，三价砷与硼氢化钠反应生成砷化氢，由载气带入石英原子化器受热分解为原子态砷，在特制砷空心阴极灯的照射下，基态砷原子被激发至高能态，在去活化回到基态时，发射出特征波长的荧光，其荧光强度在固定条件下与砷含量成正比，与标准系列比较定量。

5.2 试剂

5.2.1 硼氢化钠溶液(15 g/L)

称取 3.00 g 硼氢化钠和 1.00 g 氢氧化钠，溶于 200 mL 水中，用时新配。

5.2.2 盐酸溶液(1+1)

按 4.2.1 的规定。

5.2.3 盐酸溶液(2+98)

量取 10.0 mL 浓盐酸溶于 490 mL 水中。此溶液为载液。

5.2.4 硫脲-抗坏血酸溶液

称取 10.0 g 硫脲，加约 80 mL 水，加热溶解，冷却后加入 10.0 g 抗坏血酸，稀释至 100 mL。

5.2.5 砷标准储备液(0.1 mg/mL)

按 4.2.5 的规定。

5.2.6 砷标准使用液(1.0 μg/mL)

按 4.2.6 的规定。

5.3 仪器

5.3.1 原子荧光光度计。

5.3.2 特制砷空心阴极灯。

5.4 分析步骤

5.4.1 系列标准溶液配制

分别吸取 0 mL、0.10 mL、0.20 mL、0.30 mL、0.40 mL 砷标准使用液(5.2.6)于 5 支 25 mL 比色管中，加 2.5 mL 盐酸(5.2.2)，5.0 mL 硫脲-抗坏血酸溶液(5.2.4)，加水至刻度，混匀，放置 30 min 后待测。此溶液含砷量分别为 0 μg/mL、0.004 μg/mL、0.008 μg/mL、0.012 μg/mL、0.016 μg/mL。

5.4.2 试样测定液配制

准确称取 2.00 g 试样于 25 mL 比色管中，加约 10 mL 水溶解，加 2.5 mL 盐酸(5.2.2)，5.0 mL 硫脲-抗坏血酸溶液(5.2.4)，加水至刻度，混匀，放置 30 min 后待测。

5.4.3 仪器参考条件

负高压：300 V；灯电流：总电流 50 mV，主辅阴极各 25 mV(高性能双阴极元素灯)；原子化器高度：8 mm；载气流量：300 mL/ min；屏蔽气流量：900 mL/ min。

5.4.4 试样测定

开机，设定仪器最佳条件，点燃原子化器炉丝，稳定 30 min 后，以盐酸溶液(5.2.3)为载液，将硼氢化钠溶液(5.2.1)、系列标准溶液及试样测定液吸入原子荧光光度计中,开始测定系列标准溶液及试样测定液的荧光强度。将测得的标准系列荧光强度与对应砷浓度作图或计算出线性回归方程式,根据试样测定液的荧光强度求出砷的浓度。

5.5 结果计算

按4.5的规定。

5.6 精密度

在同一实验室,由同一操作者使用相同设备,按相同的测试方法,并在短时间内对同一被测对象相互独立进行测试获得的两次独立测试结果的绝对差值不大于算术平均值的10%。

6 砷斑法

6.1 原理

在酸性溶液中,用碘化钾和氯化亚锡将高价砷还原为三价砷,加锌粒与酸作用,产生新生态氢,使三价砷进一步还原为砷化氢。砷化氢气体与溴化汞试剂作用,产生棕黄色的砷斑,用于砷的目视比色法测定。

6.2 试剂和材料

6.2.1 无砷锌粒

选直径约2 mm左右锌粒。

6.2.2 盐酸溶液(1+1)

按4.2.1的规定。

6.2.3 碘化钾溶液(150 g/L)

称取7.5 g碘化钾于100 mL烧杯中,加水50 mL,用时新配。

6.2.4 氯化亚锡溶液(50 g/L)

称取2.5 g氯化亚锡,溶于50 mL盐酸溶液(6.2.2),加热溶解,冷却备用,用时新配。

6.2.5 乙酸铅棉花

取脱脂棉花,用乙酸铅(100 g/L)溶液润湿后,除去过多的溶液,并使疏松,在100 ℃以下干燥后,保存于密闭的瓶中。

6.2.6 溴化汞试纸

称取1.25 g溴化汞,溶于25 mL乙醇,将剪成直径2 cm的圆形滤纸片放入该溶液中浸泡1 h以上,取出于暗处晾干,保存于密闭的棕色瓶中。

6.2.7 砷标准储备液(0.1 mg/mL)

按4.2.5的规定。

6.2.8 **砷标准使用液(1.0 μg / mL)**

按 4.2.6 的规定。

6.3 仪器和装置

6.3.1 一般实验室仪器。

6.3.2 测砷装置如图 1 所示。

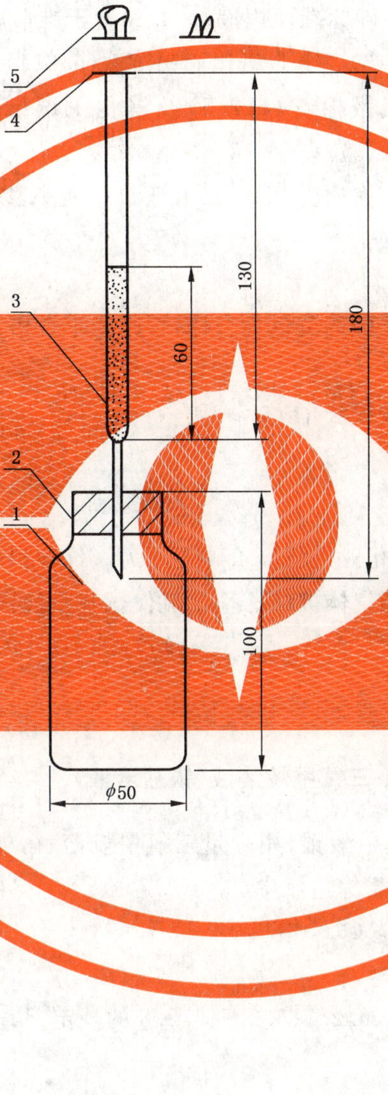

说明：

1——锥形瓶；

2——橡皮塞；

3——玻璃测砷管；

4——管口；

5——玻璃帽。

图 1 定砷器

6.3.3 锥形瓶

容积为 100 mL。

6.3.4 玻璃测砷管

全长 180 mm，上粗下细，自管口向下至 130 mm 一段的内径约为 6.5 mm，自此以下逐渐狭细，末端内径为 1 mm～3 mm，近末端 1 cm 处有一孔，直径 2 mm，狭细部分紧密插入橡皮塞中，使下部伸出至小孔恰在橡皮塞下面。上部较粗部分装入乙酸铅棉花，高 50 mm～60 mm。玻璃管的上端管口表面磨平，下面两侧各有一钩，供固定玻璃帽用。

6.3.5 玻璃帽

下面磨平，上面有弯月形凹槽，中央有孔与玻璃管相通，孔直径 6.5 mm。使用时将玻璃帽盖在玻璃管的管口，使圆孔互相吻合，中间夹一溴化汞试纸，用橡皮圈或其他适宜的方法将玻璃帽与玻璃管固定。

6.4 分析步骤

标准砷斑制备：吸取 2.50 mL 砷标准使用液(6.2.8)置于锥形瓶中，加 25 mL 水，加 15 mL 盐酸溶液(6.2.2)、5 mL 碘化钾溶液(6.2.3)、1 mL 氯化亚锡溶液(6.2.4)摇匀，放置 10 min。加 3 g 无砷锌粒(6.2.1)，立即塞上预先装有乙酸铅棉花(6.2.5)及溴化汞试纸(6.2.6)的测砷管，在室温下放置 40 min～60 min，同时作试剂空白试验。

试样砷斑制备：称取 5 g 试样，称准至 0.01 g，置于锥形瓶中，以下步骤与标准同时同样处理。

6.5 结果表示

试样砷斑所呈黄色不深于标准砷斑黄色为合格，否则为不合格。

7 银盐法(二乙基二硫代氨基甲酸银法)

7.1 原理

在酸性溶液中，用碘化钾和氯化亚锡将高价砷还原为三价砷。加锌粒与酸作用产生新生态氢，使三价砷进一步还原为砷化氢。砷化氢气体被二乙基二硫代氨基甲酸银溶液吸收，生成红色络合物，用分光光度法测定。

7.2 试剂

7.2.1 二乙基二硫代氨基甲酸银-三氯甲烷溶液(银盐溶液)

称取 0.2 g 二乙基二硫代氨基甲酸银，用少量三氯甲烷溶解，加入 3 mL 三乙醇胺，用三氯甲烷稀释至 100 mL。静置过液，过滤，贮于棕色瓶中。

7.2.2 其他试剂

按 6.2.1、6.2.2、6.2.3、6.2.4、6.2.5、6.2.7、6.2.8 的规定。

7.3 仪器和装置

7.3.1 一般实验室仪器。

7.3.2 分光光度计。

7.3.3 测砷装置如图 2 所示。

7.3.4 磨口锥形瓶：容积 100 mL，19 号标准口。

7.3.5 导气管：管口 19 号标准口与磨口锥形瓶密合时不应漏气。管的另一端管径为 1.0 mm。

7.3.6 吸收管：5 mL 离心管作吸收管用。

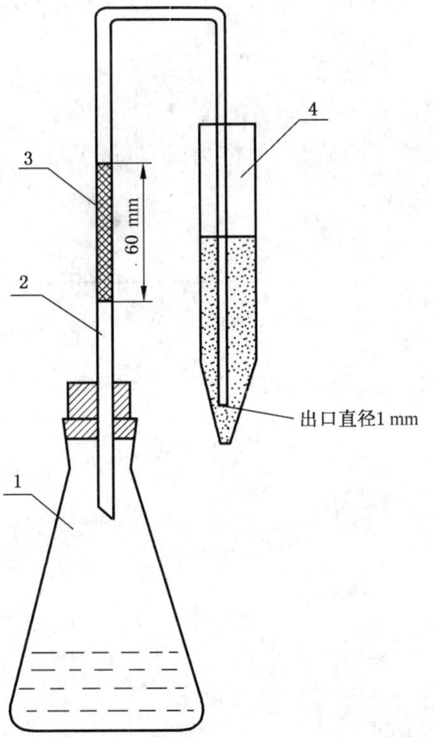

说明：

1——100 mL 锥形瓶；

2——导气管；

3——乙酸铅棉花；

4——5 mL 刻度离心管。

图 2　测砷装置

7.4　分析步骤

称取 5 g 试样，称准至 0.01 g，置于 100 mL 磨口锥形瓶中，加水至 25 mL。

吸取 0.00 mL、2.00 mL、4.00 mL、6.00 mL、8.00 mL 砷标准使用液(6.2.8)(相当于 0.00 μg、2.00 μg、4.00 μg、6.00 μg、8.00 μg 砷)，分别置于 100 mL 磨口锥形瓶中，加水至 25 mL。

于试样溶液、试剂空白及砷标准溶液中各加 15 mL 盐酸(6.2.2)、5 mL 碘化钾溶液(6.2.3)、1 mL 氯化亚锡溶液(6.2.4)，混匀，放置 15 min。各加入 3 g 无砷锌粒(6.2.1)，立即塞上装有乙酸铅棉花(6.2.5)的导气管，并使管尖端插入装有 5.00 mL 二乙基二硫代氨基甲酸银-三氯甲烷溶液(银盐溶液)(7.2.1)的吸收管中的液面下，在室温下反应 30 min～50 min(室温高要适当减少反应时间，室温低要适当增加反应时间)，取下吸收管，用 1 cm 吸收池，在 520 nm 波长处，以试剂空白为参比，测量吸光度。

将标准系列中砷质量(单位为微克)与对应的吸光度绘制标准工作曲线，由试样溶液测得吸光度从标准曲线上查出相应的砷质量(单位为微克)，计算结果。

7.5 结果计算

试样中砷含量以质量分数 ω 计，数值以毫克每千克(mg/kg)表示，按式(2)计算：

$$\omega=\frac{m_1}{m} \qquad \cdots\cdots(2)$$

式中：

m_1——由标准曲线上查出试液中砷质量，单位为微克(μg)；

m ——试样的质量，单位为克(g)。

ICS 33.160.30
M 71

中华人民共和国国家标准

GB/T 13187—2012
代替 GB/T 13187—1991

磁带录放音系统　一般条件与要求

Magnetic tape sound recording and reproducing systems—General conditions and requirements

(IEC 60094-1:1981, Magnetic tape sound recording and reproducing systems—Part 1: General conditions and requirements, NEQ)

2012-12-31 发布　　　　2013-06-01 实施

中华人民共和国国家质量监督检验检疫总局
中国国家标准化管理委员会　发布

前　言

本标准按照 GB/T 1.1—2009 给出的规则起草。

本标准非等效采用 IEC 60094-1:1981《磁带录放音系统　第 1 部分:一般条件与要求》及第 1 号修正案 IEC 60094-1:1981/Amendment1:1994。

本标准代替 GB/T 13187—1991《磁带录放音系统　一般条件与要求》。

本标准与 GB/T 13187—1991 相比主要变化如下:

a) 删去了第 2 章 IEC 94-8、IEC 94-9、IEC 581-4、IEC 268-15,4 个 IEC 已作废的标准。

b) 对 1991 年版公式(1)表达式中的印刷错误作了更正。

c) 根据 IEC 60094-1:1981/Amendment1:1994 的内容主要对“11 带速”、“表 2”、“表 3”及“表 4”进行了修改,修改内容在正文中页边空白处用垂直双线(||)标识。

本标准由中华人民共和国工业和信息化部提出。

本标准由全国音频、视频及多媒体系统与设备标准化技术委员会(SAC/TC 242)归口。

本标准主要起草单位:中国电子音响工业协会、深圳市三友信电子技术有限公司、上海市质量监督检验技术研究院电子电器家用电器质量检验所、东莞市步步高视听电子有限公司、深圳粤宝电子工业公司、金业电器公司。

本标准主要起草人:顾立人、陈立信、吴国平、薛巧根、郭德华、刘业增、尹茂林。

本标准所代替标准的历次版本发布情况为:

——GB/T 13187—1991。

磁带录放音系统　一般条件与要求

1　范围

本标准规定了无孔空白与已录磁带及盘式、盒式和卡式录放系统的尺寸、机械和电性能要求。

本标准适用于相应产品标准的编制。

2　规范性引用文件

下列文件对于本文件的应用是必不可少的。凡是注日期的引用文件，仅注日期的版本适用于本文件。凡是不注日期的引用文件，其最新版本(包括所有的修改单)适用于本文件。

GB/T 1182—2008　产品几何技术规范(GPS)　几何公差　形状、方向、位置和跳动公差标注(ISO 1101:2004,IDT)

GB/T 4728.1—2005　电气简图用图形符号　第1部分：一般要求(IEC 60617 database:1985,IDT)

GB/T 7309—2000　盒式录音磁带通用规范(IEC 60094-4-5:1996,NEQ)

GB/T 9029—2011　录放音设备抖晃测量方法(IEC 60386:1972,MOD)

GB/T 12060.2—2011　声系统设备　第2部分：一般术语解释和计算方法(IEC 60268-2:1987,IDT)

GB/T 12060.11—2012　声系统设备　第11部分：声系统设备互连用连接器的应用(IEC 60268-11:1987,NEQ)

GB/T 14197—2012　音频、视频和视听系统互连的优选配接值(IEC 61938:1996,IDT)

GB/T 15212—1994　广播及类似声系统用连接器的应用(eqv IEC 60268-12:1987)

ISO 128　工程制图　画法通则(Technical drawings—General principles of presentation)

ISO 543　影摄影技术　电影安全胶片　定义、测试与标记(Photography;photographic;specifications for safety film)

ISO 1660　工程制图　轮廓的尺寸注法和公差注法(Technical drawings—Dimensioning and tolerancing of profiles)

IEC 60027　电子技术用文字符号(Letter symbols to be used in electrical technology)

IEC 60050-806　国际电工技术词汇　第806章：录音和录像(International electrotechnical vocabulary—Chapter 806: Recording and reproduction of audio and video)

IEC 60050-801　国际电工技术词汇　第801章：电声学(International electrotechnical vocabulary—Chapter 801:Acoustics and electroacoustics)

IEC 60094-2　磁带录放音系统　第2部分：校准带(Magnetic tape recording and reproducing systems—Part 2:Calibration tapes)

IEC 60094-3　磁带录放音系统　第3部分：磁带录放音设备特性测量方法(Magnetic tape recording and reproducing systems—Part 3:Methods of measuring the characteristics of recording and reproducing equipment for sound on magnetic tape)

IEC 60094-6　磁带录放音系统　第6部分：盘式系统(Magnetic tape recording and reproducing systems—Part 6:Reel-to-reel systems)

IEC 60094-7 磁带录放音系统 第7部分:商品有声及家用盒式磁带(Magnetic tape recording and reproducing systems—Part 7:Cassette for commercial tape records and domestic use)

IEC 60094-10 磁带录放音系统 第10部分:时间与地址码(Magnetic tape recording and reproducing systems—Part 10:Time and address code)

IEC 60094-11 磁带录放音系统 第11部分:盒式磁带录音机地址码(Magnetic tape recording and reproducing systems—Part 11:Address code for compact cassettes)

IEC 60263 绘制频率特性及极坐标图的尺度与尺寸(Scales and sizes for plotting frequency characteristics and polar diagrams)

IEC 60581-1 高保真音响设备和系统 最低性能要求 第1部分:总则(High fidelity audio equipment and systems;Minimun performance requirements—Part 1:General)

3 术语

IEC 60050-801、IEC 60050-806 及 GB/T 12060.2—2011 界定的术语和定义适用于本文件。

4 单位和符号

量与单位的文字符号应符合 IEC 60027 相关规定。

5 制图规则

本标准各部分制图均应符合有关IEC及ISO标准,其中主要包括:ISO 128、ISO 1101、ISO 1660 和 GB/T 4728.1—2005。

6 特性图的尺度

6.1 概述

建议用线性或对数尺度。线性分贝尺度相当于对数尺度。其他尺度,如双对数等,应予避免。如用分贝尺度,零基准尽可能为额定值。如果每个尺寸直接对应物理单位,建议线性与对数尺度勿联合使用。

当横坐标与纵坐标表示同类物理量时,建议采用相同的单位长度。特性图远离零点时应尽量避免线性尺度。

注:如需进一步了解,可参见 IEC 60263。

6.2 频率特性的尺度

曲线图的横坐标为频率,用对数尺度;纵坐标为电平,用线性分贝尺度。尺度比应取十倍频的长度与 25 dB 或 50 dB 的电平差的长度相等。每十倍频的长度最好为 50 mm。

如曲线图的尺寸改变,尺寸比应保持不变。

7 配接要求

所用连接器及优选配接值应按照 GB/T 12060.11—2012、GB/T 15212—1994 和 GB/T 14197—2012。

8 高保真设备与系统

高保真设备与系统的最低电性能要求应按照 IEC 60581-1。

9 可燃性

磁带可燃性应符合 ISO 543。

10 磁带尺寸

磁带尺寸应符合表 1 规定。

表 1

单位为毫米

带　宽	带　厚
$50.80_{-0.06}$	0.055(最大)
$25.40_{-0.06}$	
$12.70_{-0.06}$	
$6.30_{-0.06}$	
$3.81_{-0.06}$	0.020(最大)

11 带速

重放时额定带速应是以 1/2 为公比，由 76.2 cm/s 开始的几何数列。表 2 所列的额定带速、带速容差及抖晃率，适用于按制造厂商规定的频率及电压供电的运带机构。带速波动(抖晃率)要求应按照 GB/T 9029—2011 来测量。

额定带速及有关特性见表 2。

表 2

用途	磁带形式	额定带速 cm/s	带速容差	抖晃率	IEC 60094 有关部分
专业用	盘式	76.2 38.1 19.05	±0.2% ±0.2% ±0.2%	≤0.06% ≤0.06% ≤0.1%	第 6 章
	卡式	19.05	±0.2%	≤0.15%	第 9 章
家用	盘式	19.05 9.53 4.76	±2% ±2% ±2%	≤0.2% ≤0.3% ≤0.4%	第 6 章
	卡式	9.53	±2%	≤0.4%	第 8 章
	盒式	4.76	±2%	≤0.4%	第 7 章

以额定带速重放商品有声磁带时，其相关特性应在表3所示的容差以内。

表3

磁带形式	额定带速 cm/s	放音频率 容差	抖晃率	IEC 60094 有关部分
盘式	19.05 9.53 4.76	±0.5% ±0.5% ±0.5%	≤0.1% ≤0.2% ≤0.3%	第6章
卡式	9.53	±0.5%	≤0.3%	第8章
盒式	4.76	±0.5%	≤0.3%	第7章

因为商品有声磁带及带盒不能直接按上述要求测试，所以，商品有声磁带和带盒的生产商应该通过从磁带和带盒生产中抽取样品进行检测的方式，控制上述这些参数。

12 卷带方向

12.1 盘式

如果带盘的顶面可由标记或结构不对称来区别，则放音时应使磁带按逆时针方向脱开。

12.1.1 专业节目交换

磁层最好面向盘芯。

12.1.2 商品有声带及家用带

磁层应面向盘芯。

12.2 盒式或卡式

磁层应面向带盒或带卡前方开口。

13 磁带录放音系统的机械要求与尺寸

应符合 IEC 60094-6 和 IEC 60094-7。

14 磁迹名称

在正常工作情况下，磁迹名称如下：

如果磁带自左向右移动，磁层背向观察者，引带在右方，则最上的磁迹称为第1迹，其下一磁迹称为第2迹，其余类推。

15 磁迹分配与尺寸

应符合 IEC 60094-6 和 IEC 60094-7。

16 已录短路带磁通的幅频响应

16.1 表示方法

当恒定振幅正弦信号加于录音系统输入端时，短路带磁通对频率的特性应由下列两条曲线合成：

一条曲线随频率增加而降低的特性与时间常数为 t_1 的阻容并联阻抗特性相一致。

一条曲线随频率增加而降低的特性与时间常数为 t_2 的阻容串联阻抗特性相一致。

某些情况下，仅用时间常数为 t_1 的一条曲线，即 t_2 等于无穷大。合成曲线以下式表示：

$$N(\mathrm{dB}) = 10\ \lg\left(1 + \frac{1}{4\pi^2 f^2 {t_2}^2}\right) - 10\ \lg(1 + 4\pi^2 f^2 {t_1}^2)$$

式中：

f ——频率，单位为赫兹(Hz)；

t_1 及 t_2——时间常数，单位为秒(s)。

用校准带确定放音通道的幅频响应，IEC 60094-2 中规定校准带的短路带磁通对频率的关系应符合上述要求。

16.2 时间常数

所用时间常数应符合表 4 规定。

表 4

用途	磁带形式	额定带速 cm/s	时间常数[a] μs		IEC 类别	IEC 60094 有关部分
			t_1	t_2		
专业用	盘式	76.2	35	∞	IEC 1	6
			17.5	∞	IEC 2	
		38.1	35	∞	IEC 1	
			50	3 180	IEC 2	
		19.05	70	∞	IEC 1	
			50	3 180	IEC 2	
	卡式	19.05	50	∞	—	9
商品有声带及家用	盘式	19.05	50	3 180	—	6
		9.53	90	3 180	—	
		4.76	120	3 180	—	
	卡式	9.53	90	3 180	—	8
	盒式	4.76	120 70	3 180 3 180	—	5/7

[a] 近似相对值在表 5 中给出，曲线在图 1 中示出。

表5 已录短路带磁通的幅频响应

以315 Hz磁平为参考磁平 dB			频率 Hz	以1 000 Hz磁平为参考磁平 dB				
时间常数 μs				时间常数 μs				
t_1+t_2 70+3 180	t_1+t_2 90+3 180	t_1+t_2 120+3 180		$t_1=17.5$	$t_1=35$	$t_1=50$	t_1+t_2 50+3 180	$t_1=70$
+10.3	+10.4	+10.5	16	+0.1	+0.2	+0.4	+10.7	+0.8
+8.6	+8.6	+8.7	20	+0.1	+0.2	+0.4	+9.0	+0.8
+7.0	+7.0	+7.1	25	+0.1	+0.2	+0.4	+7.4	+0.8
+5.4	+5.5	+5.6	31.5	+0.1	+0.2	+0.4	+5.9	+0.8
+4.1	+4.1	+4.2	40	+0.1	+0.2	+0.4	+4.5	+0.8
+3.0	+3.0	+3.1	50	+0.1	+0.2	+0.4	+3.4	+0.8
+2.1	+2.1	+2.2	63	+0.1	+0.2	+0.4	+2.5	+0.8
+1.4	+1.5	+1.5	80	+0.1	+0.2	+0.4	+1.8	+0.8
+0.9	+1.0	+1.1	100	+0.1	+0.2	+0.4	+1.4	+0.8
+0.6	+0.7	+0.7	125	+0.1	+0.2	+0.4	+1.0	+0.8
+0.4	+0.4	+0.5	160	+0.1	+0.2	+0.4	+0.8	+0.7
+0.2	+0.2	+0.3	200	+0.1	+0.2	+0.4	+0.6	+0.7
+0.1	+0.1	+0.1	250	0	+0.2	+0.4	+0.5	+0.7
0	0	0	315	0	+0.2	+0.4	+0.5	+0.7
−0.1	−0.1	−0.2	400	0	+0.2	+0.3	+0.4	+0.6
−0.2	−0.3	−0.4	500	0	+0.2	+0.3	+0.3	+0.6
−0.3	−0.5	−0.7	630	0	+0.1	+0.2	+0.3	+0.4
−0.5	−0.8	−1.2	800	0	+0.1	+0.1	+0.1	+0.3
−0.8	−1.2	−1.8	1 000	0	0	0	0	0
−1.2	−1.7	−2.6	1 250	0	−0.1	−0.2	−0.2	−0.4
−1.8	−2.6	−3.8	1 600	−0.1	−0.3	−0.6	−0.6	−1.0
−2.5	−3.5	−5.0	2 000	−0.2	−0.6	−1.0	−1.0	−1.7
−3.5	−4.7	−6.5	2 500	−0.3	−0.9	−1.7	−1.7	−2.7
−4.7	−6.2	−8.1	3 150	−0.4	−1.5	−2.6	−2.6	−3.9
−6.1	−7.8	−9.9	4 000	−0.7	−2.3	−3.7	−3.7	−5.4
−7.7	−9.5	−11.7	5 000	−1.1	−3.2	−5.0	−5.0	−6.9
−9.4	−11.3	−13.6	6 300	−1.7	−4.5	−6.5	−6.5	−8.6
−11.3	−13.3	−15.6	8 000	−2.4	−5.9	−8.2	−8.2	−10.5
−13.1	−15.2	−17.5	10 000	−3.4	−7.5	−10.0	−10.0	−12.3
−15.0	−17.0	−19.4	12 500	−4.6	−9.1	−11.7	−11.8	−14.2
−17.1	−19.2	−21.5	16 000	−6.1	−11.1	−13.8	−13.8	−16.3
−19.0	−21.1	−23.5	20 000	−7.6	−12.9	−15.7	−15.7	−18.2

注：已加上按IEC 60094-2规定的使零基准在315 Hz及1 000 Hz的修正值。

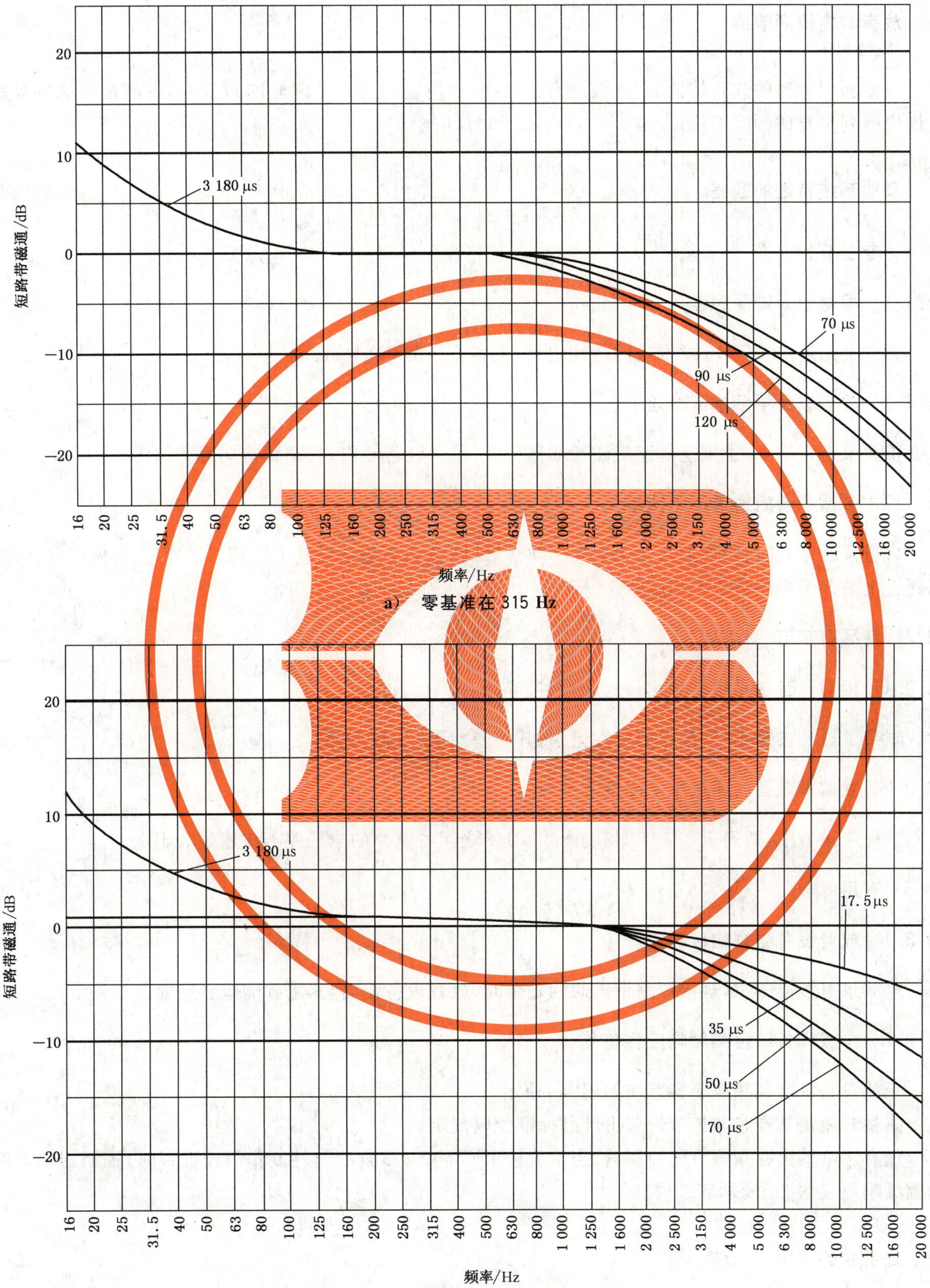

注：已加上按 IEC 60094-2 规定的使零基准在 315 Hz 及 1 000 Hz 的修正值。

图 1 已录短路带磁通的幅频响应

17 放音的电幅频响应

每种相应带速的放音特性为：重放录有按第16章规定的短路带磁通的磁带时，应能在相应的频率范围内得到平直的幅频响应。

18 录放系统特性的容差

18.1 专业节目交换

18.1.1 相对录音磁平容差

磁带上磁迹应按第16章规定的特性记录，其容差如图2a)所示。

18.1.2 放音设备幅频响应容差

重放录有按第16章规定短路带磁通的磁带时，放音设备输出，其幅频响应容差如图2a)所示。

18.1.3 多道录音的通道不平衡度

多道录音中，任何两通道在80 Hz与8 000 Hz间各频率的电平差不应超过2 dB。立体声录音中，两通道电平差不应超过1.5 dB。

18.2 商品有声带

18.2.1 相对录音磁平容差

磁带上磁迹按第16章规定的特性记录，其容差如图2b)所示。

18.2.2 立体声录音的通道不平衡度

立体声录音中，两通道在125 Hz与6 300 Hz之间各频率的电平差不应超过3 dB。

18.3 家用

18.3.1 放音设备幅频响应容差

重放录有按第16章规定短路带磁通的磁带时，放音设备输出，其幅频响应容差如图2c)所示。

18.3.2 录放设备综合幅频响应容差

录放设备综合幅频响应容差应如图2c)所示。

测量时所用基准带与校准带应由产品标准予以规定。

如有影响输出幅频响应的控制器，当重放按IEC 60094-2规定特性制作的校准带时，控制器应能调到幅频响应在图2c)所示容差内。

19 磁带面的识别

磁带的非磁性面尽可能加标志。

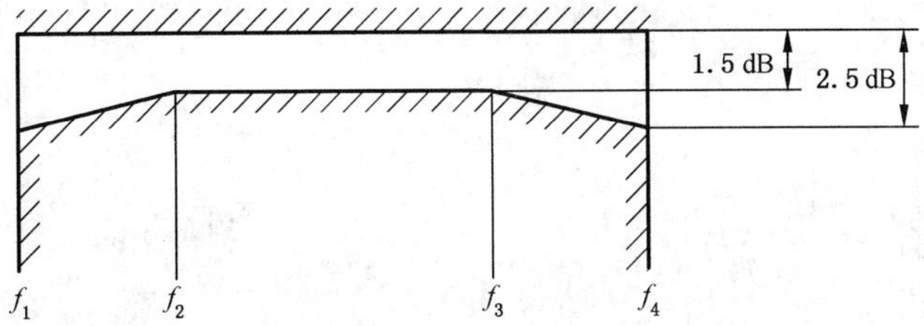

单位为赫兹

带　速	f_1	f_2	f_3	f_4
76 cm/s(30 in/s)	40	63	10 000	14 000
38.1 cm/s(15 in/s)	40	63	10 000	14 000
19.05 cm/s(7½ in/s)	40	63	10 000	14 000

a)　专业节目交换

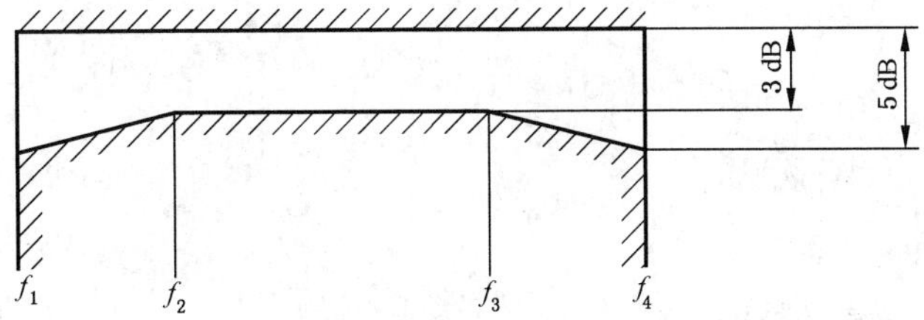

单位为赫兹

带　速	f_1	f_2	f_3	f_4
19.05 cm/s(7½ in/s)	40	80	8 000	14 000
9.53 cm/s(3¾ in/s)	63	125	6 300	12 500
4.76 cm/s(1⅞ in/s)	80	160	4 000	8 000

b)　商品有声带

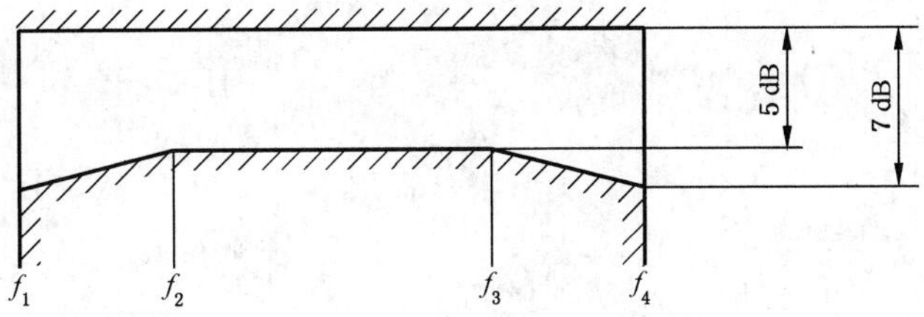

单位为赫兹

带　速	f_1	f_2	f_3	f_4
19.05 cm/s(7½ in/s)	40	250	4 000	12 500
9.53 cm/s(3¾ in/s)	63	250	4 000	10 000
4.76 cm/s(1⅞ in/s)	80	250	4 000	6 300

c)　家用

注：表中极限频率 f_1 及 f_4 值为最低要求。

图 2　录放系统特性容差

20 节目识别

20.1 专业节目交换

20.1.1 盘式

录音节目的始端应由下列方式之一加以识别：

a) 如有一段非磁性识别带，则其尾端应超前节目始端一秒；

b) 如无识别带，则在节目始端前一秒处磁带的非磁性面上应有可见标志（最好为金属涂层）。带盘上至少应标明节目号及盘号。如果引带上有信息，应记在与非录音面相连的一面。

建议每盘磁带具有下列标志：

a) 制作单位；

b) 节目标题；

c) 盘号；

d) 总盘数；

e) 节目号；

f) 节目总放音时间；

g) 带速（尽可能醒目）；

h) 录音方式（例如：单声、立体声）；

i) 关于最大记录磁平的信息；

j) 降噪制式（如果具有）；

k) 磁迹数及用途；

l) 放音时间常数（IEC1 或 IEC2）。

注：IEC1 型指普通带，放音时间常数单位为微秒（μs）；IEC2 型指铁铬带，放音时间常数单位为微秒（μs）。

20.1.2 卡式

在考虑中。

20.2 商品有声带

20.2.1 盘式

在引带、带盘或带盘容器上至少应给出下列信息：

a) 磁迹数；

b) 录音方式（例如：单声、立体声）；

c) 带速；

d) 标题；

e) 目录号；

f) 盘面标志；

g) 降噪制式。

20.2.2 盒式或卡式

在带盒或带卡上至少应给出下列信息：

a) 标题；

b) 目录号；

c) 录音方式(例如:单声、立体声及其他);

d) 面的标志(带盒);

e) 降噪制式。

21 盘式磁带的引带颜色

21.1 专业节目交换

每盘始端识别引带的颜色不作规定,但每盘末端识别带建议为红色。

21.2 商品有声带

每盘录音带始端至少有 0.5 m 长与磁带颜色不同的非磁性材料识别引带。

21.3 未录磁带

不作规定。

ICS 19.120
A 28

中华人民共和国国家标准

GB/T 13307—2012
代替 GB/T 13307—1991

预弯成型金属丝编织方孔网

Industrial pre-crimped wire square opening screens

2012-09-03 发布

2013-03-01 实施

中华人民共和国国家质量监督检验检疫总局
中国国家标准化管理委员会 发布

前　言

本标准按照 GB/T 1.1—2009 给出的规则起草。

本标准代替 GB/T 13307—1991《预弯成型金属丝编织方孔网》。

本标准与 GB/T 13307—1991 相比，主要技术内容变化如下：

——增加了单位面积的质量公式（见 3.1）；

——增加了网重换算系数（见 4.2）。

本标准由全国颗粒表征与分检及筛网标准化技术委员会（SAC/TC 168）提出并归口。

本标准起草单位：中机生产力促进中心、巴山精密滤材有限公司、合肥安联贸易有限公司。

本标准主要起草人：余方、宋如轩、刘鹤青、唐东。

本标准所代替标准的历次版本发布情况为：

——GB/T 13307—1991。

预弯成型金属丝编织方孔网

1 范围

本标准规定了工业用预弯成型金属丝编织方孔网的结构型式、型号与尺寸、技术要求、检验方法、验收规则及标志、包装、运输与贮存。

本标准适用于网孔基本尺寸 125 mm～2 mm 预弯成型金属丝编织方孔网(以下简称预弯成型网),特殊规格可由供需双方协商。

2 规范性引用文件

下列文件对于本文件的应用是必不可少的。凡是注日期的引用文件,仅注日期的版本适用于本文件。凡是不注日期的引用文件,其最新版本(包括所有的修改单)适用于本文件。

GB/T 2828.1 计数抽样检验程序 第1部分:按接收质量限(AQL)检索的逐批检验抽样计划

GB/T 15602 工业用筛和筛分 术语

JB/T 7860—2000 工业网用金属丝

ISO 4783-3:1981 工业金属丝筛网和金属丝编织网——网孔尺寸和金属丝直径组合选择指南——第3部分:预弯或压力焊金属丝网优先组合(Industrial wire screens and woven wire cloth;Guide to the choice of aperture size and wire diameter combinations;Part 3:Preferred combinations for pre-crimped or pressure-welded wire screens)

3 术语和定义

GB/T 15602 界定的以及下列术语和定义适用于本文件。

3.1

单位面积的质量 mess per unit area

按式(1)计算:

$$\rho_A=(d^2\rho f)/618.1\cdot(w+d) \qquad \cdots\cdots(1)$$

式中:

ρ_A ——单位面积的质量,单位为千克每平方米(kg/m^2);

d ——丝径,单位为毫米(mm);

w ——网孔尺寸,单位为毫米(mm);

f ——网重换算系数(由表1选取);

ρ ——材料密度,单位为千克每立方米(kg/m^3)。

注1:各种材料的 ρ 的典型值可在有关的材料手册中查出,见 ISO 4783-3:1981 中表2。

注2:式(1)给出了单位面积算出的质量,而实际值允许低3%。

4 结构型式、型号与尺寸

4.1 结构型式

预弯成型网结构型式分为五种,见表1。

4.2 尺寸

预弯成型网的规格、网孔基本尺寸和金属丝直径应符合表2的规定。

表 1

结构型式代码	图示	名称	网重换算系数[a]
A	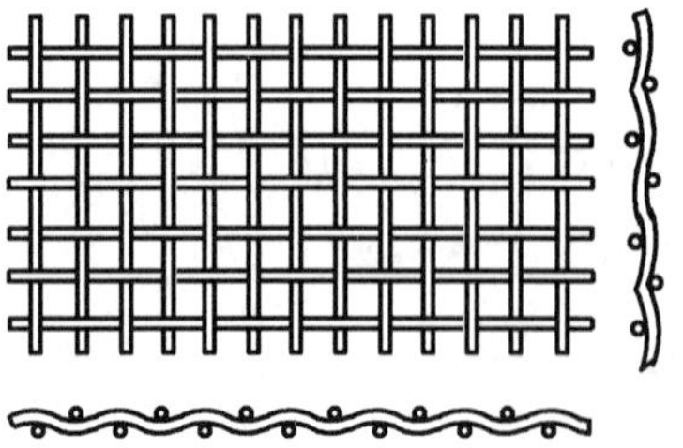	双向弯曲 金属丝编织网	1.00
B	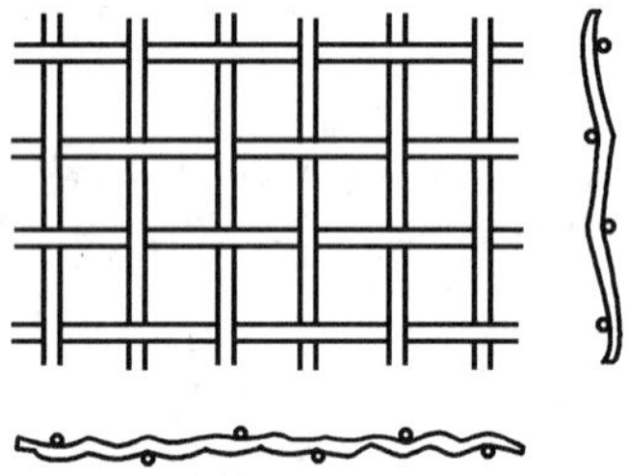	单向隔波弯曲 金属丝编织网	1.03
C	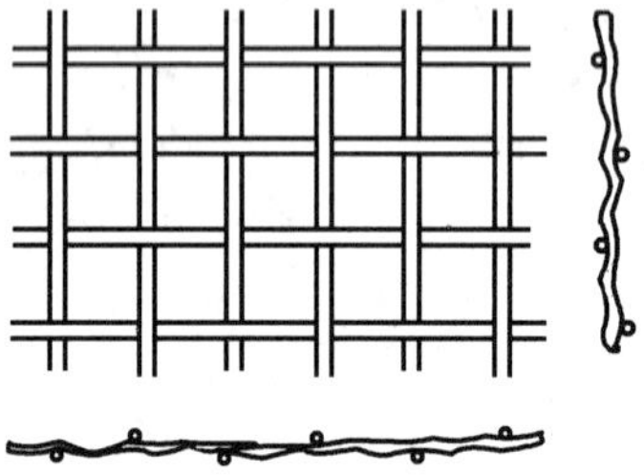	双向隔波弯曲 金属丝编织网	1.06
D	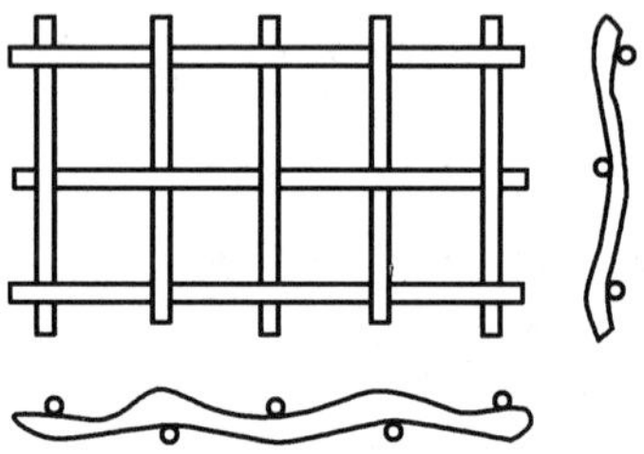	锁紧(定位)弯曲 金属丝编织网	1.03
E	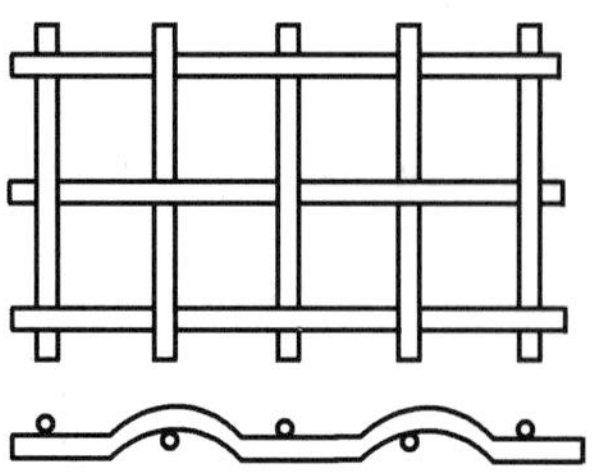	平顶弯曲 金属丝编织网	1.00
[a] 网重换算系数仅供参考,实际数值受张力、编织方法影响。			

表 2

网孔基本尺寸 w/mm			网孔算术平均尺寸偏差 %	大网孔尺寸偏差范围 %	金属丝直径基本尺寸 d/mm	筛分面积百分率 Ac %
主要尺寸	补充尺寸					
R10 系列	R20 系列	R40/3 系列				
125	125	125	±4.5	+8～+15	10.0	86
					12.5	83
					16.0	79
					20.0	74
					25.0	69
	112				10.0	84
					12.5	81
					16.0	77
					20.0	72
		106			10.0	84
					12.5	80
					16.0	75
					20.0	71
					25.0	65
100	100				10.0	83
					12.5	79
					16.0	74
					20.0	69
					25.0	64
	90	90			10.0	81
					12.5	77
					16.0	72
					20.0	67
80	80				10.0	79
					12.5	75
					16.0	69
					20.0	64
		75			10.0	78
					12.5	73
					16.0	69
					20.0	62
	71				10.0	77
					12.5	72
					16.0	67
					20.0	61
63	63	63			8.00	79
					10.0	74
					12.5	70
					16.0	64

表 2（续）

网孔基本尺寸 w/mm			网孔算术平均尺寸偏差 %	大网孔尺寸偏差范围 %	金属丝直径基本尺寸 d/mm	筛分面积百分率 Ac %
主要尺寸	补充尺寸					
R10 系列	R20 系列	R40/3 系列				
	56		±5	+10～+20	8.00	77
					10.0	72
					12.5	67
					16.0	61
		53			8.00	75
					10.0	71
					12.5	65
					16.0	59
50	50				6.30	79
					8.00	74
					10.0	69
					12.5	64
					16.0	57
	45	45			6.30	77
					8.00	72
					10.0	67
					12.5	61
					16.0	54
40	40				6.30	75
					8.00	69
					10.0	64
					12.5	58
		37.5			6.30	74
					8.00	68
					10.0	63
					12.5	56
	35.5				5.00	77
					6.30	72
					8.00	67
					10.0	61
31.5	31.5	31.5			5.00	74
					6.30	69
					8.00	64
					10.0	58
	28				5.00	72
					6.30	67
					8.00	60
					10.0	54

表 2（续）

网孔基本尺寸 w/mm			网孔算术平均尺寸偏差 %	大网孔尺寸偏差范围 %	金属丝直径基本尺寸 d/mm	筛分面积百分率 A_c %
主要尺寸	补充尺寸					
R10 系列	R20 系列	R40/3 系列				
		26.5	±5	+10～+20	5.00	71
					6.30	65
					8.00	59
					10.0	53
25	25				4.00	74
					5.00	69
					6.30	64
					8.00	57
					10.0	51
	22.4	22.4			4.00	72
					5.00	67
					6.30	61
					8.00	54
20	20				3.15	75
					4.00	69
					5.00	64
					6.30	58
					8.00	51
		19			4.00	68
					5.00	63
					6.30	56
					8.00	50
	18				3.15	72
					4.00	67
					5.00	61
					6.30	55
					8.00	48
16	16	16	±5.6	+15～+25	2.50	75
					3.15	70
					4.00	64
					5.00	58
					6.30	51
	14				2.50	72
					3.15	67
					4.00	60
					5.00	54
					6.30	48

表 2（续）

网孔基本尺寸 w/mm			网孔算术平均尺寸偏差 %	大网孔尺寸偏差范围 %	金属丝直径基本尺寸 d/mm	筛分面积百分率 Ac %
主要尺寸	补充尺寸					
R10 系列	R20 系列	R40/3 系列				
		13.2	±5.6	+15～+25	3.15	65
					4.00	59
					5.00	53
					6.30	46
12.5	12.5		±5.6	+10～+25	2.50	69
					3.15	64
					4.00	57
					5.00	51
					6.30	44
	11.2	11.2			2.50	67
					3.15	61
					3.55	58
					4.00	54
					5.00	48
10	10		±6.3	+21～+35	2.00	69
					2.50	64
					3.15	58
					4.00	51
					5.00	44
		9.5			2.24	65
					3.15	56
					4.00	50
					5.00	43
	9				1.80	69
					2.24	64
					2.50	61
					3.15	55
					4.00	48
8	8	8			2.00	64
					2.50	58
					3.15	51
					3.55	48
					4.00	44
	7.1				1.80	64
					2.00	61
					2.50	55
					3.15	48

表 2（续）

网孔基本尺寸 w/mm			网孔算术平均尺寸偏差 %	大网孔尺寸偏差范围 %	金属丝直径基本尺寸 d/mm	筛分面积百分率 Ac %
主要尺寸	补充尺寸					
R10 系列	R20 系列	R40/3 系列				
		6.7	±6.3	+21～+35	1.80	62
					2.50	53
					3.15	46
					4.00	39
6.3	6.3				1.60	64
					2.00	58
					2.50	51
					3.15	44
	5.6	5.6			1.60	60
					2.00	54
					2.50	48
					3.15	41
5	5		±7		1.60	57
					2.00	51
					2.50	44
					3.15	38
		4.75			1.60	56
					1.80	53
					2.24	47
					3.15	36
	4.5				1.40	58
					1.80	51
					2.24	45
					2.50	41
4	4	4			1.25	58
					1.60	51
					2.00	45
					2.24	41
					2.50	38
	3.55				1.25	55
					1.40	51
					1.60	48
					1.80	44
					2.00	41
		3.35			1.00	59
					1.25	53
					1.80	42
					2.24	36

表 2（续）

网孔基本尺寸 *w*/mm			网孔算术平均尺寸偏差 %	大网孔尺寸偏差范围 %	金属丝直径基本尺寸 *d*/mm	筛分面积百分率 *Ac* %
主要尺寸	补充尺寸					
R10 系列	R20 系列	R40/3 系列				
3.15	3.15		±7	+21～+35	1.12	54
					1.40	48
					1.60	44
					1.80	41
					2.00	37
	2.8	2.8			0.90	57
					1.12	51
					1.40	45
					1.80	37
2.5	2.5				1.00	51
					1.12	48
					1.25	44
					1.40	41
					1.60	37
		2.36			0.80	56
					1.00	49
					1.40	39
					1.80	32
	2.24				0.71	58
					0.90	51
					1.12	44
					1.40	38
2	2	2			0.71	54
					0.80	51
					0.90	48
					1.12	41
					1.25	38

注：网孔基本尺寸优先选用 R10 系列，其次选用 R20 系列。如果需要，也可选用 R40/3 系列。

4.3 产品标记

4.3.1 产品系列代号

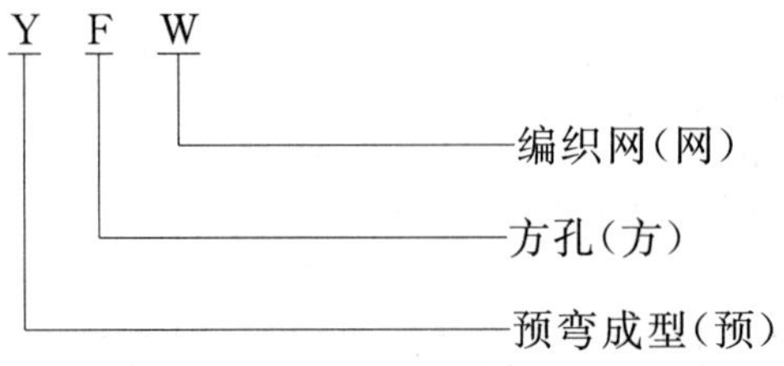

4.3.2 产品型号

YFW □/□-□-□-□×□ GB/T 13307

- 标准编号
- 网宽×网长〔以米(m)为单位〕
- 材料
- 结构型式代号(见表 1)
- 网孔基本尺寸/金属丝直径
- 产品系列代号

4.3.3 产品标记示例

示例 1:网孔基本尺寸为 10 mm,金属丝直径为 2.50 mm,网宽 1 200 mm,网长 5 000 mm,B2F 材料,A 型编织预弯成型网标记:

YFW 10/2.50-A-B2F-1.2×5 GB/T 13307

示例 2:网孔基本尺寸为 2.5 mm,金属丝直径为 1.25 mm,网宽 1 000 mm,网长 25 000 mm,1Cr18Ni9 材料,B 型编织预弯成型网标记:

YFW 2.5/1.25-B-1Cr18Ni9-1×2.5 GB/T 13307

5 技术要求

5.1 材料

金属丝材料应符合 JB/T 7860—2000 中表 2 的规定。按不同用途,其他金属材料由供需双方协商。

5.2 表面质量

5.2.1 预弯成型网表面应平整、清洁,不应有机械损伤、锈斑等缺陷,网面缺陷种类见附录 A。

5.2.2 网面经丝与纬丝应相互垂直,其允许角度为 90°±2°。

5.2.3 网面边缘金属丝外伸长度应整齐一致,网面边缘固定连接型式见附录 B。

5.2.4 网面内不允许有破断金属丝。

5.3 网孔尺寸及公差

5.3.1 网孔算术平均尺寸偏差、大网孔尺寸偏差范围应符合表 2 的规定。

5.3.2 大网孔数量不应多于测量区域内网孔数量的 10%。

5.4 金属丝直径及公差

5.4.1 金属丝直径偏差应符合 JB/T 7860 的规定。

5.4.2 金属丝的公差不应超过金属丝直径偏差的一半。

5.5 编织缺陷的允许数量

网面编织缺陷数量每 10 m^2 应符合表 3 的规定。大于或小于 10 m^2 的网段缺陷数量应按表 3 规定的数量比例折算。

表 3

网孔基本尺寸 w mm	跳线、断纬和不超过 500 mm 长度倒条总量不多于 个/10 m^2	搭头尺寸不超过 3～5 个网孔基本尺寸的数量不多于 个/10 m^2
>25	3	0
>16～25	5	1
>8.5～16	6	1
>2.65～8.5	7	2
2.00～2.65	8	2

5.6 网宽

网幅宽度为 900 mm、1 000 mm、1 250 mm、1 600 mm 和 2 000 mm。根据双方协商也可制造其他幅宽的网，其偏差应符合表 4 的规定。

表 4

单位为毫米

网孔基本尺寸	网幅宽度极限偏差
≤40	±20
>40	±30

5.7 网块的截取

预弯成型网以成块或成卷的方式供应，其方式由供需双方协商。

6 试验方法

6.1 表面质量

6.1.1 网面质量用目视观察，缺陷处及报废部位应做出明显标识。

6.1.2 网面经丝与纬丝垂直度用角度仪检验。

6.2 网孔尺寸

6.2.1 网孔尺寸应在下列条件下测量：

a) 在网孔对边的中点，见图 1。

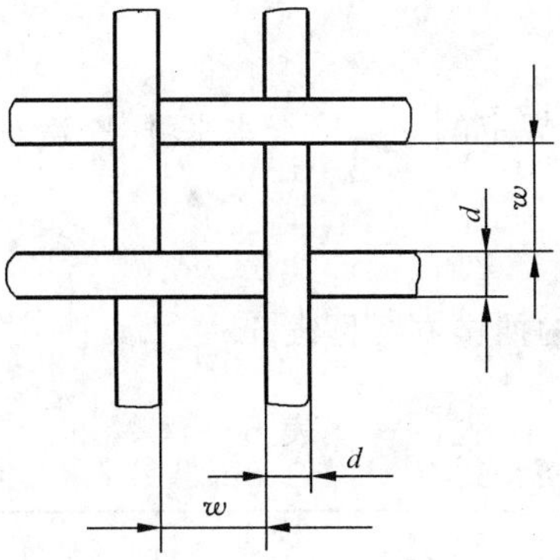

图 1

b) 测量部位到网边的距离规定如下：

网孔基本尺寸 $w \leqslant 16$ mm 时，不小于 20 mm；

网孔基本尺寸 $w > 16$ mm 时，不小于 $3(w+d)$。

c) 选用量具时，网孔基本尺寸 $w \leqslant 16$ mm 的选用分度值不低于 0.05 mm 的量具；网孔基本尺寸 $w > 16$ mm 的选用分度值不低于 0.5 mm 的量具或读数值不低于 0.1 mm 的游标卡尺。

6.2.2 测量网孔时，首先用目测找出大网孔，再用相应的仪器或量具测量。大网孔数量的计算，对于网孔基本尺寸 $w \leqslant 16$ mm 应在 200 mm×200 mm 网面上测定；对于网孔基本尺寸 $w > 16$ mm 应保证每边能连续测 5 个网孔基本尺寸网面上测定。

6.2.3 网孔算术平均尺寸的检验应在网孔尺寸偏差最大处，按经、纬向分别测量三处，各处间的连线均不得与经、纬向平行。网孔算术平均尺寸按式(2)计算：

$$\overline{w} = l/n - d \qquad \cdots\cdots(2)$$

式中：

$\overline{w}$ ——网孔算术平均尺寸，单位为毫米(mm)；

l ——测量长度，单位为毫米(mm)；

n ——测量长度上网孔数量，单位为个；

d ——金属丝直径，单位为毫米(mm)。

测量长度：对于网孔基本尺寸 $w \leqslant 16$ mm，取连续 10 个网孔所占的长度；对于网孔基本尺寸 $w > 16$ mm，取连续 5 个网孔所占的长度。

6.3 网宽

网宽用分度值不低于 0.5 mm 的量具测量。

6.4 金属丝直径及偏差

金属丝直径偏差采用分度值为 0.01 mm 的量具测量，测量应不少于 5 处，并将其平均值作为测量值。

7 验收规则

7.1 总则

预弯成型网由制造商检验部门检验合格后，附产品合格证方能出厂。用户有权对交付产品按标准要求进行复检。

7.2 抽样规则

预弯成型网采用 GB/T 2828.1 规定的一般检查水平Ⅱ，一次抽样和二次抽样方案进行验收检查。

7.3 检验项目及检验方案

各检验项目的批量范围和相应的抽样方案见表 5。

表 5

检验项目	批量范围 m^2	抽样方案 第一样本 n_1 第二样本 n_2	判定数 Ac_1 Ac_2	 Re_1 Re_2	接收质量限 AQL
网孔算术平均尺寸偏差 大网孔数量 网宽偏差 经纬丝垂直度 金属丝直径偏差	≤150	13 13	1 4	3 5	6.5
	151～280	20 20	2 6	5 7	
	281～500	32 32	3 9	6 10	
	501～1 200	50 50	5 12	9 13	
	1 201～3 200	80 80	7 18	11 19	
倒条数量 跳线数量 搭头数量 断纬数量	≤150	13 13	2 6	5 7	10
	151～280	20 20	3 9	6 10	
	281～500	32 32	5 12	9 13	
	501～1 200	50 50	7 18	11 19	
	1 201～3 200	80 80	11 26	16 27	
网面断丝	不分批量	5	0	1	2.5

注 1：批量范围是按单位产品为 1 m^2 折算。对于批量范围大于 3 200 m^2 另行确定。

注 2：网孔算术平均尺寸偏差和大网孔数量应按方案规定的样本大小，分别在经向和纬向进行。

7.4 判定规则

预弯成型网按表 5 规定的各项指标有一项不合格，该批即为不合格批。

8 标志、包装、运输、贮存

8.1 标志

8.1.1 预弯成型网应附有产品合格证，其内容包括：

a) 产品名称；

b) 产品标记；

c) 数量；

d) 生产日期；

e) 质量检验部门印记；

f) 制造厂名和商标。

8.1.2 每个外包装表面应标明：

a) 产品名称；

b) 网产品标记；

c) 制造厂名；

d) 净重和毛重；

e) 出厂日期；

f) 包装贮运图示标志。

8.2 包装

8.2.1 预弯成型网的内包装应采用防潮纸及其他不影响网产品表面质量的材料，亦可由供需双方协商确定。

8.2.2 预弯成型网的外包装可用木箱或其他包装材料。

8.2.3 每个预弯成型网外包装应附有产品合格证等随带文件。

8.3 运输与贮存

8.3.1 预弯成型网运输过程应有防雨、防潮措施。

8.3.2 预弯成型网应贮存于干燥及无腐蚀的场所。

附 录 A
（资料性附录）
网面缺陷种类

A.1 倒条

金属丝偏转与网垂直面夹角大于45°，见图A.1。

图 A.1

A.2 跳线

经线或纬线局部交织错误，见图A.2。

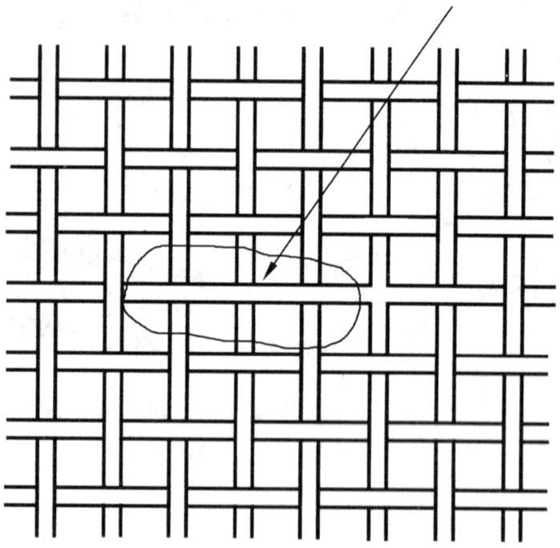

图 A.2

A.3 搭头

在编织过程中经线接头部分，见图A.3。

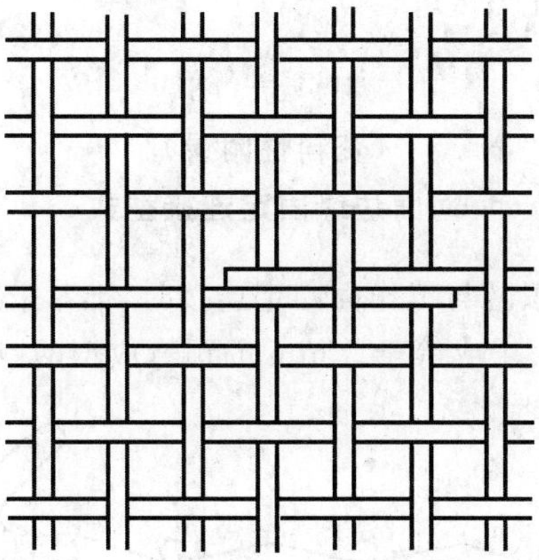

图 A.3

A.4 断纬

网面最边经线上无纬部分而形成缺目，见图 A.4。

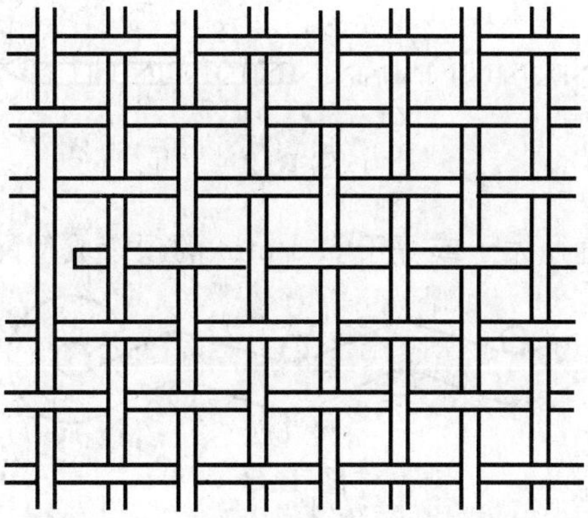

图 A.4

附　录　B
（资料性附录）
网面边缘固定连接型式

B.1　在工业用预弯成型金属丝编织网与工作面固定连接时，推荐采用以下网面边缘。

a）　钩型：适用于金属丝直径大于或等于 5 mm 的预弯成型网，见图 B.1。

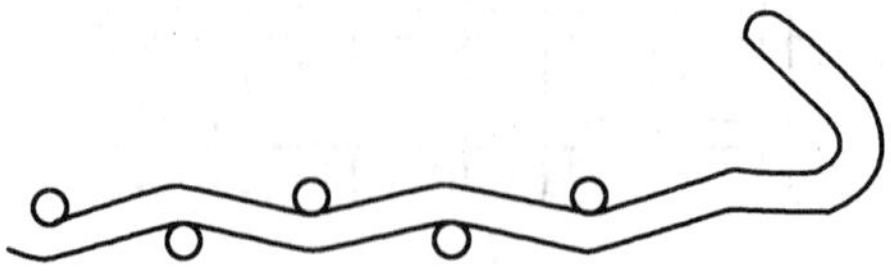

图 B.1

b）　撑板钩型：撑板为 1 mm～2 mm 厚的板料，见图 B.2。

图 B.2

c）　铰合型：适用于金属丝直径大于或等于 6.3 mm 的预弯成型网，见图 B.3。

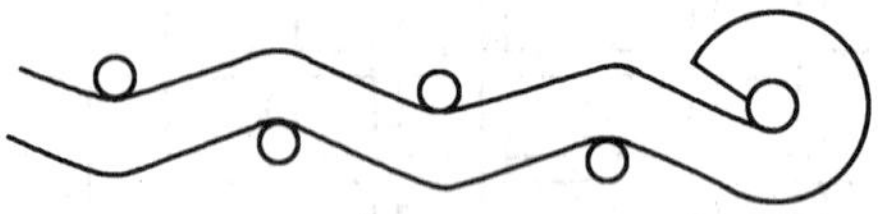

图 B.3

d）　焊接型：适用于金属丝直径大于或等于 6.3 mm 的预弯成型网，见图 B.4。

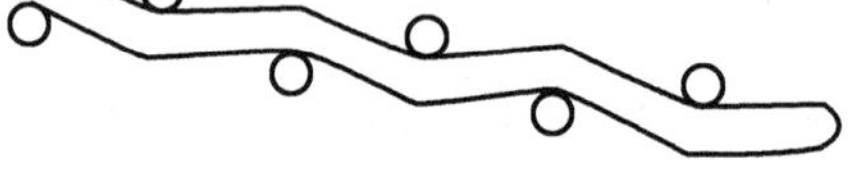

图 B.4

ICS 25.220.40
A 29

中华人民共和国国家标准

GB/T 13346—2012/ISO 2082:2008
代替 GB/T 13346—1992

金属及其他无机覆盖层 钢铁上经过处理的镉电镀层

Metallic and other inorganic coatings—Electroplated coatings of cadmium with supplementary treatments on iron or steel

(ISO 2082:2008,IDT)

2012-11-05 发布　　　　2013-03-01 实施

中华人民共和国国家质量监督检验检疫总局
中国国家标准化管理委员会　发布

前　言

本标准按照 GB/T 1.1—2009 给出的规则起草。

本标准代替 GB/T 13346—1992《金属覆盖层　钢铁上的镉电镀层》。本标准与 GB/T 13346—1992 相比主要变化如下：

——在原有名称上增加了经过处理的要求；

——删除了主要表面、局部厚度、最小局部厚度等术语，增加了缩写术语和符号(见 3.2 和 3.3)；

——删除了 1992 年版中的第 4 章　基体金属、第 6 章　镀层表示方法、第 7 章　镀层厚度系列、第 8 章　热处理、第 10 章　对镀层的要求、第 11 章　试验方法；

——增加了标识(见第 5 章)、要求(见第 6 章)；

——增加了铬酸盐转化膜和其他后处理的规定(见附录 A)；

——增加了小零件上镀层平均厚度的测量(见附录 B)；

——增加了关于铬酸盐转化膜的耐蚀性，清洗，干燥，散装零件加工和染色的资料(见附录 C)。

本标准使用翻译法等同采用 ISO 2082:2008《金属及其他无机覆盖层　钢铁上经过处理的镉电镀层》。

与本标准中规范性引用的国际文件有一致性对应关系的我国文件见附录 NA。

本标准做了下列编辑性修改：

增加了资料性附录 NA，与本标准中规范性引用的国际文件有一致性对应关系的我国文件。

本标准由中国机械工业联合会提出。

本标准由全国金属与非金属覆盖层标准化技术委员会(SAC/TC 57)归口。

本标准主要起草单位：武汉材料保护研究所、马鞍山鼎泰稀土新材料股份有限公司、天堂伞业集团有限公司、桐乡市桐德电力配件有限公司、桐乡市铁盛线路器材有限公司、武汉康捷科技有限公司。

本标准主要起草人：邓日智、张德忠、贾建新、史志民、刘冀鲁、龚大舒、沈洪卫、褚其峰、李维江、李晓栋、喻晖、李霞。

本标准所代替标准的历次版本发布情况为：

——GB/T 13346—1992。

引　言

电镀镉常用于钢铁的防腐。由于镉是一种阳极腐蚀牺牲性金属，因此即使在电镀镉层中存在孔或麻坑的情况下，铁基金属也可以被保护不被腐蚀。传统上，碱性氰化溶液常用于钢铁上的镉镀覆。近年来，由于受到人们对环境的关注和相关法规的影响，硫酸、中性氯化物和酸性氟硼酸镉溶液越来越多的用于电镀镉。

由于金属基材的表面状况的好坏会直接影响到电镀镉层的外观和使用性能，因此相关合作方之间应对金属基材表面状况的标准达成协议。

镉是一种高毒性的金属。因此出于对健康、安全和环境的考虑，镉在非必要情况下的使用受到严格的限制。尽管如此，由于电镀镉层的独有特性，例如，防腐性、自润滑性、延展性、导电性以及低接触电阻性，在一些极重要的特别是与航空相关的应用中，电镀镉还是不可替代的。

电镀镉层的防腐蚀性和处理后的无光泽性倾向，都可以通过铬转化膜和其他镀层或转化膜层后处理而得到改进。

不含六价铬的化学转化膜其商业应用越来越普及。在外观上，这些替代品与含六价铬的化学处理膜可能会有差别。其他不含铬的转化膜也有商品供应。

替代产品须符合本标准中对腐蚀性的要求。

金属及其他无机覆盖层 钢铁上经过处理的镉电镀层

注意1:镉蒸气有剧毒。因此在热处理过程中,应采取足以保证操作者安全的可靠预防措施。还应注意焊接或其他加热工艺中镉气化所产生危险的可能性。由于其毒性,镉不能作为与食物、饮料或任何家庭用品接触的容器的镀层。

注意2:本标准在使用过程中如不采取足够的安全措施,可能会危害健康。本标准不能解决任何危害健康、环境、安全或与其使用相关的法律问题。使用本标准的供需双方有责任建立适当健康、安全和环保的做法,并采取适当行动,以符合国家或国际规则条例。遵守本标准并不从法律上赋予对使用者义务的豁免权。

1 范围

本标准规定了钢铁上经过处理的镉电镀层的要求。包括由需方提供给电镀方的信息,并包括镀层及对电镀前后热处理的要求。

本标准不适用于未加工成形的板材、带材或线材的镉电镀层;密绕弹簧的镉电镀层;或用途以外的保护性、自润滑性、延展性、导电性和低接触电阻的使用目的。

本标准没有对电镀镉前基体金属的表面状况指定要求。

螺纹件的镀层厚度会受到螺纹等级和配合等尺寸要求的限制。

2 规范性引用文件

下列文件对于本文件的应用是必不可少的。凡是注日期的引用文件,仅注日期的版本适用于本文件。凡是不注日期的引用文件,其最新版本(包括所有的修改单)适用于本文件。

ISO 1463 金属和氧化物覆盖层 厚度测量 显微镜法 (Metallic and oxide coatings—Measurement of coating thickness—Microscopical method)

ISO 2064 金属和其他无机覆盖层 关于厚度测量的定义和一般规则 (Metallic and other inorganic coatings—Definitions and conventions concerning the measurement of thickness)

ISO 2080 金属及其他无机覆盖层 表面处理 词汇(Metallic and other inorganic coatings—Surface treatment—Vocabulary)

ISO 2177 金属覆盖层 覆盖层厚度 阳极溶解库仑法(Metallic coatings—Measurement of coating thickness—Coulometric method by anodic dissolution)

ISO 2178 磁性基体上非磁性覆盖层 覆盖层厚度测量 磁性法(Non-magnetic coatings on magnetic substrates—Measurement of coating thickness—Magnetic method)

ISO 2819 金属基体上的金属覆盖层 电沉积和化学沉积层 附着强度试验方法评述(Metallic coatings on metallic substrates—Electrodeposited and chemically deposited coatings—Review of methods available for testing adhesion)

ISO 3497 金属覆盖层 覆盖层厚度测量 X射线光谱法(Metallic coatings—Measurement of coating thickness—X-ray spectrometric methods)

ISO 3543 金属和非金属覆盖层 覆盖层厚度测量 β射线背散射法(Metallic and other

inorganic coatings—Measurement of coating thickness—Beta backscatter method)

ISO 3613　锌、镉、铝-锌合金和锌-铝合金的铬酸盐转化膜　试验方法(Chromate conversion coatings on zinc,cadmium,aluminium-zinc alloys and zinc-aluminium alloys—Test methods)

ISO 3892　金属材料上的转化膜　单位面积膜质量的测量　重量法(Conversion coatings on metallic materials—determination of coating mass per unit area—gravimetric methods)

ISO 4518　金属覆盖层　覆盖层厚度测量　轮廓仪法(Metallic coatings—Measurement of coating thickness—Profilometric method)

ISO 4519　电沉积金属覆盖层和相关精饰　计数检验抽样程序(Electrodeposited metallic coatings and related finishes—sampling procedures for inspection by attributes)

ISO 9587　金属和其他无机覆盖层　为减少氢脆危险的钢铁预处理(Metallic and other inorganic coatings—Pretreatment of iron or steel to reduce the risk of hydrogen embrittlement)

ISO 9588　金属和其他无机覆盖层　为减少氢脆危险的涂覆后钢铁的处理(Metallic and other inorganic coatings—Post-coating treatments of iron or steel to reduce the risk of hydrogen embrittlement)

ISO 10289　金属基体上的金属和其他无机覆盖层　经腐蚀试验后的试样和试件的评级(Methods for corrosion testing of metallic and inorganic coatings on metallic substrates—Rating of test specimens and manufactured articles subjected t corrosion tests)

ISO 10587　金属与其他无机覆盖层　镀覆和未镀覆金属的外螺纹和螺杆的残余氢脆试验　斜楔法(Metallic and other inorganic coatings—Test for residual embrittlement in both metallic-coated and uncoated externally-threaded articles and rods—Inclined wedge method)

ISO 15724　金属和其他无机覆盖层　钢铁析氢的电化学测量　藤壶电极法(Electrochemical measurement of diffusible hydrogen in steels—Barnacle electrode method)

ISO 27830　金属和其他无机覆盖层　金属和无机覆盖层专用指南(Metallic and other inorganic coatings—Guidelines for specifying metallic and inorganic coatings)

ASTM B117　盐雾试验设备使用规范　(Standard Practice for Operating Salt Spray (Fog) Apparatus)

3　术语,定义,缩写术语和符号

3.1　术语和定义

ISO 2080 和 ISO 2064 给出的术语和定义适用于本文件。

3.2　缩写术语

C 彩色转化膜;

D 不透明的铬酸盐转化膜;

ER 消除氢脆的热处理;

NM 非金属材料;

PL 可镀塑料材料;

SR 时效热处理;

T2 有机封闭剂。

3.3　符号

Cd 镉的化学符号;

Fe 铁的化学符号。

4 需方向供方提供的资料

4.1 必要资料

下面的资料应以书面方式,例如,在合同、订单或工程图纸中提供给供方:

a) 引用并指定本标准 GB/T 13346(见第 5 章);

b) 重要表面的标示,例如,按图纸或样品规定的标记;

c) 如果基材的性质、表面状态和表面精饰会影响到镀层的外观(见第 1 章);

d) 不可避免的表面缺陷,如加工痕迹(见 6.1);

e) 最终需要,例如,光亮、哑光或其他精饰,最好与已经核准的标准样本进行对照(见 6.1);

f) 铬酸盐转化膜或辅助处理的类型(见 6.3 和附录 A);是否采用铬酸盐转化膜和替代转化膜及其他辅助处理(见表 A.2)或在铬酸盐涂层上的保护涂料如油漆等,取决于需方的具体要求;

g) 对厚度、附着力和加速腐蚀试验的要求(见 6.2,6.4,6.5 和附录 B);

h) 热处理前和电镀后零件的拉伸强度和必要条件(见 6.6 和 6.7);

i) 如果抽样方法、验收标准和任何其他检查必要条件有冲突,应以 ISO 4519 为准(见第 7 章)。

4.2 附加资料

以下的附加资料也应向供方提供:

a) 任何对产品涂层的特殊要求或限制(见参考文献);

b) 任何其他要求,如对于形状复杂产品的试验或评价区域。

5 标识

5.1 概述

标识应该出现在工程图纸、采购订单、合同或详细的产品规格中。标识规定应按照下列顺序排列,基础金属,时效处理要求,底镀层厚度和类型,表面镉镀层厚度,电镀后热处理要求,转化膜类型和/或后处理(见参考文献)。

5.2 标识规格

标识规格将包含以下内容:

a) 术语“电镀层”;

b) 本标准的标准号,GB/T 13346;

c) 连字符;

d) 基材的化学符号,Fe(铁或钢),依据基材的标准名称;

e) 斜线(/);

f) 如果需要,在斜线(/)后标注 SR;

g) 镉的化学符号,“Cd”;

h) 在斜线(/)后以 μm 表示的镉镀层最小厚度;

i) 如果需要,在斜线(/)后标注 ER;

j) 如果需要,在斜线(/)后用代码标明铬酸盐转化膜的类型(见附录 A);

k) 如果需要,用代号指定的任何后处理方法(见附录 A)。

斜线(/)用于隔断不同处理顺序之间数据的步骤。双斜线或单斜线表示在处理过程中的一个步骤是不需要或是已经省略(见 ISO 27830)。

如果在 25 μm 厚的镉镀层上增加铬酸盐转化膜以外的后处理,则表示为 Fe/Cd25/X/Y。

注:

X——代表 A.1 中给出的铬酸盐转化膜代号之一;

Y——代表 A.2 中给予其他辅助涂层代号之一。

5.3 热处理要求的指定

热处理要求应按如下要求指定:

SR 表示电镀前降低应力热处理/ER 表示电镀后消除氢脆的热处理;

括号中的最低温度,用摄氏度(℃)表示;

热处理持续时间,用小时(h)表示。

例如:SR(210)1 表示在 210 ℃进行 1 小时降低应力的热处理。

5.4 范例

以下是指定镀层的实例。

例一:在铁或钢上电镀 12 μm 厚度的镉及彩色钝化膜(C)处理:

电镀层 GB/T 13346-Fe/Cd12/C

例二:在铁或钢上电镀 25 μm 厚度的镉,电镀后在 190 ℃进行 8 h 消除氢脆的热处理,标识为 ER(190)8,增加不透明铬酸盐转化膜(D)及有机封闭剂封闭的后处理(T2):

电镀层 GB/T 13346-Fe/Cd25/ER(190)8/D/T2

例三:同例二,但要在电镀前于 200 ℃进行至少 3 h 消除应力的热处理,标识为 SR(200)3:

电镀层 GB/T 13346-Fe/SR(200)3/Cd25/ER(190)8/D/T2

6 要求

6.1 外观

虽然本标准没有对基材电镀前的表面光洁度或表面粗糙度做出特殊指定,但基材的表面状态亦决定电镀层的外观(请参阅表面处理文献)。在电镀零件的重要表面不应有肉眼可见镀后缺陷如鼓泡、麻坑、粗糙、裂纹或漏镀区域(基材金属缺陷引起的除外)。镀件上无法避免的接触痕迹部位应由有关各方协议确定(见 4.1)。镀件应干净且无损伤。

除非需方另有规定,镉镀层应是光亮的。如果必要,应当由需方提供或批准按照样品显示所需完成[见 4.1 e)]。

6.2 厚度

镉镀层的厚度应为指定范围内的最小厚度。镀层最小局部厚度应在主要表面上能被直径为20 mm 的球接触的部分测量,除非需方另有规定(见 4.1 和 4.2)。

在 ISO 2177、ISO 2178、ISO 1463、ISO 3497、ISO 3543 和 ISO 4518 中规定了钢上镉镀层厚度的测量方法。

如果出现争议,在 ISO 2177 中规定测量面积应大于或等于 100 mm^2。若有争议零件的表面面积小于 100 mm^2,最小厚度应被视为由附录 B 规定的方法测定的平均厚度的最小值。

在按 ISO 2177 规定的方法测量之前,应用非常柔软的研磨剂去除铬酸盐转化膜,例如,氧化铝软膏。在有转化膜存在的情况下,测量结果会略有降低。

如果镀层表面较粗糙，显微镜法(ISO 1463)和轮廓仪法(ISO 4518)的测量结果可能会不可靠，而采用磁性测量方法测量得到的结果比对相同质量的每单位面积的平滑镀层偏大。

表1提供了各种使用条件下的防腐蚀保护层厚度的要求。

6.3 转化膜和其他后处理

在需方的要求下，转化膜可以省略，或用其他转化膜代替[见4.1 f)]。附录A规定了铬酸盐转化膜及其他辅助涂层的代号。

符合本标准的不含六价铬的化学转化膜，例如三价铬或无铬化学转化膜，可以在市场上购买到。所有可用的铬酸盐转化膜、替代转化膜或替代品(除磷化膜外)，都应符合本标准满足腐蚀性条件下的使用。

含三价铬的转化膜适用于表A.1所有代号。然而，替代转化膜的外观可能和六价铬转化膜有所不同。在这里，表1，表2，表A.1，表A.2和表C.1反映了本标准的要求，并且几十年来在实践使用中得到全球金属精饰行业生产商、产品加工和购买者普遍接受。

6.4 镉镀层和铬酸盐转化膜的附着力

镉镀层应在ISO 2819中指定打磨后的基体金属上接受测试。铬酸盐转化膜的测试应符合ISO 3613规定的附着力。

6.5 加速腐蚀试验

危险——吸入镉蒸气有剧毒。在热处理过程中，应采取足以保证操作者安全的可靠预防措施。还提请应注意焊接或加热和其他工艺所产生的危险，其中，镉气化的可能性是存在的。由于其毒性，镉不能作为与食物、饮料或任何家庭用品接触的容器的镀层。

6.5.1 中性盐雾试验

按照ASTM B117盐雾试验设备使用规范测试的中性盐雾(NSS)加速试验结果列在表1和表2，通过肉眼或矫正视力检查测试表面残留红色腐蚀产物(见表1)或白色腐蚀产物(见表2)。轻微变色是可以接受的。

如果进行铬酸盐处理，表1和表C.1给出了所需镉镀层的最小厚度。镉镀层的厚度取决于使用条件的严酷程度以确保所需的耐腐蚀性。例如名称为Fe/Cd5的镀层，建议仅用于干燥的室内环境。对于使用条件严酷的环境，有必要增加镉镀层厚度以提高耐腐蚀性能，并指定镉镀层使用条件要求(见表C.1)。

建议用分类代号Fe/Cd12和Fe/Cd25表示镉镀层的彩色铬酸盐转化膜。

人造气氛腐蚀试验的时间和结果可能与镀层的实际使用寿命没有直接的联系，因此，试验得到的结果不能被看作是所有直接指导这些镀层可用于环境中的测试镀层的耐腐蚀性。

表1 镉加铬酸盐转化膜中性盐雾耐蚀性基础金属腐蚀(红锈)开始时间

镀层规格 (局部的)	中性盐雾试验时间 h
Cd5/A Cd5/F	48
Cd5/C Cd5/D Cd8/A Cd8/F	72

表 1（续）

镀层规格 （局部的）	中性盐雾试验时间 h
Cd8/C Cd8/D Cd12/A Cd12/F	120
Cd12/C Cd12/D Cd25/A Cd25/F	192
Cd25/C Cd25/D	360

表 2　镉镀层上的铬酸盐转化膜的耐腐蚀性

铬酸盐转化膜代号[a]	中性盐雾试验时间 h	
	滚镀	挂镀
A	8	16
B	72	96
C	72	96
D	24	48
[a] 见附录 A。		

6.5.2　腐蚀评级

经过测试后，试样评定应符合 ISO 10289 的规定。验收评价应由需方指定。

6.6　金属清洗和电镀前消除应力的热处理

当需方指出钢件极限拉伸强度等于或大于 1 000 MPa（包含机械加工、磨削、冷成形或矫直作业造成的应力）时，应在金属清洗和电镀前进行消除应力的热处理。时效热处理的步骤和类别应由需方指定或由需方根据 ISO 9587 规定的步骤和类别进行。

当指定电镀前消除应力或电镀后消除氢脆的热处理时（见 6.7），热处理时间和温度包括指定的镀层如 5.3 和 5.4 所示。

进行电镀前应清除钢铁表面的氧化和锈蚀物。对于高强度钢（等于或大于 1 000 MPa），应首选非电解碱性、阳极碱性清洁剂以及机械清洗方式，应避免生产过程中产生氢脆危险的清洁方式（见参考文献）。

6.7　电镀后消除氢脆的热处理

根据需方指定，对于极限拉伸强度等于或大于 1 000 MPa 的钢件以及表面硬化零件应按照

ISO 9588规定的步骤和类别进行消除氢脆的热处理。

当指定电镀前消除应力热处理(见 6.6)或电镀后消除氢脆热处理后,热处理时间和温度包括指定的镀层如 5.3 和 5.4 所示。除非需方另有指定,消除氢脆热处理的效果应当确定符合 ISO 10587 涂覆和未涂覆金属覆盖层的螺栓和螺杆的残余氢脆试验——斜楔法和 ISO 15724 钢中可扩散氢的电化学测量——藤壶电极法的规定。

所有消除氢脆的热处理应在铬酸盐转化膜处理之前进行。

7 抽样

按照 ISO 4519 规定,应从检验批次中随机抽取样本。根据 ISO 4519 的取样准则,检查的样品应符合本标准的规定,列为合格或不合格。如果选择其他形式的抽样方案[见 4.1i)],应在待测样品中随机抽样选定符合本标准的要求进行。

附 录 A
（规范性附录）
铬酸盐转化膜和其他后处理的规定

A.1 概述

铬酸盐转化处理溶液通常呈酸性，并含有六价铬或三价铬盐以及能够改变转化膜外观和硬度的其他盐类。镉镀层通过不同溶液的处理可以获得光亮、彩虹色、橄榄绿色和黑色的钝化膜。彩虹膜也可在碱性或磷酸溶液中褪色得到透明薄膜。见表C.1提供的适当涂层指导。表A.1根据ISO 3892测量给出了各种类型铬酸盐转化膜近似面密度（单位面积质量）。

表A.1 铬酸盐转化膜类型，外观和表面密度

类型		典型外观	表面密度 $\rho_A/(g/m^2)$
代号	名称		
A	光亮	透明，淡蓝	$\rho_A \leqslant 0.5$
C	彩虹	黄色彩虹	$0.5 < \rho_A < 1.5$
D	不透明	橄榄绿色	$\rho_A > 1.5$
F	黑色	黑色	$0.5 \leqslant \rho_A \leqslant 1.0$
注1：此表中对铬酸盐涂层的描述不一定是指色漆和清漆附着的改善。 注2：此表中铬酸盐涂层可能含或不含六价铬离子。			

A.2 封闭

为了提供更好的防腐蚀性能，可通过有机或无机产品对铬酸盐转化膜进行封闭处理。封闭处理也提高了铬酸盐转化膜的耐温性能。

可用聚合物水溶液浸渍或喷涂对转化膜进行密封。一个类似的处理方案是在铬酸盐溶液中添加合适的有机物。

A.3 转化膜的后处理

如果需要对转化膜进行后处理，处理类型和代号如表A.2所示。

表A.2 转化膜的后处理

代号	处理类型
T1	采用涂料，清漆，粉末涂料或类似的涂层材料
T2	采用有机或无机密封剂
T3	采用有机染料
T4	采用油脂、油或其他润滑剂
T5	采用蜡

附 录 B
(规范性附录)
小零件上镀层平均厚度的测量

B.1 材料

注意——制样过程应在通风橱或通风罩中进行。

重要事项——本附录规定退镀后的零件不得重复使用。

B.1.1 合适的退镀溶液,其中包括 300 g/L 硝酸铵(NH_4NO_3)。

B.2 步骤

小零件测量的表面区域不能小于 1 cm^2,所取零件数量应满足镀层质量不低于 100 mg。将零件称重,精确到毫克,在室温下用合适的退镀溶液退除镉镀层。

如果零件形状复杂,应由需方指定测试和评定区域[(见 4.2 b)]。

在自来水下冲洗零件,必要时可以刷洗以除掉零件表面的疏松沉积物,干燥并称量,记录失重。以下面的公式计算:

$$d=(\Delta m\cdot 10^3)/(A\cdot \rho)$$

这里

Δm ——失重,用毫克表示;

A ——根据测量的表面积,用平方毫米表示;

ρ ——密度,用克每立方厘米表示,通常镉镀层的密度为 8.6 g/cm^3。

附 录 C
（资料性附录）
关于铬酸盐转化膜耐腐蚀性，清洗，干燥，散装零件加工和染色的资料

C.1 镉加铬酸盐转化膜在中性盐雾中的耐腐蚀性

表 C.1 提供了在不同使用条件下镉加铬酸盐转化膜中性盐雾(ASTM B117)耐腐蚀性能的信息。

对于一些重要的应用，建议最低按使用条件 3，镉镀层局部厚度为 14 μm。对于那些螺纹直径 20 mm 以下的零件，推荐的最小厚度为 10 μm。对于铆钉、锥形销、开口销及垫圈，推荐的最小厚度为 8 μm。

表 C.1 镉加铬酸盐转化膜耐中性盐雾腐蚀性

涂层名称 (局部的)	使用条件编号	使 用 条 件	中性盐雾试验时间 h
Cd5/A Cd5/F	0	纯装饰性	48
Cd5/C Cd5/D Cd8/A Cd8/F	1	温暖、干燥的室内环境	72
Cd8/C Cd8/D Cd/12/A Cd/12/F	2	可能会出现凝露的室内环境	120
Cd12/C Cd12/D Cd25/A Cd25/F	3	在良好的户外使用条件下	192
Cd25/C Cd25/D	4	在室外严重腐蚀条件下使用 例如海洋或工业环境	360

C.2 清洗和干燥

如果在铬酸盐处理后用热水作最终清洗，则为了防止六价铬的溶解，清洗时间应尽可能短。为防止铬酸盐转化膜脱水而开裂，干燥温度应与铬酸盐转化膜类型相匹配(通常最高干燥温度应不超过 60 ℃)。

C.3 散装零件的处理

如果散装零件是在滚桶中进行电镀和铬酸盐处理，则铬酸盐转化膜的耐蚀性将降低，表 2 的盐雾试验要求反映了耐蚀性程度。

C.4 染色

如果需要，可以用有机染料染色生产用于识别目的的 A 型或 B 型彩色饰面铬酸盐转化膜。其过程是采用适当的有机染料水溶液进行浸渍或喷洒。

附 录 NA
（资料性附录）
与本标准中规范性引用的国际文件有一致性对应关系的我国文件

GB/T 3138 金属镀覆和化学处理与有关过程术语（GB/T 3138—1995,ISO 2080:1981,NEQ）

GB/T 4955 金属覆盖层 覆盖层厚度测量 阳极溶解库仑法（GB/T 4955—2005,ISO 2177:2003,IDT）

GB/T 4956 磁性基体上非磁性覆盖层 覆盖层厚度测量 磁性法（GB/T 4956—2003,ISO 2178:1982,IDT）

GB/T 5270 金属基体上的金属覆盖层 电沉积和化学沉积层 附着强度试验方法评述（GB/T 5270—2005,ISO 2819:1980,IDT）

GB/T 6461 金属基体上的金属和其他无机覆盖层 经腐蚀试验后的试样和试件的评级（GB/T 6461—2002, ISO 10289:1999,IDT）

GB/T 6462 金属和氧化物覆盖层 厚度测量 显微镜法（GB/T 6462—2005,ISO 1463:2003,IDT）

GB/T 9791 锌、镉、铝-锌合金和锌-铝合金的铬酸盐转化膜 试验方法（GB/T 9791—2003,ISO 3613:2000,IDT）

GB/T 9792 金属材料上的转化膜 单位面积膜质量的测定 重量法（GB/T 9792—2003,ISO 3892:2000, MOD）

GB/T 11378 金属覆盖层 覆盖层厚度测量 轮廓仪法（GB/T 11378—2005,ISO 4518:1980,IDT）

GB/T 12334 金属和其他非有机覆盖层 关于厚度测量的定义和一般规则（GB/T 12334—2001,ISO 2064:1996,IDT）

GB/T 12609 电沉积金属覆盖层和相关精饰 计数检验抽样程序（GB/T 12609—2005,ISO 4519:1980,IDT）

GB/T 16921 金属覆盖层 覆盖层厚度测量 X射线光谱法（GB/T 16921—2005,ISO 3497:2000,IDT）

GB/T 19349 金属和其他无机覆盖层 为减少氢脆危险的钢铁预处理（GB/T 19349—2003,ISO 9587: 1999,IDT）

GB/T 19350 金属和其他无机覆盖层 为减少氢脆危险的涂覆后钢铁的处理（GB/T 19350—2003,ISO 9588:1999,IDT）

GB/T 20018 金属和非金属覆盖层 覆盖层厚度测量 β射线背散射法（GB/T 20018—2005,ISO 3543:2000,IDT）

GB/T 26107 金属与其他无机覆盖层 镀覆和未镀覆金属的外螺纹和螺杆的残余氢脆试验 斜楔法（GB/T 26107—2010,ISO 10587:2000,IDT）

参 考 文 献

[1] ISO 9227,Corrosion tests in artificial atmospheres—Salt spray tests

[2] ISO 27831-1,Metallic and other inorganic coatings—Cleaning and preparation of metal surfaces—Part 1: Ferrous metals and alloys

[3] ISO 27831-2,Metallic and other inorganic coatings—Cleaning and preparation of metal surfaces—Part 2: Non-ferrous metals and alloys

[4] ASTM E527,Standard Practice for Numbering Metals and Alloys in the Unified Numbering System (UNS)

[5] RAY,G. P. Hydrogen Embrittlement—A General Observation,Proceedings of Hydrogen Embrittlement Seminar,AESF,Orlando,FL,30 January 2002,p. 42

[6] RAY,G. P. Hydrogen Embrittlement and Standardization,Proceedings of Corrosion 2005,International Conference on Science and Economy—New Challenges,Warsaw,Poland,Vol. 1,2005,p. 143

[7] RAY,G. P. Thickness testing of electroplated and related coatings. Electrochemical Publications Ltd,Isle of Man,British Isles,2nd ed. ,1993,ISBN 0 901150 27 4

ICS 01.100
J 04

中华人民共和国国家标准

GB/T 13361—2012
代替 GB/T 13361—1992

技术制图　通用术语

Technical drawings—General terms

2012-05-11 发布　　2012-12-01 实施

中华人民共和国国家质量监督检验检疫总局
中国国家标准化管理委员会　发布

前　言

本标准按照GB/T 1.1—2009给出的规则起草。

本标准代替GB/T 13361—1992《技术制图　通用术语》。

本标准与GB/T 13361—1992相比，主要变化如下：

——增加了前言；

——规范性引用文件中增加了GB/T 16948《技术产品文件　词汇　投影法术语》；“GBJ 1”改为“GB/T 50001”；

——将“镜象投影”改为“镜像投影”，将“图象”改为“图像”（见5.9）；

——将“在水平投影上”改为“在水平投影面上”（见5.21）；

——将“在直立投影上”改为“在直立投影面上”（见5.22）；

——修改了“装配图”的定义（见6.2）；

——修改了“空白图”的定义（见6.6）。

本标准由全国技术产品文件标准化技术委员会（SAC/TC 146）提出并归口。

本标准起草单位：中机生产力促进中心、合肥凯邦电机有限公司、万向钱潮股份有限公司、大连海事大学、安徽省标准化研究院、合肥工业大学。

本标准主要起草人：杨东拜、张小军、颜波、邹玉堂、丁昌东、李学京、李荣、范围广。

本标准所代替标准的历次版本发布情况为：

——GB/T 13361—1992。

技术制图　通用术语

1　范围

本标准规定了技术制图中通用术语及其定义("术语分类及关系表"见附录 A)。

本标准适用于各类技术图样与有关技术文件,以及工程技术手册、教材等出版物。

2　规范性引用文件

下列文件对于本文件的应用是必不可少的。凡是注日期的引用文件,仅注日期的版本适用于本文件。凡是不注日期的引用文件,其最新版本(包括所有的修改单)适用于本文件。

GB/T 4460　机械制图　机构运动简图符号

GB/T 6988.1　电气技术用文件的编制　第 1 部分:规则

GB/T 16948　技术产品文件　词汇　投影法术语

GB/T 50001　房屋建筑制图统一标准

3　基础术语

3.1

图　drawing

用点、线、符号、文字和数字等描绘事物几何特性、形态、位置及大小的一种形式。

3.2

图样　drawing

根据投影原理、标准或有关规定,表示工程对象,并有必要的技术说明的图。

3.3

简图　diagram

由规定的符号、文字和图线组成示意性的图。

3.4

投影法　projection method

投射线通过物体,向选定的面投射,并在该面上得到图形的方法。

3.5

投影　projection

根据投影法所得到的图形。

3.6

投影面　projection plan

投影法中,得到投影的面。

3.7

分角　quadrant

用水平和铅垂的两投影面将空间分成的各个区域(见图 1)。

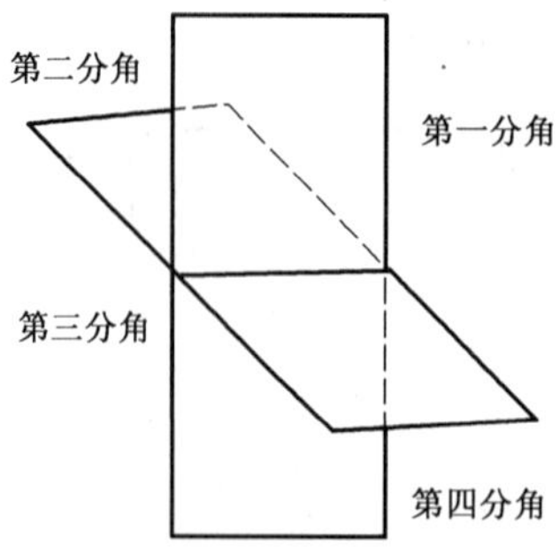

图 1

4 一般规定术语

4.1

图纸幅面 formats

图纸宽度与长度组成的图面。

4.2

比例 scale

图中图形与其实物相应要素的线性尺寸之比。

4.3

字体 lettering

图中文字、字母、数字的书写形式。

4.4

图线 lines

图中所采用各种型式的线。

4.5

图形符号 graphic symbols

由图形或图形与数字、文字组合的表示事物或概念的特定符号。

4.6

尺寸 dimension

用特定长度或角度单位表示的数值,并在技术图样上用图线、符号和技术要求表示出来。

4.7

标题栏 title block

由名称及代号区、签字区、更改区和其他区组成的栏目。

4.8

明细栏 item block

由序号、代号、名称、数量、材料、重量、备注等内容组成的栏目。

4.9

图框 border

图纸上限定绘图区域的线框。

4.10

对中符号 centring marks

从图纸四边的中点画入图框内约 5 mm 的粗实线段,通常作为缩微摄影和复制的定位基准标记。

5 画法术语

5.1

中心投影法　central projection method

投射线汇交一点的投影法(见图 2)。

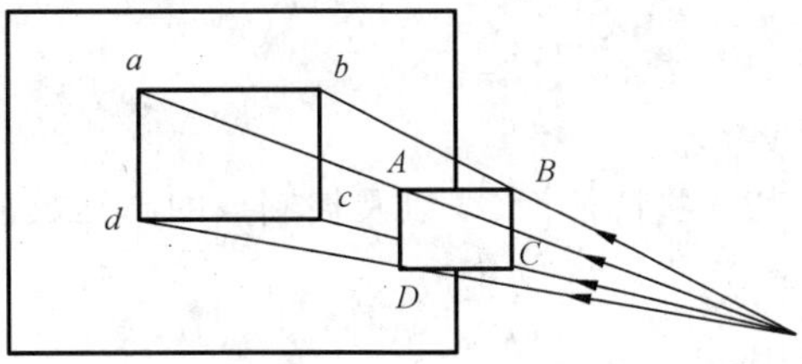

图 2

5.2

平行投影法　parallel projection method

投射线相互平行的投影法(见图 3)。

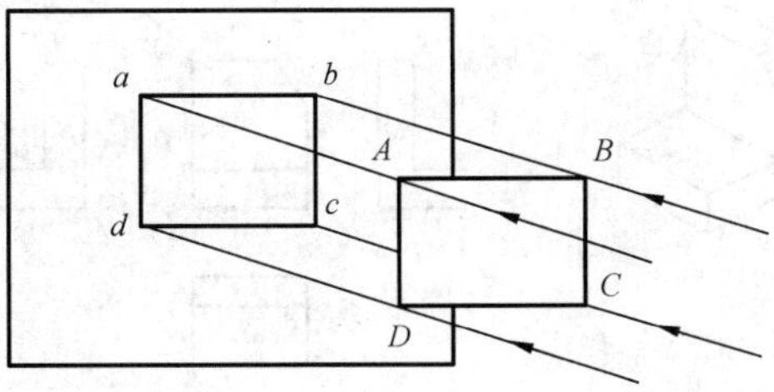

图 3

5.3

正投影法　orthogonal projection method

投射线与投影面相垂直的平行投影法。

5.4

正投影(正投影图)　orthogonal projection

根据正投影法所得到的图形。

5.5

斜投影法　oblique projection method

投射线与投影面相倾斜的平行投影法。

5.6

斜投影(斜投影图)　oblique projection

根据斜投影法所得到的图形。

5.7

轴测投影(轴测图)　axonometric projection

将物体连同其参考直角坐标系,沿不平行于任一坐标面的方向,用平行投影法将其投射在单一投影面上所得到的图形。

5.8

透视投影(透视图)　perspective projection

用中心投影法将物体投射在单一投影面上所得到的图形。

5.9

镜像投影　reflective projection

物体在平面镜中的反射图像的正投影。

5.10

标高投影　indexed projection

在物体的水平投影上,加注其某些特征面、线以及控制点的高程数值的正投影。

5.11

第一角画法　first angle method

将物体置于第一分角内,并使其处于观察者与投影面之间而得到正投影的方法(各投影的配置见图 4)。

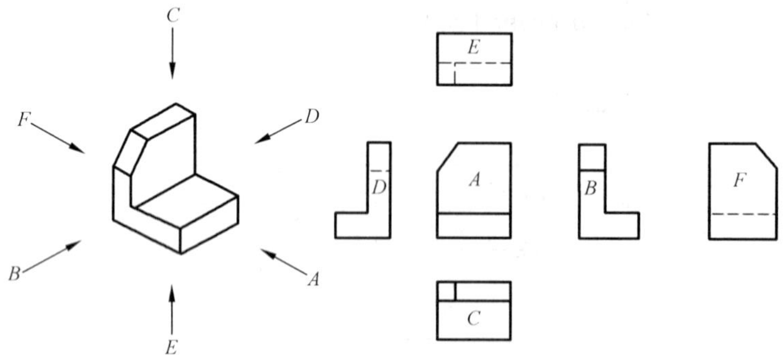

图 4

5.12

第三角画法　third angle method

将物体置于第三分角内,并使投影面处于观察者与物体之间而得到正投影的方法(各投影的配置见图 5)。

5.13

视图　view

根据有关标准和规定,用正投影法所绘制出物体的图形。

5.14

主视图　front view

由前向后投射所得的视图。

5.15

俯视图　top view

由上向下投射所得的视图。

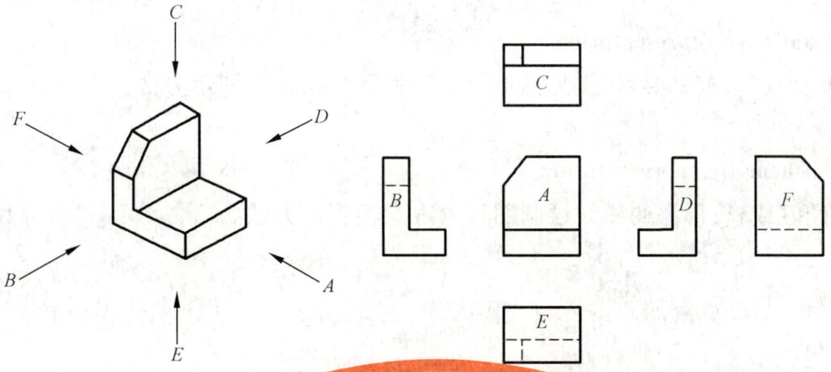

图 5

5.16

左视图　left view

由左向右投射所得的视图。

5.17

右视图　right view

由右向左投射所得的视图。

5.18

仰视图　bottom view

由下向上投射所得的视图。

5.19

后视图　rear view

由后向前投射所得的视图。

5.20

局部放大图　drawing of partial enlargement

将图样中所表示的物体部分结构，用大于原图形的比例所绘出的图形。

5.21

平面图　plan

建筑物、构筑物等在水平投影面上所得的图形。

5.22

立面图　elevation

建筑物、构筑物等在直立投影面上所得的图形。

5.23

详图　detail

表明生产过程中所需要的细部构造、尺寸及用料等全部资料的详细图样。

5.24

简化画法　simplified representation

包括规定画法、省略画法、示意画法等在内的图示方法。

5.25

规定画法　specified representation

对标准中规定的某些特定表达对象，所采用的特殊图示方法。

5.26

省略画法　omissive representation

通过省略重复投影、重复要素、重复图形等达到使图样简化的图示方法。

5.27

示意画法　schematic representation

用规定符号和(或)较形象的图线绘制图样的表意性图示方法。

6　图的种类术语

6.1

零件图　detail drawing

表示零件结构、大小及技术要求的图样。

6.2

装配图　assembly drawing

表示产品及其组成部分的连接、装配关系及其技术要求的图样。

6.3

毛坯图　modle drawing

零件制造过程中,为铸造、锻造等非切削加工方法制作坯料时提供详细资料的图样。

6.4

型线图　lines plan

用成组图线表示物体特征曲面(如船体、汽车车身、飞机机身等型表面)的图样。

6.5

表格图　tabular drawing

用图形和表格,表示结构相同而参数、尺寸、技术要求不尽相同的产品的图样。

6.6

空白图　blank drawing

对绘制结构相同的零件或部件不按比例绘制时且未标注尺寸的典型图样。

6.7

外形图　figuration drawing

表示产品外形轮廓的图样。

6.8

安装图　installation drawing

表示设备、构件等安装要求的图样。

6.9

管系图　piping system drawing

表示管道系统中介质的流向、流经的设备,以及管件等连接、配置状况的图样。

6.10

方案图　conceptual

概要表示工程项目或产品意图的图样。

6.11

设计图　design drawing

在工程项目或产品进行构形和计算过程中所绘制的图样。

6.12

施工图　production drawing

表示施工对象的全部尺寸、用料、结构、构造以及施工要求，用于指导施工用的图样。

6.13

总布置图　general plan

表示特定区域的地形和所有建(构)筑物等布局以及邻近情况的平面图样。

6.14

原理图　schematic diagram，elementary diagram

表示系统、设备的工作原理及其组成部分的相互关系的简图。

6.15

框图　block diagram

用线框、连线和字符，表示系统中各组成部分的基本作用及相互关系的简图。

6.16

流程图　flow diagram

表示生产过程事物各个环节进行顺序的简图。

6.17

电路图　circuit diagram

用图形符号，按工作顺序，表示电路设备装置的组成和连结关系的简图。

6.18

接线图　connection diagram

表示成套装置、设备或装置的连接关系的简图。

6.19

逻辑图　logic diagram

主要用二进制逻辑单元图形符号所绘制的简图。

6.20

算图　graph

运用标有数值的几何图形或图线进行数学计算的图。

6.21

表图　chart

用点、线、图形和必要的变量数值，表示事物状态或过程的图。

6.22

草图　sketch

以目测估计图形与实物的比例，按一定画法要求徒手(或部分使用绘图仪器)绘制的图。

6.23

原图　original drawing

经审核、认可后，可作为原稿的图。

6.24

底图　traced drawing

根据原图制成的可供复制的图。

6.25

复制图　duplicate

由底图或原图复制成的图。

附 录 A
（资料性附录）
术语分类及关系表

- 技术制图 通用术语
  - 基础术语
    - 图、图样、简图
    - 投影法、投影、投影面
    - 分角
  - 一般规定术语
    - 图纸幅面、比例、字体、图线、图形符号、尺寸
    - 标题栏、明细栏
    - 图框、对中符号
  - 画法术语
    - 中心投影法、平行投影法、正投影法、正投影（正投影图）、
    - 斜投影法、斜投影（斜投影图）、轴测投影（轴测图）
    - 透视投影（透视图）、镜像投影、标高投影
    - 第一角画法、第三角画法
    - 视图
      - 主视图、俯视图、左视图
      - 右视图、仰视图、后视图
    - 局部放大图
    - 平面图、立面图、详图
    - 简化画法、规定画法、省略画法、示意画法
  - 图的种类术语
    - 零件图、装配图、毛坯图、型线图、表格图、空白图
    - 外形图、安装图、管系图
    - 方案图、设计图、施工图、总布置图
    - 原理图、框图、流程图、电路图、接线图、逻辑图
    - 算图、表图
    - 草图、原图、底图、复制图

中 文 索 引

（按汉语拼音排序）

英 文 索 引

（按英文字母排序）

A

B

C

D

E

F

G

I

L

M

O

P

Q

ICS 27.040
K 54

中华人民共和国国家标准

GB/T 13399—2012
代替 GB/T 13399—1992

汽轮机安全监视装置　技术条件

Specification for safety monitoring devices of steam turbine

2012-06-29 发布　　　　2012-11-01 实施

中华人民共和国国家质量监督检验检疫总局
中国国家标准化管理委员会　发布

前　言

本标准按照 GB/T 1.1—2009 给出的规则起草。

本标准代替 GB/T 13399—1992《汽轮机安全监视装置　技术条件》；本标准对 GB/T 13399—1992 的主要修改内容如下：

——条目顺序的修改，使之更符合逻辑；

——根据汽轮机制造技术的发展和 GB/T 5578—2007《固定式发电用汽轮机规范》中的要求对汽轮机安全监视项目进行更改，增加一些必要项目，删除一些不常用的项目；

——提高了监视仪表的规格、精度、功能及可靠性等要求；

——对旧标准的文字、表达方式进行修改使之表达更为准确。

本标准由中国电器工业协会提出。

本标准由全国汽轮机标准化技术委员会(SAC/TC 172)归口。

本标准起草单位：上海发电设备成套设计研究院、北京北重汽轮电机有限责任公司。

本标准主要起草人：陈其民、叶奋、迟国华、王金建、朱幼君、杨瑞福。

汽轮机安全监视装置　技术条件

1　范围

本标准规定了固定式发电用汽轮机(以下称汽轮机)安全监视装置的保护监视项目及其技术要求。

本标准适用于汽轮机安全监视装置的设计、配套选型与出厂调试。其他类型汽轮机亦可参照执行。

2　规范性引用文件

下列文件对于本文件的应用是必不可少的。凡是注日期的引用文件,仅注日期的版本适用于本文件。凡是不注日期的引用文件,其最新版本(包括所有的修改单)适用于本文件。

GB/T 3047.1　高度进制为 20 mm 的面版、架和柜的基本尺寸系列

GB/T 5578　固定式发电用汽轮机规范(GB/T 5578—2007,IEC 60045-1:1991,MOD)

GB/T 6075.2　在非旋转部件上测量和评价机器的机械振动　第 2 部分:50 MW 以上,额定转速 1 500 r/min、1 800 r/min、3 000 r/min、3 600 r/min 陆地安装的汽轮机和发电机(GB/T 6075.2—2002,ISO 10816-2:2001,IDT)

JB/T 2862　汽轮机包装　技术条件

3　总则

3.1　汽轮机安全监视装置作用

汽轮机安全监视装置应能协同汽轮机控制系统等装置保护机组安全可靠地运行。在汽轮机启动、运行和停机过程中,该装置应能指示机组的主要运行参数值;运行中参数越限时应能发出报警、停机信号,并能提供巡测、计算机接口信号。

3.2　汽轮机安全监视装置项目内容

3.2.1　汽轮机应配备的保护监视项目内容按 GB/T 5578 的规定执行。

3.2.2　根据上述要求,汽轮机安全监视装置一般包括下列项目,在使用中,根据汽轮机实际情况允许个别增减:

a)　转速测量装置(包括零转速测量);

b)　电超速保护装置;

c)　轴向位移测量和保护装置;

d)　胀差测量装置;

e)　主轴偏心测量装置;

f)　轴承座绝对振动测量装置;

g)　轴振动测量保护装置;

h)　热膨胀及阀位、液位测量装置;

i)　润滑油压过低保护装置;

j)　凝汽器低真空保护装置;

k)　背压及抽汽压力保护装置;

l) 机械危急遮断器动作指示装置;
m) 轴瓦温度及润滑油温度过高保护装置;
n) 低压缸排汽温度(必要时含高压缸、中压缸排汽温度)过高保护装置。

3.3 汽轮机安全监视装置组成和类别

3.3.1 汽轮机安全监视装置由测量传感器、转换测量部分及显示(或记录)仪表组成。

3.3.2 汽轮机安全监视装置分单项测量(或保护)装置、组合式测量保护装置和整屏式测量保护装置三类。

3.3.3 汽轮机安全监视装置中测量转换部分所组成的仪表壳体、箱体和屏体应符合 GB/T 3047.1 的规定。

3.3.4 汽轮机安全监视装置各测量仪表编号应按相应的国家标准或行业标准规定。

3.4 汽轮机安全监视装置所选用的各类传感器和仪表要求

3.4.1 可靠性要求:通电试验时间不少于 7 d,其性能稳定,现场运行两年,其性能不变。组合式和整屏式测量保护装置可接受两路 220 V 电源,作为电源自动切换或冗余供电。

3.4.2 仪表工作环境的容许温度范围:安装在集控室的仪表为(0～45)℃;安装在汽轮机现场的仪表为(0～55)℃。

3.4.3 传感器工作能力要求:装于机组内部的传感器,具有抗油、耐温、防震的性能。连接导线为抗油耐高温导线。装在轴承箱内的传感器耐温范围为(0～120)℃;装于罩壳内的传感器耐温范围为(0～80)℃。

3.4.4 汽轮机本体上的传感器引线应接入刚性好的接线盒内。接线端子应具有防震性能,内部引线应有密封联接器件。

3.4.5 仪表的量程范围一般比实际值大 30%。

3.4.6 仪表的输出信号模拟量为(4～20)mA、(1～5)V,或者为(0～10)mA、(0～5)V;开关量输出信号的节点容量应不低于 250 Va.c.、3 A 和 24 Vd.c.、0.5 A;数字式组合式仪表应具备提供数据通讯功能。

3.4.7 对作为紧急停机处理的监视项目(3.2.2 中的 b、c、i、j 等),从信号的发生到监测装置输出应限制在小于 0.05 s 时间范围内。

3.4.8 监视装置具有一定的抗干扰能力,对系统在现场的接地和导线屏蔽措施应有明确说明。

4 技术要求

4.1 转速测量装置

4.1.1 转速测量包括机组启动过程、正常运行时的转速测量和零转速测量、盘车转速测量及超速时的转速测量。

4.1.2 转速测量传感器推荐用磁阻式传感器、电涡流式传感器和霍尔效应式传感器。

4.1.3 转速测量精度:静态误差范围为 0.1%±1 r/min;动态误差范围为±0.2%;动态响应时间为 0.1 s;用于停机的转速测量动态响应时间为 0.05 s。

4.1.4 转速测量装置配用显示仪表

a) 智能数字式转速表:4 位数量程,刷新时间小于 1 s;
b) 数字式转速表:4 位数量程,刷新时间小于 1 s;
c) 电子式模拟转速表:量程为(0～3 500)r/min,动态响应时间小于 0.1 s。

4.1.5 转速测量装置在测量范围内应设有 2～3 点可调开关量输出。

4.1.6 汽轮机转速下降接近零或刚等于零时应能发出开关量。

4.1.7 转速测量装置应有自校试验功能,以便检查转速测量电路状态。

4.1.8 汽轮机超速试验须用智能转速表或电子式模拟转速表监视机组转速。

4.2 电超速保护装置

4.2.1 50 MW 以上机组应有电超速保护装置。

4.2.2 电超速保护装置应配有专用的转速测量传感器,测量通道为三通道(三选二逻辑原理为基础)或双通道,能输出报警和停机开关量。

4.2.3 电超速保护装置应有自校试验功能。试验时能自动切除开关量的输出。

4.3 轴向位移测量和保护装置

4.3.1 轴向位移测量和保护装置监测机组转子在启停和运行中的轴向位移值。

4.3.2 测量传感器推荐用电磁感应式传感器或电涡流式传感器。

4.3.3 轴向位移测量和保护装置的测量范围为±1.5 mm 和±2 mm,并设有正、负报警与正、负停机开关量。

4.3.4 测量仪表线性度为 1.5%,系统误差应小于 3%。

4.4 胀差测量装置

4.4.1 胀差测量装置监测汽轮机转子与汽缸之间的相对膨胀值。

4.4.2 测量传感器推荐用电磁感应式传感器或电涡流式传感器。

4.4.3 胀差测量装置的量程有 8 mm、12 mm、20 mm、50 mm 等几种可调,并可设有正、负报警与正、负停机开关量。

4.4.4 测量仪表线性度应为 1.5%,系统误差应小于 3%。

4.5 主轴偏心测量装置

4.5.1 主轴偏心测量装置监测汽轮机盘车工况下主轴的弯曲值。

4.5.2 测量传感器推荐用电涡流式传感器。

4.5.3 主轴偏心测量装置的量程为(0～0.2)mm 或(0～0.5)mm 峰-峰值两种,并具有偏心报警开关量。

4.5.4 测量仪表传感器的线性度应为±2%,系统误差应小于±4%。

4.5.5 主轴偏心测量装置应设有自校试验功能。

4.6 轴承座绝对振动测量装置

4.6.1 25 MW 及 25 MW 以上的机组应有轴承座振动测量装置(如已装有轴振动测量装置,是否还装轴承座振动测量装置以制造厂规定为准)。

4.6.2 测量传感器选用磁电式速度传感器,测点布置与测量方法均应符合 GB/T 6075.2 的规定。

4.6.3 轴承座绝对振动测量振动位移的峰-峰值,装置量程为(0～0.10)mm、(0～0.20)mm,并设有报警、停机开关量信号输出。

4.6.4 测量仪表精度应为 5%,系统误差应小于 10%。

4.7 轴振动测量保护装置

4.7.1 200 MW 以上的机组应有轴振动测量保护装置,并设有报警、停机开关量信号输出。

4.7.2 测量传感器推荐用电涡流式传感器或电涡流磁阻组合式传感器。

4.7.3 测量仪传感器的线性度应为±2%，系统误差应小于±4%。

4.7.4 轴振动测量保护装置用于测量转子的相对振动的峰-峰值，推荐的安装方式是每个轴承处安装两个涡流探头，互成90°，量程为(0～0.5)mm可调；并设有报警、停机开关量信号输出；组合式仪表应留有传感器缓冲输出接口。组合式仪表在提供轴振动测量时应提供键相信号，以便于振动分析，除本装置使用以外，还应有键相脉冲输出。

4.8 热膨胀及阀位、液位测量装置

4.8.1 热膨胀及阀位测量内容有汽缸绝对膨胀测量，同步器、油动机、各种调节阀门的位移测量；液位测量有主油箱的油位和加热器、凝汽器的水位测量(具有汽水分离器和再热器的湿蒸汽汽轮机应有汽水分离器和再热器疏水箱的水位测量)。

4.8.2 测量传感器推荐用LVDT线性差动变压器式传感器。

4.8.3 测量装置的量程有(0～35)mm、(0～180)mm、(0～250)mm、(0～400)mm等。

4.8.4 仪表的线性度应为1.5%，系统误差应小于2%。

4.8.5 液位测量一般通过浮子接受油位或水位信号，由磁翻板等方式就地显示或通过LVDT等方式远传。也有通过差压或超声波来接收液位信号并远传的；液位测量装置应设有液位报警开关量信号输出。

4.9 润滑油压过低保护装置

本装置用于汽轮机润滑油油压过低时发出报警或停机信号。

4.9.1 按不同的低油压门槛值，分别设置独立的装置。

4.9.2 装置安装于汽轮机各主轴承进油的润滑油管上，并考虑运行在线试验设施。

4.10 凝汽器低真空保护装置

4.10.1 装置用于凝汽式汽轮机，凝汽室真空过低时发出报警或停机信号。

4.10.2 应按不同的低真空门槛值设置独立的装置，并考虑运行中在线试验设施。

4.10.3 取样点应设在凝汽器喉部位置。

4.11 背压及抽汽压力保护装置

4.11.1 背压式汽轮机对背压过高或过低设有保护装置，并具有报警和停机信号。

4.11.2 抽汽凝汽式汽轮机或抽汽背压式汽轮机对抽汽压力应设过高或过低保护装置，并具有报警和停机信号。

4.12 机械危急遮断器动作指示装置

本装置用于汽轮机危急遮断器，飞锤(或飞环)击出和回入的动作指示和转速记忆，并带远传输出信号。

4.13 轴瓦及润滑油温度过高保护装置

本装置为测量轴瓦温度和润滑油回油温度的装置，并具有报警和停机信号输出。

4.14 低压缸排汽温度(必要时含高压缸、中压缸排汽温度)过高保护装置

本装置为测量低压缸排汽温度(必要时含高压缸、中压缸排汽温度)的装置，并具有报警和停机信号输出。

5 汽轮机安全监视装置出厂试验

5.1 传感器出厂均应做性能试验并应符合有关标准要求。

单项仪表、组合仪表和仪表屏均应进行老化试验(试验时间应不少于 72 h)和温度试验并进行例行试验(所用电压为 AC 220 V,并允许有+10%～-15%变化范围)。

5.2 组合式与整屏汽轮机安全监视装置均要进行厂内整体特性试验。

6 汽轮机安全监视装置的包装、发货、运输

6.1 汽轮机安全监视装置的包装箱,均具有防潮、防震、防腐蚀措施并按 JB/T 2862 规定。

6.2 汽轮机安全监视装置一般是在汽轮机主机安装完工半年之前供货到现场,以确保各类传感器、仪表的完整性。

6.3 汽轮机安全监视装置运输一般采用铁路运输和空运,也可以采用汽车或船运。

7 汽轮机安全监视装置出厂时应提供的文件

a) 汽轮机安全监视装置使用说明书;

b) 汽轮机安全监视装置产品合格证;

c) 汽轮机安全监视装置设备清单(或装箱清单)。

ICS 07.020
A 41

中华人民共和国国家标准

GB/T 13400.1—2012
代替 GB/T 13400.1—1992

网络计划技术
第1部分:常用术语

Network planning techniques—
Part 1: General terms

2012-12-31 发布　　2013-06-01 实施

中华人民共和国国家质量监督检验检疫总局
中国国家标准化管理委员会　发布

前　言

GB/T 13400《网络计划技术》,包括以下三个部分:

——第1部分:常用术语;

——第2部分:网络图画法的一般规定;

——第3部分:在项目管理中应用的一般程序。

本部分为GB/T 13400的第1部分。

本部分按照GB/T 1.1—2009给出的规则起草。

本部分代替GB/T 13400.1—1992《网络计划技术　常用术语》,与GB/T 13400.1—1992相比,主要技术变化如下:

——名称变更:从《网络计划技术　常用术语》变更为《网络计划技术　第1部分:常用术语》;

——结构调整:将原标准的"基本术语""网络计划技术""网络图""网络计划"等4节结构调整为"与网络计划相关的术语"等5节结构。

——增加了"双代号时标网络图""单代号搭接网络图""关键节点""里程碑""波形线""切割线法""挣值法""时限网络计划法"等8条术语。取消了"仿真网络计划法""集合节点""分支节点"等3条术语。

本部分由中国标准化研究院提出并归口。

本部分主要起草单位:中国标准化研究院、北京工程管理科学学会、中国科学院研究生院。

本部分主要起草人:洪岩、詹伟、李小林、张婀娜、甘绍熺、丛培经。

本部分所代替标准的历次版本发布情况为:

——GB/T 13400.1—1992。

引　言

网络计划技术是人们在管理实践中创造的、用于计划管理以保证实现预定目标的管理技术。它是一种科学有效的管理方法，被广泛应用于各行各业的计划管理工作以及项目管理的规划、实施、控制诸阶段。其最大特点是能为项目管理提供多种计划信息，从而有助于管理人员合理地组织任务实施，做到统筹规划、明确重点、优化资源，实现项目目标。

在我国，网络计划技术于20世纪60年代得到推广和应用，至80年代开始与项目管理相结合，逐渐成为其核心技术及重要组成部分，并得到了很大的发展，积累了丰富的经验。为规范网络计划技术的术语和定义，特制定本部分。

网络计划技术
第1部分:常用术语

1 范围

GB/T 13400 的本部分规定了网络计划技术的常用术语及其定义。

本部分适用于各行业工程建设及科学研究等领域的计划管理工作。

2 术语

2.1 与网络计划相关的术语

2.1.1 定义

2.1.1.1

网络计划 **network plan**

在网络图(2.3.1.1)中加注工作(2.3.2.1)的时间参数等而形成的进度计划。

注:以时限(2.4.27)为约束条件时,可编制时限网络计划。

2.1.1.2

网络计划技术 **network planning techniques**

用网络计划(2.1.1.1)对任务的工作(2.3.2.1)进度进行安排和控制,以保证实现预定目标的计划管理技术。

2.1.2 分类

2.1.2.1 基于工作代号的分类

2.1.2.1.1

单代号网络计划 **activity-on-node network plan;A-O-N network plan**

以单代号网络图(2.3.1.4)表示的网络计划(2.1.1.1)。

2.1.2.1.2

双代号网络计划 **activity-on-arrow network plan;A-O-A network plan**

以双代号网络图(2.3.1.2)表示的网络计划(2.1.1.1)。

2.1.2.2 基于性质分类

2.1.2.2.1

肯定型网络计划 **deterministic network plan**

工作(2.3.2.1)、工作之间的逻辑关系(2.3.3.1)以及工作持续时间(2.4.1)都肯定的网络计划(2.1.1.1)。

2.1.2.2.2

非肯定型网络计划 **un-deterministic network plan**

工作(2.3.2.1)、工作之间的逻辑关系(2.3.3.1)和工作持续时间(2.4.1)中任一项或多项不肯定的网络计划(2.1.1.1)。

2.1.2.3 基于目标分类

2.1.2.3.1

单目标网络计划 single-destination network plan

只有一个**终点节点**(2.3.4.11)的**网络计划**(2.1.1.1)。

2.1.2.3.2

多目标网络计划 multi-destination network plan

终点节点(2.3.4.11)不只一个的**网络计划**(2.1.1.1)。

2.1.2.4 基于层次分类

2.1.2.4.1

分级网络计划 hierarchal network plan

根据不同管理层次的需要逐级细化的**网络计划**(2.1.1.1)。

2.1.2.4.2

总网络计划 master network plan

以整个项目为对象编制的**网络计划**(2.1.1.1)。

2.1.2.4.3

局部网络计划 sub-network plan

以项目的某一部分为对象编制的**网络计划**(2.1.1.1)。

2.2 与网络计划方法相关的术语

2.2.1

关键线路法 critical path method;CPM

计划中所有**工作**(2.3.2.1)都按既定的**逻辑关系**(2.3.3.1)全部完成,对每项工作只估计一个确定的持续时间,对**关键工作**(2.3.2.5)进行重点管理的网络计划方法。

2.2.2

计划评审技术 program evaluation and review technique;PERT

计划中所有**工作**(2.3.2.1)都按既定的**逻辑关系**(2.3.3.1)全部完成,但工作的持续时间不确定,应进行估算,对按期完成计划的可能性做出评价的网络计划方法。

2.2.3

图示评审技术 graphical evaluation and review technique;GERT

计划中**工作**(2.3.2.1)是确定的,但工作之间的**逻辑关系**(2.3.3.1)和**工作持续时间**(2.4.1)都不确定,而按随机变量进行分析的网络计划方法。

2.2.4

风险评审技术 venture evaluation and review technique;VERT

计划中**工作**(2.3.2.1)、**工作**之间的**逻辑关系**(2.3.3.1)和**工作持续时间**(2.4.1)都不确定,可同时就费用、时间、效能三方面作综合分析并对可能发生的风险作概率估计的网络计划方法。

2.2.5

决策网络计划法 decision network;DN

计划中某些**工作**(2.3.2.1)是否进行,要依据其紧前工作的实施结果作决策,并估计相应的任务完成时间及其实现概率的网络计划方法。

2.2.6

搭接网络计划法　multi-time difference network

网络计划(2.1.1.1)中,前后工作之间可能有多种**时距**(2.4.18)的**肯定型网络计划**(2.1.2.2.1)方法。

2.2.7

流水网络计划法　flow process network

体现流水作业组织原理的网络计划方法。

2.2.8

时限网络计划法　time limitation network

依据**时限**(2.4.27)安排的网络计划方法。

2.3　与网络图相关的术语

2.3.1　网络图的定义及种类

2.3.1.1

网络图　network diagram

由**箭线**(2.3.4.1)和**节点**(2.3.4.6)组成的,用来表示**工作**(2.3.2.1)流程的有向、有序网状图形。

2.3.1.2

双代号网络图　activity-on-arrow network diagram; A-O-A network diagram

箭线式网络图

以**箭线**(2.3.4.1)或其两端**节点**(2.3.4.6)的编号表示**工作**(2.3.2.1)的**网络图**(2.3.1.1)。

2.3.1.3

双代号时标网络图　activity-on-arrow with time-scale; A-O-A with time-scale

以预设的时间坐标为尺度表示**箭线**(2.3.4.1)长度的**双代号**网络图(2.3.1.2)。

2.3.1.4

单代号网络图　activity-on-node network diagram; A-O-N network diagram

节点式网络图

以**节点**(2.3.4.6)或该**节点编号**(2.3.4.7)表示**工作**(2.3.2.1)的**网络图**(2.3.1.1)。

2.3.1.5

单代号搭接网络图　activity-on-node with multi-time difference; A-O-N with multi-time difference

能表示出搭接关系的**单代号网络图**(2.3.1.4)。

2.3.2　网络图的构成

2.3.2.1

工作　activity

工序

活动

计划任务按需要粗细程度划分而成的、耗用时间或也耗用**资源**(2.5.3)的一个子项目或子任务。

2.3.2.2

虚工作　dummy activity

双代号网络图(2.3.1.2)中,既不耗用时间,也不耗用**资源**(2.5.3)的虚拟**工作**(2.3.2.1),表示工作之间**逻辑关系**(2.3.3.1),具有联系、区分和断路作用。

2.3.2.3

起始工作 start activity

没有紧前**工作**(2.3.2.1)的工作。

2.3.2.4

结束工作 end activity

没有紧后**工作**(2.3.2.1)的工作。

2.3.2.5

关键工作 critical activity

网络计划(2.1.1.1)中**总时差**(2.4.25)最小的**工作**(2.3.2.1)。

2.3.2.6

线路 path

网络图(2.3.1.1)中从**起点节点**(2.3.4.10)开始，沿**箭线**(2.3.4.1)方向连续通过一系列箭线与**节点**(2.3.4.6)，最后到达**终点节点**(2.3.4.11)所经过的通路。

2.3.2.7

关键线路 critical path

在**双代号网络计划**(2.1.2.1.2)中自始至终全由**关键工作**(2.3.2.5)组成或总持续时间最长的**线路**(2.3.2.6)。

在**单代号网络计划**(2.1.2.1.1)中自始至终全由关键工作组成，且关键工作之间的**间隔时间**(2.4.23)为零或总持续时间最长的线路。

2.3.2.8

线路段 part of path

网络图(2.3.1.1)中**线路**(2.3.2.6)的一部分。

2.3.2.9

回路 logical loop

从一个**节点**(2.3.4.6)出发沿**箭线**(2.3.4.1)方向又回到原出发点的**线路**(2.3.2.6)。

2.3.3 各种逻辑关系

2.3.3.1

逻辑关系 logical relation

工作(2.3.2.1)之间的相互制约或相互依赖的关系。

2.3.3.2

工艺关系 process relationship

生产性**工作**(2.3.2.1)之间由工艺技术决定的先后顺序关系；非生产性工作间由程序决定的先后顺序关系。

2.3.3.3

组织关系 organizational relationship

工作(2.3.2.1)之间由于组织安排需要或**资源**(2.5.3)调配需要而规定的先后顺序关系。

2.3.3.4

完成到开始关系 finish to start;FTS

某一**工作**(2.3.2.1)完成后或完成一定时间后，其紧后工作才开始的顺序关系。

2.3.3.5

开始到开始关系 start to start;STS

某一**工作**(2.3.2.1)开始一定时间后，其紧后工作才开始的顺序关系。

2.3.3.6

完成到完成关系　finish to finish;FTF

某一工作(2.3.2.1)完成一定时间后,其紧后工作才完成的顺序关系。

2.3.3.7

开始到完成关系　start to finish;STF

某一工作(2.3.2.1)开始一定时间后,其紧后工作才完成的顺序关系。

2.3.4　符号名称

2.3.4.1

箭线　arrow

网络图(2.3.1.1)中一端带箭头的实线。

注1:在双代号网络图(2.3.1.2)中,箭线表示一项工作(2.3.2.1)。

注2:在单代号网络图(2.3.1.4)中,箭线表示工作(2.3.2.1)之间的逻辑关系(2.3.3.1)。

2.3.4.2

虚箭线　dummy arrow

双代号网络图(2.3.1.2)中表示虚工作(2.3.2.2)的一端带箭头的虚线。

单代号搭接网络图(2.3.1.5)中因计算需要而设置的一端带箭头的虚线。

2.3.4.3

内向箭线　inward arrow

指向某个节点(2.3.4.6)的箭线(2.3.4.1)。

2.3.4.4

外向箭线　outer arrow

从某个节点(2.3.4.6)引出的箭线(2.3.4.1)。

2.3.4.5

波形线　wave arrow

弹簧线

双代号网络图(2.3.1.2)中,表示自由时差(2.4.26)或间隔时间(2.4.23)的波状线。

2.3.4.6

节点　node

网络图(2.3.1.1)中箭线(2.3.4.1)端部的圆圈或其他形状的封闭图形。

注:在双代号网络图(2.3.1.2)中,节点表示一个事件;在单代号网络图(2.3.1.4)中节点表示一项工作(2.3.2.1)。

2.3.4.7

节点编号　node number

代号

网络图(2.3.1.1)中对每个节点(2.3.4.6)所给定的号码。

注1:双代号网络图(2.3.1.2)中,可用箭线(2.3.4.1)或其两端节点的编号表示工作(2.3.2.1)。

注2:单代号网络图(2.3.1.4)中,可用节点或一个号码表示一项工作。

2.3.4.8

开始节点　preceding node

双代号网络图(2.3.1.2)中表示工作(2.3.2.1)开始的节点(2.3.4.6)。

2.3.4.9

完成节点　succeeding node

双代号网络图(2.3.1.2)中表示工作(2.3.2.1)完成的节点(2.3.4.6)。

2.3.4.10

起点节点 **start node**

网络图(2.3.1.1)的第一个**节点**(2.3.4.6)。

2.3.4.11

终点节点 **end node**

网络图(2.3.1.1)的最后一个**节点**(2.3.4.6)。

2.3.4.12

虚拟节点 **dummy node**

网络图(2.3.1.1)中虚拟**起点节点**(2.3.4.10)和虚拟**终点节点**(2.3.4.11)的统称。

注：在有多项**起始工作**(2.3.2.3)或多项**结束工作**(2.3.2.4)的**单代号网络图**(2.3.1.4)中，当绘图和计算需要时，在**网络图**(2.3.1.1)两端分别加设的，代表一项虚拟起始工作或一项虚拟结束工作的**节点**(2.3.4.6)。

2.3.4.13

关键节点 **critical node**

关键线路(2.3.2.7)上的**节点**(2.3.4.6)。

2.3.4.14

里程碑 **milestone**

关键线路(2.3.2.7)上表示某一重要阶段**工作**(2.3.2.1)的开始或完成时刻，通常用特定符号表示。

2.3.4.15

决策节点 **decision node**

紧后**工作**(2.3.2.1)如何进行须由其紧前**工作**的结果来决定的**节点**(2.3.4.6)。

2.3.4.16

与型节点 **AND node**

表达**节点**(2.3.4.6)后的**工作**(2.3.2.1)必须待诸项紧前工作完成后才能开始，或节点前工作完成后，节点后诸项工作皆可执行这种**逻辑关系**(2.3.3.1)的节点。

2.3.4.17

或型节点 **inclusive OR node**

表达**节点**(2.3.4.6)前的**工作**(2.3.2.1)中只要有一项完成，无论其他工作是否完成，该节点后工作均可开始或节点前的工作完成后，节点后诸项工作中的一项即可开始这种**逻辑关系**(2.3.3.1)的节点。

2.3.4.18

异或型节点 **exclusive OR node**

表达**节点**(2.3.4.6)前的**工作**(2.3.2.1)中，只要有且只能有一项完成，该节点后工作即可开始或节点前工作完成后，节点后诸项工作中的一项且只有一项工作可以执行这种**逻辑关系**(2.3.3.1)的节点。

2.3.5 特殊画法

2.3.5.1

母线法 **generatrix method**

网络图(2.3.1.1)中，经一条共用的线段将多条**箭线**(2.3.4.1)引入或引出同一个**节点**(2.3.4.6)，使图形简洁的绘图方法。

2.3.5.2

过桥法 **pass-bridge method**

用过桥符号表示**箭线**(2.3.4.1)交叉，避免引起混乱的绘图方法。

2.3.5.3

指向法 **directional method**

为避免**箭线**(2.3.4.1)过多交叉引起混乱，在箭线截断处添加虚线指向圈以指示箭线方向的绘图方法。

2.4 与时间参数相关的术语

2.4.1

工作持续时间 duration

D_{i-j},D_i

对一项工作(2.3.2.1)规定的从开始到完成的时间。

2.4.2

三时估计法 three-time estimate

应用**计划评审技术**(2.2.2)时确定**工作持续时间**(2.4.1)的一种方法。

注:此法对一项工作(2.3.2.1)估计出最短、最长和最可能三种持续时间,再加权平均算出一个期望值作为持续时间,参见2.4.6。

2.4.3

最短估计时间 optimistic time estimate

乐观估计时间

a

按最顺利条件估计的、完成某项**工作**(2.3.2.1)所需的持续时间。

2.4.4

最长估计时间 pessimistic time estimate

悲观估计时间

b

按最不利条件估计的,完成某项**工作**(2.3.2.1)所需的持续时间。

2.4.5

最可能估计时间 most likely time estimate

m

按正常条件估计的、完成某项**工作**(2.3.2.1)最可能的持续时间。

2.4.6

期望工作持续时间 expected activity time

三时估计法(2.4.2)中按加权平均法算出的**工作持续时间**(2.4.1)期望值,按式(1)计算:

$$D_e = \frac{a + 4m + b}{6} \qquad \cdots\cdots(1)$$

式中:

D_e ——期望工作持续时间;

a ——最短估计时间;

b ——最长估计时间;

m ——最可能估计时间。

2.4.7

工作时间标准差 standard difference of an activity

σ

衡量**工作**(2.3.2.1)估计时间离散程度的指标,其值按式(2)计算:

$$\sigma = \frac{b - a}{6} \qquad \cdots\cdots(2)$$

式中:

σ ——工作时间标准差;

a——最短估计时间；

b——最长估计时间。

2.4.8

最早开始时间　earliest start time

ES_{i-j}，ES_i

在紧前**工作**(2.3.2.1)和有关**时限**(2.4.27)约束下，工作有可能开始的最早时刻。

2.4.9

最早完成时间　earliest finish time

EF_{i-j}，EF_i

在紧前**工作**(2.3.2.1)和有关**时限**(2.4.27)约束下，工作有可能完成的最早时刻。

2.4.10

最迟完成时间　latest finish time

LF_{i-j}，LF_i

在不影响**计划工期**(2.4.33)和有关**时限**(2.4.27)的约束下，**工作**(2.3.2.1)最迟必须完成的时刻。

2.4.11

最迟开始时间　latest start time

LS_{i-j}，LS_i

在不影响**计划工期**(2.4.33)和有关**时限**(2.4.27)的约束下，**工作**(2.3.2.1)最迟必须开始的时刻。

2.4.12

节点时间　event time

事件时间

双代号网络计划(2.1.2.1.2)中，表明事件开始或完成时刻的时间参数。

2.4.13

节点最早时间　earliest event time

ET_i

双代号网络计划(2.1.2.1.2)中，以该**节点**(2.3.4.6)为**开始节点**(2.3.4.8)的各项**工作**(2.3.2.1)的**最早开始时间**(2.4.8)。

2.4.14

节点最迟时间　latest event time

LT_i

双代号网络计划(2.1.2.1.2)中，以该**节点**(2.3.4.6)为**完成节点**(2.3.4.9)的各项**工作**(2.3.2.1)的**最迟完成时间**(2.4.10)。

2.4.15

节点最早时间标准差　standard difference of the earliest event time

$\sigma(ET_i)$

衡量**节点**(2.3.4.6)最早时间离散程度的指标。其值由该节点前最长**线路段**(2.3.2.8)上所有**工作**(2.3.2.1)的**工作时间标准差**(2.4.7)决定，按式(3)计算：

$$\sigma(ET_i)=\sqrt{(\sigma_1)^2+(\sigma_2)^2+\cdots+(\sigma_{i-1})^2} \quad \cdots\cdots(3)$$

式中：

$\sigma_1,\sigma_2,\cdots,\sigma_{i-1}$——节点 i 前最长线路段上所有先行工作的工作时间标准差。

2.4.16

节点最迟时间标准差　standard difference of the latest event time

$\sigma(LT_i)$

衡量**节点**(2.3.4.6)最迟时间离散程度的指标。其值由该**节点**后最长**线路段**(2.3.2.8)上所有**工作**(2.3.2.1)的**工作时间标准差**(2.4.7)决定,按式(4)计算:

$$\sigma(LT_i)=\sqrt{(\sigma_m)^2+(\sigma_{m-1})^2+\cdots+(\sigma_i)^2} \qquad (4)$$

式中:

$\sigma_m,\sigma_{m-1},\cdots,\sigma_i$——节点 i 后最长线路段上所有后续工作的工作时间标准差。

2.4.17

事件实现概率　attainable probability

P_i

某一事件在规定期限 PT_i 内完成的可能性,具体计算要先按公式(5)求出相应的概率因子 Z_i 值,再根据 Z_i 值查正态分布表决定 P_i 值。

$$Z_i=\frac{PT_i-ET_i}{\sigma(ET_i)} \qquad (5)$$

式中:

PT_i ——规定期限;

ET_i ——节点最早时间;

$\sigma(ET_i)$——节点最早时间标准差。

2.4.18

时距　time difference

搭接网络计划中,对各种搭接关系按照**时限**(2.4.27)要求预先规定的必要时间差值。

2.4.19

完成到开始时距　time difference of $FTS_{i,j}$

某一**工作**(2.3.2.1)的完成与其紧后工作的开始之间的时间差值。

2.4.20

开始到开始时距　time difference of $STS_{i,j}$

某一**工作**(2.3.2.1)的开始与其紧后工作的开始之间的时间差值。

2.4.21

完成到完成时距　time difference of $FTF_{i,j}$

某一**工作**(2.3.2.1)的完成与其紧后工作的完成之间的时间差值。

2.4.22

开始到完成时距　time difference of $STF_{i,j}$

某一**工作**(2.3.2.1)的开始与其紧后工作的完成之间的时间差值。

2.4.23

间隔时间　time lag

网络计划(2.1.1.1)中一项**工作**(2.3.2.1)的**最早完成时间**(2.4.9)与其紧后**工作最早开始时间**(2.4.8)之间可能存在的差值。

2.4.24

时差　float

工作(2.3.2.1)或**线路**(2.3.2.6)可以利用的机动时间。

2.4.25

总时差　total float

TF_{i-j},TF_i

在不影响**计划工期**(2.4.33)和有关**时限**(2.4.27)的前提下,一项**工作**(2.3.2.1)可以利用的机动时间。

2.4.26

自由时差 **free float**

FF_{i-j},FF_i

在不影响其紧后工作最早开始和有关**时限**(2.4.27)的前提下,一项**工作**(2.3.2.1)可以利用的机动时间。

2.4.27

时限 **time limitation**

网络计划(2.1.1.1)或其中的**工作**(2.3.2.1)因外界因素影响而在时间安排上所受到的某种限制。

2.4.28

最早开始时限 **inferior limitation on start time**

对**网络计划**(2.1.1.1)或其中**工作**(2.3.2.1)的开始所限定的最早时刻。

2.4.29

最迟完成时限 **superior limitation on finish time**

对**网络计划**(2.1.1.1)的结束或其中**工作**(2.3.2.1)完成所限定的最迟时刻。

2.4.30

工期 **project duration**

T

泛指完成项目所需的时间。

2.4.31

计算工期 **calculated project duration**

根据**网络计划**(2.1.1.1)时间参数计算出来的**工期**(2.4.30)。

2.4.32

要求工期 **specified project duration**

指令工期

任务委托人所要求的**工期**(2.4.30)。

2.4.33

计划工期 **planned project duration**

综合**要求工期**(2.4.32)与**计算工期**(2.4.31)并考虑需要和可能而确定的**工期**(2.4.30)。

2.5 与网络计划优化和管理相关的术语

2.5.1

优化 **optimization**

在一定约束条件下,按既定目标对**网络计划**(2.1.1.1)进行不断检查、评价、调整和完善的过程。

2.5.2

工期优化 **optimization of time**

压缩**计算工期**(2.4.31),以达到**要求工期**(2.4.32)目标,或在一定约束条件下使**工期**(2.4.30)最短的过程。

2.5.3

资源 **resource**

为完成任务所需的人力、材料、机械设备和资金等的统称。

2.5.4

资源优化 **resource optimization**

网络计划(2.1.1.1)以**资源**(2.5.3)为目标所进行的**优化**(2.5.1)。

2.5.5

资源强度 strength of resource

$r_{i\text{-}j}$，r_i

一项**工作**(2.3.2.1)在单位时间内所需的某种**资源**(2.5.3)数量。

2.5.6

资源需要量 resource requirement

网络计划(2.1.1.1)中各项**工作**(2.3.2.1)在某一单位时间内所需要的某种**资源**(2.5.3)数量之和。

2.5.7

资源限量 resource availability

单位时间内可供使用的某种**资源**(2.5.3)的最大数量。

2.5.8

资源有限-工期最短 resource scheduling

调整计划安排，以实现**资源**(2.5.3)限制为目标，并使**工期**(2.4.30)最短的过程。

2.5.9

工期固定-资源均衡 resource leveling (resource smoothing)

调整计划安排，在**工期**(2.4.30)保持不变的条件下，使**资源**(2.5.3)需用量尽可能均衡的过程。

2.5.10

时间成本优化 time-cost optimization

寻求最低成本时的最佳**工期**(2.4.30)安排，或按**要求工期**(2.4.32)寻求最低成本的计划安排的过程。

2.5.11

最短持续时间 crash time (critical time)

临界时间

不可能进一步缩短的**工作持续时间**(2.4.1)。

2.5.12

正常费用 normal cost

按正常时间完成一项**工作**(2.3.2.1)所需的费用。

2.5.13

最短时间费用 crash cost (critical cost)

临界费用

按**最短持续时间**(2.5.11)完成一项**工作**(2.3.2.1)所需的费用。

2.5.14

费用增加率 cost slope

$a_{i\text{-}j}$，a_i

缩短每一单位**工作持续时间**(2.4.1)所需增加的费用。

2.5.15

工作分解结构 work breakdown structure; WBS

对实现项目目标所需完成的所有**工作**(2.3.2.1)，按可交付成果、**逻辑关系**(2.3.3.1)等所做的层次分解。

2.5.16

实际进度前锋线 actual progress vanguard line

在时标网络计划图上，把每项**工作**(2.3.2.1)在计划检查时刻的实际进度所达到的时间点连接而成的折线。

2.5.17

切割线法　cross line method

在无时间坐标的**网络图**(2.3.1.1)上用点划线标注计划在检查时间点的实际进度的方法。

2.5.18

挣值法　earned value management

赢值法

度量项目绩效的一种方法。它把已经完成累计预算费用(挣值)与累计计划预算费用、累计实际费用进行比较,测定进度和费用是否存在偏差,以便进行控制。

索　引

汉语拼音索引

英文对应词索引

A

C

D

L

M

N

O

P

R

S

T

U

V

W

ICS 17.160
J 04

中华人民共和国国家标准

GB/T 13441.4—2012/ISO 2631-4:2001

机械振动与冲击 人体暴露于全身振动的评价 第4部分:振动和旋转运动对固定导轨运输系统中的乘客及乘务员舒适影响的评价指南

**Mechanical vibration and shock—
Evaluation of human exposure to whole-body vibration—
Part 4:Guidelines for the evaluation of the effects of vibration and rotational motion on passenger and crew comfort in fixed-guideway transport systems**

(ISO 2631-4:2001,IDT)

2012-11-05 发布　　　　2013-03-01 实施

中华人民共和国国家质量监督检验检疫总局
中国国家标准化管理委员会　发布

前　言

GB/T 13441《机械振动与冲击　人体暴露于全身振动的评价》分为以下几部分：

——第1部分：一般要求；

——第2部分：建筑物内的振动(1 Hz～80 Hz)；

——第4部分：振动和旋转运动对固定导轨运输系统中的乘客及乘务员舒适影响的评价指南；

——第5部分：包含多次冲击的振动的评价方法。

本部分为GB/T 13441的第4部分。

本部分按照GB/T 1.1—2009、GB/T 20000.2—2009给出的规则起草。

本部分使用翻译法等同采用ISO 2631-4:2001和ISO 2631-4:2001/Amd.1:2010《机械振动与冲击　人体暴露于全身振动的评价　第4部分：振动和旋转运动对固定导轨运输系统中的乘客及乘务员舒适影响的评价指南》。

与本部分中规范性引用的国际文件有一致性对应关系的我国文件如下：

——GB/T 3241—2010　电声学　倍频程和分数倍频程滤波器(IEC 61260:1995,MOD)

本部分由全国机械振动、冲击与状态监测标准化技术委员会(SAC/TC 53)提出并归口。

本部分起草单位：中国铁道科学研究院节能环保劳卫研究所、铁道部产品质量监督检验中心机车车辆检验站、北京理工大学、郑州机械研究所、西南交通大学。

本部分主要起草人：马筠、孙成龙、彭锋、步青松、高利、韩国明、范荣华、林建辉、焦大化、刘静茹、张洁、张兵。

机械振动与冲击 人体暴露于全身振动的评价 第4部分：振动和旋转运动对固定导轨运输系统中的乘客及乘务员舒适影响的评价指南

1 范围

GB/T 13441 的本部分是 GB/T 13441.1 的具体应用，即机械振动对固定导轨运输系统中乘客及乘务员舒适影响的评价指南。旨在供采购、订制技术条件或者应用固定导轨系统的组织使用，以有助于这些组织了解固定导轨运输系统的设计以及系统的其他特性与乘客及乘务员舒适度之间的关系。本指南建立了系统间相对舒适度的评价方法，而不是绝对舒适度级。

本部分适用暴露于沿 x、y 和 z 轴的直线振动，以及绕人体中心的三个轴的旋转振动的正常健康的人群。旨在采用一个通过沿着和绕着车辆坐标轴产生的人体运动的运动函数为舒适度评估提供指导。本部分既不适用于可能引起损伤的高幅值单次瞬时运动，如车辆事故或纵向列车冲动产生的撞击，也不适用于可能影响健康的高幅值振动。

本部分适用固定导轨客运系统包括轨道系统(重轨和轻轨)、磁悬浮轨道(MAGLEV)系统和橡胶轮胎式地铁系统以及上述依靠侧倾性能来抵消通过曲线时的横向加速度的各种运输系统。

本部分提供受垂向力产生的超低频加速度(0.1 Hz～0.5 Hz)可能导致运动病影响的指导。这些垂向力可能是在曲线缓和、超高和车体倾斜技术的共同作用下产生的。然而，本部分并不提供横向力或纵向力产生的超低频加速度(低于 0.5 Hz)对舒适影响的指导。此类超低频加速度是由导轨的几何形状(水平排列和倾斜)产生的。

本部分仅给出基于运动环境的乘坐舒适的评价指导。

2 规范性引用文件

下列文件对于本文件的应用是必不可少的。凡是注日期的引用文件，仅注日期的版本适用于本文件。凡是不注日期的引用文件，其最新版本(包括所有的修改单)适用于本文件。

IEC 61260 电声学 倍频程和分数倍频程滤波器(Electro acoustics—Octave-band and fractional-octave-band filters)

GB/T 13441.1—2007 机械振动与冲击 人体暴露于全身振动的评价 第1部分：一般要求(ISO 2631-1:1997,IDT)

3 固定导轨运输系统需要特殊考虑的事项

固定导轨系统能产生影响乘客舒适的显著的重复运动和/或振动。在这些运动中，关注的是沿着和围绕车辆三个相互正交坐标轴中任意一个坐标轴的直线运动和旋转运动。已经证实垂向、横向和侧滚运动对轨道车辆内乘客的舒适度也具有重要的影响。横向和纵向运动可能对立姿的乘客或乘务员影响最大。

在影响乘客的舒适感觉方面，包括噪声级、视觉刺激、温度和湿度在内的有关因素与振动相互作用，当采用车辆运动测试结果来评估舒适度时，应当考虑这些非运动因素的影响。比如已经发现噪声与轨道车辆内乘客的乘坐舒适度评价存在相互关系。

人体中心坐标系并不能完全表现固定导轨系统的舒适度与运动之间的关系。乘客可能站、可能坐或者可能躺在相对于车体的不同方位。实际上，通过测量座椅与人体接触面，可以更全面地认识车辆（乘车）运动产生的舒适度环境。在人体与座椅接触面处进行测量时，应当使用 GB/T 13441.1—2007 中图 1 所示的人体基本中心坐标系的指南。

虽然在座椅与人体接触面上进行测量是 GB/T 13441.1—2007 的首选方法，但该方法可能并非总适用对固定导轨系统的评价。由于受试者变换各种体态以及自主活动而产生的内在不确定性，导致这些测量（结果）也存在一些疑问。固定导轨系统的乘坐环境由导轨、车辆悬挂、车体、座椅或卧铺共同组成，而座椅和卧铺不属于车辆的永久部件，在车辆的寿命期内可多次更换。

受乘客的期望和旅行持续时间的影响，乘客的活动对舒适度影响评价更为复杂。旅行持续时间可能会在几分钟到几天内变化，乘客们希望参加包括行走、阅读、书写、打字、进食、饮水和睡眠等丰富多彩的活动。列车的某些运动不仅妨碍了部分上述活动的开展，而且对一些需要视觉集中的活动，尤其是阅读和书写，会增加引发眩晕病（运动病）的可能性。

为在车辆间或系统间进行有意义的比较，应当说明测试车辆的悬挂条件和所用的轨道或导轨区段的状态。一般来说，宜在有代表性的直线和曲线轨道区间进行测试，试验区段宜包括适用于测试车辆各种不同质量的轨道或导轨。同样，装备了新车轮的车辆和车轮已磨损到维护极限的车辆都宜进行测试。

空车和重车都宜进行测试，其他荷载情况下也可以进行测试。试验车辆在列车编组中的位置、某些情况下运行的方向都会影响测试结果。与试验车辆相邻的车辆也会影响测试。因此，宜记录和报告试验车辆在编组列车中的位置和运行方向。

4 固定导轨车辆的运动特性

固定导轨车辆的运动可由以下表征：

a) 由于轮/轨接触表面缺陷、线路中心线误差等造成的半随机直线加速度（全部位于 3 个坐标轴向）和半随机角加速度（围绕 3 个坐标轴）；

b) 由于不稳定性问题（摇摆）、悬挂运动、轨道长波不平顺、钢轨接头间的周期性距离、道岔等产生的或多或少的周期运动；

c) 因纵向和横向倾斜（超高）产生的沿横向和垂向轴线的准静态加速度幅值，以及侧滚和摇头运动，因车辆加速和制动产生的沿纵向轴的准静态加速度幅值；

d) 因轨道或道岔的重大缺陷引起的突发运动，或因有或没有缓和曲线的曲线半径变化所产生的准静态水平（跳动）的变化。

通常认为轨道车辆内明显影响乘车舒适的运动频率范围包括：缓和曲线（侧滚）处为 0.1 Hz～2 Hz、横向和纵向为 0.5 Hz～10 Hz、垂向为 0.5 Hz～20 Hz。

对于超高速车辆（250 km/h 及以上）和摆式列车，在 0.1 Hz～0.5 Hz 频率范围内产生垂直加速度。如此低频的垂直加速度会诱发运动病。GB/T 13441.1—2007 附录 D 给出了基于该频率范围加速度计算运动病剂量值的方法指南。

可能会发生两种侧滚运动：

——当进入或离开曲线轨道或导轨的超高区段时引发的相对高幅值、超低频率的侧滚运动；

——因悬挂/导轨的相互作用产生的重复横向摇摆运动。

对于导轨超高量较大和（或）摆式悬挂装置的系统，在评估运动对舒适的影响时，宜考虑侧滚（侧摆）角度和侧滚速度（滚转速率）。

若使用缓和曲线(进入并返回过渡段的曲线)会产生大于24°的持续倾角,此类持续倾角在航空旅行中常碰到。当这种倾角逐渐产生而且持续不变时,就不会引起乘客不舒适。然而,快速达到这种侧滚角并很快又恢复到正常位置的高侧滚速率的重复暴露会引起运动病。使用缓和曲线(进入并返回过渡段的曲线)时会发生这种高侧滚速率。因此,当列车以非常高的速度行驶时,有一定长度的缓和曲线是导致乘客不舒适和运动病的一个潜在因素。

5 测量

导轨、车轮、悬挂、车体结构和内部配置(座椅和卧铺)均影响乘客和乘务员对振动的感觉。

当座椅或卧铺对舒适的影响成为首要关注对象时,在座椅/人体或卧铺/人体的接触面进行测量就非常重要。这些接触面是车体结构和人体间的直接接触点,具有支撑及引导人体并将身体重量传递到车体本身的作用(见表1)。对立姿、坐姿、卧姿人体的振动总值的评价,宜在表1中给出的人体界面上进行测量。

注:在某些情况下,在头枕/颈部界面和扶手/前臂界面对坐姿的乘客进行测量是实用的;类似地在卧铺/腿的界面对卧姿的乘客进行测量也是实用的。

表1 人体界面

姿势	界面
立姿	地板/脚
坐姿	座椅椅盘 座椅靠背 地板/脚
卧姿	骨盆、后背和头部的支撑面

在车辆和导轨的使用年限内,固定设备(座椅和卧铺)通常需数次更换。在车辆结构上进行的测量比在这些界面上进行测量更有意义,因此,在车辆的刚性部分进行测量可能更合适,如GB/T 13441.1—2007中5.3.1的注1所述。在车辆结构的点上进行的测量宜使用如下参考坐标系:

——z 轴:垂直,与地板正交,向上(正)/向下(负);

——x 轴:纵向,沿运行方向,向前(正)/向后(负);

——y 轴:横向,垂直于运行方向的横向;

——侧滚:绕 x 轴的转动。

将车辆视为刚体并不完全正确。所以,宜在车辆的两端和中间位置进行测量(沿 x 轴运动的单个测量已足够的除外)。对于双层车辆,宜在低层车辆的两端、中部和上层车辆的中部进行测量。因车辆设计变化多样,所以宜详细记录和报告测量位置。

只有安装了摆式装置或者曲线超高较大的区间给出较大侧滚(侧倾)角度的导轨的车辆,才需要进行侧滚运动特性的测量。

通过一个在地板上安装的速率陀螺仪可以测量侧滚度(侧滚速率),而后可通过侧滚速度对时间求导计算出侧滚加速度。需要低频滤波并宜报告相应滤波器的特性。

虽然使用速率陀螺仪是上述推荐的方法,但侧滚加速度的测量,可以由安装在地板上的车辆相同纵向位置、但横向间距为 d(单位为m)的2个垂直加速度计进行测量。通过公式 $(\ddot{z}_{left}-\ddot{z}_{right})/d$ 给出侧滚加速度(单位为 rad/s^2),式中 $\ddot{z}$ 是加速度计输出值(单位为 m/s^2)。

6 固定导轨车辆运动分析

关于垂向振动，在 GB/T 13441.1—2007 的表 1 中给出了适用于多种条件下计权曲线选择的通用指南。该表建议对垂直加速度使用计权曲线 W_k。尽管如此，在 GB/T 13441.1—2007 附录 C.2.2.1 的注释中指出，对于轨道车辆的舒适评价，指定的计权曲线 W_b 可作为一般曲线 W_k 可容许的近似。目前，很多欧洲国家和一些非欧洲国家的铁路公司使用特定值 W_b 来评价轨道车辆的舒适性。

尽管计权曲线 W_k 和 W_b 有时会给出相似的结果，但在某些情况下，这两种计权曲线会得出完全不同的计算结果。低于 8 Hz 时，使用 W_b 的计权值会比 W_k 小，是其 0.8 倍；大于 8 Hz 时，使用 W_b 的计权值会比 W_k 大，是其 1.2 倍。图 1 举例说明了这两种频率计权曲线的差异。在附录 A 中给出了 W_b 的计算方法。相应的因数与 ISO 2631-1 中的 W_k 给定值相同。

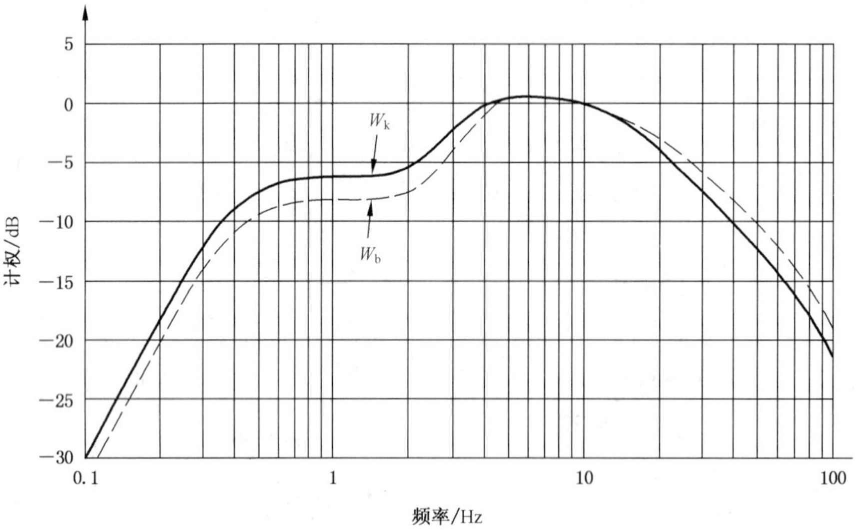

图 1 W_b 和 W_k 的频率计权曲线

在 GB/T 13441.1—2007 的第 8 章中规定了基于均方根值的乘坐舒适的评价方法。但多数铁路公司使用的是附录 B 中描述的一种可供选择的统计评价方法。该统计方法考虑了振动的波动、乘客间的差异，并避免选用过度敏感的人群。参考文献[5]中给出了一个应用这些统计方法的实例。这种方法是通过采样间隔 5 s 的测量时长 5 min 所测加速度的计权均方根值的 95％描述相应的振动数值特征。至少应考虑四个这样的周期。

对于固定导轨系统，超高和车辆摆式装置是用来补偿横向加速度的。然而，这种补偿会使人产生低频垂向加速度的感觉。长时间暴露于低频垂直加速度可导致运动病。在 GB/T 13441.1—2007 附录 D 中给出长期暴露于低频运动的评估指南，该指南给出了计算运动病剂量值（MSDVz）的剂量方法。

注 1：已有横向和侧滚加速度可引起运动病的有关报导。除应用垂向加速度以外，在 GB/T 13441.1—2007 附录 D 中定义的运动病剂量值的计算方法可用于表示横向和侧滚加速度的严酷程度。这并不意味着使用横向和侧滚加速度计算的运动病剂量值可用于预测呕吐症状的流行，而是鼓励和协助数据报告。

瞬时横向加速度是传统轨道系统运行的特性。这些运动具有间断性，一般发生在列车通过道岔尖轨或当车辆横向运动导致其到达悬挂装置限位的时候。这些瞬态运动尤其对站立的乘客造成干扰。GB/T 13441.1—2007 中的 6.3 给出了一些瞬态运动的评价指南。

注 2：当车辆以高于（或低于）轨道超高或组合超高限定的速度通过水平曲线而补偿车体倾斜时，会产生持续横向加速度。这种加速度对车厢内乘客和乘务员的行走带来特殊影响。

7 乘客舒适度的直接测试

当需要对车辆乘坐舒适进行全面评估时，不仅需考虑运动环境，还需考虑诸如噪声、温度和湿度等因素。考虑车辆内乘客和乘务员的预期活动也同样重要。采取的一种方法是直接记录人的反应。如果具备典型的试验车辆和典型的试验导轨区段，或有合适的运动模拟器，可以使用这种方法。

这试验具有很多困难。舒适度的评估可以给出整个乘车环境的有用信息，但可能不提供清晰的识别乘坐特性的影响程度。暴露于同一乘车区段的受试者对舒适的评定会有所不同，甚至对于日复一日在同一试验区段的同一受试者而言，对舒适的评定也会有所变化。通过合理的统计设计，可以减少由于这些变化对测量可靠性和有效性带来的影响。

在对可导致运动病的运动影响进行评估时，顺序效应显得尤为复杂。已知甚低频(0.1 Hz～0.5 Hz)加速度的效应具有很强的累积作用。应采用足够数量的受试者样本以补偿受试者的不确定性影响，并使受试者暴露于足够次数的重复性试验条件中。当预测到有潜在的运动诱发运动病时，完全抵消暴露于不同乘车区段的次序影响成为关键。这对于固定导轨系统而言显然很困难，因为通常仅有两种实际的展示顺序。使用模拟器也难以产生这些平衡测试条件，因为只有很少的模拟器可以提供与运动病有关的能产生低频加速度的垂直行程。

如果使用“受试者参与”的试验方案(受试者自身控制试验)，受试者必须以不同的顺序在不同的位置参加大量试验。因为运动病的累积效应，试验宜隔1天或更多天进行。

宜使用受试者容易理解的相对简单量表收集受试者的反应。由于研究的重点通常是确定新的或已改造的设备是否提供与原配设备一样好的乘坐舒适性，因此需要使用两极量表。此外，通过设计有满意度水平的系统可降低系统成本。例如，为确定边际成本是否合理，系统分类人员也许需要划定非常舒适的系统和介于舒适和不舒适之间的系统。下列两极量表使用了本质上由“对振动环境的舒适反应”的单极表而来的术语，这与GB/T 13441.1—2007的C.2.3是一致的。

——非常舒适；

——舒适；

——介于舒适和不舒适之间；

——不舒适；

——非常不舒适。

试验开始之前，通过给受试者提供设定点的乘坐典型样例会提高受试者反应的一致性。通过对受试者进行严密地简要讲解正在评价的服务类型会减少一致性预期值的影响。如果期望正在评价系统内的乘客进行诸如进食、阅读或书写等活动，则在试验中宜让受试者从事这些活动。

对每一独立个体的研究，需额外考虑的一些与目的和手段有密切关系的情况，包括受试者和试验状态的数量，为提供足够的满意率所必要的对每一状态重复暴露的次数，以及暴露于每一状态的顺序和持续时间。这些问题的指南宜在试验设计的逐条详述中找到。

附 录 A
（规范性附录）
频率计权 W_b 的定义

A.1 传递函数的参数

传递函数的参数如表 A.1 所示。

表 A.1 频率计权 W_b 的传递函数参数

频带界限			频率计权							
f_1/Hz	f_2/Hz	Q_1	f_3/Hz	f_4/Hz	f_5/Hz	f_6/Hz	Q_4	Q_5	Q_6	K
0.4	100	0.71	16	16	2.5	4	0.55	0.90	0.95	0.4

A.2 传递函数

频带界限（带通滤波器）给定如下：

$$H_b(p)=\frac{p^2\cdot 4\pi^2 f_2^2}{\left(p^2+\frac{2\pi f_1}{Q_1}\cdot p+4\pi^2 f_1^2\right)\left(p^2+\frac{2\pi f_2}{Q_1}\cdot p+4\pi^2 f_2^2\right)} \quad\cdots\cdots\cdots(\text{A.1})$$

W_b 的纯频率计权如下所示：

$$H_w(p)=\frac{(p+2\pi f_3)\left(p^2+\frac{2\pi f_5}{Q_5}\cdot p+4\pi^2 f_5^2\right)}{\left(p^2+\frac{2\pi f_4}{Q_4}\cdot p+4\pi^2 f_4^2\right)\left(p^2+\frac{2\pi f_6}{Q_6}\cdot p+4\pi^2 f_6^2\right)}\cdot\frac{2\pi K f_4^2\cdot f_6^2}{f_3\cdot f_5^2} \quad\cdots(\text{A.2})$$

式中：

f_n ——共振频率，$n=1\sim6$；

Q_n ——选择度（共振品质因数），$n=1$、4、5、6；

K ——增益常数；

$H(p)$——滤波器的传递函数，$p=j2\pi f$。

表 A.2 给出了包括频带界限在内的 1/3 倍频程下频率计权 W_b 的值。

表 A.2 包括频带界限在内的 1/3 倍频程下的频率计权值 W_b

频带数[a] x	频率 f/Hz	W_b	
		因数×1 000	dB
−10	0.1	25.0	−32.04
−9	0.125	38.9	−28.20
−8	0.16	63.2	−23.90
−7	0.2	97.3	−20.23
−6	0.25	146	−16.71
−5	0.315	211	−13.51

表 A.2（续）

频带数[a] x	频率 f/Hz	W_b	
		因数×1 000	dB
−4	0.4	282	−10.98
−3	0.5	334	−9.53
−2	0.63	367	−8.71
−1	0.8	381	−8.38
0	1	385	−8.29
1	1.25	386	−8.27
2	1.6	392	−8.07
3	2	417	−7.60
4	2.5	494	−6.13
5	3.15	662	−3.58
6	4	889	−1.02
7	5	1 025	0.21
8	6.3	1 055	0.46
9	8	1 025	0.21
10	10	974	−0.23
11	12.5	907	−0.85
12	16	810	−1.83
13	20	708	−3.00
14	25	600	−4.44
15	31.5	492	−6.16
16	40	393	−8.11
17	50	313	−10.09
18	63	239	−12.43
19	80	171	−15.34
20	100	116	−18.72
21	125	70.8	−23.00
22	160	37.3	−28.56
23	200	19.9	−34.03
24	250	10.4	−39.69
25	315	5.22	−45.65
26	400	2.56	−51.84

[a] x 为 IEC 61260 中的频带数。

附　录　B
（规范性附录）
统计分析方法

B.1　符号和缩略语

a_w：　计权加速度均方根值(r.m.s.)，单位为米每二次方秒(m/s^2)；

b：　级的宽度，单位为米每二次方秒(m/s^2)；

h：　计权加速度均方根的概率；

h_c：　加速度均方根的累计概率；

i：　下脚标，代表基本数据块的数量；

m：　表征观察级的变量；

$n(m)$：m 级观察序列的数量；

n_{tot}：　观察序列总数。

B.2　统计分析方法

根据特定统计参数确定舒适度指数的数据：r.m.s.值的平均值和较高r.m.s.值的特征参数(如第95和第99个百分点)。采用计权加速度信号均方根值(a_w)的直方图进行评估。

绘制某一概率 $h(m)$ 的直方图和累积概率 $h_c(m)$ 的直方图(见图B.1和图B.2)：

$$h(m)=\frac{n(m)}{n_{tot}} \qquad \text{(B.1)}$$

$$h_c(m)=\sum_{i=0}^{m}h(i) \qquad \text{(B.2)}$$

式中：

m ——$a_w(m)/b$ 四舍五入后取最接近的整数值。

图B.1和图B.2给出了某一概率直方图和相应累积概率直方图。

$$h_c(m)=P[a_w\leqslant a_w(m)] \qquad \text{(B.3)}$$

式中：

P——概率。

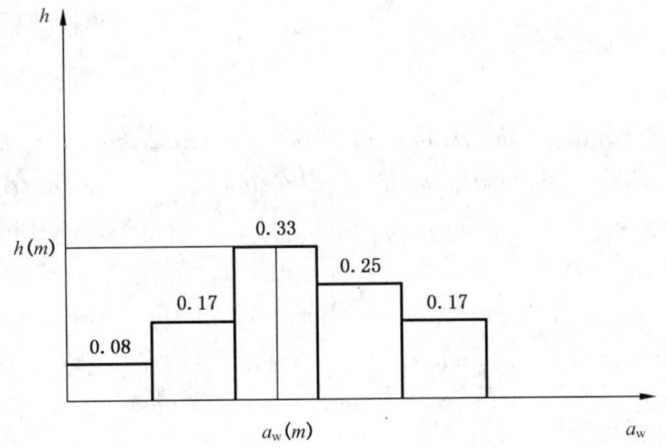

说明：

a_w ——计权均方根加速度值；

$a_w(m)$ ——m 级计权均方根加速度值；

h ——概率；

$h(m)$ ——m 级的概率。

图 B.1 概率直方图

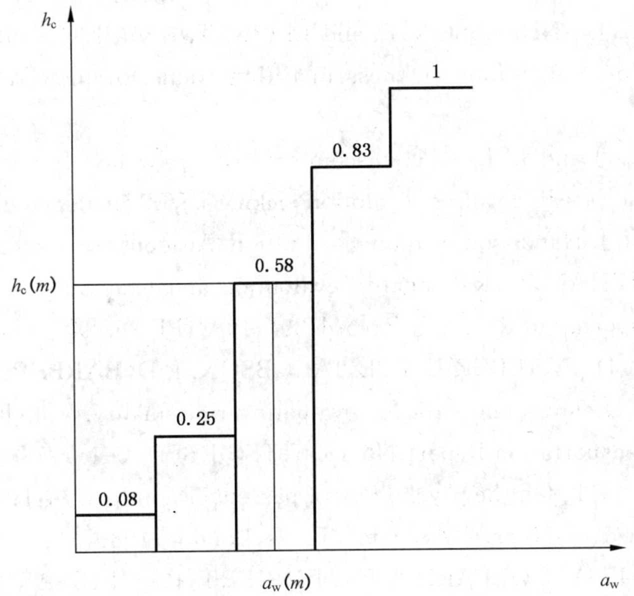

说明：

a_w ——计权均方根加速度值；

$a_w(m)$ ——m 级计权均方根加速度值；

h_c ——累积概率；

$h_c(m)$ ——m 级累积概率。

图 B.2 累积概率直方图

参 考 文 献

[1] ISO 2631-5, *Mechanical vibration and shock—Evaluation of human exposure to whole-body vibration—Part 5: Method for evaluation of vibration containing multiple shocks*

[2] ISO 8727. Mechanical vibration and shock—Human exposure—Biodynamic coordinate systems

[3] ISO 10326-2. Mechanical vibration—Laboratory method for evaluating vehicle seat vibration—Part 2: Application to railway vehicles

[4] ENV 12299. Railway applications—Ride comfort for passengers—Measurement and evaluation

[5] CLEON, L. M. and Lauriks, G.. Evaluation of passengers Comfort in Railway Vehicles. J. Low Frequency Vibration. 15, No. 2, 1996, PP. 53-69

[6] European Rail Research Institute. Application of ISO 2631 to railway vehicles. Comfort index NMV Comparison with the ISO/SNCF comfort note and with the wz. Report No. ERRI B 153/RP 21, 1993

[7] FORSTBERG, J. Motion related comfort levels in trains: A study of human responses to different tilt control strategies for a high speed train. VTI sartryck, No. 274. 1997

[8] FORSTBERG, J. ANDERSSON, E. and LEOW, T. Influence of different conditions for till compensation on symptoms of motion sickness in tilting trains. Brain Research Bulletin, 47. No. 5, 1998. PP. 525-535

[9] FORSTBERG. J and LEDIN. T. Discomfort caused by low frequency motion: A literature survey of hypotheses and possible causes of motion sickness. VTI meddelande, No. 802A, 1996

[10] GRIFFIN, M. J. Handbook of human vibration. Academic Press. London, 1996

[11] HIGGINBOTHAM, R. Ride-quality evaluation and technology in intercity rail passenger car specifications. Transportation Research Record, 894, 1982, PP 26-29

[12] PEPLER, R. D., VALLERIE, L. L. JACOBSON. I. D, BARBER. R W. and RICHARDS. L. G. Development of Techniques and data for evaluating ride quality. Vol. Ⅱ: Ride-quality research. U. S. Department of Transportation Report No. DOT-TSC-RSPD-77-1. 1978

[13] RICHARDS, G. L. On the psychology of passenger comfort. In: Human factors in transport research. Vol. 2 Oborne&Lewis(eds.), Academic Press, London, 1980

[14] SUSSMAN, E. D., POLLARD, J. K, MENGERT, P. and DISARIO. R. Study to Establish Ride Comfort Criteria for High Speed Magnetic Levitation Transportation System. U. S. Department of Transportation Report No. DOT-VNTSC-FRA-93-14, 1993

[15] SUSSMAN. E. D and WORMLEY. D. N. Measurement and evaluation of ride quality in advanced ground transportation systems. Transportation Research Record, 894, 1982, PP 9-17

[16] WICHANSKY, A. M. The effects of the ride environment on intercity train passenger activities. Transportation Research Board Meeting, Washington. DC, 1979

ICS 47.020.60
U 61

GB

中华人民共和国国家标准

GB/T 13603—2012
代替 GB/T 13603—1992

船舶蓄电池装置

Marine battery installation

2012-06-29 发布 2012-11-01 实施

中华人民共和国国家质量监督检验检疫总局
中国国家标准化管理委员会 发布

前　言

本标准按照 GB/T 1.1—2009 给出的规则起草。

本标准代替 GB/T 13603—1992《船舶蓄电池装置》。

本标准与 GB/T 13603—1992 相比，主要有下列变化：

a) 删除了对直流系统中使用的充电设备的要求；

b) 增补了“4.9”和“4.10”；

c) 根据 CCS 规范(2006)的规定，对蓄电池室的通风部分的内容增加了“7.3”、“7.4.1”和“7.4.3”等；

d) 增补了“8. 蓄电池组型式、位置和维护周期记录”。

本标准由中国船舶工业集团公司提出。

本标准由全国海洋船标准化技术委员会船舶电气设备分技术委员会(SAC/TC 12/SC 6)归口。

本标准起草单位：中国船舶工业集团公司第七〇八研究所。

本标准主要起草人：陈根、黄建章。

本标准所代替标准的历次版本发布情况为：

——GB/T 13603—1992。

船舶蓄电池装置

1 范围

本标准规定了船舶蓄电池装置设计和安装的基本要求。

本标准适用于在船舶上固定安装使用的蓄电池装置，不适用于移动式蓄电池装置。

2 蓄电池的类型及结构要求

2.1 在船舶上，可用铅酸蓄电池、镉镍碱性蓄电池及经过验证的其他类型的蓄电池。在选用时，应考虑不同类型的蓄电池的不同用途及其在船舶环境中的适用性。

2.2 蓄电池的所有极板应为刚性结构，且其设计应使活性物质的脱落为最少。单体蓄电池的结构应能防止由于从法线位置倾斜至40°而引起的电解液外溢。充注塞的结构应能防止由于诸如横摇和纵倾等船舶运动而引起的电解液外溢。

2.3 应急蓄电池组的设计和安装，应保证在船舶正浮和横倾达22.5°，或在艏艉方向任何一端纵倾10°，或在前述各范围内出现的任何组合的倾斜角度时，保证它们仍能以全额定功率供电。

2.4 单体蓄电池应组装在结构坚固和采用适当材料制成的箱或托盘内，并具有便于搬运的措施。组装成的蓄电池组的重量最好不超过100 kg。

2.5 每个箱或托盘均应配置一个牢固附着的经久耐用的铭牌。铭牌上标明蓄电池的制造厂名、地址、型号、名称、出厂日期，特定放电率时的安-时定额(最好选用5 h、10 h或20 h定额的工况)以及电解液的比重(若是铅酸蓄电池，则系完全充足电时的比重)。镉镍碱性蓄电池还应标明终止电压。

2.6 蓄电池的接线端子应有注明极性的耐久标志，单体电池之间的导体及接线端子的载流量，应与蓄电池特性确定的最大电流相适应，对具有很高放电率的原动机起动用的蓄电池应予以特别考虑。连接导体及接线端子应有防止电解液腐蚀的措施。

3 蓄电池组的容量

3.1 应急电源用蓄电池组和临时应急电源用蓄电池组及通讯、报警电源等用蓄电池组均应配有足够的容量，在规定的供电时间内，该蓄电池组的电压变化应能保持在其额定电压的±12%范围内。

3.2 用于主机起动用的蓄电池组，应设置独立的两组，其总容量应在30 min内在不补充充电的情况下，对每台可换向的主机能从冷机连续起动次数不少于12次(对每台不能换向的主机，其连续起动次数可不少于6次)，且每组蓄电池应能独立使主机起动。并随时可用船上的充电设备进行充电。

3.3 辅机的电起动装置应设置两组独立的蓄电池组(在仅有单台辅机的情况下，可仅设一组蓄电池组)，其总容量在不补充充电的情况下，应足以对每台辅机至少起动3次。并随时可用船上的充电设备进行充电。

4 充放电设备及保护

4.1 所有蓄电池组均应设有适当的充电设备。按使用要求，该充电设备应能将蓄电池组从完全放电状态开始在不超过 10 h 的时间内充电至额定容量。当采用浮充充电工况或充电时负载仍接至蓄电池上时，充电的最大电压应不超过任何连接设备的安全电压。如安全电压不能得到保证时，则应设置电压调整器或其他电压控制装置。

4.2 当蓄电池经串联电阻连接在线路上进行浮充时，与之连接的所有电气设备均应能承受得住线路对地的电压，否则应断开。建议电压超过 55 V 的系统应设置适当的警告牌，牌上写明："在接通与蓄电池相连的任一电路之前，应断开充电装置"。

4.3 对于长期不用的蓄电池，必要时，应提供连续补充充电装置，以补偿内部损耗。

4.4 蓄电池充放电板上应设置能指示充放电的电流表，电压表及工作指示灯各一只，电表的精确度不应低于 2.5 级。

4.5 应急蓄电池组和临时应急蓄电池组均应保证不论是否在充电状态下，均能随时自动向应急网络或临时应急网络供电。

4.6 每一蓄电池充电装置应设有控制及监视蓄电池组充电的适当措施和由于充电装置电源电压的降低或丧失而导致蓄电池放电的合适的保护。

4.7 蓄电池组(除原动机起动用蓄电池组外)均应设有短路保护，其保护装置应尽可能接近蓄电池组。

4.8 半导体充电设备应有抑制对无线电干扰的措施。

4.9 阀控密封型蓄电池组应设有防止其排出的可燃性气体超过制造厂设计值的设施，该设施应独立于充电设备。

4.10 每一蓄电池充电装置应设有连续监测绝缘电阻的报警器，且能在绝缘电阻异常低时发出声光报警信号。

5 布置与安装

5.1 禁止铅酸蓄电池和镉镍碱性蓄电池安放在同一舱室或同一箱体内。

5.2 蓄电池应设置在不会遭到过热、过冷、有溅水、蒸汽或其他将会使蓄电池性能降低或加速损坏的场所。蓄电池不应安装在起居处所。但充电时不会产生有害气体的气密蓄电池可以例外。

5.3 应急用蓄电池组，包括应急原动机起动用蓄电池组，应设置在尽可能避免由于碰撞、失火或其他偶然事故而引起损坏的地方。

5.4 应急用蓄电池组及其充电装置，应安装在最高一层连续甲板以上(内河船舶除外)易于从露天甲板到达之处，且一般不应安装在防撞舱壁之前；并应确保主电源、主配电板等所在的处所或任何 A 类机器处所[1)]发生火灾或其他事故时，不致妨碍该蓄电池组的供电，且应尽可能不与装有上述设备处所的连接界面相毗邻，应急蓄电池组和充电装置不应安装在同一舱室内，但应尽量靠近。

5.5 无线电通信设备的备用蓄电池组，一般应安装在直接邻近无线电室的蓄电池室内，该蓄电池室的出口应直接通向露天甲板。也可安放在邻近无线电室的露天甲板的防水蓄电池箱内，蓄电池箱离甲板高度不小于 50 mm。

5.6 为限制大的起动电流在电缆中所引起的电压降，原动机起动用蓄电池组应尽可能接近该原动机安

1) "A 类机器处所"是指装有下列设备的处所和通往这些处所的围壁通道：

——用作主推进的原动机；

——作其他用途的合计总输出功率不小于 375 kW 的原动机；

——任何燃油锅炉或燃油装置；

——燃油的惰性气体发生装置。

放。若此蓄电池组不能设置在蓄电池室内，则它们的安放处应保证有适当的通风。

5.7 充电功率[2]大于2 kW的蓄电池组，应安放在专用舱室内，若安放在露天甲板上，则可以安放在合适的通风良好的箱或柜中。

充电功率为0.2 kW～2 kW的蓄电池组应按上述(大于2 kW)规定安放，但也可以安放在适当处所内的箱或柜中，或者，若能防止物体落下，则也可安装在机器处所内或类似的通风良好的舱室内。

充电功率小于0.2 kW的小容量蓄电池组，安装方法同上，但若能防止物体落下，则也可安放在舱室外，或者安放在任何适当处所的蓄电池箱内。

5.8 在搁置蓄电池的架子和箱柜中，蓄电池的金属搁架的内表面均应以耐电解液材料的水密衬垫层加以保护，衬垫沿着内壁四周向上的高度不小于75 mm。铅酸蓄电池的衬垫应用板厚不小于1.5 mm的铅板制成，镉镍碱性蓄电池的衬垫应用板厚不小于0.8 mm的钢板制成。衬垫也可以用其他坚固耐用，并与蓄电池的耐腐蚀要求相适应的非金属材料制成。

5.9 蓄电池组应布置得易于接近，以便于更换、检测、注液和清洁。一般蓄电池上下层间蓄电池注入孔平面以上的净空间距离应不小于300 mm，最上层蓄电池顶部距离地板应尽量不高于1 500 mm。

5.10 每只蓄电池周围间隙必须大于20 mm，并应用不吸潮、耐电解液腐蚀的绝缘材料做成的楔形隔块可靠地塞紧和固定，以防移动，并采取措施，防止漏出的电解液与船体接触。

6 蓄电池室、箱的基本要求

6.1 蓄电池室内应避免安装电气设备，若由于操作原因而有必要设置在蓄电池舱室内时，则该电气设备应具有符合防爆电气设备的类、级别为IIC、温度组别为T1的合格证书。

6.2 蓄电池室内应尽可能不穿越与其无关的电缆，若不可避免时，电缆(包括路过电缆和终端电缆)应为铠装型的或敷设在金属管道中。

6.3 易产生电弧的设备不应安装在主要用于安置蓄电池的舱室内。

6.4 蓄电池室的电气设备的开关、保护电器和电动机控制设备应能分断所有极或相，且最好安装在非危险处所。

6.5 蓄电池室的门应尽可能开向室外，除通风口外，蓄电池室的其他开孔以及与其他毗邻舱室之间应作有效密封，以防止有害气体窜入其他舱室。

6.6 安放蓄电池的专用舱室、箱、柜内部，包括架子、通风道等，凡可能受到电解液或电解液逸出气体腐蚀的表面，均应有防止腐蚀措施。

6.7 在专用蓄电池室、箱、柜的门或盖子上应设有“禁止烟火”的永久固定的警告牌。

6.8 除了免维护型蓄电池外，蓄电池室内应设置有蒸馏水容器及其架子和其他必要的附属设备。

7 通风

7.1 蓄电池室、箱、柜均应适当布置和(或)通风，以防易燃气体的危险积聚，其出风口在顶部、进风口在底部，并应有防止水和火焰进入的措施。当蓄电池为两排或多排排列时，所有蓄电池架前后均应留有不小于50 mm的供空气循环的间隔。

7.2 若通风管能够直接从蓄电池室或柜的顶部通到开敞的大气，且通风管的任何部分与垂直线的夹角不大于45°时，则可以采用自然通风。若不能采用自然通风或自然通风不足，则应采用机械排气通风。

2) 充电功率等于最大充电电流与蓄电池额定电压的乘积。

通风管应采用耐蚀材料制成，或者在其内壁涂以防蚀涂料。

7.3 安装透气型蓄电池组的专用舱室、箱或柜，若蓄电池组的总充电功率大于 2 kW，则应设有机械通风装置。

7.4 通风量及通风管的一般估算方法如下所述：

7.4.1 蓄电池室采用自然通风时，进风风管的截面积应和出风风管的截面积相等，截面积 A，应不小于公式(1)、公式(2)的计算值：

a) 透气型蓄电池

$$A=\frac{50\times U_n\times C\times n}{1\ 000} \qquad (1)$$

b) 阀控密封型蓄电池

$$A=\frac{20\times U_n\times C\times n}{1\ 000} \qquad (2)$$

式中：

A ——进风或出风风管的截面积，单位为平方厘米(cm^2)；

U_n ——蓄电池标称电压，单位为伏特(V)；

C ——蓄电池容量，单位为安培小时(Ah)；

n ——串联电池的数量，单位为个。

7.4.2 装有透气型蓄电池组的室、箱或柜的通风装置的排气量 Q 应不小于公式(3)的计算值：

$$Q=0.11\times I\times n \qquad (3)$$

式中：

Q ——排气量，单位为立方米每小时(m^3/h)；

I ——产生气体期间的最大充电电流，但不小于充电设备能够输出的最大充电电流的 25%，单位为安培(A)；

n ——串联电池的数量，单位为个。

7.4.3 装有阀控密封型蓄电池的室、箱和柜的排气量可减少至 7.4.2 规定排气量的 25%。

7.5 与从蓄电池处所中排风用管道有关的任何风扇电动机均应放置在该管道外面，并应采取防止气体进入此电动机的适当措施。蓄电池室风扇的结构和材料应有防止通风叶片偶然与机壳发生摩擦产生火花的措施。非金属的通风叶片应用抗静电材料制成。

7.6 露天甲板上的充电功率大于 2 kW 的蓄电池组的蓄电池箱从箱顶部引出的风管，其出风口端部应高出箱顶不小于 1.25 m。应在蓄电池箱的至少两个相对侧面开有进风孔。

7.7 对充电功率小于 0.2 kW 的蓄电池箱，除在靠近顶部处设置若干气体逸出口外，不需要其他通风措施。

8 蓄电池组型式、位置和维护周期记录

8.1 对用于重要设备和应急设备的蓄电池组，应制定一记录表并保持更新。该记录表应经有关部门审核，并至少应包括蓄电池组的下列信息：

——型式和制造厂的型号；

——电压和安时定额；

——安放位置；

——所服务的设备和/或系统；

——上一次维护和/或更换日期；

——贮存中的更换蓄电池，其制造日期和贮存寿命。

8.2 应制定一更换蓄电池的程序，以保证在更换蓄电池时，所更换者均为具有等效性能的蓄电池。

8.3 如将阀控密封型蓄电池更换成透气型蓄电池，则应保证有7.3、7.4.1和7.4.2要求的适当通风，其位置和安装应符合第5章中的有关要求。

8.4 上述经有关部门审核的详细记录表和程序，应纳入到船舶安全管理体系中。